Wissen und Handeln

Ulrich Charpa

Wissen und Handeln

Grundzüge einer Forschungstheorie

Verlag J. B. Metzler
Stuttgart · Weimar

Die Deutsche Bibliothek – CIP-Einheitsaufnahme

Charpa, Ulrich:
Wissen und Handeln : Grundzüge einer Forschungstheorie /
Ulrich Charpa.
- Stuttgart ; Weimar : Metzler 2001
Zugl.: Bochum, Univ., Habil.-Schr.
ISBN 978-3-476-01745-1
ISBN 978-3-476-03799-2 (eBook)
DOI 10.1007/978-3-476-03799-2

Ursprünglich erschienen bei J. B. Metzlersche Verlagsbuchhandlung
und Carl Ernst Poeschel Verlag GmbH in Stuttgart 2001
www.metzlerverlag.de
info@metzlerverlag.de

Inhaltsverzeichnis

Einleitung ... 1

1 Orientierung ... 11
1.1 Thematisierung als Suche ... 11
1.2 Ein Vorbild und die Lokalisierung der Tugendorientierung ... 15
1.2.1 Die Vorgabe Polanyis ... 15
1.2.2 Die objektivistische Intuition ... 18
1.2.3 Relativistische Intuitionen ... 20
1.2.4 Die ›Filter‹-Intuition ... 22
1.2.5 Die reliabilistische Tugendintuition ... 24
1.2.6 Die Marginalisierung der Tugendintuition durch den Hypothetizismus ... 26
1.3 Zur Interpretation des Forschungskontextes ... 29
1.4 Eine eingeschränkt ›szientistische‹ bzw. ›historistische‹ Forschungsbetrachtung ... 32

2 Forschertugend ... 39
2.1 ›Tugend‹ und ›Forscher‹ – Begriffliches ... 39
2.2 ›Tugend‹ ... 41
2.2.1 Allgemeine und bereichsspezifische Tugendvorstellungen ... 41
2.2.2 Tugend als Tauglichkeit ... 47
2.2.3 Tugendbegriffe als Erklärungsbegriffe ... 48
2.2.4 Tugenden und Regeln ... 52
2.3 ›Forscher‹ ... 56
2.3.1 Allgemeine Vorgaben ... 56
2.3.2 ›Forscher‹ und ›Forscherin‹ ... 58
2.3.3 ›Forscher‹ im Plural ... 62
2.4 ›Forschertugend‹ – inhaltliche Anreicherung ... 68
2.4.1 Das Problem der ›Mittelstimmen‹ ... 68
2.4.2 Auskünfte ... 71
2.4.2.1 Auskunft durch das Werk ... 71
2.4.2.2 Selbstauskünfte ... 73
2.4.2.3 Kollegiales Lob ... 78
2.5 Forschertugenden als Erklärungsgründe ... 80

3 Forscherwissen ... 89
3.1 ›Wissenschaftliches Wissen‹ und ›Forscherwissen‹ ... 89
3.2 Forscherwissen als mentaler Tatbestand ... 96
3.2.1 Wissen und Information ... 96
3.2.2 ›Weiter‹ und ›enger‹ Gehalt ... 97
3.2.3 Die Zuschreibung kognitiver Zustände ... 98
3.2.4 Zu drei Einwänden ... 99
3.2.5 Identität und Ähnlichkeit kognitiver Zustände ... 100

3.3 Wissen und Meinen ... 104
3.3.1 Über wissenschaftstheoretischen Skeptizismus ... 104
3.3.2 Relevante Alternativen und epistemisch verläßliche Prozesse ... 106
3.4 Anschauung ... 110
3.4.1 Anschauung als stabiles Wissen ... 110
3.4.2 Zur ›Theoriehaltigkeit‹ der Erfahrung ... 112
3.4.3 Die vermeintliche Plastizität der Wahrnehmung ... 114
3.5 Vertrautsein ... 117
3.5.1 Vertrautsein als Wissen ... 117
3.5.2 Inhalte und Funktionen des Vertrautseins ... 121
3.5.2.1 Verständnis ... 124
3.5.2.2 Leichte Verfügbarkeit ... 128

4 Forschen ... 135
4.1 ›Forschen‹ ... 135
4.2 Forscherhandlungen – Beschreibungshierarchien und Kontrastierungen ... 137
4.3 Drei Typen erfolgreichen Forscherhandelns ... 139
4.4 Irrtumsvermeidung ... 141
4.4.1 Die Vermeidung basaler Irrtümer ... 141
4.4.2 Die Sicherung von Bezeugtem ... 147
4.4.3 Empirische Kontrolle ... 156
4.5 Die Einführung des Neuen ... 163
4.5.1 Die Idee des Forscherglücks ... 163
4.5.2 Konstitutiva des Neuen ... 167
4.5.3 Situativa des Neuen ... 169
4.5.4 Bedingtes ›Heureka‹ ... 171
4.6 Wohlgegründetes Entscheiden über Theorien ... 174
4.6.1 Die Idee der Suche nach wahren Theorien ... 174
4.6.2 Riskante Überzeugungen und Hypothesen ... 176
4.6.3 Die fideistische Aporie ... 179
4.6.4 Akzeptieren und Wissen ... 183
4.6.4.1 Wohlgegründetes Akzeptieren ... 183
4.6.4.2 ›tenere e credere‹ –'kopernikanische' Illustrationen ... 188
4.6.4.3 Das Museum des Wissens und wohlgegründeten Entscheidens ... 195

Anmerkungen ... 199

Literaturverzeichnis ... 267

Register ... 297

Einleitung[1]

In Bernard de Fontenelles *Éloge* auf Martino Poli (1662–1713), einen heute kaum mehr bekannten Chemiker und Mediziner, findet sich eine bemerkenswerte Kennzeichnung der *Académie des Sciences*. Fontenelle charakterisiert sie als Gemeinschaft von Menschen, deren Sinnen und Trachten um Wissen kreist:

> »L'esprit qui règne dans l'intérieur de cette Compagnie est un amour sincère de la vérité, peu d'égards et de déférence pour les simples opinions, une asséz grande liberté de contredire [...]«.[2]

Die Liebe zur Wahrheit, geringer Respekt vor bloßen Meinungen, Freimut im Widerspruch – dies sind wichtige Tugenden der Akademiker, jedenfalls nach den Worten ihres ›ewigen Sekretärs‹. Die *Éloges* stellen in immer neuen Wendungen dar, welche Vorzüge welchen Forscher auszeichnen, und öffnen den Fächer anerkennenswerter Eigenschaften auf vielfältige Weise.[3] Die Akademiemitglieder werden als Heroen vorgestellt, die sich in bemerkenswerter Hinsicht vor anderen Menschen auszeichnen. Alle ihre Qualitäten bündeln sich darin, daß sie sich »le vrai si familier« gemacht haben.[4] Fontenelles *Éloges* sind heute weithin vergessen, aber Formulierungen des zitierten Typs finden auch gegenwärtig noch Verwendung. Wir begegnen ihnen vornehmlich in Festreden, in den letzten Jahrzehnten zunehmend auch kontrastiv zu Lasterbegriffen,[5] die für schlecht erachteten wissenschaftlichen Praktiken zugeordnet werden. Und wenn es so etwas wie ›Selbstkonzepte‹ von Forschern geben sollte, dann haben solche Vorstellungen daran erheblichen Anteil. Auch Wissenschaftler unserer Tage nennen auf Befragen Sachwissen, Zielstrebigkeit, Hartnäckigkeit und andere personale Qualitäten als Faktoren, die ihnen zugute gekommen seien und anderen Forschern ebenfalls gut anstünden bzw. sich auf lange Sicht für sie auszahlten.[6]

Was Fontenelles apologetische Einschätzung der Mitglieder einer kleinen erlauchten Korporation mit den Selbstauskünften von Mandarinen der ›Big Science‹ unserer Tage verbindet, ist eine recht simple Annahme, die freilich breiter ansetzt als eine Behauptung über den Wert von Forschungsmoralia im engeren Sinne: *Wissenschaftlicher Fortschritt verdankt sich wesentlich den Fähigkeiten forschender Menschen.* Das ist in gewisser Weise eine Variante von Sprichwörtern der Sorte, wonach es ohne Fleiß keinen Preis gibt und jeder seines Glükkes Schmied ist.[7] Solche Behauptungen haben eine provisorische Überzeugungskraft, die sich – wie ihre redensartlichen Fassungen belegen – nicht auf den engen Bereich des Forschens beschränken.[8] Sie verweisen nichtsdestoweniger auf den Allerweltsbegriff von wissenschaftlicher Forschung.[9]

Ein erstes Indiz dafür, daß mit der Alltagsweisheit wissenschaftstheoretisch etwas anzufangen sein könnte, liefern wenig beachtete Inhalte älterer Methodologien und grundsätzlicher Forschungsbetrachtungen, in denen wie selbstverständlich von personalen Qualitäten, etwa von wie Fachkenntnis oder Scharfsinn, die Rede ist. Für Autoren wie den jüngeren Herschel, Schleiden oder Helmholtz, aber auch beispielsweise für die Theoretiker der Philologie, vornehmlich des 17. und 18. Jahrhunderts, gilt als selbstverständlich, daß wissenschaftlicher Erfolg wesentlich mit den Fähigkeiten von Forschern zusammenhängt. Im humanistischen Vorfeld, etwa in Francesco Robortellos methodologischer Gründungsurkunde der neuzeitlichen Textkritik, *De arte sive corrigendi antiquorum libros* (1557), wird eine ebenso einfache wie plausible Gedankenfolge entwickelt: Wer die überlieferten *res* kennenlernen will, darf sich nicht an *verba corrupta* halten – die angemesse Einschätzung der *verba* wiederum verfehlt, wer sich in »ignoratione [...] antiquitatis, ignoratione scriptionis veterum, ignoratione locutionum [...]«[10] befindet.

Positive Charakterisierungen von Forschern spielen eine große Rolle in der wissenschaftlichen Selbstreflexion, im Gutachtenwesen, in der Programmatik von Forschungsinstitutionen – etwa im Baconianismus der *Royal Society* – sowie in Verbindung mit der Kritik vorgeblichen oder faktischen Fehlverhaltens. Die bedeutendste literarische Sammlung zum Thema sind Fontenelles *Éloges*, die für die vorliegende Darstellung ein ebenso wichtiges Begleitstück abgeben, wie es die bekannten Heureka-Anekdoten über Archimedes, Newton, Kekulé u. a. für eine Wissenschaftstheorie sind, der persönliche Voraussetzungen von Forschern als belanglos erscheinen.

Auf einschlägige Fähigkeiten gerichtete Einstellungen bilden auch die Grundlage mancher wissenschaftspolitischer Entscheidungen. Das sog. Harnack-Prinzip der Kaiser-Wilhelm- und Max-Planck-Institute setzt einen Vorrang der Person vor der fachlichen Themenstellung (»[...] die Gesellschaft wählt einen Direktor und baut um ihn herum ein Institut«[11]). Interessanter als die für Mitglieder einer demokratischen Gesellschaft naheliegende und gewiß auch unter Aspekten der Forschungseffektivität schlagende Kritik an dieser Maxime ist die mit einer entsprechenden Infragestellung verknüpfte Sorge um die den Direktoren unterstellten Forscher, um »begabte Mitarbeiter« bzw. »personelles Potential«.[12] Es geht – nicht anders als beim kritisierten Prinzip selbst – darum, daß der Sache gedient werden soll, indem möglichst viele forschende Menschen die Chance erhalten, ihre Vorzüge zu entfalten. Damit wird das Ausgangsprinzip sinnvoll verbreitert.

Zahlreiche Gruppenbildungen im Zuge der Ausbildung neuzeitlicher Forschung beruhen bei näherem Hinsehen auf Verschränkungen von Haltungsidealen und Forschungsprojektierung.[13] Sie manifestieren sich überdies nicht selten ex negativo aus Schmähschriften und Lasterkatalogen. Beispielsweise sind die Polemiken Liebigs oder Schleidens in dieser Hinsicht äußerst ergiebige Quellen. Bei vielen Autoren des 18. und 19. Jahrhunderts verbindet sich die Vorstellung vom wissenschaftlichen Nutzen persönlicher Haltungen entsprechend der Struktur eines Regelkreises mit der von der Stiftung persönlicher Vorzüge durch Forschung. Für die Autoren der *Grande Encyclopédie* gilt es bekanntlich als sicher, daß der im Werk dokumentierte Wissensfortschritt die Nachgeborenen zu besseren Individuen machen und glücklicher leben lassen werde – ein zentraler Punkt damaliger wie späterer aufklärischer Bestrebungen, der aber letztlich nur einen vorgefundenen Topos variiert. In der *Divina Comedia* läßt Odysseus die Säulen des Herkules hinter sich, um Tugend im Verein mit Wissen zu erwerben.[14] Auch die gesellschaftliche Rahmengebung hat lange eher die *virtus* des Forschers als – wie heute üblich – die *utilitas* der Forschung betont.[15] Die Verknüpfung von Wissen und Persönlichkeit bestimmt auch die verschiedenen, gegenwärtig etwas in den Hintergrund geratenen pädagogischen Konzeptionen von *Bildung*, wobei wissenschaftliche bzw. wissenschaftspropädeutische Tätigkeiten vielfach zu den Aktivitäten gezählt werden, bei denen der Erwerb von Fähigkeiten und Fertigkeiten sich mit menschlicher Kultivierung treffen soll.[16]

Derlei Koinzidentien sind allerdings auch immer wieder bezweifelt worden. Die bekannte neuzeitliche Reihe der Skeptiker reicht von Agrippa über Montaigne hin zu Nietzsche oder der Frankfurter Schule, wobei allerdings unterschiedliche Motive leitend sind.

Auch aktuell ist die Verknüpfung von persönlicher Qualität und Forschung nicht gängige Münze, im Gegenteil. In der öffentlichen Wahrnehmung ist Dr. Frankenstein[17] eher präsent als Max Planck. Und daß unter den bedeutenden Wissenschaftlern des 20. Jahrhunderts ausgerechnet der hinsichtlich seiner eigentlichen Forschungsarbeit weithin eher mythisch wahrgenommene Einstein die größte öffentliche Verehrung genießt, sagt einiges über die Einstellungen eines breiten Publikums. Desungeachtet bestehen im Bildungsbereich seit je Hoffnungen auf einen Zusammenhang zwischen Wissen und persönlicher Entfaltung, wenngleich sich bei der Präzisierung leicht – aus disziplinären Interessen entspringende – antithetische Verhältnisse einstellen. Man denke nur an den bis hin zum Streit um das deutsche Realgymnasium im 19. Jahrhundert reichenden Gegensatz von ›Verbalisten‹ und ›Realisten‹, in den zahlreiche berühmte Forscher von Leibniz bis Röntgen verwickelt waren.[18]

Bezogen auf wissenschaftliche Tatbestände gehören die unterstellten personalen Momente in den *Forschungskontext* (Kapitel 1.3), d. h. den Zusammenhang von Handlungen, Einstellungen und sonstigen Momenten, in dem sich empirische Praktiken wie auch die Bildung und Rechtfertigung von Theorien vollziehen. Dementsprechend sind die fraglichen Vorzüge als *Forschertugenden* (Kapitel 2) aufzufassen. Anders als viele andere begriffliche Vorschläge, die auf eine Interpretation wissenschaftlichen Handelns zielen, fügt dieser Begriff sich eindeutig in Vorstellungen ein, die Wissenschaftsgeschichte als *Fortschrittsbewegung* anerkennen, wobei in einer Hinsicht unentschieden bleiben kann, ob dabei an Prozesse der Kumulation, der Effektivierung oder Wahrheitsannäherung gedacht wird. Diese Neutralität besteht in der Perspektive der nachträglichen Erklärung der verbesserten Leistung von Theorien, nicht aber in Verbindung mit der Erläuterung von Forschungsvorgängen. Die Annahme von Forschertugenden ist nicht mit einer direkten Umsetzung realistischer oder instrumentalistischer Betrachtungsweisen auf die Ebene des Forschungszusammenhanges vereinbar. Die Idee einer über die Köpfe der Beteiligten hinweg wirksamen Gerichtetheit von Wissenschaft wird abgelehnt. In dieser Verbannung der Teleologie steckt bereits ein erster Hinweis darauf, daß die ateleologische Kumulationsauffassung in einem neuen Licht erscheint. Verblüffenderweise wird sich diese Zuordnung ausgerechnet aus der Rehabilitierung eines althergebrachten philosophischen Vorstellungen verpflichteten ›harten‹ Wissensbegriffs (Kapitel 3) ergeben.

Wer nie ein Buch in der Art von Poppers *Logik der Forschung* oder Carnaps *Einführung in die Philosophie der Naturwissenschaft* gelesen hat, wird vielleicht Mühe haben, in der Verknüpfung von wissenschaftlichem Wissen mit menschlichen Fähigkeiten etwas besonders Betonenswertes zu entdecken. Aber die vermeintliche Selbstverständlichkeit bedarf bei genauer Betrachtung einer sehr eingehenden Rechtfertigung, deren Einzelheiten die folgenden Kapitel ausbreiten. Vorab mag es ausreichen, sich vor Augen zu führen, daß die Allerweltsverknüpfung von Wissenschaft und persönlichen Vorzügen zum einen eine gewisse erste Plausibilität besitzt, zum anderen einen beträchtlichen Teil dessen durcheinanderwirft, was man philosophischerseits für gewöhnlich sorgsam auseinanderhält. Letzteres erhellt auch den gewöhnlich selektiven Umgang mit älteren wissenschaftstheoretischen Auffassungen. Ihre Vertreter erscheinen als Anwälte oder Gegner der hypothetisch-deduktiven Methode, als Theoretiker des Experiments oder Vertreter origineller Konzeptionen des wissenschaftlichen Fortschritts, aber nicht als Autoren, die sich über forschende Personen bemerkenswerte Gedanken gemacht hätten, wiewohl die Texte ebendies reichhaltig dokumentieren.[19] Daß Einschlägiges unbeachtet bleibt, liegt nicht am mangelnden Respekt oder der Unkenntnis der Interpreten, sondern daran, daß gerade diese Inhalte jedwede ohnehin schon schwierigen Aktualisierungsbemühungen unnötig zu belasten scheinen.

Der Tendenz zur Ausblendung stehen gegenwärtig kaum mehr als eben einige angejahrte Belege und die im Alltagserklären selbstverständliche Annahme entgegen, daß imponierende Resultate sich am ehesten einstellen, wenn tüchtige Leute am Werke sind. Davon angeregt gilt es, eine wissenschaftstheoretische Konzeption zu entwickeln, die sich wie andere Ansätze sowohl explikativ[20] als auch normativ ausweist (Kapitel 1.4).

Ließe sich der gemeinte Zusammenhang nicht auf eine eher geläufige Weise als mittels des Rückgriffs auf wie auch immer zu verstehende Forschertugenden darstellen? Immerhin resultiert der Niedergang tugendorientierter Argumentationen weder aus Zufällen noch äußeren Zwängen, sondern steht durchaus im Zusammenhang mit Entwicklungen, die sich mit berühmten Namen der Wissenschaftsgeschichte verbinden. Der Tugendbegriff ist in enger Nachbarschaft eben jener ideengeschichtlicher Prozesse marginalisiert worden, denen sich neben anderem die Konzeption des Naturgesetzes verdankt.[21] Auf dem Feld der Moralphilosophie haben sinnvoll motivierte Verdrängungen, vor allem aber begriffliche Reduktionen, dafür gesorgt, daß Tugendlehren zumeist als abgeleitete Entwürfe präsentiert werden, die sich aus der Reflexion gesetzlicher oder gesetzesartiger, d. h. regelhafter Verpflichtungen begründen.[22]

Das gilt auch für die bisherigen Versuche zur *Forschungsethik*, jedenfalls soweit damit Überlegungen gemeint sind, die im engeren Sinne auf Forschungsverhältnisse abheben. (Hinsichtlich der weitaus populäreren Probleme des Schutzes vor dem Forschungshandeln und seinen Ergebnissen gibt es eine größere moralphilosophische Vielfalt, und darin auch tugendbezogene Ansätze.[23]) Forschungsethik liegt wie Wissenschaftsethik allgemein im Einflußbereich der Regelorientierung und setzt gemeinhin *konsequentialistisch* oder *pflichtenethisch* an. Soweit Tugend- bzw. Lasterbegriffe überhaupt Verwendung finden, handelt es sich um einen – oft obendrein ohne Rücksicht auf klassische philosophische Muster aus bloßen Plausibilitätserwägungen – abgeleiteten Gebrauch. Wenn von der Ehrlichkeit, dem Mut, kritischen Einstellungen u. ä. m. die Rede ist, sind letztlich *Regeln* des korrekten Forschungshandelns gemeint, die unabhängig von individuellen Einstellungen gelten sollen.[24] Ausgerechnet der Begriff der sachlichen Kompetenz, des für die Beurteilung von Forschern wichtigen *Fachwissens*, entzieht sich vollständig dem moralregelnden Zugriff. Da Kenntnisse nicht unmittelbar willensabhängig sind, kann niemand dazu verpflichtet werden, dieses oder jenes zu wissen. Darauf bezogene Regeln greifen erst, wenn in Prüfungs- und ähnlichen Situationen forschungssoziale Einstufungen anstehen.

Zutiefst irritieren muß in einer regelorientierten Betrachtungsweise, wenn eingestanden werden muß, daß bedeutende Forscher methodologische oder auch moralische Regeln verletzt haben. Als Kardinalfall wird nach Feyerabends emphatischen Feststellungen in *Against Method* oft Galilei angesehen.[25] Man könnte, um nur einige weitere Namen zu nennen, mit Berechtigung auch Isaac Newton[26], Gregor Mendel[27] oder Robert Millikan[28] zum Kreis der Amoralischen rechnen. Sogar der als Mustergestalt geltende Kepler ist dem Verdacht ausgesetzt worden, Daten manipuliert zu haben.[29] In der Regelorientierung legen derartige Fälle eine Entscheidung zwischen zwei gleichermaßen problematischen Konsequenzen nahe:

Die erste vermeintliche Lehre bestünde darin, forschungsmoralische Einstellungen und Forschungserfolg zu entkoppeln. Aber zeigen Regelverstöße tatsächlich moralische Beliebigkeit an? Falls Newton seine Ergebnisse ›geschönt‹ hat, hat er zweifellos gegen ein unbedingtes Ehrlichkeitsgebot verstoßen, aber seine Amoralität verträgt sich durchaus mit der Klugheitsmoral seiner Epoche und mit Vorstellungen, welche die großen Staatstheoretiker wie Grotius, Hobbes, Pufendorf hinsichtlich politischer Lügen entwickelt hatten. Newton war ethisch betrachtet kein vorauseilender Kantianer. Das kann man akzeptieren oder bedauern, bewerten ließe es sich ohne Anachronismus am überzeugendsten im Rahmen eines kritischen Vergleichs der in seiner Zeit maßgeblichen moralischen Regeln mit einer universal gehaltenen Deontologie. Die nachstehende Darstellung hält von solchen Fragestellungen Abstand. Sie tendiert dahin, daß Forschungsmoral nur ausschnittsweise als Fall allgemeiner Moral anzusehen ist (Kapitel 2.2). Es gibt gemeinsame Güter, aber auch Reibungspunke und sogar Antagonismen. Dies folgt aus der schlichten Feststellung, daß Forschungshandeln sich weder zweifelsfrei auf ein gelingendes Leben des Einzelnen noch auf allgemeine Wohlfahrt richtet. Es ist nicht entschieden, ob wissenschaftliche Forschung und die inhärenten Praktiken sich in letzter Instanz, bezogen auf eine allgemeine moralphilosophische Konzeption, als ›gut‹ erweisen. So gesehen gibt es, unabhängig von der im weiteren verfolgten Linie, keinen grundsätzlichen Vorbehalt dagegen, etwa gesellschaftsrelevante Risiken der Forschung durch Pflichtenkataloge einzugrenzen. Allerdings wäre zu fragen, ob die Erfolgsaussichten einer moralischen Steuerung durch Regelsetzung tatsächlich größer sind als die tugendorientierten Maßnahmen, d. h. die Konzentration auf die Ausbildung, Rekrutierung und soziale Einbettung von Forschern.[30]

Kehren wir zu Newton und dem ›Mogelfaktor‹ zurück. Die zweite mögliche Konsequenz aus der historischen Irritation durch die Manipulationen Newtons und anderer bedeutender Wissenschaftler bestünde in der Einräumung, daß Forschungsmoral und wissenschaftlicher Fortschritt wenig oder gar nichts miteinander zu tun hätten. Wie man zu dieser Folgerung gelangt, läßt sich einfach nachvollziehen: Wenn Newton seine Daten ›verbessert‹, folgt für den regelbezogenen Betrachter grundsätzlich nicht mehr, als ob jemand bei Rot die Kreuzung überquert. Die allgemeine Regel gelte unabhängig von der tatsächlichen Eigenart der Individuen, und seien es auch herausragende Gestalten der Wissenschaftsgeschichte. Nun ist aber eine Moral, an die sich nicht einmal die Heiligen halten, eine merkwürdige Angelegenheit. Eine angemessene Forschungsethik sollte so angelegt sein, daß sie wenigstens die Leitfiguren der Forschungsgeschichte positiv integrieren kann. Regelbezogene Forschungsethik ist gegenüber den wissenschaftlichen *Leistungen* von Forschern indifferent. Ein Newton gerät darin zum Problemfall. Der ›gute Forscher‹ ist in der Regelorientierung ein Konformist, jemand der – womöglich mit grimmer Miene und eventuell sogar mit mäßigen Ergebnissen – das tut, was er tun *soll.*

Man kann darin übereinkommen, daß Forscher *auch* Regeln folgen sollten, anders ausgedrückt, Pflichten haben bzw. aufgefordert sind, die Folgen ihres Tun bedenken. Aber diese Feststellung verdeckt einen sehr wichtigen Punkt. Ein guter Forscher muß seine Sache mit Enthusiasmus betreiben, ist jemand, der sich aus *eigenem* Antrieb fleißig, ausdauernd, wißbegierig oder auch redlich verhält. Man kommt unter diesem Aspekt leicht dahin, daß Regelbefolgung und Regelverstoß Angelegenheiten sind, die oft nur einen kleinen und zuweilen auch irreführenden Aufschluß hinsichtlich der Stellung eines Akteurs geben. Moralische Regeln verlangen kategorische Beachtung – mit Tugenden verhält es sich anders. Beispielsweise können Fleiß und Rücksichtnahme, Beharrlichkeit und die Fähigkeit zur Selbstkritik einander durchaus stören, und die Intensität des einen Antriebs kann dazu führen, daß andere verstummen.[31] Was besagt das in Newtons Fall? Der Verfasser der *Principia mathematica* war ein Forscher, der sich zu bestimmten Anlässen (etwa auch im Prioritätsstreit mit Leibniz) fragwürdig verhielt. Aber er war nicht rundweg ein unehrlicher Mann, und die *Principia* sind kein Lügengebilde. Andernfalls hätte es die Erfolgsgeschichte seiner Mechanik nicht gegeben. Das monierte unehrliche Verhalten läßt sich unschwer als situative Überlagerung von Ehrlichkeit durch andere Haltungen, etwa das unabdingbare Vertrauen auf die eigenen Fähigkeiten, auf fachliches Wissen bzw. die Verläßlichkeit des eigenen Theoretisierens deuten. Und eine überzeugende Einschätzung der Situation kommt nicht an der Frage vorbei, ob wir die überlagernden Einstellungen im gegebenen Fall für wünschens- oder beklagenswert halten. Damit wird z. B. anerkannt, daß es einen großen Unterschied ausmacht, ob jemand mit üblen Finten eine flotte Ad-hoc-Hypothese stützt oder mit berechtigter Skepsis gegenüber den Kompetenzen seiner Gegner hartnäckig an den Erträgen lebenslanger Bemühungen festhält.

Der in der Folge vorgeschlagene Ansatz integriert stabile, d.h nicht an spezifische Situationen gebundene individuelle Fähigkeiten, in erster Linie epistemische Vorzüge, damit zuweilen verbunden auch moralische Qualitäten, mit der offenkundigen Erfolgskomponente von Wissenschaft. Er verbindet somit die Interpretation von Wissenschaftsgeschichte als Fortschrittsgeschehen mit einer besonderen Akzentuierung des in der gewöhnlichen wissenschaftstheoretischen Einstellung widrigen »persönlichen Elements«[32].

Kapitel 1 (»Orientierung«) deutet die Richtung an, in der sich die Thematisierung von Forschertugenden vollzieht. Hier wird der Ort einer personalistischen Betrachtung in erster Annäherung bestimmt. Sie gehört in den Kontext einer auf die Erklärung des Forschungszusammenhanges und die Bewertung von darin vollzogenen Handlungen bis hin zur Entscheidung über konkurrierende Theorien hin orientierten Wissenschaftstheorie, die sich mit objektivistischen Intuitionen verträgt, subjektivistischen und kollektivistischen Auffassungen hingegen entgegensteht. Was die allgemeine philosophische Haltung angeht, handelt sich um eine eingeschränkt naturalisierte bzw. historisierte Betrachtungsweise, die darauf zielt, das Zusammenspiel von individuellen Befähigungen und Handlungen in Verbindung mit Standards der Erkenntnis- und Handlungstheorie zu erhellen.

Die Anlage der folgenden Kapitel ergibt sich im Zuge der Auseinandersetzung mit jenen systematischen *Problemen*, die im Zusammenhang gängiger Auffassungen unseres Jahrhunderts dafür gesorgt haben, daß es für die angestrebte Konzeption keinen wissenschaftstheoretischen Ort mehr zu geben scheint. Diese Schwierigkeiten erhellen sich unter zwei Aspekten:

Erstens: Unerledigt ist in allen derzeit geläufigen wissenschaftstheoretischen Ansätzen die Frage des Zusammenhanges von faktischem wissenschaftlichem *Handeln* und *Fortschritt*. Soweit Handlungen überhaupt thematisch werden, sind sie entweder Gegenstand apriorischer Zwecksetzungen oder liefern just das Material, mit dem Fortschrittsmodelle in Frage gestellt werden. Es gibt derzeit weder in der ›objektivistischen‹ noch in der ›relativistischen‹ Wissenschaftsbetrachtung einen Ort für die mit dem Begriff der Forschertugend verbundene Annahme gedeihlicher Verhältnisse zwischen individuellem Handeln und Fortschritt. Das hat einen leicht auszumachenden Grund: Handlungen werden für gewöhnlich als Mittel zur Verwirklichung von Absichten aufgefaßt, was auf die vorausliegende Unterscheidung von Handeln und nicht-intendiertem Verhalten verweist. Die so gewiesene gedankliche Linie suggeriert, daß es bei der Erklärung wissenschaftlicher Handlungen zuvorderst darauf ankomme, die vorausliegenden *Absichten* zu identifizieren. Solange wir uns an Absichten des Typs halten, daß jemand beispielsweise bezweckt, eine Hypothese zu erproben, ergibt sich noch keine Schwierigkeit. Sobald wir uns indes in der Hierarchie der Motive nach oben bewegen, geraten wir in eine bunte Umgebung. Worauf Forschungsakteure realiter letztlich jeweils hinauswollen, kann durchaus vielfältig sein und muß wenig Ähnlichkeit mit dem haben, was Festreden und hehre Programme in dieser Hinsicht vorsehen. Dies festzustellen, kann sich erheblich auswirken, auch ohne allerorts finstere Abgründe zu vermuten. In der populären Einführung von Collins und Pinch kulminiert eine Beispielanalyse in folgender Behauptung:

> »[the theory of relativity] is a truth which came into being as a result of decisions about how we should live our scientific lives, and how we should license our scientific observations: it was a truth brought about by agreement to agree about new things«[33]

Insofern die Relativitätstheorie auf Entscheidungen, d. h. Handlungen der beteiligten Menschen zurückgehe, deren Motive naheliegenderweise in den damaligen Kontexten zu suchen seien, scheint eine der herausragenden theoretischen Entwicklungen der neueren Naturwissenschaft selbst in letzter Instanz auf Absichten zu gründen.

Wer sich für faktische Forschungshandlungen und ihre Gründe interessiert, dem wird es auf dieser Spur umgehend verwehrt, zugleich auf einleuchtende Weise von wissenschaftlichem Fortschritt zu reden. Forschungsgeschichte präsentiert sich dieser Einstellung entsprechend in ungerichteter Bewegtheit, die von den wechselnden kulturellen bzw. sozialen Motivlagen abhängt. Wenn die Vertreter der handlungsbezogenen sog. Laborstudien mit dieser Feststellung im Rücken davon sprechen, Pandoras Büchse geöffnet zu haben,[34] gibt es vor dem Hintergrund de facto vielgestaltiger Forscherabsichten anscheinend wenig Aussicht, ihnen überzeugend zu widersprechen.

Nun sind Tugenden allein schon ikonologisch gesehen altbewährte Helfer, wenn es darum geht, den aus Pandoras Gefäß entweichenden Übeln zu wehren.[35] Aber würdiger Tradition zum Trotz geben Tugendbegriffe prima vista in der hier interessierenden Perspektive nicht viel her, wenn man darunter nichts anderes als spezielle Handlungsmotive versteht. Schließlich gibt es keinen Mangel an Möglichkeiten, diverse erhabene Zielsetzungen bzw. Absichten zu *behaupten.* Nur erklärt die Unterstellung der würdigsten Vorsätze wenig, wenn sich andererseits nur mit großer Naivität leugnen läßt, daß z. B. auch Profitwunsch oder Karrieresucht wirksame Triebfedern wissenschaftlicher Arbeit sein können. Die moralisierenden Ausrichtungen von formierten Gruppen bzw. Institutionen sind etwas, das die Handlungsmöglichkeiten der Forscherakteure in mehr oder minder großem Umfang *sozial einschränkt* bzw. die Chance eröffnet, Abweichungen zu benennen, evtl. sogar zu bestrafen. Aber kein Gemeinschaftsethos deutet inviduelles Verhalten mit hinreichender Bestimmtheit und schließt ehrenhafte oder ehrenrührige *stille* Motive aus. Wichtiger noch: Am wenigsten erklärt es die besondere *Leistung* des einzelnen wissenschaftlichen Akteurs. Die Bedeutung einer fortschrittsbegünstigenden Organisation bzw. jener Institutionalisierung, wie sie etwa Joseph Ben-David in Verbindung mit dem Begriff des ›Scientific Ethos‹ beschrieben hat,[36] liegt denn auch am wenigsten in den Auswirkungen einschlägiger Programmatik als vielmehr in ihrem Beitrag am Zustandekommen individueller *Fähigkeiten,* die ohne ein dem Ethos verbundenes institutionelles Angebot, etwas im Sinne universitärer Ausbildung, nicht entwickelt worden wären.

Auf ebendiese Verbindung richten sich die Überlegungen in Kapitel 2 (»Forschertugend«). Der relevante Zusammenhang erschließt sich, wenn man die gängige Frage nach den höherstufigen Handlungsabsichten einzelner Forscher dorthin verbannt, wohin sie gehört, nämlich in den Rahmen der Fragen nach den Gründen von Handlungen *schlechthin.* Die Annahme besonderer Fähigkeiten hingegen erklärt nicht Handlungen schlechthin, bzw. konkurriert sie in dieser Hinsicht unvermeidbar mit einem Bündel möglicher Motivzuschreibungen. Der Wert von fähigkeitsbezogenen Erklärungen liegt an anderer Stelle: Sie liefern – und darin steckt ein entschiedener Korrekturvorschlag für den philosophischen Umgang mit wissenschaftlichen Handlungen – Antworten auf die Frage nach den Gründen für *anerkennenswertes* Handeln, das zu behaupten einen Kontrast voraussetzt. Absichtshinweise verfehlen den zentralen Punkt, wenn wir uns beispielsweise fragen, warum Kepler angesichts des rechnerischen Aufwandes mit den damaligen Hilfsmitteln etwas heute kaum mehr Vorstellbares wie die gigantische Kalkulation der Marsbahn zuwegebrachte. Eine passende Erklärung gibt darüber Auskunft, was ihn zu einer adäquaten Auffassung der Aufgabenstellung in ihren Einzelheiten sowie zu deren erfolgreicher Durchführung *befähigte.* Der im Laufe des Kapitels eingeführte und inhaltlich gefüllte Begriff ›Forschertugend‹ verbindet personale Bedingungen mit Verläufen des Wissenserwerbs und -transfers sowie der Entscheidung über Theorien. Die in Kapitel 2.5 (»Forschertugenden als Erklärungsgründe«) einer explanativen Struktur zugeordneten Eigenschaften liefern Gründe nicht für wissenschaftliche Praxis irgendwelcher Art, sondern für anerkennenswertes, weil unter dem Fähigkeitsaspekt ›*wohlgegründetes*‹ Forscherhandeln. Anders als etwa die ebenfalls handlungsbezogenen sog. Laborstudien gibt die vorgetragene Deutung von Forscherhandlungen Gründe des wissenschaftlichen *Fortschritts* an.

Zweitens: Eine weitere Schwierigkeit ergibt sich unmittelbar aus der vorausgegangenen Feststellung. Die Annahme von individuellen Fähigkeiten, die eine Praxis gelingen lassen, führt im Falle wissenschaftlicher Forschung umgehend auf Sachkompetenz, m.a.W. fachliches *Wissen,* solches um »le vrai« (Fontenelle) – und nicht etwa auf provisorisches Meinen. Bloßes Überzeugtsein ist keine befähigende und noch weniger eine eindeutig fortschrittsförderliche Einstellung. Es gibt wenig Sinn zu sagen, eine Forschungshandlung sei erfolgreich gewesen, weil jemand eine – womöglich demnächst widerlegte – Meinung gehegt habe. Und hieraus resultiert ein zweiter philosophischer bzw. wissenschaftstheoretischer Vorschlag: *Wissen ist das zentrale Moment erfolgreicher Forschung selbst* (nicht etwa nur eine Idee am Horizont) und sollte in dieser Position anerkannt und interpretiert werden. Daß dies üblicherweise nicht geschieht, gehört in den Rahmen der in der Wissenschaftstheorie unseres Jahrhunderts vorherrschenden Skepsis gegenüber Wahrheitsansprüchen. Als besonders entschiedene Vertreter einer wissenschaftstheoretischen Wahrheitsorientierung gelten für gewöhnlich schon jene Autoren, die Fortschritt lediglich als Bewegung *in Richtung auf* Wissen interpretieren – was ihnen bereits hinreichend Kritik einträgt.

Ausnahmen, was die Zurückhaltung in Bezug auf die Anerkennung von Wissen angeht, bilden Alvin I. Goldman und David Papineau, die beide unter reliabilistischen Voraussetzungen für die wissenschaftstheoretische Aufnahme der traditionellen Idee des Wissens als wahre gerechtfertigte Überzeugung eingetreten sind.[37] Wissen basiert diesem Ansatz zufolge aus einem verläßlichem Prozeß, an dem – in der uns hier bestimmenden Perspektive – in besonderem Maße die personalen Momente interessieren. Allerdings ist die Verbindung mit dem Reliabilismus[38] nicht ohne Stachel. Während Wissenschaft für den entsprechend eingestellten Erkenntnistheoretiker ein lockender Anwendungsbereich ist – Wissenschaft stellt sich gegenüber anderen Bereichen als eine besonders verläßliche Praxis dar – muß der

Reliabilismus jeden, der sich im Hauptstrom der neueren Wissenschaftstheorie bewegt, bei erster Betrachtung stark irritieren: Er begnügt sich nicht damit, die Anbahnung wahrer Überzeugungen zu thematisieren, sondern sieht diesen Prozeß in einer unübersehbaren Zahl von Fällen als *geglückt* an. Wer dem reliabilistischen Ansatz mit guten Gründen folgen will, kommt nicht umhin, Antworten auf jene Fragen zu geben, die sich im Anschluß an die skeptischen Hinweise auf die Bedingtheiten unserer wissenschaftlichen Erkenntnisbemühungen stellen. Diese Antworten zu geben und einen wissenschaftstheoretisch verwendbaren Wissensbegriff auszuweisen, ist die Aufgabe von Kapitel 3 (»Wissen«).

Was der wissenschaftstheoretischen Rezeption des Reliabilismus entgegensteht, ist der Umstand, daß epistemisch fragile Theorien sich der Strategie des Reliabilisten zu entziehen scheinen. Die selbstverständliche Eigenart von Hypothesen liegt eben darin, daß es keinen verläßlichen Prozeß gibt, der uns ihre Wahrheit garantierte. D. h. jede wissenschaftstheoretische Rehabilitierung eines ›harten‹ Wissensbegriffs steht zugleich vor der Aufgabe, ein Interpretament für *theoretischen* Fortschritt anzubieten.[39]

Kapitel 4 (»Forschen«) nimmt u. a. diese Schwierigkeit auf. Zunächst werden noch einige jener Handlungsweisen dargestellt, die sich mit vergleichsweise geringem Aufwand reliabilistisch mit den Fähigkeiten von Forschern in Verbindung bringen lassen: Diese ermöglichen methodisches Handeln verschiedenster Art, sichern und beschleunigen den Erwerb von Wissen, das in der Spiralbewegung des Lernens wiederum Wissenserwerb begünstigt. Sie garantieren des weiteren die unabdingbaren testimonialen Anteile des Forschungszusammenhanges, und sie sorgen dafür, daß erfolgreiche Forschung keine Glückssache, sondern eine Angelegenheit der Vermögen der Akteure ist[40] – jedenfalls, wenn man die Schwierigkeiten der jeweiligen Aufgabe einkalkuliert. Sogar ein vermeintlich apersonales Prinzip wie das der Reproduzierbarkeit empirischer Befunde ist ohne die Sachkunde, Ehrlichkeit und Gründlichkeit der Beteiligten leer. Damit erklärt sich auch die vermeintliche Paradoxie, daß wissenschaftliche Mißgriffe und sogar Fälschungen in einem auffallend musterhaften methodologischen Rahmen stehen können.[41]

Das von Goldman und Papineau offengelassene Problem des theoretischen Fortschritts erfordert eine ausführlichere Behandlung (Kapitel 4.6). In dieser Hinsicht gilt es zunächst plausibel zu machen, daß Wissen – und nicht etwa bloßes Überzeugtsein – auch im Blick auf theoretische Verhältnisse eine Funktion hat. Es wird vorgeschlagen, theoretischen Fortschritt im Forschungszusammenhang – nach dem Muster des in Kapitel 2.5 entwickelten Schemas – auf ›wohlgegründete‹ Entscheidungen der Akteure zurückzuführen, bei denen zweckrationale Erwägungen durch Wissen (über relevante Daten, theoretische Alternativen, Prinzipien u. a. m.) optimiert werden. Weitergehende Möglichkeiten wie die, die Leistung von Theorien nachträglich, z. B. durch einen Schluß auf die beste Erklärung realistisch, zu interpretieren, sind davon unberührt. Aber eine solche Erklärung ist etwas anderes als eine Rekonstruktion vergangener Entscheidungssituationen. Zu einer solchen umgemünzt, wird unabhängig von früheren Gründen für das Akzeptieren oder die Verwerfung einer Theorie derjenige Forscher favorisiert, der sich in die heute anerkannte Richtung begeben hat, und zwar selbst dann, wenn dafür keine hinreichenden Voraussetzungen gegeben waren. Das Modell der ›wohlgegründeten‹ Entscheidung macht diese spekulative Teleologie entbehrlich und schlägt eine alternative wissenschaftshistorische Betrachtungsweise vor, ohne die Idee des wissenschaftlichen Fortschritts zu gefährden.

1 Orientierung

1.1 Thematisierung als Suche

Wenn wir uns im weiteren um bestimmte Menschen und ihre Vorzüge kümmmern, fehlt es dazu außerhalb der Wissenschaftstheorie nicht an Vorbildern.[1] Um nur eines anzuführen: Es gibt vielleicht kein Buch, in dem Tugenden so häufig erwähnt und so großzügig verteilt werden wie in Laurence Sternes *The Life and Opinions of Tristram Shandy*. Vater Shandy wird als »gentleman of many virtues«[2] vorgestellt, der Onkel präsentiert als jemand »with the virtues which usually constitute the character of a man of honour and rectitude«[3], Frau Wadman gar besitzt – dem Zeugnis ebendieses Onkels zufolge – stolze »thousand virtues«[4]. Zu den weiteren Eigenarten des Werkes gehört der Konflikt mit dem durch das Thema gesetzten Titel: Bis zum Ende des neunten und letzten Buches erfährt der Leser wenig über Tristrams Leben und so gut wie gar nichts über seine Auffassungen. Hunderte von Seiten berichten auf unterhaltsame und geistreiche Weise von dem, was angeblich vorab zum Verständnis beider gewußt werden sollte. Zur Einlösung des im Titel angekündigten Themas kommt es nicht.

Im Unterschied dazu scheint Wissenschaftstheorie vor umständlicher Vorbereitung vorzüglich gefeit zu sein. Diese Zurückhaltung erstreckt sich auf unterschiedlichsten Stoff, darunter auch die Frage der Eigenschaften von Forschern. Und so gibt es denn weder Traktate über den Sinn der Beschäftigung mit den Qualitäten von Forschern noch Ausführungen über den Wert der Vernachlässigung. Und die naheliegende Maxime, den Ansatz nach seinen Früchten zu beurteilen, bietet keine Hilfe, wenn es um die Frage geht, warum man ein unerkundetes Themenfeld überhaupt betreten soll.[5] Ob die Entscheidung, Forscher und ihre ›Tugenden‹ zu thematisieren, eine vertretbare – womöglich sogar im einleitend angedeuteten und später (Kapitel 2.5) auszuführenden Sinne wohlgegründete und deshalb erfolgreiche – Handlung darstellt, läßt sich nicht vorab ersehen. Unabhängig davon, was man als glücklichen Ausgang des Vorgehens erhoffen mag, haben wir zunächst schlichtes Agieren vor uns, das dementsprechend vorläufig im Absicht-Mittel-Verhältnis zu interpretieren ist. Benötigt wird also ein Provisorium, das wenigstens erhellt, warum das thematische Wagnis kleiner ist als es angesichts der überwältigenden Präsenz anders orientierter Beiträge zunächst vielleicht scheinen mag.

Worauf das geforderte Stück ›sternescher‹ Reflexion Antwort geben muß, sind demnach Fragen wie die: Inwiefern ist bereits anfänglich die Tendenz zu rechtfertigen, uns nachrangig für die Struktur von Theorien und vorrangig auf deren Erzeugung und Handhabung, statt auf falsche Aussagen auf Irrtümer oder Lügen, statt auf die Rationalität der Wissenschaft auf die Entscheidungen der Forscher zu beziehen? Oder um die Konkurrenz einer anderen Fraktion anzudeuten: Warum soll man nicht vorzugsweise zuvorderst nach den sozialen Eigenarten des Forschens fragen, nach den historischen Kontexten, nach Organisations- und Geschlechterzusammenhängen?

Dazu sei zunächst angemerkt, daß es so etwas wie eine personalistische *Praxis* vielfach auch dort gibt, wo man personale Bezüge programmatisch ausblendet.[6] Die großen wissenschaftstheoretischen Autoren der ersten Hälfte des 20. Jahrhunderts erklärten ungeachtet expliziter Verbannung des Persönlichen in vielfachen Wendungen ihren großen Respekt vor den Heroen der modernen Physik und waren durchgehend um deren Zustimmung zum eigenen Projekt bemüht. Das berühmte Manifest *Wissenschaftliche Weltanschauung: Der Wiener Kreis*[7] liest sich zum einen wie eine Prosopographie der Vorläufer und Mitstreiter, zum anderen wie eine Urkunde, in der das Vorgetragene durch Namensnennung autorisiert wird. Personalität spielt allgemein eine Rolle auch dort, wo man wenig von ihr hält. Ein beträchtlicher Teil des einschlägigen fachlichen Austauschs wird mit Hilfe von *Individuennamen* arrangiert. Man publiziert in Buchreihen und Zeitschriften mit angesehenen Editoren, tagt zu Einstein, zu Helmholtz, zu Galilei und Poincaré, ediert die Papiere von XY, hält sogar – was die Paradoxie humoristisch untermalt – für mitteilenswert, wie es war, als der eine Prophet des Anti-Personalismus bei dem anderen in die Lehre gegangen ist.[8] Das festzuhalten, ist freilich zu wenig, um als Begründung für ein personalistisches Vorhaben durchzugehen.

Eine thematische Wahl hat den Charakter einer *Handlung*, bzw. einer Kette von Handlungen, wenn wir einkalkulieren, daß jede Thematisierung ein größer angelegter Prozeß ist, in dessen Verlauf immer wieder neue Alternativen auftauchen. Nach vielen traditionellen Bestimmungen wie auch dem Allerweltsbegriff nach sind Handlungen motiviert, es liegen ihnen Zwecksetzungen bzw. Absichten zugrunde, die es in Kombination mit weiteren Annahmen begründet oder wenigstens plausibel erscheinen lassen, daß jemand dieses oder jenes tut oder läßt. Die richtige Themenwahl wäre eine unter dem Zweckaspekt nützliche Tat. Das gängigste normative Modell zur Darstellung einer Wahl ist die *Rationale Entscheidungstheorie*. Ihr zufolge würde eine vernünftige Themenentscheidung auf der Kalkulation des zu erwartenden Nutzens, abzugleichen mit dem erforderlichen Aufwand, beruhen. Aber so sehr die Idee lockt, vom rational ausgewiesenen Nutzen personalistischer Betrachtung zu sprechen: Die Anwendung des Modells empfiehlt sich aus drei Gründen nicht: Erstens brächte es eine gewisse Künstlichkeit mit sich. Die den klassischen Formulierungen[9] folgenden Ansätze geben eine Reihe von syntaktischen Bedingungen vor, darunter Transitivität der Präferenzen. Wenn *P A* gegenüber *B* vorzieht und *B* gegenüber *C*, ist es trivialerweise geboten, *A* gegenüber *C* vorzuziehen, und zwar unabhängig von irgendwelchen Rahmenbedingungen. Angenommen, *P* hat eine Präferenz des Themas T_a gegenüber T_b und T_bs gegenüber T_c, so wäre es irrational, wenn *P* T_c statt T_a aufgriffe. Von einem rational über ein Thema entscheidenden Akteur wäre demnach zu verlangen, daß er die Hierarchie thematischer Präferenzen präsent hielte und sie mit seinem Verhalten abgliche, um Inkonsistenzen zu vermeiden. Bei einem einigermaßen entfalteten Thematisierungsvorgang wären ungezählte solcher Stufungen zu beachten. Zweitens wäre verlangt, daß das zu Entscheidende klar markiert ist. Es müßte eine gleichmäßig arrangierte Wissenssituation hinsichtlich der jeweils zu ergreifenden Alternativen vorliegen, was gerade dann, wenn sich eine neue Betrachtungsrichtung anbietet, nicht gegeben ist. Drittens greift die Konzeption einer rationalen Themenentscheidung zu kurz, insofern es sich um eine rein instrumentelle Konzeption handelt, die es uns nahelegte, auch unter unsinnigen Themen das am wenigsten abwegige Thema zu wählen.

Daß auch die thematischen Präferenzen scharfsinniger Autoren nicht nach dem Modell rationalen Entscheidens interpretierbar sind, zeigt eine einflußreiche und für die Einstellung zur Tugendidee besonders wichtige Themenein- bzw. -ausgrenzung, die Abscheidung des ›Entdeckungszusammenhangs‹ vom ›Begründungszusammenhang‹.[10] Die Distinktion hat in Reichenbachs Formulierung eine bemerkenswerte Nachträglichkeit. Reichenbach betreibt eine Praxis entsprechender Thematisierung lange, ehe die rechtfertigende Unterscheidung vorgestellt wird. Und selbst dann bleibt die Erläuterung auffällig grau. Er legt sich darauf fest, den Entdeckungskontext »gänzlich der Psychologie«[11] zu überlassen. Aber nirgends im Text findet sich Auskunft darüber, ob Reichenbach – wie es unter der Bedingung rationalen Abwägens von Alternativen geboten wäre – die Möglichkeiten und Eigenarten der Psychologie seiner Zeit hinreichend erkundet hätte, um sich in diesem Punkt mit gutem Grund für unzuständig zu erklären. Die Ausgrenzung des Entdeckungskontextes scheint ihre Stärke zu einem beträchtlichen Teil aus einer Art Neigung zu beziehen. Bei Reichenbach heißt es an anderer Stelle, der philosophische Betrachter sei »nicht am Zusammenhang der Entdeckungen, sondern an ihrer Rechtfertigung *interessiert.*«[12]

Man mag bezweifeln, ob ein Autor wie Reichenbach tatsächlich vorrangig auf ›Interessantes‹ aus ist. Interessantheit kann aus Kuriosität bzw. bloßer Auffälligkeit entstehen. Aber von beliebig geweckter Aufmerksamkeit lassen Reichenbachs Texte nichts merken. Dem Interessiertsein mag im konkreten Fall unterschiedliches zugrundeliegen. Ich lasse die Verwobenheit von Reichenbachs Themenbegrenzung mit seinen Vorstellungen von Rationaler Rekonstruktion wie auch seine zu einer Heuristik hin offenen Überlegungen zur Problemlösung im Spätwerk beiseite und stelle zwei mögliche Interpretamente heraus: (i) eine Verknüpfung der wissenschaftstheoretischen Aufgabenstellung mit dem eigenen Vorwissen, d. h. den Kompetenzen Reichenbachs. Wie sich im Kontext der mit dem Tugendansatz verbundenen Konzeption der Handlungserklärung (Kapitel 2.2.2 und 2.5) erhellt, erfüllt Reichenbach mit seiner Abweisung möglicherweise eine Bedingung für *erfolgreiches* Handeln.[13] Der Wert von Überlegungen zum Entdeckungszusammenhang, hängt im Tugendschema besehen davon ab, ob jemand sich darüber kundig gemacht hat. Indem Reichenbach seine eher systematisierenden Fähigkeiten nutzt, optimiert er sein eigenes wissenschaftstheoretisches Agieren. (ii) führt die berühmte Ausgrenzung auf eine *Relevanzannahme* zurück, unterstellt eine Auffassung, die sich auf Unterscheidungen zwischen Wichtigem und Unwichtigem bezieht. Mit dieser Feststellung scheint zunächst wenig gewonnen. Sind nicht Relevanzannahmen genauso kontingent wie Interessiertheit? Aber die Differenzierung zwischen Interessantem und für wichtig Gehaltenem lohnt durchaus. Ein erster Vorteil ist der, daß die Auszeichnung von Wichtigem eine Stufung bedeutet, die wir – anders als im Fall des bloßen Interessiertseins – *nicht* als *spontane* Angelegenheit betrachten. Wir finden dieses wichtiger als jenes und jenes wichtiger als ein drittes, wobei der Gedanke hineinspielt, daß nicht Willkür, sondern Überlegungen die Hierarchie bestimmen. Die Überlegungen könnten darauf abzielen, ein für wichtiger als *B* angesehenes *A* als schlechthin relevanter auszuzeichnen, oder sich mit der Darstellung zu begnügen, warum *A* unter bestimmten Voraussetzungen wichtiger sein soll.[14]

Eine deontologische Ausführung eines Begründungsversuchs stünde unter dem Diktat der Universalisierbarkeit einer Regel, was in bezug auf thematische Entscheidungen alles andere als passend erscheint. Eine Rechtfertigung, warum Wissenschaft philosophisch auf eine bestimmte, personalistische Weise untersucht werden sollte, stellen menschheitliche Verbindlichkeiten nicht bereit. Indem wir etwa im Sinn übergeordneter Toleranz die Konkurrenz philosophischer Ansätze schätzen, schließt sich ein durchschlagendes Argumentieren ›von oben‹ zugunsten der Tugendausrichtung aus. Eine spezifische Thematisierung von Wissenschaft kann sich nicht als gerechtfertigtes Beiseiteschieben ausweisen. Finden wir uns also mit der begrenzten Begründetheit thematischer Entscheidungen ab. Ob die persönlichen Qualitäten forschender Menschen ein wichtiges Thema sind, mag sich demgemäß danach bemessen, wie sich das Gewicht des Projektes unter bestimmten, selbst nicht weiter ausgewiesenen Voraussetzungen darstellt.

Im weiteren wird – was gewiß nicht zum Widerspruch veranlaßt – schlicht vorausgesetzt, daß es in der Wissenschaftstheorie wie andernorts darauf ankomme, etwas zu *lernen*. Um uns in diesem Punkt den Rücken zu stärken, was die Themenfrage angeht, können wir auf die durch das *Menon*-Problem veranlaßte Feststellung zurückgreifen, daß eine Thematisierung ein Prozeß ist, wir es also bei der Beurteilung bzw. Legitimation mit einer *Serie* von Zuständen zu tun haben.[15] Die Frage nach dem Thema fordert nicht eine Wahl zwischen konkurrierenden Gütern, sondern sie sollte – wie es auch der Gedankenfolge im *Menon* entspricht – als die nach einer vertretbar organisierten *Suche* eingestuft werden.[16] Die Bewegung zu einer plausiblen Thematisierung entspricht der Suche nach einem Gut, über das wir lediglich *ungefähre* Vorstellungen besitzen. Diese Feststellung ist folgenreich und zieht schließlich eine Einschränkung des bisher leitenden Gedankens einer relevanzbezogenen Vorab-Stufung von Themen nach sich. Aber machen wir zunächst die Eigenarten einer Suche deutlich:

Wenn wir uns in einer Suchsituation befinden und nur in groben Umrissen wissen, *was* wir anstreben, werden wir desungeachtet im Zuge des Suchvorgangs zu Entscheidungen über jene Einzelhandlungen gedrängt, die den Suchprozeß konstituieren. Eine vernünftige Strategie bestünde darin, zwar anfänglich Präferenzen festzulegen, das Verfahren aber über einen gehörigen Zeitraum offenzuhalten, um sich die Chance der Neubestimmung von Präferenzen offenzuhalten. Den Anlaß einer solchen Neueinstufung könnten Momente des Verfahrens selbst bieten. Wer sucht, gewinnt Informationen. Er lernt, und zwar ist der Lernfortschritt dort am größten, wo entweder das Vorwissen besonders gering ist oder die neue Information besonders ins Gewicht fällt. Das Gewicht erweist sich erst im weiteren Verlauf der Ereignisse, so daß es nicht in die Anfangskalkulation eingeht und die situative Präferenz klar ist: Ein Suchender sollte unter der Vorausetzung, daß alle anderen Umstände gleich wären, zunächst solche Wege beschreiten, über die er noch wenig weiß. Die Gefahr, einen thematischen Mißgriff zu tun, ist – und damit kommen wir zum Abschluß unserer ›sterneschen‹ Überlegungen – umso *geringer*, je weniger ein Thema bereits entfaltet ist. Die in der bisherigen wissenschaftstheoretischen Diskussion bislang kaum wahrgenommene Option für einen wissenschaftstheoretischen Personalismus bzw. eine Tugendorientierung ist, suchökonomisch besehen, unter den verfügbaren Alternativen *kein* besonders gewagtes Unterfangen.

Allerdings gilt diese Feststellung nur in einem bestimmten Rahmen. Das Lernen während des Suchvorganges optimiert die Suche nicht, wenn es sich ungespurt auf Beliebiges erstreckt. Es gilt deshalb festzuhalten, in welche *Richtung* sich eine Thematisierung bewegt, was am leichtesten mit einem vergleichenden Blick auf verwandte oder auch intutiv gegenläufige Unternehmungen gelingt. Auf diese Weise entsteht eine Lokalisierung der Tugendintuition auf einer Tafel der wissenschaftstheoretischen Ansätze und damit eine Richtungsangabe.

1.2 Ein Vorbild und die Lokalisierung der Tugendorientierung

1.2.1 Die Vorgabe Polanyis

Zwar gibt es eine Unzahl sehr verschieden motivierter Wissenschaftskritik, die wissenschaftlicher Forschung eine schädliche Wirkung auf Menschliches zuschreibt – die Spanne der Autoren reicht von Agrippa von Nettesheim über Rousseau bis zu den zeitgenössischen Verurteilungen des Klonens –, aber nur eine recht kleine Anzahl von im engeren Sinne wissenschaftstheoretischen Orientierungen, was die Integration oder Ausgrenzung personaler Momente betrifft. Genauer gesagt geht es – soweit einigermaßen breite Entfaltungen vorliegen – um drei Einstellungen, die man in grober Beschreibung als ›objektivistisch‹, ›subjektivistisch‹ und ›kollektivistisch‹ einstufen kann. Die Angebote dieser Trias werden uns in ihren entwickelten Formen immer wieder begegnen. Hinter den Typisierungen stehen breite wissenschaftstheoretische Strömungen, deren Differenzen auf der Ebene der ersten Verständigung über Ausgangsorientierungen unberücksichtigt bleiben können. Der Dreiheit gegenüber steht in der neueren Wissenschaftskommentierung ein einziger Ansatz, der sich im einschlägigen Haupttext unmißverständlich als personenbezogen und zugleich brückenschlagend in bezug auf alle drei Tendenzen präsentiert. Überdies handelt es sich um ein Werk, das bei erstem Hinsehen in der Nachbarschaft des Tugendprojektes situiert zu sein scheint: die berühmten Gifford-Lectures Michael Polanyis (1951/52), die 1958 unter dem Titel *Personal Knowledge – Towards a Post-Critical Philosophy* erschienen[17] und sich der Aufgabe widmen, die ›subjektive‹, die ›kollektive‹ und die sachliche, ›objektive‹ Seite der Forschung zu harmonisieren.

Die Absicht, Gegensätze aufzuheben, hat freilich nicht zur Entstehung einer verbreiteten ›polanyischen‹ Betrachtungsweise in der Wissenschaftstheorie geführt, sondern es eher mit sich gebracht, daß widerstreitende Lager sich auf Polanyi berufen.[18] Und gerade die eigentlichen Kenner und Anhänger von Polanyis Werk (es gibt immer noch eine rege Polanyi-Gemeinde[19]) haben offenkundig Schwierigkeiten, sich in das allgemeine wissenschaftstheoretische Gespräch zu integrieren.[20] Andererseits muß Polanyi nicht zuletzt angesichts des aktuellen Niederganges aprioristischer Auffassungen von Wissenschaft und als bedeutender Vertreter der zunehmend beachteten *scientist's philosophy of science* (Hiebert) zurecht als eine Respekt gebietende Gestalt angesehen werden.[21] Er war als physikalischer Chemiker ein bemerkenswerter Forschungspraktiker und seine wissenschaftstheoretischen Darlegungen verdanken sich zu einem beträchtlichen Teil nachhaltigen eigenen Erfahrungen.[22] Es bedarf der Begründung, wenn wir seinem Vorbild nicht folgen. Die Begründung betrifft zwei von Polanyis zentralen Auffassungen, und sie mag das ihre dazu beitragen, die Eigenart der Tugendorientierung zu beleuchten:

Wiewohl Polanyis Arbeiten von der klassischen Diskussion des Tugendproblems im *Menon* nicht unberührt geblieben sind, hat sich für ihn keine intensive Beschäftigung mit dem Tugendbegriff ergeben.[23] Allerdings gibt es das Integrationsangebot des ›stillen Wissens‹, eine Vorstellung, mit der Polanyi u. a. Platons oben tangierte Frage nach dem Anfang von Wissen und Lernen zu beantworten versucht. Es ist aufschlußreich, sich den *Anlaß* seiner Überlegungen[24] in Erinnerung zu bringen. Die Idee des ›tacit knowledge‹ steht in einem engen Zusammenhang mit einer im Laufe der Jahre nicht inaktuell gewordenen, aber in der Konkretheit weithin vergessenen Diskussion, derjenigen über die *Planbarkeit* des wissenschaftlichen Fortschritts. Entsprechend seiner entschiedenen Abwehrhaltung in bezug auf alles, was auf eine externe Steuerung der Forschung hinauslaufen könnte, akzentuieren seine Beiträge durchgehend die seiner Einschätzung nach unkalkulierbaren, nicht einmal artikulierbaren Momente der Forschung. Diese Ausrichtung steht in deutlicher Analogie zu der ökonomischen Metapher der ›unsichtbaren Hand‹, welche die Optimierung des Wirtschaftslebens den jeweiligen Absichten der Marktteilnehmer wie auch staatlicher Steuerung enthebt.[25] Diese Anbindung ist aber unerheblich, wenn man sich vor Augen führt, daß Polanyis Gedanke des ›stillen Wissens‹ auf einer bestreitbaren *Dimensionierung* der gemeinten Forschungsmomente beruht.

Rufen wir uns zur Verdeutlichung des Vorwurfs einmal die zugrundeliegende Überlegung Polanyis an einem Beispiel in Erinnerung und stellen uns mit ein wenig historischer Phantasie vor, wie der junge Kepler in Graz den nächtlichen Himmel beobachtet: Mittels der in seiner Epoche üblichen Hilfsmittel fixiert er einen Planeten und bestimmt in regelmäßigen Abständen dessen Position. Mit Polanyi wäre zurecht anzumerken, daß es neben der fokalen Observation des Planeten zahlreiche subsidiäre Vorgänge gibt, welche mit der Beobachtung untrennbar verknüpft sind, etwa die Mechanik der Augenbewegung, die Handhabung von Winkelmeßinstrumenten, wie beipielsweise des Triquetrums, und diverses mehr. Sie sind in der Tat unvermeidlich ›still‹ insofern, als die Beachtung dieser begleitenden Momente zu einer Zerstörung des eigentlichen Observationsvorganges führen würde. Polanyi arrangiert aus solchen Komponenten ein vorgebliches Reich des Impliziten, wiewohl es sich offenkundig um Begleitumstände handelt, die nur in der *momentanen* Situation des Forschungsteilnehmers unthematisch sind. In einer veränderten Situation könnte aus dem vorher subsidiär in die Wahrnehmung Involvierten der Gegenstand einer ausführlichen Studie werden.[26] Nichts hätte Kepler grundsätzlich daran gehindert, im Anschluß an seine Planetenbeobachtung einen Traktat über die Sternobservation einschließlich einer Anleitung zum Gebrauch des Triquetrums zu verfassen, der einen Anfänger bald in den Stand versetzt hätte, ihm nachzueifern. Die von Flammarion, von Littrow u. a. im 19. Jahrhundert auf den Weg gebrachte Volksastronomie ist genau diesen Weg über die Verbreitung von Anleitungen gegangen. Und in Keplers eigener Epoche ist der persönliche Kontakt nicht selten eine schwierige und umständliche Angelegenheit, und man teilt sich vorzugsweise brieflich mit. Es spricht wenig für die Existenz eines bedeutenden *unaussprechlichen* Wissens, das im Falle der frühneuzeitlichen Astronomie Menschen miteinander verbunden hätte, die sich selten persönlich begegnet sind. Die geheimnisvoll anmutenden ›stillen‹ Faktoren des Forschungsprozesses, wie sie Polanyi in der näheren Ausführung des Gedankens als Fertigkeiten, Traditionsbindungen, Verpflichtungen usw. schließlich bezeichnenderweise auf durchaus konventionelle Begriffe zu bringen versucht, sind gewöhnliche Kommentierungsthemen, über die sich Wissenschaftserkundung Aufschluß verschaffen kann. Und mit entsprechender Zuversicht kann man an die Untersuchung von Forschertugenden gehen. Sie sind nicht eher *taciti* und nicht weniger *aperti* als andere Komponenten des Forschungsprozesses auch. Mit der Skepsis gegenüber der ›stillen Dimension‹ entfällt selbstredend auch die Verlockung, Forschertugenden als Elemente des ›tacit knowledge‹ zu interpretieren.

Betrachten wir nun ein zweites wichtiges Element von Polanyis Auffassungen, das im Blick auf die eventuelle Verbindung personaler Anteile am Forschungsprozeß mit seinen wie auch immer zu denkenden ›objektiven‹ Seiten besonders wichtig erscheint. Für Polanyi ist die ›objektive‹ Seite der Wissenschaft die des Bezuges zur Realität. Das irritiert für sich genommen nicht und wäre kein Grund zur Distanzierung. Das Problem mit Polanyis Realismus ergibt sich daraus, daß der in seiner Konzeption herangezogene Realitätsbegriff zu früh und obendrein pauschal eingesetzt wird. Polanyi setzt eine Annahme über das Verhältnis von Wissenschaft und Realität *voraus*, derzufolge gute Theorien einen ›Kontakt‹ zu einer unabhängig von menschlichen Einsichten vorhandenen Realität herstellen.[27] Diese Kontaktaufnahme basiert für ihn auf den imaginativen und antizipatorischen ›Kräften‹ des Menschen einerseits und einer Stufung der Realität andererseits.[28] Wissenschaftlicher Fortschritt stellt sich dar als eine Art von Höherbewegung, bei der immer neue und bessere menschliche Ansichten bzw. Theorien, die jeweils höheren Schichten der Realität erfassen. Das ist eine attraktive Konzeption, die sehr gut zum vorherrschenden Realismus vieler Forschungspraktiker paßt,[29] dem Glauben daran, eine ›Lücke‹ auszufüllen, ›tiefere‹ Einsichten zu gewinnen, schlichtweg ›Richtiges‹ festzustellen usw. Aber Polanyis philosophische Transformation dieser Haltung beruht auf einem vermeidbaren Wagnis. Immerhin handelt es sich nicht zuletzt um eine These über ungezählte künftige Theorien, die derzeit im Dunklen sind – bis hin zu jener letzten, die den Fluchtpunkt aller wahrheitsgerichteten Bemühungen abgibt. Polanyi behauptet weder, diese Theorie zu kennen, noch, daß die Bewegtheit des Forschens sich faktisch in ihr erfüllte. Dennoch läßt sich klar ausmachen, welche Gestalt eine solche ›höchste Ansicht‹ hätte. Sie wäre eine Theorie, die uns eine wahre Erfassung der Welt in die Hände legte, einzigartig, uneingeschränkt und komplett, insofern sie alle anderen ›darunter‹ liegenden Ansichten und die in ihnen gesetzten Objekte integrierte.

Die Fragwürdigkeit dieser Idee ist unter den verschiedensten Prämissen angemerkt worden, am bekannsten unter begriffstheoretischen (Putnam). Wissenschaftsbetrachtung kann sich mit dem bekannten Hinweis begnügen, daß die anerkannten Theorien unserer Tage genauso wie ihre Vorläufer lediglich ceteris paribus deskriptiv, prognostisch oder explanativ auf Daten anwendbar sind.[30] Sobald unsere gewöhnliche, bunte und ungeregelte Umgebung ins Spiel kommt, wird die Anwendung schwierig. Es ist eine gehörige Unterstellung anzunehmen, daß beispielsweise ein im jetzigen Augenblick vor der Bochumer Mensa herumfliegender Papierfetzen den Gesetzen der Mechanik gehorcht. Der Realist kann dazu nichts anderes sagen, als daß es ›im Prinzip‹ möglich wäre, die Flugbahn des Papiers zu kalkulieren. Aber niemand tut es, und ein hinauseilender Physiker brächte gewiß eine dürftigere Leistung zustande als ein regelmäßig vor der Mensa hockender Müßiggänger, der sich mit der Beobachtung des Windspiels die Zeit vertreibt. Anders ausgedrückt, die Leistung wissenschaftlicher Auffassungen erweist sich nicht selbstverständlich als Interpretation der ›Welt‹, sondern in stabilen Bezügen zu engen Ausschnitten. In der älteren Naturwissenschaft führen diese Spuren in die Naturalienkabinette, zu den Herbarien und Präparaten. Heute findet die Begegnung mit ›Natur‹ vorzugsweise unter hochartifiziellen Laborbedingungen statt. Die als Erfolg der ›Natur‹beherrschung angesehenen technischen Umsetzungen laufen im gewöhnlichen Fall darauf hinaus, Phänomene und Effekte unter extrem begünstigenden, ›künstlichen‹ Voraussetzungen zu erzeugen. Wir können den Erfolg auf dieser Bahn als sog. Wissenschaftliche Realisten möglicherweise daraus *erklären*, daß gute Theorien annäherungsweise wahr sind.[31] Aber wir sollten nicht mit der Unterstellung eines Weltbezuges *beginnen*, der ausgerechnet bei der Anwendung der fortgeschrittensten Theorien am wenigsten manifest ist.

Wenn wir die Tugendorientierung überzeugend plazieren wollen, müssen wir einen eigenen Rekurs auf die verschiedenen in Polanyis Ansatz verarbeiteten Auffassungen in ihrer Ausgangsgestalt nehmen.

1.2.2 Die objektivistische Intuition

Betrachtet man einen beliebigen Artikel einer naturwissenschaftlichen Fachzeitschrift, so wird man prima vista außer Autorenangaben selten Spuren des Persönlichen entdecken.[32] Über die Tugend- oder Lasterhaftigkeit von Menschen zu reden, die uns nur ihren Namen und die Bezeichnung des Instituts mitteilen, mutet bei der Betrachtung von Ergebnispapieren zunächst skurril an. Es überwiegt der doppelte Eindruck, daß wir eine personenenthobene Darstellung von unabhängig gegebenen Tatbeständen vor uns haben. Ähnliche Eindrücke kann im übrigen auch ein Lehrbuch des Mittelhochdeutschen, ein Aufsatz über die Beamtenlaufbahn in der Römischen Republik oder ein Artikel über die Gebetsverbrüderungen süddeutscher Klöster im 11. Jahrhundert vermitteln. Es gibt zahlreiche in der einen oder anderen Hinsicht konfligierende Interpretationen des Objektivitätsbegriffes[33], die sich nichtsdestoweniger in einem Minimalkonsens bewegen. Etwas erscheint im Sinne der Beispiele als objektiv, besagt, ihm zuzuschreiben, zu existieren und hinsichtlich seiner Beschaffenheit nicht davon abzuhängen, wer sich unter welchen Voraussetzungen darauf bezieht. Der Objektivitätsbegriff teilt sich demnach auf eine stimmige Weise in ein ontologisches und ein erkenntnistheoretisches Konzept. Begriffliche Fügungen des Typs ›Objektivität der Wissenschaft‹ setzen eine erkenntnismäßige Entsprechung, als *verfügte* man über Objektives, in anderer Redeweise über Realität. Der ontologische Objektivismus ist für eine auf forschende Menschen bezogene Betrachtung allenfalls in zweiter Instanz von Belang. Speziell in seiner Präzisierung im sog. Wissenschaftlichen Realismus stellt er lediglich eine denkbare Option dar, wohingegen die Auschau nach epistemologisch unproblematischen menschlichen mentalen Zuständen, etwa auf dem Feld der Wahrnehmung oder Erinnerung, hierfür unabdingbar ist.

Desungeachtet stellen ontologische Setzungen eine nicht zu übersehende Begleiterscheinung wissenschaftlicher Forschung dar. Einschlägige Unterstellungen gehen still als Existenzpräsuppositionen in wissenschaftliche Aussagen ein, und dazu passend gibt es so etwas wie einen Arbeitsobjektivismus der Forschung: Ihm zufolge *gibt* es Elektronen und es *gab* Gebetsverbrüderungen, und fortgeschrittene Theorien, die davon handeln, sind wahr oder wenigstens wahrheitsnahe, zu verstehen als realitätsadäquat. Gegen den Verzicht auf irgendeine Form der Konditionalisierung lassen sich ganze Bibliotheken mit erkenntnistheoretischen Traktaten ins Feld führen. Aber es ist keineswegs ausgemacht, daß die gängigen wissenschaftstheoretischen Umsetzungen haltbar sind. Die vermeintlich problemabschneidende Naivität ist auch eine bedeutende Komponente effektiver Forschungspraxis: *complicationes non multiplicandae sunt prater necessitatem.*[34]

Möglicherweise ließe sich vom vermeintlichen Laster epistemologischer Nachlässigkeit eine recht stabile Brücke zu manchem Tüchtigkeitsmoment schlagen, aber die allzu eilige Berufung auf solche Momente würde dem Gewicht der objektivistischen Auffassung nicht gerecht. Die Anknüpfung an eine personalistische Überlegung stellt sich auf einem anderen Weg ein. Sie resultiert aus der Besinnung darauf, daß der objektivistische Ansatz in bezug auf Wissenschaft zwanglos mit der Vorstellung harmoniert, daß wissenschaftliche Forschung sich – wie schon angedeutet – mit erkenntniskritisch Haltbarem, mit *Wissen* verbindet. Diesem Gedanken wird eine passende Form zu geben sein (Kapitel 4).

Daß der Wissensbegriff sich nicht apersonal erfüllt, kann man anhand eines einfachen Beispiels ersehen: Unterstellen wir einmal schlichtweg, der apersonal gesonnene Objektivist habe recht und Wissenschaft teile ohne Wenn und Aber mit, was der Fall sei. Machen wir nun ein kleines Gedankenexperiment und stellen uns eine Gruppe von Studenten vor, die mittels eines schematischen Verfahrens examiniert werden sollen.[35] Der Professor, der die Prüfung vorbereitet hat, stellt einige Aufgaben, die durch Einsetzen passender Begriffe in kleine Lückentexte gelöst werden sollen. Einer der Kandidaten hat nichts vom Lernstoff verstanden und setzt wahllos jene Begriffe ein, die er zufällig nach einem Blick auf das Vorbereitungsblatt eines Kommilitonen im Gedächtnis hat. Das Ergebnis wäre eine makellose Darstellung der entsprechenden Sachverhalte. Dennoch wäre es unangemessen, den als ›wahr‹ einzustufenden Text als Repräsentation von Wissen anzusehen. Wahrheit allein scheint nicht auszureichen, um etwas als Wissen anzusehen. Es muß ein Moment hinzukommen. Die herkömmliche Zutat, mit der wahre Aussagen in den Bereich des Wissens erhoben werden, ist der Gedanke an eine Form von *Rechtfertigung*. Am Beispiel wird hinsichtlich der Gestalt der erkenntnismäßigen Legitimation ersichtlich, daß eine *systematische* Stützung allein nicht ausreicht. Alles was sich auf dem Prüfungsblatt findet, mag sich hervorragend mit dem vertragen, was unsere besten Theorien und eine womöglich tausendfach verbürgte Datenlage nahelegen. Dennoch werden wir es eher als Kuriosum denn als Dokumentation von Kenntnissen ansehen. Wissen, erst recht wissenschaftliches Wissen, ist keine Angelegenheit des glücklichen Zufalls, sondern das Resultat verläßlicher Prozesse in der Gestalt tugendbestimmter Praktiken (Kapitel 4). Es findet sich bei Menschen, die etwas lernen, nachvollziehen, sich ausdenken, einsehen, einordnen usw. Im Rahmen wissenschaftlicher Arbeit ist dies ein weithin institutionalisierter Prozeß, den bestimmte, historisch geformte Konkretisierungen des Objektivitätsideals formen, die Forschung unberührt von faktischen Irritationen als interesselose Wahrheitssuche bestimmen.[36] Es ist für eine angemessene Einschätzung solcher hehren Vorstellungen wichtig, im Augen zu behalten, daß die mögliche historische Kontingenz ihrer Entstehung nichts über ihre Vertretbarkeit sagt und und die darin enthaltene Idealisierung die jeglicher leitenden Maximen ist. Prinzipien dieses Typs sind weder wahr noch falsch, sondern zweckmäßig oder nicht. Und ein möglicher Zweck damit nahegelegter methodischer Strategien mag in der prozeßhaften Rechtfertigung von Wissensansprüchen gesehen werden.

Auf das Prüfungsbeispiel ließe sich philosophisch freilich auch anders reagieren. Die genaue Gestalt einer solchen Reaktion ist an dieser Stelle nicht von Belang – sie findet sich in einer Unzahl wissenschaftstheoretischer Traktate vielgestaltig variiert. Es geht um eine Weichenstellung im Grundsätzlichen: Selbstverständlich kann man es darauf anlegen, Wissen als mentalen Zustand von ontologisch für unabhängig erachteten wissenschaftlichen Gebilden abzuscheiden. Die Betrachtung bezieht sich dann auf Theorien, Probleme und Argumente – ohne sich darum zu kümmern, ob Menschen sie hervorbringen, an sie glauben, sie bestreiten bzw. überhaupt kennen. Aber welchen Vorzug soll dieser Verzicht auf mögliche Einsichten haben? Warum sollten wir Wissen, die Einführung von Neuem wie auch die Entscheidung darüber im Zuge des wissenschaftlichen Fortschritts als geisterhaft anmutendes Getriebe aus selbstgesteuerten Bewegungen autonomer Gegenstände darstellen, ähnlich wie die berühmten Schachautomaten vergangener Salons, wenn eine Menge über die Akteure bekannt und potentiell explanativ ist? *Wenn* wir, einer umfassenderen Auffassung wissenschaftlichen Fortschritts wegen, nach dem Wissen und nach dem wissenschaftlichen Fortschritt fragen, kommen wir nicht umhin, nach dem tätigen Faktor Ausschau zu halten, der in den alten Automaten ein verborgener Meisterspieler war. Damit ist das Verhältnis von personalistischer und objektivistischer Einstellung in erster Annäherung umrissen: *Die Tugendorientierung befreit den Objektivismus von Hypostasierungen und gibt ihr einen spezifischen Sinn.*

1.2.3 Relativistische Intuitionen

Ein entschiedener Objektivismus, der Theorien und andere Wissenschaftskomponenten persönlicher Zustände enthebt, findet sein Gegenstück in einem ebenso entschiedenen Relativismus, der *nur* ebendiese in Betracht zieht. Dies ist ist nur eine von vielen Spielarten relativistischer Einstellungen, von denen einige durchaus mit der Tugendintuition bzw. einem reliabilistisch interpretierten Objektivismus verträglich sind. Soweit die unterstellte Relativität etwa eine allgemein Menschheitliche ist, könnte sie in bestimmter Formulierung dann mit der Tugendidee kollidieren, wenn letztere sich mit einem Begriffs- oder Theorienrealismus verbindet. Dies ist eine für Reliabilisten mögliche, aber keineswegs eine notwendige Option. Die im Schlußteil (Kapitel 4.6) beschriebene Konzeption eines wohlgegründeten Umgangs mit Theorien ist in diesem Punkt offen. Es sei außerdem darauf hingewiesen, daß basale gerechtfertigte Überzeugungen zum einen *nicht* mit Aussagen zusammenfallen und sich zum zweiten die reliabilistische Gedankenführung wesentlich auf Argumente gegen die Behauptung der Begriffs- bzw. Theorieabhängigkeit der Anschauung stützt (Kapitel 3.4). Die geläufigen Plastizitätsthesen untergraben lediglich den ›statement view‹.

Der Relativismus kann sich auf verschiedenen Stufen entfalten, kann Individuelles, Gruppen- oder auch Gattungsspezifisches herausstellen. In einer Reihe von Hinsichten steckt darin für den hier zu entwickelnden Ansatz keine Provokation. Der problematische Punkt liegt in der Behauptung, daß *nichts anderes* als die jeweils begleitenden menschlichen Einstellungen dafür auschlaggebend seien, ob wir es mit einem Fall von Wissen zu tun haben. Der Reliabilismus verfährt erkenntnistheoretisch gesehen *externalistisch*, d. h. die epistemischen Bewertungen der jeweils Beteiligten können in der Tat nicht das Maß der Dinge abgeben. Wer über ein besseres Meßgerät verfügt als Galilei, kann dessen Auffassungen mit gutem Recht kritisieren, was aber – wie im Schlußkapitel noch zu zeigen sein wird – nicht dasselbe ist wie eine methodologische Abwertung der damaligen Akzeptation der in Galileis Situation verfügbaren Daten. Diese kann sich in der Rückschau als optimale wohlgegründete Entscheidung darstellen.

Die manifesten Fälle von wissenschaftstheoretischem Relativismus haben eine sehr bemerkenswerte Vorgeschichte (erinnert sei an die Schriften von Hélène Metzger und Ludwik Fleck)[37], sind aber auch aktuell sehr populär. Man denke in diesem Zusammenhang an Einstellungen vom Typ des Anything-Goes-Relativismus oder des soziologischen Konstruktivismus. Eine leichte Verschiebung des Prüfungsbeispiels gibt eine erste Ahnung davon, inwiefern diese Ansätze sich schlecht mit einigen wichtigen philosophischen Haltungen vertragen: Nehmen wir diesmal an, wir hätten in einer zweiten Variante keinen Glückspilz vor uns, vielmehr einen Kandidaten, dessen Antworten nach objektivistischer Lesart schlichtweg *falsch* wären. Die beiden relativistischen Kommentare würden uns zunächst darüber belehren, daß wir es weder mit einer richtigen noch mit einer falschen Lösung zu tun haben, sondern mit der Teilhabe an einer Art Spiel, über dessen Konventionen genauer nachzudenken wäre. Der feyerabendsche Relativist wäre vielleicht geneigt, im Mißerfolg einen innovativen Anstoß zu würdigen, der mangels hinreichender Propaganda nicht durchgeschlagen sei. Der soziologische Konstruktivist könnte dahin tendieren, den Aspekt des Dysfunktionalen im Arbeitskontext zu unterstreichen.

Beide sehen davon ab, *was* wissenschaftlich gewußt und ausgetauscht wird. Dies wäre für sich genommen nicht unbedingt eine mit objektivistischen Haltungen konfligierende Betrachtungsweise. Wenn eine meritokratistisch tendierende soziologische Einschätzung wissenschaftlicher Forschung Fachkompetenz, d. h. unter anderem Wissen, als Filter bei der Verteilung von attraktiven Arbeitsplätzen behandelt,[38] wird eine wie auch immer gerichtete erkenntnis- bzw. wissenschaftstheoretische Interpretation des Auswahlfaktors selbst nicht tangiert.

Anders liegen die Verhältnisse bei einer soziologisch *reduzierenden* Vorgehensweise, welche die Inhalte epistemischer Zustände selbst als sog. soziale Institutionen einstuft, somit als etwas, das *nur* in seiner sozialen Funktion verständlich wird. Darin steckt eine gedankliche Verwechslung, die man sich am besten mittels eines Alltagsexempels erhellen kann, das sich völlig unstrittig als soziale Institution interpretieren läßt: Daß Metallstücke Geld sind, beruht in der Tat auf einer sozialen Vereinbarung, ist ein sozialer Tatbestand. Aber wir sind nicht veranlaßt zu *glauben*, daß ein Stück Metall mit dem Aufdruck ›5 DM‹ ›eigentlich‹ etwas anderes sei als ein Stück Metall. Im Gegenteil, es ist völlig natürlich anzunehmen, daß Münzen ›in Wirklichkeit‹ bestimmte Metallstücke sind, die man in einem Regelsystem ökonomisch funktionalisiert. Unsere Teilnahme am pekuniären Leben setzt die Kenntnis dieser Funktionalisierung, aber keine kategorial merkwürdigen Überzeugungen hinsichtlich der sozialen Eigenschaften von Metallstücken voraus. Gefordert ist lediglich das *Akzeptieren von Regeln hinsichtlich ihrer Verwendung*. Ob wir in irgendeinem Sinne an die Richtigkeit dieser Regeln glauben, ist völlig unerheblich. Einige italienische Knopffabrikanten haben dies vor einigen Jahren deutlich gesehen und die kleinsten Lirestücke zur Knopfherstellung zweckentfremdet. Sie haben damit nicht ihre Überzeugungen hinsichtlich der Beschaffenheit der Welt über Bord geworfen. Der soziale Tatbestand Geld läßt sich nicht zum Knopf verarbeiten, wohl aber eine Metallscheibe.

Indem die sozialen Funktionen von Gegenständen, Sachverhalten usw. mit diesen selbst ineinsgesetzt werden, entfällt die Möglichkeit einer funktionsübergreifenden Identifikation. In dieser Betrachtungsweise gibt es dementsprechend keine plausible Erklärung für kulturen- bzw. epochenübergreifende Gemeinsamkeiten,[39] und erst recht ist man außerstande, augenfällige Qualitäten der Forschung wie überraschende prognostische Erfolge, *consiliences* getrennt entwickelter Ansätze u. ä. m. zu erklären. Aufgehoben wird der machtvolle Eindruck wissenschaftlichen Fortschritts. Zusammengefaßt handelt es sich um Auffassungen, die einzig – und im übrigen nur bestimmten – situativen Momenten des Forschens einen Ort geben, dafür wesentliche, im Blick auf Forschung gängige Vorstellungen ignorieren und auffällige Phänomene nicht erläutern können. Die relativistische Intuition ist hilflos gegenüber einer Reihe von Eigenschaften, die wir aus gutem Grund mit wissenschaftlicher Forschung verbinden. Daß der eine Forscher mit ›seinen‹ Gründen dieses meint und der andere jenes, erklärt zu wenig und am wenigsten, warum wir uns in bemerkenswerter Breite auf rezente Ergebnisse wissenschaftlicher Forschung eher verlassen können als auf ihre Vorläufer.[40]

Die relativistische Intuition entspringt allerdings nicht einer rein epistemologischen Infragestellung wissenschaftlicher Resultate. Sie ist zugleich eine naheliegende Konsequenz von Versuchen, wissenschaftliche *Handlungen* zu erklären. Dies ist nicht zufällig ein von vielen objektivistisch tendierenden Wissenschaftsbetrachtern gern ignoriertes Thema. Die gängige handlungstheoretische Ausrichtung an Absichten läuft wie von selbst auf die Betonung bunter menschlicher Motive zu und schafft – auf Forschungsabläufe bezogen – der Unterstellung einer historischen Beliebigkeit wissenschaftlichen Agierens umgehend Raum. Es wird noch deutlich werden (Kapitel 2.23 und 2.5), daß die Unterstellung von Forschertugenden tatsächlich keine Erklärungsgründe für beliebige Handlungen liefert und wir im Rahmen einer Tugendorientierung stets kontrastiv argumentieren müssen. Das verweist auf ein friedliches Verhältnis zu jedweder historischen Rekonstruktion, die sich nicht mit einer grundsätzlichen Positionierung zur Frage des wissenschaftlichen Fortschritts belastet, bzw. darauf, daß der Konfliktstoff mit historischen Kontextualisierungen lediglich in eben dieser Hinsicht entsteht.

Um noch einmal den Schachspieler zu bemühen: Die Frage nach dem *Rang* eines Spiels verweist auf den Einsatz tätiger und fähiger Wesen. Ähnlich ist in bezug auf wissenschaftliche Forschung im gewöhnlichen Fall vorgegeben, daß es sich um respektable Leistungen handelt, nicht um den Ausdruck von Beliebigkeit und Willkür. *Die Ausrichtung der Tugendbetrachtung geht dahin, die personale Relativität zu ›zähmen‹.*

1.2.4 Die ›Filter‹-Intuition

Das Projekt der ›Zähmung‹ subjektiver Faktoren ist nicht neu. Für einen beträchtlichen Teil älterer Konzeptionen, von denen noch ausführlich die Rede sein wird, ergänzen sich Wahrheits- und Personenorientierung. Im letzten Jahrzehnt ist eine besondere Form der Harmonisierung von ›Objektivem‹ und ›Subjektivem‹ vorgeschlagen worden. Für die einschlägigen Bemühungen der neueren Zeit liefern Bücher wie David Hulls *Science as a Process* (1988), Helen Longinos *Science as Social Practice* (1990) und Philip Kitchers *The Advancement of Science* (1993) einflußreiche Beispiele. Eine wichtige Besonderheit liegt darin, daß die einschlägigen Autoren zuvorderst Wissenschaft als *sozialen* Tatbestand vor Augen haben. Im Gegensatz zu den relativistischen Ansätzen bemühen sie sich aber zu zeigen, daß Gruppenbindungen keine Beeinträchtigungen der – unterschiedlich verstandenen – ›Objektivität‹ der Forschung bewirken, sondern im Gegenteil den besonderen Rang wissenschaftlicher Auffasssungen garantieren.

> »Although objective knowledge through bias and commitment sounds as paradoxical as bombs for peace, I agree that existence and ultimate rationality of science can be explained in terms of bias, jealousy, and irrationality. As it turns out, the least productive scientists tend to behave the most admirably, while those who make the greatest contributions just as frequently behave the most deplorably« [41],

schreibt David Hull. Manche dazu passenden Überlegungen, darunter naheliegenderweise solche zur Institutionalisierung von Kritik bzw. zur optimalen Organisation unter dem Aspekt von externen Anreizen wissenschaftlicher Arbeit, verhalten sich zu Tugendpostulaten unproblematisch. Dennoch gibt es eine deutliche Divergenz. Aus der Sicht einer tugendbezogenen Wissenschaftstheorie wird mit der Konzentration auf Gemeinschaften, Denkstile, akademische Marktgeschehnisse, Experimentalsysteme u. ä. m. das Pferd vom Schwanze her aufgezäumt: *Gemeinschaften beobachten nicht. Sie haben keine Ideen, ziehen keine Schlüs-*

se, verstehen keine Theorien und kritisieren auch nicht. Wissenschaftliche Arbeit ist eine Sache von *Individuen,* die sich – und dies anzuerkennen ist erst der zweite Schritt – mit anderen Individuen in Beziehung setzen, beispielsweise um bestimmte Formen der Empirie zu ermöglichen, um voneinander zu lernen, Meinungen austauschen oder um irgendeines anderen Zweckes willen – vielleicht letztlich deshalb, weil in der Gemeinschaft mit anderen die Aussicht wächst, einer gültigen Auskunft über die tatsächliche Beschaffenheit der Welt nahezurücken. Ein einzelnes Wesen kann ohne weiteres über ein bestimmtes Wissen und über bestimmte Praktiken verfügen – ein leistungsfähiges Kollektiv bedarf mindestens eines einzigen kompetenten Mitgliedes. Die Vorgängigkeit des Individuums zu akzeptieren, verpflichtet nicht ohne weiteres zu einer rigiden Fassung der Betrachtungsweise, die in den Sozialwissenschaften als ›methodologischer Individualismus‹ bezeichnet wird. Daß es Forscherwissen und -praxis gibt, über die niemand allein verfügt, muß nicht bestritten werden, um die Reduktion von Forscherindividuen auf Sozialkomponenten abzuwehren. Im Gegenteil, die Identifikation gemeinschaftsrelevanter Tugenden könnte ein sinnvoller Schritt sein, wenn es darum geht, die Möglichkeit überindividueller Wissenschaftskomponenten zu erklären.

Die aktuelle Bevorzugung des Sozialen gegenüber dem Individuellen in der Forschungsbetrachtung hängt, wie schon eingangs angedeutet, damit zusammen, daß Forschergemeinschaften sich als Instanzen zwischen den Ebenen des Individuellen und dem enthobenen Forschungsresultat als eine Art ›Filter‹ für beeinträchtigende persönliche Momente anbieten. Wir begegnen hier, wie bereits bei Polanyi, dem Gedanken der ›unsichtbaren‹ Hand, die, von den Forschungsakteuren unintendiert, Gutes schaffen soll. Z.B. argumentiert Kitcher[42], daß amoralischer Karrierismus sich förderlich auf eine sinnvolle Streuung von Forschungsvorhaben auswirke. Bereits Kuhn und Feyerabend haben auf den allgemeinen Nutzen noch unzureichend fundierten Abweichlertums hingewiesen. David Hull spricht von einer ›Koinzidenz‹[43] zwischen möglicherweise unerquicklichen persönlichen Forscherabsichten und der gemeinsamen Aufgabe der Wissenssuche. Zusätzliche Anlässe zur Hintanstellung individualisierender Betrachtungsweisen ergeben sich aus der Entscheidungs- bzw. der Rationalitätstheorie. Greifen wir zwei der einschlägigen Beispiele auf: Das Gefangenen-Dilemma macht deutlich, daß die für eine Einzelperson einleuchtende Entscheidung, wenn sie von zwei Personen in der nämlichen Lage getroffen wird, beiden zum Schaden gereicht. Die wissenschaftstheoretische Umsetzung im Sinne einer Ausblendung des Individuellen liegt auf der Hand. In einer anderen Richtung hat Husein Sarkar in seinem Plädoyer[44] für methodische Buntheit den wissenschaftstheoretischen Individualisten herausgefordert: Nehmen wir einmal an, alle am Forschungsprozeß Beteiligten verhielten sich in einem wie auch immer festzulegenden Sinne richtig, etwa wenn sie den Wert der vorhandenen Theorien einschätzen oder die Bedeutung von Problemstellungen einstufen. Wäre dann nicht anzunehmen, daß neue, noch nicht ganz ausgegorene Auffassungen und Fragehinsichten niemals zu jener Reife gelangten, die es später allen Forschungsbeteilgten ermöglichen würde, sie zu akzeptieren?

Gegen Sarkars Gedankenspiel wie auch die Brisanz des Gefangenendilemmas läßt sich individualistisch nicht erfolgreich argumentieren, solange als stille Bedingung gilt, daß Wissenschaftstheorie ausschließlich *Regeln* für das Verhalten von Forschern zu formulieren habe. Ein tugendbezogener Ansatz entzieht sich beiden Einwänden, insofern er keine gleichgerichteten Agenten verlangt, sondern Menschen, die sich ihren jeweiligen Fähigkeiten und

Einsichten entsprechend einsetzen. Wissenschaftliche Innovationen und vertretbare Entscheidungen verdanken sich den unterschiedlich ausgeprägten Fähigkeiten, in dieser oder jener Hinsicht erfolgreich zu handeln. *Der Tugendansatz ist nur mit einer solchen ›Filter‹-Betrachtung vereinbar, die individuelle Momente nicht auf soziale Zusammenhänge reduziert.* Die Annahme indes, daß die Entstehung und Erhaltung dieser Momente mit den besonderen Eigenarten des sozialen Unternehmens Wissenschaft zusammenhängen, positioniert sich problemlos und komplementär.

1.2.5 Die reliabilistische Tugendintuition

In der Tugendorientierung wird davon ausgegangen, daß der Blick auf die Qualitäten forschender Menschen dabei helfen kann zu erläutern, wie die ›Sachlichkeit‹ von Wissenschaft zustandekommt. Angestrebt wird ein Ansatz, der bestimmte individuelle ›subjektive‹ Tatbestände als funktional in bezug auf die Entstehung von und den erfolgreichen Umgang mit Wissen wie überhaupt fortschrittbegünstigendes Handeln ausweist. Damit ist der wissenschaftstheoretische Ort einer entsprechenden Konzeption fürs erste markiert. Die Ortsbestimmung auf der wissenschaftstheoretischen Überblickskarte bedeutet allerdings nicht, daß die Lokalisierung abgeschlossen ist, da derselbe Punkt disziplinär anderweitig ebenfalls kartiert ist, worauf wir uns im weiteren zu beziehen haben.

Daß ausgerechnet die gegenwärtig schwungvoll in Szene gesetzte Wissenschaftsethik in dieser Hinsicht weithin unergiebig ist, wurde bereits in der Einleitung angemerkt. Daneben existieren verschiedene Ansätze, in denen Kompetenzen breit diskutiert worden sind. So stellen fachlich relevante persönliche Qualitäten ein wichtiges Thema der Methodologie der Ingenieurswissenschaften dar, wobei der Ausgangspunkt Fragen der Zuverlässigkeit von technischen Produkten sind.[45] In der Hauptsache sind drei im Laufe der gesamten Erörterung immer wieder hilfreiche Begleiter zu nennen: (i) die *reliabilistische Erkenntnistheorie,* die sich als Tugendepistemologie auslegen läßt, indem wir sowohl die personale Komponente der Wissenserzeugung als auch die Wissenskomponente des verläßlichen Agierens berücksichtigen,[46] (ii) die *Kognitionspsychologie* als Auskunftsinstanz über einschlägige faktische personale Prozesse,[47] sowie (iii) die *herkömmliche Wissenschaftshistorie,* wie sie sich u. a. in der Forscherbiographie exemplifiziert.

Die für die gesamte Darstellung verbindliche reliabilistische Ausgangsidee, wonach die Rechtfertigung einer Überzeugung aus einem verläßlichen Entstehungsprozeß resultiert, ist in unserem Jahrhundert erstmals von Frank Plumpton Ramsey wieder aufgegriffen worden, einem Autor, der die Wissenschaftstheorie in anderen Hinsichten (nämlich in bezug auf die Bestimmung theoretischer Funktionen) stark beeinflußt hat.[48] Die spezifischen, zum Unterfangen passenden Teile der Erkenntnistheorie und der Kognitionspsychologie erläutern sich im einzelnen an gegebener Stelle, zuvorderst im 3. Kapitel. Was das Verhältnis der Tugendepistemologie zur philosophischen Tradition angeht,[49] sei auf lose Fäden verwiesen: Bei Aristoteles oder Thomas von Aquin geht es im wesentlichen um kognitive Fähigkeiten wie Weisheit oder Klugheit, aus denen sich Wissensansprüche rechtfertigen lassen. Die moderne Tugendepistemologie integriert auch Charakterzüge und personale Eigenschaften, die in bestimmter Weise funktional hinsichtlich des Erwerbs von oder des Umgangs mit Wissen sind, also beispielsweise Ehrlichkeit oder ein gutes Erinnerungsvermögen. Die Motive für ihr Wiedererstarken liegen nicht zuletzt in der durchschlagenden Wirkung der im oben verwendeten Prüfungsbeispiel bereits unbenannt herangezogenen sog. Gettier-Probleme, daneben wurde sie durch Schwierigkeiten angeregt, die sich im Kontext kohärentistischer wie auch fundamentalistischer Konzeptionen zeigen.[50] Man darf sich allerdings nicht darüber hinwegtäuschen, daß die Tugendepistemologie allein eine bei weitem zu geringe Reichweite aufweist, um einen wissenschaftstheoretischen Ansatz hinreichend anleiten zu können. Sie zielt auf die Rechtfertigung von Überzeugungen und hilft bei der Erhellung des für die Wissenschaftsbetrachtung wichtigen Wissensbegriffs. Aber sie kann uns nicht einmal sagen, inwiefern Wissen ein wichtiges Moment von Wissenschaft ist. Der reliabilistische Wissensbegriff bedarf der Einbettung. Wissenschaft vollzieht sich nicht nur in der Bildung gerechtfertigter Überzeugungen, sonst wären die bloße Anhäufung von Wissen und der wissenschaftliche Fortschritt eins. Die Tugendepistemologie erscheint deshalb als nützliche Helferin, aber nicht als Dachdisziplin einer tugendorientierten Wissenschaftstheorie. Sie bedarf des ergänzenden Blicks auf Forschungshandlungen.

Was die Stellung zur Wissenschaftshistorie angeht, so verschafft letztere uns – wie schon angedeutet – autobiographische Materialien, Quellen zu kollegialen Einschätzungen und andere Dokumente, die Einblick in die Bemühungen und die diese bestimmenden Fähigkeiten von Forschern gewähren, Wissen zu sichern, Neues zu entwickeln und fortschrittsförderliche Entscheidungen zu treffen. Ein so bedeutendes wissenschaftshistorisches Genus wie die Forscherbiographie[51] fällt in einer konsequenten regelorientierten Wissenschaftskommentierung (und zwar nicht allein in der forschungsethischen) unter die Ignorabilien. Unter dem Tugendaspekt hingegen läßt sich kaum Aufschlußreicheres denken – vorausgesetzt, die Darstellung stammt nicht ausgerechnet von einem lasterhaften Autor. Biographische Angaben setzen bestimmte Menschen zu bestimmten Situationen ins Verhältnis. Sie sind ›bodenhaftig‹, weit davon entfernt, die Komplexitäten geschichtlicher Abläufe zugunsten reiner Projektion zu opfern.[52] Daß Biographien in der Wissenschaftshistorie weit weniger strittig sind als in der Allgemeinhistorie, verweist auf einen wichtigen Unterschied der jeweiligen Ausgangslage, die auch die Beziehung von Forschungsethik und allgemeiner Morallehre tangiert. Die wenigsten Betrachter der menschlichen Geschichte werden bereit sein, deren auffälligsten Bestandteil, das politische Geschehen, mit ähnlicher Entschiedenheit als *Erfolg*sprozeß zu deuten wie die Geschichte der Wissenschaft.

Soweit sind die fachlichen Bezüge der Tugendbetrachtung in etwa angedeutet, und ihre weitere Ausarbeitung wird in der Folge anstehen. Eine Frage, die bereits ein erster Anriß nahelegt, ist die nach jenen Bedingungen, die dafür gesorgt haben, daß ihr bislang *kein* Raum gegeben wurde. Einige vermeintlich schlagende Gegengründe werden uns in der Umkehrung, nämlich beim Aufweis der Bedeutung positiver individueller Forschereigenschaften, noch eingehend beschäftigen. Sie beziehen sich auf die Vorstellungen davon, was Wissen ist, auf welche Weise Theorien kontrolliert werden, wie es um die epistemische Unabhängigkeit von Forschern bestellt ist, u. a. m. Ich möchte an dieser Stelle noch auf zwei andere Umstände hinweisen, die dafür gesorgt haben, daß der mögliche Anteil der Tugendhaftigkeit sich für viele Betrachter von vornherein als vernachlässigbar darstellt: Der erste ergibt sich aus der scheinbaren ›Halbierung‹ möglicher Tugendanteile im Zusammenhang mit der herkömmlichen Auffassung der *hypothetisch-deduktiven Methode* – der zweite aus der eng damit verknüpften *Nichtunterscheidung* genetischer Aspekte schlechthin mit solchen der Erzeugung von Hypothesen. Forschertugenden werden zum Thema, indem die mit der Dichotomie von Entdeckung und Rechtfertigung einhergehende gedankliche Engführung sichtbar wird.

1.2.6 Die Marginalisierung der Tugendintuition durch den Hypothetizismus

Sieht man die methodologiehistorische Antithese von induktiver und hypothetisch-deduktiver Methode vor dem Hintergrund der Unterscheidung zwischen der Entstehung und Begründung von Hypothesen,[53] bildet sich leicht der Eindruck, der Induktivismus sei ein natürlicher Verbündeter der Tugendorientierung, wohingegen der Hypothetizismus damit wenig anfangen könne. Der Eindruck ist näher betrachtet unzutreffend, verdient aber Aufmerksamkeit. Er speist sich aus verschiedenen Quellen. Da ist zum einen die Ausschnitthaftigkeit einflußreicher philosophischer Wissenschaftsdeutungen, in Sonderheit derjenigen, wissenschaftliche Arbeit bedeute kaum mehr als Erklärungshypothesen aufzustellen, entsprechend der These der strukturellen Identität von Erklärung und Prognose Vorhersagen zu bilden und mit den gewonnenen Daten die Hypothesen zu testen. Aber Theorien lassen sich nicht nur als deduktiv verwertbare Aussagensysteme deuten, und Daten wiederum können einer Vielzahl von ganz anderen Zwecken als denen der Überprüfung von Theorien dienen. Nachträgliche Prüfungen sind, auch wenn man nur den Kontext naturwissenschaftlicher Labortätigkeit berücksichtigt, eine Aktivität unter anderen, und Bemühungen um die Feststellung von einzelnen Tatbeständen, die Analyse von Phänomenen, die messende Präzisierung, die Gewinnung von Problemen, die Ergänzung von Datenreihen u. a. m. haben einen bemerkenswerten Anteil an der Empirie.[54]

Auch weist die Methodologiegeschichte keineswegs einen stetigen Siegeszug des Hypothetizismus aus. Er hat noch bis in das 19. Jahrhundert eine nur sehr differenziert faßbare Stellung eingenommen.[55] Nicht zufällig ist bekanntlich bei Kant von Hypothesen oft in Verknüpfung mit pejorativen Adjektiven die Rede. Erst in der ersten Hälfte des 19. Jahrhunderts kommt es zu jenem Umschwung, der die heutige Einschätzung bestimmt. Die Bedeutung des Deduktivismus für die Gewichtung personaler Eigenschaften wird exemplarisch erkennbar, wenn man in jene Umbruchsphase zurückgeht, in der sich die Durchsetzung des Hypothetizismus abzeichnete, an das Ende des 18. und die erste Hälfte des 19. Jahrhunderts. Anfangssignale des neueren Hypothetizismus finden sich vielfach in Verbindung mit Phänomenen, für welche die großen Ansätze der Mechanik keine Deutung vorsahen. Als Beispiel sei ein Artikel von Henry Cavendish herausgegriffen: Im Zusammenhang mit dem Nachdenken über Elektrizität wählt Cavendish einen bemerkenswert schnellen Einstieg. Er verweist auf einen konkurrierenden Autor, dankt der *Royal Society* für das Akzeptieren seiner Vorlage und beginnt, ohne die geringste Aufklärung über die Herkunft seiner Idee, gänzlich unvermittelt:

> »The method I propose to follow is first to lay down the hypothesis; next to examine by strict mathematical reasoning, or at least as strict reasoning the nature of the subject will admit, what consequences will flow from thence; and lastly to examine how far these consequences agree with such experiments as have yet been made on this subject.«[56]

Dann wird seine Hypothese akribisch präzisiert und in ihren Konsequenzen beschrieben, als handle es sich um eine vom Himmel gefallene Ware, die ein guter Kaufmann anschließend wohlverpackt unter die Käufer zu bringen habe. Cavendish selbst verrät nichts über seine spezifischen Voraussetzungen und äußert sich genausowenig zur Berechtigung seiner Verfahrensweise. Später liefert der jüngere Herschel im *Preliminary Discourse* eine aufschlußreiche nachträgliche Begründung für derartiges Vorgehen nach:

> »In the study of nature, we must not, therefore, be scrupulous as to *how* we reach to a knowledge of such general facts [sc. theories]: provided only we verify them carefully when once detected, we must be content to seize them whereever they are to be found.«[57]

Larry Laudan hat diese Einschränkung so interpretiert, als ob Hypothesen für Herschel auf beliebige Weise aufkommen könnten, was der Einstellung entspräche, die in unserem Jahrhundert mit der Ausschließung des Entdeckungskontextes aus der philosophischen Betrachtung verbunden worden ist.[58] Es handelt sich aber lediglich um einen ersten Schritt in diese Richtung. Für Herschel verdanken sich gute Hypothesen vagen, aber dennoch eingeschränkten Vorstellungen, in deren Formierung empirische Kenntnisse und Analogisierungen eingehen. Und wie selbstverständlich verbindet Herschel mit diesen Voraussetzungen eine Reihe von Überzeugungen hinsichtlich des »character of the true philosopher«[59], etwa im Sinne der Redlichkeit oder auch der überlieferten baconschen Ideale der Vorurteilsfreiheit.[60] Ungeachtet dieser Einbettung der Hypothesenbildung liegt eine weiterführende und für das Schicksal der Vorstellung von Forschertugend folgenreiche Überlegung auf der Hand: Wenn Prüfungsprozeduren ohnehin unabdingbar sind, erscheinen Aufschlüsse über die epistemische Dignität einer Hypothese *vor* der Überprüfung überflüssig. Ob Forschertugend oder -laster ihr vorausliegen, nimmt sich letztlich unerheblich aus. Auch auf die von einem perfekten Exemplar des »true philosopher« angebahnte Hypothese ist nicht ohne weiteres Verlaß. Sie muß geprüft werden, wobei keine noch so sorgsame Anbahnung den Kontrollvorgang auch nur im geringsten erleichtert. Folgerichtig kann sich die Betrachtung personaler Kontexte auf den Umgang mit der bereits *vorgefundenen* Hypothese beschränken. Um die Jahrhundertmitte zieht der mit Herschel sachlich und wissenschaftspolitisch verbundene William Whewell in einer Kritik an Mills Induktivismus[61] jene Konsequenz, die in Herschels *Discourse* noch vermieden wird:

> »The conceptions by which facts are bound together are suggested by the sagacity of discoverers. This sagacity cannot be taught. It commonly succeeds by guessing [...].«[62]

Wenn irgendein Gedanke der Vorstellung einer tugendhaften Erzeugung von Wissen zuwiderläuft, dann ist es jener des glücklichen Ratens. Mit der Integration dieser Vorstellung in die Methodologie reduziert der Hypothetizismus den Anwendungsbereich möglicher Tugendpostulate auf den der Kontrolle.

Der Prozeß der Durchsetzung des Hypothetizismus ist nicht konfliktlos verlaufen. Vielfach gilt die Methode der Hypothese als eine unter anderen. Bei einer Reihe hypothesenorientierter Autoren, darunter Whewell, signalisiert schon das kurios anmutende Beharren auf induktivistischen Redeweisen, daß der Gedanke der wohlgegründeten Anbahnung guter Theorien nicht gänzlich aufgegeben ist. Und die Anerkennung des bloßen Spekulierens bzw. glücklichen Ratens bleibt weithin unter Vorbehalt. In Deutschland entwickelt ein so einflußreicher Autor wie Helmholtz eine Gegenposition, die auch den Tugendaspekt wieder in Erinnerung bringt. Dabei bestreitet er nicht, daß Hypothesen womöglich auf die verschiedenste Weise ihren Anfang nehmen können. Was Helmholtz in Frage stellt, ist die Annahme, daß mit derart zustandegekommenen bloßen Gedankenblitzen bereits relevante Theorien in die Forschungswelt gesetzt seien (s. unten Kapitel 4.5)

Mit der Entwicklung der theoretischen Physik gewinnt die im Whewell-Zitat angerissene Radikalisierung wieder an Plausibilität. Unter anderem hat die mit den verhüllenden Selbstauskünften Albert Einsteins verknüpfte Verdeckung der technisch-experimentellen Momente der Relativitätstheorie in diesem Zusammenhang eine kaum zu überschätzende Rolle gespielt.[63] Aber der Gedanke glücklicher Einfälle dürfte der wirkungsstärkste sein, wenngleich die einschlägigen Formulierungen zuweilen mehr oder minder deutlich auch auf dazu widrige Aspekte verweisen. Zitiert sei aus einem Vortrag Erwin Schrödingers:

> »Es ist nicht wahr, daß die quantitativen Gesetzmäßigkeiten, die wir feststellen, uns *an sich* irgend im geringsten interessieren – beispielsweise die Dampfdruckkurven einer Reihe von organischen Flüssigkeiten oder die Wärmekapazitäten der Elemente in ihrer Abhängigkeit von der Temperatur. Sie interessieren uns ganz ausschließlich um der *Gedanken* willen, die wir uns darüber zu machen beabsichtigen, mögen sich nun diese Gedanken bereits zu klaren Theorien aufgebaut haben oder mögen sie erst als ahnungsvolle, schwer aussprechbare Intuitionen in den Köpfen genialer Experimentatoren existieren.«[64]

Man kann dies so lesen, als sei Forschung als Feld der Genies und Glückspilze aufgefaßt. Es steckt aber unübersehbar auch die Annahme darin, daß es nicht nur gesegnete, sondern auch *kundige* Leute sind, die sich Gedanken machen. Daß das Erzeugen guter Theorien das klassische induktivistische Projekt ist, hat für den Hypothetizisten vielfach den Umstand verdeckt, daß die induktivistische Version – selbst wenn sie zuträfe – nur einen Ausschnitt des Vorlaufs einer Theorie erfaßte. Nach Schrödinger bestehen wenigstens Anregungsverhältnisse, sind es auffällige Phänomene bzw. Daten, die Gedanken initiieren. Oben im Falle Cavendishs handelte sich bei der vorgeschlagenen Theorie um eine Reaktion auf einen vorgefundenen theoretischen Versuch. Beide beziehen sich nicht auf den Weg einer induktiven Erzeugung, aber deuten in schwacher Form an, daß gute Hypothesen ihre Vorgeschichte haben. Worin besteht diese Vorgeschichte?

Was sich zuerst als Antwort anbietet, ist der Hinweis auf die Unverzichtbarkeit eines kundigen und angeregten Individuums. Und diese Feststellung führt weiter zu dem Eingeständnis, daß die Resultate überzeugender Hypothesenbildung keineswegs *völlig* unvorhersehbar ausfallen. Wir können anhand der Kompetenzbedingung leicht einen langen Negativkatalog eröffnen. Diese ›constraints‹ auf der Grundlage fachlicher Kompetenz sind echte Determinanten, die Bestimmtes verbieten. Kein moderner Mediziner verfiele auf den Gedanken, daß Aids das Leben verlängert, und kein Physiker würde sich mit der Hypothese hervorwagen, daß halbentleerte Batterien auch die Hälfte ihres Gewichtes eingebüßt hätten. Die Gewinnung wissenschaftlicher Hypothesen ist *wissensabhängig* (Kapitel 4.5). Die Abscheidung ihrer Genese unterschlägt die Differenz zwischen fachlich unbedarften Ad-hoc-Behauptungen und forschungsrelevanten Theoriebildungen.

Die Betrachtung dieser genetischen Beziehung ist nicht allein auf Aufschlüsse über kognitive Prozesse, wie beispielsweise solche der Analogiebildung, angewiesen. Jede ernstzunehmende Theorie dokumentiert *selbst* wichtige Momente ihrer Entstehung, in Sonderheit bezeugt sie bestimmte Fähigkeiten ihres Urhebers. ›Heureka‹ ist nicht der Ausruf des mit einem Einfall gesegneten Toren, sondern des *Archimedes*. Eine Theorie muß adäquat formuliert sein und verstanden werden, damit es lohnt, sie auf den Prüfstand zu hieven. Und wie Theorien, so haben auch Überprüfungen ihre Geschichte. Eine empirische Kontrolle mittels schlecht eingestellter oder gar nicht funktionierender Geräte, womöglich ausgeführt von unbedarften Experimentatoren, verdiente den Namen nicht.

Jedwede Anwendung der hypothetisch-deduktiven Methode hat in *doppelter* Hinsicht ihre Vorgeschichte, hat, wenn man es so ausdrücken will, unter dem Aspekt der Theorienentstehung wie der -überprüfung ihre jeweiligen ›Entstehungszusammenhänge‹. In der Tugendorientierung wäre hypothetisch-deduktives Vorgehen so zu beschreiben, daß kompetente Forscher theoretische Vorschläge hinreichender fachlicher Qualität zuwegebringen, die von einschlägig befähigten Menschen mittels verläßlicher Verfahren überprüft werden. Die epistemischen Rechtfertigungsmomente sind unabhängig von der jeweils gewählten Methode *genetisch*. Eine Hypothese wird forschungsrelevant, weil sie kompetent entfaltet wurde und ein epistemisch sicherndes Prüfverfahren überstanden hat, bei dessen Vollzug und Wiedergabe der Ausführende sorgfältig, versiert und redlich vorgegangen ist. Beides gehört in den *Forschungszusammenhang*.

1.3 Zur Interpretation des Forschungskontextes

Betrachten wir eine historische Skizze eines großen Forschungspraktikers und -theoretikers des 19. Jahrhunderts:

> »Die Entdeckung des Sauerstoffes und die daran sich knüpfende neue Verbrennungstheorie führten zunächst zur umfassenden Durchführung der Calorimetrie. Die durch chemische Processe zu entwickelnde Wärme, die bei den Aenderungen der Aggregatzustände verschwindende und frei werdende Wärme, die Wärmecapacität der verschiedenen Substanzen. All dies wurde eifrig studiert, eine Menge mühsamer Untersuchungen begründeten hier ein neues wichtiges Gebiet der Physik.«[65]

Beschreibungen dieses Typs finden sich außer bei Helmholtz bei zahlreichen älteren Autoren. Vor dem Hintergrund aktueller Wissenschaftstheorie haben solche Äußerungen etwas Irritierendes. Sie sind gut nachvollziehbar, aber nicht auf dem aktuell vorliegenden wissenschaftstheoretischen Tableau einzuordnen. Was Helmholtz beschreibt, kann man, unabhängig von seiner spezifischen Sicht, als Darstellung von Forschungsvorgängen, als Thematisierung eines Stücks eines ›Forschungszusammenhanges‹ bezeichnen und liegt in der vorherrschenden modernen wissenschaftstheoretischen Einstellung auf ganz unterschiedlichen Ebenen. Greifen wir das Auffälligste heraus: Ein auch in der gewöhnlichen wissenschaftshistorischen Betrachtung üblicher Ausdruck wie ›die Entdeckung des Sauerstoffes‹ scheint die Ebene empirischer Feststellungen mit einer realistischen Behauptung *über* diese Feststellung zu vermischen. Anschließend ist im Text wie selbstverständlich von etwas vom Autor für real Erachtetem die Rede und die Ebene der theoretischen Deutung bleibt unbedacht. Daran schließen sich Bemerkungen über Forscherhandeln an, das ein wissenschaftliches Gebiet konstituiert habe, wiewohl der Leser unmittelbar zuvor den Eindruck gewinnen mußte, daß die Realität selbst uns die Art ihrer Erfassung vorgibt. Wer einigermaßen mit Helmholtz' Erkenntnis- und Wissenschaftstheorie vertraut ist, weiß, daß sich die scheinbare Merkwürdigkeit bei genauerer Betrachtung bald verflüchtigt. Nichtsdestoweniger bleiben Sperrigkeiten erhalten: Für Helmholtz ist der Begriff der Wissenschaft in erster Linie ein solcher des *Wissens*,[66] genauer gesagt der Kenntnis von Gesetzen, die es zu suchen, begreifen, darzustellen gilt. Insofern der Begriff des Wissens den der wahren Überzeugung enthält, ist die Unterscheidung von Betrachter- und Realitätsebene im Falle ›gewußter‹ Prozesse nicht brisant. Den Sauerstoff entdeckt zu haben, bedeutet zur Kenntnis genommen zu haben, daß es ihn gibt. Eine derart entschiedene Verhältnisbestimmung ist im aktuellen wissenschaftstheoretischen Skeptizismus nicht vorgesehen (Kapitel 3.3.1).

Noch weniger ist vorgesehen, so verstandenes Wissen in einen engen Zusammenhang mit handelnden Menschen zu bringen, es als »Lohn«[67] anzusehen.[68] Wissenschaftlicher Fortschritt, wie er sich für Helmholtz darstellt, läßt sich am ehesten mit Hilfe von Verbalsubstantiven auf den Begriff bringen, ist ein Zusammenspiel des Begreifens, Kennens, Suchens, Beschreibens, Prüfens usw., vollzogen von »rüstige[n] Arbeiter[n]«[69] und ihren Dispositionen, der »Erfahrung«[70], des »Ernst[s]«[71], »Eifer[s]«[72] usw. In ein unterscheidendes Begriffspaar gepackt, findet Fortschritt in einem Kontext des Handelns und Wissens statt, für den der Ausdruck ›Forschungszusammenhang‹ passend erscheint.

Und ebendieses Zusammenspiel wird mit dem Begriffspaar ›Entdeckung/Rechtfertigung‹ verdeckt. Der *Entdeckungskontext* bildet den Zusammenhang einzig derjenigen Handlungen, Einstellungen und sonstigen Momente, die zur Entstehung einer *Theorie* führen. Diese Vorstellung hat sich, wie schon dargelegt, in Verbindung mit dem Hypothetizismus ausgebildet und durchgesetzt. Vermutlich unter dem Einfluß der Psychologismus-Kritik um die Jahrhundertwende ist aus der Abscheidung der Hypothesenentstehung eine allgemeine Ausgrenzung genetischer Aspekte geworden. Die Logischen Positivisten und Popper schieben mit der Ausgrenzung des Entdeckungskontextes auch den Vorlauf bzw. Verlauf der Rechtfertigung bzw. Kritik von Theorien beiseite. Wissenschaftstheorie unter dieser Voraussetzung zielt wesentlich auf Bezüge zwischen Aussagen. Somit wird der komplementäre Rechtfertigungszusammenhang zu einem rein *systematischen* Kontext: Fortschritt zeigt sich als Abfolge von Theorien in sukzessiven Rechtfertigungs- bzw. Kritikkontexten: T_2 ist in R_1 T_1 überlegen, T_3 in R_2 T_2 usw. Die Überlegenheit könnte sich beispielsweise darin erweisen, daß in R_2 eine Bestätigungsrelation für T_2 existiert, die für T_1 nicht existiert.

Die von Hanson, Nickles u.a angeregte bzw. getragene Bewegung der ›friends of discovery‹ ergänzt diese Sichtweise, ohne die Perspektive auf den Forschungszusammenhang hinreichend weit zu öffen. Sie ist von der Annahme bestimmt, daß die Entstehung guter Hypothesen keine Sache bloßer Einfälle sei, sondern angebbare Voraussetzungen habe, die einen Rahmen für das setzen, was ›entdeckbar‹ ist und somit in den Rechtfertigungskontext hineinragen.[73] Diese Bewegung der Entdeckungsfreunde steht zum Teil in starker Affinität zu älteren methodologischen Inhalten, die sich auf argumentative Strategien, speziell Induktion, Abduktion und Analogiebildung, beziehen. Es wird dabei lediglich auf Bedingungen abgehoben, die den Umfang des zu Rechtfertigenden einschränken bzw. Rechtfertigungsmomente schaffen, welche die Bedeutung von Überprüfungen post hoc verringern. Die methoden*übergreifende* genetische Seite der Rechtfertigung wird dabei nicht erfaßt. Schließlich haben auch eine induktive Hypothesenerzeugung oder ein abduktiver Bezug auf eine empirische Anomalie eine Vorgeschichte, die in der ›Entdeckungslogik‹ nicht thematisch wird. Eine Variante steckt in den im Anschluß an Newell und Simon aufgekommenen sog. selbstlernenden Programmen zur elektronischen Problemlösung.[74] Die Erzeugung einer guten Hypothese erscheint als Suche nach einer Problemlösung mittels eines vorgegebenen Algorithmus.[75]

Die für unsere Zwecke passende und breiter als bei den ›Freuden der Entdeckung‹ angesetzte Bestimmung des Forschungskontextes ist die eines *Zusammenhanges von Handlungen und kognitiven Momenten, in dem sich empirische Praktiken wie auch die Bildung und Recht-*

fertigung von Theorien vollziehen. Vor dem Hintergrund einer umfassender Thematisierung des Forscherhandelns und -wissens stellt sich die Unterscheidung von Rechtfertigung und Entdeckung als gedankliche Verengung dar, die mit der Ausrichtung am Forschungszusammenhang behoben wird. Hierhin gehören Themensetzung, Erfahrung, Theorienerzeugung, -transmission und -auswahl, Verknüpfung von Theorie und Empirie sowie Personen bzw. personale Eigenschaften, die solches ermöglichen. Ohne dies hier näher auszuführen, trifft sich der zu entwickelnde Ansatz in mancher Hinsicht thematisch durchaus mit Konzeptionen, deren philosophische Orientierung anders ausfällt.[76]

Welche Anforderungen sind an eine philosophische Interpretation des Forschungszusammenhanges zu stellen? Ich schlage fünf Postulate vor, die nur erläutert, aber nicht mehr eigens hergeleitet werden, weil sie im Helmholtz-Beispiel und der damit verbundenen Infragestellung der Entdeckung/Rechtfertigung-Distinktion sowie in den Kritiken an Polanyi und den Vertretern des Sozialen Konstruktivimus bereits sichtbar geworden sind:

(i) Integrationsvermögen
(ii) deskriptive Adäquatheit
(iii) normative Kraft
(iv) kontrastive Erklärungskraft
(v) ›Iupiter postremus‹.

Die Anforderung (i) zielt darauf, daß ein überzeugendes Interpretament des Forschungszusammenhanges diejenigen Selbstdeutungen von Forschungsteilnehmern, wie sie uns exemplarisch in Helmholtz' Beschreibungen begegnen, aufnehmen und miteinander in Beziehung setzen soll. Benötigt wird ein Ansatz, der sowohl überlieferte Annahmen über mentale Zustände als auch solche über Vorgehensweisen, Rahmenbedingungen u. a. m. integriert. Integration ist nicht dasselbe wie Affirmation, sondern besagt, diesen Haltungen erklärend einen Ort zuzuweisen. In dieser Hinsicht sind die soziologischen Laborstudien, aber auch etwa der Kuhnsche Ansatz, nicht ohne Verdienst, insofern sie auf Schulenbildung, gruppenkonforme Einstellungen, Publikationsformen u. a. m. aufmerksam machen. Allerdings fällt auf, daß eine zentrale Teilnehmer-Einstellung, nämlich die, daß Forschung in einer besonders ausgezeichneten Beziehung zu Wissen (und nicht etwa nur zu bloßem Meinen) steht, in diesen Ansätzen nicht ergriffen wird.

Das Postulat (ii) ist so zu verstehen, daß eine philosophische Theorie des Forschungszusammenhanges in ihrem behauptenden Anteil Konflikte mit gut gesicherten wissenschaftlichen Feststellungen vermeiden sollte. Idealiter stünde sie in Harmonie mit Wissenschaftshistorie, Forschungspsychologie und anderen einschlägigen Disziplinen. Allerdings ist ein völliger Einklang allein schon aufgrund der Kontroverssituationen in den Abgleichswissenschaften in praxi nicht zu haben, so daß eine zuträgliche Regelung der Art und des Umfangs ›szientistischer‹ bzw. ›historistischer‹ Verpflichtungen erst noch herzustellen ist. Die Bezugnahme auf die Laborstudien ist – unabhängig von sonstigen Einsprüchen – allein schon deshalb nicht ohne Lasten, weil deren Verfahrensweise fachintern, d. h. unter Soziologen, strittig ist.[77]

Normative Kraft (iii) ist eine nicht eigens zu diskutierende selbstverständliche Beigabe von Tugendbegriffen. Als Erklärungsbegriffe bieten sich Tugendkonzepte demgemäß nur für Handlungen an, die wir – wertend – als erfolgreich einschätzen (Kapitel 2.5). Mängel hinsichtlich ihres normatives Vermögens zur Beurteilung des Forschungszusammenhanges weisen übrigens nicht nur relativistisch tendierende Auffassungen auf. Auch die einsinnige Festlegung auf systematische Rechtfertigungsverhältnisse in der gängigen Wissenschaftstheorie hat unter diesem Aspekt augenfällige Defizite. Sowohl in der popperianischen als auch in der bestätigungstheoretischen Betrachtungsweise werden einschlägig relevante Differenzen,wie beispielsweise die zwischen Irrtum und Betrug, nicht erfaßt.

Eine Forschungstheorie sollte nicht nur erfassen und kritisch (oder affirmativ) beleuchten, was in wissenschaftlicher Forschung vor sich geht, sondern auch kontrastiv erläutern (iv), warum wissenschaftliche Forschung erfolgreicher ist als Kaffeesatzlesen, oder – in der Binnenbetrachtung – warum bestimmte Forschungshandlungen und -einstellungen eher zu Erträgen führen als andere. Daß die Vorgänge in einer Forschungsinstitution durchaus aufschlußreiche Parallelen zu denen in anderen gesellschaftlichen Korporationen aufweisen – wie es die Laborforschung betont – ist zugestanden. Zu zeigen ist aber beispielsweise, warum die eine Institution prognostisch leistungsstarke Theorien hervorbringt und die andere nicht. Das Edinburgher ›Starke Programm‹ ist sogar der Selbstdefinition[78] zufolge ein erklärungstheoretisch gesehen *schwaches* Unterfangen.

Punkt (v) ist eine Reaktion auf Polanyis oben angerissene Vorstellung einer – sozusagen übermenschlich gesteuerten – wahre Theorien antizipierenden Forscherkraft. Die Jupiter-Auffassung ist wissenschaftshistorisch indadäquat (ii), weil sie historische Abweichungen vom rechten Wege (man denke nur an die zwei Jahrtausende währende Marginalisierung der Atomistik) nicht plausibel machen kann. Sie ist aber auch deshalb fragwürdig, weil sie einen mysteriösen Mechanismus unterstellt, dessen Ähnlichkeit zur ökonomischen Figur der ›unsichtbaren Hand‹ bereits Polanyi selbst bemerkt hat, und der in einflußreichen Ansätzen der Gegenwart in zentraler Funktion steht. Die Tugendorientierung liefert weniger geheimnisvolle Erklärungen. Warum sollten wir an eine mysteriös gesteuerte Selbstorganisation glauben, wenn wir darlegen können, daß – um mit Helmholtz zu reden – »rüstige Arbeiter«, die mit Ehrlichkeit und Kompetenz ans Werk gehen, ausbalancieren, was es an störenden Faktoren gibt, ihre eigenen Mängel eingerechnet. Dies muß keine ideale Fortschrittsspur ergeben.[79] Es gilt, erfolgreiche Forschung zu erfassen und nicht etwa darzulegen, daß Forschung unter beliebigen Umständen auf jeden Fall in die richtige Richtung geht.[80]

1.4 Eine eingeschränkt ›szientistische‹ bzw. ›historistische‹ Forschungsbetrachtung

Wenn der Forschungszusammenhang mit Rücksicht auf (i) und (ii) nicht frei projiziert werden soll, sondern es die Aufgabe einer Forschungstheorie ist, vorhandene Sachverhalte darzustellen, zu erklären und darüber hinaus einschlägige normative Standards (iii) plausibel zu machen, muß sie *sachhaltig* sein. Sachhaltigkeit kommt zustande, indem wir Wissen über den Forschungszusammenhang gewinnen und damit den Gegenstand erfassen, den wir darstellen, erklären und normieren wollen. Die einer Erklärung vorausliegende Darstellung mißt sich, wie oben dargelegt, an deskriptiver Adäquatheit und verwickelt in – z.T. wissenschaftliche – Beschreibungen, welche die Gefahr mit sich bringen könnten, die für eine kritische Stellungnahme nötige Distanz zu verkürzen. Dies ist der alte Vorwurf an den Hauptstrom der Wissenschaftstheorie, sie sei lediglich ancilla scientiarum.

Sachhaltigkeit ist in der Tat nicht alles, und die beste Objektkenntnis allein verhilft uns nicht zu einer philosophischen Stellungnahme; am wenigsten verleiht sie normative Kraft (iii), aber ohne Sachhaltigkeit haben wir nur ein leeres Konstrukt. In Umkehrung einer Gedankenfigur im Hintergrund entgegengerichteter Vorstellung kann man die Mißachtung dieses Umstandes als ›anti-naturalistischen Fehlschluß‹ bezeichnen: Daraus, daß es philosophische Begriffe gibt, wie z. B. die des Wissens oder der Rationalität, die sich nicht wissenschaftlich festlegen lassen, wird gefolgert, daß wissenschaftliche Feststellungen keinerlei *Relevanz* für den Umgang mit normativen Vorstellungen hätten. Aber Forschungstheorie ist auch in ihren normativen Komponenten nicht allgemeine kategorische Ethik. Wir müßten auch, wenn wir normative Absichten hegten, klarstellen, in welchem Kontext für wen eine Empfehlung gelten soll. Wenn wir eine *sachlich* einschlägige Forschungsnorm vertreten, des Inhalts, eine forschende Person *A* solle dieses tun und jenes lassen, müßte darstellbar sein, daß *A*s mögliche oder tatsächliche Handlungen *Anwendungsfälle* einer Handlungsvorschrift sind. Außerdem muß man sehen, daß jede Normierung des Typs ›*A* soll *x*‹ einer *argumentativen Begleitung* bedarf. Dies wird im Falle wissenschaftlicher Arbeit kaum eine kategorisch geltende Begründung sein, ganz davon abgesehen, ob wir im Bündnis mit Tugendvorstellungen überhaupt willens sind, kategorische ethische Argumentationen zu akzeptieren. Desungeachtet gibt es keine geltende Regel, die uns mittels einer harmlos konkretisierenden Prämisse Normen beispielsweise des Typs ›*A* soll besser bestätigte Theorien den Vorzug vor schlechter bestätigten geben‹ sicherte. Wenn solche Normen gelten, dann unter Vorbehalten wie denen, daß es überhaupt geboten sei, Wissenschaft einer bestimmten Sorte zu betreiben, sich für Theorien mit bestimmten Eigenschaften zu interessieren usw. Ein umfassender Rationalitätsbegriff, der sich nicht auf Zweck-Mittel-Relationen, sondern auf die Zwecke selbst bezieht, gehört zu den ewigen philosophischen Hoffnungen, von denen sich keine einzige *verbindlich* eingelöst hat. Mit der Konzeption der Forschertugend und dem reliabilistischen Ansatz ist sozusagen eine Bestimmung auf ›mittlerem‹ Niveau verbunden: Forschertugenden umfassen fachliches Wissen sowie den Umgang, den mit diesem Wissen ausgestattete und sonstwie befähigte Menschen mit dem pflegen, was über unser Wissen hinaus dabei hilft, Tatbestände zu erklären, zu prognostizieren oder sonstwie zu ergreifen (Kapitel 4). Ob es oberhalb dieser funktionalen Anbindung eine Ableitungsmöglichkeit von allgemeiner Vernunft gibt, ist strittig. Umlaufende Behauptungen wie z. B. die, Forscherwissen sei auf eine technische Praxis oder auf soziale Verständigung hin ausgerichtet, sind reine Setzungen, deren Akzeptanz nicht über die Grenzen des sie vertretenden philosophischen Lagers hinausreicht.

Die übliche argumentative Stützung von ›*A* soll *x*‹ besteht denn auch lediglich darin, daß man – den Aufforderungscharakter des Sollenssatzes ignorierend – darauf hinweist, daß *x* funktional in bezug auf *y* sei.[81] Man könnte etwa die Auffassung vertreten, evidentielle Qualität sei ein Indiz für die allgemeine Güte einer Theorie und wer an leistungsstarken Theorien interessiert sei, verhalte sich funktional, wenn er *x* ausführe. Begründet wird dabei nicht die Norm selbst, sondern ihr deskriptiver Gehalt, und der besteht in diesem Fall in einer *prüfbaren Effizienzbehauptung* über Handeln und Wissen. Dazu passend besteht übrigens das Tagwerk sog. normativer wissenschaftlicher Disziplinen, wie etwa der Nationalökonomie, bezeichnenderweise nicht in der Formulierung von Anweisungen, sondern in einer *Darstellung* von Tatbeständen, die sich im nächsten Schritt mittels einer kleinen gedanklichen Bewegung zu Aufforderungen umformen lassen. Die wünschenswerte philosophische Haltung richtet sich demgemäß auch nicht vorrangig auf die selbstgenügsame Errichtung einer Pyramide von Imperativen in Abhängigkeit von freien Zielformulierungen, die faktische Forschungsabsichten möglicherweise völlig verfehlen, sondern darauf, philosophisch *Stellung* zu beziehen zu einem Bereich, über den wir uns möglichst gut kundig gemacht haben.

Philosophischer Kritik bleibt damit nicht wenig aufgegeben, und gerade die Sachorientierung liefert beständigen Reflexionsanlaß. Wir können den Blick auf die stillen Voraussetzungen auch und gerade von fachwissenschaftlichen Forschungsdarstellungen richten, fragen, welche Vorstellungen von Wissen und funktionalem Handeln zugrundegelegt werden, ob sie Kritik verdienen und es eventuell besser begründete gibt. Und umgekehrt ist mit der Präsenz behauptender Darstellungen zugleich die Sachhaltigkeit normativer philosophischer Stellungnahmen verbürgt.

Welche behauptenden Darstellungen sind es, die uns zu einer hinreichenden Sachkenntnis verhelfen können? Im Rahmen eines tugendorientierten Reliabilismus lautet die selbstverständliche Antwort: jedwede Auskunftquelle, zu der es keine bessere epistemische *Alternative* gibt. Und das schließt genuin philosophische Vorgaben selbstverständlich mit ein. Gerade die gern gescholtenen ontologischen Beiträge der Philosophie stellen sich unter sich diesem Aspekt keineswegs als besonders schwach dar. Für Antworten auf formal-ontologische Fragen beispielsweise des Typs, ob es so etwas wie wesentliche Teile von Gegenständen gibt, existiert außerhalb der Philosophie kein nennenswertes gedankliches Angebot. Und wenn wir einem Problem wie etwa dem nachgehen, welche ontologischen Veränderungen Theoriewechsel mit sich bringen, kann uns die Aufklärung durch eine philosophische Konzeption helfen. Andererseits ist nicht zu übersehen, daß der philosophische Beitrag in eine erkenntnismäßig schwierige Situation gerät, wenn er sachlich in einer *Konkurrenz* mit fachwissenschaftlichen Beiträgen steht. Z.B. erscheint die alte philosophisch-anthropologische Kennzeichnung des Menschen als Exemplar der einzigen sprachmächtigen Spezies vor dem Hintergrund der biologischen Anthropologie in heutiger Betrachtung nicht nur vergleichsweise unausgewiesen, sondern wohl auch irrig, wohingegen z. B. die aristotelische Ursachenlehre auch gegenwärtig noch recht plausible Interpretamente zu liefern vermag. Beispielsweise spricht nichts dagegen, eine bestimmte Kombination von Genen als *causa formalis* einer Erkrankung zu deuten. Die unter Wissenschaftstheoretikern wenig verbreitete Idee der *philosophia perennis* mag an zahlreiche Themen erinnern, die in bezug auf die Philosophie seitens der Einzelwissenschaften nicht ernsthaft herausgefordert wird.

Die ›Mutterrolle‹ der Philosophie bei der Entstehung des modernen wissenschaftlichen Fächerkanons hat freilich die Neigung hinterlassen, epistemische Konkurrenz auch auf solchen Feldern zu unterschätzen, die denkbar weit von den ›ewigen‹ Themen der Philosophie entfernt liegen. Nicht selten bedeutet der Verzicht auf die Heranziehung fachwissenschaftlicher Auffassungen, nicht im konkurrenzlosen Raum zu bleiben, sondern sich mit oberflächlich plausiblen, vor- oder subwissenschaftlichen Überlegungen zu begnügen, wiewohl es gut gesicherte wissenschaftliche Angebote gibt. Bei einem der herausragenden Anti-Szientisten der Gegenwart lesen wir folgendes:

> »Daß innerhalb unserer Kultur eine philosophische Richtung auf den Plan trat, die durch den Erfolg der Wissenschaft derart hypnotisiert war, daß sie keine Vorstellung

hatte von möglicher Erkenntnis und Vernunft außerhalb der von uns so gern so genannten Wissenschaften, ist meines Erachtens etwas, womit man unter Voraussetzung des ungeheuren Ansehens der Wissenschaft im Rahmen der allgemeinen Kultur und unter Voraussetzung des verblassenden Prestiges von Religion, absoluter Ethik und transzendentaler Metaphysik rechnen mußte. Ich meine auch, daß sich das hohe Ansehen der Wissenschaft im Rahmen der allgemeinen Kultur in sehr hohem Maße dem instrumentellen Erfolg der Wissenschaft verdankt [...].«[82]

Vielleicht hat der Autor, Hilary Putnam, recht, vielleicht auch nicht. Aber wenn wir wissen wollen, wie es sich mit der *Korrektheit* der Darstellung verhält, kommen wir leicht darauf, daß wir in diesem Textauschnitt eine Miniatur-Kulturtheorie mit soziologischem Einschlag vor uns haben, für die es in diversen Hinsichten wissenschaftliche Konkurrenz gibt. Natürlich lassen sich verläßliche Daten über das »Ansehen« von Wissenschaft in einer Gesellschaft erheben, kann man prüfen, ob das »Prestige« von Religion wirklich verblaßt ist, usw. Es sei dahingestellt, ob das Zitat eine solche Vertiefung braucht bzw. Aussagen der zitierten Sorte für Putnams Argumentation wichtig sind. Nur: *wenn* solche Feststellungen wesentlich in eine Argumentation eingehen, sollten wir uns nicht darüber hinwegtäuschen, daß es sich hierbei zweifelsfrei nicht um Fälle konkurrenzloser Formal-Ontologie, allgemeiner Erkenntnistheorie oder grundsätzlicher Moralphilosophie handelt. Die fachwissenschaftliche Konkurrenz kann auf vielen Themenfeldern philosophischen Lehnstuhl-Beschreibungen bei weitem überlegen sein, und soweit letztere widersprechen, empfiehlt es sich, sie zu den Akten zu legen.[83] Auf einschlägige Anlässe zur Kritik werde ich unter anderem im Blick auf die einflußreiche, aber wie noch zu zeigen sein wird, in mancher Hinsicht obsolete These der Theoriehaltigkeit der Beobachtung hinweisen (Kapitel 3.4).

Die Verpflichtung zur Sachhaltigkeit führt zu vielfältigen Verknüpfungen philosophischer Forschungskommentierung mit kognitionswissenschaftlichen, historischen und sonstigen wissenschaftlichen Befunden. Sie hat demnach ›szientistische‹ bzw. ›naturalistische‹ und ›historistische‹ Züge. Aber sie verpflichtet weder zu Physikalismus, Empirismus, noch zu Anti-Mentalismus oder Reduktionismus – um nur die bekanntesten Streitbegriffe zu nennen. Es geht lediglich darum, der Forderung zu entsprechen, daß wir über Forschung nicht theoretisieren sollten, ohne einiges über sie gelernt zu haben. Dieses Lernen soll sich guter Lehrangebote bedienen, unabhängig davon, wie sie disziplinär gerahmt sind. Was die philosophische Selbstbehauptung betrifft, möchte ich vor allem zwei Funktionen herausstellen, die herkömmlicherweise der Philosophie zufallen und in dem hier anvisierten Typ einer vorrangig explanativen Forschungsbetrachtung nicht aufgegeben werden müssen: Es sind die Funktionen der *Koordination* und die bereits oben anerkannte Aufgabe der *Bewertung* bzw. *Kritik*.

Die *Koordination* – im besten Falle sogar die Integration – heterogener Auffassungen ist eine herkömmliche Aufgabe der Philosophie. Dies trifft sich mit der klassischen Idee der ›ersten Wissenschaft‹. Die *prote philosophia* in der Metaphysik des Aristoteles mag in mancher Hinsicht auch eine spezifische Auffassung sein, aber die in der ehrwürdigen Abgrenzung gegenüber der Physik und ihren ›beweglichen‹ Gegenständen erkennbare Absicht verweist auf das philosophiehistorisch selten völlig beiseite gelegte Motiv der Einsicht in die *Gesamtheit* der Verhältnisse. Philosophie ist am ehesten zuständig, wenn wir dem Ungenügen an der Verzweigung und Diversifikation von Problemstellungen und Lösungsvorschlägen Rechnung tragen wollen. Für die Wissenschaftstheorie gilt exemplarisch jene »neue Tagesordnung«[84], die Nicholas Rescher für die zeitgenössische Philosophie angesetzt hat: die Erneuerung des Projektes der *Systematisierung*. Das Desiderat philosophischer Systematisierung speist sich im Fall der Forschungsbetrachtung aus dem augenfälligen fachlichen Partikularismus. Gerade die für fachwissenschaftliche Erträge offene Wissenschaftsforschung tendiert zu einem unverbundenen Nebeneinander von akribischen historischen Fallstudien, ›Diskursanalysen‹ unterschiedlicher Allgemeinheit, wissenschaftspsychologischer Empirie, direkten Ableitungen aus spektakulären fachwissenschaftlichen Modellen u. a. m. Falls es gelänge, die ›subjektivistische‹ Betrachtung von Forscherindividualität mit der ›objektivistischen‹ von wissenschaftlichem Fortschritt zu harmonisieren und dabei obendrein die soziale Seite des Forschens zu beachten, wäre eine Möglichkeit umrissen, weithin gegenläufig verlegte Stränge zu vereinen und damit zugleich gemeinsam auszurichten. Das verweist auf die tieferliegende Leistung des reliabilistisch gefaßten Tugendansatzes, nämlich Erkenntnis- und Handlungsaspekte einander zuzuordnen, ohne die einen in den anderen aufgehen zu lassen. Freilich ist einzugestehen, daß ein solches Integrationsprojekt nicht jenen Glanz entfalten kann, der sich vor einigen Jahrzehnten im Zuge des freien Nachdenkens über Wissenschaft eingestellt hat. Es ist keine geradlinige Bauhaus-Architektur der Forschung zu erwarten, wenn wir ein paar passende alte und neue Steine zusammenfügen. Die Tugendorientierung ist dazu passend kein neues Reißbrettprojekt. Sie ist ein ›Mörtelvorschlag‹.

Inwiefern nun kann sich ein Verknüpfungsvorschlag, dessen Bewährung in beträchtlichem Ausmaß im Umgang mit vielfältigen disziplinären Materialien besteht, von seinem Gegenstand, der wissenschaftlichen Forschung selbst, *distanzieren* und so den Anspruch einer *kritischen* Kommentierung wahren?

Ehe dazu eine Überlegung angestellt wird, sei noch auf ein mögliches Mißverständnis hingewiesen, das den Kern mancher Szientismus-Kritik ausmacht. Eine Integration von wissenschaftlichen Meinungen über die Forschung meint nicht entfernt dasselbe wie Anpassung an das, was man die implizite Forschungs›philosophie‹ der Forschung selbst nennen mag. Sowohl die expliziten Selbstinterpretationen vieler Wissenschaftler als auch die Präsentationsform wissenschaftlicher Ergebnisse stehen in einer sehr verwickelten Relation zur Forschungsrealität. Daß Eigendeutungen – wie seitens der sog. Laborforschung verschiedentlich behauptet – in jedem Fall eher eine Art Selbststilisierung als eine Verständigung über die Sache darstellen, mag bezweifelt werden. Zuggestandenermaßen handelt es sich bei Teilnehmerreporten keineswegs um neutrale Erhebungen. Aber Selbstinterpretationen sind dennoch nicht völlig verdeckend oder gar gehaltlos. Sie geben unabhängig von ihrer Vertrauenswürdigkeit unter deskriptivem Aspekt für gewöhnlich auf entschiedene Weise Auskunft darüber, wie Forschung nach Auffassung der Autoren gesehen werden *sollte.* Auch die Präsentationsform gibt nolens Auskunft. Stilistisch belegen naturwissenschaftliche Papiere eine Neigung zum Passiv, zur apersonalen Aussage, es gibt kaum stilistische Varianz, akzentuiert werden positive empirische Belege u. a. m. Geschichtswissenschaftliche oder philologische Arbeiten weisen auf andere Selbstdeutungen der Fachvertreter hin. Die jeweiligen Präsentationsweisen haben möglicherweise eine hohe Funktionalität, aber sind deshalb nicht ohne weiteres als philosophisch integer ausgegeben. Und gerade ein bei näherer Betrachtung ungerechtfertigter Glaube kann äußerst aufschlußreich sein. Die impliziten Philosophien von Forschungspraktikern sind für einen reflektiert arbeitenden Betrachter nicht mehr und nicht weniger als *Angebote* zur Forschungsinterpretation. Diesen Status sollte ihnen auch der Anti-Szientist nicht verwehren. Aber kommen wir zurück zum Distanzproblem. Kritisches Vermögen kann ein personalistischer Ansatz, der auf wissenschaftliche Forschungsdeutungen zurückgreift, vor allem bei zwei Gelegenheiten gewinnen:

Der eine Anlaß liegt in der *Dissonanz* von wissenschaftlichen Forschungsinterpretationen. Die im Geiste von Quines Auffasssung der »science self-applied«[85] vorgetragenen Projekte einer Naturalisierung bzw. Szientifizierung von Erkenntnistheorie und Wissenschaftstheorie suggerieren so etwas wie die Chance zur Adaption *einheitlicher* wissenschaftlicher Befunde. In praxi finden wir hingegen disziplinäre Verschiedenheit und weithin auch binnendisziplinäre Kontroversen. Die Hoffnung auf Einheitswissenschaft mag bestechen oder erschrecken – fest steht, daß es sie bislang nicht gibt und wohl auch kaum je geben wird.[86] Diese Beweglichkeit wird dadurch verstärkt, daß diejenigen Wissenschaften, von denen sich eine personalistische Wissenschaftstheorie Aufklärung über die sie interessierenden Prozesse erwarten darf (in erster Linie Wissenschaftshistorie und Kognitionswissenschaft), zum einen vergleichsweise instabil sind und zum anderen zuletzt als philosophiefreie oder wenigstens philosophiearme Unternehmungen durchgehen. Genauer gesagt: Wissenschaftliche Forschung bietet uns keine fixe Theorie über forschende Menschen bzw. ihre Qualitäten. Was wir vorfinden, sind widerstreitende Auffassungen, die zu einem gehörigen Teil auf philosophische Grundsatzfragen zurückverweisen. Die Selbstapplikation der Wissenschaft enthält zu einem gehörigen Teil einen Selbstbezug von Philosophie, so daß es nicht gar so unklug sein mag, letztere nicht erst wegzuwerfen, um sie später rekonstruieren zu müssen, zumal die fraglichen Dissonanzen zu einem beträchtlichen Teil auf der Rezeptionsseite mitveranlaßt zu sein scheinen.[87]

Die zweite Gelegenheit entsteht daraus, daß die Berücksichtigung wissenschaftlicher Auffassungen nicht exklusiv sein muß. Es gibt, wie schon oben angedeutet, gerade für den Reliabilisten keinen Grund dafür, apriorische Ansätze in Bausch und Bogen abzutun. Wenn wir fragen, ob Forschung Wissen schafft, müssen wir unsere außerwissenschaftlichen Erfahrungen ernstnehmen und dem *Begriff* des Wissens nachgehen (Kapitel 3). Forschung selbst hingegen kann sich mit einer Arbeitsdefinition zufrieden geben, in der beispielsweise die Unterscheidung zwischen Meinen und Wissen aufgehoben ist. Und sie kann Fehler dabei machen, die vor dem Hintergrund philosophischer Begriffsklärung umgehend auffallen.[88] Gerade die Reibung mit begrifflich gewonnenen Vorgaben kann, wie die umfängliche Debatte über das Verhältnis apriorischer Methodologie zur Wissenschaftshistorie gezeigt hat, sehr produktiv sein.

Die für eine personalistische Forschungslehre einschlägigen Apriorismen finden sich vor allem in der Erkenntnistheorie. Es gibt keinen Grund, die tradierten Vorstellungen von Wahrheit, Konsistenz usw. von vornherein gering zu schätzen, weil es faktische Einlösungsprobleme gibt. Die vieldiskutierte Feststellung beispielsweise, daß Menschen nur in begrenztem Umfang konsistente Auffassungen bilden und kontrollieren *können*,[89] sich (bezogen auf ideale Standards) weithin nur eingeschränkt rational verhalten und in manchen Hinsichten nicht einmal imstande sind, überhaupt vernünftig zu urteilen,[90] bedeutet nicht, daß strenge Vorstellungen grundsätzlich unsinnig wären. Markiert wird ein Abstand zwischen apriorischen Standards und Forschungsverhalten, der in erster Betrachtung informativ ist und in zweiter zulasten der einen oder der anderen Seite ausgelegt werden kann.[91] Der Respekt vor der Wissenschaft sollte uns zögern lassen, eine solche Auslegung mit dem festen Glauben an ›höhere‹ philosophische Einsicht zu beginnen. Aber wir können im Falle einer Kollision fragen, ob der Standard tatsächlich in jeder denkbaren Hinsicht unerfüllbar ist. Insbesondere können wir berücksichtigen, wie sich apriorische Überlegungen zur Irrtumsvermeidung, zur Gestaltung testimonialer Zusammenhänge oder auch zum vertretbaren Entscheiden andernorts als in wissenschaftlichen Kontexten darstellen, so daß die Chance zur Kontrastierung entsteht. Dazu bieten sich in der Tugendorientierung alltägliche Begriffe wie die der Ehrlichkeit oder der fachlichen Kompetenz an, die sämtlich auf erfolgreiche Handlungen abheben. Aufs Ganze gesehen gilt: Eine teilweise wissenschaftlich bzw. historisch belehrte Forschungsbetrachtung läuft nicht auf die Aufhebung von Philosophie hinaus. Sie bleibt auf grundsätzliche Überlegungen angewiesen, die sich darauf richten zu erhellen, was es heißt, daß etwas ›erklärt‹ wird, ›wahr‹ oder ›vernünftig‹ ist, usw.[92]

2 Forschertugend

2.1 ›Tugend‹ und ›Forscher‹ – Begriffliches

> »Was muß das aber für ein eigener Mann sein, den seine Geburt, seine Fähigkeiten zu mancherlei Anspruch berechtigen und der alles ablehnt und ruhig seinem von Natur eingepflanzten Forscherberuf folgt! Newton war ein wohlorganisierter, gesunder wohltemperierter Mann ohne Leidenschaft, ohne Begierden.«[1]

Goethes Newton-Lob ist bekanntlich nicht ohne Tücke, und im weiteren Verlauf des historischen Aufrisses in der *Farbenlehre* werden aus der Wohlorganisiertheit und Wohltemperiertheit umgehend innere Unfreiheit und sektiererhafte Beharrlichkeit, aus denen sich Goethe Newtons Festhalten an der Farbtheorie der *Opticks* erklärt. Goethes Charakteristik ist weitaus leichter zu verstehen als viele andere Passagen der Schriften zur *Farbenlehre.* Aussagen wie die, in denen er über den »starken Charakter« und die »Moralität« Newtons urteilt, machen klar, daß ›Forschertugend‹ zwar kein eingeführter Terminus ist, aber einigermaßen deutliche Vorstellungen sammelt. Er sei in erster Annäherung als Dachbegriff verstanden, um Kennzeichnungen etwa des Typs ›die Sorgfalt Helmholtz'‹, ›das für eine chirurgische Operation erforderliche Fachwissen‹ oder auch umfängliche Äußerungen wie »Dümgé hatte viele einschlagende Kenntnisse und war unermüdlich fleißig, aber dumm, boshaft, eigennützig«[2] unter einen Titel zu bringen. Ehe wir zu einer forschungstheoretischen Verwendung gelangen, soll allerdings hinreichend verdeutlicht sein, welche Vorstellungen der Ausdruck transportiert.

Einige gedankliche Komponenten lassen sich im Groben einigermaßen leicht ausmachen: ›Forschertugend‹ ist grammatisch gesehen ein Plurale, das verschiedene Sorten des Bezeichneten zuläßt. Das Bestimmungswort des Kompositums läßt offen, ob es sich um einzelne oder um eine Vielheit von Personen handelt. Das Grundwort erfaßt eine als positiv erachtete Eigenschaft, die einem Individuum tatsächlich oder vermeintlich zukommt. ›Tugend‹ weist Bindungen an wirkungsmächtige philosophische Überlieferungen auf, wobei die darin vereinzelt sichtbaren Verwendungen in Verbindung mit wissenschaftlichem Tun wenig beachtet worden sind. Der Tugendbegriff ist zugleich Baustein unserer Alltagspsychologie. Diese wiederum bildet einen wichtigen Gegenstand der disziplinär breitgestreuten Kognitionswissenschaften, deren Untersuchungen – wie im vorausgegangenen Kapitel dargelegt – auch manche herkömmlichen philosophischen Überlegungen betreffen.

Grundsätzlich sind verschiedene Vorgehensweisen denkbar. Nach dem Vorbild rein apriorischer Wissenschaftstheorie wäre zuvorderst nach einer unzweideutigen, Ordnung stiftenden Festlegung von ›Tugend‹ und in der Folge nach einer solchen von ›Forscher‹ Ausschau zu halten. Als methodische Linie wäre vorgezeichnet, anschließend die im Kompositum angezeigte Differenz zu nutzen. Zur begrifflichen Fixierung des Grundwortes gibt es bestechende Offerten. Immerhin handelt es sich um den zentralen Terminus der älteren und derzeit wieder schwungvoll wiederbelebten ethischen Tradition und – was häufig übersehen wird – um einen wichtigen erkenntnistheoretischen Begriff.[3] Wie im vorliegenden Fall mit beiden Vorgaben zu verfahren ist, ergibt sich aus einer sozusagen *architektonischen* Überlegung: Anfänge *a definitione* würden uns zu einer philosophischen Arbeitsweise ›von oben‹ verpflichten, die uns auf genau jenen Weg brächten, den wir vermeiden sollten, wenn wir einen – entsprechend der Maßgabe im Orientierungskapitel – *sachhaltigen* Beitrag zu Erklärung und Normierung von Forschungsverläufen erarbeiten wollen.

Da die leitende Absicht die Integration des Begriffs in eine für die Erträge außerphilosophischer Wissenschaftsforschung offene Forschungstheorie ist, gilt es zuvorderst darauf zu achten, daß eine begriffliche Erschließung nicht zu Lasten unserer *Materialien* zur Forschung gehen sollte. Das Verhältnis zu den allgemeinphilosophischen Tugendlehren regelt sich nicht deduktiv – es kann sich allenfalls in einem Zusammenspiel prüfenden Adaptierens und Distanzierens realisieren. In ironischer Selbstaufhebung und im Anschluß an ein Begriffspaar der Tradition könnte man versucht sein zu sagen, daß die Übertragung vorgegebener Tugendbegriffe auf das lokale Feld des Forschens keine Sache der Weisheit, sondern der Klugheit sei. Aber auch darin liegt noch zuviel eilige Übernahme und zuwenig Rücksicht auf die integrativen Aufgaben einer Theorie der wissenschaftlichen Forschung.

In der weiteren Erörterung soll zuerst der *Tugendbegriff* allgemein in Erinnerung gebracht werden. Dabei wird die Frage der Verhältnisbestimmung geläufiger Tugendlehren zu bereichsspezifischen Tugendvorstellungen berührt. Daraus wird deutlich, daß Forschertugend materialiter nicht als Fall allgemeiner Tugend angesehen werden kann. Die Verbindung zum allgemeinen Tugendbegriff ergibt sich aus den formalen und funktionalen, d. h. in erster Linie den erklärungsrelevanten Eigenschaften. Mit der Leistung in implizit oder explizit kontrastierenden Erklärungen stellen sich auch die Vorzüge gegenüber der Regelkonzeption dar.

Anschließend wird der *Forscherbegriff* anhand von Belegen inhaltlich gefüllt. In dieser zweiten Instanz ist auch einiges von dem zu verhandeln, das zum Anlaß dienen könnte, die Einheitlichkeit des Forscherbegriffs zu bezweifeln. Speziell wird zu prüfen sein, ob arbeitspraktische Besonderheiten und die Differenz von Geschlechterrollen ausreichen, um den Begriff durchschlagend zu problematisieren. Aus der Erschließung und Anerkennung des Forscherbegriffs ergibt sich, daß Vorstellungen von spezifischen personalen Eigenarten des Forschertums sowohl mit *selbständiger* Leistung als auch mit der *Verbindung* zwischen Individuen zu tun haben. Forschersein besagt sowohl, selbst mit einer Naturerscheinung, einer kulturellen Leistung, einem Problem usw. umzugehen, als auch *anderen* Menschen auf bestimmte Weise zugeordnet zu sein.

Die Sicherung solcher Vorstellungen erlaubt den nächsten Schritt, den der Annäherung an den zentralen Begriff. Die Bewegung geht dahin, das Kompositum ›Forschertugend‹ inhaltlich zu füllen und als wissenschaftstheoretischen Begriff zu etablieren, was auf den Erklärungscharakter der Vorstellung zurückführt. Die Orientierung an stofflich angereicherten Intuitionen hinsichtlich der personalen Seite von Forschung läßt es leichter in Kauf nehmen, daß die wichtigen Begriffe im gegebenen Rahmen nicht in beliebiger Tiefe fixierbar sind. Die prinzipielle Legitimität der Verwendung unserer alltagspsychologischen bzw. herkömmlichen philosophischen Formulierungen wie ›Beweggründe‹, ›Fähigkeit‹, ›Absicht‹, ›Überzeugung‹ u. ä. m. wird nicht näher ausgewiesen, sondern sei unter pauschalem Bezug auf die kaum übersehbare Diskussion vorausgesetzt.[4] Hingewiesen sei aber stellvertretend auf die Rechtfertigung eines mentalistischen Wissensbegriffs im 3. Kapitel. Harmonisierbar sind die mentalistischen Anteile der nachstehenden Überlegungen nur mit solchen Ansätzen, die *nicht* von der Unhaltbarkeit der Alltagspsychologie ausgehen. Die z.T. in den nämlichen Kontexten zu findenden Reduktionsbehauptungen hingegen hebeln die Überlegungen zur Forschertugend nicht aus. Sie lassen sich als Projekte zur Präzisierung der dabei verwendeten Begriffe auffassen, wobei an eine ähnliche Reinterpretierbarkeit der mentalistischen Tugendvorstellungen gedacht werden kann wie im Falle des Umgangs der Physik mit unserer Alltagsphysik.[5]

Da der Begriff der Forschertugend aus Vorstellungen entwickelt werden soll, zu denen uns historische oder rezente Belege verhelfen, sollen selbstverständlich auch mögliche bedeutungsmäßige Redundanzen und die damit eventuell gegebenen Ansätze sprachbezogener apriorischer Bestimmung außer acht bleiben. Zwar könnte man Annahmen etwa des Inhalts etwas abgewinnen, daß der Ausdruck ›Forscher‹ ein semantisches Merkmal wie [+ fleißig] einschließt. Aber die Frage, inwieweit bestimmte Attribute vorgängig zu den semantischen Merkmalen von ›Forscher‹ gehören, führt weder zu einem verbesserten Problemüberblick noch zu präzisen Problemaufschlüssen. Sie verwickelt dafür in die sprachphilosophischen Schwierigkeiten des Begriffs der Analytizität.

2.2 ›Tugend‹

2.2.1 Allgemeine und bereichsspezifische Tugendvorstellungen

Sich im Umfang eines Unterkapitels des vielgestaltigen Tugendbegriffs[6] versichern zu wollen, nimmt sich reichlich unvorsichtig aus. Aber die forschungstheoretische Perspektive wird uns ohnehin davon abhalten, bei dem Blick zur Seite lange zu verweilen. Was die philosophische Verwendung angeht, so ist die nächstliegende Zuordnung die zur Ethik bzw. Moralphilosophie. Aber letztlich ist nicht einmal gesichert, daß es so etwas wie eine zusammenhängende Ethikgeschichte gibt, der das wechselhafte Schicksal von Tugendvorstellungen zweifelsfrei inhärent wäre. Allein das Problem der zentralen Termini (›arete‹, ›virtus‹, ›vertu‹, ›virtú‹, ›virtue‹, ›excellency‹, ›Tugend‹ ›Tauglichkeit‹, ›Tüchtigkeit‹ usw.) bereitet schon hinreichend Kopfzerbrechen. Jedes halbwegs ausführliche Lexikon läßt es bedenklich erscheinen, den im historischem Aufriß üblicherweise an den Anfang gestellten Begriff ›arete‹ mit ›Tugend‹ zu übersetzen. Man wird schnell belehrt, daß ›arete‹ besser mit ›Vortrefflichkeit‹, ›Bestheit‹ oder ›Tüchtigkeit‹ zu übertragen wäre, und am Ende stünde wohl die Einsicht, eigentlich sei ›arete‹ mit Abstand am besten mit ›arete‹ wiederzugeben – was sich im nächsten Schritt mit den deutschen Übertragungsvorschlägen selbst fortführen ließe.[7] Vielfach hängen die getroffenen Übersetzungsentscheidungen mit den jeweils favorisierten Interpretamenten zu den einschlägigen Textvorlagen zusammen.[8] Aber selbst wenn wir besser gestellt wären, bliebe der Versuch einer Sicherung des Begriffs aussichtslos. Eine in jeder Hinsicht zufriedenstellende Antwort auf die Frage, was Tugend ist, müßte im gegebenen Zusammenhang folgendes leisten: Sie müßte nicht nur eine unübersehbare moralphilosophische Tradition bündeln, sondern obendrein ihre erkenntnistheoretischen Seitenstücke in der Gestalt der Tugendepistemologie integrieren, unsere vorphilosophischen Einstellungen aufnehmen, und das Ergebnis müßte in der weiteren Erörterung mit unseren forschungstheoretischen Auffassungen harmonieren. Die Aussichtslosigkeit eines solchen Unterfangens läßt sich leicht illustrieren, indem wir aus den zahlreichen philosophischen Bestimmungen eine herausgreifen, die von sich aus den Anspruch erhebt, einen gehörigen Teil der entsprechenden philosophischen Tradition auf den Nenner zu bringen. Sie findet sich als *definitio usitata philosophorum* im Rhetorik(sc. Logik)-Buch Philipp Melanchthons:[9]

> »Quid est virtus? Est habitus voluntatis, inclinans ad obediendum iudicio rectae rationis. Recenseo enim usitatam Philosophorum definitionem. Quae partes? Dialectice possunt partes dici genus et differentia in definitione. Sed si quaeritur: Quae res existant in anima, quales motus sind, species enumerandae sunt. Nam diversae species sunt diversi habitus. Species multae numerari possunt: Pietas, Iustitia, Fortitudo, Modestia etc.«

Und gemäß den weiteren ciceronianischen Leitfragen ›Quae causae?‹ ›Quae cognata?‹ usw. wird die Darlegung fortgesetzt. Melanchthon bringt immerhin manche Traditionslinie in knapper Form in Erinnerung: die Begriffe des *habitus* und des Willens, das Problem der Ortung der Tugend in der Seele – modern gesprochen: den Bezug zur Psychologie –, Vielfalt und Vielzahl der Unterbegriffe von ›Tugend‹ u. a. m. Dennoch wird man mit Recht bezweifeln, daß auch nur die Melanchthon vertrauten originären aristotelischen bzw. stoischen Vorgaben hinreichend gegenüber seiner eigenen – einige Jahre zuvor in der *Philosophiae moralis epitome* niedergelegten Konzeption – bewahrt sind. Nicht davon zu reden, ob Tugend tatsächlich als eine in der von ihm angegebenen Weise bestimmte Uniformität des Willens anzusehen ist.

Das historische Exempel legt nahe, daß es wenig aussichtsreich wäre, ohne eine Überlegung wenigstens darüber fortzufahren, wie die begrifflichen Rücksichtsnahmen angesetzt werden sollten. Die erforderliche Gewichtung ergibt sich aus der angestrebten Bezugnahme auf wissenschaftliche Forschung: ›Forschertugend‹ ist ein Ausdruck wie ›Bürgertugend‹, ›Herrschertugend‹ oder ›Virtus Romana‹, d. h. die sprachliche Fügung für sinnvoll zu erachten, setzt voraus, daß es so etwas wie spezifische Tugenden einer spezifischen Menschengruppe gibt. Wie verhalten sich diese zu allgemein wünschenswerten Eigenschaften? Sowohl Übereinstimmungen wie auch Spannungsverhältnisse lassen sich recht gut anhand einer bildhaften Forscherdarstellung, die nur wenige Jahre nach Melanchthons Definitionsversuch entstand, illustrieren.

Unter den nachgelassenen Werken des älteren Pieter Bruegel findet sich die nachstehende Zeichnung *Der Alchemist*[10] aus dem Jahre 1558 (s. Abb. 1).

Das Bild zeigt einen lasterhaften Vorfahren des modernen Chemikers, einen verkommenen Tunichtgut, der mit seinen Materialien am Ofen hantiert. Seiner Frau ist der leere Geldbeutel geblieben; die offenkundig verwahrlosten Kinder springen in einem Schrank herum – ein übler Fall frühneuzeitlichen Forschertums und kein Muster zur allgemeinen Nachahmung. Es gibt – passend zum veränderten Stand der Wissenschaft – auch eine Darstellung des nämlichen Motivs mit genau gegenläufiger Tendenz aus späterer Zeit. 1648, als Robert Boyle seine ersten Traktate verfaßte, malte der jüngste David Ryckaert *Der Alchemist mit seiner Frau in der Werkstatt*[11] (s. Abb. 2).

Ein nachdenklicher alter Mann entleert einen Glaskolben, während eine Frau in der Rolle der Mitarbeiterin ein Buch offenhält. Im Hintergrund ist ein Gehilfe tätig. Kleidung und Werkstatt sind einfach, aber reinlich. Die Personen und ihre Umgebung wirken harmonisch und würdig – Ausschnitte aus einem gelungenen, tugendhaften Leben, mit dem sich ohne Mühe bekannte Haltungen in der Wissenschaftsbetrachtung verknüpfen lassen. Forschertugend und allgemeine Tugend harmonieren.

In der einen Einstellung bedeutet Forschung sozusagen den besten Fall menschlichen Daseins – einen Kosmos lobenswerter Verhältnisse, von dem Menschen, die nicht an ihm

DEBENT IGNARI RES FERRE ET POST OPERARI QVATVOR INSERTA NATVRIS IN NVBE REFERTA
IVS LAPIDIS CARI VILIS SED DENIQ RARI NVLLA MINERALIS RES EST VBI PRINCIPALIS
VNICA RES CERTA VILIS SED VBIQ REPERTA SED TALIS QVALIS REPERITVR VBIQ LOCALIS

Abbildung 1

Abbildung 2

teilhaben, nur lernen können. In Ryckaerts Darstellung kündigt sich jene Idee förderlicher Verhältnisse an, die im selben Jahrhundert Bernard de Fontenelles moralisierende Elogen auf Naturforscher hervorbringt. Dagegen steht die nicht nur in den von Bruegel registrierten schwierigen Anfangstagen neuzeitlicher Wissenschaft mächtige Einschätzung, daß gute Forscher keineswegs lobenswerte Menschen sein müssen. Im Extremfall haben Forscher in dieser Einstufung den Rang von Bruegels Alchemisten oder – noch übler und modern gesprochen – eines Dr. Seltsam. In dieser Alternative spiegelt sich das Problem der Bezugnahme auf die bekanntesten philosophischen Bestände. Sowohl die klassischen Vorgaben wie auch die neuzeitlichen Versuche stellen Distanzierungen von der Annahme dar, Tugend sei lediglich so etwas wie die Qualität der exzellenten Ausfüllung einer beruflichen oder sonstwie partikulären Rolle. Sowohl für Platon wie für Aristoteles, und genauso wie später für Kant geht es um Tugend, die ›man‹ entfalten und realisieren sollte. Grob gesagt haben wir es in den ersten beiden Fällen mit Konzeptionen des individuellen geglückten Leben zu tun, im letzteren Fall um menschheitlich richtige Einstellungen. Die Thematisierung von Spezialistentugenden paßt am ehesten zu genau jenen Positionen, auf deren *Kritik* Aristoteles wie vorher schon Platon zielt. Die damaligen gegenläufigen Vorstellungen deuten sich in den Beschreibungen der Gesprächspartner des Sokrates an, in Sonderheit den Angaben Menons im gleichnamigen Dialog oder Polons im *Gorgias.* Auch in den Dramen des Sophokles kann man sie finden: Tugenden lassen sich voneinander sondern, können sich widersprechen, lassen sich Berufsgruppen und Geschlechtern zuordnen usf., wohingegegen Platons Sokrates nur nach der einen Ausschau hält, die in allen sein soll.[12] Diese Gemeinsamkeit gedanklich ergriffen zu haben, ist eine philosophische These von einschneidender Konsequenz und alles andere als ein bequemer Anfang zur neuen Spezifikation Die Herleitung von ›Forschertugend‹ aus einem Oberbegriff auf den Spuren der klassischen Moralphilosophie läßt sich nicht bewerkstelligen, ohne die Bedingungen, unter denen Sokrates' Suche Erfolg hat, anzuerkennen, daß nämlich der rechte Einsatz der Fähigkeit zur Besonnenheit, zum Fleiß, zum Mutigsein u. a. m. sich als gelungenes *Leben* auszahlt.

Die klassische tugendethische Diskussion wird geleitet von einer eudämonistischen Deutung der richtigen Lebensführung, woraus sich im nächsten Schritt die Einheitlichkeit des Tugendbegriffes ableitet. Glück fordert Stimmigkeit, ist etwas Vollendetes.[13] Die berühmte Auszeichnung der *theoria* im X. Buch der *Nikomachischen Ethik* zielt nicht auf eine reine Gelehrtenexistenz, sondern auf intellektuelle Aktivität schlechthin. Die Kultivierung wissenschaftlichen Spezialistenlebens läßt sich daraus nicht rechtfertigen. Eine einsinnige Askese ist damit sogar unvereinbar. Aus dieser Spannung geht aber genausowenig zwingend hervor, daß sich der Bereich des Forschens in jeder Hinsicht einer allgemeinen Tugendkonzeption entzöge. Warum sollten Forscher nicht gerechte, großzügige, mutige oder sonstwie erfreuliche Menschen sein? Und einige allgemeine Tugendpostulate, wie etwa jene der Wahrhaftigkeit, kehren in den Ethik-Konventionen von Forschergruppierungen wie selbstverständlich wieder. Aber man muß nichtsdestoweniger sehen, daß die allgemeine Tugendlehre sich genauso mit der Wissenschaftsbetrachtung reiben kann. Forschertum mag durchaus eine günstige Möglichkeit bieten, sein Leben glücken zu lassen. Aber dies ist ein für die Wissenschaftsbetrachtung marginaler Umstand, und gerade besonders enthusiastische Forscher mögen in diesem Punkt gehörige Zweifel wecken. Der wegweisende Hygieniker Max von Pettenkofer schluckte 1884 einen Reagenzglasinhalt mit Cholerabazillen, um Robert Kochs Auffassungen zu prüfen bzw. den seiner Ansicht nach einseitigen ›Bazillenkultus‹ zu widerlegen.[14] Vielleicht war Pettenkofer ein Mensch, der sein Leben als geglückt ansah, aber ein Exempel für die *Nikomachische Ethik* ist er nicht. Bereits bei Aristoteles selbst finden sich – sozusagen ›unterhalb‹ der Darlegungen über die Eudämonie und ethischen sowie dianoetischen Tugenden – Andeutungen in der Richtung, daß Forschertugend nicht in jeder denkbaren Hinsicht eindeutig als Teil eines Glückszuwachses angesehen werden muß. Der Kontext des Fingerzeiges ist die Beschreibung einer anatomischen Sektion. Sie ist nach Aristoteles zuvorderst ein widerliches Geschäft der Betrachtung und Zerlegung einer blutigen Fleischmasse, das man auf sich nimmt, weil man sich Aufschlüse über das Reich der Lebewesen erhofft.[15] Von einem tüchtigen Anatomen ist heute wie damals zu erwarten, daß er seinen Ekel vor blutigen Knochen, Gefäßen usw. überwindet. Möglicherweise läßt sich auch diese Disposition mit dem nötigen gedanklichen Aufwand auf die Eudämonie beziehen. Aber die Verknüpfung bietet sich nicht an. Es ist nicht eindeutig, daß die wünschenswerte Fähigkeit des Anatomen sich mit allgemein erstrebenswerten Charakteristika von Personen in jeder denkbaren Hinsicht verträgt.

Die Verbindung von Forscherleben und Lebensglück hat in unterschiedlichen Kontexten Absage und Zuspruch erhalten. In dieser Hinsicht ist nicht nur an die alten und neuen Formen des Hedonismus zu denken. Besonders einschlägig sind unter dem Tugendaspekt die imponierenden religiösen Infragestellungen des Gelehrtenlebens.[16] Es sollte – und darin findet sich gewiß eine Übereinstimmung mit wissenschaftshistorischen Usancen – nicht versucht werden, ein im Hinblick auf wissenschaftliche Ergebnisse gelungenes Forschen als wesentlichen Teil eines gelungenen Menschenlebens zu interpretieren. Aufschlußreich ist es auch nachzulesen, in welchen Zusammenhängen bekannte Forscher vom Lebensglück sprechen. Fontenelle plagt sich in den Elogen auf die Akademiemitglieder in vielfältigen Wendungen damit ab darzulegen, daß »[...] on trouve dans sa propre raison et dans sa droiture un plus grand fond de bonheur que les autres n'en attendent du caprice du hasard.«[17] Aber zu überzeugen vermögen solche Behauptungen niemanden, der sich anhand dieser und anderer biographischer Materialen über den wenig erhebenden Verlauf manches Forscherlebens kundig gemacht hat.

Mit dem Hinweis auf die Spannung von Forschungs- und Lebensglück erledigt sich zugleich jene einflußreiche Gedankenfigur, welche tugendbezogene klassische Moralphilosophie kritisch gegen die Moderne und speziell gegen die Gestalt neuzeitlicher Forschung kehrt. Man kann selbstverständlich auf äußerst fruchtbare Weise über die Unterschiede zwischen antiker und moderner Moralauffassung nachdenken, es im Gefolge von MacIntyres Erfolgsbuch bedauern, in einer Epoche *After Virtue*[18] zu leben und eine wissenschaftsphilosophische Tugendkonzeption als Rückkehrempfehlung zu den aristotelischen Vorstellungen von Weisheit, Gerechtigkeit u. a. m. anlegen. Aber der Wert eines solchen Verfahrens läge in der *kontrastiven* Verdeutlichung auf einer allgemeinen, grundsätzlichen Ebene. Für forschungsbezogene Fragen des Typs, ob bestimmte Eigenschaften von Wissenschaftlern einen Anteil an der Durchsetzung der Zelltheorie, der Entzifferung der ägyptischen Hieroglyphen oder der Ausbildung der Oxidationslehre hatten, geben sie nichts her. Beantworten lassen sich derlei Fragen im Zuge der Kommentierung manifester Vorgaben, d. h. geschichtlicher oder aktueller Materialien, wobei Beschreibungs- und Erklärungshilfen, wie sie uns außer den wissenschaftsphilosophischen Modellen die Wissenschaftshistorie und auch andere Disziplinen bereitstellen, benutzt werden.

2.2.2 Tugend als Tauglichkeit

Die bisherige Erörterung läuft auf die Feststellung hinaus, daß eine Bereichstugend sich nicht nicht aus den Inhalten allgemeinphilosophischer Tugendlehren ableitet, sondern ihre Plausibilität einer Einschätzung verdankt, die sich – ähnlich wie die berühmte *virtú* des Fürsten bei Machiavelli[19] – *nicht* universalisierend auf den Menschen und seine Lebensführung bezieht. Woraus aber bestimmen sich Bereichstugenden, und wie kommt die nichtsdestoweniger vorhandene lose Verbindung zu einer allgemeinen Lebenslehre zustande? Es lohnt sich, für unsere Zwecke ein paar Splitter der deutschsprachigen Begriffsgeschichte aufzunehmen: Etymologisch gesehen[20] spricht manches dafür, daß ›Tugend‹ sich von einem altnordischen Adjektiv herleitet, das u. a. mit ›zuverlässig‹ wiederzugeben wäre, was nicht schlecht in den hier gesetzten Rahmen paßt. Noch besser fügt sich die Alltagsphilologie mit ihrer Neigung, dem Ausdruck ein Pseudo-Etymon zuzuschreiben und ihn als Substantivierung von ›taugen‹ aufzufassen. Der in der Reminiszenz an pietistische und andere Tendenzen des 18. Jahrhunderts moralinsauer anmutende Tugendbegriff ist gerade in der bürgerlichen Einbettung ein Tauglichkeitsbegriff. Gellerts beliebte *Moralische Charaktere* (1770) spießen den Menschen auf, der »seinen Beruf beobachtet, ohne daß er seinem Berufe ganz lebt« oder schlicht den, der nicht einsieht, daß »es besser ist, ein nützlicher und arbeitsamer Mann zu sein als ein geschäftiger Müßiggänger«.[21] Gegen die Tugend als Tauglichkeit wendet sich später die romantische Kritik an der gedanklichen Funktionalisierung des Lebens und eröffnet dem *Leben eines Taugenichts* das Feld. Tatsächlich aber fällt es sogar den entschiedenen Kritikern sehr schwer, dem Tauglichkeitsgedanken zu entgehen. Wenn die Titelfigur singt oder auf der Geige spielt, ermöglichen Spontaneität und Musikalität ein friedliches Vergnügen, schaffen etwas, ein Idyll.

Nicht einmal harsche Tugendkritik enthebt von der Möglichkeit, die von ihr gegenläufig favorisierten Qualitäten als *Tauglichkeiten* zu interpretieren. Tugenden erweisen sich demnach in einer *erfolgreichen* Praxis. So läßt sich auf der Grundlage gewöhnlicher Verwendung wenig dagegen einwenden, wenn man hinter dem Tugendbegriff die Zuordnung einer *Eignung* zur Tätigkeit in einem bestimmten Bereich vermutet, eine persönliche Disposition, auf eine spezifische, in irgendeiner Hinsicht wertvollen Weise zu handeln. Demgemäß liegt es auf der Linie dieser Vorstellung von Eignung, daß sie sich umgekehrt aus den Handlungen eines Individuums ersehen läßt. Das bedeutet nicht, sich auf eine einzige Aktion zu beziehen und daraus zu lernen, was eine Tugend sei. Tugenden erweisen sich vor wechselnden Hintergründen, und der jeweilige Tugendbegriff ergreift den gemeinsamen Handlungsgrund verschiedener Handlungen. Er gibt an, was den Akteur zu seiner Aktion bewegt haben mag, und versorgt einen Beobachter (der auch der reflektierende Akteur selbst sein kann) mit einem Vorschlag zur Erörterung des Erfolgs der Handlung. Der Tugendbegriff leistet zugleich *Erklärung* wie auch *Bewertung*.[22]

Diese Doppelfunktion mutet erstaunlicher an, als sie es ist. Hinter der Irritation steckt die allgemeine Gewöhnung an Ethik als normative Disziplin, die uns nichts über die faktische Vorgehensweise von Menschen verrät. Aber speziell die Tugendethik hat von Beginn an erklärende Momente, die sich wie selbstverständlich bei der Behandlung von Vorbildern einstellen. Wenn etwa Platon im *Gorgias*, Aristoteles in der *Nikomachischen Ethik* und viele nach ihnen die Musterhaftigkeit des Perikles erörtern, wird das jeweils geschätzte politische Wirken aus der Eigenart der Person erklärt, und im Gegenzug ihre Tugendhaftigkeit aufgrund bestimmter Einzelhandlungen in Frage gestellt. Eine moderne Diskussion dieser Doppelung hat sich im Anschluß an Versuche biowissenschaftlicher Reduktion der Tugendethik ergeben. In den einschlägigen Konzeptionen werden Tugenden als biologische Tatbestände interpretiert,[23] und des weiteren – soweit auf eigenständige Normierung abgehoben wird[24] – vorausgesetzt, daß die vorgefundene Ethik die Erklärung von Handlungen einschließt.[25] Das ist in der letzteren Hinsicht unabhängig vom reduktionistischen Ansatz eine durchaus traditionsgemäße Haltung. Zu den allgemeinphilosophischen Nachteilen biologistischer Argumentation hingegen gehört, daß sie hinsichtlich des zentralen Begriffs keine sonderlich genaue Bestimmung mit sich bringt. Tugenden werden in dieser Variante – anderes als in den großen Traditionsstücken – nicht von Talenten, Fähigkeiten oder Fertigkeiten geschieden. Aber die klassischen unterscheidenden Sprachregelungen entspringen zu einem beträchtlichen Teil einer energischen Abweisung des alltäglichen Verständnisses entsprechender Qualitäten und der Verurteilung fachlicher Verengung. Unter dem Aspekt der Kultivierung unserer Lebensführung schlechthin sind die mit den herkömmlichen Unterscheidungsversuchen verknüpften Fragen der Lehr- bzw. Lernbarkeit, des Mittels usw. in der Tat von großer Bedeutung. Aber eine auf die Erklärung und Normierung bereichsspezifischer Vorgehensweisen konzentrierte Betrachtungsweise kann sich davon nicht viel versprechen.

Das betrifft auch eine Reihe prinzipiell gefaßter Unterscheidungsvorschläge aus neuerer Zeit, die mit der Absicht zusammenhängen, den Tugendbegriff für eine allgemeine Moralphilosophie fruchtbar zu machen. Z.B. ist argumentiert worden, Fertigkeiten seien nicht auf jeden Fall für unsere menschliche Existenz wertvoll, Tugenden hingegen sehr wohl.[26] Oder es heißt, natürliche persönliche Qualitäten seien zwar genauso wie Tugenden zu entwickeln, letztere hätten aber die Eigenart, »uns zum Handeln gemäß bestimmten Grundsätzen des Rechtes«[27] zu veranlassen. Oder Fertigkeiten hingen mit der technischen Handhabung schwieriger Tatbestände zusammen, von Tugenden ließe sich dies nicht behaupten.[28] Aber damit ist in Verbindung mit der Vorstellung von bereichsspezifischer Tugend als Tauglichkeit nicht viel anzufangen. Wenn wir z. B. von den Tugenden eines Experimentators reden wollen, liegt es fern, seine ›skills‹ auszublenden. Im Gegenteil. Deshalb empfiehlt es sich, Bereichstugenden – ohne dies für erschöpfend zu halten – schlichtweg als funktionale Fähigkeiten in bezug auf Handlungsvollzüge anzusehen.

2.2.3 Tugendbegriffe als Erklärungsbegriffe

Eine tugendbezogene Erklärung würde sich in einer naiven Fassung folgendermaßen darstellen:

›Person *A* hat die Qualität *Q* – ergo führt *A* die Handlung *H* aus.‹

Daß *A* beispielsweise fleißig ist, würde demnach erklären, daß sie auf bestimmte Weise agiert, angesichts einer Prüfung intensiv lernt. Aber ein solches Schema einer Handlungserklärung ist in seiner Pauschalität nicht akzeptabel. Der Hinweis auf eine bestimmte individuelle Qualität wird nur unter spezifischen Voraussetzungen als Antwort auf eine handlungsbezogene Warum-Frage akzeptiert. Und zwar dann, wenn wir uns die Frage stellen, warum es einer Person *A* *möglich* ist, *H* zu vollziehen. Noch genauer ausgedrückt wäre zu fragen, warum *A fähig* ist, *H* auszuführen. Die einfache Frage dagegen ›Warum lernt *A*?‹ führt auf anderes Terrain, nämlich zu den *Absichten As*. Eine darauf sinnvoll bezogene Antwort enthielte demnach eine Aussage des Inhalts, daß *A* die Prüfung bestehen *wolle*. Weiteres Bohren freilich würde uns zu den *Bedingungen dieses Motivs* führen. Und eine vertretbare Angabe zum Problem, warum denn *A* die Prüfung bestehen wolle, könnte auf Eigenschaften *A*s abheben, unter denen sich womöglich sogar ein weiteres Mal *Q*, auf jeden Fall aber damit harmonierende Qualitäten, wie z. B. Strebsamkeit, wiederfänden. Tugenden als Erklärungsgründe und somit als mögliche Antworten auf Warum-Fragen begegnen uns demnach an zwei verschiedenen Stellen: (i) bei der Bestimmung von Faktoren, die für die *Entstehung von Handlungsmotiven* bestimmend sind; (ii) der Einschätzung personaler *Realisierbarkeitschancen*.[29]

Über die Rolle von Tugenden bei der Ausbildung von *Motiven* wird in der für uns wichtigen Weise in Verbindung mit dem Forschungszusammenhang zu reden sein. Denn allgemein betrachtet ist der Kosmos der Handlungsmotive unübersehbar. Handlungen können sich mit den unterschiedlichsten Absichten, Bedürfnissen usw. verbinden, die angesichts der Handlungen selbst nicht entfernt zu ahnen sind. Im XVIII. Kapitel von Machiavellis Buch über den Fürsten können wir bezeichnenderweise nachlesen, daß es oft weniger darauf ankomme, eine Eigenschaft zu besitzen, als bei anderen Menschen den Eindruck zu erwecken, sie sei einem eigen. Tatsächlich kann ein Faulpelz sich publice emsig betätigen, damit man ihn für eine fleißigen Menschen hält. Immerhin hilft uns die Problemfeststellung ein kleines Stück weiter, da es so etwas wie ein konventionelles Band zwischen bestimmten Handlungen und Haltungen zu geben scheint, das der täuschende Faulpelz peinlich beachtet. Sprachlich wird dieser Zusammenhang vielfach dadurch markiert, daß es ein zur Bezeichnung einer persönlichen Qualität passendes Handlungsattribut gibt. Wir sprechen von fleißigen, kundigen, sorgfältigen, gründlichen, redlichen Bemühungen usw. Diese Redeweise hat den Nachteil, einen unversehens in einen Zirkel zu versetzen, in dem die redliche Tat den redlichen Charakter bestätigt und umgekehrt. Außerdem ist die eindeutige Zuordnung (ob des Scheins oder Seins sei dahingestellt) alles andere als verläßlich. Eine Handlung kann durch dunkle oder helle, gleichgerichtete oder konfligierende Faktoren bedingt sein. Z.B. könnte der Antrieb, etwas zuwegezubringen mit sonst erfreulicher Auskunftsfreude bzw. Offenheit kollidieren, indem der Ausführende Störungen seines Arbeitsablaufs zuläßt.

Weder die Unzuverlässigkeit von Tugendzuschreibungen noch die Unübersichtlichkeit in der Verbindung miteinander oder mit andersartigen möglichen Handlungsgründen bilden einen hinreichenden Anlaß, um die Idee einer Handlungserklärung aus Tugenden aufzugeben, und zwar deshalb, weil sie, wie gesagt, wichtige Antworten auf zwei in bezug auf Handlungen wichtige Fragen liefern, nämlich die nach den Bedingungen von Handlungsabsichten (i) und jene nach der Fähigkeit des Akteurs, diese Absicht zu verwirklichen (ii). (ii), eine aristotelische Selbstverständlichkeit, ist in der neueren philosophischen Handlungstheorie weithin übersehen worden, wiewohl sie von herausragender Bedeutung für das alltägliche Erklären *ausgezeichneter* Handlungen ist, nämlich solcher, die schwierig sind und erfolgreich verlaufen.[30] Der explanative Wert von Tugendannahmen zeigt sich zuvorderst in der zweiten Hinsicht, in der Tugend als Befähigung zur Realisierung von Motiven fungiert.

Daß einer Handlung, die für eine tugendbezogene Erklärung in Frage kommt, ein auf Erfolg in einer fordernden Situation verweisendes Moment zuzuordnen ist, läßt sich in der einfachsten Rekonstruktion als Ergebnis eines stillen Vergleichs mit ähnlichen Handlungen auffassen. Man erinnere sich an die oben wiedergegebenen Alchemistenbilder: Warum verfährt *A im Gegensatz zu B* bei einer Handlung bzw. Handlungsfolge desselben Typs so und nicht anders? Warum ist das Ergebnis der Handlung von *A besser als* das von *B*? ›Warum nahmen Commodus, Caracalla und Maximin ein trauriges Ende, nicht aber Severus?‹ fragt Machiavell sich und den Leser, und er antwortet mit dem Hinweis auf des letzteren »tanta virtú«[31]. Die entscheidende Differenz manifestiert sich vor Gleichartigem, der Situation anderer Herrschern, die ebenfalls vor der Aufgabe gestanden haben, sich zu behaupten.

Die Suche nach einem einschlägigen sortalen Prädikat im Zusammenhang einer allgemeinen Tugendlehre für den unübersehbaren Kosmos menschlichen Handelns mag nicht aussichtsreich wirken. Aber dieses Problem wird sich im Rahmen einer bloßen Bereichslehre voraussichtlich entschärfen lassen. Jedenfalls werden uns die anstehenden Überlegungen zum Forscherbegriff eine deutliche Einschränkung hinsichtlich der Breite und Vielfalt der zu erklärenden Handlungen nahelegen. Andererseits verweist die Gleichartigkeit von Handlungen wiederum darauf, daß unterschiedliche Zielhierarchien nicht ohne weiteres Differenzen bei konkreten Handlungsabsichten bedeuten. Konzentrieren wir uns auf die zum Erfolg befähigende Komponente von Tugend und setzen eine gemeinsame Zielsetzung *Z* an, von der dementsprechend an dieser Stelle auch unerörtert bleibt, inwieweit sie sich Tugenden, z. B. den Kompetenzen von *A* und *B*, wesentlich mitverdankt. Eine tugendbezogene kontrastive Schematisierung *TS* sähe in reiner Form so aus:

(i) *A* und B streben *Z* an.
(ii) *A* hat die Qualität *Q*, *B* nicht.
(iii) *A* und *B* glauben, daß unter Zugrundelegung einer Rationalitätsnorm *R* die Handlung *H* ein (das beste) Mittel für die Erlangung von *Z* ist.[32]
(iv) *Q* ist funktional für die Durchführung von *H*.

Ergo wird plausibel:

(v/vi) *A* führt *H* aus und erlangt *Z* – B führt *H* nicht aus und erlangt *Z* nicht.

(i) und (iii) umreißen zusammengefaßt die *Handlungsabsichten* von *A* und *B*. Wie steht es um die Beschaffenheit der *argumentativen* Verknüpfung in *TS*? Die Konklusionen (v/vi) werden durch die Prämissen nicht garantiert. Es könnten diverse nicht berücksichtigte helfende und hindernde Umstände eintreten, die *B* sowohl *H* ausführen ließen, womit *B* zu *Z* gelangte – und *A* könnte aufgrund irgendwelcher Faktoren auf die Ausführung von *H* verzichten oder daran gehindert werden. Die Annahme von (v/vi) beruht demnach auf einem ›Schluß aus dem Mangel‹ (*Default Reasoning*): Daraus, daß Entgegenstehendes nicht eigens erwähnt wird, schließen wir darauf, daß Passendes vorliegt. Hergestellt wird somit nur ein schwacher Zusammenhang, wie man ihn aus anderen Formen des sog. Plausiblen Schließens kennt.[33] Er enthält neben den gewöhnlichen Prämissen des sog. Praktischen Schlusses (i) und (iii) ein abduktives Element durch Verknüpfung von (ii) und (iv) mit (v/vi), das man auch als nicht näher bestimmte Wahrscheinlichkeitsklammer deuten könnte: (v/vi*) *A* führt eher als *B H* aus und erlangt eher als *B Z*. Das würde aber nicht viel weiterhelfen, da wir es hier mit der Ableitung *singulärer* Vorgänge zu tun haben. Nichtsdestoweniger ist die vorgeschlagene Ableitung keine Fährte in die Beliebigkeit. Prognostisch gewendet, ist der subjektive Erwartungswert von (v/vi) im gewöhnlichen Fall *höher* als bei einer entsprechenden Handlungserklärung, die nur (i) und (iii) als Prämissen vorsieht. Nehmen wir folgende Rohform eines Praktischen Syllogismus (*RP*) zum Vergleich:

- *A* strebt *Z* an.
- *H* ist nach Ansicht von *A*, ein (das beste) Mittel, um *Z* zu erlangen.

  Ergo wird plausibel:

- *A* führt *H* aus.

TS gibt im Unterschied zu *RP* einen verläßlichen Erwartungswert an, weil die Ausführung von *H* nicht durch Absicht und instrumentale Vermutung allein veranlaßt wird, sondern es eine zusätzliche Sicherung dafür gibt, daß *A H* durchführen wird (iv). Im Gegensatz zur zweiten Prämisse von *RP* bzw. (iii) in *TS* haben wir es bei (iv) nicht mit einer rein individuenbezogenen Unterstellung zu tun, sondern wir haben eine grundsätzlich *überprüfbare* Sachverhaltsbeschreibung vor uns.[34] Tugendbezogene Erklärungen sind in den Fällen, für die sie gedacht sind – nämlich dann, wenn ein stabiler Konnex im Sinne von (iv) gegegeben ist – solchen des Typs *RP* deutlich überlegen. Für die Beantwortung der Frage beispielsweise, ob Person *A* das Fenster schließen wird, wenn sie fröstelt, mag eine Motivauskunft völlig hinreichen. Wenn indes ein Büroleiter kalkulieren soll, ob Mitarbeiter *A* oder Mitarbeiter *B* eher eine komplexe Aufgabe bewältigen wird, gibt es keine bessere Strategie, als sich über die persönlichen Qualitäten (ii) der beiden zu informieren, bzw. auf Materialien zurückzugreifen, die unter diesem Aspekt einigermaßen verläßliche Anhaltspunkte liefern. Daß *A* und *B* eine Aufgabe gerne bewältigen *wollen*, sagt wenig, und selbst wenn sie das Mittel kennten – das hieße: wüßten, wie man vorgehen *müßte* – wäre dies noch nicht viel mehr.[35]

Die Prämissen (i) bis (iv) geben nicht nur keine hinreichenden Bedingungen an; sie erfüllen auch keine Notwendigkeiten. *A* oder *B* könnten, wie schon oben dargelegt, *Z* möglicherweise auch unabhängig von *Q* aufgrund der Einwirkung anderer Faktoren erlangen. Behauptet wird lediglich eine Bevorzugung von *A* auf der Basis von *Q* für den Fall, daß *A* und *B* unter demselben Umständen denselben Weg beschreiten wollen, woraus wiederum die normative Empfehlung erwächst, unter diesen Bedingungen eher eine Person wie *A* als eine Person wie *B* zu sein. Verkompliziert wird der Zusammenhang auch in normativer Hinsicht dadurch, daß die Wahl von *Z* durch eine Tugendkomponente beeinflußt werden kann und sogar werden sollte. Aber ich halte die Orientierung an Zielen, Zwecken bzw. Motiven keineswegs in jedem Fall für einen überragenden Aspekt, wenn es um das Verständnis von Handlungen geht. Die Fragwürdigkeit der ›Motivfixierung‹ wird in Kapitel 2.5 noch einmal zum Thema werden. Eine gute Praxis ist nicht zwingend auf eine gute Absicht angewiesen, und ›gut gemeint‹ kann bekanntlich auf das Gegenteil von ›gut gemacht‹ hinauslaufen. In diesem Kontext wird auch zu sehen sein, daß einschlägiges ›Forscherethos‹ nicht wertlos ist, aber eine andere Funktion hat als die direkte Steuerung von einzelnen Forscherhandlungen.

Betrifft der letztere Gesichtspunkt wesentlich den Vollzug individueller *Praxis*, betrifft ein anderer dessen Auszeichnung als *gut*. Der intuitive Unterschied zwischen einer ›guten‹ und einer ›ausreichenden‹ Praxis führt zur Beantwortung einer weiteren wichtigen Grundsatzfrage: Warum empfiehlt es sich, begünstigende Faktoren ausgezeichneter Handlungen personal, als individuelle Form von Tüchtigkeit aufzufassen, statt, wie es üblicher ist, davon auszugehen, daß wünschenswertes Handeln das Ergebnis der Befolgung von Regeln ist?

2.2.4 Tugenden und Regeln

Ungeachtet einer gewissen Anspruchslosigkeit hinsichtlich der genauen Eingrenzung von Tugenden ist eine historisch einflußreiche Differenzierung des Begriffs für die weiteren Überlegungen nicht unerheblich und hilft bei der thematischen Schärfung. Sie stellt sich ein, indem man sich eine bestimmte Eigenart der antiken Tugendlehren im Vergleich etwa mit derjenigen Kants bewußt macht.[36] Mit Hilfe der markanten Namen lassen sich unter dem gemeinten Gesichtspunkten idealiter zwei Geschichten des Tugendbegriffs unterscheiden: In der einen ist ›Tugend‹ ein Anfangsbegriff, das begriffliche Kernstück der ersten Antwort auf die Frage, welche Art von Mensch man sein sollte. Und die einzelnen Tugenden stehen für Eigenschaften, die ein Individuum in bestimmten Lebensbereichen zu lobenswerten Handlungen bewegen. Die andere Geschichte verbindet sich vorzugsweise mit der Vorstellung, daß Tugenden aus übergeordneten Verpflichtungen ableitbar sind. Tugendhaftigkeit zeigt sich in diesem Rahmen als Fähigkeit, einer moralischen Regel zu folgen. Am Anfang der gedanklichen Konstruktion steht die Regel selbst. Ein tugendhafter Mensch in der Gestalt einer ehrlichen Person ist demnach jemand, der nicht lügt, insofern er unter dem *Gebot* der Wahrhaftigkeit steht. Zur Begründung einer entsprechenden Regelung gibt es vornehmlich zwei Strategien, zum einen die deontologische, das meint die Herleitung aus übergeordneten Vorstellungen (religiösen bzw. natürlichen Gesetzen oder auch Rationalitätsannahmen), zum anderen die konsequentialistische, die Rechtfertigung aus Folgen, die bei der Befolgung oder Nichtbefolgung der Regel eintreten würden bzw. aufgrund dieser oder jener Kalkulation zu erwarten wären. Beide Wege lassen sich grundsätzlich auch unter forschungsethischen Gesichtspunkten begehen. Z.B. könnte man auf dem ersten Pfad mit Kant argumentieren, daß Wahrhaftigkeit deshalb eine auch von Forschern mit größtmöglicher Tugend, zu verstehen als Stärke (*fortitudo moralis*), zu erfüllende Pflicht sei, weil das Recht zur Lüge das Vertrauen in Aussagen überhaupt zerstöre und damit gesellschaftliches Leben unmöglich mache.[37] Tugendhaftigkeit realisiert sich hier dergestalt, daß einer Pflicht genügt wird, die basal ist und deren Mißachtung alle menschlichen Rechte aufhöbe. Der Blick auf regelorientierte Ansätze, die den Tugendbegriff integrieren, ihr Anliegen aber letztlich auch ohne ihn formulieren könnten, konfrontiert mit der Frage, inwiefern man überhaupt über ›Tugenden‹ nachdenken sollte, statt über das, was nicht nur Kant für vordringlich erachtet, nämlich über die *Regeln* ethisch ausgewiesenen Handelns.[38] Die historische Frage, ob dabei auch Überlegungen variiert werden, die Kant selbst veranlaßt haben, der Tugendlehre trotz der Abhängigkeit von der Konzeption des universalen Sittengesetzes einen eigenen Rang zu geben,[39] muß hier nicht weiter beschäftigen. Dafür, dennoch der Tugend- gegenüber der Regelorientierung den Vorzug zu geben, sprechen wenigstens vier, sich zum Teil inhaltlich überlappende Gründe:

(1) Längst nicht alle Tugendvorstellungen sind als Regeln zu formulieren. Betrachten wir beispielsweise die Bescheidenheit (*modestia*), die sich nach Cicero[40] im Zuge der Naturbeobachtung einstellt und uns zu Anfang des nächsten Unterabschnittes im Rahmen einer Forschercharakterisierung wiederbegegnen wird. Was heißt es zu behaupten, ein Mensch sei bescheiden, oder zu fordern, er solle bescheiden sein? Es bedeutet im wesentlichen, daß ein Mensch ein Stück von seiner Selbsteinschätzung zurücktritt, er gegenüber seinen eigenen Überzeugungen hinsichtlich der ihm zuschreibbaren positiven Qualitäten Abstand nimmt. Ob jemand die Regel des Bescheidenseins erfüllt, hängt von seinen persönlichen

Einstufungen ab. Was sich für den Beobachter unbescheiden ausnimmt, kann ohne weiteres ein Akt des Sich-Bescheidens sein. Nicht zufällig hat sich Descartes, der Anwalt einer Tugend als Regelgehorsam, mit dem Begriff der Bescheidenheit einigermaßen erfolglos abgemüht und kann ihn letztlich nur als lasterhaften Mangel von Selbsterkenntnis deuten.[41]

(2) Die von einem Individuum akzeptierten Regeln sind ohne Tugenden wirkungsschwach. Die überzeugendsten Vorschriften führen nicht zu dem unter den verschiedensten und nicht nur günstigen Voraussetzungen geforderten Verhalten, wenn der mit ihnen einverstandene Akteur nicht in der Lage ist, auf die geforderte Weise zu handeln bzw. es wenigstens zu versuchen. Zumindest ist anzunehmen, daß die Intensität wie auch der Erfolg einer solchen Bemühung davon abhängen, wie der Mensch individuell disponiert ist. Deshalb müssen auch innerhalb der Regelorientierung korrelierende Tugendvorstellungen mitbedacht werden.[42] Die Umkehrung gilt nicht ohne weiteres. Wir können eine mutige Aktion ohne Aufwand daraus herleiten, daß ein bestimmter Akteur mutig ist. Und wir können empfehlen, nach dem Muster dieser oder jener vorbildhaften Person zu handeln. Eine zusätzliche Anbindung an eine allgemeine Regel hinsichtlich der Pflicht zum couragierten Handeln mag viele Vorzüge haben, ist aber weder explanativ noch normativ obligatorisch. Die Regelidee wird erst attraktiv, wenn wir nach der Rechtfertigung einer solchen Empfehlung fragen. Insofern wir aber wenig Aussicht haben, Forscherhandeln in toto aus allgemeinmenschlichen Prinzipien zu rechtfertigen, läßt sich diese Einbuße gewiß eher verschmerzen als bei der Behandlung ethischer Fragen, die alle Menschen betreffen. Davon abgesehen, läßt sich bezweifeln, ob sich diese Fragen in der Regelorientierung tatsächlich *lösen* lassen. Jede kategorische Regelung, und sei es eine solche wie das Tötungsverbot, ist dem Hinweis auf schwierige dilemmatische Situationen ausgesetzt, die entweder mit einem schwer erträglichen Rigorismus gehandhabt werden sollen oder zur Aufweichung der Regel führen.[43] Bezeichnenderweise zielt die aristotelische Tugend der *phronesis* genau darauf, die Lücke zwischen allgemein Wünschenswertem und faktischer Anforderung zu füllen und situationsangemessenes Vorgehen zu steuern.

(3) Tugendzuschreibungen wahren die Integrität der Menschen, deren Handeln gedeutet werden soll. Sowohl unter dem Aspekt der Pflicht als auch unter dem des allgemeinen Nutzens erscheinen die persönlichen Eigenarten der Menschen *irrelevant* in bezug auf die Vertretbarkeit von Handlungen. Die Regelorientierung interpretiert Menschen als Konformisten, die – im günstigen Fall aus Einsicht – in erheblichem Maße auf die Verwirklichung dessen verzichten, was ihnen Gefühle und Bedürfnisse zu tun nahelegen. In einem einigermaßen engen Zweck-Mittel-Schema gesehen, handeln sie lokal und situativ irrational und werden erst durch die Zuerteilung einer fernliegenden Rationalität darin legitimiert, ihre Pflichten vor die Neigungen gesetzt zu haben. An zwei Beispielen gesprochen: Daß wir uns beim Passieren eines Zeitungskiosks das neueste Journal üblicherweise nicht durch einen Diebstahl besorgen, mag recht gut zur Idee der Regelbefolgung passen. Aber selbst in diesem Fall könnte es sich so verhalten, daß wir uns, statt – mit John Stuart Mill gedacht – der Menschheit langfristig den Austausch von Informationen zu sichern, in den unreflektierten Selbstverständlichkeiten einer Haltung bewegen, zu der es gehört, sich innere Dissonanz zu ersparen.

Edison experimentierte entsagungsreich mit Kohlefäden in Glasbirnen – warum, um seiner Erfinder*pflichten* willen? Hinter solchen Unplausibilitäten steht die vermeintliche Unerheblichkeit der Differenz von Handeln und Nichthandeln. Auch wer etwas unterläßt, handelt zugegebenermaßen in einem gewissen Sinne. Bezogen auf einen manifesten Ablauf, beispielsweise das Nichtstehlen der Zeitung, mögen die Bilder nicht abweichen. Dennoch gibt es aller Erfahrung nach einen großen intrinsischen Unterschied. Wenn wir die Zeitung stehlen oder kalkuliert auf den Diebstahl verzichten, spielt sich auf eine wie auch immer zu präzisierende Weise ›mehr‹ ab, als wir bei einem gewöhnlichen Kauf oder Nichtwerb en passant erleben.[44] Es ergibt sich ein überzeugenderes Bild, wenn wir keinen unparteiischen Blick in das Pflichten- und Nutzengefüge der Menschheit unterstellen, sondern annehmen, daß besonders bemerkenswerte Handlungen dadurch zustandekommen, daß Menschen just das tun, wozu es sie drängt, ›mit sich eins‹ sind und ihr jeweiliges Agieren mit ihren eigenen Antrieben konform geht.

Vielen Menschen gelingt es denn auch, ihre Bedürfnisse und Absichten mit bestimmten Handlungsabläufen zu koordinieren, ihre Persönlichkeit mit spezifischen Praktiken bzw. Rollen zu integrieren. Hieraus entspringen *Erwartungen* an Menschen, die man eventuell als eine Art persönlicher ›Pflichten‹ auffassen kann. Hätte Edison sich auf die faule Haut gelegt, statt den Zauber von Menlo Park zu veranstalten, wäre die amerikanische Öffentlichkeit ›von ihm entäuscht‹ gewesen. Und negativ gilt: Der Polizeipräsident, der die Zeitung stiehlt, handelt unserem Empfinden nach verwerflicher als eine arbeitslose Kindergärtnerin – auch wenn letztere genügend Geld für den Kauf in der Tasche gehabt hätte. Solche Erwartungen können auch Einstellungen sein, die ein Mensch sich selbst gegenüber hegt. Der gewiefte tausendfach erprobte Erfinder verlangt in seinem Tätigkeitsbereich mehr von sich als von Herrn Jedermann. Derlei Feststellungen leiten über zu einem vor dem Hintergrund der Frage nach der Forschertugend besonders wichtigen Umstand:

(4) Tugendbegriffe harmonieren besser als Regelangaben mit dem Eindruck besonderen Engagements, der sich in der Betrachtung bestimmter Handlungen einstellt. Ann McLaren, eine prominente Spezialistin für die Evolution von Säugetieren, beschreibt sich selbst als »obsessional«.[45] Anders formuliert, es sind weder in erster Linie Kalkulationen noch Rücksichtnahmen auf Prinzipien dafür grundlegend, daß jemand sich einer Aufgabe besonders nachhaltig widmet, sondern *Emotionen.* Tugenden scheint eine affektive Komponente zu eignen, bzw. Tugenden und Gefühle scheinen in einem Stützungsverhältnis zueinander zu stehen. Aktivitäten vom Typ des erfolgreichen wissenschaftlichen Forschens sind, entgegen Goethes eingangs zitierter Newton-Charakteristik, Angelegenheiten *cum* ira et studio. Das irritiert, wenn man es gewohnt ist, Gefühle bei der Anbahnung sinnvollen Handelns als hinderliche Momente anzusehen. ›Erst denken, dann sprechen‹ – derlei gehört zu den Maximen der älteren Kindererziehung. Es sind in der Tat viele Situationen vorstellbar, in denen sowohl negativ wie positiv eingeschätzte Emotionen unerwünschte Aktionen nach sich ziehen. Aristoteles hebt die *pathe* deutlich von den Tugenden ab, und Franz Dirlmeier akzentuiert den hier wichtigen Aspekt in seiner Übersetzung, indem er sie als »irrationale Regung«[46] wiedergibt. Gegen allzu strenge Sonderungen spricht freilich, daß einige Tugend- und Lasterbezeichnungen sich entweder kaum von Gefühlsbenennungen abheben oder so etwas wie eine kultivierte Fassung derselben wiedergeben. Anselm Winfried Müller spricht von »wilden Tugenden«[47] wie der Tapferkeit, die sich zum Mut entfalten kann. Er schlägt eine Differenzierung dergestalt vor, daß Emotionen sich auf Bestimmtes richten sollen, Tugenden hingegen Einstellungen in bezug auf verschiedene Objekte seien.[48] Insofern damit in der Ausübung von Tugenden eine Übertragungsleistung gesehen wird, begegnen wir zu einem guten Teil der klassischen These wieder, Tugenden müßten erlernt wer-

den. Wie auch immer der genetische Zusammenhang von Tugend und Emotion beschaffen sein mag, und unabhängig davon, in welchen Ausmaß Tugenden sinnvoll als Emotionen oder Weiterentwicklungen derselben angesehen werden können, läßt sich festhalten, daß Tugenden mit emotiven Anregungen, Erleichterungen und Intensivierungen von Handlungen verknüpft sind. Das verheißt bei erstem Besehen nicht uneingeschränkt Nützliches.

Betrachten wir aus der Liste des Aristoteles den Haß, den Neid, die Furcht, aber auch das Mitleid. Haß und Neid stören das Miteinander, Furcht kann Panik erzeugen, Mitleid mag unter Umständen dazu führen, daß die Verbesserung eines Sachverhaltes aus Rücksicht auf einen der Beteiligten unterbleibt. Die Rede vom ›falschen Mitleid‹ bedeutet gewöhnlich einen rügenden Hinweis darauf, daß Mitleid wichtige bzw. für vernünftig erachtete Beweggründe beiseite schieben kann. Dem lassen sich eine Reihe von Fällen gegenüberstellen, in denen Gefühle untrennbar von Tugenden geschätztes Verhalten ermöglichen: Sie ermöglichen es in Situationen, auf die widerstreitende Prinzipien anwendbar sind, *überhaupt* zu handeln: Nehmen wir ein Beispiel philologischer Liebhaberei: Vor die Wahl gestellt, einen von zwei gleichermaßen für wichtig erachteten Texten zu bearbeiten, von denen der eine ihm aus privaten Gründen am Herzen liegt, der andere nicht, gibt es keine Regel, die dem Philogen diese Präferenz vermittelt hätte. Erst der persönliche Impuls vereitelt die Entscheidungslähmung.[49] Erst recht sichert die Verbindung mit Affekten dem Tugendhaften (»Ein guter Mensch in seinem dunklen Drange ist sich des rechten Weges wohl bewußt«.) umgehende Handlungsfähigkeit. Rationalisten wie Jon Elster[50] haben kritisiert, in solchen Fällen ersetze die Emotion lediglich eine Entscheidung, die sich auch mit hinreichender Reflexion hätte treffen lassen. Und es seien gerade Gefühle, die den Liebhaber-Philologen daran gehindert hätten, kalkulatorisch mit der Situation umzugehen. Gefühle leisteten allenfalls Therapeutisches hinsichtlich eben jener Krankheiten, die sie selbst verursachen. Dieser Einwurf ist deshalb nicht überzeugend, weil unser Lebensvollzug uns *üblicherweise* keine Zeit für ein ruhiges Abwägen gibt. Z.B. stellt eine komplexe Arbeitsaktivität vor eine ungeheure Zahl von Entscheidungen über die einzelnen Schritte, ohne daß immer hinreichend Raum für bewußte Reflexionsphasen vorhanden wäre.

Einer der Kritiker der Tugendorientierung hat das Problem aufgeworfen, daß es Einzelhandlungen gebe, die für sich genommen nicht tolerabel seien, wie zum Beispiel rohe Gewalt gegenüber hilflosen Menschen, weshalb es sehr wohl unabdingbar sei, Handlungsregeln zu formulieren.[51] Dem läßt sich im Blick auf spezifische Zwecke einer Moralkonzeption durchaus beipflichten. Unstrittig wäre es nicht sinnvoll, das Strafgesetzbuch durch eine Sammlung der Biographien edler Menschen zu ersetzen. Tugendvorstellungen taugen in der Tat nicht zur Rahmung der gewöhnlichen Abläufe in Gemeinschaften. Z.B. kann eine Forschungsinstitution Sanktionen im Betrugsfall nicht durch Broschüren über Forscherheroen ersetzen. Aber wenn sie dem Betrug vorbeugen will, wirkt der pädagogische Hinweis auf musterhafte Forscher nicht mehr gänzlich abwegig. Und erst recht vermag die mit kontrastierenden Erklärungen verschränkte Idee des paradigmatischen Charakters stets dann überzeugen, wenn wir nicht an die *minima* moralia denken, sondern auf eigenständige moralische Qualität angewiesen sind. Der hier interessierende Kontrast ist nicht der, daß eine Person *B* gegen eine Regel verstieße, die *A* einhielte, sondern daß *A* eine Person ist, die *besseres* als *B* vorhat und *mehr* zu vollbringen vermag.[52]

2.3 ›Forscher‹

2.3.1 Allgemeine Vorgaben

Wenden wir uns den Subjekten zu, denen Tugendattribute zugeschrieben werden sollen: In Machs nüchterner Beschreibung begegnen wir jemand, der »Kenntnisse erwirbt und erweitert«[53]. Das ist eine Kennzeichnung, die auch unsere spätere Deutung von Wissen als Tugend, speziell im Sinne eines Vertrautseins mit Theorien, Problemen usw. tragen wird. Die Etymologie des substantivierten Verbs ›Forscher‹ betont den zweiten Teil von Machs Bestimmung: Die indoeuropäischen Vor- und Parallelformen des Ausdrucks (vgl. etwa lat. ›poscere‹) liegen bedeutungsmäßig sämtlich im Bereich von ›fragen‹, ›erfragen‹, ›verlangen‹, ›sich bemühen um‹, ›suchen‹. Pauschal lassen sich hier zwei inhaltliche Tendenzen unterscheiden: In dem einen Fall bedarf die gemeinte Tätigkeit einer antwortenden Instanz, im zweiten resultiert der Erfolg im Sinne des Findens, Entdeckens, Feststellens oder Erkennens aus eigener Kraft.[54] Die lateinischen Bezeichnungen ›investigator‹ und ›explorator‹, aus denen sich die bekanntesten Entsprechungen in den anderen europäischen Sprachen ableiten, stehen für Kundschafter und sonstige menschliche Spürnasen, wobei speziell die morphologische Verknüpfung mit ›vestigium‹ auf eine Schlüsselallegorie aus den Anfängen der neuzeitlichen Wissenschaft verweist, die des Wahrheitssuchers, der sich mit Stock, Brille und Lampe auf die Spur der Natur begibt.[55] Der im Sprachgebrauch hergestellte Zusammenhang ist klar: Bestimmte Bemühungen von Menschen bringen Wissen hervor bzw. erweitern das schon vorhandene.

Welche Menschen es genau sind, die in diesem Prozeß wirken, ist institutionell nicht ganz eindeutig bestimmbar. Man könnte in einem ersten Versuch sagen, daß in Deutschland die Vertreter der universitären Fachdisziplinen und die Wissenschaftler der Max-Planck-Institute oder Fraunhofer-Institute darunter fielen, wobei allerdings etwa Akteure aus der Zeit vor der Entstehung des modernen Fächersystems oder die in den Forschungsabteilungen großer Firmen[56] Tätigen unberücksichtigt blieben. Der Begriff des Forschers hat gegenüber dem des Wissenschaftlers u. a. den Vorzug, nicht einsinnig auf einen professionellen Personenkreis abzuheben. Allerdings liegen die begriffsgeschichtlichen Zusammenhänge historisch betrachtet recht quer. Als sich im vorigen Jahrhundert die Ausdrücke ›Wissenschaftler‹, ›scientist‹ usw. durchsetzten, geschah dies vielfach noch in Betrachtung von Gruppierungen, von denen die meisten heute eher als noble Dilettanten denn als Naturforscher angesehen würden.[57] Und ironischerweise haben ausgerechnet einige jener Unternehmungen, die wir zuerst mit dem Begriff der Forschung verbinden mögen, vom Engagement vornehmer Laien besonders profitiert.[58]

Eine exemplarische Einführung des Begriffs könnte grundsätzlich in dem Vorgehen bestehen, die Einträge in den 16 Bänden des *Dictionary of Scientific Biography* aufzulisten, was aber sowohl die Träger rezenter Naturforschung wie auch wegen der Bedeutung von ›science‹ die Vertreter u. a. der philologischen Disziplinen ausblendete. Nichtsdestoweniger steckt in der lexikographischen Orientierung eine methodisch nützliche Einschränkung. Wir sollten nicht allzu ausladend von ›Forschern‹ reden, ohne dabei zuvorderst an identifizierbare Personen, an Newton, Champollion, Helmholtz, Meitner, Darwin oder einen ihrer genauso oder weniger bekannten Vorgänger, Kollegen und Nachfahren zu denken. Die einleuchtendsten Vorstellungen von Forschertugenden bedeuten wenig, wenn sie sich nicht auf irgendeine Weise mit tatsächlichen und obendrein angesehenen Forschergestalten verknüpfen lassen.

Bekanntlich wird Wissenschaft bis an die Schwelle des 19. Jahrhunderts noch vorrangig als ›Lehre‹ vorgestellt; die dem Begriff des Forschers innewohnenden dynamischen Momente des Vordringens in unbekannte Gefilde bzw. des Lernens werden erst mit den Veränderungen des akademischen Betriebes, der Entstehung von Laboratorien, historischen Arbeitsstellen und ähnlichen Einrichtungen relevant.[59] Mit den Tugenden oder Lastern des wissenschaftlichen Lehrers, etwa in der Eigenschaft des Lehrbuchverfassers, hat es eine eigene Bewandtnis, so daß die im Begriff des Forschers liegende Betonung der Anbahnung von Wissen es im Rahmen unserer Themenstellung nahelegt, ihn dem des Wissenschaftlers vorzuziehen. Das trifft sich mit einer vielfach dokumentierten Selbsteinschätzung der Akteure selbst. Sie sehen ihre eigentliche Leistung vorzugsweise im Zusammenhang mit Tätigkeiten wie denen des Erschließens, Entdeckens, des Herstellens von Zusammenhängen usw., wohingegen die schriftliche Niederlegung von Forschungsresultaten, die Wahrnehmung von Organisationsaufgaben und andere ›betriebliche‹ Leistungen im Rahmen wissenschaftlicher Arbeit oft geringgeschätzt werden.[60]

Im Kontext welcher wissenschaftlichen Tätigkeiten Forschertum in personaler Füllung ersichtlich wird, kann sich je nach philosophischem Interpretament sehr unterschiedlich darstellen.[61] In den baconianischen, auf kumulative Verhältnisse abhebenden Konzeptionen kann der musterhafte Forscher ein bedächtiger Sammler und Ordner sein. Man denke an die Wissenschaft Linnés. Dem Instrumentalisten schwebt das Bild des *Homo creator* vor, eines Menschen, der imstande ist, im Blick auf eine empirische Herausforderung zweckvolle Konstruktionen, etwa einfache und prognosestarke Modelle zu entwerfen. Die hypothetisch-deduktive Methode wiederum mag sich zwanglos mit der Idee des grübelnden Suchers verbinden, den als *Homo depictor* die Hoffnung auf ein wahres Bild der Welt umtreibt. Dementsprechend schaffen die konkurrierenden Betrachtungsweisen auch unterschiedliche ›Helden‹, deren Bild gerne entsprechend retuschiert wird. Z.B. sieht der hypothetizistisch gesinnte Einstein-Betrachter gern davon ab, daß Einstein ein begeisterter Techniker war, der in seiner Zeit als Patentbeamter und später in seiner Berliner Epoche ausgiebig experimentierte, und zwar in Bereichen, die für seine Theoriebildung fruchtbar waren.[62] Ein sinnvoller Ausgangsbegriff von ›Forscher‹ muß die auseinanderstrebenden Meinungen hinsichtlich der Methode oder sonstiger Charakteristika des Forschens in ihrem Recht lassen, und mag sich so fassen lassen, daß er sich wenigstens auf solche Personen erstreckt, die in wissenschaftshistorischen und -systematischen Darstellungen namhaft gemacht werden.

Die begriffliche Weite von ›Forscher‹ bringt einen ungestörten Gebrauch im Blick auf die verschiedenen disziplinären oder auch ›stilistischen‹ Orientierungen mit sich. Forschersein kann sich in divergenten Arbeitskontexten realisieren. Bezogen etwa auf Crombies bekannte Stil-Einteilung[63] wäre nicht zu sehen, inwiefern Forschertum sich nicht genauso im Experiment und in der Exploration wie in der Modellbildung, in der mathematischen Konstruktion wie in der Herstellung von durch Vergleich bzw. Klassifikation, nicht zu reden von Rekonstruktionen historischer Tatbestände, ausmachen läßt. Die Sammlung ließe sich leicht ergänzen und fortsetzen – die Grenzen des Begriffsfeldes wären wohl erst da sichtbar, wo *nurmehr* Darstellung von Vorhandenem statthat. Einen geistreichen Beispielhinweis auf den Grenzbereich gibt der Rezensent[64] eines Werkes über die Verbindungen zwischen jüdischer Tradition und moderner Naturwissenschaft. Das Buch – die Gemeinschaftsarbeit einer Vertreterin chassidischer Orthodoxie und des Liberalen Roald Hoffmann, des Nobelpreisträgers der Chemie von 1981 – stellt einige verblüffende Gemeinsamkeiten speziell zwischen der traditionellen Talmud-Exegese und wissenschaftlichen Diskursen heraus und umreißt damit zugleich den Forscherbegriff auf spezifische Weise. Die Besprechung endet mit einem Fingerzeig auf den – brilliant darstellenden und ordnenden, aber nicht im engeren Sinne Neues entdeckenden – Ideenhistoriker Isaiah Berlin. Die Gemeinschaftsstiftung geht u. a. zu seinen Lasten: Er habe den Talmud äußerst langweilig gefunden – und genauso sei es ihm dem eigenen Zeugnis mit der empirischen Forschung ergangen. Ob Sir Isaiah als Forscher oder als brillianter Essayist einzustufen ist, muß hier nicht bekümmern und mag von seinen Fachkollegen entschieden werden. Für uns markiert sein Name eine Zone, in der sich in der Tat die Gemeinsamkeiten etwa mit einem Archäologen oder einem Laborchemiker ausdünnen. Auch die Philosophie, als Tätigkeit der »Forscher der Begriffe«[65], hat bezogen auf die bevorzugt mit dem Begriff verbundenen Auffassungen keine völlig eindeutige Position.

2.3.2 ›Forscher‹ und ›Forscherin‹

Beziehen wir uns im nächsten Schritt auf eine andere Möglichkeit der Problematisierung des Forscherbegriffs. Sie leitet sich ab aus der Geschlechterdifferenz und läßt sich nur ignorieren, wenn man darin übereinkommt, personale Faktoren generell auszublenden. Die einschlägige Diskussion weist zum Teil befremdliche Züge auf, was daran liegt, daß sich hier vielfach zwei vom Ansatz her entgegengerichtete Betrachtungsweisen bestens ergänzen: zum einen eine mit bestimmten Spielarten des Feminismus einhergehende Aversion gegen wissenschaftliche Forschung überhaupt, zum anderen die recht gängige ›chauvinistische‹ Weigerung, überhaupt ein Problem wahrzunehmen – beispielsweise wenn Wilhelm Ostwald von »Großen Männern«[66] der Naturwissenschaft berichtet oder sehr einsinnig über den geringen Anteil von Frauen in einem bestimmten Forschungszweig referiert wird.

Eine passende Anekdote für die bemerkenswerte Unbedarftheit, mit der sonst scharfsichtige Beobachter auf dem Feld der Geschlechterempirie agieren können, lieferte 1908 der berühmte Experimentalphysiker Ernest Rutherford. Er brachte es fertig, Lise Meitner bei der ersten Begegnung – trotz aussagekräftigen Vornamens – mit dem erstaunten Ausruf »Oh, I thought you were a man!« zu begrüßen.[67] Rutherfords Irrtum erscheint einleuchtend, solange man sich im engen Rahmen jener angeführten Wissenschaftshistorie ›Großer Männer‹ bewegt, die ihre Unvoreingenommenheit damit zu belegen trachtet, daß sie auch die ›Ausnahmen‹ Meitner und Curie berücksichtigt. Aber Physikerinnnen oder Chemikerinnen gab es schon in Rutherfords Zeiten nicht nur als exotische Wesen jenseits des Kanals. Sie waren vielleicht tatsächlich nicht in Rutherfords Abteilung an der Universität Manchester tätig. Aber – und darin steckt die Kuriosität – er muß ihnen bei jedem Besuch im Cambridger Cavendish Laboratorium begegnet sein, dem er selbst später vorstehen sollte.[68] Was die Verhältnisse in Deutschland angeht, so war Lise Meitner als Abteilungsleiterin an einem Kaiser-Wilhelm-Institut keineswegs eine singuläre Gestalt. Es gab insgesamt 11 Frauen in dieser Position, die als anerkannte Kapazitäten in der Biochemie, in der Hirnforschung, der Silikatforschung und in weiteren Bereichen tätig waren,[69] was die Vermutung gestatten könnte, daß forschungsintensive Institutionen hinsichtlich der Positionierung von Frauen sehr wohl mit der allgemeinen gesellschaftlichen Entwicklung Schritt halten oder ihr sogar vorauseilen können. Die berechtigte Kritik am geringen Frauenanteil in der Forschung führt in ihrer isolierenden Form leicht in die Irre, insofern ein allgemeiner sozialer Tatbestand, der sich neben anderem in ökonomischen Institutionen noch weitaus krasser darstellt, als *forschungsspezifisches* Problem zur Darstellung kommt.

Eine diesen Vorbehalt ergänzende Bemerkung verdient die im hier gewählten Begriff der Forschertugend enthaltene Bevorzugung des Substantivs ›Forscher‹, eines Nomens mit grammatischer Maskulinität. Man könnte sich rechtfertigend zunächst an die Festellung halten, grammatisches *genus* zeige keinen *sexus* an und die Verwendung sei unproblematisch. Aber ganz eindeutig verhält es sich damit nicht in jeder denkbaren Hinsicht, jedenfalls wenn man sich an die grammatikpsychologischen Überlegungen von Paul und Hjelsmlev erinnert.[70] Ihren Ansätzen zufolge steckt in der grammatischen Kategorisierung eine psychologische (die fachliche Zuordnung muß hier nicht bekümmern), was auf unseren Fall angewandt besagt, daß die Verwendung des Ausdrucks von einer wie auch immer genauer zu fassenden Assoziation ›männlich‹ begleitet wird. Diese Annahme mag zutreffen, aber der stille Transport von Rollen- und Geschlechtsfestlegungen läßt sich eher als lästiger denn als irreführender Begleitumstand einstufen. Dem Vorwurf, Forschung werde als Männersache angesehen, wirkt die Tugendorientierung von sich aus entgegen, da Forschung in erster Linie als Sache von *Individuen* angesehen wird und jede Exemplifikation uneingeschränkte Namensnennung einschließt. Die gleichzeitige undifferenzierte Verwendung des Ausdrucks ›Forscher‹ zur Bezeichnung forschender Frauen und Männer, soweit nicht speziell Frauen gemeint sind, hat lediglich den Sinn und über die Vermeidung sprachlichen Umstandes hinaus zudem den Vorteil, den für unsere Themenentfaltung zentralen Vorbehalt gegenüber ›gruppenorientierten‹ Auffassungen zu bewahren. Von der ›Forscherinnentugend‹ Lise Meitners oder Caroline Herschels zu reden, schafft eine im vorliegenden Kontext unpassende Akzentuierung, insofern individuelle Eigenschaften thematisch sind.

Zur Verständigung im Blick auf die Frage, ob nicht separat von ›Forschern‹ und ›Forscherinnen‹ bzw. den unterschiedlichen sozialen Rollen (*gender*) gesprochen werden sollte, ist es zunächst einmal nicht abwegig anzuerkennen, daß es historisch wie aktuell bemerkenswerten Problemstoff gibt. Im *Timaios* wird das überlegene Geschlecht mit dem Namen ›Mann‹ (*aner*) belegt (42a), der wiederum etymologisch mit dem Wort für Tugend (*arete*) verbunden ist. In Aristoteles' *Historia animalium* und in der *Politik* werden die Eigenschaften so verteilt, daß was bei einer Frau Mut wäre, bei einem Manne angeblich auf Feigheit hinausliefe usf. Damit sind Traditionen gestiftet, die sich bei sonst sehr unterschiedlich tendierenden Autoren wiederfinden:[71] Rousseau schreibt an D'Alembert, Frauen hätten es mit dem leichten Witz, mit Anmut und dergleichen, aber jenes Feuer, das zur Wissenschaft und Gelehrsamkeit gehöre, bleibe ihnen fremd. Wissenschaftliches Lob, wie es Voltaire der Marquise du Chatêlet, der Newton-Übersetzerin, zollt, gipfelt darin, sie sei von ›männlichem‹ Charakter gewesen. Erst die von Galton u. a. ursprünglich herabsetzend motivierte Intelligenz-Forschung hat paradoxerweise die Unterlegenheitsthese ausgeräumt.[72] Aber das besagt nicht entfernt, daß der Problemstoff sich spätestens mit dem Aufkommen von ›Big Science‹ verflüchtigt hätte.[73]

Zwar nimmt der Anteil der forschend tätigen Frauen zu, aber sie sind immer noch deutlich unterrepräsentiert und überdies sehr ungleich in den einzelnen Fachgebieten vertreten. Die hier einflußreichen Umstände sind mittlerweile recht gut erkundet, so daß eine planvolle Forschungspolitik durchaus Korrekturchancen hätte.[74] Daß derlei Anstrengungen nicht durch geheimnisvolle Mächte von Sexus oder Genus zum Scheitern gebracht werden, läßt sich nicht zuletzt aus dem historischen Befund ablesen.[75] Nichtdestoweniger kann man am Tatbestand des in manchen Gebieten und historischen Abschnitten grotesk anmutenden Überwiegens von Männern nicht rütteln, so daß die Frage, ob unser Begriff von Forschung eventuell ›männlich‹ affiziert ist, nicht von vornherein abwegig ist. Eine entsprechende These findet sich ausgeführt in den Arbeiten Evelyn Fox Kellers, von denen die *Reflections on Gender and Science* den größten Nachhall haben. Nach Fox Keller verdankt sich Wissenschaft einer winzigen Untermenge der menschlichen Gattung, nämlich einer Gruppe weißer Männer aus den gesellschaftlichen Mittelschichten, und ist durchdrungen von deren Verhaltensorientierung, dem eines partikulären, maskulin ausgerichteten Ideals.[76] Wissensgewinnung vollzieht sich in dieser Ausrichtung unpersönlich und distanziert von der Natur und in der Absicht, sie zu unterwerfen, wohingegen eine ›feminine‹ Wissenschaft dem Muster der Liebe folge und Natur intakt zu halten suche. Zur Illustration bezieht sich Fox Keller positiv auf das Werk der amerikanischen Botanikerin Barbara McClintock, der Entdeckerin der sog. Springgene, die zwar keine reine feminine Haltung eingenommen, aber immerhin die Enge ›maskuliner‹ Betrachtungsweisen verlassen und die Breite allgemeinmenschlicher Kapazitäten genutzt habe.[77] Für die Negativseite gäbe es – der ›männlichen‹ Verfassung des Hauptstroms moderner Forschung entsprechend – eine unendliche Liste. Möglicherweise ließen sich gigantische Forschungsbereiche, wie etwa die ›aggressive‹, nämlich ›beschießende‹ Teilchenphysik, passend zu Fox Kellers Vermutungen auffassen. Derlei Einschätzungen werden zuweilen für verschroben gehalten, es ist aber wohl auch und gerade unter dem Aspekt von forschungsrelevanten Tugenden wichtig, die grundsätzliche Frage nach dem möglichen Partikularismus unserer Forschervorstellung ernst zu nehmen. Sie zerfällt in wenigstens zwei Teilprobleme:

(i) Verbindet sich das Prädikat ›Forscher‹ einschränkend mit bestimmten Arbeitsweisen, etwa mit ›männlichen‹ experimentellen Praktiken?
(ii) Stehen diese Praktiken in einer besonderen Affinität zu sonstigen Verhaltensweisen einer spezifischen Gruppe, mit Fox Kellers und in verwandten Auffassungen zu denken etwa als die von ›weißen Männern aus der Mittelschicht‹?

Zu (i): Fox Kellers Kritik trifft sich mit der allgemeinen bevorzugenden Wahrnehmung rezenter Labordisziplinen. Andererseits gibt es – wie schon oben erörtert – hier und da leise Tendenzen, aber keine machtvollen Neigungen, theoretisch arbeitenden Wissenschaftlern oder Vertretern nicht-experimenteller Arbeitsbereiche das Forscherprädikat abzusprechen. Darwin oder Bohr gelten selbstverständlich als Forscher. Von der Paläontologie über die Kosmologie, von der Quantenmechanik bis zur Maya-Archäologie lassen sich als ›Forschung‹ eingestufte Arbeitsfelder und Praktiken anführen, die nicht oder nur in geringem Maße dem Bild der Naturunterwerfung entsprechen. Speziell die mit theoretischen Erkundungen bevorzugt verknüpfte Mathematisierung bleibt in der feministischen Neuauflage baconianscher Wissenschaftsdeutung unerhellt.

Zu (ii): In Bereichen wie der Experimentalphysik sind Männer tatsächlich auffällig überrepräsentiert. Und es mag sich nicht erst in der Sprache der modernen Laborforschung manches Martialische finden, von dem wir – Amazonen ignorierend – annehmen wollen, es verweise auf die gedanklichen Vorlieben einer Männergesellschaft. Bekanntlich erklärt Kepler in der Widmung der *Astronomia nova* an Rudolf II. einem anderen ›Herrscher‹, dem Mars, allegorisch den ›Krieg‹: Der Planet sei ein mächtiger Gegner, nicht allein Keplers oder Tychos, sondern der ganzen ›bewaffneten‹ Forscherzunft seit Plinius' Zeiten:

> »Hic est ille potentissimus inventionum humanarum Domitor: qui omnibus Astronomorum irrisis expeditionibus, elisis machinis, profligatis copiis hostilibus, Secretum Imperii sui, cunctis retro saeculis costuditum possederat securus, cursusque suos exercuerat liberrimus et incircumscriptus: ut praecipuam querelam instituerit Mystes ille Naturae, Latinorum celeberrimus C. Plinius [...]«[78]

Der Zellbiologe Mike Berridge geht im BBC-Interview mit seinem Kollegen Wolpert fünf Jahrhunderte später ins Detail:

> »I find science extremely difficult because you're up against nature and I like to think of it very much like a battle. You're like a General marshalling your forces to try and unlock some of the secrets.«[79]

Andererseits lassen sich auch ganz andere Bilder finden, und zwar nicht nur bei jenem Feldforscher, der emotional in ›seinem‹ Urwald aufgeht, sondern auch bei einem Molekularbiologen, für den das Experimentieren so etwas wie das ›Waschen‹ darstellt, oder bei James Lighthill, dem mathematischen Theoretiker der Gase und Flüssigkeiten, für den die eigene Forscheraktivität in einer besonderen Beziehung zum Schwimmen steht.[80] Auch die nähere Betrachtung von Keplers Kriegsallegorie hebt die Eindeutigkeit auf. Der Krieg besteht in der Sache aus nichts anderem als den Anstrengungen einer adäquaten Anbindung an die eigene mathematische und physikalische Modellierung. Das astronomische Objekt wird – anders als im zeitgenössischen Bacon-Projekt der Experimentalwissenschaft – trivialerweise nicht ›attackiert‹. Der wichtigste Anlaß zur Streiterhebung wird aus dem Plinius-Wort ersichtlich, mit dem Kepler fortfährt: »Martis inobservabile sidus esse.«[81] Der ›Krieg‹ ist hier nichts anderes als der aufwendige Umgang mit Beobachtungsschwierigkeiten.

Ohnehin sind die zitierten Aussagen lediglich Einzeläußerungen nachträglicher Reflexion und keine Szenarien der Forschungspraxis. Dies gilt auch und mit noch größerem Recht für die verbreitete Tendenz, auch solche Arbeitsformen und Praktiken, die sich am wenigsten dafür eignen, wie etwa die Biologie Darwins, in die von martialischen Metaphern durchwirkte Konzeption Bacons einzuordnen.[82] Umgekehrt haben der zunehmende Sinn für historische Gerechtigkeit und damit die zunehmende Würdigung der Leistung von Forscherinnen seitens der Wissenschaftsgeschichtsschreibung keine gänzlich anders beschaffene, ›weibliche‹ Wissenschaft zutagegefördert. Im Gegenteil, gerade herausragende Forscherinnen nehmen nicht selten und vielleicht sogar mit einer gewissen Berechtigung für sich in Anspruch, in ihren Forschungsbemühungen *sachorientierter* zu sein zu sein und sich leichter als Männer von eigenützigen Motiven freihalten zu können.[83]

Hält man im Anschluß an Fox Kellers Erwartungen Ausschau nach den Spuren ›femininer‹ Forschung, stellt man obendrein fest, daß Verfahrensweisen, in denen die liebevolle Beobachtung an die Stelle des Experimentes tritt, kein fernes Projekt darstellen, sondern längst ins Werk gesetzt worden sind: Die aristotelische Wissenschaft mit ihrer grundlegenden Unterscheidung zwischen künstlichen und natürlichen Vorgängen[84] entspricht letztlich dem, was einem als nicht-experimentelle Vorgehensweise vorschweben mag. Wer allerdings Aristoteles' Verankerung in einem männerbündischen Sozialwesen und seine Vorstellungen über Frauen kennt, dem mag die Aktualisierung mittels einer Unterscheidung maskuliner und feminer Forschungstypen mehr als schwer fallen.

Ein anderes, jüngeres Beispiel führt wenigstens nicht geradewegs in eine völlig unpassende Gesellschaft: Goethes Naturforschung und seine berühmte Kritik an Newtons prismatischer Zerlegung des Sonnenlichtes laufen genau in die Richtung, die sich aus der feministischen Provokation als Forderung ergibt: die Einbeziehung psychologischer und physiologischer Tatbestände auf der Forscherseite, der Erhalt des natürlichen Ausgangsphänomens usw.[85] Goethes Konzeption hat seine Verehrer unter den Physikern, darunter Helmholtz, zu einigen wenig überzeugenden Harmonisierungsvorschlägen veranlaßt und seinen Kritikern, speziell Emil Du Bois-Reymond, reichlich Material geliefert. Ungeachtet aller sachlichen Sperrigkeit und auch Goethes eigenem Anspruch, der Physikgeschichte eine andere Richtung zu geben, ist er als Naturforscher in historischer Perspektive nicht ausgegrenzt. Du Bois-Reymonds Behauptung, es verschwinde »in Goethe neben dem Dichter der Naturforscher«,[86] hat wissenschaftshistorisch nicht die angestrebte Wirkung gehabt. Das *Dictionary of Scientific Biography* oder Armin Hermanns *Lexikon Geschichte der Physik* enthalten ausführliche Würdigungen. Sogar im *Companion to the History of Modern Science* findet er en passant Erwähnung (und zwar ausführlicher als sein Kritiker Du Bois-Reymond) während man die Nobelpreis-Trägerin Barbara McClintock und sogar Wilhelm Conrad Roentgen vergeblich darin sucht.

All dies spricht dafür, daß der Forscherbegriff nicht sehr eng ist und bunt agierende Individuen integriert, darunter auch solche mit spezifischen Talenten, die eine gruppenbezogene Betrachtung vielleicht als ›weiblich‹ einstuft. Soweit diese Fähigkeiten eine besondere wissenschaftliche Leistung ermöglichen, liegen sie im Betrachtungsfeld des Tugendansatzes. Dies festzuhalten, bedeutet, hinsichtlich der Zugehörigkeit zur Forscherzunft im Einzelfall unbekümmert zu sein, und regt dazu an, den integrierenden Intuitionen weiter nachzugehen.

2.3.3 ›Forscher‹ im Plural

Zum Begriff des Forschers gehört außer den anfangs genannten ›dynamischen‹ Inhalten die Annahme, daß Forscher und ihr Tun auf irgendeine Weise verbunden sind. Wir pflegen etwa zu sagen, Forscher *A* habe dieses oder jenes eher als *B*, im Anschluß an *B* oder in einer Gemeinschaft mit *B* vollbracht. Eine beliebte Bezeichnung für derlei Verbindungen ist der Begriff der Forschergemeinschaft. Darin steckt gewiß eine problematische Idealisierung, aber sie macht darauf aufmerksam, daß eine vertretbare Anwendung des Prädikates ›Forscher‹ daraus resultieren könnte, daß wir die Verbindung eines bestimmten Individuums mit anderen bedenken, die wir bereits als forschende Menschen eingestuft haben: Goethe setzt sich mit Newtons Optik auseinander, und der Physiologe Du Bois-Reymond kritisiert Goethe, der wiederum in der modernen physiologischen Theorie der Farbwahrnehmung eine späte Rehabilitation erfährt.

Wenn von Einheit des Forschertums die Rede sein soll, muß dies im Einklang mit dem oben Festgestellten keine Einheitlichkeit bedeuten. Es geht um Beziehungen zwischen den Individuen, wie sie sich aus den Quellen und im Blick auf die derzeitige Praxis zuverlässig ersehen lassen. Sie verdinglichen sich im gemeinsamen Gerät, in Goethes Fall dem Prisma, in der Gestalt des wissenschaftlichen Textes, seit dem vorigen Jahrhundert (ein Gedanke, der James Clerk Maxwell kam) im Telefonnetz oder mit den elektronischen Datenbahnen unserer Tage.[87] Der Gebrauch des Forscherbegriffs führt stets umgehend auf den nächsten Namen, wobei unerheblich ist, wer die Anfangsexemplare sind. Sie entziehen sich für gewöhnlich unserem historischen Zugriff. Ohnehin herrscht an möglichen Beispielen kein Mangel. Forschung ist ein aus den Bezugnahmen von Individuen resultierender *sozialer* Tatbestand.

Dieser Tatbestand realisiert sich in verschiedenen Organisationsformen. Dies konnten und können im minimalen Fall spontane Kontakte sein, etwa in der Art des zufällig zustandegekommenen Gesprächs. Für gewöhnlich wird man eher an langfristige Korporationsbildung denken, an die Universitäten und an die verschiedensten außeruniversitären Gesellschaften, historisch vor allem an die Akademien. So vielgestaltig die soziale Organisiertheit von Forschung sich bei genauerer Betrachtung auch darbieten mag, über die allgemeinen Grundzüge ihrer Interpretation besteht wenig Dissens: Wissenschaftliches Forschertum ist das Ergebnis einer gesellschaftlichen Elitebildung, die sich gedanklich auf der Basis abgrenzender Programme und Selbstilisierungen, faktisch durch spezifische Weisen der Rekrutierung von Mitgliedern vollzogen hat. Schon in der ersten Hälfte des 17. Jahrhunderts begegnen wir in Frankreich der Idee der *vertus de la science*, die ihren Träger in einen gleichberechtigten Stand mit den Inhabern anderer Tugenden (etwa jener des adligen Kriegshandwerks) versetzen sollten.[88] Die Eingrenzung einer Gruppe Wissenssuchender hat vielfältige ältere Parallelen. Man denke etwa an die Gelehrten des alexandrinischen *Museions* oder manche Bemühungen der mittelalterlichen Ordensgemeinschaften.[89] In jeweils verschieden ausfallender Konkretisierung finden sich als steuernde Momente solcher Gruppen in *jedem* Fall:

- Zugangsvorbehalte, wobei sich Kompetenz- und Sozialkriterien in vielen geschichtlichen Exempeln vermischt haben
- eine programmatische Festlegung von Motiven bzw. Zwecken
- informativer Austausch, etwa in Symposien, Tagungsakten u. ä. m.
- ein materialer Fixpunkt, etwa eine Bibliothek oder ein Labor bzw. deren Vorformen.

Solches anzumerken, ist nicht originell und kann nicht überraschen, wenn man sich einmal dafür entschieden hat, von Forschern bzw. Forschung zu reden, statt nur von Theorien, Daten usw. Die Feststellung ist allerdings nicht sonderlich scharf und kann Verschiedenes besagen. Enthalten sein könnte z. B. ein schlichter Hinweis auf die Legitimität der Wissenschaftssoziologie, die freilich auch niemand bestreitet. Gemeint sein könnte aber auch eine Anbindung an die bekannte These, derzufolge Forschung *nichts als* ein gewöhnliches Sozialgeschehen sei. Eine für unsere Betrachtung wichtige Präzisierung, die zugleich ein erstes Stück Abstand gegenüber soziologistischen ›Nichts-als‹-Auffassungen schafft, besteht in der Charakterisierung von Forschung als einer im wesentlichen *professionellen* Unternehmung.[90] In dieser Kennzeichnung steckt ein Hinweis auf das Ende der Vielfalt, wie sie sich bei den oben erwähnten Vorformen moderner wissenschaftlicher Forschung zeigt. Aus verschiedenen historischen Bewegungen erwachsen, stellt sich Forschertum heute in der Hauptsache als einigermaßen angesehener und in der Rekrutierung elitär verfahrender *Berufszweig* dar. Forschung ist nach ihren vordisziplinären Anfängen spätestens seit Beginn des 19. Jahrhunderts ein professioneller Zusammenhang, dem zuerkannt wird, daß er:

- Kompetenz fordert
- Kompetenz (Fachautorität) zubilligt
- eine dementsprechend lange Ausbildung voraussetzt
- einschlägige Ausbildung anbietet
- berufliche Karrieren ermöglicht
- in einem Verhältnis wechselseitiger Verpflichtung zur Öffentlichkeit steht.

In der gegebenen Form ist der Hinweis auf die Professionalität allein schon deshalb noch unterbestimmend, weil z. B. auch eine Notariatskammer darunter fiele. Die erforderliche Differenzierung leitet sich aus den spezifischen Kompetenzen wie auch aus den Zielsetzungen ab. Während man über professionsspezifische Kompetenzen weithin Übereinstimmendes sagen kann (und die Grundlagen dieser Möglichkeit zu einem beträchtlichen Teil das Thema der vorliegenden Arbeit ausmachen), sind die in diesem Zusammenhang häufig zu findenden Angaben über die *Zielsetzungen* wissenschaftlicher Forschung eine schwer zu greifende und überdies strittige Angelegenheit.[91] Die Zielgerichtetheit ist, wie wir noch sehen werden, ein aus der Sicht des Tugendansatzes *nachrangiger* Aspekt. Allerdings gibt es so etwas wie Dachmotive, unter denen sich einzelne Vorstellungen versammeln lassen. Helmholtz hat sie auf eine Weise zusammengefaßt, die der Gemeinschaftlichkeit des Forschens Rechnung trägt und gut zu der hier eingeschlagenen Linie paßt:

> »Wer bei der Verfolgung der Wissenschaften nach unmittelbarem praktischem Nutzen jagt, kann ziemlich sicher sein, dass er vergebens jagen wird. Vollständige Kenntniss und vollständiges Verständniss des Waltens der Natur- und Geisteskräfte ist es allein, was die Wissenschaft erstreben kann. [...] So haben [...] die Wissenschaften einen gemeinsamen Zweck, den Geist herrschend zu machen über die Welt. Während die Geisteswissenschaften direct daran arbeiten, den Inhalt des geistigen Lebens reicher und interessanter zu machen, das Reine vom Unreinen zu sondern, so streben die Naturwissenschaften indirect nach demselben Ziele, indem sie den Menschen von den auf ihn eindrängenden Nothwendigkeiten der Aussenwelt mehr und mehr zu befreien sucht. Jeder einzelne Forscher arbeitet in seinem Theile, er wählt sich diejenigen Aufgaben, denen er vermöge seine geistigen Anlage und seiner Bildung am meisten gewachsen ist. Jeder einzelne muß aber wissen, dass er nur im Zusammenhange mit den Andern das grosse Werk weiter zu fördern im Stande ist.«[92]

Die Präzisierung von »Kenntnis« und »Verständnis« ist ein eigenes Thema, das noch einigen explikativen Aufwand erfordern wird (Kapitel 3.2 und 3.5). Ungeachtet des Umstandes, daß Neugier und Nutzenserwartung in Helmholtz' Terminologie nur psychische Anfangszustände sind, deren Anreiz erst der Verstand in eine Bewegung zum Wissen transformiert,[93] sind es die traditionellen und bis heute gängigen Vorstellungen vom bloßen Wissensdrang, der ›curiositas‹, und der praktischen Verwertbarkeit, der ›utilitas‹ bzw. der versöhnenden Langzeithoffnung auf ›utilitas per curiositatem‹, die hier zum Ausdruck kommen. Erstere hat ihre größte Rolle bei der Rechtfertigung von Forschungen, die, wie Galileis Bemühungen um die Himmelsmechanik, keinen unmittelbaren praktischen Nutzen zu verheißen scheinen (wiewohl Galilei bekanntlich sehr geschickt darin war, sich – wie das Beispiel der Jupiter-Monde zeigt – mit ›Kuriositäten‹ einen persönlichen Vorteil zu verschaffen). Die zweite Zielsetzung ist ein vorrangig bürgerliches Ideal, das sich u.a in Leibniz' Akademieplanungen niedergeschlagen hat. Den für Helmholtz' Äußerungen wie auch sonst wichtigen gedanklichen Zwischenschritt hat bereits Bernard de Fontenelle in einer Stellungnahme der Pariser Akademie maßgeblich vollzogen: Da die Forschung unvorhersehbare Resultate habe, könne sich nicht selten eine *utilité cachée* einstellen, so daß die vermeintlich eitle Neugier sich ausgezahlt habe.[94] Die heute vorherrschende Auffassung, aus der heraus sich auch die gesellschaftliche Stützung von Forschung als Beruf erklärt, läßt sich als eine diesen Gedanken mitvollziehende Harmonisierung privater und öffentlicher Erwartungen in bezug auf Nutzen wie auch auf (möglicherweise auf lange Sicht mittelbar nützliches) reines Wissen darstellen. In einer solchen Beschreibung werden die tatsächlich anzutreffenden Zusammenhänge gewiß in vielen Fällen vereinfacht bzw. geschönt. Durch den wachsenden Anteil privater Wissenschaftsfinanzierung wie auch durch die Politisierung öffentlicher Einrichtungen sind in manchen Bereichen Verhältnisse entstanden, in denen private, politische und allgemeine Interessen in komplexe Verhältnisse geraten, die auch die Vorstellung von anerkennenswerter Forschung nicht unberührt lassen.[95]

Aber dies liefert vor allem weitere Bedenken gegen eine reine Zielorientierung bei der Erläuterung wissenschaftlicher Handlungen; sie macht Dachmotive wie dasjenige Helmholtz' nicht ohne weiteres obsolet. Auch eine auf privaten Nutzen abgestellte Forschung ist auf die kompetente Handhabung wissensbezogener Praktiken angewiesen, auch wenn sie dabei nutzensabhängigen Einschränkungen unterliegt. Eine Botschaft der Tugendkonzeption liegt wie gesagt darin, daß die Bedeutung von Zielvorstellungen für die Deutung individuellen Handelns im Forschungszusammenhang nicht überschätzt werden sollte (Kapitel 2.5). Ihre Bedeutung liegt darin, daß sie das Verhältnis zwischen forschenden Individuen und *Forschungsinstitutionen* (und dies schließt wissensinteressierte private Institutionen ein) reguliert, ein Zusammenhang, der sich gut erschließt, wenn man sich die Verschiedenheit denkbarer Forschermotive erst einmal vor Augen geführt hat.

An Zielvorstellungen gibt es ein reichhaltiges Angebot, das sich unter diversen Gesichtspunkten sortieren läßt. Als *private* Zielsetzungen etwa können diejenigen Vorstellungen angesehen werden, die Forscher selbst mehr oder weniger tacite hegen, angefangen von hehrsten Erkenntnisabsichten bis hin zu finstersten Karrierewünschen. Als *öffentliche* Bestimmungen wären jene anzusehen, die publik gemacht und daraufhin von einem mehr oder minder großen Publikum (und sei es vielleicht lediglich der Kreis kompetenter Forscher in einer privaten Firma) unterstellt werden. In gewisser Weise gehören hierzu sogar die Inhalte wissenschaftstheoretischer Traktate oder die von Programmschriften sowie ähnlichen Publikationen, wie sie von Forschern in der Rolle von Administratoren, Repräsentanten u. ä. niedergelegt werden. *Praktische* Zielangaben könnten auf Behauptungen über gesellschaftlichen oder technischen Nutzen basieren. *Kognitive* Ziele sind solche, die sich auf Wissen bzw. die Organisation und Rechtfertigung von Wissen ohne unmittelbare Verwertbarkeit beziehen. Das Vorhandensein solcher Zielannahmen bzw. Wünsche sagt selbstredend noch nichts über deren Erfüllung, wobei wir es mit einer doppelten Unbestimmtheit zu tun haben. Zum einen ist nicht gesagt, daß die jeweiligen individuellen Voraussetzungen ausreichen, um die Realisierung einer Zielsetzung zu ermöglichen. Zum anderen gehört individuelles Agieren in den gigantischen historischen Zusammenhang von Wissenschaft, und der spezifische Wert des individuellen Beitrages bemißt sich erst innerhalb dieser Bewegung. Ob Forschung sich *tatsächlich* in die von Forschungsteilnehmern angestrebte und unterschiedlich beschriebene Richtung bewegt, ist eine offene Frage, die philosophischerseits von Realisten, Instrumentalisten, Relativisten und wie auch immer ausgerichteten Forschungsinterpreten unterschiedlich beantwortet wird.[96]

Man erkennt ohne Mühe, daß die neuzeitliche Professionalisierung von Forschung gegenüber historisch älteren Formen vereinheitlichende Restriktionen setzt und somit die Palette der *mitteilbaren* Motive erheblich verkleinert. Selbst wenn es sich – wie man im Anschluß an die eine oder andere harsche Wissenschaftskritik womöglich einzuräumen geneigt sein sein könnte – bei institutionalisierter Forschung ›in Wahrheit‹ um eine skrupellose Korporation zur privaten Bereicherung handeln sollte, könnte sie im gegebenen Rahmen nicht als solche firmieren. Vertretbar sind in der Selbstpräsentation gegenüber der Öffentlichkeit nur Zielsetzungen auf der oben schon historisch angedeuteten Linie von *curiositas* und *utilitas*, wobei zur letzteren die private Wohlfahrt der Forschungsbeteiligten am wenigsten gehört. Dies gilt mutatis mutandis auch für den im Auftrag einer Firma Forschenden. Erwartet werden in der Hauptsache praktischer Nutzen bzw. verläßliches Wissen, am liebsten solches, das (*utilitas per curiositatem*) wiederum in Nutzzusammenhänge eingehen kann. Rein epistemische Zielvorstellungen werden auf der Spur Fontenelles für gewöhnlich mit der aus der Verallgemeinerung historischer Beispiele gewonnenen Prognose gerechtfertigt, daß mittelfristig ›nutzlose‹ Einsichten langfristigen Nutzen verheißen. Die Toleranz in diesem Punkt ist gemeinhin recht groß. Es gibt – noch – einen breiten Konsens, demzufolge wissenschaftliche Forschung selbst dann noch gesellschaftliche Unterstützung verdient, wenn man sich auch mit beflügelter Phantasie keine praktische Verwertung ausmalen kann. Der verbreitete Respekt, den man der Forschung bzw. den sie tragenden Individuen entgegenbringt, wirkt sich verpflichtend aus und schränkt die öffentlichen Selbstdeutungen und das manifeste Handeln nachhaltig ein. Es wird eine Rolle übernommen, deren ideale Charakteristika in einer Art moralischem Kodex niedergelegt sind.[97] Man kann entsprechende Festlegungen – vorläufig unbesorgt um den philosophischen Status und die möglichen Verschränkungen mit dem Tugendbegriff – als eine Behauptungskette auffassen, deren Glieder in Annahmen wie denen besteht: Forscher

- ignorierten private Vor- und Nachteile, wenn es um die Sache gehe
- seien unparteisch
- seien selbstkritisch
- unterwürfen sich nicht blind einer Autorität
- täuschten andere nicht.

Kurz gesagt, zeichne sich ein Forscher demnach als jemand aus, dem seine Kollegen in bezug auf seine Arbeit völlig uneingeschränkt *vertrauen* können und dem in einem weiteren sozialen Kreis auch die Öffentlichkeit Vertrauen entgegenbringen kann.

Nun haben einige wissenschaftssoziologische Studien sehr viel Aufhebens davon gemacht, daß Faktoren wie der Öffentlichkeitsdruck und seine forschungsinstitutionellen Entsprechungen, etwa Machteinflüsse im Sinne von *peer pressure,* die öffentlich vertretenen ›hehren‹ Orientierungen und damit die Vertrauensvorschüsse untergraben können. Zu fragen ist, ob solche Kritik den Forscherbegriff problematisiert und im weiteren die Auszeichnung von Forschertugenden vereiteln könnte. Dies wäre dann der Fall, wenn Forschertum nicht mehr wesentlich auf sich stützende soziale Einstellungen und Verhaltensweisen bezogen und die monierten Fehlhaltungen nicht mehr als solche, sondern neutral oder gar positiv gewertet würden. Die Sozialität der Forschung wäre aufgehoben – eine Welt der sozialer Befähigungen und Verpflichtungen enthobenen Geister, die, ob sie Gutes oder Böses wollen, stets auf geheimnisvolle Weise Gutes, nämlich wissenschaftlichen Fortschritt, schaffen.[98]

Das Insistieren auf der grundsätzlichen Sozialität des Forschens muß nicht mit der Illusion einhergehen, daß Forschungsrealität mit idealer Moralität zusammenfiele. Die Welt der Forschung ist eine Menschenwelt, in der es Inkompetenz, Betrügereien, Erpressungen, Beleidigungen und überhaupt allerlei Unerfreuliches gibt. Aber dies einzugestehen, hat einen nachvollziehbaren Sinn einzig unter dem Bezug, daß es sich dabei um unerwünschtes soziales Verhalten handelt. Möglicherweise sind – und damit deutet sich einer der forschungsethischen Vorzüge des Tugendbegriffs an – Regelkataloge keine Hilfe bei der Aufdeckung von Fehlhandlungen.[99] Dennoch stellt das den Sinn einer Sicherung von Forschung als sozialer Institution nicht in Frage. Daß es sich darüberhinaus um einen *besonderen* sozialen Zusammenhang handelt, läßt sich unschwer daraus ersehen, daß einige der nächstliegenden forschungsmoralischen Ansprüche sich nicht immer mit denen anderer Institutionen zur Deckung bringen lassen, zuweilen sogar konfligieren. Z.B. mögen kleine Notlügen in einem nicht allzu kantianisch gesinnten Fußballverein als Sozialkitt wirken, wohingegen sie in der Forschung unversehens auf Skandale hinausliefen. Auf der anderen Seite ist in den letzten Jahren mit großem Engagement diskutiert worden, inwiefern eine rücksichtlose Verfolgung epistemischer Zwecke in einen scharfen Gegensatz zu allgemeinen Zwecksetzungen, etwa humanitären Idealen, bringen kann. Die Erörterung wird stark dadurch irritiert, daß ausgerechnet die übelsten Taten von Wissenschaftlern bemerkenswert eng mit der Vorstellung verknüpft sind, Forschung müsse ›höheren‹ gesellschaftlichen Zielen dienen.[100] Einfacher liegen die Dinge, wenn es darum geht, Unterschiede der Gewichtung festzustellen. Z.B. mag Höflichkeit in manchen sozialen Gemeinschaften essentiell sein, in Forschungszusammenhängen handelt es sich eher um eine z. B. kritische Diskussionen erleichternde Tugend – von der im Einzelfall oft mit Schwung und ohne größeren Schaden abgewichen wird.[101]

Forschung mag häufig irritieren, aber sie ist kein immerwährendes gesellschaftliches Ärgernis. Herr Jedermann dürfte keinen Einspruch anmelden, wenn er beispielsweise die Forderung vernimmt, daß man es in der Forschung mit Aufrichtigkeit strenger nehmen sollte als in einem Sportverein. Daneben mögen sich zahlreiche interne Verpflichtungen einstellen, die sich aus der Sozialität des Forschens ergeben, ihm als Außenstehendem aber wenig sagen. Darunter zu rechnen wären z. B. Ausrichtungen an epistemischen Nahzielen wie langfristige Fruchtbarkeit, Überprüfbarkeit, Geschwindigkeit und Effizienz,[102] welche ihre Plausibilität wesentlich daraus gewinnen, daß zwischen Forschern Anregungs-, und Kontrollrelationen bestehen, es Vorläufer-, Nachfolgertum, Konkurrenz und andere fachliche Verbindungen gibt.

Die Selbstverständlichkeiten wie auch die Schwierigkeiten des Wissenschaftsbetriebes haben es mit sich gebracht, daß die formierenden Momente des neuzeitlichen Forschertums oft nicht hinreichend gewürdigt werden. Die verbreitete und wohl auch vielfach berechtigte Klage über den Verlust der Einheit von Forschung setzt eine menscheitsgeschichtlich außergewöhnliche, mit den Worten von H. Floris Cohen vielleicht als ›pathologisch‹ zu bezeichnende Entwicklung voraus, die ungeachtet diverser Arabesken ein weitgehend koordiniertes Wirken von allgemeiner Ausbildung, Forscherrekrutierung und Forscherausbildung ermöglicht. Es hatten zunächst nur die Vorläufer der modernen Philologien, die Theologie sowie die Medizin so etwas wie einen Zusammenklang von Forschung und Ausbildung zustandegebracht, dem in der Naturforschung bis spät in das 19. Jahrhundert hinein nichts annähernd Vergleichbares entsprach: Darwin war von Hause Theologe, der Botaniker Schleiden Jurist, Helmholtz begann als Mediziner. Immerhin ist in diesen Fällen ein ergänzender Bildungsgang nachweisbar. In anderen Fällen, besonders der vorausliegenden Epoche, läßt sich keinerlei einschlägige Ausbildung nachweisen. Ein Mathematiker wie Goldbach hat als Autodidakt begonnen und ist dadurch in seiner weiteren Arbeit enorm behindert worden.[103] Forschung ist nicht zuletzt auch dank des von Robert K. Merton u. a. beschriebenen Bündnisses mit religiösen Entwicklungen ›auf die Spur‹ gebracht worden, hat sich aber dann als sehr spezifische soziale Unternehmung formiert[104] – für die Cole Porters und Paul Feyerabends ›Anything goes‹ sowenig paßt wie für den modernen Spitzensport. Es ›geht‹ hier wie dort nur, wozu Menschen hinreichend befähigt sind.

Das Problem des Forschertums als eines um derlei Anforderungen unbekümmerten Individuums, das niemandes anderen Werk als lehrreich rezipiert und dessen Bemühungen kein anderer Forscher vertrauensvoll zur Kenntnis nimmt, stellt sich nicht. Die einschlägigen Mythenbildungen über den angeblich ungeschulten Denker Einstein und den isolierten Mönch Mendel im Brünner Klostergarten sind ohne historischen Gehalt. Dementsprechend besteht auch kein Bedarf an einem abgrenzenden Kriterium, mit dem sich ein forschender Eremit von einem nicht-forschenden unterscheiden ließe. Und gegenläufig gibt uns die Einsicht in die Verbundenheit der Forscher einen ersten Hinweis auf die Möglichkeiten, genaueren Aufschluß über ihre Tugenden zu erhalten.

2.4 ›Forschertugend‹ – inhaltliche Anreicherung

2.4.1 Das Problem der ›Mittelstimmen‹

Faßt man das über die Komponenten des Begriffs Festgestellte zusammen, so sammeln sich unter ›Forschertugend‹ Qualitäten von sozial verbundenen Individuen, die sich dem vergleichenden Blick angesichts ihrer Handlungen auf irgendeine Weise als besonders anerkennenswert darstellen. Wie die Schnürung zustandekommt, wird noch darzulegen sein (Kapitel 2.5). Bemühen wir uns zunächst, den in seinen Umrissen andeutungsweise sichtbar gewordenen Begriff weiter zu füllen: Daß Tugendzuschreibungen ad personam ausgerichtet sind, erinnert an die thematische Nähe zur Forscherbiographie und zugleich an eine gemeinsame Problemstelle, die sich durch ein Beispiel markieren läßt: Der Astronom und Astronomiehistoriker Dieter B. Herrmann berichtete vor einigen Jahren »Über die Schwierigkeiten beim Schreiben einer Hertzsprung-Biographie«[105]. Der zu würdigende dänische Kollege Ejnar Hertzsprung (1873-1967), von Hause aus ein Ingenieur und Photochemiker, hat durch Überlegungen zur Helligkeit und den Spektraltypen von Sternen wesentlich zum heutigen Bild der Entwicklung der Sternenwelt beigetragen.[106] Herrmanns Buch ist mittlerweile erschienen,[107] und jeder Leser kann sich leicht davon überzeugen, daß der Biograph auf seine Weise mit dem Problem zurecht gekommen ist. Die Schwierigkeit, um die es sich handelt, ist die der Verknüpfung ›innerer‹ Tatbestände mit dem manifesten Werk.

Herrmann ist in der Mozart-Biographie eines Schriftstellers auf eine ansprechendere Problemfassung gestoßen:

> »Wir konfrontieren uns mit einer Partitur von zwei Systemen: der melodieführenden Stimme – Mozarts Musik – und dem Generalbaß – seinem äußeren Leben. Die verbin-

denden Mittelstimmen, [...], seine inneren Impulse und Diktate also, die auf Movens und Agens schließen lassen, fehlen.«[108]

Was Hertzsprung angeht, zieht der Astronomiehistoriker seine Zuversicht aus der Chance, sich anhand der zahlreichen erhaltengebliebenen Briefe über die Beweggründe von Hertzsprungs Arbeit informieren zu können. Wem an bewußtseinstheoretischer Spitzfindigkeit gelegen ist, könnte folgendermaßen argumentieren: Selbst unter der weit jenseits unserer faktischen Erschließungsleistung liegenden Voraussetzung, daß wir genau das vor uns hätten, was Hertzsprung in irgendeiner Situation – etwa bei der Auswertung von Parallaxen – dachte, wäre dieses nichts anderes als irgendeine Art von Text in ›mentalesischer‹ Sprache, den wir *interpretieren* müßten – womit wir auf höherer Stufe erneut vor einem Unbestimmtheitsproblem stünden, usw. ad infinitum.[109] Derlei Einwürfen sei stattgegeben, nur besagen sie nichts hinsichtlich irgendwelcher *besonderer* Schwierigkeiten bei der wissenschaftsbezogenen Deutung von ›Mittelstimmen‹. Es reicht für unser Vorhaben aus, wenn mentalistisch gefaßte Behauptungen einen *argumentativen* (in Sonderheit explanativen) *Wert* haben. Für den Fall, daß wir als Wissenschaftliche Realisten auftreten wollten, könnten wir noch hinzufügen, daß dieser Wert sich am besten aus einem privilegierten Bezug zu faktischen mentalen Tatbeständen erläutert. Das Unbestimmtheitsproblem betrifft jedwede Überlegung, die Dispositionen von Menschen thematisiert, und wir können nicht mehr tun, als die methodischen Verhältnisse so zu arrangieren, daß wir mit unseren Aussagen über Forschertugenden nicht schlechter dastehen als mit der alltäglichen Annahme, daß ein Kind, das in der Schule mitarbeitet, seine Hausaufgaben erledigt und nach Kräften in der Familie hilft, fleißig ist. Hier wie dort kann uns ein Urteil bei näherem Hinsehen oder nach dem weiteren Gang der Ereignisse wieder fragwürdig vorkommen.

Die Sicherungsmethode ist bekannt: Wenn wir bei der Rekonstruktion von ›Mittelstimmen‹ darauf vertrauen können, nicht einer beliebigen Fiktion anzuhängen, dann in den Fällen, wo wir (i) den Gedanken der besten Erklärung mit wenigstens (ii) zwei *separaten* Tatbeständen in eine harmonische Verbindung bringen können. Letztere Wendung ist eine Variante der berühmten Idee der *consilience*, die William Whewell zur Rechtfertigung von Hypothesen benutzt und die u. a. hilfreich ist, um dem Relativismus auf dem Feld der Klassifikation zu entgehen. Um eine möglichst breite Zustimmungsmöglichkeit zu schaffen und die instrumentalistische Option nicht auszugrenzen, sehe ich von der realistischen Lesart[110] ab und benutze den Begriff in einer verkürzenden psychologistischen Interpretation von John F. Metcalfe.[111] Interpretierende (Plausibilitäts-)Schlüsse wären demnach gerechtfertigt, wenn sie sich aus verschiedenartigen Antezedentien herleiten. Das mutet ein wenig geheimnisvoll an, gemeint ist aber nur, was schon im Beispiel des fleißigen Schulkindes anklingt. Wir wissen beispielsweise, daß der barocke Universalgelehrte Athanasius Kircher eine halbe Bibliothek von Büchern zu den unterschiedlichen Wissensgebieten im Alleingang verfaßte,[112] sich erfolgreich und erfolglos als Erfinder betätigte (Brennspiegel, ›Blumenuhr‹, Laterna Magica u. a. m.), sowie daneben administratorisch wirkte. So können wir kaum umhin zu unterstellen, es müsse sich um einen recht fleißigen Mann gehandelt haben. Ähnlich gilt Newton uns – mit dem Titel von Richard Westfalls kanonischer Biographie gesprochen – als Mensch »never at rest«. Der große hellenistische Grammatiker Didymos von Alexandria, der soviel geschrieben haben soll, daß ihm der Werksüberblick verloren ging, erhielt von den Zeitgenossen die drastische Charakterisierung als *chalkenteros*, eines Mannes mit eisernen Gedärmen.[113]

Nun könnte man einwenden, von spontanen Überzeugungen im Anschluß an ein ›Einpassen‹ bzw. Zusammenspringen verschieden nahegelegter Ein- und Ansichten sei wenig zu halten, weil u. a. auch die astrologische und physiognomische Tugendzuschreibung psychologisch betrachtet *consilience* herstelle. Der Unterschied wird deutlich, wenn wir uns die Eigenart beider Ansätze vor Augen führen. Beginnen wir mit dem astrologischen ›Zusammenspringen‹: In seiner u. a. von Goethe gerühmten Autobiographie *De libris propriis* (1562) stellt Girolamo Cardano die Entstehung jedes seiner Werke eingehend dar. Alle damit einhergehenden Tätigkeiten werden in eine astrologische Charakteranalyse integriert, so daß das Zustandekommen gelehrter Schriften einerseits und bestimmte Himmelskonstellationen andererseits zueinander passen.[114] Dies mag auf den ersten Blick wie ein großartiger Fall von *consilience* erscheinen – und man könnte sogar vermuten, daß die Faszination der Astrologie nicht zuletzt auf Koinzidentien dieses Typs beruht. Die Sache hat nur den Haken, daß eine Seite, die der Korrespondenz von Makrokosmos und Mikrokosmos, sich mit anderen wichtigen Theorien nicht verträgt. Die astrologische Kosmologie beruht auf einer Himmelskartierung, also Zweidimensionierung, und die auf dieser Grundlage zustandegekommenen Voraussagen sind äußerst unzuverlässig – auch Cardano hat sich immer wieder mit peinlichen Korrekturen abgeben müssen. Spätestens seit dem ausklingenden 17. Jahrhundert ist die Astrologie nicht mehr mit der entwickelten Astronomie vereinbar, so daß lokale *consilience* keine weitergehende Tendenz aufweist, sich in das wissenschaftliche Tableau einzufügen, von einer Kapazität zu besten Erklärungen ganz zu schweigen. Ähnlich verhält es sich mit der Physiognomie. Lesen wir Lavaters *Physiognomische Fragmente*,[115] so erfahren wir unter anderem, daß der Anatom Andreas Vesalius ein fester und entschlossener Charakter gewesen sei und seine Nase Urteilskraft verrate. Bei dem Genfer Naturforscher Charles Bonnet soll allein schon im Schattenriß die Klarheit, Genauigkeit und Bestimmtheit seines Denkens ausdrücken. Usw. Gegen solche Zuordnungen läßt sich wenigstens soviel ins Feld führen wie im Fall der Astrologie. Erinnert sei an den Spott Lichtenbergs in seiner *Anthropologie in pragmatischer Absicht.* Die für uns wichtigen Differenzen zeigen sich im prognostischen Versagen der Physiognomie wie der Astrologie und in der fehlenden Harmonie mit anderen Zugängen zur Erklärung menschlichen Verhaltens.

Kirchers Fleiß ist unter den Zeitgenossen und in Übereinstimmung mit der oben angerissenen prognostischen Kraft von Tugendbegriffen nicht zuletzt ein *Erwartungswert*, so wie wir nach einer Beobachtung des in unterschiedlichen Situationen fleißigen Kindes eine recht gut gestützte Vermutung über dessen Verhalten in gleichartigen Fällen hegen. Wir können Feststellungen über Werke und solche über diverse, womöglich zeitlich und sachlich gestreute Handlungen, mit Hilfe von Tugendbegriffen miteinander in Beziehung setzen und entwickeln auf diese Weise einen mehr oder minder robusten Ableitungszusammenhang von Handlungsergebnissen, Handlungen und handlungsbestimmenden Gründen. Materialien, die uns die hierfür nötigen Angaben liefern, sind wissenschaftliche Werke, Selbstauskünfte und kollegiale Beschreibungen bzw. entsprechende Dokumente, d. h. jene Quellen, die auch für die Erarbeitung von Forscherbiographien herangezogen werden.

2.4.2 Auskünfte

2.4.2.1 Auskunft durch das Werk

Betrachten wir Dürers bekannten Kupferstich des Erasmus von Rotterdam.[116] Er zeigt den Gelehrten an einem Schreibpult. Eine große Tafel gibt das Motiv und Entstehungsjahr an. Sie weist auch die Signatur des Künstlers auf. Dazwischen sehen wir eine griechische Inschrift mit dem Sinn: Das bessere Bild werden seine Schriften zeigen.

Die Behauptung, wissenschaftliche Werke seien dazu geeignet, uns Aufschluß über die persönlichen Qualitäten von Forschern zu geben, mag nichtsdestoweniger schnell Widerspruch hervorrufen. Zu erwarten wäre er von so unterschiedlichen Kommentatoren wie etwa einem Verfechter der Welt3-Konzeption Poppers oder einem Vertreter der sog. Laborforschung. Für beide ist die wissenschaftliche Darstellung eine Übung in Entpersonifizierung. Für die erste Seite ist die faktische Darstellung lediglich eine kontingente Hülle objektiver Tat- bzw. Problembestände. Für die andere hat die unterstellte Verdeckung der Person lediglich strategischen Charakter im wissenschaftlichen Sozialspiel. Das bunte Gemenge von vorausgegangenen Laboraktionen werde nicht der Sache wegen verdeckt, sondern um das Prestige einer Laborgemeinschaft zu heben und aus ähnlichen Gründen mehr. Ich halte dagegen, daß wissenschaftliche Darstellungen zwar ungeachtet der üblichen Einschätzung als neutral und apersonal auf ihre Urheber verweisen, aber *ohne* daß sich daraus eine Entwertung ihrer Sachlichkeit ableitete.

Am Anfang einer angemessenen Interpretation wissenschaftlicher Mitteilungen muß die Feststellung stehen, daß die Abhandlungen von Forschern sich eben auf Forschungsinhalte, Forschungswege bzw. -resultate beziehen. Sachverhalte wie die durchschnittliche Körpergröße einer Forschungsgruppe oder die Gefühlszustände in einem Universitätsinstitut bleiben nicht deshalb im Dunkeln, weil sie unter keinen Umständen objektiv eruierbar wären, sondern weil sie nur für einen winzigen Ausschnitt wissenschaftlicher Arbeit, nämlich die empirische Wissenschaftsforschung, überhaupt ein denkbares *Thema* abgeben. Das ist keine Besonderheit des Forschungszusammenhanges. Selbst die Vorliebe für eine bestimmte Weinsorte würden wir für gewöhnlich nicht so zum Ausdruck bringen, daß wir zugleich die Angerührtheit durch ein während des Genusses gehörtes Hornquintett mitteilten. Im Gegenteil, derlei würde die Beschreibung des Weingeschmackes stören. Entsprechend besteht die persönliche Leistung des wissenschaftlichen Autors zu einem nicht geringen Teil darin, die der Sache angemessene thematische Konzentration zu leisten.

Wer die solches leistenden Menschen sind, wird für gewöhnlich durch Namensnennung weitergegeben.[117] Allerdings sind die Zuordnungen heute nicht in jedem Fall mehr so klar wie in der Zeit des jungen Einstein, als Max von Laue nach Bern reiste, um sich auf Geheiß Plancks den Verfasser jener drei berühmten Arbeiten aus dem Jahr 1905 genauer anzusehen. Während wir beispielsweise bei einem philologischen Buch mit einem Namen auf dem Titelblatt in der Regel für gewöhnlich davon ausgehen können, daß der Autorenname auch den tatsächlichen Urheber angibt, stellen sich die Bezüge in den Naturwissenschaften oft verwickelt dar. Vielfach werden peripher beteiligte Laborleiter als Mitautoren genannt, manchmal sogar an der ersten Stelle der Autorenliste. Es kann geschehen, daß Papiere mehrfach hin und her bewegt werden, Kollegen oder Fachreferenten Änderungen nahelegen bzw. durchsetzen usw. Unter diesen Umständen ist die Autorenschaft einer wis-

IMAGO · ERASMI · ROTERODA-
MI · AB · ALBERTO · DVRERO · AD
VIVAM · EFFIGIEM · DELINIATA ·
ΤΗΝ · ΚΡΕΙΤΤΩ · ΤΑ · ΣΥΓΓΡΑΜ
ΜΑΤΑ · ΔΕΙΞΕΙ
· MDXXVI ·
AD

Abbildung 3

senschaftlichen Darstellung zuweilen nicht durch einfache Zuschreibung zu entscheiden. Desungeachtet bleibt das Produkt Menschenwerk, über dessen Zustandekommen im schlimmen Fall ein aufgrund der Laborhierarchie zum Anonymus gemachter Anfangsautor einiges zu erzählen wüßte.

Auch völlig sachlich gehaltene Artikel, Bücher, Zeichnungen, experimentelle Arrangements usw. weisen de facto mindestens eine Urhebernennung auf. Soweit eine Publikation statthat, werden zurecht oder unrecht angebene Personennamen umgehend in die bekannten Vorgänge des Zitierens und Ignorierens eingespeist. Der vielbeargwöhnte und dennoch ständig beobachtete *Science Citation Index* mag in der einen oder anderen Hinsicht wertlos oder wertvoll sein. Der häufigste Gebrauch ist davon unberührt gewiß der zur Information über die quantitative Präsenz von Forschernamen. Ob Quantität und Qualität in einem vertretbaren Verhältnis zueinander stehen, ist nicht unsere Frage.[118] Entscheidend ist, daß wir sowohl Entsprechungen als auch Mißverhältnisse als angemessen oder unangemessen in bezug auf die Leistung einer *Person* beurteilen. Begründungen für solche Urteile werden in beiden Fällen zunächst auf den Inhalt der Arbeit führen. Daß uns der Gebrauch einer Statistik stört, liegt aber wesentlich daran, daß menschliche Verhältnisse, etwa berufliche Vor- und Nachteile, umgehend in den Blick kommen. Hier liegt auch der Ansatz zum Verständnis des Plagiats. Das *Plagiat* ist keine sachliche Störung von Forschungsabläufen, zeigt aber, in welchem Umfang eine Abhandlung als rückverweisend auf den Autor begriffen wird. Je *besser* fachliche Ausführungen sind, um so eher lohnt es sich, den eigenen Namen unterzuschieben,[119] um auf diese Weise das Wissen, den Scharfsinn oder sonstige Fähigkeiten eines anderen Forschers auf das eigene Konto umzubuchen. Ausgerechnet der Plagiator ist ein guter Zeuge, was die Bedeutung der Verbindung von Person und Werk im Forschungszusammenhang angeht.

Die von der sog. Laborforschung einseitig herausgestellte Gebundenheit an die soziale Einbettung hebt diese personale Komponente keineswegs auf. Sie läßt sich auch in der Entstehungssituation des Werkes nicht aufheben: Wer zuwenig weiß oder keine überzeugende Gedankenführung entwickeln *kann*, für den läßt sich kein Ausgleich schaffen, indem er sich an irgendwelche sozial etablierten Diskursregeln hält.

Damit zeichnet sich zugleich die informative Kraft des wissenschaftlichen Werkes ab. Es wirft einen bestimmten Typus von Fragen auf, auf die Regelangaben und Darstellungen personenenthobener Prozesse keine zufriedenstellende Antwort geben. Fragen der Sorte, wie Newtons *Principia* oder Darwins *Origins* zustandegekommen sind, lassen nur einen Typ von Antworten zu: Hinweise auf die *Fähigkeiten* der Autoren, Konzeptionen solchen Formates zu entwerfen und zuvor bereits die zugrundeliegende Aufgabenstellung, das Arbeitsmotiv, erfolgverheißend präzisiert zu haben. Es ist unangemessen, eine spezifische wissenschaftliche Leistung ohne Rücksicht auf Forscherqualitäten zu erklären, und dementsprechend bilden eben diese Leistungen den festen Punkt der Tugendorientierung.

2.4.2.2 Selbstauskünfte

Einerseits könnte man annehmen, daß zu persönlichen Eigenschaften am ehesten die sie besitzenden Individuen Zugang haben; anderseits sind wir sehr unsicher, ob Ich-Auskünfte uns überhaupt mit Kenntnissen versorgen. Man sollte sich indes von dieser Besonderheit nicht zu sehr in Bedrängnis bringen lassen. Es gibt keine Sicherheit, daß jemand ehrlich ist, der von sich sagt, daß er es sei. Aber wenn er mit dieser Angabe einen Wahrheitsanspruch erhebt, liegt es an uns, anhand seines Verhaltens in diversen Situationen zu entscheiden, ob wir dem stattgeben wollen. Wir können selbstbezogene Tugendzuschreibungen genauso als Hypothesen ansehen wie Zuschreibungen durch Fremde und nach ihrem explikativen oder prognostischen Wert beurteilen. Das Problem irriger Tugendzuschreibung ist längst nicht so brisant, wie es bei erster Betrachtung scheint, und dies hängt mit dem Unterschied zwischen Tugenden und Absichten zusammen.

Es kann zugegebenermaßen von erheblichem persönlichem Vorteil sein, als ehrlich oder fleißig zu *gelten*, auch wenn man es nicht ist. Spätestens seit dem Tatenbericht des Augustus ist obendrein klar, daß Selbstauskünfte berühmter Leute mit Vorsicht zu betrachten sind. Es wäre aber voreilig anzunehmen, daß mit der Schwierigkeit der Individuation von Tugendbegriffen auch deren Wert entfiele. Insofern es sich um Befähigungen handelt, ist es gewöhnlich nicht einfach, eine Tugend vorzutäuschen, also beispielsweise nur so zu tun, als sei man fleißig. Die Zuschreibung von Fleiß rechtfertigt sich als Erklärungsangabe in Verbindung mit der Beobachtung von passenden Handlungen bzw. ihren Produkten. Es gibt keinen Anlaß, jemand für fleißig zu halten, der dies nicht manifestiert. Bei Kenntnissen ist die Verknüpfung noch schlagender. Wir halten niemand für fachlich kompetent, der keine Auskunft auch nur über die Anfangsgründe seiner Disziplin geben kann.

Zum anderen erfüllen außer im Fall der Ehrlichkeit auch vorgetäuschte Tugenden oft ihre Funktion, so daß die Differenz zwischen wirklichen und prätendierten Eigenschaften irrelevant sein kann. In den *Versuchen über Pflanzenhybriden* (1866) schreibt Gregor Mendel, es gehöre »allerdings einiger Mut dazu, sich einer so weit reichenden Arbeit zu unterziehen«[120], und wer als mutiger Forscher in Frage kommen könnte, stellt er bereits mit dem folgenden Satz klar: Der Mutige findet sich im *Naturforschenden Verein* seiner Heimatstadt Brünn und gemeint ist offenkundig der Autor selbst. Ob Mendel in irgendeinem objektiven Sinne mutig war, nur selbst davon überzeugt war oder dies lediglich gerne anderen gegenüber in Anspruch genommen hat, ist im Zuge einer personalistischen Interpretation seiner Versuche nicht entscheidend. Offenkundig begleitet die explizite Reklamation einer Tugend in diesem Fall erfolgreiche Forschung und stellt für den Botaniker, der sie in Anspruch nimmt, eine Forderung dar. Sie schränkt den, der den Anspruch ernsthaft erhebt und sein Handeln adäquat beurteilen kann, in seinen Handlungsmöglichkeiten ein. Es muß seine – wie auch immer zu benennenden – Fähigkeiten aufbieten, um sich das Tugendprädikat zu verdienen. Eigenlob stellt ein Erklärungsangebot dar, das nur im Fall einer anerkennenswerten Handlung vertretbar zu ergreifen ist. Historische Betrachter können es annehmen oder verwerfen, wenn sie die Situierung der Arbeit Mendels in der zeitgenössischen Botaniker-Szene untersucht haben. Aus diesem Blickwinkel betrachtet, gibt es keine Veranlassung, Mendels Tugendanspruch anzuzweifeln, was selbstredend nicht besagt, daß Selbstlob in jedem Falle zu trauen wäre. Aber es schlägt durchaus einen Erklärungsansatz vor, wie Forschen und Person eventuell zusammengespielt haben könnten.

Daß die Verhältnisse eher unrein sein mögen, Mendels Mut sich auch mit weniger erhebenden Charakterzügen verknüpft haben könnte, muß nicht aus dem Konzept bringen. Daß Tugenden gerade vor dieser Hintergrundüberlegung ihren Wert behalten, läßt sich begreifen, indem man eine *korrektive* Leistung entsprechender Momente einkalkuliert.[121] Forschertugenden müssen keine selbständigen Eigenschaften von Forschern sein, sondern lassen sich als Befähigungen deuten, die sich auf die Verminderung oder Aufhebung von

Gegenmomenten richten: Ehrlichkeit als Korrektiv der Neigung zur Täuschung, Selbstlosigkeit als Gegenpol der Tendenz zur Vorteilsnahme usw. Der naheliegende Einwand, das dahinterstehende Menschenbild sei misanthropisch, überzeugt nicht. Falls die tugendhaften die lasterhaften Neigungen überwiegen, wäre die Funktionalität personaler Eigenschaften aufs Ganze gesehen gewahrt.

Der Blick auf die Individuationsprobleme von Tugendbegriffen bringt nicht von der Hoffnung ab, Aufschlüsse über Tugenden auch von den Akteuren selbst zu erhalten. In dieser Hinsicht wäre es natürlich sträflich, uns nur an die Mendels, Galileis oder Darwins zu halten und jene Forscher zu vergessen, die unter uns leben. Sie können spontane Auskunft geben, während wir sonst vielfach auf in gehörigem zeitlichem Abstand zum Werk entstandene Äußerungen angewiesen sind. Immerhin hat es das rasante Wachstum der Wissenschaft in der jüngsten Epoche mit sich gebracht, daß der größte Teil der Forschungsakteure aller Zeiten unsere Zeitgenossen sind. Die vielzitierten Zwerge auf den Schultern der Riesen können sich vielfach noch mit den Giganten unterhalten, sie sitzen auf Kongressen unserer Tage *neben* ihnen. Dementsprechend gilt die allzuweit reichende Rückschau unter den Forschungsakteuren oft als eher hinderlich. Die Geschichte könne nicht helfen, schreibt Richard Feynman, einer der modernen Forschungshelden.[122] Das mag vorschnell geurteilt, sein, ist aber eine nützliche Erinnerung an die im Zuge der Forschungsgeschichte entstandene Situation, die den philosophischen Wissenschaftsbetrachter in arge Nöte bringt. Das systematische Ausfüllen der Gegenwarts-Lücke zählt denn auch zu den Aufgaben der methodisch anders gerüsteten empirischen Psychologie und der Sozialwissenschaften, deren Resultate eine fachwissenschaftliches Wissen integrierende Philosophie der Wissenschaft verarbeiten mag – so sie denn eines Tages vorliegen.[123] Um provisorisch einige ›frische‹ Einstellungen einbeziehen zu können, habe ich drei Forschungsheroen unserer Epoche um Auskunft gebeten und will die gemachten Erfahrungen an dieser Stelle in einer knappen Zusammenfassung mitteilen:[124]

In jedem der drei Fälle wurde zunächst das Arbeitsthema (»personal conditions of scientific research«) kurz vorgestellt. Die Gesprächsvorgaben galten in der Hauptsache Tugenden (»virtues of successful scientists«), Fehlverhalten (»serious cases of misconduct«) und Ehrlichkeit (»honesty«) als exemplarischer persönlicher Qualität. Die Frage nach den Tugenden war so gefaßt, daß für den Gesprächspartner nicht vorgegeben war, ob eine allgemeine Einschätzung oder eine Angabe zur persönlichen Erfahrung erwartet wurde. Die Antworten zeigen, daß letzteres bevorzugt wurde. Die Auskünfte der ersten beiden Forscher mögen in der einen oder anderen Hinsicht anregend wirken, führen aber im hier gegebenen thematischen Zusammenhang nicht weit. Das dritte Gespräch liefert möglicherweise eine gute Erklärung für die vergleichsweise geringe Ergiebigkeit der ersten beiden, erst recht, wenn man die jeweiligen Erfolgsgeschichten der Wissenschaftler miteinander vergleicht.

Die ersten Angaben stammen von *Claude Cohen-Tannoudji*. Gemeinsam mit Steven Chu und William D. Phillips erhielt Cohen-Tannoudji 1997 den Nobelpreis für Physik für – wie es in der offiziellen Verlautbarung der Königlichen Akademie heißt – die Entwicklung von Methoden zum Kühlen und Einfangen von Atomen mit Laserlicht. Cohen-Tannoudji, geboren 1933, ist ein Absolvent des französischen Eliteschulsystems, der nach verschiedenen Stationen über den *CNRS* und die *Sorbonne* 1973 in seine Stellung als Professor am *Collège de France* und an der *École Normale Supérieure* gelangte. Cohen-Tannoudji und seine Mitarbeiter haben nicht nur bei der Konzeption und Durchführung entsprechender

Experimente eine Rolle gespielt, sondern sie durch theoretische Arbeiten über Kühlungsschemata wesentlich vorbereitet. Für Cohen-Tannoudji sind die wichtigsten persönlichen Forscherqualitäten solche, die auch Künstlern unterstellt werden könnten: »imagination« und »enthusiasm«. Es handelt sich um Fähigkeiten, die nach erster Einschätzung weitab vom Arbeitsalltag einer Laborwissenschaft liegen. Vorstellungskraft realisiert sich bei der Konstruktion theoretischer Modelle wie auch experimentaltechnischer Arrangements. Es handelt sich um eine rein *sachbezogene* Qualität. ›Enthusiasmus‹ mag so etwas besagen wie die individuelle Begeisterung, also eine bloße Empfindung sein – was auch der begrifflichen Tradition entspräche, die sehr breit ausstrahlt (man erinnere sich an die Rhapsodenkritik im Magnet-Gleichnis von Platons *Ion*). Mit einem Fall von Forschungsbetrug war er niemals (emphatisches »never«) konfrontiert und glaubt auch nicht, daß derlei Unerfreuliches im Wissenschaftsbetrieb eine nennenswerte Rolle spiele. Forscher sollten seines Dafürhaltens nach unter allen Umständen ehrlich sein und seien es auch.

Der zweite Befragte war *Samuel C. C. Ting* (geb. 1936). Er erwarb seinen Ph.D. 1962 an der *University of Michigan* und ist seit 1969 Professor für Physik am *Massachusetts Institute of Technology*. Ting erhielt im Anschluß an die Entdeckung eines schweren Elementarteilchen, des *J*-Partikels, gemeinsam mit Burton Richter 1976 den Nobelpreis für sein Fach. Er wurde durch zahlreiche weitere Preise sowie die Ehrendoktorate von sechs Universitäten geehrt und ist Ehrenmitglied zahlreicher Wissenschaftsakademien. Die Entdeckung des Teilchens erfolgte im Kontext unterschiedlicher Versuchsanordnungen durch die beiden unabhängig arbeitenden Forschergruppen Richters und Tings. Bei einem Zusammentreffen im November 1974 wurde die Gleichheit der Entdeckung manifest. Und innerhalb einer Woche erfolgte die Publikation. Bald darauf bestätigten eine deutsche und eine italienische Gruppe die Sensation. Seine Charakterisierung des erfolgreichen Forschers setzt an die erste Stelle einen lockeren Intellektualismus (»One should not be too stupid!«). Damit meint er eine angeborene Qualität. Sie wird gefolgt von Zielstrebigkeit (»Determination is very important!«) und Hartnäckigkeit (»persistence«) – Qualitäten des arbeitenden Menschen. Hartnäckigkeit wird sowohl als soziale Angelegenheit wie auch als eine solche, die sich im Umgang mit der Sache zeigt, begriffen. Von Betrügereien hat Ting zuweilen gehört, aber niemals mit jemand Kontakt gehabt, dem zweifelhafte Praktiken vorgeworfen worden wären. Ein beachtenswertes Ehrlichkeitsproblem vermag er, wie Cohen-Tannoudji, nicht zu erkennen.

In einem bemerkenswerten Kontrast dazu stehen die anschließenden Aussagen von *Ferid Murad* – wir werden seinen Ansichten im Zusammenhang mit der Idee der Reproduzierbarkeit erneut begegnen (Kapitel 4.4.3). Murad, wie Samuel Ting 1936 geboren, studierte an der *Case Western Reserve University*, einer angesehenen Hochschule, die indes nicht zu den Spitzenuniversitäten zählt. Er war anschließend zunächst in verschiedenen Abteilungen an der Universität von Virginia in Charlottesville, dann gleichzeitig an verschiedenen universitären und außeruniversitären Forschungszentren tätig. Derzeit arbeitet er an der *University of Texas Medical School* in Houston. Mit einem Forschungspreis wurde er erstmalig 1988 bedacht. 1998 erhielt er mit Robert F. Furchgott und Louis J. Ignarro den Nobelpreis für Medizin. Angestoßen von einer Feststellung Furchgotts versuchte Murad zu analysieren, auf welche Weise das seit Generationen medizinisch erfolgreich eingesetzte Nitroglyzerin arbeitet und ging seit 1977 der Idee nach, daß Stickstoffoxid Zellfunktionen steuern könnte. Was fehlte, waren hinreichende experimentelle Belege. Auf der Suche danach beschritt er diverse Untersuchungspfade, auf denen es schließlich Furchgott und Ignarro gelang, Stickstoffoxid als Signalmolekül im Kardiovaskulären System auszuweisen. Murad denkt im Blick auf Forschertugenden wie Ting zunächst ebenfalls an Hartnäckigkeit und Zielstrebigkeit. Die Kraft hierfür resultiere aus der Fähigkeit, Freude (»enjoyment«) aus der Arbeit zu ziehen. Die eigene Geschichte als Forscher lehre aber, daß es noch wichtiger sei, über einen langen Zeitraum mit Widerständen fertig werden zu können (»There are always many resistances. You have to be prepared for controversy. It takes many years to get a prize.«). Hartnäckigkeit als Fähigkeit, Widerstände zu überwinden, erscheint hier in erster Linie als Qualität in *sozialen* Bezügen. Von Betrügereien habe er eine Menge gehört und auch selbst einen Mitarbeiter deshalb entlassen müssen. Daß seine vorher befragten Kollegen mit dem Thema wenig Problemstoff verbänden, wundere ihn nicht. Fehlverhalten sei kein ernstgenommener Gegenstand des Interesses, sondern ein unwillentlich erzeugtes Produkt bedeutender Forschungsleiter. Hinter jeder Prominenz stünden zahlreiche jüngere Kollegen in einem harten Konkurrenzkampf (»rat-race«), während ihre Chefs sich eine eher idealisierende Betrachtung des Forschungsbetriebes leisten könnten. Menschlich gesehen läge es für Einzelpersonen oder Forschungsgruppen, die in der Forscherhierarchie nach oben wollen, nahe, die Resulate wenigstens ein bißchen zu schönen (»to overglamorize«). Es gebe eine Unmenge einschlägiger Probleme (»a hot topic«). Die Ehrlichkeitsforderung gelte dennoch uneingeschränkt (»Absolutely! It's the moral of the professsion!«). Aber dem Postulat stünden durchaus die ernstzunehmenden Schwierigkeiten der Menschen im Forschungsalltag gegenüber. Es sei freilich letztlich unsinnig zu manipulieren, weil auch kleine Fehlhandlungen auf lange Sicht auffielen. Die Ehrlichkeit in der *Sache* korrespondiert für ihn dergestalt mit der Kontrolle in der *sozialen* Gemeinschaft der Forschung.

Es läßt sich nicht ausschließen, daß in den angeführten Äußerungen eher aktuelle Stimmungen als tiefes Nachdenken zum Ausdruck kommen. Dennoch ergeben sich gerade aus der einschränkenden Spontaneität nicht ganz unnütze Hinweise: Durchgehend wird die Vorstellung von Tugenden anerkannt, aber lediglich Ferid Murad, dem erst vergleichsweise spät der Sprung in eine herausragende Stellung gelungen ist, verbindet damit die Vorstellung ernstzunehmender *Probleme*, bei deren Bewältigung Tugenden eine Funktion haben. Halten wir uns an den sozialpsychologischen Befund, wonach Menschen die Stabilität ihrer Selbstattributionen bei weitem überschätzen,[125] ist die Unterstellung vielleicht nicht abwegig, daß Cohen-Tannoudji und Ting ihre aktuelle Enthobenheit in ihre Anfänge projizieren, wohingegen sich in Murads Äußerungen der durchaus steinige Weg zu einem späten Erfolg widerspiegeln mag. Nimmt man hinzu, daß Forschertugenden nicht zuletzt in schwierigen Entscheidungssituationen korrigierende Funktion haben, liegt die Annahme nahe, daß die Registration und selbstbezogene Reflexion von Tugendmomenten nicht allein eine Angelegenheit derjenigen Akteure ist, die sie für den Forschungsbetrachter ›heroisch‹ personifizieren. M.a.W. es könnte sich genauso um eine Angelegenheit des gediegenen Forschungs*alltags* und der darin wirkenden Menschen handeln, wobei die Angaben der ›Helden‹ andeuten, daß wir es mit zwei Richtungen zu tun haben, in die sich Forschertugenden auswirken: Sie richten sich auf die Sache, d. h. Einheiten wie Theorien, Daten usw., aber genauso auf Soziales, genauer gesagt, adäquates Verhalten gegenüber Kollegen.

2.4.2.3 Kollegiales Lob

Selbstauskünfte geben durchaus Aufschlüsse, sind aber nicht uneingeschränkt als authentische Zeugnisse einzustufen. Das sprechende Ich ist, besonders im Fall ausgewiesenen Forschertums, eine Instanz, die sich, wie oben angedeutet, sehr weit von den tatsächlichen Verhältnissen entfernt haben kann. Es wäre naiv, in den zitierten Mitteilungen unverstellte Schilderungen mentaler Prozesse zu sehen. Sie können auch Autoprojektionen von Gehörtem und Akzeptiertem sein, auf innere Diskurse zurückgehen oder sonstwie aus verwickelten Prozessen resultieren. Verläßlicher scheint es, Forschertugenden vorrangig in Zusammenhängen zu suchen, in denen Forscher ihre *Kollegen* loben. Dafür gibt es verschiedene Anlässe, und ein paar Beispiele mögen helfen, unter lobenden Bemerkungen solche auszumachen, die sich auf Eigenschaften beziehen, die sich plausibel mit dem Ausdruck ›Forschertugenden‹ verknüpfen lassen. Entsprechende Formulierungen sind u. a. in Bewerbungsverfahren wie überhaupt in Vorgängen, in denen Gutachten erstellt werden, geläufig. Um 1856 die Ernennung des bedeutenden Physikers Johann Wilhelm Hittorf zum Ordinarius zu forcieren, äußerte sich die Fakultät wie folgt:

> »Über die wissenschaftliche Tüchtigkeit und die ganze wissenschaftliche Haltung des Professors Dr. Hittorf können wir uns nur auf das Günstigste aussprechen; wir sind überzeugt, daß er auf der betretenen Bahn fortschreitend bald eine hervorragende Stellung in seinem Fache einnehmen wird. Der Beschäftigung mit seiner Wissenschaft und der Forschung nach neuen Ergebnissen unausgesetzt und ausschließlich, selbst mit fast zu großer Zurückziehung von aller Berührung mit dem äußeren Leben ergeben, hat er schon jetzt Leistungen zu Tage gefördert, welche durch ihre Subtilität und Gediegenheit sich die Anerkennung ihrer Fachgenossen in hohem Grade erworben haben.«[126]

Zweifelsfrei auf Personen gemünzt sind auch die Angaben von Eigenschaften im Rahmen von Nekrologen. Beziehen wir uns unter diesem Aspekt auf eine aufschlußreiche Nachrede, die einem wissenschaftshistorisch prominenten Verstorbenen gilt und sich einem noch bekannteren Forscher verdankt: Der schon früh zu hohem Ansehen gelangte Physiker Heinrich Hertz verstarb im Alter von gerade 36 Jahren, und außer den wissenschaftlichen Leistungen mag die Tatsache des frühen Todes in besonderem Maße dazu beigetragen haben, daß die Nachrufe der Kollegenschaft für einen akademischen Kontext außergewöhnlich gefühlvoll gehalten sind. In Helmholtz' Vorwort[127] zum 3. Band der *Gesammelten Werke* verschränken sich Äußerungen persönlicher Trauer mit einer keinen Superlativ meidenden Lobrede. Helmholtz porträtiert den Verstorbenen wie folgt:

> »Am 1. Januar 1894 starb Heinrich Hertz. Für alle, die den Fortschritt der Menschheit in der möglichst breiten Entwicklung ihrer geistigen Fähigkeiten und in der Herrschaft des Geistes über die natürlichen Leidenschaften wie über die widerstrebenden Naturkräfte zu sehen gewohnt sind, war die Nachricht vom Tode dieses bevorzugten Lieblings des Genius eine tief erschütternde. Durch seltene Gaben des Geistes und des Charakters begünstigt, hat er in seinem leider so kurzen Leben eine Fülle fast unverhoffter Früchte geerntet, um deren Gewinnung sich während des vorausgegangenen Jahrhunderts viele von den begabtesten seiner Fachgenossen vergebens bemüht haben. [...]. Es war ein Geist, der ebenso der höchsten Schärfe und Klarheit des logischen Denkens fähig war wie der größten Aufmerksamkeit in der Beobachtung unscheinbarer Phänomene [...] unter allen Schülern, die ich gehabt habe, durfte ich Hertz immer als denjenigen betrachten, der sich am tiefsten in meinen eigenen Kreis von wissenschaftlichen Gedanken eingelebt hatte, und auf den ich die sichersten Hoffnungen für ihre weitere Ent-

> wicklung und Bereicherung glaubte setzen zu dürfen. [...] Es scheint, daß die auch in späteren Jahren als ein charakteristischer Grundzug seines Wesens hervortretende Bescheidenheit ihn an seiner Begabung für theoretische Wissenschaft zweifeln ließ. [...] Übrigens beobachtet man nicht selten diese Art zaghafter Bescheidenheit gerade bei jungen Leuten von hervorragenden Anlagen. Sie haben wohl eine deutliche Vorstellung von den Schwierigkeiten, die vor der Erreichung des ihnen vorschwebenden hohen Zieles zu überwinden sind [...]. Aber auch in ihrer späteren Entwicklung pflegen reich veranlagte Naturen umso unzufriedener mit ihren eigenen Werken zu sein, je höher ihre Fähigkeiten und Ideale reichen. Die Begabtesten erreichen offenbar nur deshalb das Höchste, weil sie am empfindlichsten gegen jede Unvollkommenheit sind, am unermüdlichsten an deren Beseitigung arbeiten.«[128]

Man erkennt leicht, daß eine solche Eloge nur einen geringen Teil der philosophischen Tugenddiskussion transportiert, wie sie sich im Anschluß an Aristoteles und Platon entfaltet hat. Die altehrwürdigen Themen der Lehrbarkeit, der Mitte zwischen den Extremen, der Selbstgenügsamkeit, der Unterscheidbarkeit von Tugenden und Fähigkeiten, von natürlichen und künstlichen Kapazitäten werden nicht aufgenommen. Das Kollegenlob hebt nicht auf die haltungsmäßige Anbahnung des Lebensglücks ab, sondern auf *funktionale* Eigenschaften in bezug auf die »Gewinnung« von wissenschaftlichen »Ergebnissen« bzw. »Früchten« wie auch deren weitere Umsetzung. Helmholtz erkennt jemand, der sich in seinen »eigenen Kreis von wissenschaftlichen Gedanken eingelebt« habe. Ich werde diesen Gedanken in den Begriff des Vertrautseins (Kapitel 3.5) einfügen und in das Modell des wissenschaftlichen Fortschritts integrieren (Kapitel 4.6.4) Die besonderen Eigenschaften der beiden Physiker bahnen nicht nur Handlungen schlechthin an, sondern bemerkenswerte, gelingende Aktionen. Die personalen Charakteristika sind gerichtete Qualitäten, die dazu beitragen, »das Höchste« zu erreichen, was im Zusammenhang von Helmholtz' Darlegungen nichts anderes besagt, als wissenschaftliche Erkenntnis zu erlangen.

Die Blütenlese der Attribute erfaßt Eigenschaften wie Selbstdisziplin bzw. Askese, Scharfsinn, Aufmerksamkeit, Bescheidenheit, den Hang zur Perfektion, Ausdauer u. a. m. Das Fakultätsgutachten für Hittorf läßt die Herkunft der Eigenschaften des Gerühmten unerörtert. Helmholtz sieht darin großenteils »natürliche Anlagen«, die im Zuge weiterer »Entwicklung« fruchtbar gemacht werden. Dahinter stecken Thesen über das Verhältnis von Ererbtem und Erlerntem, die andernorts Thema sind. Was läßt sich für unsere Zwecke systematisch festhalten?

Hinzuweisen ist auf die Entschiedenheit der *Individualisierung*. Das Gutachten gibt an, Hittorf genieße die persönliche Anerkennung der »Fachgenossen in hohem Grade«. Nach Helmholtz begegnen wir in Hertz einem »Liebling des Genius« mit »seltenen Gaben«. Soweit überhaupt Gemeinsamkeiten mit anderen Menschen thematisch werden, geht es um eine kleine Gruppe von solchen, die ebenfalls »mit hervorragenden Anlagen« gesegnet sind. Die Einschätzung Hittorfs fällt im Vergleich mit der rühmenden Darstellung Hertz' verhalten aus, aber es liegt selbstredend im Begriff des ›Hochgradigen‹, daß *besondere* Vorzüge und keine Allerweltseigenschaften gemeint sind.

Aus dem Kontrast zu Goethes am Kapiteleingang zitierter Vorstellung der *Opticks* und ihres Autors wird des weiteren offensichtlich, daß auf Eigenschaften hingewiesen wird, die sich nicht singulär, in einem bestimmten Werk oder bei einer einzigen Gelegenheit manifestieren, sondern *situationsübergreifenden, stabilen* Charakter haben. Wissen, Beharrlichkeit, die Bereitschaft zur Selbstkritik, Aufmerksamkeit in der Beobachtung u. a. m. sind *stabile*

Merkmale über spezifische Situationen hinweg, wobei es sich zum Teil um Fähigkeiten handelt, die etwa das Beobachten bedingen, zum Teil um kognitive Zustände, die das Verständnis oder die theoretische Modellierung eines Sachverhaltes ermöglichen bzw. prägen. Damit sind, vorausgesetzt, Selbstauskünfte, kollegiales Lob und der Blick auf das Werk liefern Zutreffendes, wesentliche Momente des Begriffs sichtbar, so daß sich eine inhaltliche Klärung ergibt: *Forschertugenden sind stabile, individuelle Eigenschaften, welche die Bildung wie auch die Verbesserung wissenschaftlicher Auffassungen und Praktiken begünstigen.* In dem Erfolgsbegriff ›Verbesserung‹ steckt die These, daß Forschertugenden funktional im Blick auf wissenschaftlichen *Fortschritt* sind, mithin der Begriff der Forschertugend in den Kontext einer Theorie des wissenschaftlichen Fortschritts gehört.

2.5 Forschertugenden als Erklärungsgründe

Wir haben nun jene Vorstellungen gewonnen, die in den Begriff der Forschertugend eingehen, und stehen vor der Aufgabe, das, was oben als Begünstigungsverhältnis umschrieben ist, genauer zu bestimmen. Es gilt, Forschertugenden als Erklärungsgründe für erfolgreiche, fortschrittsförderliche Forscheraktionen auszuweisen.

Es gibt einflußreiche Versuche, wissenschaftliches Handeln zu erklären, und es läßt sich schwerlich übersehen, daß sie ungeachtet der expliziten Einstellungen ihrer Vertreter in konsequenter Durchführung letztlich auf relativistische Konzeptionen hinauslaufen. Ich halte den Sozialen Konstruktivismus unter diesem Aspekt keineswegs für eine zufällige Verirrung, sondern für das zu *erwartende* Ergebnis einer in vermeintlicher Plausibilität angeleiteten Bewegung, wenngleich diese schließlich in einer Sackgasse endet.

Die scheinbare Folgerichtigkeit wird offenkundig, wenn man versucht, dem damit einhergehenden Relativismus mit handlungsbezogenen Argumentationen in der Tradition Mertons zu begegnen, indem man sich auf Normen beruft, die ein Wissenschaft steuerndes Ethos konstituieren.[129] Es gibt in der Tat, wie auch oben (Kapitel 2.3.3) ausgeführt, deutlich auszumachende Rollenerwartungen und somit Muster für *manifestes* Verhalten in der Forschergemeinschaft. Aber solche Einschränkungen vermögen letztlich nicht mehr, als die Abläufe in wissenschaftlichen Institutionen zu formieren. Unter Berufung auf Mertonsche Postulate können zum Beispiel Sanktionen verhängt werden, wenn jemand ein unerwünschtes Agieren *zeigt.* Und damit im Einklang begründet Mertons Prinzip des ›Kommmunismus‹ förderliche Gepflogenheiten des wissenschaftlichen Publikationswesens. Aber allgemeine soziale Muster helfen trivialerweise nicht ohne weiteres bei der Erklärung eines einzelnen Vorgehens im Forschungszusammenhang. Mertons Ansatz zielt im übrigen nicht einmal auf solche spezifischen Verbindungen zwischen einzelnen Aktionen und spezifischen Handlungsgründen ab.[130] Es ist denn auch womöglich gehaltlos, von jemand zu sagen, er sei deshalb ein schlechter Forscher, weil er insgeheim eine Verhaltensnorm mißachtet. Es hat nicht einmal stets einen ersichtlichen Sinn zu behaupten, ein schlechter Wissenschaftler verstoße gegen das Ethos der Wissenschaft. Die Gründe seines fachlichen Scheiterns, ja womöglich sogar eines Betruges liegen eventuell an einer ganz anderen Stelle als darin, daß er sich nicht forschungsethisch richtig verhalten hat bzw. – im zweiten Fall – nicht gerne der Forscherrolle gemäß verhalten hätte. Und andererseits zeigt der wissenschaftshistorische

Aufschluß, daß mancher erfolgreiche Forscher eher finstere Absichten verfolgt hat. Auf der Ebene des individuellen Handelns sieht denn auch ein Autor wie Merton ein vielgestaltiges Gemisch von Handlungsmotiven, die durch die Institutionalisierung des Forschungsbetriebes lediglich kontrolliert bzw. kanalisiert werden. Anders ausgedrückt: Sobald wir das Feld *individueller* Forscheraktionen thematisieren, gelangt man auf diesem Weg zu keinem Befund, der relativistischen Interpretationen des Forschungszusammenhangs entgegenstünde.

Nun ist der Relativismus als Forschungsinterpretation allein schon deshalb nicht haltbar, weil er weder Fortschritt noch ›consiliences‹, wie z. B. Avogadros Zahl oder Krankheiten, die sich alltagsphänomenal und zugleich molekularbiologisch identifizieren lassen, erklären kann. Andererseits scheint er, zumindest oberflächlich betrachtet, auf eine plausible Weise mit zerstreuten wissenschaftlichen Handlungen umgehen zu können, welcher der Objektivist nur seine Irritationen angesichts offenkundiger Abweichungen vom wissenschaftlichen Ethos entgegensetzen kann. Der zuletzt ergriffene objektivistische Ausweg, das von Kitcher, Hull u. a. herausgestellte Modell der ›unsichtbaren Hand‹, welche angeblich die sperrigen und bunt motivierten Handlungen der Forschungsteilnehmer auf eine Fortschrittsspur setzt, ist früher bereits als entbehrliche Mystifikation kritisiert worden und hat zudem den Nachteil, genauso wie der Ethos-Gedanke die individuelle Handlung aus der Hand zu geben.

Die Plausibilität der relativistischen Konsequenz wie auch die Schwäche der angeführten Gegenstrategien hängen mit einer stillen gemeinsamen Voraussetzung zusammen, die zugleich dafür verantwortlich ist, daß die Tugendoption in den einschlägigen Kontroversen nicht wahrgenommen worden ist. Man kann sie als *Motivfixierung* im Sinn eines ausschließlichen Interesses an hochstufigen Vorsätzen auffassen. Relativistische Forschungstheorien bewegen sich unter diesem Aspekt auf der Linie der gewöhnlichen philosophischen Vorgehensweise in bezug auf Handlungen. Gemeinhin beginnen handlungstheoretische Einführungen mit einer zum selten befragten Gemeingut gewordenen Unterscheidung von Handeln und Verhalten. Hierbei wird Verhalten als *verursacht* angesehen, wohingegen Handlungen *intentional* seien. Diese Unterscheidung wird üblicherweise so weiterentwickelt, als ob die Erklärung einer Handlung sich ausschließlich oder zumindest vorrangig aus den Absichten des Handelnden herleiten ließe.[131] Im sog. Praktischen Schluß werden nicht-absichtsabhängige Faktoren wie die doxastische Situation des Akteurs in eine Verhältnissetzung von Zweck und Mittel integriert und bleiben ohne Eigengewicht. In der weiteren Durchdringung entsteht schließlich eine Stufung der Vorsätze, denen sich eine Aktion verdanken soll. Jede Erklärung einer konkreten Handlungsabsicht endet auf diese Weise mit der Anbindung an menschheitlich gängige Motive. Und damit beginnt die Bewegung in die relativistische Sackgasse: Allgemeinmenschliche Forscherabsichten mögen unter dem kontrollierenden Druck (›Ethos‹) einer Rollenwahrnehmung in der Forschergemeinschaft wirksam kanalisiert werden, aber im Einzelfall ist eine Erklärungsalternative des Typs ›Geltungsdrang oder echte Neugier?‹ damit nicht vom Tisch.

Eine typische Erscheinungsform relativistisch tendierender, auf allgemeine Motive fixierten Untersuchung ist folgende: Man befragt die Mitglieder eines Forschungslabors, warum sie einen bestimmten Apparat verwenden. Darauf werden von den Befragten ähnliche Auskünfte wie in Monty Pythons Mediziner-Satire aus *The Meaning of Life* erteilt. Man erfährt etwa, das teure Gerät werde benutzt, weil der Geschäftsführung besonders daran gelegen sei, die Anschaffung nach außen hin als nützlich erscheinen zu lassen.[132] Nach dem nämlichen Muster haben Gilbert und Mulkay in mehrstündigen Interviews die Entscheidungen für die Wahl einer bestimmten Theorie zu erhellen versucht. Dabei stießen sie nach eigener Deutung auf standpunktabhängige Pseudo-Rationalisierungen in losem Anschluß an die traditionelle methodologische Idee der empirischen Prüfung, bei denen störende empirische Faktoren marginalisiert und passende nach Gefallen akzentuiert worden seien.[133] Über Theorien wäre demzufolge nach dem Prinzip geurteilt worden, die beste sei jene, die den eigenen Vorurteilen entspräche und dem Urteilenden seine Wissenschaftler-Ataraxie lasse. Eine solche Reduktion ist nicht verwunderlich. Allerweltsmotive erscheinen in einer von sonstigen Einflußfaktoren bereinigten Motiv-Hierarchie unvermeidlich als letzte Gründe, die ›eigentlich‹ Handlungen verursachen. Aber genau die ausgeblendeten Faktoren bestimmen wesentlich, ob wir es mit erfolglosen oder erfolgreichen Handlungen zu tun haben.

Ich weiß nicht, ob die Laborstudien in jedem Punkt verläßlich sind, denke aber, daß der Objektivist erheblich weniger Land einbüßt als für gewöhnlich unterstellt, wenn er relativistische Pointen der angeführten Sorte unkritisiert hinnimmt. Auf Feststellungen dieser Art kommt es nicht an. Und zwar deshalb, weil man die Bedeutung von *Motiven schlechthin* für die Erklärung wissenschaftlicher Handlungen nicht allzu hoch veranschlagen sollte. Erklärungsbedürftig sind im Rahmen einer Theorie des Forschungzusammenhanges außer erfolgreichen Handlungen nur kontrastiv auffällige Motive, die Fortschritt begünstigen, beispielsweise der Wunsch, einen bislang unerprobten Lösungsweg zu suchen. Solche Vorsätze sind einigermaßen präzise, sie finden sich ›unten‹ in der Motivhierarchie. Ihre Beschreibung ist begrifflich eng mit der jeweiligen erfolgreichen Handlung verbunden. Ich stelle diesen Punkt vorerst noch zurück und beziehe mich zunächst noch weiter auf die in den Laborstudien bevorzugte Form der Motiverklärung: Denken wir uns den Fall dreier Mathematiker, die sich mit einem mathematischen Problem abplagen. Der erste sei von hehrem mathematischem Enthusiasmus, der zweite von Karrieresucht, der dritte von einem Blick auf sein Gehaltskonto motiviert. Alle drei Motive lassen sich mit der nämlichen Aktion verbinden, und im Falle einer Lösung der mathematischen Aufgabe erscheint es unerheblich, ob private Bereicherung, Liebe zur Sache oder soziale Aufstiegshoffnungen im Spiel waren. Jeder der befragten Mathematiker könnte uns je nach Gutdünken und jeweiliger aktueller Selbsteinschätzung weitere Gründe angeben und obendrein selbst daran glauben. Möglicherweise hängt der Karrierist einer beschönigenden Selbsteinschätzung an und hält sich für einen aufopferungsvollen Archimedes, während der Enthusiast sich selbst als forschungsmoralisch verkommen einschätzt. Offensichtlich gibt es in diesem Fall handlungsrelevante Faktoren, die das Gewicht der Absichten der Akteure bei weitem übersteigen und die Lösung des Problems befördert haben. Wir bringen uns um die Chance, Art und Rang dieser Faktoren zu erschließen und zu würdigen, weil uns die übliche Definition von Handlung als intentionalem Verhalten mit der einseitigen Vorannahme in bezug auf erklärungsheischende Fragen austattet, es sei jedwede wichtige Frage nach Handlungsgründen eine Frage nach dem Vorhaben des jeweiligen Akteurs.[134]

Was als gute Erklärung einer Forscherhandlung hingeht, hängt davon ab, welche erklärungsheischende Frage wir stellen. Wenn wir im Sinne der Ausgangspostulate von einer Forschungstheorie eine kontrastive Erklärung verlangen, fragen wir *nicht*, wie es der oben angeführten Manier entspräche, einfach danach, warum ein Wissenschaftler ein Gerät benutzt, sich für eine Theorie entscheidet oder an einem Problem arbeitet. Die Antworten wären von der oben angegebenen Qualität und für das Verständnis fortschreitender wissenschaftlicher Forschung von geringem Belang. Forschungstheoretisch sinnvolle, erklärungsfordernde Fragen fallen so aus: »Warum hat man im Labor *L* bei der Arbeit mit dem Gerät *G* weniger Erfolg als ohne dieses Gerät?« – »Warum hat sich Forscher *A* für eine unfruchtbare Theorie entschieden, *B* für eine fruchtbare?« »Warum hat Mathematiker *B* das Problem *P* gelöst, *A* aber nicht?« Usw. Hinweise auf die Motive der Akteure geben hierüber keine auch näherungsweise befriedigende Auskunft. Forschungstheoretisch einschlägige Erkundungen dieser Sorte beziehen sich direkt auf eine Vergleichsinstanz, aber dies ist nicht zwingend. Z.B. können wir uns dafür interessieren, wie es möglich war, daß *B* das Problem *XY* gelöst hat. Hier steckt der Vergleich in einer unausgesprochenen Erwägung, wonach es sich um eine anspruchsvolle Aufgabenstellung gehandelt haben muß.[135] Der Mangel der Laborstudien und zugleich der Grund für die Schwäche der bekannten Gegenentwürfe liegt darin, daß die Erklärung von Forscherhandeln sich nach demselben Muster richten soll, dem wir im Alltag vernünftigerweise folgen, wenn wir etwa danach fragen, warum jemand ein Fenster schließt oder im Supermarkt einkauft. Unter gewöhnlichen Umständen wird niemand auf letztere Fragen mit der Feststellung antworten, der Betreffende könne bemerkenswert gut einkaufen oder bestens Fenster verriegeln. Bestimmte Weisen, Handlungen zu beschreiben, fordern zu bestimmten Erklärungsbemühungen auf. Es sind nicht beliebige, sondern ausdrücklich oder implizit kontrastive Handlungsbeschreibungen, die solche Erklärungsaufgaben stellen, in denen es beispielsweise – um Helmholtz' oben zitierte Formulierung aufzunehmen – darum geht, warum Hertz auf Feldern, auf denen sich »viele von den begabtesten seiner Fachkollegen vergebens bemüht haben«, erfolgreich war.[136]

Die Antworten führen zu forschungstheoretisch ergiebigeren Begründungen wie etwa: Forscher *A* habe sich für die bessere Theorie entschieden, weil er besser informiert, vorausschauender oder sonstwie besser disponiert gewesen sei. Mit dem Apparat *G* habe man im Labor weniger Erfolg, weil *G* sehr störungsanfällig sei – was auf das Desiderat einer reliabilistischen Apparatetheorie verweist. Mathematiker *B* habe das Problem gelöst, weil er kreativer, besser ausgebildet oder sonstwie gegenüber anderen Mathematikern bevorzugt gewesen sei – oder es habe daran gelegen, daß ihm mehr Zeit zur Verfügung gestanden habe. Man sieht leicht, daß erfolgsbezogene Erklärungen diverse Determinanten integrieren, von denen persönliche Qualitäten einen wichtigen Teil bilden. Zu den Addenda gehören situative äußere Bedingungen sowie jene kognitiven Voraussetzungen, die in eine präzise Absicht eingehen, auf bestimmte Weise zu handeln.

Verschaffen wir uns einen Überblick über die Verhältnisse, indem wir das früher vorgestellte Schema *TS* um das bisher Berührte erweiteren, d. h. die eventuelle Divergenz der Motive sowie weitere Handlungsdeterminanten bedenken. *TS** könnte so aussehen:

(i) *A* strebt *Y*, *B* strebt *Z* an.
(ii) *A* besitzt die Qualität *Q*, *B* besitzt *Q* nicht.
(iii) *A* glaubt aufgrund von *R*, daß die Handlung *H* ein (das beste) Mittel für die Erlangung von *Y* ist, und *B* glaubt aufgrund von *S*, daß *H* ein (das beste) Mittel für die Erlangung von *Z* ist.[137]
(iv) *Q* ist funktional für die Durchführung von *H*.[138]
(v) *H* ist funktional für die Erlangung von *Y* und *Z*.
(vi) K_1 ... K_n sind die von *A und B* bei der Durchführung von *H* zu erfüllenden Bedingungen.

Ergo wird plausibel:[139]

(vii) *A* führt mit höherer Wahrscheinlichkeit als *B H* aus und erlangt mit höherer Wahrscheinlichkeit *Y* als *B Z*.

Mit *(i)* und *(iii)* wird eine gemeinsame *Handlungsabsicht* der Akteure *A* und *B* konstitituiert,[140] die zumindest den Versuch, *H* zu vollziehen, bewirkt. $K_1 \dots K_n$ könnten Handlungsdeterminanten wie Zeitnot, Wahrnehmungserfordernisse, die Verfügbarkeit von Apparaten oder das mathematische Anforderungsprofil einer Aufgabenstellung sein. *R* und *S* seien Gründe, die Kalkulationen der Zweckmäßigkeit von *H* erlauben, wobei divergente epistemische Voraussetzungen in erster Betrachtung unberücksichtigt bleiben. Wir werden unten darauf zurückkommen. Die Funktion einer Forschertugend *Q* besteht ersichtlich darin, einer sich aus $K_1 \dots K_n$ ergebenden Forderung zu entsprechen, also beispielsweise unter Zeitdruck arbeiten zu können, mit bestimmten Geräten angemessen arbeiten zu können u. ä. m.[141] Betrachten wir zur Illustration den simplen Fall, daß die erfolgreiche Durchführung einer mikroskopischen Untersuchung ein gutes Sehvermögen erfordert. Wenn *A* darüber verfügt, *B* aber nicht, ist zu erwarten, daß die Handlung nur *A* gelingt. Bei der Erklärung des entsprechenden Vorganges stellt sich der Zusammenhang so dar, daß der intakte Gesichtssinn von *A* – falls alle anderen Umstände gleich sind – die *beste Erklärung* für die erfolgreiche Aktion liefert. Normativ gewendet, ist es plausibel zu postulieren, daß jemand, der eine entsprechenden Untersuchung durchführt, hinreichend gut sehen kann. Damit ist die *erste* wesentliche Funktion von Tugendbegriffen in Verbindung mit der Erklärung von Forschungshandlungen umrissen:[142]

(1) *Forschertugenden sind beste Erklärungsgründe dafür, daß es möglich ist, in ihrer Durchführung an bestimmte individuelle Voraussetzungen geknüpfte Forscherhandlungen zu vollziehen.*

Entsprechende Tugendzuschreibungen sind wahre oder falsche, auf jeden Fall *passende* Antworten auf einschlägige erklärungsheischende Fragen einer fortschrittsbezogenen Wissenschaftstheorie, wohingegen Motivangaben keine guten Gründe für erfolgreiches Forschungshandeln bereitstellen. Wenn wir mit Mertons Vorstellung der ›Uneigennützigkeit‹ annehmen, daß Forscher allgemein an der Norm orientiert sind, ihre Ergebnisse nicht des persönlichen Vorteils wegen zu verfälschen, ist damit noch lange nicht erklärt, warum jemand in eine heiklen Situation *befähigt* ist, um dieser hehren Norm wegen Nachteile in Kauf zu nehmen. Das forschungsmoralisch Beeindruckende einer Gestalt wie Kepler liegt nicht darin, daß er wie jeder beliebige andere Forscher seiner Epoche – sei er Aristoteliker, Platoniker oder auch traditionskritischer Baconist – einem Wahrheitsideal anhing und dagegen war, dies aus Opportunitätsgründen zu opfern, sondern darin, daß er eben dieses Ideal auch unter denkbar schwierigen Umständen aufrecht zu erhalten *vermochte*.[143]

Dem Einblick in die zweite Funktion von Forschertugenden nähern wir uns, wenn wir die Gründe *R* und *S* untersuchen, die dafür ausschlagend sind, daß *A* und *B* eine Forschungshandlung *H* für ein adäquates Mittel zur Realisierung ihrer Zielsetzungen *Y* und *Z* halten. *R* und *S* sind zu denken als Resultate von Erwägungen auf der Grundlage von Überzeugungen im Rahmen einer Rationalitätsnorm. Bei unterschiedlichen Voraussetzungen könnte *A* eine Handlung *H*, *B* hingegen eine andere Handlung *I* als zweckrational favorisieren. Eine in diesem Kontext basale Tugend, deren Vorhandensein oder Fehlen einen extremen Kontrast herstellte, wäre die Fähigkeit, *überhaupt* Einschätzungen auf der Grundlage von *R* oder *S* vorzunehmen, also zweckrational zu handeln. Sie wird in handlungserklärenden Schemata vorausgesetzt,[144] differiert aber de facto von Individuum zu Individuum, und die Attraktivität jeglicher Lotterie beruht wesentlich darauf, daß Menschen nicht schlechthin als rational kalkulierende Wesen anzusehen sind. Eine brisante Forschungshandlung wie die Entscheidung für oder gegen eine Theorie läßt sich entgegen den Hoffnungen vieler Methodologen realiter nicht einmal vollständig überblicken, geschweige denn mit Gültigkeit als vernünftig ausweisen.[145] Wir sind hier an der richtigen Stelle, um nach der oben kritisierten ›Motivfixierung‹ eine mächtige andere Einstellung in Frage zu stellen, die man als ›Rationalitätsfixierung‹ der Interpretation wissenschaftlicher Handlungen bezeichnen kann. Gewöhnliche Rationalitätskonzepte beruhen darauf, daß man faktisches oder ideales Handeln daraufhin befragt, inwiefern eine für sich genommen legitime Argumentation sie rechtfertigt. Absolute Vernunftvorstellungen gehen darüber hinaus und beziehen sich auf die Rationalität des Einsatzes solcher Argumentationen und damit letztlich auf die dahinter stehenden allgemeinen Motive selbst. Ihre Bedeutung für die Erläuterung einzelner wissenschaftlicher Handlungen hängt aber von dem Umfang ab, in dem der übergeordnete Motivzusammenhang ›durchschlägt‹, was indes angesichts der oben dargelegten losen Verbindung zwischen zu erklärenden Handlungen und näherliegenden Motiven nicht anzunehmen ist. Das *erste* Glied der Motivkette hakt sich nicht fest, so daß die folgenden erst recht unangebunden bleiben.

Instrumentell vernünftig handelt in einer Entscheidungssituation, wer in Kenntnisnahme der ihm präsenten Optionen eine korrekte Entscheidungsregel benutzt. Worin diese argumentationsleitende Norm besteht, wird sehr verschieden gesehen und ist unter den Verfechtern konkurrierender Modelle umstritten, was aber hier nicht weiter erörtert werden muß. Sowohl *A* als auch *B* würden sich demnach – vorausgesetzt, *R* und *S* genügten einer anerkannten Rationalitätsnorm – bei ihrer Präferenz für *H* rational verhalten. Nun ist vernünftiges Verhalten in der Forschung auch dann, wenn es konkret nur näherungsweise realisiert werden kann, gewiß eine wünschenswerte Angelegenheit. Aber bestentfaltete Rationalität ist für sich betrachtet bei weitem zu wenig, um Forschungshandeln zweifelsfrei mit wissenschaftlichem Fortschritt zu zu verknüpfen.

Kommen wir, um die – lückenfüllende – zweite Rolle der Tugend zu bestimmen, noch einmal auf die Mathematiker und ihr Problem zurück: Angenommen, es gäbe drei Strategien, um das vor ihnen stehende mathematische Problem zu behandeln, und die drei Forscher wären nur mit den beiden schlechteren davon vertraut.[146] Die schlechtinformierten Mathematiker träfen eine zweckrationale Entscheidung, wenn sie von den beiden schlechteren die bessere wählten. Aber sie verhielten sich zugleich *suboptimal*. Ihre Entscheidung bzw. das daraus entspringende mathematische Vorgehen hätte an Güte gewonnen, wenn sie die bessere Alternative gekannt hätten. Die *Tugend* einer überlegenen fachlichen Kompetenz hätte dazu geführt, daß aus vernünftigen Erwägungen eine *optimale* Entscheidung erwachsen wäre. Analog verhielte es sich bei der Auswahl optischer Alternativen und anderen einschlägigen Hinsichten. Was das Feld der Theoriewahl angeht, so ist klar, daß erst die Tugend des Sich-Auskennens mit den wichtigsten theoretischen Alternativen aus rationalen Entscheidungen unter dem Aspekt des wissenschaftlichen Fortschritts relevante Maßnahmen macht.[147] Mehr noch: die *Möglichkeit rationalen Entscheidens selbst* ist daran gebunden, daß der Entscheidende entsprechend disponiert ist, d. h. mit einer Entscheidungsnorm vertraut ist. Dieses Vertrautsein – der Begriff wird noch als spezifischer Wissensbegriff geschärft werden (Kapitel 3.5) – entspringt keineswegs den Absichten des Handelnden. Der Wunsch, eine Sache zu kennen, bringt noch nicht weiter. Kenntnisse werden vielmehr durch spezifische Lernvorgänge *erzeugt* – was auf tieferliegende Zusammenhänge von Gründen und Handlungen verweist, in denen wiederum Tugenden wichtige Faktoren sind. Dies ist ein weiterer Hinweis auf die Unzulänglichkeiten der Motivfixierung, aber auch auf die Unvollständigkeit der Ausrichtung an Rationalität.

Jede zweckrationale Entscheidung zwischen Handlungsalternativen bedarf der *Optimierung* durch Fähigkeiten,[148] deren bemerkenswertes Eigengewicht in der üblichen Berücksichtigung in der doxastischen Prämisse praktischer Schlüsse nicht zur Darstellung kommt. Im Falle wissenschaftlicher Forschung geht es zuvorderst um fachliche Kompetenzen im Sinne des Wissens um Theorien, empirische Tatbestände, Verfahrensweisen usw. Wer sich angesichts von vier Optionen subrational für die zweitbeste entscheidet, trägt eher zum wissenschaftlichen Fortschritt bei als jemand, der nur zwei kennt und rational, aber suboptimal, der besten von beiden den Vorrang gibt. Damit kommen wir auf mögliche unterschiedliche Voraussetzungen von *A* und *B* bei der Entwicklung einer klar umrissenen Absicht zurück, z. B. der, es mit einem bestimmten mathematischen Verfahren zu versuchen. Wenn der von *A* und *B* angestrebte Zweck die Entwicklung eines bestimmten Handlungsvorsatzes H_v (etwa desjenigen, eine im spezifischen Fall erfolgversprechende mathematische Lösungsstrategie zu realisieren) ist, läßt sich die Aussage darüber als Ausgangsprämisse *(i)* in ein Schema des Typs *TS** einsetzen. H_I ist in einer Motivhierarchie weit unterhalb des ›Allgemeinmenschlichen‹ angesiedelt, bzw. ließe sich den unterschiedlichsten allgemeinen Zwecksetzungen zuordnen. H_v entwickeln zu können, ist bereits eine erfolgreiche Handlung, und es ergibt sich dann in der weiteren Entfaltung in *TS** plausibel, daß *ceteris paribus A* eher als *B* zu H_v gelangt, falls *A* über Qualitäten verfügt, die *B* nicht hat. Es gilt in Ergänzung zu (1):

(2) *Forschertugenden sind beste Erklärungsgründe für die Möglichkeit, einen rationalen und optimierten Handlungsvorsatz zu entwickeln.*

Die Bestimmungen (1) und (2) beschreiben verwickelte Verhältnisse von Tugenden und Forscherhandlungen. Eine fortschrittsbegünstigende wissenschaftliche Handlung verdankt sich dem Tugendanteil am Zustandekommen der Handlung und der letztere ausrichtenden Handlungsabsicht, die selbst wiederum ihre personalen Bedingungen hat, bzw. deren Entwicklung eine erklärungsbedürftige erfolgreiche Handlung darstellt. Hinter erfolgreichen Forscherhandlungen verbergen sich demnach nicht lediglich irgendwelche jeweils zuzuordnenden Intentionen, sondern ein sehr komplexes Zusammenspiel verschiedener ermöglichender und lenkender Faktoren. Was als Erfolg zählt, stellt sich kontrastiv dar, simultan im Vergleich mit anderen Handlungen, sukzessiv als Fortschrittsfolge, wobei die konkurrierenden Interpretamente von Realisten und Instrumentalisten ihren Ansatzpunkt finden. Solche im Blick auf wissenschaftlichen Fortschritt erfolgreichen Handlungen sind die Vermeidung von Täuschungen und Selbsttäuschungen, die Einschränkung von kontingenten Umständen, die Ausbildung fruchtbarer Hypothesen usw. Sie sind unabhängig davon, ob ein Akteur selbst darüber Auskunft geben, sie selbst *be*gründen kann, als tugendbestimmte Aktionen wohl-*ge*-gründet, nämlich in den Kompetenzen des Akteurs. Der Begriff der optimierten Rationalität bzw. *Wohlgegründetheit* von Handlungen wird uns entscheidend weiterhelfen, wenn es darum geht, den weißen Fleck reliabilistischer Argumentationen, nämlich den Umgang mit epistemisch nicht hinreichend gerechtfertigten Auffassungen, auszumalen (Kapitel 4.6)

Welcher Tugendfaktor im Blick auf die Erhellung des Forschungszusammenhanges besonderes Augenmerk verdient, ist durch die Herleitung bzw. Kommentierung von (1) und (2) bereits vorweggenommen worden: *Wissen* in den verschiedensten Einbettungen und im Zusammenwirken mit anderen Größen ist der alles überragende Faktor des erfolgreichen Forscherhandelns. Es trägt sowohl zur Ausbildung optimierter Handlungsvorsätze als auch zu deren erfolgreicher Realisierung wesentlich bei. Allerdings hat die Vorzugsstellung vorhandenen Wissens in der gewöhnlichen wissenschaftstheoretischen Einstellung keine Entsprechung. Im Gegenteil: sie muß gegenüber der üblichen Annahme, wonach Wissen im Forschungszusammenhang, wenn überhaupt, dann auf lange Sicht erst *gewonnen* wird, sogar stark irritieren.

3 Forscherwissen

3.1 ›Wissenschaftliches Wissen‹ und ›Forscherwissen‹

Oben wurde dargelegt, daß Tugenden gute Erklärungsgründe für anerkennenswertes Handeln abgeben. In diesem Zusammenhang haben wir unreflektiert von einem Wissensbegriff Gebrauch gemacht, der sich mit der Vorstellung von individuellem Agieren verträgt. Wissen ist der wichtigste Erklärungsgrund erfolgreichen Forscherhandelns, ein Zusammenhang, der im 4. Kapitel genauer auszuweisen sein wird. Zuvor gilt es, den Begriff des Wissens selbst als Kompetenzbegriff zu sichern, und zwar auf eine andere Weise als es zuweilen bereits geschieht. Wenig kümmern muß uns die gängige handlungsbezogene Vorstellung vom Wissen als einem praktischen *Können*. Auch wissenschaftliches Können umfaßt Fähigkeiten, die sich – soweit sie stabile Dispositionen sind – als Tugenden begreifen lassen, und das ›implizite‹ Wissen des Experimentators beispielsweise bündelt dessen praktische Kompetenzen. Aber Wissenschaft geht nicht in halb- oder gar unbewußten Kniffen auf, wenngleich deren Bedeutung im Kontext wissenssichernder Praktiken, speziell im Beobachtungs- und Experimentierwesen, nicht gering geschätzt werden sollte. Mit der Ausrichtung an praktischen Fertigkeiten – und seien sie noch so nützlich – wird Wissenschaft in ihren weitaus imposanteren ›expliziten‹ Zügen verfehlt. Wenn wir etwa davon sprechen, daß eine zutreffende Beobachtung empirisches Wissen schafft und eine weitausgreifende Gesetzesaussage Wissen wiedergibt, meinen wir kein ›Gewußt-Wie‹, sondern ein ›*Wissen-Daß*‹. In der Folge wird versucht, die Ausrichtung an Wissen in diesem Sinne gegenüber widerstrebenden Auffassungen zu verteidigen und zu schärfen. Darauf bauend können im nächsten Schritt die Verbindungen zu den Ideen einer tugendhaften Einführung des Neuen und eines tugendbestimmten wissenschaftlichen Fortschritts hergestellt werden.

Die Verteidigung einer der Konzeption der Forschertugend angemessenen Wissensvorstellung ist eine Aufgabe, die sich nicht im Anschluß an gängige wissenschaftstheoretische Auffassungen lösen läßt. Es wird vielmehr deutlich werden, daß erst die Auflösung gewohnter Verhältnissetzungen zwischen Forschung und Wissen die Tugendperspektive endgültig öffnet. Die Frage nach Wissen bzw. Erkenntnis ist das ewige Thema der Erkenntnistheorie, und es erscheint angesichts der Fülle alter und neuer Konzeptionen sowie der Verzweigtheit der Diskussion verständlich, wenn viele wissenschaftstheoretische Beiträge in diesem Punkt nicht explizit werden. Manche belegen eine bemerkenswerte Bindungslosigkeit, wenn nicht gar Gedankenlosigkeit in bezug auf erkenntnistheoretische Vorgaben.[1] Und wiederum andere bezeugen die Einstellung, es müßte radikal mit erkenntnistheoretischen Traditionen gebrochen werden, um Wissenschaftsreflexion mit einer grundsätzlichen Auffassung von Wissen rahmen zu können.[2] Solche Haltungen verweisen darauf, daß sich herkömmliches philosophisches Nachdenken über Wissen gerade dann eigentümlich wirkungsarm ausnimmt, wenn es sich auf das Feld bezieht, wo die meisten Autoren des erkenntnistheoretischen Kanons, Descartes, Locke oder Kant, es lokalisierten. »Current philosophy of science takes place in a context in which science is hugely successful and has become arguably the most prestigious of all forms of knowledge«[3], heißt es in einem jüngst erschienenen *Companion to the Philosophy of Science.* Wer darin allerdings näheren Aufschluß über diese eindrucksvoll herausgestellte Wissensform sucht, findet nicht mehr als einige unerläuterte Verwendungen des Wissensbegriffs, und zwar in Verbindung mit Lockes Descartes-Kritik[4] und den Fertigkeiten großer Experimentalwissenschaftler[5].

Das geläufigste Indiz des merkwürdigen wissenschaftstheoretischen Umgangs mit dem Wissensbegriff ist der einschlägige englische Standardausdruck ›scientific knowledge‹. Er bezeichnet einen Sachverhalt, von dem die meisten, die ihn benutzen, umgehend beteuern, daß es dabei näher betrachtet keineswegs darum gehe, ob jemand etwas wisse. Es bestehe zum einen kein nennenswertes Interesse an faktischen Auffassungen realer *Personen*, und es lasse sich zum anderen vertretbarerweise ohnehin nur über mehr oder minder gerechtfertigte *Überzeugungen* sprechen. Man denke etwa an die skrupulöse Wiederbesinnung auf den Begriff des Überzeugungsgrades durch Bruno de Finetti Ende der 30 Jahre, der den Eckstein der bayesianischen Bestätigungstheorie bildet. De Finettis Konzeption hat energischen Widerspruch und bei den Protagonisten aufwendige Versuche mit sich gebracht, eine derartige ›subjektive‹ Komponente so zu interpretieren, daß persönliches Überzeugtsein – nach herkömmlichem Verständnis eine Komponente von Wissen – irrelevant erscheint.[6] In der wissenschaftshistorischen Umsetzung läuft dies beispielsweise darauf hinaus, dasjenige, was man in gewöhnlicher Beschreibung als das Wissen Keplers oder Einsteins auffassen würde, in der Konstruktion eines zeittypischen (konsensgestützten) Überzeugungsgrades aufgehen zu lassen, der die Anfangswahrscheinlichkeit für die bayesianische Bewertung einer Hypothese liefern soll.[7] Es nimmt sich beispielsweise Abraham Pais' ebenso simple wie klare Themensetzung »Was Einstein wußte«[8] vor dem Hintergrund solcher Konzeptionen wie eine Kuriosität aus.

Wenden wir uns wieder dem begrifflichen Signal wissenschaftstheoretischer Entpersonalisierung zu, dem Ausdruck ›scientific knowledge‹, wobei die geringe Geläufigkeit der deutschen Entsprechung ›(natur)wissenschaftliches Wissen‹ lediglich am wortbildnerischen Selbstbezug liegen mag.[9] Eine solche Wortfügung verrät nichts darüber, welcher *Instanz* innerhalb des vielgestaltigen Unternehmens Wissenschaft der Besitz von Wissen zugedacht wird. Das ist nicht von vornherein ein Makel. Die Verbindung von Wissen mit dem – zumindest prima facie – unpersönlichen Attribut hat den Vorzug, den öffentlichen, ›objektiven‹ Charakter der Sache zu betonen, zugleich aber den Nachteil, das mit dem Gebrauch des Wissensbegriffs gesetzte Problem zu verdecken. Immerhin ist ›wissen‹ ein Verb mit zwei Valenzen: Grammatisch wird unterstellt, daß es erstens *jemand*, vorzugsweise diesen und jenen Menschen, gibt, und dieser, zweitens, *etwas* weiß. Mit den grammatischen Verhältnissen korrespondiert eine Reihe von gewöhnlichen Erwartungen, vor allem daß Forscher nicht einfach beliebige Leute sind, die sich aus einem externen Fundus bedienen, sondern Menschen mit bestimmter Qualifikation, die kraft ihrer persönlichen Kompetenzen etwas wissen.[10] Und wissenschaftlicher Fortschritt setzt demgemäß voraus, daß Menschen von anderen Menschen etwas lernen. William Whewell veranschaulicht diesen Zusammenhang mit der bekannten Allegorie der Fackel, die von Hand zu Hand weitergegeben wird.[11]

In diesem Motiv steckt als Selbstverständlichkeit, daß nicht nur die Gebenden Besitzende (*echontes*) von Wissen sind, sondern auch, daß die Empfangenden hinreichend belehrt sind, um das Feuer weiterzutragen.[12] Die Träger des Wissens haben ihre Lehrzeit, und zwar zu allen Zeiten.[13] Erst nachdem Vincenzo Viviani sich ein Jahr lang gründlich mit der Geometrie befaßt hatte, sei Galilei bereit gewesen, seinen späteren Meisterschüler aufzunehmen, berichtet Fontenelle.[14] Eine der Folgen des Geometriestudiums wird uns später noch beschäftigen (Kapitel 4.5.2.1). In der Moderne wird die Aufgabe der herkömmlichen

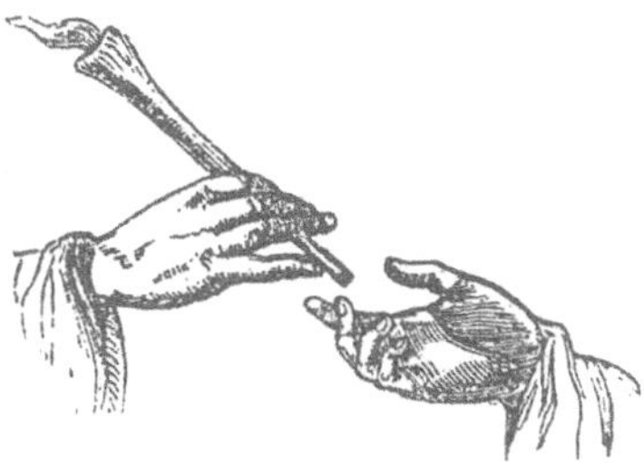

Λαμπάδια ἔχοντες διαδώσουσιν ἀλλήλοις.

Abbildung 4

Forschungsuniversität üblicherweise darin gesehen, zukünftigen Forschern einen epistemisch qualifizierenden Aufstieg in die Zunft zu ermöglichen.

Dieser Umstand stellt angesichts der üblichen Verbindung mit dem personal neutralen Attribut ›wissenschaftlich‹ vor eine Aufgabe: Lernprozesse sind individuelle Vorgänge. Aber wie entsteht daraus bzw. aus den resultierenden individuellen Zuständen etwas wissenschaftlich Allgemeines, etwas, das ›als gelernt‹ unterstellt werden kann, und somit eine Angelegenheit, über die man plausibel so sprechen kann, als ob es auf den einzelnen Wissenden gar nicht ankäme? Ich werde diese Frage genauer fassen und darauf eine Antwort geben. Allerdings existiert zu einer solchen Fragestellung ein gedanklicher Gegenzug, den man ungefähr so wiedergeben kann: Das gestellte Problem sei irreführend formuliert. Was wir vor uns hätten, seien Tatbestände unter der Beschreibung ›*A* weiß, daß *p*‹ oder schwächer ›*A* ist von *p* überzeugt‹. Ein handhabbarer Begriff des wissenschaftlichen Wissens umfaßte demgemäß nichts anderes als eine Menge von Propositionen $p_1 \ldots p_n$, die wir logisch, methodologisch oder sonstwie untersuchen könnten. Ein beträchtliches Stück der Wissenschaftstheorie unseres Jahrhunderts beruht auf der Vorstellung, daß nichts wichtiges verlorengeht, wenn man statt über die Überzeugung (sei es eine bloßer oder ein wahrer, gerechtfertigter Glaube im Sinne von Wissen) eines Forschers, eine Theorie *T* stehe zu einem Datum *d* im Verhältnis *V*, nurmehr über das Verhältnis *V(T,d)* selbst spricht.[15]

Daß hierbei wesentliches aus dem Blick gerät, wird umgehend klar, wenn man die bekannten Schwierigkeiten bedenkt, in welche die grobe propositionale Betrachtung hineinführt. Man erinnere sich an Freges Abend- und Morgenstern oder an Kripkes London-Beispiel, die deutlich vor Augen führen, daß ›interne‹ Verhältnisse sehr wohl eine Rolle spielen. Angenommen, irgendein *q* ist identisch mit irgendeinem *r*, dann wäre ›*A* weiß, daß *q=r*‹, gleichbedeutend mit ›A weiß, daß *q=q*‹. Um es am Beispiel und noch entschiedener zu sagen: Zu wissen hingegen, daß Hesperos Hesperos ist, stellt eine Tautologie dar; zu wissen, daß Hesperos Phosphoros ist, verweist auf ein paar Jahrhunderte der Venus-Beobachtung und ist für eine wissenschaftstheoretische Betrachtung durchaus nicht ohne Belang. Es gibt vor und nach Frege zahlreiche Überlegungen zur Intension von Aussagen und des weiteren zu einer besonderen internen Dimension eines sog. ›engen‹ semantischen Gehaltes, die uns im weiteren noch begegnen wird. Frege lokalisiert semantische Bezüge in einer eigenen Welt und schneidet sie von den jeweiligen Bewußtseinszuständen einzelner Menschen ab, räumt aber bereits in *Über Sinn und Bedeutung* ein, daß bezeichnende Ausdrücke in einschlägigen Sätzen des Typs ›X meint ...‹ nicht ihre gewöhnliche Referenz und ihren gewöhnlichen Sinn hätten. Arbeiten wie Putnams *The Meaning of ›Meaning‹* haben später nachhaltig in Erinnerung gerufen, daß Intensionen nicht von Kontexten bzw. von Verbindungen zwischen Menschen und ihren ›weltlichen‹ Umgebungen zu trennen sind. Von hier aus ist es nurmehr ein kleiner Schritt zur Einbettung in spezifische Situationen und der Berücksichtigung von menschlichen Einstellungen, d. h. von Relationen zu Situationen, die Menschen einnehmen, wenn sie wissen, glauben, bezweifeln, behaupten usw.[16]

Dies festzustellen, verweist nicht zwingend auf eine Tugendorientierung, fügt sich aber zwanglos darin ein. Die oben umrissene Verbindung von Wissen mit individuellem Forscherhandeln und im nächsten Schritt von den dieses Handeln motivierenden Dispositionen (Tugenden) legt es umgekehrt nahe, das Problem nicht von einer Idee wissenschaftlichen Wissens schlechthin, sondern von den forschenden Individuen her zu entfalten. Zu einer Behauptung gewendet, besagt dies: *Wissenschaftliches Wissen* ist nichts anderes als das *Wissen von Forschern.* Es ist, breiter beschrieben, auf eine im Laufe der folgenden Erörterung zu klärende Weise mit einem legitimen Objektivitätsanspruch verbundenes Wissen der *Beteiligten* am Wissenschaftsprozeß (was u. a. etwa Lehrbuchautoren und andere Vermittler wie auf der Rezipientenseite hinreichend ›Belehrte‹ einschließt).[17] Formulierungen wie ›Wissen der Menschheit‹, ›Wissen des 20 Jahrhunderts‹ usw. sind demzufolge als rhetorische Hyperbeln anzusehen. In der Vorstellung von wissenschaftlichem Wissen als Forscherwissen stecken verschiedene Einzelthesen und Kritiken von Gegenpositionen, die im weiteren ausgewiesen werden müssen, was freilich nur in einem, allgemeinphilosophisch betrachtet, bescheidenen Umfang zu leisten ist.

Wir könnten grundsätzlich, wie es in den meisten wissenschaftstheoretischen Formulierungen geschieht und oben schon am bayesianischen Beispiel angedeutet wurde, auch verhältnismäßig anspruchslose epistemische Zustände unter den Titel ›Wissen‹ bringen. Die Behauptung wäre kaum zu halten, daß in jedem Fall so etwas wie wahre gerechtfertigte Überzeugungen gemeint sind, wenn Forscher selbst oder Forschungsbetrachter den Wissensbegriff verwenden. Das ist keine Sache der kritischen Reflexion allein. Nicht selten wird der Gebrauch des Begriffs selbst schon mit dem einschränkender Attribute verbunden.[18] Vielfach gilt als Wissen zunächst einmal schlicht dasjenige, was zu einem bestimmten Zeitpunkt nach dem jeweiligen Lehrbuchstandard (›Wissensstand‹) aus guten oder weniger guten Gründen anerkannt ist. Und Formulierungen wie ›veraltetes Wissen‹ weiten den Begriff in dem Sinne, daß hierunter auch solche Überzeugungen gefaßt werden, für deren Korrektheit es zu einem früheren Zeitpunkt und in anderen Kontexten einmal gute Gründe gegeben hat. Daß Erkenntnistheoretiker für gewöhnlich eher den Gegenkurs verfolgen und dahin tendieren, die Anwendung des Wissensbegriffs auf Fälle einzuschränken, in denen – entsprechend einem philosophisch gesetzten Standard – garantierende Bedingungen erfüllt sind,[19] zeigt allerdings eine auffällige Unverbundenheit der Beschreibungslinien an. Was die Wissenschaftstheorie angeht, bestehen die konkreten Formen der oben angedeuteten epistemischen ›Bescheidung‹ darin, daß je nach den spezifischen methodologischen Vorlieben Abschwächungen im Blick auf bewährte, bestätigte bzw. wahrscheinliche oder sonstwie privilegierte Überzeugungen vorgenommen werden.

Die personalistische Sichtweise könnte methodologische Antithetik weithin unberührt lassen bzw. sich in verschiedene methodologische Konzeptionen einbetten. Z.B. setzen Bestätigungskonzeptionen genauso wie ihre falsifikationistischen Gegenstücke stillschweigend voraus, daß die jeweils geforderten Operationen sachgerecht vollzogen werden bzw. methodisches Arbeiten als Teil einer verläßlichen Geschichte realisiert wird. Es sei denn auch in unserem Rahmen dahingestellt, ob Forscher beispielsweise Bayesianer oder Falsifikationisten sein sollten – aber, was schlampige Falsifikationisten oder Konfirmationisten anrichteten, kann man sich leicht ausmalen. Weniger flapsig ausgedrückt: Keine logische bzw. methodologische Regel *R*, die irgendeine Hypothese *H* mit irgendeiner Evidenz *e* verknüpft, rechtfertigt *für sich* genommen den Glauben eines Forschers an *H*.[20] Ein entsprechende Überzeugung weist sich – die Gesichertheit von *R* und *e* vorausgesetzt – aus, insofern ein Forscher *R*, *H* und *e* kennt, versteht, sorgsam beachtet und die Verhältnissetzung vornimmt. Denken wir einen einfachen arithmetischen Algorithmus und stellen uns vor, Calculo, ein Möchtegern-Rechner, würde gerne die Quadratwurzel aus 144 ziehen, hätte aber in der Schule nicht aufgepaßt, keine Ahnung, wie er dies anstellen sollte, und schnappte irgendwoher die Zahl 12 auf, woraufhin er strahlend das Ergebnis verkündete. Hätte er in diesem Fall Wissen belegt? Wohl kaum. Das Vorhandensein einer gesicherten Regel reicht nicht einmal in Verbindung mit einem korrekten Resultat aus, einem Menschen Wissen zuzubilligen.

Allerdings werden wir sehen, daß diese Neutralität gegenüber methodologischen Vorschriften nicht ohne weiteres gegenüber den damit bevorzugt verbundenen Forschungsinterpretationen gilt. Damit ist auch bereits angedeutet, daß eine lockere Sprachregelung zwar für eine isoliert vertretene, diametral ansetzende Tugendorientierung genügte, uns aber zugleich um die Chance brächte, die begleitende Erkenntnistheorie, den Reliabilismus, näher an die wissenschaftstheoretische Argumentation heranzuführen.[21] Wenn alles als Wissen angesehen werden soll, das irgendwie einen kognitiven Wert besitzt, haben wir nur die Kehrseite jener erkenntnistheoretischen Rigidität, die nichts als Wissen durchgehen läßt, zu dem sich auch nur die spitzfindigste Infragestellung konstruieren läßt.[22]

Ich plädiere nicht für einen ohnehin nur diffus gegebenen Mittelweg, sondern für eine – bezogen auf absolutistische Ansprüche – ›schwache‹ epistemische Rechtfertigung,[23] die nichtsdestoweniger eine vergleichsweise ›starke‹ Einschränkung des Wissensbegriffs vorsieht, die z. B. früher vorliegende gute Gründe für einen Wissensanspruch nicht ohne weiteres anerkennt. Auch an wie auch immer zu präzisierende wahrscheinliche Überzeugungen ist im Blick auf die Anwendung des Wissensbegriffs erst nachrangig gedacht. Nicht weil wahrscheinlich zutreffende Meinungen um jeden Preis ausgeschlossen werden sollten, sondern um zu unterstreichen, daß die Reichweite eines auf Wahrheit bezogenen Wissensbegriffs beträchtlich ist.

Zur Bestimmung von ›Forscherwissen‹ und in Anlehnung an althergebrachte philosophische Unterscheidungen ist vorgesehen, unter diesem Ausdruck

(i) *mentale Tatbestände* zu verstehen, und nicht etwa Theorien, logische Zusammenhänge usw., die
(ii) gegenüber anderen Zuständen *epistemisch privilegiert* (wahr) sind.

Wer im Sinne der zweiten Ankündigung argumentiert, bringt sich prima vista in eine schwierige Lage, was die Interpretation der offenkundigen *Veränderungen* wissenschaftlicher Auffassungen angeht. Ich werde darlegen, daß eine solche Problemerwartung auf einer gedanklichen Verwischung beruht, die sich mittels der

(iii) *Unterscheidung von Wissen, bloßem Überzeugtsein und Akzeptieren*

bereinigen läßt.

Punkt (i) läßt sich vergleichsweise unspektakulär als Korrekturvorschlag gegenüber kategorial problematischen Redeweisen angehen: Theorien schlagen keine Konkurrenzschlachten, und wenn sie entstehen oder auch widerlegt, bestätigt, verändert oder sonstwie gehandhabt *werden*, sollte uns die Bequemlichkeit geläufiger elliptischer passivischer Beschreibungen nicht dazu verleiten, solche Geschehnisse tatsächlich für akteurlos zu halten. Forscher entwerfen Theorien, gewinnen Daten, vergleichen, widerlegen, bestätigen usw. Es gibt allerdings Gründe für den verbreiteten amentalen Gebrauch des Begriffs, die bedacht sein wollen und die es zurückzuweisen gilt.

Die Differenzierung (iii) legt eine vielleicht ungewohnte, aber zum Ausgleich eine Reihe von Ungereimheiten aufhebende Deutung der *Rolle des Wissens im Prozeß des wissenschaftlichen Fortschritts* nahe. Wissen findet sich dem hier vorgeschlagenen Ansatz zufolge bevorzugt dort, wo man sich keines methodisch zu behebenden Problems bewußt ist, im Bereich der Anschauung (Kapitel 3.4) und des Vertrautseins (Kapitel 3.5). Das verträgt sich nicht ohne weiteres mit der verbreiteten teleologischen Auffassung, wonach Forschung auf wahre Theorien *zustrebt* und sich nicht etwa davon entfernt. Solche Bewegungen gibt es. Aus ihnen resultieren stabile Verallgemeinerungen über Phänomene sowie unproblematische hypothesenübergreifende Komponenten, die sich umgehend im Bereich des Vertrauten sammeln. Aber ich halte dafür, daß der Konvergenzrealismus im Blick auf die epistemische Rechtfertigungssituation von Forschungs*teilnehmern* in einer anderen, und zwar ihm selbst wichtigen Hinsicht irrelevant ist. Dieser Aspekt ist der des Umgangs mit riskanten Hypothesen, zuweilen verknüpft mit neuartigen Prinzipien und Begriffsangeboten. An mutige Vorschläge zu glauben, mag motivationale Vorteile haben, zur methodischen Rechtfertigung trägt dieses Überzeugtsein nicht bei. Es mag im Gegenteil die kritische Beurteilung stören. Zwar kann sich ergeben, daß ein solcher Vorschlag irgendwann als gesicherte Selbstverständlichkeit, als legitimer Glaube eingestuft wird. Dann mag der Konvergenzrealismus, verbunden mit der Idee der besten Erfolgserklärung, zum Zuge kommen. Aber für die Teilnehmerseite in der Situation *a qua* empfiehlt sich Zurückhaltung, d. h. Forscher sollten hypothetische Überlegungen gut kennen, Wissen hinsichtlich wichtiger Eigenarten haben, und sie nach methodischen Gesichtspunkten annehmen oder verwerfen. Aber von der Wahrheit oder (in instrumentalistischer Betrachtungsweise) von der grundsätzlichen empirischen Angemessenheit einer Hypothese *überzeugt* zu sein, wirkt sich eher störend auf den methodischen Umgang damit aus.

Stärker irritieren allerdings dürfte die Behandlung des Punktes (ii) bzw. die Verknüpfung mit (iii). Wiewohl die Tugendreflexion sich grundsätzlich auch in einen skeptischen Rahmen einpassen läßt und sich unter einigen Aspekten, etwa dem der Theoriewahl, stützend damit verbindet, soll nahegebracht werden, daß es sinnvoll ist, epistemisch gerichtete ›innere‹ Zustände in einem beträchtlichen Teil forschungsinhärenter Fälle als *wahre* und *gerechtfertigte* Überzeugungen zu interpretieren. Danach bewegt sich Forschung, entgegen dem gängigen Bild, keineswegs in einem Meer bloßer Meinungen, von denen einige wenige unter besonders günstigen Voraussetzungen und unter diversen Vorbehalten auf lange Sicht eventuell als wahr auszuzeichnen wären. Selbst ein solches zaghaftes Urteil setzte in den üblichen wissenschaftstheoretischen Kontexten noch eine gehörige Portion Unbekümmertheit gegenüber Dogmatismus-Vorwürfen voraus. Die Dogmatismus-Furcht ist die Reaktion des enttäuschten Deduktivisten: Weil es ›oben‹, in Sonderheit bei den hochstufigen Auffassungen der theoretischen Physiker in diesem Jahrhundert, epistemisch geschwankt hat, soll es ›unten‹ in der Empirie und überhaupt beim forschenden ›Fußvolk‹ erst recht nur bloßes Meinen geben, und von wissenden Experimentierern, Botanikern oder Historikern könnte demnach erst recht keine Rede sein. Nicht zu vergessen: Ausgerechnet die großen theoretischen Physiker des Jahrhunderts, deren intellektuelle Leistungen unser Bild des Forschers maßgeblich bestimmen und an denen sich Wissenschaftstheorie bevorzugt orientiert, geraten in diesem Rahmen epistemologisch zu *Problemfällen.* Einstein, Planck oder Bohr waren aber nicht nur Menschen, die Problematisches *meinten,* sondern Forscher, die imponierend viel *wußten.* Um Abraham Pais' Titel »Was Einstein wußte« noch einmal aufzunehmen: Natürlich *kannte* Einstein bis 1905 bereits die Auffassungen von Hertz und Maxwell, zum Teil diejenigen von Lorentz und *wußte* wohl auch, mehr als er zugab, von denen Poincarés. Aus diesen Anfängen entwickelte sich eine zunehmende Vertrautheit (Kapitel 4.5) mit einer Vielzahl von selbst geschaffenen oder übernommenen theoretischen Möglichkeiten und empirischen Bezügen. Ob er Wissen in dem engen Sinne der teleologischen Perspektive besaß, daß er berechtigterweise von den im weiteren Fortgang der theoretischen Physik erhaltenen Auffassungen überzeugt gewesen wäre, hat im Vergleich damit nur marginale Bedeutung, nicht zu denken an jene Rätsel, die uns bei der Präzisierung dieses Überzeugtseins begegnen.[24]

Die Konsequenz des enttäuschten Deduktivisten ist ein Skeptizismus, der das Kind mit dem Bade ausschüttet. Aus dem berechtigten Hinweis auf die Vielzahl theoretischer Irrtümer folgt nicht, daß es kein Forscherwissen gäbe, sondern lediglich, daß wir uns wissenschaftlichen Fortschritt nicht als Austausch des Glaubens an eine schlechtere Theorie zugunsten des Überzeugtseins von einer besseren vorstellen sollten. *Forscherwissen ist nicht das Überzeugtsein von der richtigen Theorie, den richtigen Prinzipien usw.* Dem könnten auch Autoren wie Popper oder Lakatos zustimmen,[25] insofern sie – im Bruch mit der erkenntnistheoretischen Tradition wie auch der Alltagspsychologie – nur Überzeugtsein als mentalen Tatbestand einstufen, Wissen hingegen nicht. Aber damit ist die Definition des Wissens als wahres gerechtfertigtes Meinen aufgegeben. Es entsteht ein Begriff von Wissen, in dem eine Vorstellung wissender Menschen nicht mitgedacht ist und damit letztlich eine kategoriale Merkwürdigkeit (cognitio incognita). Ich werde das Verhältnis von Wissen und wissenschaftlichem Fortschritt in den Rahmen des tugendbestimmten Handelns (Kapitel 4.6) stellen und anders festlegen, wobei sich zeigen wird, daß das Ernstnehmen des herkömmlichen mentalistischen Wissensbegriffs und der damit verbundenen Standards von Wissen als ›schwach‹ gerechtfertigter wahrer Überzeugung *kumulative* Tendenzen akzentuiert und theoretische Verwerfungen in einem neuen Licht erscheinen läßt.

3.2 Forscherwissen als mentaler Tatbestand

3.2.1 Wissen und Information

Im Zuge seiner Experimente mit der sog. Crookschen Röhre, wie sie auch Conrad Röntgen verwendete (Kapitel 4.5), äußerte Heinrich Hertz die Hoffnung, daß ihm »über die eine oder andere der merkwürdigen Erscheinungen, die sich darbieten, ein Licht aufgehen«[26] werde. Hier wird Einsicht in eine klassische mentalistische Metapher gefaßt. Die Einstufung des Forscherwissens als wesentlich ›innerer‹ Tatbestand kann der bei Hertz wirksamen Alltagspsychologie wie auch den meisten traditionellen Erkenntnislehren folgen. Mit ›wesentlich‹ ist hier im herkömmlichen Sinne gemeint, daß wir nicht von ›Wissen‹ sprechen sollten, wenn menschliche Interna keine Rolle spielen. Damit verbietet sich jedwede Gleichsetzung von ›Wissen‹ mit *Information* (Daß die Erinnerung an die Abkunft von ›Information‹ aus ›in-formare‹ in diesem Punkt in die Gegenrichtung läuft, sei hier ignoriert.[27]). Sie wäre für die tugendorientierte Betrachtung störend und verwischt eine wichtige Differenz: Datenbanken oder Bücher enthalten kein Wissen, sondern *Informationen*, aus denen wir in Abhängigkeit von unseren Fähigkeiten und bereits vorhandenen Kenntnissen (›Vorwissen‹) im Erfolgsfall neues Wissen gewinnen können.[28]

Der Verzicht auf diese Unterscheidung führt zu einer sehr unscharfen Problemwahrnehmung und unsinnigen Konsequenzen. Z.B. begünstigt die geläufige Rede vom für rasant erachteten ›Wissenswachstum‹, dem man auf allen Ebenen – bevorzugt etwa in der Schulausbildung – hechelnd nachstreben müsse, folgenreiche Fehlentscheidungen, bei denen das Problem des Erwerbs übersehen wird.[29] Bedenkt man die Begrenztheit unserer mentalen Möglichkeiten, etwa der Lern- und Erinnerungsfähigkeiten, ist klar, daß rasantes Informationswachstum nicht mit Wissenswachstum ineinsfällt, sondern durchaus mit eklatanten *Problemen der Wissensbildung* verträglich ist und vor Fragen der Auswahl bzw. Entlastung von Informationsangeboten stellt. Zusätzliche Informationen bieten *Wissenden* die Chance, weiteres Wissen zu erwerben.[30] Wissen ist deshalb auch kein bloß aufzuhebendes oder auf einem Markt käufliches »öffentliches Gut«, das der eine produziert und der andere erwirbt.[31] Es ist eine beinahe ironische Konstellation, wenn informationstechnisch versierte Autoren manche Philosophen daran erinnern müssen, daß Informationen erst aufgrund komplexer personaler Verarbeitungsvorgänge zu Überzeugungen bzw. Wissen werden.[32] Informationen sind für sich betrachtet nichtssagende Gegenstände, z. B. Grapheme, die wir wahrnehmen und in den Rahmen unseres Verständnisses stellen können, wobei sich Wissen einstellt. Daß es sich um eine Einbettung in die mentalen Repräsentationen von Individuen handelt, wird beispielsweise daraus ersichtlich, daß niemand einen lateinischen Text oder einen elektrokardiogrammatischen Ausdruck versteht, der nicht *persönlich* einen entsprechenden Lernprozeß durchlaufen hat. Als Boerhaave nach der Übernahme seines medizinischen Lehrstuhls in Leiden weiterhin auch privatissime lehrte, hätten alle Beteiligten davon profitiert, berichtet Fontenelle. Und man wird ihm auch heute gerne beipflichten, wenn er einen solchen unmittelbaren Kontakt für »plus instructif«[33] hält.

Die gegenüber den kostspieligen Verhältnissen des 18. Jahrhunderts erfreulich breite Zugänglichkeit des modernen Wissensaustauschs verdeckt indes nur zu leicht den personalen Charakter des Wissens selbst. Formulierungen wie die vom ›Wissen einer Gesellschaft‹, von ›Wissensmanagement‹ oder von ›Schlüsselqualifikationen‹ für den Umgang mit Informationen, die dem Individuum angeblich mühsames Lernen ersparen können, verdecken die sich aus der Eigenart des Wissens ergebenden Probleme. In vielen wissenschaftlichen Disziplinen wird der zu erklimmende Kompetenzberg immer höher und zugleich die fachliche Vielfalt in den Tälern immer unübersichtlicher. Hier liegt auch der Grund für die Dauerhaftigkeit eines einschlägigen ›Sherpatums‹ bzw. Peer-Wesens. Gerade in ›objektivistisch‹ orientierten Zusammenhängen, etwa bei naturwissenschaftlichen Fachzeitschriften oder Buchreihen, hält man in scheinbarer Paradoxie, aber berechtigterweise an persönlichen Patronen fest – ein Umstand, der umgehend in die Tugenddiskussion hineinführt. Nichtsdestoweniger wird auch höchste Kompetenz der Vorauswahl von informationellen Angeboten zur Wissensbildung das Problem nicht lösen, daß unsere Lern- und Behaltenskapazitäten nicht ausreichen, die anwachsenden Wissensmöglichkeiten ausschöpfend zu realisieren.[34] Aber sie verbessert den Umgang mit den Schwierigkeiten, wenn wir uns als Wesen des sogenannten ›Informationszeitalters‹ auch bei der Wissenschaftsbetrachtung daran erinnern, daß Wissen etwas mit *persönlichen* Möglichkeiten zu tun hat.

3.2.2 ›Weiter‹ und ›enger‹ Gehalt

So einfach die Abgrenzung des Wissens von Informationen ausfällt, so heikel ist eine genauere Bestimmung der entsprechenden Vorgänge bzw. Tatbestände. Die Frage, wovon beispielsweise Hertz eigentlich redet, wenn er ein »Licht aufgehen« sieht, bzw. was ein mentaler Zustand eigentlich ist, hat sich zu einem äußerst breitgespannten Forschungsthema entwickelt,[35] und die meisten präzisierenden Beiträge sind längst jenseits der Grenze angesiedelt, bis zu der man noch einigermaßen übersichtlich wiederzugebende Antworten findet. Bleiben wir bescheiden, was die neuesten Spitzfindigkeiten auf dem Feld der Diskussion des mind/body-Problems und der Deutungen der ›folk psychology‹ angeht. Es sei vor allem betont, daß die hier vertretene ›individualistische‹ Position nicht mit einem rigiden internalistischen Individualismus ineinsläuft. Dieser Auffassung zufolge gibt es keine obligatorische Verknüpfung zwischen den mentalen Zuständen und den körperlichen Tatbeständen und der Umgebung eines Individuums,[36] wobei sich im Hin und Her der Debatte eine Art Zwickmühle andeutet: Einerseits scheint es äußerst plausibel zu sein, daß z. B. Bedeutungszusammenhänge nicht einfach nur in einem einzelnen ›Kopf‹ sind (›enge Gehalte‹),[37] m.a.W. Hertz' ›Licht‹ auch andernorts scheint. Andererseits ist schlecht zu sehen, welche Instanz die von der Gegenseite vermuteten kontextuellen, sogenannten ›weiten Gehalte‹ tragen soll. Die Trägerschaft fällt notgedrungen einer merkwürdigen Chimärengestalt aus Hirn und Umgebung zu.[38] Jedenfalls kommen wir beim Nachvollzug von intentionalen Gegebenheiten nicht daran vorbei, auch bei plausibelsten Angaben über externe ›weite‹ Tatbestände so etwas wie einen irreduziblen ›engen‹ Bereich des Mentalen anzunehmen, auch wenn wir ihn vielleicht nicht anders als eine Art Rest charakterisieren können.[39]

Nun ist Wissenschaftsbetrachtung ohnehin nicht so feingesponnen, auch dann nicht, wenn sie sich auf Psychologie einläßt.[40] Was uns unabhängig vom Ausgang der Diskussion über die Eigenart mentaler Inhalte dazu veranlaßt, so etwas wie ›innere‹ kognitive Sachverhalte bzw. Prozesse zu unterstellen, ist ein Erklärungsbedarf hinsichtlich grober Tatbestände. Wir beziehen uns auf Mentales in Verbindung mit der Erläuterung von *Handlungen*, sprachliche Äußerungen eingeschlossen. Und wenn wir uns zu einer Beschreibung von Forscherhandlungen des Typs ›*P* betrachtet einen Teststreifen‹ eine alternative Beschreibung wünschten, wäre es schlecht denkbar, daß es sich um eine Auffassung handelte, die darauf verzichtete, den gewöhnlichen – vielleicht gattungsspezifischen – Mentalismus von *Homo sapiens* anzuerkennen, und zwar unberührt davon, ob er evtl. kausal oder funktional ohne Bezug zu individuellen Interna erläutert werden kann. Es ist für unsere Zwecke auf lange Sicht vielleicht nicht uninteressant, aber bis auf weiteres alles andere als dringlich, sich in diesem Punkt festzulegen. Davon zu reden, daß Hertz ›glaubt‹, ›weiß‹, ›kennt‹ usw. statt einen anders begriffenen Prozeß *XY* statthaben zu lassen, müßte nach eingehendster zukünftiger Belehrung nicht unbedingt schlechter sein als an einem warmen Tag Wasser statt H_2O zu trinken. Entsprechendes gilt vom Gewußten, jenem von der Grammatik des Verbs ›wissen‹ suggerierten Etwas, für das sich ein Ausdruck wie ›Inhalt‹ anbietet. Die früher bereits im Anschluß an Frege betonte Unzulänglichkeit der ›unschuldigen‹[41] Betrachtungsweise zeigt, daß sich dieses Etwas nicht einfach wie der Kern aus der Schale lösen läßt, aber positiv zu sagen, was genau gemeint sein könnte, wenn wir mit einer Vorstellung von Wissensinhalten operieren, erweist sich als sehr schwieriges Unterfangen.[42]

3.2.3 Die Zuschreibung kognitiver Zustände

Unberührt von Deutungsprojekten und Problemen unterstellen forschende und nicht forschende Menschen sich wechselseitig mentale Tatbestände, die plausibel machen, daß jemand auf bestimmte Weise handelt, also beispielsweise eine passende Antwort auf eine Frage gibt. Mit derartigen Unterstellungen harmonieren unsere introspektiven Erfahrungen, die vielfach rekonstruierbare propositionale Einstellungen ausweisen: Wir sehen uns im Zweifel oder auch sicher seiend, glauben an etwas oder sind von der Faktizität irgendeines Sachverhaltes überzeugt. Die Unterscheidung dieser Einstellungen gehört zu diesen Alltagsgeschäften: Z.B. kann jemand *glauben*, daß 918 eine Primzahl ist, aber *wissen* kann er dies nach gewöhnlicher Sprachregelung nicht. Wissen kann er nur das Gegenteil. Daß es uns nicht nur um manifeste Äußerungen bzw. deren Bezüge zur ›äußeren‹ Welt, sondern tatsächlich in irgendeinem Sinne auch um ›*innere*‹ Zustände geht, läßt sich mit einem simplen Gedankenexperiment klarmachen: Versetzen wir uns in Hertz' Labor und stellen uns vor, ein zum Schabernack aufgelegter Kollege wäre darauf verfallen, den Spannungserzeuger abzuklemmen, als Hertz gerade einmal den Rücken gedreht hätte. Es ist davon auszugehen, daß eine Dissonanz entstanden wäre. Wir *erwarten*, daß Hertz sich gewundert hätte. Und Einstellungen dieser Sorte, rudimentäre ›Theorien des Geistes‹, die das Verhalten anderer Menschen als mental verursacht interpretieren, sind eine Bedingung unseres Lebensvollzuges.

Als was auch immer Wissen sich ultima vista darstellen mag, für uns ist es so etwas wie ein individueller ›innerer‹ Zustand oder Prozeß, der so orientiert ist, daß es damit seine Richtigkeit hat. Was letzteres wiederum besagen soll, wird uns bald beschäftigen. Aber beharren wir zunächst noch eine Weile auf dem alltagspsychologischen Mentalismus und wenden uns verschiedenen Einwänden zu.

3.2.4 Zu drei Einwänden

Der *erste* betrifft die Verläßlichkeit der Rekonstruktion mentaler Tatbestände. Inwiefern können wir vertretbar über etwas reden, das in den Köpfen anderer Menschen vorgeht? Im Rahmen der gewählten ›schwachen‹ Rechtfertigungsvorstellung sieht die passende Antwort folgendermaßen aus: Vertretbar darüber reden heißt, keinen verläßlichen Prozeß angeben zu können, der eine Annahme über einen mentalen Zustand in Frage stellte. Stellen wir uns nun beispielsweise eine gewöhnliche Bestimmung der Sehleistung bei einem Augenarzt vor. Der Arzt wählt ein Diapositiv, von dem er selbst weiß, daß es die Buchstabenfolge M – E – N – S zeigt, was er prüfen kann, wenn er es gegen das Licht hält. Das Dia wird eingelegt, der Patient buchstabiert im günstigen Fall ebendiese Folge, andernfalls erhält er eine Sehhilfe, die ihn in den Stand setzt, ebendiese Folge hinreichend deutlich zu erkennen. Patient und Augenarzt könnten ihre Situation tauschen,[43] ungezählte Personen mögen die Prozedur bereits hinter sich gebracht haben. Es gibt *keinen* verläßlichen Prozeß, der uns eine gegenläufige Einsicht zu der Annahme aufdrängt, daß der Patient M – E – N – S erkennt, wenn er dazu in der Lage ist, die Buchstabenfolge anzugeben. Er könnte uns natürlich belügen, wenn er schlecht sieht und das Probeobjekt vorab kennt, aber dies ist kein ›mentalistisches‹ Sonderproblem. Lügen kann er beispielsweise auch über sein Geburtsdatum, seine Haarfarbe oder den Namen seiner Krankenkasse.

Ein *zweiter* Einwand betrifft den möglichen Unterschied zwischen den mentalen Zuständen von Personen in Forschungssituationen und im gewöhnlichen Alltag. Dazu ist nur zu sagen, daß mir keine nennenswerte Gegenevidenz zur Übertragbarkeit bekannt ist. Da die einschlägige vergleichende Erkundung noch in den Kinderschuhen steckt, sei bis zum Aufweis des Gegenteils und in Übereinstimmung mit einer harmonischen Verhältnissetzung von Wissenschaftstheorie und Erkenntnistheorie angenommen, daß die ›in den Köpfen‹ von Forschern gegebenen epistemischen Tatbestände und Prozesse zwar wesentlich durch die in einer wissenschaftlichen Ausbildung erworbenen Kapazitäten, Denkweisen usw. bestimmt sind,[44] sich aber formal nicht grundsätzlich von denen anderer Menschen unterscheiden.[45]

Bleiben wir also dabei, Forschern wie anderen Leuten mentale Sachverhalte zuzuschreiben und diese Beschreibung mit Begriffen wie ›Wissen‹, ›Überzeugtsein‹, ›Vermuten‹ usw. durchzuführen. Dies sind Begriffe, die wir bei der Charakterisierung von Dingen vermeiden. Die Debatten über Turings Test u. ä. zielen bekanntlich auf die Grenzfragen dieser Auffassung, setzen aber die gewöhnliche Kategorisierung voraus. Demgemäß ist das bloße *Vorliegen* von überlegenen, potentiellen Wissensinhalten kein Wissen und deren Verschiebung kein Wissensfortschritt. Dies gilt es auch gegenüber zahlreichen Verwendungen des Wissensbegriffs festzuhalten, die sich über sonst gegnerische wissenschaftstheoretische Lager hinweg treffen. ›Wissenswachstum‹ (bezeichnenderweise wird der Begriff vielfach mit dem des wissenschaftlichen Fortschritts gleichgesetzt) bedeutet für viele wissenschaftstheoretische Autoren, daß eine bessere *Theorie* eine schlechtere ersetzt. Für die sonst in wichtigen Hinsichten völlig gegenläufig argumentierenden ›Sozialen Konstruktivisten‹ geht es in immer neuen Wendungen um die Bewegung dessen, was *man* weiß bzw. zu wissen glaubt.[46] Beide Auffassungen ignorieren das, was ›*in* den Köpfen‹ vorgeht, und verschreiben sich ontologisch Instanzen, die diese transzendieren sollen.[47] In dem einen Fall hätten speziell Theorien und ihre problem- oder empiriebezogenen Qualitäten ihre geheimnisvolle stille

Geschichte unabhängig von menschlichem Zuständen; in dem anderen Fall wären wir mit sozialen Ganzen konfrontiert, die sich über die Köpfe und Taten ihrer Momente, d. h. der Individuen und ihrer jeweiligen Zustände, hinwegbewegen. Im Extremfall könnten wissenschaftliche Prozesse in Abläufen bestehen, die kein darin mitwirkendes reales Individuum registiert.[48] Der entsprechende Anti-Mentalismus ist häufig entweder mit einer objektivistischen Position (Popper, Lakatos, Dawkins u. a.) verbunden oder er artikuliert sich in den relativistischen Konzeptionen von Latour, Woolgar u. a. Sowohl die Idee sozialer Konstruktion als auch die Autonomiesetzung verstoßen gegen die herkömmliche Auffassung von Wissen bzw. stellen sie auf den Kopf, vergleichbar vielleicht Dawkins' kurioser Konzeption des egoistischen Gens,[49] das sich der Reproduktion halber der Lebewesen bedienen soll. Nichtsdestoweniger entspringen beide Haltungen genausowenig gedanklicher Willkür wie Dawkins' Ansatz.

Beide leiten ihre Berechtigung aus einer zunächst recht überzeugenden Annahme ab, womit wir bei dem *dritten* ernstzunehmenden Einwand angelangt sind. Er besteht in einer Variante des schon oben erörterten Einwurfs, daß die mit einem mentalistischen Wissensbegriff verbundene *Individualisierung* unhaltbar sei.[50] Der Einwand zielt in dieser Fassung nicht auf eine mehr oder minder berechtigte Einschränkung der Autonomieannahme für Mentales, sondern verteidigt ihr Gegenstück, die These der völligen Autonomie bzw. Identität bestimmter Tatbestände gegenüber mentalen Zuständen: Theorien, Probleme, Daten usw. seien überindividuelle Gebilde, hätten einen gegenüber beliebigen (oder zu einer bestimmten sozialen Gruppe gehörigen) Individuen identischen Status. Für den reinen Objektivisten sind sie entrückte Entitäten, für den Sozialen Konstruktivisten Gebilde in der Art von Münzen. Derlei Vorstellungen gehen weit über die durch Putnams Gedankenexperiment angeregte Annahme eines ›broad content‹ hinaus und sprechen der ›nahen‹ Komponente jede Relevanz ab. Hertz' ›Licht‹ wäre jedermanns oder niemandes ›Licht‹. Die Autonomiethese ist darüber hinaus eine These über intentionale Verhältnisse in bezug auf Einzeldinge (und nicht auf Arten). Ich halte sie auch vor dem Hintergrund der oben angerissenen schwierigen Debatte über ›nahen‹ und ›breiten‹ Gehalt für sehr unbekümmert, konzentriere mich aber in der folgenden Replik auf die vermeintliche Schwachstelle individualisierender Betrachtung.

3.2.5 Identität und Ähnlichkeit kognitiver Zustände

Überlegen wir zunächst, was es der Autonomiethese folgend überhaupt besagen soll, die mentalen Zustände zweier Personen *a* und *b*, nennen wir sie *Wissen*(a,e^*) und *Wissen*(b,e^{**}) richteten sich auf eine identische Einheit *e* des Forschungs- bzw. Wissenschaftsprozesses. Wenn wir uns der Einfachheit halber an zwei Zustände halten, so steckt hinter der Identitätsannahme folgendes Prinzip: Wenn für jede beliebige Eigenschaft *F*, die e^* zukommt, gilt, daß sie auch e^{**} aufweist, dann ist e^* mit e^{**} identisch, oder umgekehrt: e^* und e^{**} sind verschieden, wenn es zumindest eine Eigenschaft *F* gibt, die e^* hat und e^{**} nicht, vice versa. Die Formulierungen machen einiges klar. So wird erstens deutlich, daß wir auch von einer Präzisierung kein *Kriterium* für Identität zu erwarten haben. Das Prinzip setzt Identität voraus, nämlich auf der Ebene der Eigenschaften.[51] Zweitens wird ersichtlich, daß die Frage der Identitätsstiftung auf klassisches philosophisches Terrain führt, jenes der Interpretation eben dieser Eigenschaften, auf das Feld der Auseinandersetzung zwischen Nominalismus und Realismus. Es gibt weder unkontroverse Auffassungen hinsichtlich des Problems, ob Eigenschaften überhaupt existieren, noch was sie sind, noch welches passende Exempel für das Eigenschaftsein wären.

Es ist hier nicht der Ort, angesichts von Antithesen solchen Formates eine Entscheidung zu treffen. Faktisch beruht wissenschaftstheoretisches Reden zu einem beträchtlichen Teil auf einem nicht näher ausgewiesenen Begriffsrealismus in bezug auf überindividuelle Eigenschaften, wenn über Einfachheit, Erklärungsvermögen, Bestätigungsgrade u. ä. m. geurteilt wird. Positionen, die – wie der Operationalismus – in diesem Punkt abstinent zu sein versuchen, erzeugen vermutlich mehr Schwierigkeiten als sie sich ersparen.[52] Die Herstellung kausaler Relationen vollzieht sich auf realistischer Basis wie selbstverständlich dergestalt, daß man die Eigenschaften von Objekten als Gründe für Geschehnisse ansieht: Elektronen stoßen sich aufgrund ihrer elektrischen Ladung ab, usw. Die Legitimität solcher Herleitungen ließe sich über das Argument der besten Erklärung ausweisen. So gesehen ist es nicht unbillig, von einer Interpretation der Eigenschaften mentaler Forschungskomponenten zumindest eine einigermaßen überzeugende Erklärungsleistung zu erwarten. Ebendiese ergibt sich aus einer schlichten Identitätsbehauptung für mentale Instanzen nicht. Gefordert wird die Erläuterung des *Zusammenhanges* individueller, sonst differenter Instanzen, und nicht deren Leugnung.

Bleiben wir mit einem solchen Erklärungsanspruch im Hintergrund dabei, nicht für alle Eigenschaften, die e^* bzw. e^{**} zukommen, Identität zu unterstellen. Eine Eigenschaft, die beiden Zuständen unterstellt werden könnte, wäre die, einer wie auch immer zu bestimmenden Sorte anzugehören. Es wären e^* und e^{**} sortenidentisch, bzw. – in extensionaler Formulierung – gehörten derselben, durch das sortale Prädikat regulierten Klasse an.[53] Behauptungen hinsichtlich der Beziehung zwischen e^* und e^{**} müssen sich auf eine Festlegung darüber stützen, mit was für einer Sorte wir es zu tun haben,[54] sind demnach aufgerufen anzugeben, was genau z. B. eine Theorie einer bestimmten Sorte, ein Datum einer bestimmten Sorte, eine bestimmte Problemspezies usw. sind. Das könnte grundsätzlich achronisch geschehen, aber bezogen auf eine mögliche Interpretation faktischer Verhältnisse hätte dies in diachronischer und/oder synchronischer[55] Betrachtungsweise vor sich zu gehen. Soweit ersichtlich, leisten die Gegner einer individualisierenden Betrachtung dies nicht. Sie begnügen sich vorzugsweise mit Identität suggerierenden Titeln, wie beispielsweise ›Newtonsche Mechanik‹, ›Evolutionstheorie‹ oder ›Mendelsche Genetik‹ und verwenden keine Mühe darauf zu eruieren, inwiefern allein nur die manifesten, in den erhaltenen Forschertexten als divergent dokumentierten Erscheinungsformen[56] (von mentalen Tatbeständen gar nicht zu reden), sich berechtigterweise in den entsprechenden Hinsichten sortieren lassen. Daß man sich hiervor scheut, wird nachvollziehbar, wenn man sich klarmacht, daß die angestrebte Sortenbildung bei erstem Hinsehen vorauszusetzen scheint, daß ein einziges einigendes Band entdeckt werden müßte, ausgedrückt in einem auf alle fraglichen Fälle anzuwendenden Prädikat. Und dieses Band müßte begrifflich und strukturell augenfällig verschiedene wissenschaftliche Auffassungen aus mehreren Jahrhunderten unter ein gemeinsames Dach bringen.

Wenn wir als plausibel darstellen wollen, warum beispielsweise theoretische Arbeit sich einerseits auf vielfältige, andererseits auf eine dennoch zusammenhängende Weise vollzieht, ist es aber keinesfall unabdingbar, entsprechende kognitive Einheiten mittels eines einzigen

Prädikats zu verknüpfen. Es reicht völlig aus zu unterstellen, daß dingliche Materialien, wie etwa Forschungsberichte oder Lehrbücher *ähnlich* rezipiert werden, wobei institutionalisierte Lehr- und Lernprozesse dafür sorgen, daß die individuellen Interpretamente nicht ins Kraut schießen,[57] sich mit Locke gesprochen »within a tolerable latitude« bewegen[58]. Wenn e^{*} und e^{**} ähnlich sind, bedeutet dies: Sie stehen in einer symmetrischen[59] und reflexiven Relation, haben wenigstens eine gemeinsame Eigenschaft F.[60] Wissen entsteht analog zu der Art und Weise, wie anhand von Partituren Musik entsteht, indem hinreichend beschlagene Leute durch Vorlagen zu gebundenem Musizieren veranlaßt werden. Hier handelt es sich darum, Begriffe, Strukturen, Probleme usw. in einem gewissen Ähnlichkeitsraum mental zu realisieren, so daß mit anderen Menschen, die entsprechendes tun, ein geregelter Austausch möglich ist. Damit korrespondieren aktuell und historisch verbreitete Redeweisen. Fontenelle berichtet über die Bemühungen, ein mathematisches Problem der Mechanik zu lösen, wie folgt:

> »M. Bernoulli proposa cette Enigme au mois de Juin 1696, et donna à tous les Mathématiciens de l'Europe le reste de l'année pour y penser. Il vit que ces six mois n'étoient pas suffisans, il accorda encore les quatres premiers de 1697; et dans ces dix mois, il ne parut que quatres solutions. Elles étoient de M. Newton, de M. Leibnitz, de M. Bernoulli de Basle, et de M. Le Marquis de L'Hôpital. L'Angleterre, l'Allemagne, la Suisse et la France fournirent chacune un Géometre pour ce Problème. [...] ils y semblent être en possession des connaissances les plus rares et plus élevées.«[61]

Viele europäische Mathematiker ›teilen‹ – wie es metaphorisch heißt – das von Bernoulli gestellte Problem, sie nehmen es gemeinsam wahr aufgrund ihres Talentes, ihrer Schulung bzw. ihrer professionellen Erfahrungen. Jene, die sich im Gegensatz zu den genannten Forschern nicht erfolgreich im gegebenen Raum bewegen können, sind nicht imstande, die ›Fackel‹ (Whewell) weiterzugeben. Aber dünn wird die Luft erst im engsten Kreis der führenden Experten. Auch wer überhaupt am wissenschaftlichen Austausch teilhaben will, braucht hinreichende Erfahrungen, Fähigkeiten, Konzeptionen, Prinzipien, Problemwahrnehmungen usw. Er muß sich integrieren, indem er Belehrung erfährt und selbst erklärt, lernt, ausprobiert und nachprobiert, was andere vor ihm überlegt haben, und so fort. Unsere gesamte mündliche akustische Verständigung beruht selbst in ihren stabilsten Bereichen auf der Ähnlichkeit von Phonemen, die jeweils individuell artikuliert werden. Dies erklärt hinreichend, warum die Abhängigkeit von mentalen Zuständen keineswegs dazu führt, daß statt Wissenschaft isoliertes epistemisches Privatisieren auf den Weg käme.

Die Ähnlichkeitsrelation ist nicht-transitiv, hat also den Vorteil, daß wir verschiedene Tatbestände, etwa e^{*}, e^{**} und e^{***}, miteinander in Beziehung setzen können, ohne nach einem einzigen vereinigenden Sortenprädikat suchen zu müssen. e^{*} kann e^{**} ähneln und e^{**} mit e^{***} in einer Ähnlichkeitsbeziehung stehen, ohne daß e^{*} und e^{***} außer der Relation zu e^{**} etwas gemeinsam haben. Dies ist in diachronischer Hinsicht sehr attraktiv, wenn wir beispielsweise verschiedene Stadien unterscheiden, in denen sich die Auffassung eines Forschers entwickelt hat.

> »Meine Arbeiten stocken, schleichen, erregen meine Unzufriedenheit aufs Äußerste, aber immerhin kommen sie langsam, langsam weiter, und da muß ich zufrieden sein.«[62]

So drückte Heinrich Hertz sein Vorankommen aus. Was sich im Zusammenklang mit solchen Beschreibungen andeutet, ist nicht ohne Folgen hinsichtlich grundsätzlicher Einstellungen: Tendenziell werden mit der vorgeschlagenen Auffassung Kontinuitätsstiftungen begünstigt. Fragen des Typs, ob sich theoretische Veränderungen in der Wissenschaftsgeschichte mit dramatischen Konversionen oder gar der Mortalität der Akteure verbinden, liegen weniger nahe, je mehr Glieder der Ähnlichkeitskette wir vor Augen haben.[63]

Und noch zwei Aspekte kommen hinzu: Zum einen sollte die Herstellung der Ähnlichkeitsrelation zwischen zwei Zuständen e^* und e^{**} – sei es durch die Personen, denen sie zukommen, sei es durch einen Betrachter – den gegebenen kognitionswissenschaftlichen Befunden nach nicht als oberflächliche Bezugnahme abgetan werden. Sie beruht, wie die genauere Erkundung gezeigt hat, stets auf systematischen, strukturbezogenen Vergleichen.[64] Zum zweiten sind Ähnlichkeiten skalierbar. Gegenstände können mehr oder weniger ähnlich sein. Dem entspricht in der Registration die Verteilung von Gewichten. Ob wir ein Vergleichspaar als ähnlicher einstufen als ein anderes, resultiert nicht einfach daraus, daß wir die Summe übereinstimmender Eigenschaften mit jener der distinkten Merkmale vergleichen. Vielmehr gewichten wir bestimmte Eigenschaften. Niemand, der elementaren naturwissenschaftlichen Unterricht wenigstens mit kleinem Erfolg durchlaufen hat, verfiele auch nur entfernt auf den Gedanken, die Ähnlichkeit eines experimentellen Vorganges mit der Form des Wasserhahnes, der Holzmaserung des Experimentiertisches o.ä.m. in Verbindung zu bringen.[65] Anders herum betrachtet, die Schaffung verläßlicher ›Ähnlichkeitsräume‹, in denen das untergebracht wird, was wir schematisierend als ›die‹ XY-Theorie, ›das‹ Z-Experiment usw. auffassen, ist eine mentale Leistung, die jeder Forschungsteilnehmer bei aller Hilfestellung letztlich für sich vollbringen muß. Darin steckt keine Ausblendung des Sozialen. Im Gegenteil: Erst unter diesem Aspekt werden Gesprächsverläufe verständlich, in denen die Teilnehmer sich nachhaltig um Klärung bemühen,[66] und bei der Untersuchung fachlichen Austausches sprechen diverse Anzeichen für die Ähnlichkeit mentaler Tatbestände[67] – jedenfalls soweit wir (wie hier) überhaupt von solchen reden wollen.

Die Annahme von Ähnlichkeitsrelationen erklärt sowohl die personenübergreifende Robustheit der Bezugnahme auf Daten, Probleme, Theorien usw. als auch die bei allen Gemeinsamkeiten gegebenen individuellen Unterschiede. Wir werden auf diesen Gedanken ein weiteres Mal in Verbindung mit der Idee der Reproduzierbarkeit von Experimenten stoßen und einigen Nutzen daraus ziehen (Kapitel 4.4.3). Er läßt obendrein die gängigen wissenschaftshistorischen Vorgehensweisen intakt. Wir können geschichtliche Zusammenhänge herstellen und im Bewußtsein, elliptisch zu verfahren, darüber sprechen, daß verschiedene Menschen von einer Theorie überzeugt oder sie kennen sind, ohne darin bei genauerem Hinsehen mehr als ein vielfältig gesichertes Muster von Überschneidungen zu erblicken. Was auf den ersten Blick gegenüber der Identitätsunterstellung als Verkomplizierung erscheint, erspart zum Ausgleich eine platonistische Ontologie,[68] derzufolge Theorien, Experimente u. a. m. sich sozusagen selbsttätig durch die Wissenschaftsgeschichte bewegen, unabhängig davon, ob jemand sie kennt, versteht, memoriert, zu irgendetwas anderem ins Verhältnis setzt usw.

Was im Blick auf Hertz' physikalische ›Erleuchtung‹ gilt, läßt sich fachlich breiter illustrieren: Angenommen, wir entdeckten Zeugnisse einer untergegangenen Kultur, deren Notationssystem uns unbekannt ist, wie es jahrhundertelang mit den ägyptischen Hieroglyphen der Fall war. Welchen Wert hätte die Idee, daß sich beispielsweise die Ideen der ägyptischen Medizin sozusagen ›ewig irgendwo‹ befänden? Die Entzifferung und die Einbettung in unsere medizinhistorischen Kenntnisse schaffen im günstigen Fall ein Gebilde, das wir als altägyptische medizinische Theorie ansehen. Wir können nach Heilpflanzen Ausschau halten, die wir der nämlichen Art zuordnen usw. Aber ohne Konkretionen ist die botanische Spezifikation leer. Die nächstliegende Einschätzung eines erfolgreichen Erkundungsvorganges wäre doch wohl die, daß wir etwas gewonnen haben, das in irgendeinem Ähnlichkeitsverhältnis zu den originären Vorstellungen der ägyptischen Ärzten steht. Die Behauptung, außerdem existierte noch eine von den damaligen und heutigen Vorstellungen abzuhebende Reinform, verschaffte uns kein zusätzliches Wissen. Halten wir uns deshalb, was die Frage des vergangenen Wissens angeht, an moderne entziffernde Menschen und verbinden das Nachdenken über alte Medizin mit der Annahme, daß wir uns dabei auf die Einstellungen wenigstens eines Mediziners aus einer vergangenen Epoche beziehen.

Die Verteidigung des Wissensbegriffs als mentalistischer Begriff erweckt leicht den Eindruck, als sei damit ein Weg eingeschlagen, für den es neue Formulierungen zu suchen gelte. Dies ist aber nicht der Fall. Wir begegnen dem mentalistischen Wissensbegriff bereits in ungezählten Redeweisen, die menschenunabhängige Beschreibungen von vornherein verbieten, indem sie sich auf die *Kenntnis* einer Sache bzw. *Vertrautheit* damit beziehen. Dies ist eine Kapazität, die sowohl auf Forschungsresultate als auch auf personale Bedingungen erfolgreichen Forschens, d. h. Forschertugenden, verweist. Für sich genommen läßt sich der Begriff des Wissen als Kenntnis einer Sache unschwer als etwas ausmachen, das in den mentalistischen Wissensbegriff hineinläuft. Eine Sache kennen bzw. – wenn es um eingehende Kenntnis geht – mit ihr vertraut sein, heißt, daß ein Individuum diverse zutreffende Überzeugungen hinsichtlich dieser Sache hegt. Wir werden auf Wissen unter diesem Titel ausführlich zurückkommen (Kapitel 3.5).

3.3 Wissen und Meinen

3.3.1 Über wissenschaftstheoretischen Skeptizismus

Die gängigen apersonalen Redeweisen sind nicht der einzige Grund dafür, daß der ubiquitären Verwendung des Wissensbegriff in der Wissenschaftstheorie unseres Jahrhunderts keine sonderlichen Anstrengungen zu seiner genaueren Bestimmung entsprechen. Es gibt eine anders motivierte Tendenz zur Ausblendung mentaler Sachverhalte, die aus der mit dem Begriff verbundenen epistemischen Auszeichnung resultiert. Sie ist so selbstverständlich geworden, daß man sie kaum mehr bemerkt. Betrachten wir deshalb kontrastiv eine Passage aus einem Dokument älterer Wissenschaftstheorie:

> »The proposition, that air and food are necessary to animal life, if it be, as we have good reason to believe, true without exception, is also a law of nature, though the phenomenon of which it is the law is special, and not, like gravitation, universal. Nature, then, in this, its simplest, acceptation, is a collective name for all facts, actual and possible; or (to speak more accurately) a name for the mode, partly known to us and partly unknown, in which all things take place. For the word suggests, not so much the multitudinous detail of the phenomena, as the conception which might be formed of their manner of existence as a mental whole, by a mind possessing a complete knowledge of them [...].«[69]

Das Zitat stammt aus einem Traktat John Stuart Mills und gibt etwas wieder, was den meisten Wissenschaftsphilosophen unserer Tage als eine sehr naive Sicht auf die Erträge des wissenschaftlichen Forschens erscheinen mag. Forschung ziele auf Wissen, und gewinne bei erfolgreichem Vollzug genau dies, nämlich *zutreffende Feststellungen darüber, wie es sich tatsächlich verhalte.* Speziell für die Naturforschung wäre im Sinne Mills noch hinzuzufügen, daß Wissen im Sinne wahrer Überzeugungen nicht alles ist, sondern sich durch eine gewisse Allgemeinheit auszeichnen soll. Andere Konzeptionen würden Erklärungskraft, prognostisches Vermögen u. ä. m. betonen. Aber dies ist nicht der heikelste Punkt. Weitaus mehr verblüffen muß der entschiedene *Wahrheitsbezug*, der hier nicht als utopische Grenze aller Bemühungen, sondern als etwas zumindest partiell bereits Eingelöstes hervorgehoben wird. Ich halte Mills Verknüpfung von Wissen mit Wahrheit auch aus begrifflichen Gründen für plausibel: Formulierungen des Typs ›Gestern hat X das Falsche *gewußt*‹ sind schlechterdings inakzeptabel. Wissen heißt Zutreffendes meinen.

Nun sind derzeit auch viele der vehementesten Verfechter einer grundsätzlichen Verknüpfung von Wissenschaft und Wahrheit verglichen mit Mill hartgesottenene Skeptiker, die bei aller Unterschiedlichkeit der Arbeitsweisen und Auffassungen streng genommen nicht von ›Wissen‹ sprechen sollten, wenn es um die Auffassungen von Forschern geht. Das vermeintliche Wissen wäre je nach Orientierung im bescheidensten Falle eine kollektive Projektion (was der Position des Sozialen Konstruktivismus entspräche) oder (gemäß der Haupttendenz der Wissenschaftstheorie unseres Jahrhunderts) so etwas wie mehr oder minder gut gestütztes *Meinen* bzw. bloßes *Überzeugtsein.* Zur Begründung dieser skeptischen Einschätzung dienen sehr unterschiedliche Überlegungen. Erinnert sei an spekulative Thesen wie die über die Interessengeleitetheit oder die soziologisch-ethnologisch angesetzte Behauptung über die Abhängigkeit von Sozialspielen, aber auch an die über die empirische Unterbestimmtheit von Theorien, die Theoriehaltigkeit der Beobachtung und die Plastizität der Wahrnehmung, des weiteren an allgemeine, d. h. nicht wissenschaftsspezifische Vorbehalte, bündig gefaßt im sog. Münchhausen-Trilemma der Erkenntnistheorie, das über den Kritischen Rationalismus Eingang in die neuere Wissenschaftstheorie gefunden hat. Bei solchen Inhalten handelt es sich um Verweise auf diskussionswürdigen Stoff, dem wir im weiteren begegnen werden.

Ausgehend von der Auffassung des Wissens als mentaler Zustand bewegen wir uns allerdings auf einer besonderen Bahn hinsichtlich der Rechtfertigung der Vorstellung von Forscherwissen. Zu fragen ist: In welchen Fällen können wir unter günstigen Bedingungen sicher sein, daß ein befähigter Forscher sich nicht irrt? Mentale Tatbestände haben einen vergleichsweise bescheidenen Umfang, und es liegt allein schon deshalb auf der Hand, daß unter dem Aspekt der Irrtumsfreiheit zuletzt an irgendein Überzeugtsein von großformatigen Theoriekomplexen mit unübersehbarer empirischer Reichweite zu denken ist. Wenn Theorien – wie der Realist es angesichts erfolgreicher Exempel hofft – wahr sein sollten, dann rechtfertigt sich diese Annahme als ›bestes‹ Erklärungsangebot im Zuge einer übergeordneten Betrachtung wissenschaftsgeschichtlicher Verläufe. In diesen Verläufen ist aber ein Wissensanspruch, bzw. das Überzeugtsein der Forschungsbeteiligten von der Richtigkeit einer Konzeptionen – nicht nur für Reliabilisten – alles andere als ein förderlicher Umstand. Der Ausweis des Forscherwissens zielt auf solche mentalen Zustände, die *eindeutig* Fortschritt begünstigen. Das heißt, um einen kleinen Vorgriff auf die im weiteren noch einzuführende Terminologie zu machen, auf Wissen, das uns hilft, solche Methoden, Theorien, Daten usw. zu akzeptieren und zu handhaben, die zu Konzeptionen verhelfen, an die zu glauben vielleicht irgendwann ein Fortschrittskommentator nach gründlicher Abwägung als Wissen einstuft. Die skeptische Grundstimmung der Wissenschaftstheorie ergibt sich aus dem Zusammenwirken zweier unterschiedlicher gedanklicher Figuren:

Die eine erstreckt sich ›von oben‹, indem ein extremer erkenntnistheoretischer Anspruch artikuliert wird, dem kein Ergebnis menschlicher Wissenssuche genügt, ergo auch die Auffassungen von Forschern nicht. Eine typische, hier nicht weiter diskutierte Gedankenfigur, ist das schon im Arsenal der antiken Skepsis vorgesehene ›Begründungstrilemma‹.[70] Wenn die Verbürgung von Erkenntnis durch ein deduktives Argument geschehen soll, ist klar, daß wir entweder in zirkuläre, infinite oder dogmatische[71] Verhältnisse hineingelangen. Der Ausweis von Überzeugungen wird gedacht als logische Ableitung, womit alles ungerechtfertigt erscheint, was nicht dem Beweismodell gehorcht. Das schließt Wahrscheinlichkeitsüberlegungen genauso aus wie empirische Evidenz und spiegelt – wie schon Fries betonte – eine viel zu enge Vorstellung von epistemischer Legitimation.[72] Am Standard der Apodeixis gemessen geraten die verläßlichsten singulären Feststellungen und bestens verbürgte allgemeine Annahmen der Art, daß Menschen nicht aus Hühnereiern entstehen, in einen Topf z. B. mit hochspekulativen kosmologischen Theorien.

Die entgegengesetzte Strategie besteht darin, sozusagen ›von unten‹ in den Erkenntnisbemühungen Hinderungsgründe namhaft zu machen, die dafür verantwortlich sein sollen, daß Forschung im Bereich des bloßen Überzeugtseins, des Meinens verharrt.

3.3.2 Relevante Alternativen und epistemisch verläßliche Prozesse

Wenden wir uns zunächst der ersten, von ›oben‹ einsetzenden skeptischen Gedankenbewegung zu. Sie läßt sich in allgemeinster Formulierung etwa folgendermaßen ausführen: Echtes Wissen als wahre gerechtfertigte Überzeugung hätte zur Bedingung, daß es in allen möglichen Welten keine Situation gäbe, in der die Überzeugung falsch und eine Rechtfertigung trügerisch wäre. Daß Forscherwissen als etwas existiert, das einem solchen Anspruch auf *absolute* Gewißheit genügte, soll hier nicht behauptet werden. Ein cartesischer genius malignus könnte uns eventuell täuschen, wir könnten womöglich ein Gehirn in Nährflüssigkeit sein, usw. Einige Erkenntnistheoretiker, darunter Davidson und Putnam, haben, ohne sich näher auf das Gewißheitspostulat zu beziehen, gegen den universalen Skeptizismus argumentiert, aber daraus entspringen nur Sicherungsvorschläge für basale Überzeugungen. Die Zuversicht auf dämonenenthobenes und/oder von Illusionsstiftungen in Flüssigkeitstanks verschontes spezifisches Forscherwissen läßt sich daraus nicht gewinnen. So mag es denn mit in dieser Richtung geäußerten Vorbehalten sein Bewenden haben. Allerdings sei zurückgefragt, ob Forscher an *absolut* gesichertem Wissen interessiert sind, genauer gesagt, ob sie es überhaupt suchen. Diese Frage zu stellen, ist schon in bezug auf Descartes selbst recht aufschlußreich – verdeckt doch der grandiose Radikalismus der *Meditationen* oder des I. Teils der *Principia* eine Haltung des Naturforschers Descartes, die sich mit Bescheidenerem begnügt, nämlich mit Maßnahmen zur Überprüfung und zur Absicherung gegen einigermaßen realistische Irrtumsmöglichkeiten.[73] Bekanntlich verliert sich im weiteren auch das certistische Ideal selbst. Es gilt ohnehin nicht für Hertz und solche Autoren, für die Forschung grundsätzlich in erster Linie darauf abzielt, relevante, gut handhabbare, prognostisch oder explanativ leistungsfähige oder sonstwie ausgezeichnete Auffassungen zu entwickeln. Auch Wahrheitsansprüche werden im Regelfall ›intern‹ erhoben, und die Verlängerung ins Kosmische lockt wenig. Die Hoffnung, daß es einen sicheren Hafen gibt, nährt sich daraus, daß die skeptische Alternative, wenn auch wohl nicht zu bannen, so doch wenigstens als merkwürdig instabile Angelegenheit dargestellt werden kann.[74]

Das erste Stück der entsprechenden Gedankenführung ist von Dretske, Nozick u. a. formuliert worden. Es beginnt mit dem Zugeständnis, wir könnten nicht sicher sein, ob wir bei der aktuellen Wahrnehmung beispielsweise eines Zebras ungetäuscht bleiben, sei es von einem betrügenden Genius, sei es von einem Skulpteur, der uns mit einer täuschenden Plastik in die Irre führt. Aber wir können mit einigem Recht vermuten, daß sich inmitten einer in der Serengeti weidenden Herde, deren ein Wildhüter ansichtig wird, keine Attrappe befindet. Diese Annahme wäre nicht realistisch und kommt deshalb nicht in Betracht. Indes führt dieser sog. Relevante-Alternativen-Ansatz in recht hartes Gehölz.[75] Wenn eine Alternative als ›realistisch‹ eingestuft wird, bedeutet das in erster Präzisierung, sie als ›wahrscheinlich‹ auszuzeichnen.[76] Aber um welche Art von Wahrscheinlichkeit soll es sich dabei handeln? Mit subjektiver Erwartung ist trivialerweise bei der Bekämpfung des Skeptizismus nichts gewonnen,[77] sie exemplifiziert Relativität statt sie aufzuheben. Objektive Wahrscheinlichkeit aber ist nicht so leicht zu haben. Die Anwendung eines objektiven Wahrscheinlichkeitsbegriffs auf reale Situationen setzt die Akzeptanz einer Menge Metaphysik voraus – etwa über die Gleichheit von Situationen, damit sinnvoll von so etwas wie der Häufigkeit einer Alternative gesprochen werden kann. Für diejenigen, die üblicherweise mit dem Wahrscheinlichkeitsbegriff umgehen, beispielsweise Induktionslogiker, mag das weder problematisch noch überhaupt interessant sein. Nur ausgerechnet einem Skeptiker sollte man mit einer so entschieden voraussetzungshaften Überlegung vielleicht nicht entgegentreten. Ich möchte darauf verzichten, Forscherwissen mit Überzeugungen zu identifizieren, zu denen es keine wahrscheinliche Alternative gibt, nicht weil es der Idee an Ausgangsplausibilität mangelte, sondern weil die genaue Fassung Schwierigkeiten macht. Überdies ist nicht ausgemacht, daß unsere Intuition hinsichtlich wahrer und gerechtfertigter wissenschaftlicher Überzeugungen solcher Maßnahmen gegen böse Dämonen oder Skulpteure überhaupt bedarf, und zwar schlicht deshalb, weil die schon bei Descartes angedeutete Bescheidenheit, was Forschung angeht, sinnvoll in eine andere Richtung weiter entwickelt werden kann.

Wir sollten Wissensansprüche von Forschern nicht daran messen, ob sie Standards genügen, denen möglicherweise kein Resultat menschlicher Bemühungen jemals entsprechen kann. Wenn alle Überzeugungen irrtümlich wären, verlöre der Begriff des Irrtums jeden Sinn. Anders und noch simpler ausgedrückt: Nur wenn wir einigermaßen häufig richtig liegen, können wir auch etwas Falsches glauben. Und es gibt Überzeugungen, von denen wir innerhalb der menschlichen Überprüfungsmöglichkeiten ausschließen, daß sie falsch sind. Wir *wissen*, daß ein quergestreiftes, in der Serengeti weidendes Huftier zur Gattung *equus zebra* gehört, Wasser unter gewöhnlichen Bedingungen zum Kochen gebracht werden kann, Afrika nicht per pedes von Amerika aus erreicht werden kann usw. Auch viele unserer angeblich hochgradig fragilen geisteswissenschaftlichen Feststellungen sind dieses Typs. Daß Luther und Maimonides gelebt haben, und Goethes Faust Parallelen zum Volksbuch und Marlowes Puppenspiel aufweist, sind Fälle von verläßlichem Wissen. Sie sind vielfach das Ergebnis einer langen und sorgsamen Erkundung, wobei man in den in sonst in jeder erdenklichen Hinsicht divergierenden Vorgehensweisen des Wildbeobachters, eines frühneuzeitlichen Geographen und eines Germanisten unter dem Aspekt der

Gewinnung eines gesicherten Wissensanspruches durchaus ein gemeinsames Muster erkennen kann.

Aber setzen wir nun das zweite Stück und damit die Ergänzung der Relevante-Alternativen-Betrachtung an: Unser gewöhnlicher Gesichtssinn ist ein Evolutionsergebnis mit bestimmten Leistungen und Defiziten. Er taugt nicht dazu, aus der Ferne zweifelsfrei zwischen Zebras und bemalten Maultieren zu unterscheiden. Daß wir in einem Zoo aus 50 Metern Entfernung zuerst auf Zebras tippen, ist eine erfolgversprechende Einschätzung. Sie hat aber eine weitaus weniger verläßliche Vorgeschichte, als ob wir dasselbe Urteil aus 5 Metern Distanz abgäben. Erst recht erweist sich kein angestrichenes Maultier nach eingehender Untersuchung als Zebra. Die dem Skeptiker angehängte Irrelevanz ergibt sich aus der *Asymmetrie* im weiteren Prozeß der Wissensgewinnung: Je genauer die Untersuchung ausfällt, umso mehr Alternativen werden systematisch ausgeschieden. Falls es sich um ein Zebra handelt, entsteht für den Forscher eine zusammenhängende Geschichte zunehmender Sicherung bis hin zur Fixierung der DNS. Die parallele instabile Geschichte des pyrrhonischen Skeptikers hingegen handelt zunächst von täuschenden Anstrichen, setzt seine Einwürfe mit Behauptungen über eine systematische Verblendung der genetischen Laborforschung fort und gelangt, wenn sonst nichts mehr bleibt, schließlich zu einem übermenschlichen Taschenspieler oder einem Gehirn im Tank. Seine Geschichte ist ein ad hoc zusammengestelltes Gebilde.

Der der aktuellen Feststellung vorausgegangene Vorgang der Wissensgewinnung läßt sich in allen genannten Fällen so auffassen, daß ungezählte Alternativen verschwinden. Viele ältere Methodologien beschreiben diesen Vorgang sehr eingehend. In der physiologischen Untersuchung gehe es darum, ob das, »was man wahrnimmt, in der Tat der echte gesuchte Gegenstand der Beobachtung oder ein durch die angewandten Vorrichtungen vorgespiegeltes Blendwerk sei«[78]. Und genau dies wird anschließend durch eine Variation der Beobachtungsbedingungen entschieden, was zur nächsten Alternative führt usf. Die Frage ›Datum oder Täuschung‹ mag bei einem synchronen Schnitt nie beantwortbar sein, aber sie entscheidet sich im nächsten Moment bzw. beim nächsten methodischen Schritt. Fontenelle beschreibt die Untersuchungen des großen Anatomen Du Verney folgendermaßen:

> »Il faisoit d'une partie qu'il examinoit, toutes les coupes différentes qu'il pouvoit imaginer: pour la voir de tous les sens, il employoit toutes les injections [...]«[79].

Der Aufwand der gründlichen Ausschaltung von Alternativen ist hoch:

> »cela demande déja un temps infini, ne fût-ce qu'en tentatives inutiles«[80].

Aber was für sich genommen unnütz ist, hilft Schritt für Schritt dabei, den faktischen Tatbestand einzugrenzen.

Die in der skeptischen Argumentation behauptete Gleichrangigkeit resultiert aus einem Einfrieren des Erkenntnisprozesses. Wissenschaft indes ist ein über Jahrhunderte kultiviertes, ins Gigantische *entwickeltes* Unternehmen, in dem solche Ausschließungen vorgenommen worden sind und weiter vorgenommen werden. Der Zoologe kann sicher sein, ein Zebra vor sich zu haben, der Germanist weiß besser als der naive Leser, welche Stoffe im Faust verarbeitet sind, der Radioastronom fixiert Himmelskörper besser als der himmelsinteressierte Bauer, der ausgebildete Philologe weiß, daß ein Cicero-Satz etwas anderes besagt als der faule Lateinschüler glaubt.

Man sieht nun leicht, warum etwa die bekannten durch Feyerabend u. a. in die Diskussion gebrachten Parallelisierungen von Naturwissenschaft und Magie an der Eigenart des Forscherwissens vorbeigehen. Natürlich könnten – sozusagen mit überirdischen Augen betrachtet – Wissenschaftler falschen Überzeugungen anhängen und Magier richtigen, und es hat Zeiten gegeben, in denen beider Erkenntnisansprüche eng miteinander verwoben waren. Nur ist die *Geschichte* der aktuellen Magie unter dem Gesichtspunkt der Vermeidung irrtümlicher Alternativen eine weitaus schlechtere als die der Naturwissenschaften. Aber auch, wo man Relativismen fernbleibt, etwa einem allgemeinen Fallibilismus anhängt und methodologisch um Abgrenzung bemüht ist, läuft die epistemologische Einschätzung dahin, das Kind entweder mit dem Bade auszuschütten bzw. in einen recht schmuddligen Zuber zu setzen: Weil gut gesicherte wissenschaftliche Auffassungen einem extremen Gewißheitspostulat nicht genügen, werden sie mitsamt jedweder einigermaßen empirieträchtigen Quacksalber-These unter die wackeligen Angelegenheiten gerechnet. Die Verläßlichkeit wissenschaftlicher Annahmen über die Funktion der Milz oder die Leitfähigkeit von Metallen sollen genauso ständigem Zweifel ausgesetzt sein wie Dr. Eisenbarths Metallurgie oder seine Therapieideen gegen Zahnschmerzen. Das Kriterium der Fehlbarkeit stiftet merkwürdige Allianzen und bringt uns um Möglichkeiten sinnvoller epistemischer Privilegierung.[81]

Es sei eingeräumt, daß vor dem strengen Blick des Skeptikers nicht auszuschließen ist, daß es Wissen im Sinne von Auffassungen, die gegenüber jedwedem Einwurf gefeit sind, womöglich nicht gibt – aber, *wenn es überhaupt Wissen gibt, dann handelt es sich am ehesten um Forscherwissen.* Diese epistemische Privilegierung läßt sich gut rechtfertigen:[82] In den Naturwissenschaften sind an die Stelle alltäglicher qualitativer Feststellungen präzisierte und besser kontrollierte, in der Regel quantitative Fassungen getreten. Statt alltagsplausibler Schlußverfahren werden weithin logisch transparente Argumentationen verwendet. Es gibt einen immensen Aufwand an Dokumentation, um nachträgliche Überprüfungen zu ermöglichen. Auch die historisch-philologischen Wissenschaften stellen sich genauer besehen durchaus in verwandter Dignität dar. Der Umgang mit einer kritischen Textedition ist der unkritischen Benutzung einer Zufallsvorlage selbstverständlich überlegen,[83] und es ist naheliegend, editorische Bemühungen auf einen Wahrheitsanspruch, etwa die korrekte Wiedergabe einer Handschrift, zu beziehen. Das Forschungswesen umfaßt Ausbildungs-, Belohnungs-, Anregungs- und Informationsverteilungssysteme, deren Effekte für gewöhnlich weit über die entsprechenden vorwissenschaftlichen Begünstigungen von Erkundungsbemühungen hinausragen. Die verbreitete These, daß es in den historisch-philologischen Disziplinen keinen echten Fortschritt gebe, hängt partiell mit der Nichtbeachtung dieses Vorzuges zusammen.[84] Rückbezogen auf die Tugendthese wäre über die disziplinären Eigenheiten hinweg auf das Moment der mit Ausbildung und anderen Faktoren zusammenhängenden fachlichen *Kompetenz* zu verweisen. Die Hauptthese der vorliegenden Untersuchung zielt darauf, daß personale Bedingungen in einem funktionalen Verhältnis zum Wissen stehen, aber sie ist leicht umzukehren und sinnvoll zu ergänzen durch die Überlegung, daß Individuen, die in besonderem Maße über Wissen verfügen, auch bei der Gewinnung von neuen Kenntnissen im Vorteil sind. Dies ist eine disziplinunabhängige Feststellung. Ein Teil dieses Mechanismus wird sich in Verbindung mit den Wissensanteilen am theoretischen Fortschritt genauer erschließen (Kapitel 4.6).

Bereiten wir uns auf die von ›unten‹ ansetzenden Infragestellungen vor. Danach hätten wir es auch im besten Falle stets nur mit wissenschaftlichen Meinungen zu tun, weil vermeintliches Wissen stets durch kontingente Bedingungen bestimmt sei. Entsprechend der oben eingeschlagenen Linie ist es gestattet, all jene Bedingtheitsbehauptungen auszublenden, die sich etwa im Sinne transzendentalphilosophischer Argumentationen auf Voraussetzungen beziehen, die für Wissen und Irrtum gleichermaßen gelten. Kategoriale Rahmungen, grundsätzliche Angewiesenheit auf Begrifflichkeit, gattungsmäßige Einschränkungen usw. schwächen Wissensansprüche in der Auseinandersetzung mit einem ›kosmologisch‹ dimensionierten Skeptizismus. Aber mit der hier anvisierten Unterscheidung zwischen bloßen Forschermeinungen und Auffassungen, auf die man sich im Rahmen menschlicher Leistungen bzw. Forschermöglichkeiten verlassen kann, haben sie nichts zu tun. Betrachtet man das Spektrum forschungsspezifischer Einwürfe, angefangen von Foucaults Unterdrückungsszenarien über Gender-Thesen bis hin zum Sozialen Konstruktivismus, so wird schnell ersichtlich, daß es unberührt von den jeweiligen Besonderheiten so etwas wie einen Minimalkonsens gibt, in dem sich modische Forschungskritik mit den wissenschaftsfreundlichen Auffassungen Flecks, Kuhns, Poppers, Hansons, Reichenbachs u. a. trifft.[85] Sie läßt sich so umreißen: Jegliche Feststellung eines Tatbestandes, und erscheine sie noch so konkurrenzlos und gesichert, sei so etwas wie eine Meinung oder jedenfalls durch eine solche wesentlich präfiguriert. Daraus wird umgehend ein skeptisches Argument, insofern Meinungen falsch sein können und damit auch alles, was von ihnen abhängt. Dagegen wird hier die Vorstellung gesetzt, daß es Forscherwissen (und nicht nur –meinungen) gibt, wobei, wie schon oben angekündigt, zwei Sorten in den Vordergrund gestellt werden sollen: Zur Bezeichnung des ersten wird der hier lose gebrauchte Traditionsbegriff der *Anschauung* herangezogen. Der zweite wird als hinreichendes *Vertrautsein* aufgefaßt. Die beiden Begriffe werden vage auf einer Skala gebraucht, d. h. es wird nicht versucht, eine strenge Trennungslinie zu ziehen, wenngleich nicht nur herkömmliche philosophische Überlegungen,[86] sondern auch etwa einige Konzeptionen der Neurophysiologie[87] Abgrenzungsmöglichkeiten nahelegen. Der gedankliche Hintergrund dieser verwischenden Vorgehensweise liegt in der reliabilistischen Bewegung von der einfacheren zur komplexeren Aufgabe epistemischer Rechtfertigung.

3.4 Anschauung

3.4.1 Anschauung als stabiles Wissen

Die Anknüpfung an den Anschauungsbegriff verspricht bei erster Betrachtung wenig Vorteile. Immerhin verweist der Gebrauch des Ausdrucks ohne deutlich umrissenen Kontext eher auf ein unübersichtliches Thema als auf einen distinkten Tatbestand. Und selbst in einem faßlichen Rahmen stößt man umgehend auf schwierige Bestimmungsprobleme. Man denke an die berühmteste aller Verwendungen, die in der *Kritik der reinen Vernunft*, derzufolge die Anschauungen ohne Begriffe blind seien.[88] Die Stelle läßt sich verschieden lesen. Besagt sie, einfach ausgedrückt, daß Anschauungen keinen festen Gegenstandsbezug hätten, wenn der Begriff fehlte, sich womöglich auf nichts bezögen? Oder ist nur gemeint, daß wir im Rahmen von Anschauung keine Erkenntnis im Sinne propositional formierten Wissens gewinnen könnten? Für unsere Zwecke ist es wichtig zu sehen, daß eine transzendentale Anschauungslehre ungeachtet ihrer genaueren Ausgestaltung gegenüber der Differenz zwischen zutreffender und irriger Repräsentation von Phänomenen *neutral* ist. Wenn Kant Anschauung und Begriff korrelativ denkt, ist damit unzweideutig nicht entfernt gemeint, daß die begriffliche Seite so etwas wie eine epistemische *Beeinträchtigung* darstellte. Dies zu betonen, ist einerseits trivial, andererseits insofern wichtig, als transzendentalphilosophische Erkenntnistheorie in relativistischen Ansätzen häufig als eine Art Verbündete vorgestellt wird.[89]

Es ist für unsere weiteren Überlegungen nicht erforderlich zu behaupten, es gebe ›blinde‹ Anschauung, wie auch umgekehrt allenfalls eine lose Verbindung Kants korrelativer Auffassung von Anschauung und Begriff besteht. Der entscheidende Punkt ist, daß Anschauungen in dem für uns relevanten Sinne auf eine spezifische Weise kognitiv unproblematisch sind, sei es, weil wir es – ohne Kant – mit Vorbegrifflichem zu tun haben, sei es – Kants Vorbehalte bedenkend –, weil die einschlägigen Begriffe *stabil* sind. Der Kantianer Schleiden spricht davon, daß wir uns zuweilen ungeachtet gewichtiger entgegenstehender Überzeugung hinsichtlich der Beschaffenheit einer Sache keine alternative Anschauung »verschaffen« könnten.[90] Solche robusten Registrationen von Erscheinungen sind hier gemeint und sollen als Bausteine des Forscherwissens ausgewiesen werden.[91] Der saubere gedankliche Umgang damit wäre sehr aufwendig, insofern in jedem Fall darzulegen wäre, wie sich höherstufige Vorgänge, in Sonderheit Beobachtungen, auf einen Anschauungskern zurückführen lassen. Die architektonische Funktion des Anschauungsbegriffs läßt sich indes ohne großen methodischen Aufwand und ohne Abscheidung von Begriffen wie denen der Beobachtung, Erfahrung, Wahrnehmung usw. erhalten, insofern Momente, die etwa für die Stabilität der Beobachtung sprechen, *a fortiori* die Stabilität der in ihr enthaltenen Anschauung ausweisen. Wenn der mit einem gesunden Gesichtssinn ausgestattete *A* in ehrlicher Absicht sagt, er erblicke einen gelb-rötlichen Fleck und der gleichermaßen verläßliche *B* ihm beipflichtet, er sehe ebenfalls etwas Orangenähnliches, spricht dies nicht nur dafür, daß beide einen korrekten Sinneseindruck wiedergeben, sondern zeigt auch, daß es Stabilität sogar gegenüber differenter Begrifflichkeit geben kann, nicht von den Fällen zu reden, wo verbindliche Beschreibungstermini festgelegt sind. Die Einwilligung in eine Konvention über das Vokabular der Phänomenbeschreibung ist kein notwendig die erkenntnismäßige Legitimation schwächender Umstand. Die Rechtfertigung hängt davon ab, ob der Beschreibungsterminus zutrifft, und dies ist sowohl bei *As* wie bei *Bs* Angabe der Fall. Und würden beide beschließen, Farbnuancen künftig nurmehr mittels einer Gemüsereihe zu beschreiben, so begingen sie einen schlichten Irrtum, wenn sie einen orangen Fleck mit ›spinatfarben‹ bezeichneten.[92]

In der Konkretion als Phänomenwahrnehmung ist Anschauung ein Vorgang, der seit Mach kaum mehr als zweifelsfrei begünstigendes Forschungsmoment aufgefaßt wird. Die bis zur Geringschätzung reichende aktuell vorherrschende Einstellung mag auch durch die historische Entwicklung vieler Forschungszweige zu ›unanschaulichen‹ Disziplinen hervorgerufen sein. Ungeachtet der fortbestehenden Präsenz von Alltagsphänomenen als Frageanreiz von Forschung ist einzuräumen, daß alltägliche Anschauung nicht mehr den selbstverständlichen Anlaß wissenschaftlicher Erklärungen liefert, vielmehr in der organisierten Forschung in weitaus größerem Umfang alltagsferne Tatbestände thematisiert werden. Die Feststellung eines alltagsfernen Effektes setzt freilich an letzter Stelle der Registrationskette selbstverständlich eine funktionierende gewöhnliche Anschauung voraus. Wenn der medizinische Diagnostiker ein mittels Positronenemissionen zuwegegebrachtes und durch ein Rechnerprogramm anschaulich modelliertes Tomogramm einer Schädelhälfte betrachtet, taucht er *nicht* in eine neuartige Anschauungsdimension ein. Was er sieht, sind ein paar einfache Linien und einige bunte Flecken. Die Farbkodierung verwandelt einen unanschaulichen Sachverhalt in etwas Alltagsnahes. Auch entwickelte Forschung und die ihr eigenen komplexen Formen basieren auf verläßlicher Anschauung und darüber hinaus wohl auch auf zutreffenden Annahmen, die vergleichsweise primitive gesetzesartige Verknüpfungen von Wahrnehmungstatbeständen betreffen. Sie sind uns im noch darzulegenden Sinne *vertraut*.

Unabhängig davon, ob es sich um einfache oder eher komplexe Tatbestände handelt, in die eine Reihe von Schlußfolgerungen und begrifflich reichen Interpretationen eingehen, gibt es weniger Grund an der Faktizität von Erscheinungen bzw. phänomenalen Regelmäßigkeiten zu zweifeln, als für gewöhnlich gedacht wird. Daß eine bestimmte Person sich in einem bestimmten Fall in ihrer Wahrnehmung irren kann, hebt die Stabilität der Anschauung nicht auf. Im Gegenteil, die Feststellung des Erfahrungsirrtums beruht auf der Chance zur zwingenden Korrektur. Und im Zweifel können wir uns durch ein ›tracking‹ nach dem Muster des oben beschriebenen Zebra-Beispiels unserer visuellen, taktilen oder auditiven Erfahrung vergewissern.

3.4.2 Zur ›Theoriehaltigkeit‹ der Erfahrung

Des Skeptikers Insistieren auf dem bloßen Meinungscharakter verläßlicher Anschauung findet seine geläufigste Formulierung in der Behauptung der ›Theoriehaltigkeit‹ (›theory-ladenness‹) der Erfahrung, und es ist kein Zufall, daß Alan Sokals berühmt-berüchtigter Aufsatz Hansons Terminus[93] im Zuge eines pseudo-relativistischen Schabernacks ausschlachtet:

> »[...] scientific ›knowledge‹, far from being objective, reflects and encodes the dominant ideologies and power relations of the culture that produced it. [...] the truth claims of science are inherently theory-laden [...].«[94]

Soweit die mit der These der ›Theoriehaltigkeit‹ verbundenen Vorstellungen einen besseren Sinn haben als in Sokals Beitrag zum ›science war‹, handelt es sich um Verknüpfungen von Theorie und Empirie, die sich bei zahlreichen Kommentatoren, darunter auch sehr vielen älteren Autoren finden. Die nähere Betrachtung macht allerdings klar, daß deren Hinweise keineswegs durchgehend den Meinungscharakter der Forschung unterstreichen und vielfach in Richtungen weisen, in denen sich durchaus Harmonie mit der Vorstellung von im oben erörterten Sinn ›schwach‹ gerechtfertigtem Forscher*wissen* herstellen läßt.

Kein echtes skeptisches Moment bildet (i) die verbreitete Annahme, daß in sinnvoll organisierter Forschung Experimente, Explorationen und Beobachtungen vielfach eine *Funktion* in bezug auf eine Theorie hätten. Diese Zuweisung trifft sich mit den Ideen der Bestätigung und der empirischen Prüfung. Empirie kann freilich diversen Zwecken dienen, Phänomene fächern, Probleme stellen, Arbeitsmuster schaffen oder auch ohne eindeutigen Theoriebezug explorativ gerichtet sein, der Erkundung dessen dienen, was unter diesen oder jenen Bedingungen geschieht.[95] Aber auch der einseitig funktionale Begriff der Theoriehaltigkeit ist insofern epistemisch unproblematisch, als er stabile Empirie voraussetzt.

Daß speziell der Fallibilismus dies nicht so sieht und ausgerechnet dort, wo der Reliabilist am ehesten verläßliches Wissen ausmacht, von Konventionen redet, ist ein anderes Thema.[96]

Einer anderen Fassung der These der Theoriehaltigkeit begegnen wir, wenn Justus von Liebig gegen den populären Baconianismus polemisiert und anmerkt,

> »ein Experiment, dem nicht eine Theorie, d. h. eine Idee, vorausgeht, verhält sich zur Naturforschung wie das Rasseln mit einer Kinderklapper zur Musik«[97].

Gemeint ist nicht, Beobachter hätten ohne theoretische Annahmen keine Wahrnehmung. Der in Liebigs Formulierung nur im Vorbeigehen und überhaupt in seinen methodologischen Schriften nur flüchtig gefaßte Gedanke ist vielmehr der, daß (ii) empirische Forschung durch *Ideen* gerichtet ist. Dies ist ein Kernpunkt einflußreicher Wissenschaftstheorien in der ersten Hälfte des 19. Jahrhunderts. Erinnert sei an Fries', Apelts und Schleidens Konzeption der leitenden Prinzipien und Whewells ›fundamental ideas‹.[98] Der im Blick auf die These der Theoriehaltigkeit wichtige Aspekt dieser Ansätze ist, daß den leitenden Ideen keine wahrheitsfunktionalen Behauptungen entsprechen. Sie sind *keine* Theorien, sondern Vorschläge, von denen sich im weiteren Verlauf der Forschung zeigt, ob sie »brauchbar« sind oder nicht.[99] Angeleitet von Ideen entstehen zwar perspektivische,[100] aber empirisch *offene* Forschungsunternehmungen, für die es unter Umständen anfänglich nicht einmal einen Namen gibt.[101] Gehen wir nun zu einer weiteren Vorstellung über, die sich mit der Idee der Theoriehaltigkeit verbinden läßt. Schleidens Diktum, es sei

> »fast jeder Satz, den wir im gemeinen Leben aussprechen [...] ein unvollständiges theoretisches Ganzes«[102],

ist eine Erinnerung an die in seinem Ansatz – mit Kant und Fries interpretierten – *transzendentalen Bedingungen* (iii) der Wissenssuche. Dasselbe Thema wird bei Reichenbach berührt:

> »Jede Tatsachenbehauptung, und sei es die einfachste, enthält mehr als das unmittelbare Wahrnehmungserlebnis, ist schon eine Interpretation desselben und darum selbst schon Theorie«.[103]

Duhem stellt einen anderen Aspekt heraus:

> »Ein physikalisches Experiment ist die genaue Beobachtung einer Gruppe von Erscheinungen, die verbunden wird mit einer Interpretation derselben; diese Interpretation ersetzt das konkret Gegebene, mit Hilfe der Beobachtung wirklich Erhaltene durch abstrakte und symbolische Darstellungen, die mit ihnen übereinstimmen auf Grund der Theorien, die der Beobachter als zulässig annimmt.«[104]

Hingewiesen wird darauf (iv), daß *festgestellte* Phänomene theoretisch interpretiert werden müssen, um in theoretische Argumentationen integriert werden zu können. Um das Phänomen selbst zu registrieren, bedarf es nach Duhem keiner Theorie, sondern *Tugenden*, nämlich ›Aufmerksamkeit und aufnahmefähige[r] Sinne. Die Kenntnis der Physik ist nicht nötig.«[105]

Die Punkte (i) bis (iv) decken gängige Verwendungsweisen des Begriffs der Theoriehaltigkeit ab. Man könnte den Theoriebegriff stufen und die Argumentation verfeinern, indem man zwischen Abhängigkeiten der Empirie von singulären Theorien, von einige Theorien übergreifenden und von allen bekannten einschlägigen Theorien zugrundeliegenden Auffassungen unterscheidet.[106]

Es soll (v) auch nicht bestritten werden, daß wissenschaftliche Empirie noch in einer anderen Hinsicht nicht selten von vorab gefaßten Auffassungen abhängt. Entsprechend präformierend sind Theorien, die bei der Konstruktion von technischen Geräten zugrundegelegt werden, etwa die Ohmschen Gesetze bei der Konstruktion eines elektrischen Meßinstrumentes oder optische Theorien bei der Herstellung von Ferngläsern. Manche Geräte freilich sind vortheoretischen Ursprungs. Auch Fernrohr und Mikroskop hatten einen beträchlichen Teil ihrer guten Dienste bereits auf der Grundlage von ›Pröbeleien‹ getan, ehe Ernst Abbe u. a. die theoretischen Grundlagen der modernen technischen Optik schufen. Bezeichendend ist das Wirken Antoni van Leeuwenhoeks, des Pioniers des Mikroskopbaus und des Mikroskopierens. Leeuwenhoek artikulierte zwar einige grundsätzliche Positionen (etwa hinsichtlich der Uniformität der Natur), die seine Vorgehensweise rahmten und z.T. wohl auch beeinträchtigten, war aber, was die – für die technische Umsetzung optischer Theorie unumgängliche – Präzisierung seiner Allgemeinvorstellungen anging, jemand der nach dem Urteil theoretisch versierter Zeitgenossen »barbarisch reasoneert, synde ongestudeert«[107]. Seine Beobachtungen der Spermatozoen eines Hundes beispielsweise kann heute jeder, der sich mit einer 200fach vergrößerenden Lupe hinreichend Mühe gibt, nachvollziehen, ohne Leeuwenhoeks ›barbarische‹ oder ›studeerte‹ Prinzipien auch nur dem Namen nach zu kennen.

Daß es dergestalt nicht nur ein von bestimmten Theorien unabhängiges experimentelles ›Basteln‹ gibt,[108] sondern neben den die Erfahrung beeinflussenden Theorien allgemein eine Empirie mit losen theoretischen Bindungen steht, läßt sich am besten daran ersehen, daß falsche Theorien nicht selten korrekte Beobachtungen angebahnt haben. Claude Bernard entdeckte das Glykogen, als er einer abwegigen Überlegung über Zuckerauf- und abbau im Organismus nachging.[109] Erst recht gibt es selten Anlaß für den Verdacht einer zirkulären Beziehung zwischen Theorie und Erfahrung. Ein Archäologe, der die *C14*-Methode zur Altersbestimmung von Siedlungsfunden benutzt, setzt Theorien über radioaktiven Zerfall voraus, aber das ist nicht dasselbe, als ob er seine Fundstücke verfälschend entsprechend seiner historischen Siedlungskonzeption präparierte.

Noch weniger sind die basalen Vorausetzungen, um mit verfügbaren Meßinstrumenten oder Teleskopen etwas anfangen zu können, theoriehaltig. Z.B. ist die Feststellung des Aufleuchtens einer Apparaturenleuchte bei einigermaßen günstigen Bedingungen keine Sache des bloßen Meinens und noch weniger eine Angelegenheit von Theorien im engeren Sinne.

Entzieht man der These der Meinungshaftigkeit bzw. ›Theoriehaltigkeit‹ unserer Auffassungen jene erkenntnistheoretischen Vorbehalte und methodologischen Rahmungen, die sich mit der Idee verläßlichen Wissens vertragen, bleibt eine Annahme über (vi) die *meinungsabhängige Formbarkeit* der Anschauung übrig. Ihre Anerkennung würde die Idee des Forscherwissens gründlich zerstören, weshalb sie gesonderte Aufmerksamkeit verdient.

3.4.3 Die vermeintliche Plastizität der Wahrnehmung

Die These der Plastizität hat bei oberflächlicher Betrachtung eine gewisse Plausibilität im Blick auf viele entwickelte Wissenschaften, allen voran die Physik. Dies liegt zum einen daran, daß es einen deutlichen Hiat zwischen der alltäglichen und der wissenschaftlichen Interpretation von Phänomenen gibt, wobei sich dies nicht nur im Blick auf entfaltete theoretische Modelle zeigt. Zum Beispiel erweisen sich laienhafte Modellierungen in bezug auf mechanische Vorgänge unter Umständen bereits in vergleichsweise primitiven Fällen oft schlichtweg als falsch.[110] Allerdings wird die Irrtumsanfälligkeit deutlich geringer, wenn die Problemformulierung Rücksicht auf die alltägliche Umgebung nimmt,[111] und selbstverständlich läßt sich eine falsche Vermutung im Falle einfacher Versuche sehr leicht korrigieren.[112] Leichtigkeit der Korrektur markiert auch die Robustheit unserer Wahrnehmungen. Daß diese Robustheit wenn überhaupt nur in seltenen Ausnahmefällen[113] von unseren Meinungen angekratzt wird, zeigen ausgerechnet jene Gebilde am überzeugendsten, die man gern ins Feld führt, um Wissensansprüche als Illusionen zu entlarven, nämlich die Trug- und Kippbilder von der Art der Poggendorf-Illusion, der Müller-Lyer-Figuren oder des Entenhasen. Gerade im Falle dieser Abbildungen gibt es für einen gewöhnlichen Betrachter keinerlei Möglichkeit, den bekannten Effekten aufgrund einer Meinung über diese Figuren zu entgehen. Die meisten Menschen unseres Kulturkreises sind derartigen Illusionsbeispielen in Zeitschriften und andernorts bereits begegnet, verfügen also über die Hintergrundinformation, daß die waagerechten Linien der Müller-Lyer-Objekte dieselbe Länge haben und durch die entgegengerichteten Pfeile eine Täuschung entsteht.

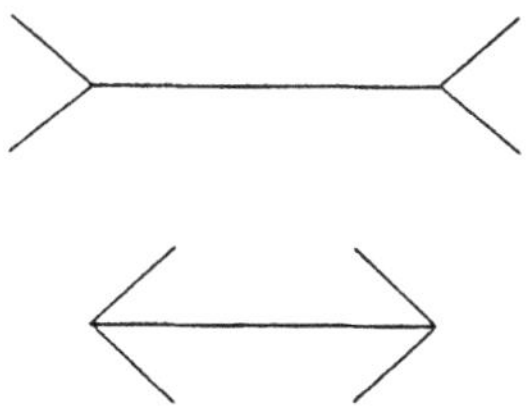

Abbildung 5

Warum vermag sich dennoch niemand der Illusion zu entziehen, selbst wenn er unmittelbar vorher die Länge der Linien gemessen hat?[114] Die Antwort liegt in der schlichten Feststellung, daß wir eben keineswegs zu sehen vermögen, was wir sehen *wollen*. Wir sehen, wozu wir *veranlaßt* werden, und zwar sogar dann, wenn wir eine gut fundierte widrige Auffassung über den Sachverhalt hegen. Oder um ein wissenschaftsnäheres Beispiel anzuführen, das Aristoteles genauso wie Kepler und viele andere beschäftigt hat:[115] Bekanntlich nehmen wir den Mond, wenn er sich dem Horizont nähert, als erheblich größer wahr, als ob er im Zenith steht. Unsere Kenntnis der Bewegungen von Himmelskörpern im Sonnensystem verschafft uns aber keine Gelegenheit, die Wahrnehmung gemäß unseren Auffassungen zu kontrollieren. Wenn wir uns eine adäquate Wahnehmung verschaffen wollen, können wir nicht einfach anschauungsmäßig umschalten. Wir müssen die Wahrnehmungssituation ändern und uns beispielsweise der Betrachtung eines Satellitenphotos zuwenden.

Dabei wird anerkannt, daß unsere Meinungen keine direkte Macht über unsere Anschauung ausüben.[116] Wir können diese selbst *nicht* korrigieren,[117] sondern lediglich davon Abstand nehmen, sie zu akzeptieren. Es hängt denn auch die Aufklärung der Illusion wiederum von der Verläßlichkeit der Ausgangsanschauung ab. Der derzeit überzeugendste Versuch unter den schwierigen Enträtselungsbemühungen der optischen Täuschung ist bezeichnenderweise so vonstatten gegangen, daß man eine Situation arrangierte, in der die Probanden mittels rechnergesteuerter Mondbilder auf Projektionspiegeln in die Lage versetzt wurden, die Anschauung des überdimensionierten Mondes schrittweise selbst anzubahnen.[118] Die Anschauung liefert eine fixe Größe, die sich ansteuern läßt. Für sich genommen ist sie weder falsch noch überhaupt meinungsabhängig, sie geht als basales Wissen in unsere Interpretation der Natur ein.

Nun liegt die Frage nahe, ob denn nicht die sich anschließende Betrachtung eines Photos wesentlich von solchen Meinungen gesteuert werde, die uns ein Ensemble von Bildpunkten *als* Abbildungen von Himmelkörpern erscheinen lassen. Sehen nicht womöglich zwei Betrachter mit unterschiedlichen astronomischen Vormeinungen verschiedenes auf einem solchen Photo? Lassen wir einmal dahingestellt, was ›sehen‹ in bezug auf diese Situation bedeuten mag bzw. inwieweit es sich um Interpretationen handelt, um Zugriffe, die als Möglichkeiten des *Verständnisses* von Daten im Kontext des *Vertrautseins* mit Phänomenen, Theorien, Problemen usw. einzustufen sind. Darauf wird im nächsten Abschnitt einzugehen sein. Für die Unaufhebbarkeit meinungsfreier Perzeptionsräume[119] spricht immerhin, daß eventuelle Kontrahenten im Falle einer theoretisch angeregten Interpretationskontroverse auf Anschauung zurückgreifen, also beispielsweise auf einen meinungsübergreifend wahrgenommenen Lichtfleck zeigen und Wahrnehmungseindrücke als Belege dafür vorbringen, daß die jeweils vorgebrachte Interpretation zutrifft.[120]

Daß wir bei der Mondwahrnehmung falsch liegen, liefert einen Hinweis auf die nicht zu bestreitende *Voraussetzungshaftigkeit* menschlicher Phänomenwahrnehmung. Aber problematisch wäre die transzendentalphilosophisch oder naturalistisch zu beschreibende Voraussetzungshaftigkeit unter dem Wissensaspekt nur, wenn sie uns zu *falschen* Überzeugungen verleitete. Der relativistische Kurzschluß leitet aus der Bedingtheit die Plastizität gegenüber Überzeugungen ab.[121] Aber für bedingende Begriffe und Kategorien etwa im Sinne kantischer Transzendentalphilosophie gilt diese relativistische Deutung nicht. Und auch die naturalistische Besinnung führt nicht ohne weiteres zu heiklen Problemen. Unser Wahrnehmungsapparat ist zugegebenermaßen auf mittelgroße Gegenstände in mittlerer Entfernung hin ausgelegt, weshalb Forscher sich hilfreicher Apparaturen bedienen, die das mit alltäglichen Mitteln unzureichend Registrierbare in den Rahmen unserer Möglichkeiten rücken. Soweit diese Geräte ihre verläßliche Geschichte haben, von sorgfältig arbeitenden Menschen mit verläßlicher Wahrnehmung, unter Heranziehung guter Theorien und sonstwie förderlichen Bedingungen hergestellt worden sind, ist nicht zu sehen, warum die Ausweitung der gewöhnlichen Anschauung den Anspruch auf Wissen gefährden müßte. Als grundsätzliches Verharren im ›Meinen‹ stellt sich Voraussetzungshaftigkeit nur im Rahmen einer absolutistischen Erkenntnistheorie dar. Die dabei nahegelegte Leugnung der Wissenschance erzeugt eine falsche Gemeinsamkeit zwischen Auffassungen, die sich für verschiedene Menschen, womöglich je nach Glaubensgruppe, deviant darstellen, und solchen, in denen einstellungsübergreifend Gemeinsamkeit besteht, wie es bei Phänomenwahrnehmungen der Fall ist.

Der nächste Einwand besagt, daß Menschen unterschiedlicher Kulturen und sogar solche mit abweichenden, etwa älteren wissenschaftlichen Konzeptionen, eine andere Anschauung hätten bzw. gehabt hätten. Ich möchte die Auseinandersetzung mit dem Kulturrelativismus auf einige knappe Bemerkungen beschränken, weil sie uns weit vom wissenschaftstheoretischen Terrain wegführte: Eine beträchtliche Verwirrung in diesem Punkt ist dadurch entstanden, daß man hochartifizielle religiöse Konzeptionen mit alltäglichem Erfahrungswissen in einen Topf geworfen hat. Der einschlägige Mischbegriff ist jener der ›Weltanschauung‹[122]. Nicht zuletzt auf der damit einhergehenden Unbesorgtheit um sinnvolle Grenzen beruht das ›Schisma‹[123] der modernen Anthropologie: Während die relativistische Seite von Sprache, Bräuchen und Moral ihren Ausgang nimmt und die getroffenen Feststellungen auf Erfahrungen aller Art überträgt, verlängert die ›objektivistische‹ Seite die biologischen Gemeinsamkeiten in die kulturelle Evolution hinein. Was nun den Bereich der Phänomenerfahrung angeht, spricht viel dafür, daß er entgegen den Holzschnitt-Thesen à la Sapir-Whorf[124] nicht in nennenswertem Maße von Besonderheiten der kulturellen Evolution affiziert ist. Gerade etwa die vermeintlich relative Farbwahrnehmung scheint so gut wie ausschließlich auf der kulturübergreifenden, allgemeinen kognitiven Struktur von Homo sapiens zu beruhen.[125] Kaum zu leugnen ist auch, daß diese Gemeinsamkeiten sich bis in einzelne kulturelle Tatbestände hin auswirken, etwa Klassifikationen beeinflussen. Z.B. sind die Mitglieder animistischer Kulturen den Ergebnissen der Feldforschung zufolge keineswegs bereit, im Alltagsleben Gegenstände zu ›beleben‹.[126]

Es gibt längst überzeugende Ansätze, die aus der Enge des Entweder/Oder hinsichtlich der Alternative von Relativismus und Universalismus hinausführen. Bei genauerem Hinsehen werden sowohl Übereinstimmungen als auch Divergenzen sichtbar, wobei sich z. B. bei Modellbildungen ein äußerst buntes Bild zeigt,[127] wohingegen bei biologischen Klassifikationen bemerkenswerte Ähnlichkeiten sowohl in bezug auf einzelne Einstufungen als auf Einteilungsstrukturen über Kulturen und Epochen hinweg erkennbar sind.[128] Kulturelle Unterschiede heben die Verläßlichkeit der Anschauung genausowenig auf wie es der Einfluß von Theorien, Ideen und sonstwie Ge- oder Vermeintem vermag.

Ist diese Feststellung überhaupt von Belang, wo doch Wissenschaft sich gegenüber alltäglichen Verhältnissen am wenigsten durch Anschauung und am ehesten durch den Umgang mit fehlbaren Theorien auszeichnet, so daß wir auch unter der Voraussetzung stabiler Anschauung umgehend auf dem Feld des Meinens ankommen? Kapitel 4.6 wird darlegen, daß theoretisches Wissen nicht mit dem Überzeugtsein von Theorien ineinsläuft. Theorien sind etwas, worüber *entschieden* werden kann. Sie gerechtfertigt zu akzeptieren oder abzulehnen, setzt außer Anschauung weiteres Wissen voraus. Es besteht im hinreichendenden *Vertrautsein* mit dem, was akzeptiert oder verworfen werden soll und den übrigen Komponenten der Entscheidungssituation.

3.5 Vertrautsein

3.5.1 Vertrautsein als Wissen

Soweit die Überlegungen zur ›Theoriehaltigkeit‹ nicht auf einer Vermengung von allgemeinen erkenntnistheoretischen und methodologischen Prämissen beruhen, beziehen sie sich durchaus berechtigterweise darauf, daß Beobachtungen bzw. Experimente einen kognitiven Hintergrund haben, eine Auswahl von Anschauungen voraussetzen, bestimmten Zwecken im Blick auf Theorien dienen können u. ä. m. Und gerade dieser Stoff wird vielfach als entschiedener Fingerzeig in der Richtung angesehen, daß Forscher grundsätzlich eben nicht wissende, sondern lediglich meinende Menschen seien. Ich sehe darin zuvorderst ein *ansteigendes Rechtfertigungsproblem*, bei dem es darauf ankommt, soviel von basalen Anschauungen ausgehend ›nach oben‹ hin epistemisch zu sichern, wie benötigt wird, um gerechtfertigte Entscheidungen hinsichtlich der fragilen Teile wissenschaftlicher Forschung, in Sonderheit theoretischer Hypothesen, treffen zu können. Dieses Wissen wird als ›Vertrautsein‹ bezeichnet, wobei es wichtig ist zu sehen, daß es nicht sozusagen auf ›halber Höhe‹ feststeht, sondern sich mit den Bewegungen der Forschung verschiebt. Aber vor einer genaueren Charakterisierung sei zunächst erläutert, wie sich die anwachsende Komplexität einer prozessualen Rechtfertigung nach reliabilistischer Maßgabe darstellt:

Die Feststellung beispielsweise, daß der Leser dieser Zeilen Schriftzeichen vor sich hat, ist im Rahmen unserer kognitiven Möglichkeiten bestens gerechtfertigt – für das im letzten Kapitel dieser Arbeit entworfene philosophische Modell des wissenschaftlichen Fortschritts hingegen gibt es keine Wahrheitsgarantie. Und ich sehe auch keine Chance, irgendeine globale Auffassung des wissenschaftlichen Fortschritts, und sei sie noch so wohldurchdacht, als Fall von Wissen im Sinne einer wahren Überzeugung auszuweisen. Nicht anders stehen unter dem Rechtfertigungsaspekt weitaus komplexere Gebilde in der Art von kosmologischen Konzeptionen da. Sie lassen sich auch mit größter Anstrengung nicht so verbürgen wie die abendliche Beobachtung des Polarsterns.

Zwischen den Extremen gibt es einiges, das wir über singuläre Feststellungen hinaus als gegeben hinnehmen und das auf stabile Anschauungsanlässe verweist. Man denke an Auffälligkeiten von der Art der Gezeiten, des menschlichen Längenwachstums, des Auftretens von Mond- und Sonnenfinsternissen, des Auftauchens und Verschwindens von Pflanzenspezies, der Himmelsbläue, der Nervosität von Prüflingen usw. Wir begreifen sie in der Art primitiver gesetzesartiger Verknüpfungen,[129] die sich im Zweifels- oder Disputfall verbindlich auf einer Anschauungsgrundlage reinterpretieren lassen. Solchen problemarmen Gebilden gegenüber ist eine hochentwickelte Theorie, deren Legitimation an Dutzenden von anderen Theorien hängt und deren empirische Kontrolle wiederum sich mittels äußerst verwickelter und ihrerseits womöglich in dritter Instanz theoretisch durchwirkter instrumenteller Operationen vollzieht, reliabilistisch betrachtet ein denkbar schlechter Wahrheitskandidat.

Das bekannte falsifikationistische Insistieren auf der besonderen empirischen Anfälligkeit hochstufiger Theorien nimmt dieser Feststellung nichts von ihrer Berechtigung, insofern die potentiell falsifizierenden Instanzen in solchen Fällen zunehmend Rechtfertigungsprobleme aufwerfen. Reichenbach gab früh gegen den Falsifikationismus zu bedenken: »Kein Naturgesetz besitzt nämlich die von Herrn Popper vermutete Form, nach der es widerlegt wäre, wenn sich ein Gegenfall aufzeigen läßt; sondern es besteht immer die Möglichkeit, das Versagen dadurch zu erklären, daß die Voraussetzungen des Gesetzes nicht vollständig realisiert waren.«[130] Wir brauchen an dieser Stelle nicht zu diskutieren, ob ein solcher Ausweg in allen Fällen besteht. Aber eines ist klar: Die Aussicht, derlei Infragestellungen, wie man sie vorzugsweise mit den Namen Duhems und Quines verbindet,[131] begegnen zu können, nimmt deutlich ab, je mehr Instanzen zwischen der zu prüfenden Theorie und einer gesicherten Empirie liegen. Gute Wahrheitskandidaten sind demnach zuerst ›unten‹ zu suchen, in zunehmender Nähe und in Verbindung mit den oben erörterten Anschauungen.

Kommen wir nun zur Relation des *Vertrautseins.* ›Er/sie ist mit etwas vertraut‹ – das ist eine Vorstellung, die in ungezählten philosophischen und außerphilosophischen Äußerungen vorkommt, aber nur ausnahmsweise – darauf wird unten noch eingegangen – in den Rang eines Terminus aufgestiegen ist. Dennoch hat sie deutlich erkennbare Konturen. Betrachten wir beispielsweise die Verwendungen des Ausdrucks, die sich in Ernst Machs *Erkenntnis und Irrtum* finden:

»Die dynamische Gastheorie wird auf die Theorie der starren Körper gegründet, da wir mit letzteren früher vertraut geworden sind als mit den Gasen.«[132]

»Man experimentiert ganz anders auf einem Gebiete, mit dem man durch längere Beschäftigung vertraut geworden.«[133]

»So lernen wir bei Kopernikus, Stevin, Galilei, Gilbert, Kepler die Leitmotive der Forschung ohne allen Pomp an Beispielen der größten Forschungserfolge kennen. Die Methoden des Physischen und des Gedankenexperiments, der Analogie, das Prinzip der Simplizität und Kontinuität u.s.w. werden uns in der einfachsten Weise vertraut.«[134]

»Solange die Forscher nur mit Druck und Stoß als Bewegungsursache vertraut sind, glauben sie an eine Luftdruckwelle, die der Mond unter sich hertreibt. Bei Vertrautheit mit Fernwirkungen wird der Druck durch einen Zug abgelöst.«[135]

Machs Äußerungen zufolge können einem Forscher sowohl Phänomene als auch ganze Forschungsfelder vertraut sein, des weiteren methodologische Prinzipien sowie theoretische Vorstellungen. Um was für eine Art von Beziehung handelt es sich dabei? Vertrautsein ist den Formulierungen nach nicht einfach eine epistemische Relation zwischen einer Person *A* und einem Gegenstand oder Sachverhalt *G*. In allen Fällen haben wir es mit einem stillen oder expliziten *Vergleich* zu tun. *A* ist mit *G vertrauter als* mit *H* bzw. *A* wird im Zuge eines Lernvorganges mit einer Sache vertrauter als er es vorher war. In letzterem Fall wäre *H* der frühere Zustand. Vertrautsein ist demnach ein komparativer und somit vager Begriff. Es werden dabei zwei Sachverhalte *G* und *H* auf einer Skala zunehmender Vertrautheit plaziert. Das Vorliegen von mehr oder minder großer Vertrautheit läuft damit ineins, daß *A* sowohl in bezug auf *G* als auch auf *H* Wissen besitzt. Um zu sagen, *A* sei mit *G* eher vertraut als mit *H*, reicht es aus, daß *A H* auf irgendeine Weise registriert, davon Kenntnis nimmt. Zu sagen, *A* sei nicht mit *H* vertraut, wenn keinerlei epistemische Verknüpfung vorliegt, ist hingegen ein irreführender Euphemismus. *H* müßte seinen Zustand korrekterweise so beschreiben, daß er kein Wissen in bezug auf *H* habe. Jemand, der beispielsweise behauptet, er sei mit Anthropophagie nicht vertraut, wenn er keine Ahnung hat, wovon überhaupt die Rede ist, lügt. Wenn wir davon sprechen, etwas besser oder schlechter zu kennen, drücken wir damit Vertrautheitsrelationen aus, wobei besser Gekanntes und Vertrauteres und schlechter Gekanntes und weniger Vertrautes wohl jeweils dasselbe sind. Auf die parallele Gradation sei nur hingewiesen. Festgehalten sei

(i) ›*A* ist mit *G* besser vertraut als mit H‹
impliziert
›*A* hat Wissen in bezug auf *G* und *H*‹.

Woraus aber gewinnt, abgesehen vom begrifflichen Parallelismus, Vertrautsein sein Wissensmoment? Worin besteht die epistemische Rechtfertigung? Sie besteht hier wie in der gesamten bisherigen Betrachtung darin, daß es einschlägige Überzeugungen von *A* gibt, die zutreffen, d. h. für deren Alternative sich keine vergleichbaren Garantien geben lassen. Z.B. hätte Mach durch Prüfverfahren feststellen können, ob seine Studenten Auffassungen des

Kopernikus kennen oder mit dem Einfachheitsbegriff in der von ihm gewählten Verwendung vertraut sind. Das Vertrautsein im Sinn fortgeschrittener praktischer Erfahrung fügt sich hier nicht ganz reibungslos ein, insofern es um Kenntnisse geht, die möglicherweise nicht vollständig verbalisierbar sind.[136] Ich halte dennoch dafür, daß es sich um Wissen handelt, das zumindest prinzipiell mitteilbar ist.[137] Die Problemlinie verläuft ohnehin nicht am Problem des Explizitmachens entlang, sondern an der Frage, was genau der Examinator Mach sinnvollerweise geprüft haben könnte, wenn er die Vertrautheit eines seiner Studenten mit einem in der Vorlesung behandelten Stoff hätte eruieren wollen. Er hätte *nicht* untersuchen können, ob der Prüfling *an* eine ältere Gastheorie, den Kopernikanismus oder die Gravitation glaubt. Gegenstand der Überprüfung kann nur sein, was er *über* diesen Stoff weiß, bzw. zu wissen glaubt. Das ist eine entscheidende Differenz.

Was nun die Rechtfertigungsproblematik derjenigen Überzeugungen betrifft, die in einer Prüfung thematisch sind, handelt es sich um Überzeugungen vergleichsweise niedriger Allgemeinheit. Speziell gegenüber Auffassungen wie denen, daß eine Theorie *T* wahr oder empirisch adäquat ist, stellt eine Überzeugung etwa des Inhalts, daß *T* die Struktur *S* hat, die ungleich besser zu kontrollierende Annahme dar. Die Verläßlichkeit wissensbezogener Beurteilung läßt sich mühelos beispielsweise daraus ersehen, daß zentrale Inhalte von Kopernikus' Modellierung der Planetenbahnen bis auf den heutigen Tag konstant sind. Niemand bestreitet, daß Kopernikus ein heliozentrisches Bahnmodell darstellt. Es existiert keine epistemisch relevante Alternative. Darüber aber, ob man heute noch an Kopernikus' Kreisbahnen glauben sollte, läßt sich nicht einmal vertretbar streiten. Hingegen existieren *in bezug auf* Kopernikus' Modell eine Reihe von Überzeugungen, die keineswegs strittig, sondern im Gegenteil völlig unangefochten sind. Dies ist Wissen des Typs, das Studenten belegen müssen, und das auch die philosophischen Anwälte gewaltiger epistemischer Umschwünge unbesehen und erst recht unbefragt heranziehen. Nicht, daß es nicht vielleicht auch auf diesem Feld den einen oder anderen Spielraum gäbe, aber daß eine kompetente ›revolutionäre‹ Kopernikus-Betrachtung irgendwann etwa dahin gelangte, *De revolutionibus* zum geozentrischen Manifest zu machen, ist ausgeschlossen.

Nun stehen Prüfsituationen nicht für die Gesamtheit von Forschungszusammenhängen. Und die Mitteilung in einer Frage-Antwort-Situation ist nicht gerade die typische Äußerung des mit dem Vertrautsein gegebenen Wissens. Machs Formulierungen deuten denn auch so etwas wie eine Selbstverständlichkeit an. Der Wissenscharakter des Vertrautseins zeigt sich möglicherweise nur für einen aufmerksamen Betrachter, wohingegen die wissende Person mit ihrem Wissen wie selbstverständlich verfährt:

(ii) Wenn *A* mit *G* besser vertraut ist als mit *H*, muß *A* weder sein Wissen in bezug auf *G* noch das in bezug auf *H* als solches kennen.

A muß hinsichtlich *G* oder *H* keine von ihm selbst wahrgenommene propositionale Haltung, in Sonderheit keine solche des Wissens einnehmen.[138] Im Jargon von Hintikkas Wissenslogik ausgedrückt und in der Sache davon abrückend: Wenn es sich beim Vertrautsein um Wissen handelt, dann nicht um solches, das der reflexiven Wissen-Wissen-These genügte.[139] Je nach Situation ist es *A* möglicherweise gar nicht bewußt, daß sie Wissen in bezug auf *G* und *H* besitzt. Angenommen *A* möchte wissen, warum ein mit Helium gefüllter Luftballon fliegt oder ob 13495 durch 31 teilbar ist, so ist es nicht plausibel zu behaupten, daß *A* notwendig den Glauben an unser Zahlsystem oder die Elementvorstellung registriert. Es ist etwas anderes zu behaupten, daß eine entsprechende Überzeugung von außen betrachtet vorausgesetzt wird, damit eine entsprechende Fragestellung sinnvoll ist. Die Entkoppelung von Wissen und Wissen davon, daß man weiß, ist aber noch aus einem Grunde naheliegend: Nicht wenige bedeutende Forscher haben das, was man heute am ehesten als ihr Wissen anerkennen würde, mit Gründen legitimiert, die uns alles andere als hieb- und stichfest erscheinen. Z.B. sah Kopernikus selbst seine astronomischen Auffassungen vermutlich durch eine mystisch-platonistische Naturphilosophie begründet. Die Anwendung der Wissen-Wissen-These entzöge dem Heliozentrismus für jeden Betrachter den Boden, der sich dieser Naturphilosophie verweigerte. Die interne Rechtfertigung für die Person selbst ist reliabilistisch gesehen ohne besonderen Rang. Sie ist eine abhängige Größe und schwankt, je nachdem, ob wir es mit einem kompetenten, wahrheitsliebenden und sonstwie günstig disponierten Menschen oder dem Gegenteil zu tun haben. ›Vertrautsein‹ ist ungeachtet aller subjektivistischen Konnotationen ein Fall von Wissen, dessen Vorliegen sich unabhängig von der Selbsteinschätzung einer Person kontrollieren läßt.

Zusammenfassend gesagt, bedeutet ›Vertrautsein mit etwas‹ ein über bloße Anschauung hinausreichendes Wissen *über* dieses Etwas zu haben, wobei die Rechtfertigung dieses Wissens im Forschungszusammenhang nicht zum Thema wird. Was in dieser schematischen Betrachtungsweise fehlt, ist ein Aufschluß über die *inhaltliche* Eigenart der Vertrautheitsvorstellung.

3.5.2 Inhalte und Funktionen des Vertrautseins

Welche Inhalte die Vertrautheitsvorstellung mit sich bringt, läßt sich an kaum einer bedeutenden Schrift der Wissenschaftsgeschichte so gut ersehen wie an Helmholtz' Darlegungen *Ueber die Erhaltung der Kraft* vom Winter 1862/63. Der Kraftbegriff ist nach Helmholtz »hergenommen aus dem Vergleich mit den Leistungen des Menschen, und wir können uns daher am besten an der Arbeit des Menschen die wesentlichen Verhältnisse anschaulich machen [...].«[140] Im Anschluß erinnert Helmholtz an die Eindrücke von Anstrengung und Ermüdung der Muskeln usw. Im weiteren begegnen wir wie selbstverständlich dem Gewicht, das die Wanduhr in Bewegung hält. Und so geht es fort. Beschrieben werden mit für passend erachteten Begriffen Ereignisse, die von Individuen als selbstverständlich erachtet werden. Unter dem als vertraut Eingestuften befindet sich, wie schon angeführt, jener der Gravitation, den noch Newton selbst für alles andere als plausibel hielt. Damit erfassen wir am Beispiel, was uns die Idee des Vertrautseins inhaltlich einbringt: Sie sammelt, was wir als begrifflich, theoretisch, konzeptionell oder sonstwie bezeichnet aus elementaren Registrationen entstehen lassen.

Die Frage, ob es sich um Wissen handelt, hängt wie schon oben gesagt, davon ab, ob es für ihre Rechtfertigung einen auszeichnenden Prozeß gibt oder eine Alternative besteht. Wir sind, wenn wir Helmholtz' Beispiel des Uhrengewichtes betrachten, nicht ohne weiteres in einer problematischen Situation. Die historisch leicht auszumalende Antithetik zwischen einem Aristoteliker und einem Gravitationisten ist auf der Ebene elementarer Beschreibung leicht zu neutralisieren: Das Gewicht zieht ›nach unten‹ – solche Beschreibungen waren für Uhrmacher ausreichend und sind es bei mechanischen Typen der Kuckucksuhren bis zum heutigen Tag. Daß Helmholtz die Schwerkraft bereits als eine Art Voraussetzung behandelt, zeigt, daß sich die Grenzen des Vertrauten zuweilen verschieben. Aber dies erzwingt keineswegs, daß wir ihm in demselben Ausmaß Zweifel entgegenbringen sollten, wie wir es etwas Unvertrautem gegenüber tun. Vertrautes mag zuweilen ins Wanken geraten, aber im Vergleich speziell mit komplexen theoretischen Auffassungen ist es von bestechender Stabilität. Auch ein paar hundert Jahre nach Kopernikus geht die Sonne unter. Der inhaltlich wichtige Aspekt ist aber ein anderer. Zur Robustheit kommt etwas hinzu, das Helmholtz' Gedankengang als Beschreibung einer historischen Abfolge richtet: Was vertraut ist, hat die Eigenart einer *Leiter*, mit der wir uns erkenntnismäßig problematischen Tatbeständen nähern. Vertrautes wird vorausgesetzt, auch dann, wenn die daraus entspringenden Beschreibungen bei genauerem Erfassen einer Materie vielleicht unzulänglich erscheinen. Es bleibt weiterhin ›etwas daran‹, d. h. es gibt so etwas wie eine Rechtfertigung, die im Vergleich zu derjenigen des Unvertrauten leichter zu haben ist. Jemandem zuzuschreiben, mit etwas vertraut zu sein, bedeutet anzuerkennen, daß es existiert und von dieser und jener Beschaffenheit ist. Nehmen wir an, *A* sei von Theorie *T* überzeugt, *B* sei es nicht, so besagt gemeinsames Vertrautsein mit *T* für beide, daß sie sich über diverse Eigenschaften von *T* einigen könnten, aber hinsichtlich des Wahrheitsanspruchs, verknüpft etwa mit der Anerkennung diverser empirischer Konsequenzen, kein gemeinsames ›Vertrauen‹ in die Theorie besteht. Vertrautsein erstreckt sich auf die Voraussetzungen, den kognitiven Hintergrund, vor dem über strittige Wissenskandidaten geurteilt werden kann. Sie stellt einen Teil der Ausrüstung, mit dem man in die ›Fremde‹ geht. Diese Metaphorik wird in diesem Kapitel noch zu versachlichen und zu präzisieren sein. Aber hinter der hier gewählten Ausdrucksweise verbirgt sich nicht zuletzt auch der zwingende Hinweis auf die Unabdingbarkeit des Lernens, des Sich-Vertrautmachens, als der Voraussetzung des Forschens.

Warum es dennoch heute nicht gängig ist, Helmholtz' Bewegung vom Vertrauten zum Unvertrauten zu folgen, hat wissenschaftshistorisch nachvollziehbare Gründe. Der Hauptanlaß liegt in der bekannten Diskussion des Problems der *Anschaulichkeit* hochentwickelter Theorien, die sich in den Jahren nach der Präsentation von Niels Bohrs Atom-Modell (1913) in der Physik entwickelte.[141] Darauf hob später Wolfgang Pauli ab, als er von einer »brief period of spiritual and human confusion« sprach, die durch eine »restriction to *Anschaulichkeit*« entstanden sei.[142] Und zurückblickend stellt Werner Heisenberg fest: »In den vielen Gesprächen, die ich mit Niels Bohr, Wolfgang Pauli und vielen anderen im Laufe der Jahre geführt hatte, glauben wir volle Klarheit darüber gewonnen zu haben, daß eine anschauliche raum-zeitliche Beschreibung der Vorgänge im Atom nicht möglich wäre.«[143] Tatsächlich hat sich das Thema nicht erledigt. Ob Heisenbergs Feststellung zum Anlaß für Resignation genommen wird, ob der Begriff der Anschaulichkeit in der theoretischen Physik aufzugegeben oder ob er neu zu interpretieren ist, ist ein Problem geblieben.[144] Das verwundert nicht, wenn man sich vor Augen führt, daß die Frage der Anschaulichkeit, interpretiert als die nach Möglichkeiten der Visualisierung anhand klassisch-mechanischer Modelle, in einen größeren Zusammenhang gehört. Wenn, wie es oben geschehen ist, Wissen als individueller mentaler Tatbestand betrachtet wird, ist es unvermeidlich anzunehmen, daß ein Wissensangebot auf irgendeine Weise mit den jeweiligen kognitiven Voraussetzungen in Verbindung gebracht werden muß, damit ein Forscher es zu ›seinem‹ Wissen machen und umgehen kann. Es muß etwas *verstanden* werden, mit den Worten David Bohms:

> »[...] understanding something is assimilation, that is, making it a whole with oneself. When this happens, what is thus assimilated takes on a form that is in certain ways

unique, being different from the form of another person's understanding, from that of one's own understanding at another time.«[145]

Es bietet sich demnach an, den Begriff des Verständnisses in den des Vertrautseins einzubetten. Dies paßt auch sehr gut zu den wenigen Fällen, in denen der Vertrautheitsbegriff größere Beachtung gefunden hat, nämlich in der Modellismus/Kontextualismus-Debatte.[146] Die Vertrautheitsidee hat ihren bekannten Niederschlag in der Position Norman Russell Campbells gefunden:[147] Der Wert einer Theorie verdankt sich dieser Auffassung zufolge nicht ihren immanenten Eigenschaften, sondern dem Umstand, daß sie in einer Analogiebeziehung zu bereits Bekanntem steht. Vertrautsein heißt hier über ein verknüpfendes Modell verfügen. Nur die Anbindung an Vertrautes ermögliche es, eine Theorie als erklärend anzuerkennen, wogegen dann Autoren wie Hempel eingewandt haben, Vertrautes sei vielfach in erheblichem Ausmaß unverständlich, deshalb erklärungsbedürftig, und Wissenschaft bewege sich deshalb sinnvollerweise in der Gegenrichtung, indem sie das Vertraute durch bislang Unbekanntes erkläre.[148] Vertrautsein sei erfreulich, aber im Fortgang der Wissenschaften entbehrlich. Den Kardinalfall für diese Argumentation liefere die schon angeführte Entwicklung der Physik des 20. Jahrhunderts: Die Quantentheorie ist statistisch und nicht kausal ausgerichtetet, und der Welle/Partikel-Dualismus vereitelt stimmige Anschaulichkeit,[149] was Vorschläge bis hin zu dem veranlaßt, man solle in den quantenmechanischen Zusammenhängen am besten schlichte Fakten erblicken.[150]

Ich glaube nicht, daß sich eine – und sei es eine noch so erfolgreiche physikalische – Theorie der noch zu erörternden (Kapitel 4.6.3) sog. Pessimistischen Metainduktion entziehen kann, wonach der Fall früher akzeptierter Theorien uns davon abhalten sollte, an die heute aktuellen zu glauben. Dies besagt, daß gerade Hempels Kritik der Vertrautheitsvorstellung nolens in die von uns einzuschlagende Richtung weist: Es gibt nach den vorausgegangenen Überlegungen keinen Anlaß, Wissen mit der Überzeugtheit von hochstufigen, erklärungsstarken Theorien gleichzusetzen, und wenn Vertrautsein einen Fall von Wissen ausmacht, spricht nichts gegen die Vorstellung, daß wir – um den Lohn erklärungs- und prognosestarker Ansätze – die Grenzen unseres Wissens überschreiten und Vertrautes verlassen. Den Gedanken weitergeführt, erscheint auch die in den letzten zwei Jahrzehnten geführte Diskussion über die Bedeutung des Verständnisses im Hinblick auf die Auszeichnung akzeptabler wissenschaftlicher Erklärungen[151] in einer wichtigen Hinsicht schlecht orientiert: Wenn Verständnis, wie es dieser – unten noch fester zu ergreifende – positive epistemische Begriff fordert, *Wissen* ist, d. h. in wahren gerechtfertigten Überzeugungen besteht, kann die Erklärung eines vertrauten Tatbestandes durch eine bloß *geglaubte* Theorie nicht im strengen Sinne zu Verständnis verhelfen. Formulierungen des Typs, Kopernikus habe die fälschlich unterstellte Kreisbewegung der Planeten ›verstanden‹, sind absurd. Verstanden hat er das Kreismodell sowie den Bezug zu den ihm wichtigen Himmelsphänomenen und nicht etwa eine gar nicht existierende Kreisbewegung der Planeten selbst. In dieser Hinsicht trifft die uns im nächsten Kapitel beschäftigende Kritik an van Fraassen auch die ›verständnisorientierten‹ Auffassungen der wissenschaftlichen Erklärung und genauso die aus diesem Diskussionszusammenhang erwachsenen Bemühungen um einen mit der epistemischen Bevorzugung hochstufiger erklärender Systematisierungen verschränkten Verständnisbegriff.[152]

Kommen wir auf den umfassenderen Begriff, den des Vertrautseins, zurück. Er hat eine Reihe von Eigenschaften, die für eine Forschungstheorie wertvoll sind. Was bedeutet es, wenn wir etwas in unseren kognitiven Horizont, in das uns Vertraute, einordnen bzw. eingeordnet haben? Darauf gibt es wenigstens drei Antworten, die sich im Anschluß an Auffassungen wie diejenigen Helmholtz', Bohms, der Modellisten – oder negativ – die Replik auf die Kritik Hempels u. a. aufdrängen: Mit einer Sache vertraut zu sein heißt, (i) etwas davon *verstanden* zu haben, (ii) mühelos über das Verstandene *verfügen* zu können, (iii) hinreichende *Mobilität* zu gewinnen, um zu etwas Unvertrautem fortschreiten zu können.

3.5.2.1 Verständnis

›Verständnis‹ ist ein allgemein gebräuchlicher Ausdruck, dem weder eine klare wissenschaftliche Einschätzung noch eine kanonische philosophische Verwendung zuzuordnen ist. Er gibt eine breite Intuition vor, die sich ohne weiteres auch auf Auffassungen beziehen läßt, in denen das Substantiv nicht nennenswert in Erscheinung tritt. Lose formuliert handelt selbstverständlich auch die *Kritik der reinen Vernunft* gewissermaßen vom Verständnis der Welt und dem Selbstverständnis des Menschen. In den griechischen Vorgaben werden unterschiedliche, auch sonst prominente Substantive (›phronesis‹, ›episteme‹, ›noesis‹ u. a. m.) verwendet, wenn es um Verständnis geht. Die lateinischen Quellen mögen sich mit einer gewissen Bevorzugung der von ›intellegere‹ abgeleiteten Formen etwas übersichtlicher darstellen. Ganz und gar bunt sind die Verwendungsweisen in der deutschen Sprache.[153] An eine *forschungstheoretisch* hilfreiche Vorstellung werden wir am ehesten herangeführt, wenn wir zwei Einstellungen unterscheiden: eine ›respekvolle‹ und eine ›respektlose‹.

In der respektvollen ist ›Verstehen‹ – und es hat einen guten Sinn das morphologisch unveränderte Verbalsubstantiv zu verwenden – ein *Problembegriff*. Der Begriff des Verstehens verweist nicht nur auf die Alltagspsychologie, sondern auf einen gewaltigen Komplex von Interpretationstheorien. Er ist im 19. Jahrhundert zum einen in philologisch-historischen Bereichsmethodiken versickert, zum anderen hat er bei der Ausbildung einer neuen allgemeinphilosophischen Orientierung nachgewirkt.[154] Bereits die im Vergleich zu ihren Nachfahren für naiv angesehenen Interpretationslehren des 16. und 17. Jahrhunderts werfen eine Reihe von diffizilen Fragen auf. Beispielsweise gehört es der *Clavis*[155] des Flacius Illyricus zufolge zum selbstverständlichen Handwerk, nach dem Wer, Wann, Wie, Warum, Mit-welchen-Mitteln zu fragen, dabei Zuordnungen zum Textgenus vorzunehmen, Anlage und Gliederung einer Schrift zu eruieren, rhetorische Figuren auszumachen, verstreute Textstellen sehr sorgfältig miteinander zu vergleichen, letztlich auch das geringfügigste Detail ins Verhältnis mit anderen Teilen eines Textes zu setzen. Das eine oder andere davon mag allerorten geboten sein, aber im Fall der Schriftexegese wie überhaupt des Umganges mit kanonischen Werken resultiert aus solchen Bemühungen eine unübersehbare Menge von Harmonisierungsschwierigkeiten, die *nicht zu Lasten* der Vorlage gelöst werden dürfen. In der methodisch zurückhaltenden Verstehensphilosophie des 19. Jahrhunderts verschiebt sich die Problemsicht, ohne die -last zu mindern. Die mit Schleiermacher anhebende ›Kunst‹ des ›Verstehens‹ gilt letztlich *Menschen*, die eben nicht ›zur Seite zu legen‹ sind.[156]

Dieser ›respektvollen‹ Haltung steht eine andere, ›respektlose‹ gegenüber, für die der *Erfolgsbegriff* ›Verständnis‹ nicht schlecht paßt. Zu den vor dem Hintergrund der allgemeinen philosophischen Entwicklung auffälligen Merkmalen der Entwicklung neuzeitlicher Naturwissenschaft gehört eine bemerkenswerte Zuversicht, Sachverhalte mit hinreichender Mühe definitiv ergreifen zu können. In einem seiner allgemeinen Akademie-Beiträge wendet Fontenelle sich gegen jene Autoren, die da meinen, man könne die Natur nur bewundern, aber nicht verstehen.[157] Im Gegenteil, das Bewunderungswürdige der Natur zeige sich vielmehr erst, wenn man sie kenne. Zwar wisse man vieles nicht, aber der Mensch sei stets auf dem rechten Wege. Er wolle erkennen, und gerade auf den dornigsten Pfaden zeige sich, wie sehr die Erfolgsannahme berechtigt sei. Was nun das Verständnis der Auffassungen anderer Forscher betreffe, so gelte, daß gute Wissenschaftler ihre Texte so einrichten, daß man sie gut verstehen könne, wohingegen diejenigen, die selbst nicht viel wüßten, dazu neigten, die anderen durch ihre Ausdrucksweise zur Verzweiflung zu treiben.[158] Die eigentliche Pointe gegenüber dem ›respektvollen‹ Umgang mit Texten indes liegt in Fontenelles Empfehlung, statt der kritisierten ›unverständlichen‹ Autoren *andere* zu lesen, nämlich solche, die sich ihrerseits Mühe geben, Unverständlichkeiten aufzulösen, und die sich in der Forschungspraxis als hilfreich erweisen.[159]

Verständnisprobleme des Lesers im Forschungszusammenhang können Defizite des Autors anzeigen, wenn der Leser mit dem behandelten Stoff gut vertraut ist. Wo ein in die Materie eingearbeiteter Betrachter stockt, besteht Anlaß zum Mißtrauen. »I was a referee of their manuscript. I could *not* follow the reasoning in their calculations«[160], erinnert sich der Gutachter eines auf dem entsprechenden Gebiet, einem spezifischen Bereich der Molekularbiologie, führenden Fachjournals an einen Problemfall. Er stellte sich dem Abdruck nicht entgegen, brachte aber seine Bedenken zu Papier. Und die erste Irritation hatte das richtige Signal gesetzt. Nach den Versuchen anderer Forscher stellt sich heraus: »The calculations I could not understand had been the self-delusion of the authors.«[161] Die passende Reaktion auf eine ›dunkle‹ Stelle ist das Interesse an anderen einschlägigen, eventuell eigenen Forschungsbemühungen zum Thema, nicht etwa die Verfertigung von Interpretamenten.

So wird plausibel, warum es bis auf den heutigen Tag als wenig dringlich empfunden wird zu klären, was es heißt, einen wissenschaftlichen Text zu verstehen.[162] Ein naturwissenschaftlicher Text, dessen Verständnis den Kollegen des Autors zum Problem wird, hat gute Chancen im weiteren *ignoriert* zu werden. Das gilt selbst für die Meilensteine der Wissenschaftsgeschichte. Leute, denen Einsteins Texte nicht eingängig erschienen, verfaßten keine erläuternden Marginalglossen, sondern schrieben eigene Einführungen in die ›Sache‹, die das Original umgehend ersetzten. Das besagt: Sie trugen ihres dazu bei, einen Ähnlichkeitsraum von Vorstellungen im früher skizzierten Sinne entstehen zu lassen. Was man in den oben angeführten humanistischen Interpretationslehren als Einsteins *circumstantiae* ansähe, seine Absichten, Voraussetzungen, Darstellungsmittel, nicht zu reden von allgemeinen Zeitumständen, wie man sie zuerst mit dem Begriff assoziieren mag, bildet *keine* Aufgabenstellung für die physikalische Forschung. Derlei erscheint als Angelegenheit der historischen, philosophischen, psychologischen oder soziologischen Forschungskommentierung. Aber diese spielt für gewöhnlich im binnendisziplinären Transfer keine Rolle. Maßgeblich für ein wissenschaftliches Verständnis, sei es von Phänomen, sei es von Theorien, Problemen oder Prinzipien, ist allein, daß eine kognitive Assimilation statthat, die sich in bestimmten Kontexten als verläßlich ausweist. Wenn wir bei der Betrachtung eines Fachbuches eine graphische Figur auf Papier, die uns die Anschauung bereitstellt, als Buchstabenfolge identifizieren, d. h. sie unserer Kenntnis des Schreibsystems einpassen, sie mit anderen Reihen verknüpfen und schließlich als bedeutsam interpretieren, haben wir im günstigen Fall einen Prozeß vollzogen, der uns Wissen verschafft. Kriterien für einen hinreichenden Erfolg gibt es viele, auch wenn wir die elementaren Verhältnisse des korrekten

Lesens hinter uns lassen, z. B. die Fähigkeit, entsprechende Fragen zu beantworten, einen anderen einschlägigen Prozeß, den ein anderes Individuum ausführt, fortzusetzen usw. Die Verläßlichkeit des Verständnisses resultiert nicht notwendig aus einem Entsprechungsverhältnis zu dem, was ein Urheber meinte, oder zu irgendeinem Amalgam aus dessen Absichten und vergangenen kontingenten Bedingungen. Es reicht im Forschungszusammenhang völlig aus, wenn ein individuelles Verständnis sich ohne Dissonanz an das Verständnis anderer rezipierender Forscher anschließt, es gewissermaßen ›simulieren‹ kann,[163] was sich allerdings nur einstellt, wenn diverse Faktoren gegeben sind, z. B. funktionierende Anschauung, einschlägige kombinatorische Fähigkeiten, Hintergrundinformationen, eine ausreichende Zeitspanne, um die Verständnisbildung ablaufen zu lassen, usw. Für ein ›respektvolles‹ Verstehen finge die Arbeit an diesem Punkt erst an.

Wie sich die ›respektlose‹ Vorgehensweise in konkreten Fällen von der ›respektvollen‹ abhebt, kann man sich anhand eines von Fontenelles Beispielen vor Augen führen. In einer Nachrede aus dem Jahr 1703 beschreibt er Vincenzo Vivianis energische Bemühungen um ›divinations‹ in die Werke der alten Geometer. Es lohnt sich, die angeblichen ›divinatorischen‹ Bemühungen des Galilei-Schülers genauer zu betrachten, die Fontenelle mit »réparer du moins en partie, en se remettant, autant qu'il étoit possible, sur leur piste, et en tâchant deviner ce qu'il *avoient* dû nous dire«[164] Er schreibt einen Traktat über Proportionen, »pour éclaircir le cinquième livre d'Euclide, qui ne paroît pas s'être expliqué assez nettement sur le sujet.«[165] Er widmet sich zudem den verlorenen 5 Bücher des Aristaios über die sog. körperlichen Orte, d. h. Parabel, Hyperbel und Ellipse, mit deren winzigem bei Euklid erhaltenen Ausschnitt sich auch Fermat auseinandergesetzt hatte,[166] und nimmt sich vor, sie in einer großangelegten *Divination sur Aristée* »à tirer de son propre fonds«[167]. Auch die nicht mehr verfügbaren Bücher 5 bis 8 von Apollonios' Schrift über die Kegelschnitte werden zum Gegenstand eines Rekonstruktionsversuchs. Gestützt auf einige Nachrichten von Pappus schreibt Viviani das fehlende fünfte Buch neu: *Divination sur le cinquième Livre d'Apollonius.* Aber diese mutige ›Ahnung‹ hat inzwischen eine äußerst machtvolle Konkurrenz bekommen, nämlich das inzwischen wiederaufgetauchte Restwerk des Apollonios von Perge selbst, gefunden 1658 von Giovanni Borelli, dem Verfasser des berühmten *De motu animalium.* In der Medici-Bibliothek war er auf eine arabischen Handschrift des vollständigen Werks über die Kegelschnitte gestoßen, wovon der Arabist Abraham Echellensis mit seiner Hilfe 1661 eine lateinische Übersetzung der Bücher 5–7 zum Druck brachte. Das Ergebnis faßt Fontenelle zusammen:

> »On compara donc alors la divination de M. Viviani avec la vérité, et l'on trouva qu'il avoit plus que deviné, c'est-à-dire qu'il avoit été beaucoup plus loin qu'Apollonius sur la même matière.«[168]

Der ›respektlose‹ Umgang mit den Materialien hat sich mathematisch ausgezahlt. Wer etwas verstanden hat, ist bei entsprechenden Fähigkeiten womöglich bereits dabei, den nächsten Schritt zu tun, was auf einen anderen Aspekt des Vertrautseins (Kapitel 3.5.2.2) aufmerksam macht.

Was zeigt der Fall, beschränkt auf den Aspekt des Verständnisses? Für mathematische Platonisten ist dies ein typischer Fall des Ergreifens von Ewigem, aber für sie ist auch die Frage individueller Verständnisleistung belanglos. Eine alternative naturalistisch-historistische Erklärung kann mühelos eine passende Vorgeschichte umreißen:[169] Es gibt so etwas wie eine naive Mathematik, die am umfassendsten für den Bereich der Arithmetik erforscht ist.[170] Danach macht sich jeder Mensch in den unterschiedlichen Kulturen auf weitgehend konvergente Weise mit elementaren mathematischen Vorgehensweisen vertraut, wobei der Zugang zu fortgeschrittenen Arbeitsweisen wesentlich davon anhängt, daß der Lernprozeß an die bereits gekannten Praktiken und Sichtweisen anknüpft.[171] Was nun den Fall Viviani angeht,[172] so muß man sich vor Augen halten, daß er elementare Denkweisen bald hinter sich gelassen hatte, schließlich als Zögling einer piaristischen Gelehrtenschule, unterrichtet von dem bedeutenden Mathematiker Clemente Settimi sozusagen mit Euklids *Elementen* und mit Pappus' Bericht über Apollonius aufgewachsen ist. Die Rekonstruktionsidee war keine einsame Marotte, sondern bot sich an, wenn man mit den Schriften und Denkweisen der antiken Geometer vertraut war, sie waren längst in den eigenen Wissenshorizont integriert. Auch Vieta, Snellius, Halley u. a. haben sich einschlägig versucht.

Daß sich derlei schulisch erworbenes Verständnis als Wissen auffassen läßt, hat in reliabilistischer Perspektive einen guten Grund: Es gibt es kein verläßliches Vorgehen, das jenes Verständnis, das sich in Vivianis ›fünftem Buch‹ dokumentiert, als Mißverständnis erscheinen ließe. So zeigt sich für die mathematische Forschung relevantes Verständnis gerade in dem, was den antiquarisch gesinnten Textphilologen von damals und heute die Haare zu Berge stehen läßt.[173] Der Fall belegt neben dieser Widrigkeit zugleich die bemerkenswerte Verläßlichkeit des Vivianis Arbeit zugrundeliegenden, aus dem Umgang mit den erhaltenen Schriften der Geometer erwachsenen Verständnisses der griechischen Geometrie.

Daß die Verläßlichkeit des ›respektlosen‹ Verständnisses keine Angelegenheit allein der engen Bahnen der Mathematik ist, zeigt sich, wenn man einen Ausschnitt des Arbeitszusammmenhanges des ›respektvoll‹ Verstehenden genauer betrachtet. Um ein ähnlich leicht überschaubares Beispiel wie das obige anzuführen, verweise ich auf die Dionysios Thrax zugeschriebene *Grammatiké téchne*[174], ein alexandrinisches Lehrbuch, das bis in die heutige philologische Praxis hineinwirkt: Es unterscheidet sechs Teile des philologischen Umgangs mit Texten: fünf der *téchne mikrá* (i) *anagnosis*, sorgfältiges Lesen, (ii) *exégesis*, Identifikation und Explikation der rhetorischen Figuren, (iii) *glossai*, Erläuterungen ungebräuchlicher Ausdrücke (darin eingeschlossen Sachinformation zu geographischen Namen u. ä.), (iv) *etymologías heuresis*, dem Begriffssinn entsprechend, ein heute nicht mehr anerkanntes Verfahren der Zurückführung auf eine ›richtige‹ Bedeutung und schließlich (v) *analogías eklogismós*, Feststellung der morphologischen und syntaktischen Regelmäßigkeiten, und (vi) als *téchne megalé* die *krisis poiemáton*, d. h. die Setzung eines unter ästhetischen, ethischen und sonstigen Aspekten vorgenommen Rahmens. Die *téchne mikrá* ist eine Sache des Verständnisses von Phänomenen wie auch von Regeln, Problemen u. a. m., sie ist aber ungeachtet der antiquarischen Antriebe der Arbeit alexandrinischen Philologentums – der Geschmack eines Körnchens Salz sei eingeräumt – ›respektlos‹, sie zielt auf das, was ›der Fall‹ ist, und hält Abstand sowohl von den Eigenheiten und Bedingtheiten des Autors als auch von denen des Interpreten und schließlich auch von großformatigen historischen Vorstellungen, die beide betreffen. Ob Verstehen von Geschichtlichkeit und Sprachlichkeit bestimmt wird, ob ›Vorsicht‹, ›Vorgriff‹ und ›Vorhabe‹ – um nur zwei einflußreiche Sichtweisen anzuführen – es strukturieren, ist ein transzendentalphilosophisches Thema, ließe sich aber grundsätzlich wissenschaftstheoretisch ummünzen (wie es in der Selbstreflexion der Literaturwissenschaften zuweilen wohl auch geschieht). Aber es würde im Falle der *téchne mikrá* nichts erläutern. Der Bereich des philologischen Handwerks zeichnet sich durch eine augenfällige Robustheit aus. Wer heute an einem überlieferten Aristophanes-Text das praktizieren kann, was Dionysios Thrax als Kleinhandwerk beschreibt, brauchte sich bei manchem Anlaß in keinem modernen Institut für Klassische Philologie zu verstecken. Er versteht nicht in einem umfassenden, die Grenzen des Vertrauten übersteigenden Sinne, aber er verfügt über relevantes Wissen, ohne das es kein ›tieferes‹ Verstehen gibt. Wer nicht weiß, wie die Substantive einer alten Sprache gebeugt werden, hat keine Aussicht, Literatur des klassischen Altertums zu verstehen – es sei denn, er benutzt eine gute Übersetzung, deren Autor sich auf derlei ›verstanden‹ hat.

Verständnis im Forschungszusammenhang hat einen harten Kern, der vor allem im ›respektlosen‹ Umgang mit Texten als Fall von Wissen gut sichtbar wird.

3.5.2.2 Leichte Verfügbarkeit

Mit *A* besser vertraut zu sein als mit *B* ermöglicht es, leichter mit *A* umgehen zu können. Mühelosigkeit des Verfügens kann als Bedingung guter Forschungspraxis im Sinne von Kriterien nach den Maßstäben Goldmans angesehen werden, was auch geschehen soll. Es sei dennoch eingeräumt, daß die Auswirkungen leichter Verfügbarkeit nicht eindeutig sind. Wladylaw Bieganski nennt ein Beispiel für einen abträglichen Effekt des Vertrautseins aus der Praxis der ärztlichen Diagnostik:

> »Ich erinnere mich mancher Krankheitsfälle, wo sonst aufmerksame Ärzte bei ihren Patienten Gelbsucht, Ödeme, Atemnot u. dgl. nicht bemerkten. [...] derartige ›Missachtungen‹ [kommen] am häufigsten bei der Beobachtung von Komplikationen oder chronischen Kranken vor, wo der den Kranken häufig besuchende Arzt dadurch, dass er sich mit den Eindrücken vertraut gemacht hat, die Frische seiner Beobachtungsgabe einbüsst.«[175]

Vertrautsein schafft eine gerichtete Aufmerksamkeit, gibt in der Tat eine ›Perspektive‹[176] vor und kann dazu beitragen, wichtige Phänomene zu übersehen. Dennoch schlägt Bieganskis Feststellung nicht wirklich auf die hier vorgeschlagene positive Einschätzung des Vertrautseins durch. Denn erstens verdankt sich auch die korrekte Diagnose der Gelbsucht und anderer Krankheiten dem Vertrautsein mit Krankheitsbildern. Zweitens ist die geschilderte Diagnose-Situation nicht ohne weiteres verallgemeinerbar: Der untersuchende Arzt steht in Betrachtung eines Patienten grundsätzlich vor unübersehbar vielen Alternativen, und ein beträchtlicher Teil seiner Beobachtungsgabe beweist sich im *Vorfeld* eines epistemisch verläßlichen Prozesses. Es geht im beschriebenen Fall nicht darum, eine von mehreren relevanten Alternativen (z. B. Gelbfärbung bei Hepatitis oder Steinbildung in der Galle) auszuschalten, sondern darum, überhaupt erst in den Entscheidungsraum vorzudringen, in dem sich eine *diagnosis per exclusionem* entfalten kann. Drittens könnte die beanstandete ›Mißachtung‹ mit dem Zeitaufwand der Untersuchung zusammenhängen. Bieganski spricht an anderer Stelle von der »Notwendigkeit schleuniger Orientierung in der Diagnose«[177]. Daß der Aufwand für die Identifikation von Krankheiten nicht beliebig hoch sein kann, weist zurück auf die Vorzüge leichter Verfügbarkeit. Sie zeigen sich nicht nur in der ärztlichen Arbeit. In Goldmans Rahmen gestellt, hilft Vertrautsein, drei Kriterien guter wissenschaftlicher Praxis zu erfüllen. Er spricht von *Kraft*, *Effektivität* und *Geschwindigkeit*.[178]

Jemand, der sich gründlich auskennt, ist in einer bemerkenswerten Position. Er kann gegenüber einem anderen Forscher, der mit dem jeweiligen Feld weniger vertraut ist, simultan mehr Verbindungen zwischen Meinungen und Anschauungen herstellen, vermag sie mit geringerer Mühe zu gewichten (ein Punkt, der für die Fixierung von Ähnlichkeitsrelationen schon betont wurde).[179] Er findet mit kleinerem Aufwand passende Antworten auf seine Fragen. In Goldmans Terminologie: Seine Forschungstätigkeit hat mehr *Kraft*. Jemand der weniger intensiv mit einer Sache vertraut ist, kann sich, um einen zweiten Punkt des Kataloges anzusprechen, nicht *effizient* verhalten, weil er stets in der Gefahr steht, Wege zu beschreiten, die längst erkundet sind. Und schließlich erfüllt sich ein drittes Kriterium, das der *Schnelligkeit*: Wer gut mit einer Materie vertraut ist, kann auftauchende Fragen schneller beantworten als jemand, bei dem dies nicht der Fall ist.

Wie kommt diese leichte Verfügbarkeit zustande? Um dazu eine einleuchtende Vermutung anzustellen, brauchen wir nur auf das, was wir über Leben von Forschern wie Viviani wissen, zurückzukommen oder an einen modernen klassischen Philologen und seine jahrelange intensive Beschäftigung mit seiner Materie zu denken. Die Intensität ergibt sich psychologisch beschrieben daraus, daß eine umfängliche längere Beschäftigung zu besonderen Gedächtnisleistungen verhilft. Seit Hermann Ebbinghaus' epochemachenden Selbstversuchen[180] ist die logarithmische Eigenart des Vergessens bekannt. Der größte Erinnerungsverlust tritt in den ersten Stunden nach einer Erfahrung auf. Wiederholte Begegnungen mit dem Stoff führen dazu, daß er besser gespeichert wird und leichter abrufbar ist. Das Feld des Vertrauten ist das des Wiederholens bzw. Verdichtens von Erinnerungsinhalten. Z.B beruht der Lesevorgang darauf, daß vorgängiges Wissen aktiviert wird, was trivialerweise umso besser gelingt, wenn es sich nicht um fremden Stoff handelt.[181] Der lesende Umgang mit Unvertrautem fordert den empirischen Untersuchungen nach den dreifachen zeitlichen Aufwand.[182]

Wenn schon gewöhnliches Lesen komplexe Gedächtnisleistungen belegt, liegt es nahe, dem Gedächtnis als Wissensquelle einen hohen Rang einzuräumen.[183] Daß der Erinnerung dennoch oft kaum Bedeutung beigemessen wird, liegt an der fragwürdigen pars-pro-toto-Überlegung, dergemäß Erinnerungen insgesamt epistemologisch nachrangig sein sollen, da jede einzelne Erinnerung auf eine präsentische Feststellung zurückführbar sei. Aber diese Reduktionsidee ist illusorisch.[184] Selbst wenn wir Anschauung als basal betrachten, ist nicht zu leugnen, daß ohne Erinnerung niemals in irgendeinem nennenswerten Umfang relevantes Wissen entstünde. Wir könnten nicht einmal uns selbst Identität zusprechen. Was die Verläßlichkeit des Erinnerten angeht, gelten ähnliche Kriterien wie in den anderen Fällen auch. Sie hängt ab von unseren Kapazitäten, korrekt zu registrieren, Eindrücke zu ordnen, sie mit anderen Feststellungen abzugleichen usw. Und diese Kapazität wiederum ist eine Funktion des Vertrautseins. Nehmen wir beispielsweise an, jemand kennt eine Frau N. aus der Nachbarschaft und wird zufällig Zeuge eines von ihr verübten Diebstahls auf dem Wochenmarkt. Bei einer späteren Befragung wäre er ein verläßlicherer Zeuge als andere gleich günstig positionierte Beobachter, die sie vorher nicht gekannt haben. Er wäre mit Recht sicherer, daß es sich tatsächlich um Frau N. gehandelt hat. Aus solchen Überlegungen erhellt sich auch die früher angeführte Differenz zwischen dem Vertrautsein mit einer Theorie und der Überzeugtheit von ihrer Wahrheit. Der Umgang mit der Wahrheitsfrage betrifft nur einen kleinen Ausschnitt der Handhabung von Theorien, im wesentlichen Situationen der *Überprüfung*. Die aber sind in bezug auf die Intensität des Wissens vergleichsweise dünn gestreut. Hingegen ist beispielsweise das Erlernen der wesentlichen Termini eines Forschungsfeldes vielfach Teil der bereits in der Schule angebahnten wissenschaftlichen Sozialisation.

Die Ergebnisse experimenteller Überprüfungssituationen (didaktische Reproduktionsversuche sind eine eigene Sache, die in eine methodologisch unerwünschte Richtung, nämlich die der Dogmatisierung gehen können) *setzen* das Vertrautsein mit Theorien, Instrumenten usw. *voraus,* aber gehören per definitionem nicht selbst in den Raum des intensiv Gewußten. Wäre es anders, müßte man sogar um die Ernsthaftigkeit des Tests fürchten. Ein spektakulärer experimenteller Erfolg, sei er bestätigend oder anomal, schafft noch kein Wissen, allenfalls Überzeugungen. Zum Wissen ist er vielleicht irgendwann geworden, wenn sich niemand mehr eigens um ihn kümmert, man das Versuchsresultat als selbstverständlich voraussetzt.

3.5.2.3 Beweglichkeit

Betrachten wir nun die bereits im Blick auf experimentelle Prüfungen angerissene Überlegung genauer, wonach ›Vertrautsein‹ besagt, daß jemand eine Bedingung erfüllt, um gegenüber einer Sache eine selbständige Haltung einzunehmen und im weiteren einen neuen Schritt zu tun. Fachliches Vertrautsein verschafft *Bewegungsraum.* Vertrautsein können wir mit unseren Opponenten und genauso mit Protagonisten, mit Auffassungen, denen wir uns anschließen oder auch solchen, denen gegenüber wir uns neutral oder distanzierend verhalten. Es ermöglicht *Anschluß, Fortführung,* aber auch *Kritik* sowie *Innovation.* In seinen historischen Vorlesungen hält der Mathematiker Felix Klein die bemerkenswerte Tatsache fest, daß die bedeutendsten Werke der Funktionentheorie in der weierstraßschen Richtung nicht etwa aus einer sozialisierenden Schule hervorgegangen seien, sondern von Mathematikern stammten, die »schon anderweitig mit dem Stoff vertraut«[185] gewesen seien. Was die Verhältnisse in der Empirie betrifft, ist möglicherweise nicht einmal die Beachtung von Befunden, die vor dem Hintergrund des Vertrauten widrig sind, eingeschränkt.[186]

Wie schon gesagt, widerspricht diese Sichtweise so gut wie allem, was in loser oder enger Bindung an den bereits bei Kuhn wuchernden Paradigmabegriff derzeit relativistische Münze ist. Sie widerspricht auch einem naiven Empirismus, demzufolge Wissen von einer tabula rasa aus gewonnen werden kann. Letztere ist nicht mit der früher dargelegten Robustheit der Anschauung zu verwechseln und hat für die wissenschaftstheoretische Diskussion keine Bedeutung. Die einzige mir bekannte neuere Argumentation stammt aus der Lerntheorie und betrifft eine spezifische Situation. Behauptet wird, daß die Einführung des biologischen Zellbegriffs nicht auf Vorwissen zurückgreifen könne,[187] was aber kaum überzeugt, insofern zwar das mikroskopische Faktum unvertraut gewesen sein mag, die Beschreibung als Zelle aber aus einer lebenspraktischen Analogie erwachsen ist und eine besonders erstaunliche Kontinuität aufweist.[188] Was nun die verbreitete relativistische Einstellung gegenüber Wissensvoraussetzungen angeht, so läßt sie sich als eine Art Scheuklappen-These wiedergeben. Danach bedeutet Vertrautsein mit einer Konzeption zugleich ein Hindernis für den wissenschaftlichen Fortschritt. Neue Auffassungen könnten sich erst dank einer gewissen Ignoranz durchsetzen, würden begünstigt, wenn Forscher im überlieferten Gedankengut nicht recht Bescheid wüßten. Die Scheuklappen-Annahme läßt sich differenzieren in

- die sogenannte Planck-These (i),
- die durch die Umstände z. B. der Verdrängung der Phlogistik angeregte These des Begriffsaustauschs (ii)
- die relativistische Variante der Stil-These (iii).

(i) verdankt sich Max Plancks launiger Redensart, derzufolge neue wissenschaftliche Konzeptionen mit dem Engagement junger Leute aufkommen und sich erst mit dem Ableben der Opponenten durchsetzen. Sie ist historisch nicht eindeutig zu gewichten. Sowohl Planck selbst (!) als auch andere wichtige theoretische Physiker haben ihnen vertraute ältere Auffassungen in Frage gestellt, und sich neuen zugewandt.[189] Nichtsdestoweniger waren es in der Tat vornehmlich Forscher, die am Anfang ihres fachlichen Weges standen, denen bei der Entfaltung und Durchsetzung der neuen Physik eine Schlüsselrolle zufiel. Andererseits ist es wohl voreilig, wenn man diesen Sachverhalt auf den Wissensstand überträgt und behauptet, daß die moderne Physik vorzugsweise von Menschen auf den Weg gebracht worden wäre, die keine Ahnung von den herkömmlichen Konzeptionen gehabt hätten.[190] Einstein war, wie man bei Pais u.a lesen kann, auch in seinen frühen Anfängen keine Parzival-Figur der physikalischen Forschung

(ii) stützt sich auf die historische Behauptung, daß Lavoisiers Strategie zugunsten der Oxidationschemie darauf gezielt habe, die Verständigungsbegriffe zu besetzen und somit eine Nomenklatur populär zu machen, in der sich die Anhänger der älteren, der Stahlschen Konzeption nicht mehr hätten mitteilen können.[191] Vertrautheit mit der Phlogistonlehre hätte demnach daran gehindert, am Fortschritt des Faches teilzuhaben. Eine bessere Beleuchtung des Falls zeigt hingegen nicht nur, daß ein beträchtlicher Teil der Phlogistiker sich nach dem Erscheinen von Lavoisiers Traktaten zur neuen Lehre bekannten,[192] sondern auch, daß der Oxidationsbegriff vor dem Hintergrund des (Verkalkungs- und Verbrennungsvorgänge vereinheitlichenden) Phlogistonbegriffs ihnen unabhängig von der Annahme der neuen Lehre ohne weiteres zugänglich war.[193] Der hartnäckige Phlogistiker Christian Ehrenfried Weigel übersetzte einen von Lavoisiers Traktaten in Deutsche.[194]

(ii) Der wissenschaftstheoretische Begriff des Stils ist nicht sehr scharf, und manches, das unter dem Titel verhandelt wird, paßt durchaus zur Konzeption des Vertrautseins. Nach der hier vertretenen Auffassung gibt es keinen übermenschlichen Zwang, auf eine einzige Weise zu forschen. Was es gibt, sind situierte und forscherabhängige Entwicklungen, aus denen bei verläßlichen Verläufen Wissen resultiert. Ein positiver Bezug zum Vertrautheitsbegriff stellt sich beispielsweise ein, wenn man im Blick auf Duhems berühmte Entgegensetzung der ›physique française abstraite‹ und der ›physique anglaise concrète‹ im 4. Kapitel von *La théorie physique* auf die Bedeutung unterschiedlicher schulischer Voraussetzungen in beiden Ländern abhebt. Andererseits zeigt sich bei genauerer Betrachtung, daß Duhems Darstellung zu vorschnellem Urteil verleitet. Mary Jo Nye hat die naturwissenschaftliche Ausbildung in England und Frankreich genauer untersucht und dabei festgestellt, daß sehr viele Physiker und Chemiker ihre Ausbildung im jeweils anderen Land abgeschlossen und sich die ›stilistischen‹ Unterschiede in der Praxis weitgehend abgeschliffen haben.[195]

Derlei Abwägungen beruhen auf breit angelegten Stilvorstellungen, die sich auf verschiedenes beziehen: Präsentationsformen für Forschungsresultate, bevorzugte Argumentationsweisen, Vorlieben für bestimmte Arten von Empirie, für divergierende Themensetzung und abweichende Bauweisen von Theorien. ›Stil‹ ist ein auf diversen Ebenen gehandhabter Abgrenzungsbegriff,[196] der nicht notwendig mit Relativierungen nach dem Vorbild einer kunsthistorischen Individualisierung zusammenfällt. Ich erinnere in diesem Zusammenhang noch einmal an perspektivische Divergenzen auf der Anschauungsebene, die sowohl ihre jeweilige – reliabilistisch gesehen – intakte Vorgeschichte haben wie auch den Beginn eines neuen Erschließungsvorganges bilden können, der auf lange Sicht zu harmonischen Verhältnissen führt (Kapitel 3.4.2). Einen bezeichnenden Aufschluß erhält man bereits, wenn man das scheinbar passendste Motto des stilbezogenen Relativismus genauer besieht: ›le style c'est l'homme‹. Als Urheber gilt der große Naturhistoriker Buffon, und in der Tat gibt es eine nur leicht abweichende Formulierung in seiner Rede zur Aufnahme in die *Französische Akademie*: »Ces choses sont hors de l'homme, le style est l'homme même.«[197] Der Satz nimmt sich oberflächlich betrachtet hinreichend objektivitätswidrig aus, um als Parole des privaten Selbstausdrucks durchzugehen. Aber was ist für Buffon ›Stil‹? Ausdrücklich wird einschränkend festgehalten: »l'harmonie des paroles n'en est que l'accessoire«[198]. Positiv ausgedrückt: »Le style n'est que l'ordre le mouvement qu'on met dans ses pensées.«[199] Er richtet sich nach der Art des Themas. »[...] il naîtra naturellement du fond même de la chose dépendra beaucoup du point de généralité auquel on aura porté ses pénsées.«[200]

Was Buffon anstrebt, ist alles andere als die Auslieferung von Wissensansprüchen an partikuläre Einstellungen. Buffons Rede dokumentiert die tiefe Überzeugung, daß Forschung sich geordnet und transparent sowohl vollzieht als auch darstellt. Indem tüchtige Forscher ihre Publikationen prägen, tun sie dies, um ihre Feststellungen auf die jeweils bestmögliche Weise mitzuteilen und sie somit zum allgemeinen Gut in der Geschichte des menschlichen Fortschritts zu machen.[201] Die persönliche Stilanstrengung, »la réunion & l'exercise de toutes les facultés intellectuelles«[202] *befördert* den objektiven Fortschritt. Diese Leistung bleibt der Nachwelt sichtbar, wohingegen die Einsichten selbst (»ces choses«) in den weiteren Fortschritt integriert werden.[203] Und mit diesem Gedanken steht Buffon den Programmatikern der *Royal Society* nicht so fern, wie die vermeintliche Individualitätsnorm es suggeriert. Als Autoren wie Glanvill, Sprat und andere britische Herolde der frühneuzeitlichen Wissenschaft dafür eintraten, herkömmliche rhetorische Ideale in der wissenschaftlichen Verständigung beiseite zu schieben, und das neue Aptum in der schmucklosen Rede zu sehen, war damit ein darstellerisches Ideal umrissen, das auf seine Weise ebenfalls glänzende Auftritte ermöglichte. Glanvills *Plus Ultra*[204] und Sprats *History* sind bewunderungswürdige Stilmuster. Nüchternheit und Klarheit des sprachlichen Ausdrucks fungieren hier als Tugendindizien. Soweit es dennoch eine stilistische Antithetik zwischen einer Naturhistorie etwa des buffonschen Typs und den zumeist trockeneren Beschreibungen in den *Transactions* der *Royal Society* gibt, so wären diese zunächst einmal auf ihre jeweiligen Zwecke zu untersuchen, und vor allem darauf, ob aus der stilistischen Devianz Übertragungsprobleme entstehen.

Der am entschiedensten der Vorstellung vom Vertrautsein als begünstigender Bedingung zuwiderlaufende Gebrauch des Begriffs steht in Verbindung mit Flecks Lehre vom *Denkstil*, die auf die früher bereits diskutierte Ebene der Anschauung und zu den gängigen Plastizitätsbehauptungen zurückführt und (Kapitel 3.4)

Wenn der relativische Gebrauch des Stilbegriffs sich auf anderen Ebenen behaupten wollte, müßte sich damit zeigen lassen, daß der Ausgang aus vertrautem Milieu in der Breite einer Forschungsunternehmung zu *falschen* Auffassungen oder zu Fortschritts*verzögerungen* führt. Meines Erachtens taugt keine der bekannten relativistischen Fall-Studien zu diesem Zweck. Dargelegt wird etwa – um drei vielbeachtete Beispiele zu nennen – daß die Physik Robert Boyles allerlei mit dem *Leviathan* zu tun habe,[205] Parallelen zwischen den allgemeinen weltanschaulichen Strömungen der Weimarer Zeit und der Quantentheorie existieren[206] und Darwin dieselben Phänomene in Abhängigkeit von seinen Vormeinungen anders interpretiert habe als Agassiz.[207]

Dazu ist, was die beiden ersten Fälle angeht, zunächst einmal anzumerken, daß der Glaube an eine politische Konzeption oder an eine Weltanschauung keinen Fall von Wissen darstellt. Mit Spenglers Niedergangsthesen oder Hobbes' politischer Philosophie vertraut zu sein, ist etwas anderes als spenglersche oder hobbesianische Überzeugungen zu hegen. Ein weiterer Einwand kann sich – um das dritte Beispiel aufzunehmen – daran halten, daß der Kreationist Agassiz eben zum eigenen wissenschaftlichen *Schaden* auf den Galápagos nichts Aufschlußreiches zu erblicken vermochte. Entsprechendes gilt für beiden anderen Fälle. In den relativistischen Darstellungen wird *nicht* gezeigt, daß Boyle, Darwin oder Heisenberg falsch gelegen hätten und der wissenschaftliche Fortschritt auf eine einigermaßen deutlich bestimmbare Weise anders verlaufen wäre, wenn die allgemeinen gedanklichen Voraussetzungen der Beteiligten anders beschaffen gewesen wären. Hätten wir heute eine deterministische Teilchenphysik, wenn die deutschen Forscher der 20er Jahre in einer anderen kulturellen Situation gelebt hätten? Das ist kaum vorstellbar. Immerhin gibt es ungezählte wohlgesicherte Phänomene, die mit einer solchen theoretischen Entwicklung unvereinbar wären. Man muß sie nicht als spekulative Möglichkeit ausschließen, um festzustellen, daß keine relativistische Fallstudie ihr das nötige Gewicht zu verleihen vermag.[208]

Die Scheuklappen-Annahme greift nicht. Jeder Vertrautheitsraum kann auf die verschiedenste Weise möbliert sein. Und wenn das Mobiliar gut ist, kann man sich damit in einer neuen Umgebung eher heimisch fühlen. Was nun diejenigen betrifft, die falsch lagen, so erinnern ihre Fehlgriffe daran, daß Vertrautsein ein *personaler* Wissenszustand ist. Er fällt in Umfang und Inhalt unterschiedlich aus, er erleichtert das Verständnis von neuen Ansätzen, aber er garantiert selbstredend nicht, daß man bei der Annahme oder der Verwerfung dieser Ansätze richtig handelt.

Eine Darstellung, die darauf abzielt, den angeblichen *Verzögerungseffekt* des Vertrautseins in einer entwickelten Forschung plausibel zu machen, enthält Jonathan Harwoods Studie *Styles of Scientific Thought – The German Genetics Community 1900–1933*[209], die sich an Überlegungen Karl Mannheims anschließt. Die wissenschaftshistorische Auffälligkeit, von der Harwoods Überlegungen ihren Anfang nehmen, ist die Nachzeitigkeit bzw. die späte Rezeption der Arbeiten der Forschergruppe um Th. H. Morgan von der Columbia-Universität, d. h. der Transmissionsgenetik mit den Studien an der dann berühmt gewordenen Taufliegenart *Drosophila melanogaster*. Nach Harwood handelt sich um einen Beleg dafür, in welchem Ausmaß Selbstverständlichkeiten im Grundsätzlichen (in Deutschland ein kulturelles Klima ›ganzheitlicher Offenheit‹, in den Vereinigten Staaten im Gegensatz dazu pragmatistische Haltungen) festlegen, welche Wege Forscher wann beschreiten.

Gegenüber Harwoods Thesen ist zunächst einmal mit der gleichen Berechtigung wie im Blick auf andere relativistische Fallstudien daran festzuhalten, daß ideologische Auffassungen keine Fälle von Wissen darstellen. Zweitens hätte Harwood zeigen müssen, daß etwas, das dem damaligen Stand nach als selbstverständliches *Wissen* vorausgesetzt wurde, falsch war und im weiteren zur Bevorzugung falscher theoretischer Überzeugungen geführt hätte. Harwood bezieht sich aber lediglich auf *thematische* Unterschiede. Er belegt nicht, daß es im engeren Forschungskontext, was Wissensansprüche angeht, eine Art bremsenden *Verblendungs*zusammenhang gegeben hätte. Der geschichtliche Ablauf weist nichts dergleichen aus. Dreht man die historische Uhr ein paar Jahre weiter als Harwoods Darstellung es tut, so zeigt sich: Die neuen Tendenzen der sowjetischen und amerikanischen Forschung der 30er Jahre erfuhren durchaus umgehend Rezeption, und zwar in einem Deutschland, das sich gerade anschickte, tatsächliche oder imaginäre nationale Besonderheiten zu einem alle Lebensbereiche durchwirkenden Programmpunkt zu machen. Sollte der ›deutsche Stil‹ ausgerechnet im Nationalsozialismus sein Ende gefunden haben?

Die Frage mag angesichts des wechselvollen Schicksals von Lenards ›Deutscher Physik‹ *in* der Zeit des Nationalsozialismus für die theoretische Physik nicht ganz so hanebüchen sein, wie sie sich bei erstem Anhören ausnimmt. Aber im Falle der Genetik liegen die Dinge nicht so merkwürdig:[210] Die erzwungene und zum Teil auch selbstgewählte fachliche Isolation nach dem 1. Weltkrieg behinderte für einige Jahre die Teilnahme am internationalen Austausch, so daß der fachliche Informationsfluß ins Stocken geriet, d. h. in einem bestimmten Bereich das *Sich-Vertrautmachen* vereitelt wurde. Die Isolationsphase endete nicht 1933, sondern 1927 mit einem internationalen Kongreß. Die Folgejahre belegen eine zunehmende Integration der Bemühungen in Deutschland in die internationale Forschungsentwicklung. Was die deutsche Entwicklung noch bis lange nach dem II. Weltkrieg behinderte, läßt sich ohne Rückgriff auf die Scheuklappen-Idee erläutern: die Vertreibung und Ermordung einschlägig tätiger Fachkollegen, spätere atmospärische Belastungen aufgrund der Rolle, die viele der in Deutschland verbliebenen Forscher bis 1945 gespielt hatten, u. a. m. Der Fall der Genetik zwischen den Kriegen zeigt nicht, daß das Vertrautsein mit fachlichen Inhalten gedanklich immobil macht.

Wissenschaftler mögen wie andere Menschen manchmal starrsinnig an ihren Auffasssungen kleben, aber starrsinnig verteidigtes Wissen ist Wissen, und starrsinnig verteidigte Meinungen bleiben Meinungen. Daß jemand, der sich jahrelang mit einem bestimmten Gegenstand befaßt hat, nicht umgehend vergleichbare Früchte erntet, wenn er neues Verständnis aufbauen muß, erhellt sich von selbst. Möglicherweise handelt er in seinem ›Starrsinn‹ sogar vernünftig, insofern er im Rahmen seines alten Ansatzes voraussichtlich besseres zuwegebringt als es ihm als Anfänger im neuen Rahmen möglich wäre. Aber anzunehmen, daß er einen Vorteil davon hätte, wenn er fachlich bei Null anfinge, ist unplausibel.

Fassen wir das Dargelegte zusammen, so wird nachvollziehbar, daß Vertrautsein – mit den Momenten des Verständnisses, der Intensität und der Ermöglichung fachgemäßer Mobilität – im Zusammenwirken mit robusten Anschauungen – die Voraussetzung schafft, weiterführende, innovative Schritte zu tun. Diese Feststellung hat eine bemerkenswerte gedankliche Konsequenz. Wissenschaftlicher Fortschritt bedeutet demnach nicht ohne weiteres, auf Wissen zuzustreben, sondern sich von wohl legitimiertem Vertrautem *fortzubewegen*, und auf ein Terrain zu begeben, wo es epistemisch *riskant* zugeht und man gut daran tut, nicht allzu eilig von etwas überzeugt zu sein. Normativ umgesetzt läuft das auf die – vor dem Hintergrund gängiger methodologischer Vorstellungen – irritierende Empfehlung hinaus, dieses Risiko *nicht* allzu schwungvoll einzugehen und sich epistemisch mit dem zu begnügen, was wir sukzessive in den Kreis des Vertrauten ziehen können. Nun wäre es aber andererseits nicht hinzunehmen, wenn das Beharren auf einem einigermaßen strengen Wissensbegriff uns daran hinderte, einschneidende und rasante wissenschaftliche Umwälzungen nachzuvollziehen. Das bedeutet, daß der Einsatz kühner Hypothesen nicht als gleichbedeutend mit der Übernahme riskanter Überzeugungen angesehen werden darf. Wir benötigen vielmehr einen – wissenschaftshistorisch anwendbaren – begrifflichen Mechanismus, der zwischen dem Forscherwissen und der Verfolgung riskanter Hypothesen gedeihliche Verhältnisse herstellt. Wir werden ihn unter den Beschreibungen finden, die sich auf anerkennswerte, tugendbestimmte Forscherhandlungen beziehen.

4 Forschen

4.1 ›Forschen‹

»Als Clerk Maxwell in den 60er Jahren des 19. Jahrhunderts seine elektromagnetische Theorie entwickelte, hatte er eine Reihe expliziter Ziele im Sinn. Eines davon war, eine mechanistische Erklärung von elektromagnetischen Phänomen zu entwickeln. Maxwell wollte damit die Theorie von Faraday, die Konzepte von ›Kraftlinien‹ und dergleichen enthielt, auf ein sicheres Fundament stellen, indem er versuchte, sie auf eine mechanische Theorie eines mechanischen Äthers zurückzuführen.«[1]

Das ist in erster Betrachtung eine typische motivorientierte Sicht der disziplinären Handlungen eines Forschers. Man sieht dennoch leicht, daß in diese Beschreibung Kompetenzhinweise sowohl in Verbindung mit der näheren Absicht als auch hinsichtlich der Bedingungen ihrer Realisierung eingehen. Das entspricht dem Erklärungscharakter von Tugendvorstellungen, die sich in diesem Fall auf indirekte Weise mit erfolgreichem Forschen verknüpfen. Wir haben die Grundlagen dieses Handelns oben kennengelernt und werden uns in diesem Kapitel mit den einschlägigen Praktiken selbst befassen, wobei der Tugendaspekt die Erklärung dieser Handlungen fördert.

Das Zitat stammt von Alan Chalmers, einem Autor, der sich auf den Spuren von Poppers entschiedenem Objektivismus bewegt. Auch hartgesottene Apragmatiker benutzen Aktionsverben in der sonst üblichen Weise. Ihre Darstellungen lassen Forscher beobachten, Schlüsse ziehen, Entscheidungen treffen, Probleme lösen, experimentieren, Hypothesen bilden, überprüfen, rechtfertigen, entdecken, Nachweise führen, untersuchen u.v.a.m. Angaben dieser Art sind selbstverständliche Ingredienzen jeglicher Wissenschaftskommentierung. Die Frage, ob sich die damit formulierten Darstellungen tatsächlich auf überzeugende Weise in apragmatische Angaben über Theorien, Daten, Argumente usw. übertragen lassen, ist an dieser Stelle nicht entscheidend. Wichtig ist, daß die besten Ergebnisse einer solchen Transformation keine Interpretationen des *Forschens*, sondern allenfalls von *Wissenschaft* in einem sehr eingeschränkten Sinne wären, nämlich Rekonstruktionen von sachlichen Relationen.[2] Mit dieser isolierenden Betrachtung dieses Zusammenhanges wird seine Verankerung, seine Abhängigkeit von menschlichen Kompetenzen (in Sonderheit von Wissen) verdeckt. Gerade die Sachlichkeit von Wissenschaft ist kein beliebiges Phänomen, sondern eine Leistung der an der Forschung Beteiligten.

›Forschen‹ gibt anderen Aktionsverben mit engerer Bedeutung ein Dach, weist ihnen somit einen Ort innerhalb des weiteren Begriffs des Handelns zu. Die damit verknüpften stillen Regelungen lassen sich anhand des Zitats ersehen, das zwanglos mit *TS** (Kapitel 2.5) harmoniert: Handlungen sind in der darin dokumentierten gewöhnlichen Einstellung Ereignisse bzw. Vorgänge, deren Zustandekommen sich wesentlich den Absichten von Personen verdankt und die – soweit wir sie als anerkennenswerte Handlungen auffassen – sowohl hinsichtlich der spezifischen Fassung einer Handlungsabsicht als in ihrer Realisierung wesentlich von bestimmten begünstigenden Faktoren abhängen.

Die erwähnte Apersonalität, die sich in Formulierungen der Art ›Die Erforschung von *X* entwickelt *sich* vielversprechend‹ oder ›Theorie *Ta* ist einer anderen *Tb* im Blick auf Norm *N* überlegen‹ niederschlägt, blendet nicht nur ein Thema, nämlich den Forschungszusammenhang, aus. Sie bringt auch disziplinär und methodisch gesehen um manche Chance, in

Sonderheit die, philosophischen Handlungstheorie für wissenschaftstheoretische Zwecke zu nutzen. Zugegebenermaßen ist die Analyse des Handlungsbegriffs keine unstrittige Angelegenheit. Um die Erschließung abzukürzen, bediene ich mich lediglich eines – nicht mehr eigens legitimierten – Basisvokabulars und unterstelle im Einklang mit unseren Alltagsvorstellungen wie auch den meisten einschlägigen philosophischen Ansätzen,[3] daß man mit Hilfe von Begriffen wie ›Handlung‹, ›Akteur‹, ›Grund‹, ›Ereignis‹, ›Raum‹ und ›Zeit‹, auch ohne die Termini allzutief auszuloten, einen für unsere Darstellung hinreichenden Umriß geben kann.

Zum Ausgangspunkt nehmen wir die allgemeine Feststellung, daß Handlungen zu den Ereignissen gehören. Ob sie – wie die Alltagsvorstellung und auch diverse philosophische Positionen in Anlehnung an mentalistische Konzeptionen wie die der Intentionalität besagen – tatsächlich Ereignisse *besonderer* Art sind, ist im hier gegebenen Kontext weniger wichtig als es zunächst scheinen mag. Die Berechtigung oder Illegitimität der monistischen These, wonach Ereignisse einheitlich und Bezugnahmen auf mentale Zustände derart reduzibel sind, daß die Abgrenzung von Naturereignissen unsinnig erscheint, ist methodologisch nicht von Belang. Schließlich ist nicht absehbar, daß eine Interpretation von Forschungsereignissen bzw. -handlungen uns an den Punkt führen wird, wo sich die Frage nach der Reduktion ernsthaft stellt. Die Rückführung von Sätzen wie ›Hertz entwickelte eine Theorie‹ auf Gebilde vom Typ der Aussagen über ›basic actions‹, unter Umständen von solchen auf der Beschreibungsebene von Körperbewegungen, ist weder angestrebt noch unproblematisch,[4] und am wenigsten thematisch vielversprechend. Wir werden Handlungen als Ereignisse ansehen, über die wir – zu recht oder zu unrecht – mit einem mentalistischen Vokabulars, d. h. unter Verwendung von Ausdrücken wie ›wissen‹, ›beabsichtigen‹, ›bedenken‹, ›kennen‹ usw., reden.[5]

Eine Eigenheit von Ereignissen gegenüber anderen Entitäten, etwa solchen, die in der aristotelischen Tradition als Substanzen angesehen werden, besteht nach gängiger Auffassung darin, daß sie sich aufgrund ihrer direkten und nahen Beziehung zur *Zeit* von anderem abheben. Man kann diese Relation auf verschiedenen Wegen erschließen, etwa durch eine mereologische Formulierung, indem man sagt, Ereignisse hätten temporäre Momente, d. h. unselbständige Teile, die ihnen nur zu einem bestimmten Zeitpunkt bzw. in einer bestimmten Zeitspanne zukämen: Irgendetwas *verändere* sich, wobei die Temporalität eines Teils nur deshalb als solche in Erscheinung tritt, weil irgendetwas anderes sich nicht verändert. Die Träger von Veränderungen und damit die Gegenstücke zu Entitäten in der Zeit bilden Konstanten, wobei wir im gegebenen Kontext nicht entscheiden müssen, ob es solche Konstanten, etwa in der Art von stabilen Dingen, Personen, Ideen usw. wirklich gibt oder ob womöglich alles, worüber ontologisch zu verhandeln ist, temporäre Teile hat.[6] Der für unsere Überlegungen wichtige Gedanke ist der, daß die geläufige Vorstellung, es ereigne sich etwas bzw. eine Änderung habe statt, eine Konstanz voraussetzt.[7] Konstanten ordnen wir solchen Ereignisteilen zu, die einen bestimmten *Raum* einnehmen, wie es z. B. Menschen oder Dinge tun. Zwischen Konstanten und Ereignissen besteht eine einseitige Abhängigkeit: Wir können beispielsweise unterstellen, daß es Fritz gibt, ohne zu berücksichtigen, daß er sich gestern an einer Mauer gestoßen hat, wohingegen das Ereignis des Sich-Stoßens stets einen *Träger* hat. Damit sind wir bei einer das personalistsche Unterfangen stützenden Feststellung angelangt: Insofern Forschungshandlungen Ereignisse sind, hängt ihre Existenz davon ab, daß es Konstanten gibt, die sie *tragen*. Dies können Individuen sein, oder auch Gruppen, die sich – und damit sind wir bei einer zweiten Bestimmung angekommen – *räumlich* bestimmen lassen bzw. bestimmen lassen müßten: *A* vollzieht zum Zeitpunkt *t* an der Stelle *l* die Handlung *H*.

Man sieht leicht, daß überindividuelle Träger von Ereignissen uns vor eine Reihe heikler Fragen stellen, wenn wir sie nicht schlichtweg als Menge von Individuen auffassen wollen. Zwar bestehen solche Gruppen zweifellos aus Individuen, die sich lokalisieren lassen, aber vielfach – und ›Forscher‹ steht für einen solchen Fall – ist Distinktheit von spatial fixierbaren Individuen – eine instabile Angelegenheit. So mag es vielleicht Forscher schlechthin als konstante Träger von Forschungsereignissen geben, aber nichtsdestoweniger unterliegt diese Trägergruppe einem ständigen Austausch. Sie ist zu keinem Zeitpunkt auf *spezifische* Individuen angewiesen.

Die Konsequenz einer Nichtunterscheidung von individuellen und überindividuellen Ereignisträgern bei der Interpretation wissenschaftlicher Forschung ist klar ersichtlich. Sie bedeutete die Wiederaufnahme der bekannten universalistischen Betrachtungsweise, die Aufhebung einer bestimmten kontrastiven Erklärungsperspektive[8] und den Verzicht auf eine ernsthaft kontrollierende Einbeziehung empirischen Materials. Wenn wir über ›die Forscher‹ und die mit ihnen verbunden Vorgänge urteilten, würde unser Urteil nicht davon tangiert, ob sich in Verbindung mit Maxwell, Einstein oder irgendeinem anderen forschenden Individuum tatsächlich zutreffenderweise Entsprechendes sagen ließe. Es ist, wie schon früher angedeutet, für unsere Zwecke unabdingbar festzuhalten, daß wir im *ersten Schritt* methodologische Individualisten sein sollten, und im *zweiten* danach fragen können, ob die individualistische Betrachtung ausreicht oder durch die Berücksichtigung des Sozialen ergänzt werden muß.[9] Das besagt, uns in erster Linie für Forschungshandlungen zu interessieren, die mit Sätzen wie beispielsweise ›Maxwell entwickelte in seiner Zeit an der Universität Aberdeen, am Londoner King's College oder in seiner Hütte in Galloway die Maxwellschen Gleichungen‹ beschrieben werden. Ein bestimmter Mensch, der an einem bestimmten Ort in einer bestimmten Zeitspanne etwas Bestimmtes tut oder glaubt, steht erstrangig zur Betrachtung an.

Nun gibt eine Aussage über Maxwells Leistungen zwar einen erklärungs- und bewertungsbedürftigen Tatbestand an, verhilft aber noch nicht zu den Ansatzpunkten einer einschlägigen Forschungstheorie. Die Vielfalt denkbarer Beschreibungen von Forscherhandlungen stellt vor ein *Ordnungsproblem*. Es ist erforderlich, die Beschreibung von Forscherhandlungen auf eine Weise einzuengen, die eine Verknüpfung mit ›objektivistischen‹ Auffassungen ermöglicht.

4.2 Forscherhandlungen – Beschreibungshierarchien und Kontrastierungen

Der kaum mehr überschaubaren Literatur zur Handlungstheorie entspricht keineswegs eine reichhaltige Auseinandersetzung mit der Frage, *auf welche Weise* wir Handlungen beschreiben. Man könnte in Variation der obenstehenden Formulierung sagen, daß Maxwell sich die Theorie des Elektromagnetismus ›ausgedacht‹, sie ›aufgeschrieben‹, ›formuliert‹ oder ›geschaffen‹ habe, und es erschiene recht gewagt, Synonymierelationen zwischen den verschiedenen Beschreibungen zu unterstellen. Möglicherweise ist aber die mit deskriptiver Varianz verbundene Problemlast erheblich geringer, als sie sich bei erstem Hinsehen darstellt. Speziell das Bedeutungsproblem kann uns in den Grenzen wissenschaftsphilosophischer Betrachtung einigermaßen ungerührt lassen. Wenn wir uns lediglich von der Hoffnung leiten lassen, zur Erklärung und Bewertung von Forscherhandlungen beizutragen, benötigen wir nicht mehr als semantisch stabile Verhältnisse zwischen den explikativen bzw. evaluativen Kommentaren und Handlungsbeschreibungen. Ob oder inwiefern letzteren überhaupt Bedeutung eignet, gehört zu den Grundsatzfragen der Sprachtheorie. Entsprechend verhält es sich mit dem Problem, ob mentalistische Verben wie ›denken‹ als Aktionsverben zugelassen werden sollen. Da kein Fundierungsprojekt verfolgt wird,[10] schlage ich vor, die Formulierungstoleranz so einzurichten, daß wenigstens die wissenschaftshistorisch üblichen Redeweisen hingenommen werden, es also beispielsweise vertretbar ist, davon zu reden, daß Maxwell etwas gedacht oder aufgeschrieben habe. Keineswegs muß damit die Beschreibungsvielfalt als diffuser Zustand akzeptiert werden. Es gibt Möglichkeiten der Präzisierung und Bündelung unter den für unser Unternehmen wichtigen Aspekten, denen des Wissens und des wissenschaftlichen Fortschritts. Dazu muß ein wenig ausgeholt werden:

Wir können präzisierend den Versuch machen, für Maxwells ›Denken‹ ein Modell zu konstruieren, welches zum einen unsere historischen Daten, in Sonderheit Maxwells Aufzeichnung aus der Zeit und Faradays Vorgaben, und zum anderen unsere allgemeinen Kenntnisse über kreative Prozesse integriert. Nancy Nersessian hat ebendies unternommen und beschreibt Maxwells gedankliche Tätigkeit als eine komplexe Bewegung aus Analogisierung und Abstraktion.[11] Die damit geschaffene Präzisierung reicht aus, um ein handhabbares Explanandum zu formulieren. Die Handlungsbeschreibung ›Maxwell entwickelte seine Theorie des Elektromagnetismus, indem er elektromagnetische Phänomene mittels eines neuartigen mechanischen Systems auffaßte, das er in Analogie zu ihm bereits bekannten Ansätzen konzipierte‹ legt sinnvolle Fragen nach Gründen nahe, für die sich plausibe Antworten finden lassen. Man könnte der Tugendorientierung gemäß erläuternd auf Maxwells Ausbildung bzw. sein Vorwissen, seine Vertrautheit mit Faradays Ansatz u. a. m. hinweisen. Ein Satz wie »Maxwell hat dann eine mathematisch erfaßbare Größe gesucht, durch die sich der Faradaysche elektrotonische Zustand charakterisieren läßt«[12] kann als sachhaltige Angabe aufgefaßt werden, die eine sinnvolle und präzisierbare Explikationsaufgabe stellt. Erst recht gilt dies für simplere Beschreibungen wie ›Maxwell schrieb um die Mitte des 19. Jahrhunderts den Aufsatz »On Faraday's Lines of Force.«' Diese Beschreibungen konkurrieren nicht, insofern sie tatsächlich Präzisierungen sind, d. h. eine *Stufung* zwischen zwei Formulierungen darstellbar ist. Die Verknüpfung »indem er versuchte« in der eingangs des Kapitels zitierten Formulierung von Chalmers leistet genau dies. Nach dem nämlichen Muster können wir das uns Interessierende leicht miteinander in Verbindung bringen, wenn wir eine Formulierung wie ›Maxwell schrieb 1855 »On Faraday's Lines of Force"' mit einer anderen, etwa der Sorte ›Maxwell stellte die erste Fassung seiner Theorie des Elektromagnetismus dar‹, verknüpfen. Das hieße z. B. zu sagen: ›Maxwell stellte 1855 eine frühe Fassung seiner Theorie des Elektromagnetismus dar, *indem* er On Faraday's Lines of Force‹' schrieb.[13] Dahinter ließe sich freilich verschiedenes vermuten. Etwa daß

1) das Darstellen der Theorie und das Schreiben des Aufsatzes dasselbe seien, nämlich *das Schreiben des Aufsatzes* im Jahre 1852.

2) das Darstellen der Theorie und das Schreiben des Aufsatzes dasselbe seien, nämlich *das Darstellen der Theorie* (was mit der üblichen grammatischen Bestimmung des Nebensatzes als Modalsatz kongruierte).
3) das Darstellen der Theorie und das Schreiben des Aufsatzes zwei Modi einer *dritten Handlung* seien.
4) das Darstellen der Theorie *kausal* auf dem Schreiben des Aufsatzes beruhe.
5) das Schreiben des Aufsatzes von der Darstellung der Theorie *kausal* abhänge.
6) das Schreiben des Aufsatzes *teleologisch* von der Darstellung der Theorie abhängig sei.

Sogar der Gedanke, daß

7) die Darstellung der Theorie *teleologisch* von dem Schreiben des Aufsatzes abhänge,

ist nicht so abwegig, wie es zunächst erscheint. Man kann sich mühelos jemanden vorstellen, der sich eine theoretische Konzeption auszudenken versucht, um zu publizieren. Die Liste verarbeitet nur einige der im Kontext von Handlungstheorien diskutierten Distinktionen.[14] Die mit der Unterscheidung von 1), 2) und 3) verbundene ontologische Frage steht nicht wissenschaftstheoretisch zur Behandlung an. Nichts hindert daran, zur Erhellung von Wissenschaft sinnvoll erscheinende erklärungsheischende Fragen aufzunehmen. Entsprechendes gilt für die Differenzierung zwischen kausalen und teleologischen Voraussetzungen von Handlungen (4–7). Im Rahmen einer Erklärungspragmatik lassen sich zu den angegebenen Interpretamenten sämtlich *Kontrastklassen* bilden: Warum schrieb Maxwell einen Aufsatz – und nicht etwa eine umfängliche Abhandlung – um seine Theorie darzustellen? Warum stellt Maxwell seine Theorie *1855* dar, statt ihr eine längere Inkubationszeit zuzubilligen? Warum gelang ausgerechnet Maxwell eine solche Darstellung und nicht etwa dem Forscher X? Damit wären wir bei *TS** aus Kapitel 2.5 angelangt. Die Bevorzugung bestimmter Beschreibungen, die von uns als Erklärungsanlässe akzeptiert werden, ergibt sich mit der Festlegung von kontrastierenden Fragehinsichten. Das mutet nicht sonderlich originell an. Aber der Gedanke der Kontrastklasse hilft entscheidend dabei, die gewünschte einschränkende Vorstellung von tugendbestimmter Forschung abzuleiten.

4.3 Drei Typen erfolgreichen Forscherhandelns

Wir können dieser Ausgangsüberlegung gemäß diverse Kontrastklassen bilden. Ich konzentriere mich auf zwei Kontraste: zum einen den zwischen *wissens*begünstigenden Aktionen und solchen, von denen sich dies nicht oder nur in geringerem Umfang behaupten läßt; zum anderen den zwischen *fortschritts*begünstigenden Aktionen und solchen, die Fortschritt nicht oder weniger fördern. Hieraus lassen sich drei Typen des Forscherhandelns ableiten, denen präzisere Beschreibungen mittels ›Indem-Verknüpfungen‹ zuzuordnen sind.

Beginnen wir mit solchen Handlungen, die (i) in einem positiven oder negativen Verhältnis zur Gewinnung und Rechtfertigung von *Wissen* stehen, und solchen, für die das nicht gilt. Explikanda personalistischer Forschungstheorie hätten in diesem Fall die Form von Aussagen des Typs

> ›*A* trug zur Gewinnung und/oder Rechtfertigung von Wissen (und nicht etwa zur Vermehrung menschlicher Unwissenheit, Illusion o.ä.) bei, *indem A* x ausführte‹.

Erklärungsheischende Fragen wären demnach solche wie ›Warum täuschte sich Maxwell nicht, als er seine Experimente anstellte?‹ Insofern aber auch die adäquate Wiedergabe eines theoretischen Ansatzes in diesem Schema zu sehen wäre, fallen darunter auch Beschreibungen, die Antworten auf Fragen wie ›Warum beging Maxwell bei der Präsentation seiner Theorie des Elektromagnetismus (indem er »On Faraday's Lines of Force« schrieb) keinen gedanklichen Fehler?' geben.

Nun kann wissenschaftlicher Fortschritt nicht schlichtweg mit der Gewinnung von Wissen ineinsgesetzt werden – was das Hauptproblem der wissenschaftstheoretischen Umsetzung des Reliabilismus darstellt. Wissenschaftlicher Fortschritt resultiert aus dem Zusammenwirken von unmittelbar wissensbezogenenen Handlungen mit einer zweiten Gruppe wissenschaftlicher Aktionen: Forschen muß sich auch auf solches erstrecken, das in seiner Geltung nicht verbürgt ist. Es muß *Neues* bereitstellen (ii), und des weiteren den *Umgang* mit dem Bereitgestellten regeln (iii). Das heißt, es gilt in der einen Hinsicht zu zeigen, daß z. B. interessante Hypothesen auf der Grundlage von Fähigkeiten und nicht etwa zufällig entstehen. In der anderen Hinsicht steht an, die Bewertung des Neuen als Fall kompetenten Forscherhandelns auszuweisen. In beiden Fällen wird Wissen bzw. unmittelbar wissensbegünstigendes Handeln nur vorausgesetzt. Die Klärung dieses diffizilen Verhältnisses wird uns im 2. und 3. Teil des vorliegenden Kapitels eingehend beschäftigen. Die schematische Verbindung mit der Idee der Kontrastklasse indes stellt sich – da ›Fortschritt‹ selbst bereits ein komparativer Begriff ist[15] – noch simpler dar als im Fall unmittelbar wissensbezogener Handlungen:

›*A* trug zum wissenschaftlichen Fortschritt bei, *indem A x* ausführte‹.

Sowohl Entdeckungen (ii) als auch Entscheidungen (iii) sollen in diesem Sinne als tugendgegründete Handlungen darstellbar sein. Die Bestimmungen der drei Typen tugendhafter Forscherhandlungen harmonieren mit der Erfolgskomponente des allgemeinen Tugendbegriffs (Kapitel 2.2) wie auch mit dem Begriff der Forschertugend (Kapitel 2.5) und verweisen auf die Anforderungen an eine Theorie des Forschungszusammenhanges (Kapitel 1.3). Die Kontrastierungen entlasten das Arbeitsfeld von solchen Handlungen, die nicht mit Wissen bzw. wissenschaftlichem Fortschritt in Verbindung gebracht werden können. Und es konzentriert sich die personalistische Forschungsbetrachtung auf Gelegenheiten, bei denen sich positive und negative Verhältnisse feststellen lassen, d. h. auf Möglichkeiten, sich zu irren, ungünstige Entscheidungen über Theorien vorzunehmen usw. Ich werde zunächst auf wissensschaffende Praktiken (i) eingehen, soweit sie nicht im Zuge der Präzisierung des Wissensbegriff schon hinreichend erschlossen sind. Dies betrifft zum einen die Strategien zur Vermeidung von durch den Forscher selbst zu verantwortenden Irrtümern, des weiteren solche Momente, die sich aus den testimonialen Verpflichtungen des Forschens herleiten: Vertrauen und Kontrolle. Anschließend wird das Problem des theoretischen Fortschritts aufgegriffen, wobei zunächst die tugendbestimmte Entstehung fortschrittsrelevanter Konzeptionen (ii) betrachtet und anschließend der tugendbestimmte, ›wohlgegründete‹ Umgang (iii) damit beleuchtet wird.

4.4 Irrtumsvermeidung

4.4.1 Die Vermeidung basaler Irrtümer

Jemand irrt, wenn er etwas zu *wissen* meint, das nicht der Fall ist, vice versa. In der Entgegensetzung zu Wissen als wahrem gerechtfertigten Glauben wäre von einem falschem illegitimen Glauben zu sprechen. Derlei definitorische Simplizität mag dazu beigetragen haben, daß die weitergehende, speziell die funktionale Einschätzung des Irrtums in der Wissenschaftstheorie des 20. Jahrhunderts eine merkwürdig blasse Angelegenheit ist, wiewohl der Irrtumsbegriff recht häufig und emphatisch Verwendung findet.[16]

Warum sich für Irrtümer interessiert, wer auf genetische Momente der Auszeichnung von Wissen achtet, ist trivial: Irrtümer gehören zum kognitiven *Risiko* der Wissensgewinnung.[17] Daß wir solche Risiken hinnehmen, ist vernünftig, wenn es überhaupt vernünftig ist, etwas wissen zu wollen. Gingen wir sozusagen ›auf Nummer sicher‹ und übten unter allen Umständen skeptische Zurückhaltung, verlören wir jegliche Aussicht auf Wissen. Davon abgesehen, ist nicht einmal ausgemacht, daß wir dazu in der Lage wären. Auf jeden Fall stellen Irrtümer selbstverständliche Alternativen in Forschungssituationen dar. Wir haben keine andere Wahl als die zwischen einer Wissenserwartung mit dem Wert 0, die vor Irrtum schützte, und einer solchen mit dem Wert 0+X. So gesehen ist es rational, das Risiko des Irrtums auf sich zu nehmen. Das gilt natürlich nur unter der Bedingung, daß wir sowohl andere Risiken (z. B. persönliche Enttäuschung, aufgrund eines Irrtums fruchtloser Arbeitsaufwand o.ä.) als auch anfallende Kosten mit dem Lohn, dem erhofften Wissen, vergleichen können und für angemessen halten. Diese einfache Basisüberlegung erinnert an den Gemeinplatz aller zweckrationalen Überlegungen: Es ist vernünftig, Kosten und Risiken so weit wie möglich zu verkleinern, womit zugleich der Zusammenhang zwischen Irrtümern einerseits und entgegengerichteten Forschungshandlungen und -einstellungen anderseits in erster Annäherung beschrieben wird.

Die bekannteste Thematisierung der Verknüpfung von Irrtumsrisiko und Forschungshandeln enthalten die Überlegungen in Ernst Machs klassischem Buch *Erkenntnis und Irrtum*. Darin wird mit Gedanken zur Strategie der Irrtumsvermeidung auch der legitimierende Charakter verläßlichen vorauslaufenden Forschungshandelns im Blick auf Wissen angedeutet. Was Mach über die Ausschaltung von Fälschungen und anderen »Fehlerquellen«[18] anmerkt, seine Hinweise[19] auf »schwaches Licht« oder eine »erregte Phantasie«, die »bei der wissenschaftlichen Forschung Schaden anrichten«, läßt sich ohne Verbiegung als Katalog reliabilistischer Klauseln lesen. Irrtümer des von Mach beschriebenen Typs sollen *›basale Irrtümer‹* heißen. Der Sinn dieser Festlegung erhellt sich im weiteren von selbst.

Machs Anstoß hat keine Fortsetzung gefunden bzw. der schon früher sich abzeichnenden Vernachlässigung des Irrtumsbegriffs nicht entgegenwirken können.[20] Mit der Ablehnung von ›Psychologismen‹ bzw. der Ausblendung von Entstehungsbedingungen wissenschaftlichen Wissens hat sich auch das Projekt einer Irrtumslehre für Jahrzehnte erübrigt. Aber es gibt noch weitere Motive, vor allem eines, das sich aus dem Siegeszug der hypothetizistischen Methodologie herleitet. Die thematische Ausrichtung des Hypothetizismus birgt eine einschränkende Deutung des Irrtumsbegriffs in sich, die es ermöglicht, ihn exponiert zu verwenden, ohne sich dem eigentlichen *Problem* des Sich-Irrens auszusetzen: Irrtum wird nicht als basales Risiko gesehen, sondern vielmehr gleichgesetzt mit der Verwendung einer untauglichen Hypothese, so daß die Ausschaltung von Irrtümern als Geschäft der *Hypothesenbewertung* aufgefaßt wird. Es ist aber wichtig zu sehen, daß Irrtümer nicht in einen Topf mit der Fehlbarkeit hypothetischer Annahmen geworfen werden dürfen. Zum Begriff des Irrtums gehört, daß der Irrende sich des epistemischen Risikos nicht bewußt ist. Der Irrtum besteht gerade darin, daß jemand glaubt, etwas zu wissen, und damit falsch liegt. Das Versagen provisorischer Annahmen ist etwas anderes. Der Hypothetizismus, zuvorderst in der bekanntesten Gestalt als Fallibilismus, übergeht genau diesen Punkt, was eine nähere Betrachtung verdient. Aber halten wir zunächst die mit der Verwischung von Irrtum und Hypothesenversagen verbundene thematische Einbuße fest: Sie bedeutet ein radikales Absehen gerade der besonders ernst zu nehmenden Irrtumsmöglichkeiten. Irrtümer können in

- gedanklichen Voraussetzungen
- Beobachtungen
- argumentativen Verknüpfungen
- begrifflichen Einstufungen
- Erinnerungen u. a. m.

liegen. So machen wir uns, um mit dem ersten zu beginnen, nur selten die Präsuppositionen unserer expliziten Annahmen und Fragen bewußt. Die Fähigkeit, den ontologischen, methodologischen und anderweitig zu lokalisierenden Verpflichtungen auf die Spur zu kommen, ist eine in Grenzen lernbare und kultivierbare Individualtugend. Wer beispielsweise Russells Theorie der Kennzeichnungen oder die präsuppositionstheoretischen Konzeptionen Freges oder Strawsons kennt, wird sich leichter damit tun, als jemand, der über keine Rekonstruktionsstrategien verfügt. Was Beobachtungen angeht, so sind sie nur verläßlich, wenn die Beobachtungssituation gesichert ist. Dies besagt, daß u. a. die beteiligten Sinnesorgane, Hilfsmittel usw. ›funktionieren‹ müssen. Der Beobachter muß in der Lage sein, Phänomene angemessen zu registrieren. Der Farbenblinde taugt nicht zur Suche nach einem rot getupften Amazonas-Barsch. Und auch, wer über ein verläßliches Wahrnehmungsvermögen verfügt, kommt nicht umhin, mehr oder minder bewußte Vorkehrungen gegen Täuschungen aller Art zu treffen,[21] muß im simpelsten Fall die rechte Distanz wählen u. ä. m. Solche Strategien sind im übrigen nicht nur eine Angelegenheit der Naturobservation. Wir können uns genauso irren, indem wir einen wichtigen Satz in einem Buch auslassen oder ein Symbol falsch aufnehmen.

Des weiteren gilt trivialerweise, daß korrekte Verknüpfungen keine Selbstverständlichkeit sind. Logische Propädeutika zielen seit je auf die Vermeidung von Fehlschlüssen, wenngleich es um die praktische Umsetzung nicht gar so eindeutig bestellt scheint.[22] Hinsichtlich der Angewiesenheit auf zutreffende Erinnerungen hat sogar Descartes sie in den *Regulae* im Zusammenhang mit Beweisverfahren anerkannt,[23] nicht davon zu reden, daß zwischen jedweder Sinneswahrnehmung und ihrer Registration ein Akt des Sich-Erinnerns liegt. Der ganze Prozeß der Dokumentation ist gewissermaßen ein Kampf gegen das Vergessen, der nie bis ins Letzte gewonnen werden kann.[24] Womöglich steht nicht nur die Verschriftlichung der Empirie, sondern sogar die Bildung von Theorien in der Tradition der *Ars memorativa*.[25] Der Aufgabe der Einschätzung der Verläßlichkeit des Erinnerns widmet sich mittlerweile ein Forschungszweig der empirischen Psychologie, wobei freilich die Diskussionslage so offen ist,[26] daß sich eine Indienstnahme dem derzeitigen Stand nach für das personalistische Projekt nur tendenziell empfiehlt. Daß ein gutes Erinnerungsvermögen Wissenserwerb und -sicherung fördert, ist unumstritten.

Die Aufzählung erfaßt nur einen Bruchteil jener Gelegenheiten, bei denen sich Forscher irren können, und von denen in wissenschaftstheoretischen Kontexten jahrzehntelang kaum die Rede war.[27] Sich in einem Forschungszusammenhang zu täuschen, kann aus einem komplexen Zusammenwirken unterschiedlicher Anlässe resultieren bzw. mit dem Fehlen diverser entgegenwirkender Faktoren korrespondieren. Irrtümer können sich bei umfänglichen experimentellen Arrangements in Verbindung mit den unterschiedlichsten Faktoren einstellen, auf Unbedarftheit im Umgang mit Regeln der Testtheorie oder Statistik, auf fehlende Vertrautheit mit bestimmten Theoriestücken oder Geräteeigenschaften u.v.a.m. verweisen.

In allen Fällen ist leicht ersichtlich, daß die Fähigkeiten von Forschern den wesentlichen Anteil an der Vorbeugung bzw. Vermeidung haben. Dazu, daß man das Beiseiteschieben des Irrtumsproblems bei der Lektüre hypothetizistischer Texte kaum bemerkt hat, trägt vermutlich eine oberflächlich plausible Analogisierung zum Lernverhalten, wie es in der behavioristischen Lerntheorie (*trial and error*) beschrieben wird, wesentlich bei. Zur Kritik dieses Umgangs mit dem Irrtumsbegriff finden sich bei Mach evolutionistisch motivierte Einwürfe, auf die hier nur verwiesen sei.[28] Stattdessen sei ein anderer Weg beschritten:

Zunächst ist einzuräumen, daß die Idee von *trial and error* durchaus ihren Erklärungswert besitzt, wenn wir beispielsweise bestimmte Verhaltensweisen, Einstellungen, Methoden usw. als ›Versuche‹ auffassen.[29] Z.B. mag jemand lernen, auf einem bestimmten Feld mit der Methode *M* vorzugehen, weil er damit Erfolg und andererseits mit der Methode *N* Mißerfolg geerntet hat. Diese Orientierung vertrüge sich hervorragend mit der Idee der Wissensgewinnung und -rechtfertigung durch mental bestimmtes Forscherhandeln. Aber darum es geht bei der üblichen Adaptation des Begriffs nicht. Hier findet vielmehr eine Gleichsetzung von Versuch und *unreflektierter Überzeugung* statt. ›Eine Person *A* irrt sich‹ würde demnach bedeuten, daß *A* eine wahre Hypothese über einen Tatbestand verwirft oder eine falsche Hypothese als gültig akzeptiert. Die Feststellung anomaler Sachverhalte sowie ein einfacher widerlegender Schluß schaffen dieser Trial-and-Error-Auffassung zufolge die Möglichkeit, ›aus dem Irrtum zu lernen‹ bzw. Irrtümer zu korrigieren.

Es wurde bereits angedeutet, warum diese Einstellung zum Irrtum, unabhängig von ihrer spezifischen gedanklichen Gestalt, am eigentlichen Problem des Irrtums vorbeigeht. Der Falschheitsnachweis einer Hypothese kann einen Irrtum aufheben, aber dies ist lediglich dann der Fall, wenn die Hypothese vorher von demjenigen, der mit ihr arbeitet, für *wahr* erachtet wurde. Um methodisch angemessen mit Hypothesen umzugehen, bzw. sie empirisch oder sonstwie zu kontrollieren, ist das *Überzeugtsein* des Forschungsakteurs aber keineswegs obligatorisch. Ausgerechnet unter den methodologischen Prämissen des Hypothetizismus erweist sich Überzeugtsein sogar eher als *hinderlich*. Den einflußreichsten modernen Hypothetizisten, den Fallibilisten, ist vermutlich zuzustimmen, wenn sie empfehlen, in allen Forschungssituationen die Fehlbarkeit der Menschen einzukalkulieren. Aber die Auffassung von den zu beseitigenden, irrtümlich gewählten Hypothesen paßt eben genau dazu denkbar schlecht. Man kann eine Hypothese handhaben, Folgerungen aus ihr ableiten, ein Sich-Bewähren oder Versagen feststellen, *ohne* ihr glaubend anzuhängen – jedenfalls wäre dies die naheliegende Position für jemand, der – angestiftet durch fallibilistische Überlegungen – von vornherein ernsthaft die Möglichkeit des Scheiterns bedenkt.

Das Problem des Irrtums besteht darin, mit dem festen, aber falschen *Glauben* an einen Tatbestand umzugehen. Eine stabile Überzeugung dürfte sich aber bei jedem einigermaßen besonnenen Forscher *zuletzt* mit einer innovativen, gewagten Hypothese verbinden,[30] für deren Bevorzugung der Fallibilist votiert. Und wenn eine solche mutige Wahl getroffen wird, reicht für weiteres Vorgehen der Wunsch aus, die Akzeptation einer solchen Hypothese vertretbar zu machen. An späterer Stelle wird unter diesem Aspekt von ›wohlgegründeten Entscheidungen‹ über Theorien die Rede sein. Die Suche nach Akzeptations- oder Verwerfungssgründen, eventuell sogar bloße Neugier, liefern hinreichenden Anlaß, um Kontrollprozeduren einzuleiten. Der Glaube an die Wahrheit einer Hypothese mag den einen oder anderen Forscher unter Umständen sogar eher dazu veranlassen, Kontrollen aufzuweichen, jedenfalls verlangt die geforderte kritische Haltung zu einer Theorie, von der man ernsthaft überzeugt ist, eine merkwürdige Spaltung der eigenen Einstellung dazu.[31]

Jedem echten Sich-Irren geht ein Überzeugtsein voraus. Das unterscheidet den Irrtum von der Lüge. Wer sich irrt, hat sich unter Risiko auf etwas der eigenen Einschätzung nach Zutreffendes bezogen. Und so, wie gewagte Hypothesen eher mit Hoffen und Bangen als mit festem Glauben zusammenhängen mögen, ist es andererseits naheliegend anzunehmen, daß man am leichtesten dann irrt, wenn man am wenigsten damit rechnet. Nur so sind jene Irrtümer zu erklären, die in äußerst relevanten Kontexten vorkommen, die evtl. sogar eine Sache von Leben und Tod sind, und bei denen die Beteiligten das Gefühl haben, methodisch völlig korrekt verfahren zu sein.[32] Die epistemische Tücke im Umgang mit Hypothesen liegt dementsprechend weniger darin, daß jemand zu sehr auf einen originellen theoretischen Einfall vertraut, als daß er – in der Hoffnung auf die Richtigkeit seiner Annahme – z. B. eine Beobachtung vorschnell für positiv einschlägig hält, die bei näherem Aufschluß keine Anerkennung verdient. Dies wiederum mag durchaus auf das Konto seines theoretischen Überzeugtseins gehen.

Diese Einschätzung von Irrtümern verträgt sich sehr schlecht mit verbreiteten Auffassungen, wonach beispielsweise die Anhänger des geozentrischen Planetensystems, der cartesischen Mechanik, der Phlogistik oder des biologischen Kreationismus sich ›geirrt‹ hätten. In der Tat hat die Beschreibung solcher Fälle als ›Irrtümer‹ nur einen sehr geringen Wert. Jedes nähere historische Hinsehen belehrt umgehend darüber, daß hier hochkomplexe Transformationen begrifflicher und propositionaler Systeme stattgehabt haben, die als bloßen Umschlag von Irrtum in Wissen aufzufassen, äußerst grobschlächtig ist. Ich werde im letzten Abschnitt des vorliegenden Kapitels einen Vorschlag zur Interpretation wissenschaftsgeschichtlicher Umwälzungen machen. Wenn man im Blick auf solche Vorgänge überhaupt in irgendeinem Sinne von Irrtümern sprechen sollte, dann betrifft dies ›stille‹ basale Annahmen über die Verläßlichkeit der Sinne, die Ordnung[33] wie überhaupt die Präferenzen der Begrifflichkeit[34], die argumentative Solidität[35], den Gebrauch bzw. die Wahl von bestimmten Instrumenten usw.[36]

Bezeichnenderweise scheinen vor allem *Routinevorgänge* in hohem Maße irrtumsanfällig zu sein,[37] wobei keineswegs durchgehend unterstellt werden kann, daß die im Irrtumsfall anstehenden Korrekturen auch tatsächlich vorgenommen werden. Z.B. scheint die vor gut 10 Jahren zunächst als wissenschaftliche Sensation, dann als peinlicher Irrtum bekanntgewordene ›Kalte Fusion‹ in erster Linie auf Mißgriffen bei der elektrischen Messung beruht zu haben. Dennoch hat sich das Projekt nach dem Widerruf seiner Urheber keineswegs erledigt. Es fließen heute noch Forschungsgelder in einschlägige Arbeitsgruppen, und es existiert sogar eine professionelle Fachzeitschrift (*Fusion Technology*) für ein Arbeitsfeld, das für die meisten Zunftvertreter als verschwunden gilt.[38] Es paßt in diesen Zusammenhang, wenn eine empirische Untersuchungen darlegt, daß sogar explizite Autoren-Hinweise auf eigene Errata nicht entfernt die wünschenswerte Rezeption erfahren.[39] Hier stößt die Wissenssicherung an jene Grenzen, die aufgrund vorwärtsgerichteter Neugier und wohl auch dem institutionellen Zwang, eher selbst Originelles festzustellen als den Irrtümern anderer Forscher nachzuhängen, entstehen. Für die Tugendorientierung liegt darin nichts Prekäres. Es gibt keinen Grund anzunehmen, daß wissensbegünstigende persönliche Dispositionen unter allen Umständen gleichermaßen zur Geltung kommen müßten.[40] Im Gegenteil, die Integrität des Trägers einer Tugend wird hier wie im gewöhnlichen Leben dadurch gewahrt, daß die eine Neigung die andere überlagert. Auch im Alltag wünscht sich niemand beispielsweise einen Feuerwehrmann, den die sonst erfreuliche Höflicheit gegenüber den Zuschauern von der Brandbekämpfung abhält. Die Neigung eines Forschers zu besonderer Sorgfalt kann ohne weiteres etwa mit der Disposition, effektiv zu zu handeln, konfligieren. Der Archäologe an einer bedrohten Grabungsstätte kann seiner Gabe der Akribie nicht beliebig nachgeben. Situationsangemessenes Agieren bzw. der adäquate Umgang mit den eigenen Befähigungen stellt eine Qualität übergeordneter Art dar, die man unter dem Tugendbegriff des Urteilsvermögens sammeln kann.[41]

Die Ubiquität von Irrtumsmöglichkeiten und auch von Irrtümern innerhalb hochrespektabler Kontexte ist für historisch belehrte Wissenschaftsbetrachter keine besonders irritierende Einsicht. Nicht wenige klassische Papiere belegen Versehen und enthalten irrige Zahlenangaben, die von sorgfältigen Herausgebern korrigiert werden.[42] Keplers ›Krieg gegen den Mars‹ ist der Rekonstruktion des Astronomiehistorikers Owen Gingerich zufolge zugleich ein verzweifelter Kampf gegen die sich in seine Kalkulation einschleichenden Rechenfehler,[43] worin sich andererseits Keplers Forschertugend als basale Sicherheitsorientierung auf imponierende Weise ausdrückt.

Die empirische Überprüfung von theoretischen Hypothesen verbindet sich sinnvollerweise mit bewußten oder unbewußten Strategien der Irrtumsvermeidung, wobei nicht zuletzt die unterschiedlich ausgeprägte Fähigkeit der Akteure, eigene Defizite einzukalkulieren, zum Erfolg oder Mißerfolg beiträgt. Ob nun der Fallibilist recht hat, wenn er Risikobereitschaft in bezug auf Hypothesen mit großer Reichweite fordert, sei dahingestellt, aber klar ist, daß die empirische Kontrolle solcher oder bescheidener gefaßter Hypothesen sinnvollerweise mit einer *Minimierung* von Risiken einhergehen muß. Es entspricht der allgemeinen Lebenserfahrung wie auch dem Befund der Kognitionsforschung, daß die *sorgfältige* Anlage von Vorgehensweisen, Lösungsvorschlägen u. ä. m. die Fehlerquote signifikant drückt,[44] wie umgekehrt Hast, Sorglosigkeit und Oberflächlichkeit für Irrtümerhäufungen sorgen. Der wertende Charakter von Ausdrücken wie ›Oberflächlichkeit‹ korrespondiert mit der Einschätzung, daß schlampiges Vorgehen zwar nicht den Tatbestand des Betruges erfüllt, aber als Inkaufnahme von Täuschungen ebenfalls amoralisches Verhalten darstellt.

Der personale Bezug ist klar: Kompetenten Forschern wird eine Art ›Vermeidungswissen‹ in Bezug auf Irrtümer unterstellt, über das Neulinge oder unfähige Fachvertreter nicht verfügen. In seinen Betrachtungen über *De revolutionibus* schreibt Galilei 1615, das Vorwort (Osianders) müsse ohne Kopernikus' Wissen vorangestellt worden sein. Denn es enthalte Schnitzer, die der Autor von *De revolutionibus* niemals begangen hätte.[45] Parallelstellen finden sich auch außerhalb der Naturwissenschaften. In der Philologie ist man nicht selten damit konfrontiert, daß die Übersetzungen griechischer und lateinischer Texte sogar auf der Forschungsebene sprachliche Mißgriffe belegen.[46] Sie werden begangen von Übersetzern, welche »sich über ihre Fähigkeiten in dieser Hinsicht täuschten, weil sie glaubten, solche lateinischen Sätze übersetzen zu können und in Wirklichkeit dazu nicht in der Lage waren«[47]. Nicht einmal die Mathematik ist frei von entsprechender personaler Hoch- und Geringschätzung, was die Disposition zur Irrtumsvermeidung angeht. Carl Gustav Jacobi schreibt 1846 an Alexander von Humboldt:

> »Wenn Gauß sagt, er habe etwas *bewiesen*, ist es mir wahrscheinlich, wenn Cauchy es sagt, ist eben so viel pro als contra zu wetten, wenn Dirichlet es sagt, ist es *gewiß* [...].«[48]

Nicht wenige der klassischen methodologischen Traktate der folgenden Jahrhunderte beschreiben den Weg zum Experten auf dem Feld der Irrtumsvorbeugung. Der Botaniker Matthias Schleiden ist über der Frage nach der Verläßlichkeit seiner Mikroskope zum Anreger der optischen Industrie geworden, und hat mit gleicher Konsequenz seine Arbeiten eingestellt, als sein Augenlicht schwächer wurde. Dahinter steht die feste Überzeugung von der basalen Bedeutung der Minderung von Irrtumsrisiken.

Die bleibende Aktualität dieser Einstellung liegt auch – womit wir einen bisher nur impliziten Gedanken ergreifen – im Hinweis auf das *forschungspraktische Ungleichgewicht* von Wissen und Irrtum. Zwar mag jeder erkannte Irrtum uns wenigstens so weit bringen wie eine zutreffende Festellung, aber es handelt sich hierbei eher um einen Tupfer auf einem andersfarbigen Hintergrund. Der Irrtum ist eine prinzipiell, aber *nicht faktisch* gleichrangige Möglichkeit. Wie schon in Machs Überlegungen zur Angepaßheit anklingt,[49] liegen wir in Forschung und Alltag bezogen auf einen nicht allzu eng gesetzten erkenntnistheoretischen Rahmen *überwiegend* ›richtig‹. Eine solche Feststellung bedarf der Erläuterung angesichts des Umstandes, daß die klassische philosophische Rettung wissenschaftlichen Wissens in der Auseinandersetzung mit skeptischen Einwürfen – in der Tradition Descartes' – durch die definitorische Nebenordnung von Irrtum und Wissen bestimmt wird, sozusagen ihre eigene Fassung des skeptischen Isosthenie-Gedankens pflegt. Nur wird dieser statt auf die Konkurrenz der Meinungen auf das Verhältnis von Wissen und Irrtum appliziert. Demgemäß wird der Wissenssuchende bei seinen Anstrengungen durchgehend mit zwei gleichberechtigten Möglichkeiten konfrontiert, eben denen des Wissens und des Irrtums. Die Gleichrangigkeit des Irrtums verfestigt sich in einer dazu passenden atemporalen Modellierung menschlicher Lernvorgänge. Der Erkenntnis*prozeß* wird ›eingefroren‹.

Dieser Betrachtungsweise ist entgegenzuhalten, daß wir in der Alltagswelt wie auch in der wissenschaftlichen Arbeit über ein enges Netz von Surrogaterfahrungen, unbewußten Kniffen und entlastenden Vorwegnahmen verfügen, die uns hinreichende Informationen liefern. Sie bilden einen Vorlauf für die spezifischen Aktivitäten unserer Wissenssuche und versetzen uns in den Stand, weitgehend auf Ausprobieren verzichten zu können.[50] Solche Surrogate erhalten wir am wenigsten aus eigenem Erleben. Sie sind Teile eines tradierten Vermeidungswissens, welches uns hilft, diverse Irrtumsanlässe auszuscheiden. Die Beantwortung der Frage ›Zutreffende Feststellung oder Täuschung?‹ entscheidet sich demnach danach, welche *Vorgeschichte* unsere Feststellungen haben. Das heißt, wenn wir uns auf die obenangeführten Beispiele beziehen, zu prüfen, wie verläßlich unsere Augen sind, ob wir genügend Latein gelernt haben, wie es um die Sorgfalt beim mathematischen Beweisen steht usw. Oder nehmen wir Machs oben zitierten Hinweis auf »schwaches Licht« als fehlerverursachende Bedingung und beziehen uns auf die konkreten Umstände einer mikroskopischen Beobachtung: Ob ein Mikroskopiker einen Staubkrümel oder ein auffälliges Merkmal eines Insektenpanzers vor sich hat, mag *momentan* unentscheidbar sein. Aber schon die Benutzung einer Mattglasleuchte wird im Regelfall Aufklärung bringen und im nächsten Schritt vor neue Alternativen stellen, von denen wiederum die eine oder andere sich dank der Benutzung einer genauer ausleuchtenden Kondensorapparatur umgehend erledigt. Allein die Verbesserung der Beleuchtung in den Schritten, die jeder Leitfaden des wissenschaftlichen Mikroskopierens beschreibt, führt weit über die Anfangsalternative hinaus, nicht zu reden von anderen technischen Variationsmöglichkeiten. Die Geschichte verläßlicher Feststellung verlängert sich mit jedem Arbeitsschritt. Der Glaube an das Vorhandensein einer Eigentümlichkeit des Insektenpanzers rechtfertigt sich am Ende dieses Prozesses.[51]

Nun wird eine solche genetische Rechtfertigung eines Wissensanspruches niemand imponieren, der eine grundsätzliche anti-skeptische Strategie verlangt. Zugegebenermaßen ist das Wirken eines bösen allerorts Irrtümer stiftenden Genius nicht auszuschließen. Aber dieser Gedanke ist in Verbindung mit wissenschaftlicher Forschung *nicht spezifisch* relevant. Das durch einen malignen Geist vorgespiegelte Wissen hätte die nämlichen deskriptiven, prognostischen oder explanativen Qualitäten wie jenes, das ein wohlwollender Genius uns gestatten würde. Der skeptische Einwand trifft einen für die Privilegierung und Diskriminierung von Forschungshandlungen und seine Resultaten unerheblichen Absolutheitsanspruch.[52] *Grundsätzlich* mag alles Wissen unter Vorbehalt bleiben, aber innerhalb eines dämonenanfälligen Rahmens ist die mikroskopische Beobachtung unter den angeführten günstigen Voraussetzungen gegenüber denen eines sehschwachen und ungeduldigen Laien mit schlechtem Gerät weitaus weniger irrtumsanfällig.[53]

Zusammenfassend läßt sich festhalten, daß die Auszeichnung von wissenschaftlichem Wissen wesentlich auf der Ausschaltung basaler Irrtumsmöglichkeiten durch Forschungshandeln fußt. Die erfolgreiche Durchführung eines solchen Abscheidungsprozesses wird durch entsprechende menschliche Einstellungen, Fähigkeiten und Fertigkeiten begünstigt. Wenn wir uns sehr häufig nicht irren und erfolgreich in der Welt agieren, hat dies entgegen der vorherrschenden wissenschaftstheoretischen Verwendung des Irrtumsbegriffs nicht ohne weiteres mit der systematischen Bewertung von Hypothesen bzw. Theorien, sondern zuvorderst mit den – menschlich-allzumenschlichen – Abläufen zu tun, die einer Bewertung *voraus*liegen.

4.4.2 Die Sicherung von Bezeugtem

Während die Vermeidung basaler Irrtümer in erster Instanz nur den Wissensanspruch des Akteurs begünstigt, ist es wenigstens in gleichem Umfang wichtig, das Verhältnis forschender Individuen zueinander tugendhaft zu gestalten. Dies gilt unter den unterschiedlichsten Aspekten. Z.B. erscheint es überzeugend, daß eine wohlwollende Haltung von forschungshierarchisch besser gegenüber schlechter positionierten Akteuren dem Unternehmen Wissenschaft förderlich ist. Ich möchte solche sozialen Belange vernachlässigen und mich auf diejenigen beschränken, welche thematisch auf der Linie des bisherigen Gedankengangs liegen, d. h. die Begünstigung des Wissenserwerbs betreffen. Der passende allgemeine Begriff ist der des *Bezeugens*. Das erste alltägliche Verständnis der Zeugnisfunktion geht dahin, daß das Zeugnis anderer ersetzt oder ersetzen soll, was uns eigenständige Erkundung nicht verschaffen kann. Die darin umrissene Ersatzfunktion verweist auf einen für den gewöhnlichen wissenschaftstheoretischen Umgang mit dem Thema wichtigen Ansatz, der sich auf das beste mit dem Hauptstrom erkenntnistheoretischer Reflexion verträgt. Es ist ideenhistorisch durchaus nicht unüblich, in der cartesischen Selbstvergewisserung den philosophischen Anfangsstein neuzeitlicher Wissenschaft zu sehen. Und das schließt selbstverständlich die stille Annahme ein, Zeugnisse seien substituierbar. Auf der Tugendebene würde dies besagen, daß die zeugnisrelevanten individuellen Qualitäten von Forschern keine wesentliche Rolle spielen, weil eventuelle Laster, etwa Unehrlichkeit, durch die Arbeit anderer Forscher ausgeglichen würden. Ich werde zunächst in einem kurzen historischen Aufriß die Substitutionsthese kritisieren und anschließend für die Auffassung eintreten, daß wissenschaftliche Forschung unabdingbar zeugnishaltig und deshalb auf Tugenden wie die Ehrlichkeit, Offenheit und Sorgfalt der Beteiligten angewiesen ist.

»Nullius in verba« – der Satz prangt auf dem Wappen der *Royal Society of London* und steht für ein Programm. Auf niemandes bloßes Wort hin soll etwas als Wissen gelten.[54] Erst die persönliche empirische Vergewisserung verbürge Geltung. Letzter Grund wissenschaftlichen Wissens seien für jeden Forschungsbeteiligten direkt zugängliche Daten. Somit ist ein Motto gewählt, das sich vorzüglich mit der Idee der Reproduzierbarkeit von Beobachtungen, Explorationen und Experimenten verträgt (Kapitel 4.4.3). Das Programm des Autoptischen hat seine Seitenstücke (etwa in der *Accademia del Cimento*[55], deren experimentelle Ansätze in London nachvollzogen wurden) und seine literarischen Muster. In einer berühmten Passage des *Dialogo* von 1632 läßt Galilei seine Kontrahenten den Fall eines Körpers von einem Schiffsmast diskutieren. Salviati stellt Simplicio – den Vertreter des Aristotelismus – vor die Frage, woher seine Feststellung über den Ausgang des Experimentes stamme: »Habt ihr jemals den Versuch mit dem Schiffe angestellt?«[56] Simplicio antwortet: »Ich habe es nicht gethan, wohl aber, denke ich, haben die Schriftsteller, welche ihn anführen, sich sorgfältig mit ihm beschäftigt [...].« Salviati gibt zu bedenken:

> »Daß jene Autoren ihn möglicherweise anführen, ohne ihn angestellt zu haben, dafür seid Ihr selbst ein klassischer Zeuge. Denn ohne ihn angestellt zu haben, citiert Ihr ihn als sicher und verlaßt Euch in gutem Glauben auf Ihr Wort. Ebenso haben möglicher-, ja notwendigerweise auch jene gehandelt, sich nämlich auf ihre Vorgänger verlassen, ohne daß man jemals auf den käme, der den Versuch wirklich angestellt hätte.«

Auf die aus dem Programm des Autoptischen erwachsenden Konsequenzen und die Verdeckung tatsächlicher Abhängigkeiten sind wir bereits in Verbindung mit dem Begriff des Verständnisses gestoßen. Und wir wissen, daß es mit den ›wirklich angestellten‹ Versuchen bei Galilei selbst seine eigene Bewandtnis hat.[57] Auch im Falle der *Royal Society* decken sich die baconianischen Vorsätze in diesem Punkt nur eingeschränkt mit ihrer Praxis, in der rhetorische und autoritative Gedankenführungen einen hohen Stellenwert haben. Man braucht nur einen beliebigen Band der *Transactions* aufzuschlagen, um die Unterstellung puristischer Sachlichkeit aufzuheben. Eine am 28. 4. 1757 verlesene Mitteilung wird im Druck (ohnehin schon eine Indirektheit wenigstens zweiter Stufe) mit folgender Überschrift festgehalten:

> »A Catalogue of the Fifty Plants from Chelsea Garden, presented to the Royal Society by the worshipful Company of Apothecaries, for the Year 1756, persuant to the Direc-

tion of Sir Hans Sloane, Baronet, Med. Reg. & Soc. Reg. nuper Praeses, John Wilmer, M. D. Clarss. Societatis Pharmaceut. London Socius, Hort. Chelsea Praefect. & Praelector Botan.«[58]

Diese Aufstellung über neuerworbene Pflanzen hebt nicht nur mit einer Erwähnung der Spender an, sondern setzt sich fort mit einer Art Prosopographie aller auf irgendeine Weise mit dem Vorgang verbundenen Gentlemen – wem das Gedeihen der Pflanzen am Ende wirklich zu verdanken ist, wäre noch eine eigene Erkundung wert. In dieses Bild fügt es sich ein, wenn in der *Royal Society* öffentliche experimentelle Demonstrationen, welche die Objektivität der Erfahrung sichern sollen, faktisch so gerahmt sind, daß nach recht genau umrissenen Regeln *Zeugenschaft* hergestellt und unter Nennung der Namen, des Ortes und der Zeit dokumentiert wird. Bei dieser Gewährleistung galt eine klare Hierarchie, an deren Spitze illustre Gestalten und an deren Ende die Jedermänner (Gärtner, Mechaniker usw.) standen. [59]

Die mit dem Motto programmatisch verdeckte Bedeutung des Testimonialen ist nicht unbemerkt geblieben. Unter den Zuschauern der Versuche Boyles und anderer Mitglieder war auch John Locke, der 1668 selbst zum Fellow gewählt wurde. Und was er im *Essay Concerning Human Understanding* einschlägig zu bedenken gibt, belegt eine deutlich mildere Beurteilung, als sie die forsche Maxime der Gesellschaft setzt:

»[...] it is unavoidable to the greatest part of men, if not all, to have several *opinions* without certain and indubitable proofs of their truth.«[60]

Für Locke gibt es gute Gründe, im gewöhnlichen Leben (»the conduct of our lives and the management of our great concerns«) auf zeitaufwendige eigene Untersuchungen zu verzichten. Vielfach vertrage die Wahrnehmung wichtiger Interessen keine Verzögerung. Zeitmangel hindere uns daran, Meinungen durch Wissen zu ersetzen. Lockes Einräumungen bedeuten, eine sehr schwache These hinsichtlich der Zeugenabhängigkeit epistemischer Zustände zu vertreten. Immerhin läßt sich mit ihrer Hilfe bereits einiges auf einen gemeinsamen Nenner bringen. Man denke im Blick auf die Wissenschaftspraxis an die Bedeutung fachpraktischer Instruktion und die von Thomas S. Kuhn nachhaltig betonte Rolle des Lehrbuches. Striktes Beharren auf dem Prinzip der Autopsie verträgt sich nicht mit den Erfordernissen einer ökonomischen Gestaltung des Forschungshandelns.

Ich möchte solchen Hinweisen gegenüber eine stärkere These vertreten: die der Ubiquität des Bezeugten in der Forschung, bzw. eines *unverzichtbaren testimonialen Anteils* allen Forscherwissens. Diese These verweist auf die Unabdingbarkeit von Vertrauensverhältnissen, d. h. von vorgängigen positiven Entscheidungen über die Verläßlichkeit der Angaben anderer und legt es im nächsten Schritt nahe, über die persönlichen Qualitäten von Forschern nachzudenken. Diese These ist nicht zu verwechseln mit der der *erkenntnistheoretischen* Behauptung einer grundsätzlichen Unabhängigkeit des Zeugnisglaubens,[61] aber sie mag sich vor dem Hintergrund der Geschichte der Erkenntnistheorie in der üblichen Darstellung nichtsdestoweniger so unvertraut ausnehmen, daß einige historische Anmerkungen am Platze sind:[62] Immerhin ist der Zeugenbegriff in der *Kritik der reinen Vernunft* ausnahmslos metaphorisch. Wir lesen vom »Zeugnis der Erfahrung«[63], bzw. dem »Zeugnis der [Natur]«[64], vom »Vernunftzeuge[n]«[65], davon, daß etwas »Zeugnis von ihrer Ursache«[66] gebe, von »Zeugen, die eine transzendente Vernunft zum Behuf ihrer Anmaßungen auftreten läßt«[67] und von ähnlichem mehr. Zeugen aus Fleisch und Blut bzw. ihre mündlichen oder schriftlichen Zeugnisse sind kein Thema. Dieser Umstand ist – allein schon im Blick auf den Kantischen Begriff der Vernunft – so selbstverständlich, daß bereits die Frage nach dem Grund der Auslassung unangemessen wirkt. Die berühmte Übersetzung des *sapere aude* in der Dezember-Nummer der *Berlinischen Monatsschrift* von 1784 als Aufforderung zum Mut, sich des *eigenen* und nicht etwa eines fremden Verstandes zu bedienen, scheint eine populäre Beleuchtung des Auslassungsmotivs zu geben. Dennoch läßt sich der überwältigenden Plausibilität der Auslassung unter dem hier interessierenden *Forschungsaspekt* etwas hinzufügen. Daß es im Rahmen einer *Kritik der reinen Vernunft* keinen Ansatz gibt, bezeugtes Wissen zu erörtern, sondern vielmehr das, was »für jedes Menschen Vernunft gültig«[68] ist, liegt unter diesem Gesichtspunkt daran, daß dieses Thema andere *fachliche* Bezüge aufweist. Kant äußert sich in einem anderen Kontext durchaus zur Bedeutung von Zeugenschaft. Hierbei geht es um historisches Wissen, wohingegen sich Vernunftkritik an apodiktischer, systematischer Wissenschaft orientiert, an Mathematik, »diesem Stolze« [69] der menschlichen Vernunft bzw. der mathematisierten Physik. In dem kleinen, ebenfalls in der Berlinischen Monatschrift erschienen Aufsatz von 1786 *Was heißt: sich im Denken orientieren?,* schreibt er über Wissen aus zweiter Hand – wobei der Begriff des Wissens vor der Hintergrundvorstellung eines höherrangigen, apodiktischen Wissens einschränkend zu verstehen ist – folgendes:

> »Der historische Glaube z. B. von dem Tode eines großen Mannes, den einige Briefe berichten, kann ein Wissen werden, wenn die Obrigkeit des Orts denselben, sein Begräbnis, Testament usw. meldet. Daß daher etwas historisch bloß auf Zeugnisse für wahr gehalten, d. i. geglaubt wird, z. B. daß eine Stadt Rom in der Welt sei; und doch derjenige, der niemals da gewesen, sagen kann: ich weiß, und nicht bloß: ich glaube, es existiere ein Rom: das steht ganz wohl beisammen.« [70]

Geht es bei Kant – wie vorher schon bei Leibniz – um Feststellungen singulärer Tatbestände, von denen wir ohne Zeugnisse keine Kunde hätten,[71] so stellt Bereitschaft zum Zeugnisglauben für Kants Zeitgenossen Thomas Reid eine Bedingung *jedweder* Erkenntnis dar (*principle of credulity*).[72] Dahinter steckt der mit dem Namen Humes verbundene Fortgang der Diskussion nach Locke. Reid wählt den Begriff der Leichtgläubigkeit nicht ohne Hintersinn: Als kritischer Leser von Humes *Enquiry* ist ihm die pejorative Verwendung (»superstitious credulity« u. ä. m.) in dessen Untersuchung wohl bewußt. Um die Möglichkeit einer philosophiehistorischen Anbindung der These plausibel zu machen, möchte ich mich nicht auf den Kritiker, sondern auf den Kritisierten beziehen, also auf einen Autor, der – wenngleich kein Mitglied der Königlichen Gesellschaft – als empiristischer Anwalt des Autoptischen gilt.[73]

Die bekanntesten von Humes Überlegungen zum Thema stehen im Zusammenhang seiner Angriffe gegen den Wunderglauben, einem damals weithin bewegenden Thema, was schon daraus ersichtlich ist, daß auch die zeitgenössischen rationalistischen Überlegungen zur Zeugenschaft eng mit diesem Stoff verbunden sind.[74] Humes Darstellung beginnt indes mit einer Einräumung der Bedeutung des Testimonialen: Es sei »no species of reasoning more common, more useful, and even necessary to human life, than that which is derived from the testimony of men and the reports of eye-witnesses and spectators.«[75] Da aber Wunderberichte Verstöße gegen die Naturgesetze beschrieben, sei ihnen kein Glauben zu schenken, woraus zu folgen scheint, daß das einzige Zeugnis, auf das man sich verlassen könne, das Zeugnis der Natur selbst sei. Hierzu wiederum passen viele vorher getroffene

Feststellungen, darunter solche, die Hume an anderer Stelle im Blick auf historische Überzeugungen geäußert hat:

> »[...] that though our conclusions from experience carry us beyond our memory and senses, and assure us of matters of fact which happened in the most distant places and most remote ages, yet some fact must always be present to the senses or memory, from which we may first proceed in drawing these conclusions. A man, who should find in a desert country the remains of pompous buildings, would conclude that the country had, in ancient times, been cultivated by civilized inhabitants; but did nothing of this nature occur to him, he could never form such an inference.«[76]

Die Erfahrung veranlasse Überzeugungen, aber zugleich entscheide sie über deren Geltung: »[...] the ultimate standard, by which we determine all disputes, that may arise concerning them, is always derived from experience and observation.« Daß wir uns gemeinhin auf Zeugenschaft verlassen, entspränge demnach keineswegs dem epistemisch basalen Charakter von Zeugnissen. Hume erklärt dies vielmehr daraus, daß wir daran *gewöhnt* seien, Übereinstimmung zwischen bezeugten Angaben und der Realität festzustellen: »The reason why we place any credit in witnesses and historians, is not derived from any *connexion* which we perceive *a priori*, between testimony and reality, but because we are accustomed to find a conformity between them.«[77] Soweit die Erläuterung der menschlichen Disposition, Zeugnissen zu vertrauen. Somit ließe sich Testimoniales auf empirisch Ergreifbares bzw. empirisch verankerte enumerative Induktion reduzieren. Dagegen kann man einiges anbringen. Ein Einwand läßt sich daraus herleiten, daß empirische Feststellungen eine begriffliche Komponente haben: Wenn wir konstatieren, etwas sei grün, haben wir zuvor einen Prozeß begrifflichen Lernens hinter uns gebracht, der nur in Gang kommt, wenn wir anderen Menschen korrekte Attributbildungen unterstellen.[78] Diesem Einwurf durchaus benachbart, wäre im Blick auf Humes Gedankenführung schwer zu sehen, woher die im ›we are accustomed‹ beschlossene Gemeinsamkeit stammen soll, wenn wir uns nicht auf das Zeugnis anderer Menschen verlassen können. Hume dürfte sich allenfalls auf das beziehen, was *er* selbst vernommen hat bzw. festzustellen gewohnt ist.[79] Aber ungeachtet weiterer Einwände an dieser Stelle sei Humes Linie zunächst noch ein Stück weiterverfolgt:

> »It will be sufficient to observe that our assurance in any argument of this kind is derived from no other principle than our observation of the veracity of human testimony, and of the usual conformity of facts to the reports of witnesses. It being a general maxim, that no objects have any discoverable connexion together, and that all the inferences, which we can draw from one to another, are founded merely on our experience of their constant and regular conjunction; it is evident, that we ought not to make an exception to this maxim in favour of human testimony, whose connexion with any event seems, in itself, as little necessary as any other.«[80]

Zwar räumt er eine Asymmetrie zwischen verläßlichen und irreführenden Zeugnissen ein, aber grundsätzlich sind vermittelte Überzeugungen fehlbar. Dem soll nicht widersprochen werden, aber es lohnt sich, den Text weiterzulesen. Dann wird sichtbar, daß Hume schließlich doch noch so etwas wie eine Auszeichnung des gerechtfertigten Glaubens an Bezeugtes vornimmt. Der Ausgangspunkt einer solchen Feststellung liegt in der Formulierung über ›our experience‹, worin Wissen, darunter auch testimoniales gründe bzw. gründen solle. Die Erfahrung, von der hier die Rede ist, wird weder als individuelle, zeugnisfreie Feststellung einer natürlichen Gegebenheit charakterisiert, noch präsentiert Hume sie als deren zeugnisfreie kollektive Registration. Er fährt fort:

»[...] had not men commonly an inclination to truth and a principle of probity; were they not sensible to shame, when detected in a falsehood: were not these, I say, discovered by experience to be qualities, inherent in human nature, we should never repose the least confidence in human testimony. A man delirious, or noted for falsehood and villainy, has no manner of authority with us.«[81]

›Unsere Erfahrung‹ ist demnach für Hume wesentlich auch eine Erfahrung mit *Menschen* und ihrer *Vertrauenswürdigkeit.* Geleitet von der gewöhnlichen erkenntnistheoretischen Absicht, über Wissensansprüche generell zu entscheiden, mag dies zunächst den Verdacht einer *petitio principii* wecken: Wird nicht selbstbezüglich Bezeugtes legitimiert, indem zeugenvermittelte Erfahrung als Rechtfertigungsgrund dient? Das ist aber nicht der Fall. Gerechtfertigt wird nicht die Übernahme eines beliebigen Zeugnisses, sondern das Akzeptieren von Angaben des erwiesenermaßen guten Zeugen. Ehe wir uns auf Bezeugtes verlassen, müssen wir uns über den Zeugen informieren. Dann haben wir Aussicht, dem Vorwurf der Leichtgläubigkeit zu entgehen. Die nötigen Imformationen verschaffen uns eigene Beobachtungen oder andere Zeugen der verläßlichen Zeugenschaft. In letzterem steckt nicht der Anfang eines unendlichen Regresses, sondern ein Hinweis auf die unvermeidlich unreinen Anfänge unserer Erkenntnissuche, in denen sich eigene und testimonial abhängige Überzeugungen verschränken. Aber damit ist in reliabilistischer Betrachtung kein größeres Problem aufgeworfen, als ob wir die Verläßlichkeit des direkten Augenscheins verteidigen wollten. Auch dort müßten wir auf verbürgende Instanzen, bisherige Erfahrungen usw. verweisen. Hier wie dort werden sichernde genetische Momente eingespeist, aus denen sich Testimoniales rechtertigt.

Humes Billigung eines testimonialen Anteils am Wissen deckt sich mit einer vertretbaren Einschätzung wissenschaftlicher Praxis. Fachwissen – und sei es das des entschiedensten Individualisten und originellsten Kopfes – ensteht nicht nach dem Muster der Athena. Jeder Forscher verläßt sich auf eine unübersehbare Menge von Begriffen und Behauptungen, deren Legitimität er nicht selbst sichern kann. Die historischen Wissenschaften bestehen zu einem beträchtlichen Teil aus nichts anderem als der Sicherung von Zeugnissen, aus der Urkundenkritik der kritischen Edition usw. Das Fußnotenwesen drückt sowohl die Zielvorstellungen wie auch die Unabdingbarkeiten historischer Arbeit aus.[82] In diesen Zusammenhang gehören die Quellenerschließung und –redaktion. Hierher gehört auch das beeindruckende Geschäft des Entzifferns in der Absicht, Zeugnisse älterer Kulturen zu gewinnen.

Auch nicht vorrangig quellenkritisch angelegte Arbeit integriert Mitteilungen anderer Menschen, denen aus bestimmten Gründen geglaubt wird. Dies können zeitlich und räumlich ferne Kollegen sein oder auch Mitarbeiter am selben Projekt. Die ›Zeugnis-Geladenheit‹ des Wissens geht sogar weit darüber hinaus, zeigt sich im Vertrauen auf die Etikettierung von Chemikalien, die Beschaffenheit des Leitungswassers, die Verläßlichkeit eines Schalters usw.[83] Was die historisch-philologischen Disziplinen angeht, sind Humes Hinweise im *Treatise* von bleibender Aktualität.[84] Im Zuge historischer Erschließungen halten wir uns an die Aussagen von Menschen, die viele Generationen vor uns gelebt haben. Diese können zutreffend sein oder in die Irre führen – wie unsere eigenen Feststellungen auch. Es gelten verwandte Kriterien der Verläßlichkeit, wie etwa die *consilience*: Wenn wir Fotos von Pompeji betrachten *und* dazu die Berichte Senecas oder Tacitus lesen, werden wir nicht am Vesuvausbruch des 1. Jahrhunderts zweifeln. In testimonialen Momenten liegt nicht ohne weiteres ein Anlaß besonderer Fragilität. Oft halten wir eine Überzeugung für gerechtfertigt, weil derjenige, der sie bestätigt, besser sieht als wir selbst, klüger oder besser ausgebildet ist, am Orte war usw. Die Zeitgenossen Alexander von Humboldts glaubten, daß der Felskamm des Chimborazzo nur 8 bis 10 Zoll in der Breite messe, *weil* Alexander von Humboldt den Berg bestiegen und davon berichtet hatte. Darin liegt nichts Waghalsiges. Der Unterschied zum heutigen Stand der Dinge besteht lediglich darin, daß wir das Wort weiterer Zeugen haben. Das dahinterstehende Prinzip läßt sich so formulieren:[85]

> *Wenn A gute Gründe hat zu glauben, daß B gute Gründe hat, p zu glauben, hat A gute Gründe, p zu glauben.*

So wichtig etwa die – ohnehin auf irgendeine Weise mit den Zeugnissen anderer Menschen verwobenen – autoptischen Momente des Forschungsprozesses sein mögen, vielfach werden wir leicht eine Person nennen können, deren Augenschein unserem eigenen überlegen ist, deren Zeugnis wir als gut begründet ansehen und das wir gerne zu unserem eigenen machen, ohne darin eine Leichtfertigkeit zu erblicken. Wissen aus zweiter Hand bedeutet vielfach gerade nicht ein Begnügen mit unterlegenen Überzeugungen. Wir greifen zum Buch, um uns über Tatbestände zu informieren, die wir nicht ohne weiteres oder womöglich gar nicht selbst erkunden können. Es sind zahlreiche Situationen denkbar, in denen sich *bessere* Einsichten gewinnen lassen, indem wir angesichts einer die individuellen Möglichkeiten strapazierenden oder gar überfordernden Sachlage besser daran tun, uns auf andere zu verlassen als auf direkte Evidenzen. Das Wissen, welches wir auch bei größtem Scharfsinn und aufmerksamster Beobachtung bei einem Pompeji-Rundgang ohne Handreichungen erwerben könnten, wäre nicht beachtlich, desgleichen sogar das eines industriellen Kernphysikers über die Qualität der elektrischen Leitungen an seinem Arbeitsplatz. Selbst wenn sich der Pompeji-Besucher in die Archäologie und der Physiker in den elektrischen Anlagenbau vertieften, wäre es unwahrscheinlich, wenn ihr Urteil so verläßlich ausfiele wie das der zuständigen Experten. Daß das Urteil anderer dem eigenen häufig vorzuziehen ist, beschränkt sich nicht allein auf die Empirie, sondern kann genauso die allgemeine Einordnung eines Tatbestandes bis hin zur Theoretisierung mit sich bringen: Als der Amerikaner Winthrop britischen Forschern um die Mitte des 18. Jahrhunderts über ein Erdbeben in Neuengland berichtete, geschah dies in der Form eines Briefes, welcher an eines der Mitglieder der *Royal Society* adressiert war und mit der Weitergabe an die Gesellschaft seinen Dignitätsstempel erhielt. Das Schreiben bezieht sich am Ende auf die Hypothese eines gewissen Dudley hinsichtlich des angeblichen Einflusses des Wetters auf die Entstehung von Erdbeben. Winthrop enthält sich des Urteils über den Erklärungswert von Dudleys Vermutungen in bezug auf seine eigenen Beobachtungen:

> »I choose to leave to you, Sir, and to the other gentlemen of the Royal Society, who, I know, are better able to make a proper judgment in this matter [...].«[86]

Mit einer solchen Formulierung ist der Bereich der Weitergabe allein von *Überzeugungen* verlassen. Hier geht es um das Feld des *Akzeptierens* bzw. der Weitergabe des Akzeptierten:

> *Wenn A gute Gründe hat zu glauben, daß B gute Gründe hat, p zu akzeptieren, hat A gute Gründe, p zu akzeptieren.*

Die Beackerung dieses Feld bildet eine naheliegende Fortsetzung der Überlegungen zum wohlgegründeten Entscheiden, die in der vorliegenden Arbeit nicht mehr zur Behandlung kommt. Auf Einräumungen dieses Typs fußt im übrigen das gesamte System der Anhörung von Expertenmeinungen in politischen und juristischen Kontexten, wobei gerade die Inkaufnahme selbst elender Praktiken und Resultate (›junk science‹) auf die fehlende Aussicht verweist, indirekte Evidenzen und Akzeptationen zu ersetzen.[87] Wohlgegründete Akzeptationen beruhen auf Wissen (Kapitel 4.6), und soweit Wissen testimonial verpflichtet ist, können diese Verpflichtungen nicht wiederum schlichtweg durch Akzeptieren gerechtfertigt sein. Aus der allgemeinen Abhängigkeit von Bezeugtem im Sinne eines Überzeugungstransfers resultiert aber aus zwei Gründen nicht ohne weiteres ein Zirkel:

Erstens bedeutet die grundsätzliche Unvermeidlichkeit des Sich-Verlassens selbstredend nicht, daß *A* sich unter allen Umständen einzig auf *B* verlassen müßte. Häufig besteht die Möglichkeit, das Zeugnis von *B* mit dem weiterer Personen über den entsprechenden Sachverhalt zu vergleichen. In allen größeren Zusammenhängen wird das testimoniale Netz von einer wechselnden Population geknüpft. Wissenschaft ist eine für immer neue Zeugen wie für Zeugnisabhängige offene Angelegenheit.

Zweitens kann – und in diesem Punkt gibt Humes Kritik einen Fingerzeig – die Glaubwürdigkeit einer Zeugenschaft selbst in Verbindung mit von dieser spezifischen Zeugenschaft unabhängigen Feststellungen bestimmter Sorte überprüft werden. In einer Humes Ansatz entsprechenden, d. h. auf eine Überzeugungskette abhebenden Formulierung:

> *A hat gute Gründe, p zu glauben, weil B gute Gründe hat, p zu glauben, und A hat gute Gründe zu glauben, daß B gute Gründe hat, p zu glauben, weil A zuvor festgestellt hat, daß ein analoger Glaube an q (etwa in Verbindung mit einem Zeugnis von C) sich bereits bestätigte.*

Diese Abhängigkeit der Beurteilung von Zeugenschaft von anderen bezeugten Quellen, etwa über die Verläßlichkeit des eigenen Perzeptionsmechanismus, hebt die globale Irreduzibilität des Testimonialen nicht auf, aber dies ist für die Integrität des Verfahrens auch nicht erforderlich. Nichts zwingt zur Leichtgläubigkeit. Die Zeugnisabhängigkeit kann sich auf recht Verschiedenes erstrecken. Daß ein Experimentator, der den Befund eines Kollegen überprüft, sich auf die Gewährleistungen seiner eigenen Mitarbeiter, von Apparateherstellern oder auch nur von Materialienlieferanten verläßt,[88] tut der Kontrolle der Kollegenaussage keinen Abbruch.

Die empirisch oder sonstwie zu fassende ›zeugenschaftsfreie‹ Basis wäre – das Problem der Realisierbarkeit einmal zur Seite gestellt – ohnehin bei weitem zu schwach, um entwikkeltes Wissen abzusichern. Man erinnere sich begleitend an den simplen Fall des mit der Verdoppelung von Getreidekörnern belohnten Schachbrett-Weisen: Selbst wenn wir uns bescheiden damit begnügten, lediglich die Konsistenz des Bezeugten zu überprüfen (was noch nicht allzuviel bedeuten würde) wären wir bei einigen Dutzend Zeugnissen bereits bei einer Menge der erforderlichen Operationen angelangt, die jedes menschliche und sogar jedes maschinelle Maß überstiegen.[89] So mag es vielfach sehr schwierig, wenn nicht sogar unmöglich sein, eine rechtfertigende Rekonstruktion der Glaubwürdigkeit von Zeugnissen zu vollziehen. Aber das Problem erledigt sich nicht, indem man sich auf ein von *vornherein* aussichtsloses Reduktionsprojekt versteift.

Wenn wir einen kritischen Anspruch mit einer gewissen Erfolgsaussicht aufrecht erhalten wollen, empfiehlt es sich, an der naheliegenden Antwort auf die schlichte Frage festzuhalten, *wessen* Zeugenschaft ein verläßliches Begleitmoment unserer Wissenssuche ist. Am Leitfaden dieser Frage gelangen wir im günstigen Fall dazu, eine verläßliche Geschichte von kompetenten, sorgfältig arbeitenden und redlich verfahrenden Menschen zu unterstellen. Deren Mitteilungen sind epistemisch erfolgreiche Handlungen, die sich kontrastiv zu denen von in dieser Hinsicht weniger befähigten Forschern verhalten. Die einschlägigen Fähigkeiten liefern gute Erklärungs- und – was in diesem Fall besonders wichtig ist – Prognosegründe: Weil wir um die bessere Befähigung von *B* gegenüber *A wissen*, tun wir gut daran, uns eher auf *B* statt auf *A* zu verlassen. Falls *B* der Akteur in einem epistemisch verläßlichen Prozeß sein sollte, also beispielsweise ein mustergültiger Beobachter ist, der einem Kollegen *A* seine Feststellungen verständlich mitteilt, gilt für ein reliabilistisch gesehen optimales testimoniales Verhältnis:

A weiß, daß p, weil A weiß, daß B weiß, daß p.

Auf dieser Grundlage läßt sich eine Kette des Wissens und der wissensbestimmten erfolgreichen Handlungen denken. Wenn der zeugnisabhängige Forscher unter der Voraussetzung seines Vertrauens Erfolg hat, d. h. ihm z. B. eine zeugnisabhängige experimentelle Variation zum Mitgeteilten gelingt, steht es einem philosophischen Betrachter frei – in realistischer Manier – einen außerhalb menschlicher Einstellungen liegenden Erklärungsgrund darin erblicken, daß es sich tatsächlich so verhält wie bezeugt.[90] Aber dies ist die nachträgliche Betrachterperspektive. Forschungsteilnehmer stehen immer wieder vor der Notwendigkeit, ihren Kollegen und sonstwie Beteiligten bzw. deren Mitteilungen zu vertrauen oder wenigstens unter testimonialen Alternativen die richtige Wahl zu treffen, ohne die Verläßlichkeit von Zeugen hinreichend prüfen zu können. Ich schlage deshalb vor, die wissenbegünstigende Bezugnahme auf Zeugnisse im gewöhnlichen Fall als *Akzeptieren* zu deuten. Nicht empfiehlt sich die Orientierung am *bloßen* Überzeugtsein, wie ihn die vorletzte, auf Humes Linie angelegte Beschreibung vorsieht. Bloßer Glaube ist weiterer Kontrolle eher hinderlich. Wir werden dem in Verbindung mit dem vertretbaren Entscheiden über Theorien (Kapitel 4.6) wiederbegegnen. Passend erscheint eine Ausrichtung an dem ebendort umrissenen Modell des wohlgegründeten Entscheidens, etwa dergestalt:

A akzeptiert p, weil A weiß, daß B gute Gründe hat, p zu glauben bzw. p zu akzeptieren.

Häufig ist an entsprechender Stelle von ›Vertrauen‹ die Rede und davon, daß dieses nicht selten enttäuscht werde. Der wissenschaftliche Betrug ist eines der großen Themen aktueller Forschungsbetrachtung und stellt sich in gewöhnlicher Betrachtung als Enttäuschung von Vertrauen, d. h. eines Überzeugtseins auf Vorschuß, dar. Die reliabilistische Bevorzugung des Akzeptierens läßt den Betrug nicht in einem völlig anderen Licht erscheinen, insofern wohlgegründete Akzeptationen unter Betrugsbedingungen analog bewirkte Fehlschläge sein können. Die pauschale Verweigerung von zeugnisbezogenen Akzeptationen würde mit dem Verzicht des Erwerbs von wissenschaftlichem Wissen einhergehen, weshalb Akzeptationen von Zeugnissen unabdingbar sind. Es ist wichtig hervorzuheben, daß dies keine Behauptung einzig im Rahmen des Tugendansatzes ist, sondern testimoniale Einwilligungen sich auch unter völlig anderen Voraussetzungen als ›rational‹ herleiten lassen. Man kann sich beispielsweise eines spieltheoretischen Argumentes bedienen. Ich möchte darauf ausdrücklich hinweisen,[91] zugleich aber daran erinnern, daß die Rationale Entscheidungstheorie statt Befähigungen (Tugenden) Motive als wesentliche handlungserklärende Gründe vorsieht, was im Sinne der früher erläuterten Auffassung angemessener Erklärungen erfolgreicher Handlungen inadäquat ist (Kapitel 2.2. und 2.5.).

4.4.3 Empirische Kontrolle

Die Betonung der Zeugnisabhängigkeit hat erstem Anschein nach gravierende Konsequenzen für die Bestimmung der Rolle der Empirie im Forschungszusammenhang. Immerhin gilt die personal unverstellte Bezugnahme auf empirische Daten gewöhnlich als Garant dafür, daß Wissenschaft nicht beliebigen Auffassungen Raum gibt. Es wird sich zeigen, daß entgegen anfänglichem Eindruck gerade die Integration von Tugendvorstellungen dieser Vorstellung einen guten Sinn gibt. Um dies deutlich werden zu lassen, empfiehlt sich ein Blick auf jene spezifische Annahme, die sich üblicherweise mit der Konzeption empirischer Kontrolle verbindet und der Tugendkonzeption zuwiderläuft oder zumindest bei erster Betrachtung unpassend erscheint: die Idee der apersonalen Reproduzierbarkeit empirischer Daten.

Es gibt eine unübersehbare Fülle philosophischer Literatur über Fragen der Bestätigung und Widerlegung, wobei die dargelegten Konflikt- oder Stützungsverhältnisse individuenenthoben sind. Grob umrissen wird eine Information als Beleg *e* (›evidence‹) für oder gegen eine Hypothese *H* angesehen, wenn sie einen mehr oder minder gewichtigen Grund dafür abgibt, daß die Hypothese wahr oder falsch ist. Aus der Frage nach der Beschaffenheit dieser Begründung haben sich vielfältige Ansätze und Kontroversen ergeben. Einige Autoren haben dafür gehalten, daß *e* die Wahrscheinlichkeit von *H* erhöht, andere gehen von Bewährungs- oder Falsifikationsrelationen aus, wobei *e* sich ausschließlich aus gelungenen oder fehlgeschlagenen Vorhersagen ergeben soll.

Unabhängig von der spezifischen Gestalt dieser Konzeptionen fällt auf, daß jegliche Erläuterung darüber fehlt, auf welche Weise aus einem konkreten, partikulären Kontext der Datengewinnung und -nutzung ein Beleg *e* entstehen kann, der definitiv über objektive Eigenschaften von Hypothesen, in Sonderheit über Wahrscheinlichkeit, womöglich sogar über Wahrheit und Falschheit, entscheiden könnte. Eine gängige Form, in der man sich dieser Fragestellung entledigt, besteht in der Unterstellung von stillen *Konventionen* in der Forschergemeinschaft, womit der Objektivismus sich selbst untergräbt. Bestenfalls wird das Problem verschoben, insofern nun nach der Berechtigung bzw. Verankerung der Konventionen zu fragen wäre. Eine bekannte Antwort hierauf besteht in dem Hinweis auf die Rationalität der Forscher, die sich angeblich an genau beschreibbare methodologische Regeln halten.[92] Nun mag die Orientierung an methodologischen Regeln zwar aufs Ganze gesehen eine Disziplinierung der Empirie bewirken, aber die Feststellung spezifischer Daten und damit der Materialien, hinsichtlich derer Konventionen eingegangen werden sollen, wird davon nicht betroffen. Ob ein Forscher beispielsweise in einer Lösung eine Blau- oder eine Violettfärbung wahrnimmt, läßt sich weder per regulam noch per conventionem bestimmen. Wenn er Blau sieht und eine Kollegenvereinbarung zugunsten einer Violettfärbung unterschreibt, *lügt* er. Anders betrachtet: das Problem der Sicherung von *e* selbst wird in den geläufigen Konzeptionen der Bestätigung und Widerlegung nicht berücksichtigt.

Diese Feststellung betrifft auch solche neueren Auffassungen, in denen eine ›subjektive‹ Komponente zugelassen, aber lediglich formal interpretiert wird. Zum Beispiel ist vorgeschlagen worden, statt von einem objektiven Zusammenhang zwischen *e* und *H* von einer ›expertenrelativen‹ Verknüpfung auszugehen: *e* stützt/problematisiert *h*, dann und nur dann, wenn in Verbindung mit den Experten bekannten Informationen *I e* ein Grund für die

Annahme von *H* ist.[93] Damit wird die Unzulänglichkeit einer konventionalistischen Lösung des Problems der empirischen Basis nur variiert. Wer ist unter die Experten zu rechnen, und wem billigt man den Expertenstatus nicht zu? Fällt der einsame Abweichler aus der Expertenschaft? Sind z. B. Physiker wirklich hinreichend verläßliche Experten für die Beurteilung von physikalischen Daten, wenn sie Apparaten vertrauen, deren Konstruktion Ingenieursarbeit darstellt, die Physiker für gewöhnlich allenfalls in ihren Grundzügen nachvollziehen?

Die Problemferne einiger überkommener objektivistischer Betrachtungsweisen besagt nicht, daß stützende oder belastende Daten eine Sache der Willkür oder Konstruktion sein müßten.[94] Es gibt durchaus überzeugende Strategien, wenn es darum gehen soll, so etwas wie eine Farbfeststellung zu sichern.[95] Man könnte beispielsweise ein Photometer benutzen, um die qualitative Annahme auf der Basis des Augenscheins mit der quantitativen Anzeige eines maschinellen Rezeptors zu vergleichen. Entsprechend könnte der physikalische Experte seinen Befund mit solchen abgleichen, die unter anderen apparativen Bedingungen zustandegekommen sind. Sichernd wäre es gewiß auch, planvoll nach Möglichkeiten der Irreführung Ausschau zu halten. Dazu gehörte etwa, die Verläßlichkeit von Meßapparaten u. ä. m. regelmäßig gesondert zu überprüfen, wie es ohnehin vielfach geschieht. Es lassen sich solche Bemühungen bzw. ihre Intensität aber nicht aus einem Formalbegriff von Expertenhaftigkeit erhellen. Noch weniger ist es plausibel anzunehmen, daß sich Verläßlichkeit sozusagen über die Köpfe der Forschungsbeteiligten hinweg selbst organisierte. Es sind bestimmte Fähigkeiten der forschenden Individuen, die dafür sorgen, daß die Möglichkeit von Irrtum und Selbsttäuschung verringert wird.

Die Leere apersonaler Konzeptionen ist u. a. das Ergebnis bestimmter thematischer Ausrichtungen. Erst mit Hackings *Representing and Intervening* (1981) ist die selbstkritische Einsicht gewachsen, daß die wissenschaftsphilosophische Betrachtung sich lange Zeit an großformatige Theoriebildungen bzw. theoretische Verschiebungen gehalten, in bezug auf Beobachtung, Exploration und Experiment hingegen nur wenig analytisches Bemühen an den Tag gelegt hat. Eine wichtige Anregefunktion kommt in dieser Hinsicht dem wissenschaftsgeschichtlichen Umstand zu, daß eine Vielzahl wertvoller Feststellungen im Labor, auf der astronomischen Beobachtungsstation oder bei der klinischen Erkundung sich nicht erkennbar einer theoretischen Anregung verdanken, so daß man – entgegen einem unten noch wiederzugebenden Diktum Schrödingers – durchaus von einer Art Eigenleben solcher Aktivitäten sprechen kann.[96]

Die geringe Beachtung dieses Eigenlebens hat es mit sich gebracht, daß sogar die zentrale gedankliche Voraussetzung jedweder Entpersonalisierung der Empirie merkwürdig unreflektiert geblieben ist. Gemeint ist eben das *Prinzip der intersubjektiven* bzw. *objektiven Reproduzierbarkeit.* Mittels dieses Prinzips werden Operationen wie die experimentelle Überprüfung einer Theorie in einer prima vista schlagenden Weise personalen Momenten enthoben. Das Prinzip zielt in erster Linie auf die *Resultate* empirischer Arbeit. Experimentelle Daten erscheinen nach der Maßgabe des Prinzips als personenneutrale Instanzen der Bestätigung oder Problematisierungen. Sie liefern – und in dieser Hinsicht trifft sich Traditionsgut mit den verbreiteten Konzeptionen Carnaps oder Hempels wie auch denen von Leitfiguren der 80er Jahre[97] – für *jedermann* einen Grund, an die Wahrheit oder Falschheit einer Theorie zu glauben. Diese Sichtweise läßt sich auch aus zahlreichen Äußerungen wissenschaftlicher Praktiker ablesen.

»Richtig ist, daß das Ergebnis eines physikalischen Versuchs, einer Sternzählung usw. nicht davon abhängen darf, ob Herr Wilson in New York oder Fräulein Müller in Berlin die Messung ausführen«,[98]

heißt es passenderweise in einem Vortrag Schrödingers. Die darin ausgedrückte Ergebnisorientierung deckt allerdings die mit dem Prinzip der Reproduzierbarkeit verbundenen Annahmen nur unvollkommen ab. Schließlich kann es von der Sache her nicht nur auf die entsprechenden Zeigerausschläge oder numerischen Angaben ankommen, sondern darauf, daß diese innerhalb ***bestimmter Vorläufe***, mittels ihnen jeweils zugeordneter Beobachtungen, Explorationen und Experimente gewonnen werden. Keine Hypothesenkontrolle besteht genau besehen darin, daß lediglich ein Datum *e* mit einer Hypothese *H* ins Verhältnis gesetzt wird, wie es die Formulierungen der Bestätigungstheoretiker oder der Falsifikationisten nahelegen. Nicht die Röte, sondern die Rotfärbung von einigermaßen sauberem Lackmuspapier, registriert von einem fähigen und ehrlichen Beobachter, verweist unter bestimmten Bedingung auf Säure.

Das Prinzip der Reproduzierbarkeit und damit der Eckstein der Vorstellung personenenthobener Empirie muß sich sinnvollerweise außer auf das Ergebnis auch auf die Merkmale der Datengewinnung erstrecken. Einer der Begründer der modernen Laborphysiologie, Johannes Müller, hat dies in einem werbenden Appell einmal bündig ausgedrückt:

»Die Experimente, welche ich jetzt mitteile, sind einfach, leicht und entscheidend, sie können an jedem Ort, zu jeder Zeit und von jedem Anatomen, Physiologen und Physiker mit demselben sichern und unzweideutigen Resultat wiederholt werden.«[99]

Eine einflußreiche Fassung im Sinne eines methodologischen Postulates stammt von John Stuart Mill:

»Es ist ohne Zweifel nötig, dass wir uns durch eine Wiederholung der Beobachtung oder des Experiments versichern, dass kein *Irrthum* in Beziehung auf die einzelnen beobachteten Thatsachen begangen worden ist [...].«[100]

In einer aktuellen Darstellung situiert Evandro Agazzi den Gedanken der Reproduzierbarkeit in einem größeren Kontext:

»[...] methodologische Prinzipien, die für die Struktur wissenschaftlichen Wissens als wesentlich angesehen werden, wie die *Wiederholbarkeit* der Erfahrung und die *Kontrollierbarkeit* der Behauptungen scheinen überdies darauf hinzuweisen, daß eine objektive Erkenntnis im Prinzip von jedem beliebigen Subjekt geteilt werden können muß, wenn es die Operationen wiederholt, aufgrund derer diese Erkenntnis als solche in die jeweilige Wissenschaft aufgenommen wurde.«[101]

Es fiele nicht schwer, weitere Beispielformulierungen anzuführen, wobei geringfügig erscheinende Akzentunterschiede Aufmerksamkeit verdienen. Bei Müller und Agazzi begegnen wir dem Gedanken, daß verschiedene Mensch dasselbe ›teilen‹, und zwar sowohl ein bestimmtes Versuchsgeschehen als auch dessen Ausgang. Mill hingegen hebt auf den Vorsatz der Behebung eines bestimmten Irrtums ab, was so vonstatten geht, daß ein anderer Mensch einer Sache nachgeht.

John Stuart Mills Formulierung liegt am nächsten an der gewöhnlichen forschungspraktischen Rede von ›Wiederholung‹ bzw. ›Reproduktion‹. Unter forschungspraktischem Aspekt kann schlicht gemeint sein, daß man eine bestimmte Prozedur in dem Sinne wiederholt, wie man sich beispielsweise nach dem ersten Frühstücksbrot ein zweites schmiert. Die

Gruppierung zweier Ereignisse unter ein und derselben Beschreibung verbindet sich nicht notwendig mit der – von Agazzi vertretenen – *ontologischen* These hinsichtlich einer wie auch immer präziser zu bestimmenden objektiven Gleichheit. Wir können eine wechselseitige Zuordnung verschiedener Ereignisse auf recht unterschiedliche Weise vornehmen, und zwar völlig unberührt von personalistischen oder antipersonalistischen Neigungen, etwa indem wir unterstellen, daß faktisch verschiedene, ›reproduktive‹ Experimente Approximationen eines idealen Experimentes seien bzw. ihre gestreuten Resulate zu den Häufigkeiten in deren Wahrscheinlichkeitsraum beitrügen.[102] Was das ›Wiederholen‹ im alltagssprachlichen, ontologisch unverfänglichem Sinne betrifft, kann davon sogar die Rede sein, wenn ein wesentlicher Umstand sich verändert hat bzw. planvoll verändert worden ist.

> »By the following experiments, I proposed to know whether this substance could be reduced to a quick-lime. An ounce of magnesia was exposed in a crucible for about an hour to such a heat as is sufficient to melt copper. When taken out, it weighed three drams and one scruple, or had lost 7/12 of its former weight. I repeated, with the magnesia *prepared in this manner*, most of those experiments I had already made upon it *before calcination*, and the result was as follows [...].«[103]

Mit diesen Worten beginnt ein Traktat Joseph Blacks, eines der herausragenden Experimentatoren in den Anfängen der modernen Chemie. Einen Vorgang zu wiederholen, besagt hier: nach der Verkalkung einer Metallprobe etwas mit der Probe zu unternehmen, das nach Maßgabe des Experimentators unter dieselbe Beschreibung fällt (›Umgang mit Magnesium *und* Magnesiumoxid‹) wie das, was zuvor mit einer unverkalkten Probe geschehen ist. Wir haben es nicht einmal mit dem Versuch einer exakten Neuauflage desselben wissenschaftsgeschichtlichen Ereignisses zu tun.

Aber schon dort, wo keine Variation angestrebt wird, ist die Anzahl der möglichen Variablen, worunter auch der lokal und temporal eingebettete Experimentator selbst zählt, bereits im einfachsten Fall unübersehbar.[104] Das mit dieser Widrigkeit kämpfende Projekt der ›orginalgetreuen‹ Replikation eines Vorbildes ist eine Aufgabe eigenen Typs, deren disziplinärer Ort nicht rezente Experimentalwissenschaft, sondern die Wissenschafts*historie* ist.[105] Eine Formulierung, wie sie das Agazzi-Zitat enthält, trifft sich mit dem forschungspraktischen Begriff der Reproduktion von Beobachtungen, Explorationen oder Experimenten nur oberflächlich. Es handelt sich um ein vagabundierendes Traditionsgut, das man mit guten Gründen für (i) ontologisch unvertretbar, (ii) methodologisch marginal und (iii) forschungspsychologisch fragwürdig halten könnte, wenn die einschlägigen Formulierungen nicht bereits mit einem Körnchen Salz gedacht wären.

Im strengen Sinne von der tatsächlichen Reproduktion eines Experimentes E zu reden (i), hieße zu behaupten, daß E entweder zeitlos wäre oder, wenn es sich zuerst in einer Zeitspanne S_1 realisierte, in einer anderen S_2 noch einmal vorkäme, wobei aber S_2 nicht in S_1 enthalten ist. Zur üblichen Verwendung des Ereignisbegriff gehört aber sehr wohl ein exklusiver Zeitbezug. Die Zeitspanne, in der sich ein Ereignis E abspielt, umfaßt alle Zeitspannen, in denen E der Fall ist, so daß es – was sich mit unserer gewöhnlichen Auffassung der Partikularität von Ereignissen trifft – keine Wiederholung von Ereignissen im strengen Sinne geben kann.

Eine kurze Betrachtung verdient in dieser Hinsicht diejenige Empirie, die oberflächlich besehen als besonders ausgezeichneter Fall hinsichtlich ihrer Personenenthobenheit aufgefaßt werden könnte: die *automatische* Registration von Daten. Die sozusagen selbsttätig beobachtenden Maschinen – die meisten Menschen kennen ein typisches Exemplar aus dem medizinischen Alltag in der Gestalt des EEG-Automaten – registrieren Verläufe, die trivialerweise nicht punktuell, sondern vorzugsweise über *Ähnlichkeitsbeziehungen* von Kurven miteinander verglichen werden. Selbst wenn diese visuell identisch erschienen, etwa in der Weise, wie zwei Fotokopien *A* und *B* desselben Blattes es für ein unbewaffnetes Auge sind, besteht faktisch keine Äquivalenzrelation in bezug auf jegliche Konfiguration der Linien auf *A* und auf *B*. Diese wird von einem Betrachter, etwa einem medizinischen Diagnostiker, auch nicht erwartet. Für ihn ist es sogar unerheblich, wenn manifeste Charakteristika einer automatisierten Darstellung, etwa die jeweiligen internen Distanzen von Linien, unterschiedlich ausfallen, weil zwei Diagramme in abweichendem Format gehalten sind. Gefordert ist lediglich die Möglichkeit des Vergleichs.[106] Einschränkend hinzu kommen theoretische und praktische Bedingtheiten in Verbindung mit der Konstruktion und Handhabung des Automaten. Die Eigenart automatisierter Datenerhebung bestimmt sich nicht aus ihrer Voraussetzungslosigkeit und noch weniger daraus, daß mit ihr Vorgänge nach strengem Verständnis ›wiederholt‹ würden. Die Automatisierung bedeutet in der Hauptsache eine Vermehrung von Daten im Verein mit einer bequemen Systematisierung. Sie enthebt den menschlichen Akteur von Nöten des Zeitaufwandes und der Ungenauigkeit des bloßen Augenscheins, des Tastens usw. Unter diesem Aspekt wird auch die Geschichte des wissenschaftlichen Apparatewesen besser verständlich, als wenn wir ihre Darstellung an der Maxime der empirischen Wiederholung orientierten. Der erste ›Wellenzeichner‹ (Kymographion), mit dem der Physiologe Carl Ludwig den Blutdruck maß, war eine noch recht instabile Konstruktion[107] und mag einigermaßen aufwendig zu bedienen gewesen sein. Seine heute gebräuchlichen technischen Weiterentwicklungen lassen sich unfachmännisch und schnell einsetzen. Die apparativen Verbesserungen sind nicht darauf angelegt, die Distinktheit von experimentellen oder beobachtungsmäßigen Tatbeständen aufzuheben, sondern deren Handhabung zu beschleunigen, eine bessere Vergleichbarkeit herzustellen und vermeidbare Erschwernisse der Empirie zu beseitigen.

Um überhaupt methodologisch einsetzbar zu sein (ii), müßte der Gedanke der strengen Reproduzierbarkeit in eine abschwächende Regel ungefähr des Inhalts gefaßt werden, daß Forscher es sich nach Möglichkeit angelegen lassen sein sollten, die Anzahl der Variablen einer empirischen Operation zu vermindern. Daraus folgte z. B., es sei empfehlenswert, die bei der Arbeit verwendeten Materialien aufzubewahren, den nämlichen Apparatetyp zu verwenden u. ä. m. Dies erscheint als angemessene Vorgehensweise, wenn angestrebt wird, Datenfälschungen oder -diebstahl vorzubeugen bzw. sie aufzudecken.[108] Wird hingegen darauf abgezielt, positive und/oder negative Belege zu sichern und im weiteren eine Hypothese *H* zu kontrollieren, kann man sich leicht klarmachen, daß unabhängige Beschreibungen *e'* und *e"* zweier konkreter Fälle die empirische Kontrolle von *H* verbessern. Um mit einem Beispiel Hackings zu reden: Wenn ein gewöhnliches optisches Mikroskop *und* ein elektronisches Mikroskop einen bestimmten Gegenstand abbilden, ist das Vorhandensein dieses Objektes besser verbürgt, als ob wir nur über das optische oder nur über das elektronische Zeugnis verfügten. Und dies würde sich im nächsten Schritt auf die Wahrscheinlichkeit einer damit verknüpften Hypothese auswirken.[109]

Daß die absichtsvolle Variation eines Experiments oder einer Beobachtung ungleich mehr verspricht als ein stets nur eingeschänkt realisierbarer Replikationsversuch wird auch von Forschungspraktikern bestätigt. In einem Gespräch legte Ferid Murad (Houston), einer der führenden zeitgenössischen Physiologen, Wert auf die Feststellung, daß es allenfalls für Studenten eventuell nützlich sei, sich an der Reproduktion von Experimenten zu versuchen. Für ihn sei ein interessantes Resultat immer der implizite Hinweis auf einen *neuartigen* Versuch (»Confirmation means to do the next step.«), der ein ähnliches Resultat erbringen müßte oder nur gelingen könne, wenn das zuerst erzielte Ergebnis stimme.[110] In dieser Auskunft spiegelt sich eine allgemeine Praxis und keineswegs eine originelle methodische Vorliebe.

Dem eventuellen Nutzen möglichst genauer Repetition bei der Enthüllung von Betrügereien steht forschungspsychologisch (iii) eine entgegenlaufende Tendenz auf dem nämlichen Feld gegenüber. Man muß nur daran erinnern, daß Schüler und Studenten speziell in den Experimentalwissenschaften üblicherweise *nicht* so angeleitet werden, daß die ihnen ermöglichten Erfahrungen tatsächlich offengehalten würden. Die gewöhnliche Praxis der Instruktion legt durchgehend nahe, daß wer richtig arbeite, ein bestimmtes, bereits vorformuliertes Ergebnis erziele. Das Vertrautmachen mit den verschiedenen Techniken der wissenschaftlichen Arbeit wird auf das Prinzip strenger Reproduktion hin ausgelegt, mit der Folge, daß Irritationen des Erfahrungssubjektes als Signale für *Kompetenzmängel* angesehen werden. M.a.W. mit dem Gewinn an Fertigkeiten verbindet sich eine Eingewöhnung in die Tendenz, ›Wünschenswertes‹ festzustellen. Ausgerechnet der Lernfortschritt begünstigt Selbsttäuschung und letztlich auch Betrug.[111]

In fortgeschrittenen Verhältnissen kann sich sogar die scheinbare Paradoxie ergeben, daß *gerade* die Bezugnahme auf das Ideal personenenthobener Reproduzierbarkeit eine sehr günstige Voraussetzung für den wissenschaftlichen Betrug darstellt. Ein schlagendes Beispiel bietet die Geschichte der Erforschung der sog. Abwehrfermente.[112] In diesem bemerkenswerten Betrugsfall geht es darum, daß mit Emil Abderhalden gerade der Verfasser und Herausgeber diverser Methodentraktate erfolgreich getäuscht und zur Selbsttäuschung angestiftet hat, indem er sich in besonderer Weise der Verfahrensprobleme bei der Gewinnung der nach ihm benannten Reaktion annahm. Die Forderung nach Reproduzierbarkeit wird funktionalisiert, um mittels eines immer wieder angereicherten Konglomerats von plausiblen Beschreibungen, technisch helfenden Hinweisen und Warnungen vor experimentellen Mißgriffen, eigene fragwürdige Vorgaben abzuschirmen. Zu den Merkmalen des Falles gehört, daß gerade das Absehen von der personalen Situation den Betrug begünstigt hat: Abderhalden und seine Schule konnten auf hunderte bestätigender Untersuchungen hinweisen, wobei verschwiegen wurde, daß die meisten positiv involvierten Forscher überlastete Kliniker waren, für gewöhnlich in abhängiger Position, die obendrein unter schlechten Laborbedingungen arbeiteten. Daß die Kritik an der Arbeit des führenden Kaiser-Wilhelm-Instituts bzw. des dort tätigen ›Forschungsmandarins‹ unter solchen Voraussetzungen eine Ausnahme blieb, wundert nicht.

Wenn nun systematisch und exemplarisch derart wenig für eine strenge Konzeption reproduzierbarer Empirie spricht, bleibt die historische Frage, auf welchem Weg diese Vorstellung in den Rang einer vermeintlichen Stütze des wissenschaftsphilosophischen Objektivismus hat rücken können. Darauf gibt es m.E. zwei sich ergänzende Antworten, die hier nur angedeutet werden können und von denen die zweite auf das *Gegenteil* der These personaler Beliebigkeit verweist: Die erste historische Antwort ordnet die Anfänge der Idee einer idealen Wiederholung von Erfahrung der frühneuzeitlichen Opposition zum Aristotelismus zu. Speziell Galilei berichtet bekanntlich von seiner Empirie nicht in der Form, daß er uns mitteilte, er habe dann und dort dieses oder jenes getan, sondern indem er – sich gegen die anspruchsvolle Konkurrenz des universalistischen Erfahrungsbegriffs der Aristoteliker behauptend – vermerkt, daß sich allgemein dieses oder jenes so und nicht anders zu ereignen pflege.[113] Die zweite historische Antwort erinnert daran, daß ein zentrales Problem bei der Formierung neuzeitlicher Naturforschung darin bestand, mit wuchernden Erfahrungsbehauptungen umzugehen. Nicht zufällig unterscheidet Francis Bacon im »Vorwort des Sekretärs« zu *New Atlantis* sorgfältig zwischen jenen, die neue Erfahrungen zu erjagen versuchen, denen die sie ordnen und schließlich jenen – sie werden bezeichenderweise als Wohltäter vorgestellt –, die einschlägige Vorgaben kontrollieren und im günstigen Falle in Umlauf bringen. Sie erst machen aus mehr oder minder verblüffenden Behauptungen Daten, die den Fortgang der Wissenschaft fördern.

In einer höfischen Kultur[114] oder auch in der Gentleman-Kultur der *Royal Society* wäre es undenkbar gewesen, solche ›Wohltäter‹ in den faktisch die Hauptlast der Ausführung tragenden Experimentatoren – in der Regel angelernte Handwerker – zu sehen.[115] Als der Baumeister des Gebäudes der königlichen Einrichtung eine verborgene Galerie einrichtete, um den Mechanikern wenigstens die Zuschauerschaft bei den von ihnen selbst präparierten Vorführungen zu sichern, führte dies zum Skandal.[116] Die originäre Empirie wird zugunsten einer Inszenierung verdeckt. Aus den ursprünglichen Explorationen, Beobachtungen und Experimenten werden erst auf der Bühne und dank einer verbürgenden ›Aufführung‹ wissenschaftliche Tatbestände. Die Präsentation ruft – im Unterschied zur späteren Auffassung der Reproduzierbarkeitsidee – nicht Frau und Herrn Omnis als Zeugen auf, sondern bringt – das gewöhnliche Menschenmaß überragende – Patrone ins Spiel, die für die Verläßlichkeit des entsprechenden Berichtes eintreten. Die Gentlemen der *Royal Society* standen im Plural für dieses Patronat. Die ›Wiederholung‹ hat den Charakter einer in Szene gesetzten Besiegelung. Erst die von Babbage, Herschel, Young u. a. angestoßenen Reformen des 19. Jahrhundert heben den Zusammenhang von gesellschaftlicher Achtung und wissenschaftlicher Glaubwürdigkeit auf. Die Bürgenrolle übernimmt die Gemeinschaft der Experten, *All Scientist's Now*, wie sie der Titel von Boas Halls Historie der Königlichen Gesellschaft im 19. Jahrhundert[117] treffend benennt.

Für die in diesem Ausdruck vorwegnehmend beschriebene globale Forschergemeinschaft aber ist die Idee einer strikten Wiederholung entbehrlich. Sie kann sich mit praktikablen, die empirische Prüfung von Hypothesen optimierenden Strategien zufriedengeben und auf die Verdeckung der Personalität von Empirie verzichten. Die ›Wiederholung‹ einer Beobachtung, eines Experimentes oder einer Exploration erfüllt ihren Zweck, indem tüchtige Forscher etwas Ähnliches unternehmen und Konvergenzen oder Inkonvergenzen feststellen. Diese Konvergenzen können so überzeugend ausfallen, daß sich ein sehr rascher Konsens über verschiedenartige theoretische Einstellungen hinweg bildet.[118] Aber Konvergieren wird umso bemerkenswerter, sobald die Ausgangspunkte nicht zu nahe beieinander sind. Übereinstimmungen sind gerade umso schlagender, wenn jemand sich *nicht* um eine strikte Wiederholung, sondern von vornherein um eine *Variante* bemüht hat. Wie soll man erklären, daß – um Schrödingers Formulierung abzuwandeln – Herr Wilson in New York *und* Fräulein Müller in Berlin mit unterschiedlichen Apparaturen und diversen sonstigen Variablen zu Ergebnissen gelangen, die sich gut ineinander fügen? Die beste Erklärung für diese ›consilience‹ liegt darin, daß es außer der Verschiedenheit der Apparate und der sonstigen jeweiligen Umstände eine Natur gibt, die dafür sorgt, daß auch die energischsten Forscher nicht einfach *entscheiden* können, was empirisch der Fall ist. Wenn sie redlich sind, wird ihnen gerade die Variationsbreite ihrer Handlungsmöglichkeiten dabei helfen, zwischen Artefakt und harten Daten zu unterscheiden. Peter Galison hat dies anhand beeindruckender Beispiele dargelegt:[119]

> »Microphysical phenomena [...] are not simply observed: they are mediated by layers of experience, theory, and causal stories that link background knowledge to their tests. But the mediated quality of effects and entities does not necessariliy make them pliable; experimental conclusions have a stubborness not easily cancelled by theory change. And it is this solidity in the face of *altering conditions* that impresses the experimenters themselves – even when theorists dissent«.

In diesem Zusammenhang erinnert Galison an einen Fall tugendbestimmten Handelns angesichts störrischer Naturereignisse:[120] Den Hintergrund bildet der Gegensatz zwischen einer amerikanischen Forschergruppe um David Cline und ihren Konkurrenten am CERN, wobei die amerikanische Gruppe jahrelang die Inexistenz sog. neutraler Ströme behauptete, wohingegen die Europäer an ihrer Entdeckung festhielten. Mit der Bestätigung des experimentellen Nachweises hätte sich die ärgerliche Konsequenz verbunden, der CERN-Gruppe nicht nur Priorität einzuräumen, sondern auch ausdauernden Mißerfolg einzugestehen. 1973 nahm David Cline ebendiese Schmach auf sich. Die abschließende Stellungnahme verdient Erwähnung:

> »At present I do not see how to make this effect [sc. of neutral currents] go away.«[121]

4.5 Die Einführung des Neuen

4.5.1 Die Idee des Forscherglücks

Die Wissenschaftstheorie hat sich in unserem Jahrhundert in besonderem Maße auf innovative Momente des Forschens, genauer gesagt auf theoretische Erneuerungen, bezogen. Andererseits hat sie sich eine auffällige thematische Beschränkung im Umgang mit der Einführung des Neuen auferlegt. Bezeichnend sind unter diesem Gesichtpunkt die als ›Logik der Entdeckung‹ vorgestellten Überlegungen in ihrer bekanntesten, von Norwood Russell Hanson entworfenen Fassung: Sie legt zunächst wie selbstverständlich zugrunde, daß sich zwar über die *Berechtigung* von Anfangsvermutungen einiges, hingegen über den eigentlichen Vorgang der *Gewinnung* neuer Ausgangsideen nichts auch nur einigermaßen Explikatives sagen ließe. Man könne nicht bestreiten, daß dieser Prozeß »*essentially* on ›intuition‹, ›insight‹, ›the inspired hunch‹, and ›sheer genius‹« beruhe. Schließlich gebe es auch keinen Computer, der je imstande wäre, einen Nobelpreis zu gewinnen.[122] Was sich hinsichtlich des Aufkommens von neuen Ansätzen überzeugend beschreiben ließe, seien zunächst jene Anlässe, die dafür sprächen, daß angesichts einer Anomalie nach einer bisher ungenutzen Erklärungsmöglichkeit gesucht werde. Habe jemand eine entsprechende Hypothese aufgetan, lasse sich ein argumentativer Zusammenhang herstellen, der unter das Dach des Abduktionsbegriffes gehöre. Darunter wird in simpelster Interpretation eine schlußlogisch unzulässige Operation des Typs ›$p \longrightarrow q$, nun q, ergo p‹ verstanden, deren Abfolge gegenläufig zur Deduktion statthabe: »Reasoning which starts from reasons and looks for consequences is called deduction; that which starts from consequences and looks for reasons is called reduction [sc. abduction]«.[123] Möglicherweise läßt sich ein beträchlichlicher Teil unseres alltäglichen Räsonierens dieser Schrittfolge zuordnen. Es ist aber nicht ausgemacht, ob die Deutung als einer Art in doppelter Hinsicht ›verkehrter‹ modus ponens das Wesentliche trifft. Peirce, der den Begriff prägte, hat darunter mehrerlei verstanden, das über diese defiziente Schematisierung hinausgeht und sich auf komplexe Weise mit seiner Zeichentheorie bzw. der Unterscheidung verschiedener Klassen von Zeichen verschränkt. Man kann, wenn man das, was die Abduktionsliteratur[124] anbietet, grob sortiert, unterscheiden zwischen dem Aspekt (i) der Erzeugung einer Annahme, (ii) dem der vorläufigen Rechtfertigung mit Rücksicht auf das Ausgangsproblem und (iii) dem Ausweis als beste Erklärung.

Unter dem ersten findet sich die visuelle Abduktion, die uns beispielsweise in den Stand setzt, einen verschwommenen Sinneseindruck zu deuten, indem wir annehmen, einen Freund zu erkennen.[125] Der zweite ist der einer vorläufigen Auswahl unter konkurrierenden Hypothesen, wobei ein testwürdiger Kandidat ausgewählt wird.[126] Die dritte Form der Abduktion wäre die als beste Erklärung im Kontext einer Sichtung von Erklärungsalternativen.[127] Besonders augenfällig rücken die beiden letzten Interpretamente Entdeckungsvorgänge partiell in Rechtfertigungsverhältnisse ein. Ich werde das Verhältnis zum vorliegenden Ansatz nicht gesondert ausführen, verweise aber auf die Möglichkeit, fortschrittsbegünstigende Abduktionen im Rahmen des Tugendansatzes als komplexe *erfolgreiche Handlungen* aufzufassen. Wahrnehmungen werden durch Fähigkeiten optimiert. Schlüsse auf die beste Erklärung sowie die Wahl von entfaltungs- und kontrollwürdigen Hypothesen werden durch die fachliche Kompetenz dessen, der sie ausführt, ermöglicht bzw. verbessert. (i) steht thematisch z.T. im Zusammenhang mit der Frage stabiler Anschauung (Kapitel 3.4); (ii) und (iii) lassen sich im Sinne des Modells wohlgegründeter Entscheidung (Kapitel 4.6) auslegen. Aber es bleibt die Frage nach der Herkunft des Neuen offen. Hansons ›Logik der Entdekkung‹ spaltet die Beurteilungsmomente im Innovationsprozeß von der Entstehung des Neuen selbst ab und läßt eine Art schöpferischer Black Box übrig.

Es gibt für uns keine hinreichende Veranlassung, dieser Separierung zu folgen: In allen drei Fällen hätten wir es bei der Einführung von Neuem im günstigen Fall mit anerkennenswerten Handlungen zu tun, die sich entsprechend dem Schema *TS** (Kapitel 2.5) aus Tugendgründen erklären lassen sollten. Warum soll man nicht etwa die Tatsache, daß jemand auf eine gute Hypothese verfällt, mit seinen Fähigkeiten, seinem Wissen, seinem Scharfsinn, seiner Vorstellungskraft u. a. m. in Verbindung zu bringen? Nahezu unbemerkt von der wissenschaftstheoretischen Diskussion hat sich eine rege wissenschaftspsychologische Forschung mit gutgestützten Ergebnissen entwickelt, derzufolge es einen besonderen Typus von kreativen Forschern gibt, die sich anhand klar abzeichnender Merkmale ausweisen.[128] Freilich läßt sich damit im Rahmen des wissenschaftstheoretischen Tugendansatzes nicht ohne weiteres etwas anfangen, weil die verläßlichsten Daten aus diesem Bereich auf statistischen Erhebungen beruhen, was bei der Erklärung individuellen Erfolges nicht weiterhilft. Die eher auf Einzelfälle bzw. deren strukturelle Gemeinsamkeiten abhebenden Untersuchungen hingegen verhalten sich stützend zum Tugendansatz. So paßt etwa die Stufung[129] kreativer Prozesse in Phasen der Vorbereitung, Inkubation, Einsicht, Bewertung und Ausarbeitung eines neuen Ansatzes sehr gut zur Vorstellung, wonach Kompetenz der zentrale Faktor der Entstehung des Neuen ist. Auf diese Anbindungsmöglichkeit sei nur hingewiesen. Ich werde mich darauf beschränken, den Rahmen exemplarisch, in der Hauptsache an historischen Beispielen, abzustecken, in denen die Verknüpfung von Innovation und Fähigkeiten plausibel wird.[130]

Warum auch ein solcher bescheidener Versuch bislang nicht gemacht worden ist, läßt sich ersehen, wenn man die handlungsbezogenen Formulierungen in den Texten der Entdeckungslogiker, allen voran diejenigen Hansons durchsieht. Als mögliche Handlungsgründe werden durchgehend einzig *Absichten* berücksichtigt. Die gewöhnliche, mittels des Abduktionsbegriffs bedachte Situation, in der Neues erforderlich wird, ist unbestritten die, in der jemand »encounters some anomaly, and *desires* an explanation«.[131] Das ist die Charakterisierung der Ausgangssituation eines innovativen Prozesse, der man ohne weiteres zustimmen kann. Nur wird daraus ein Schritt in die Sackgasse, wenn man den Problemlösungs*wunsch* zum Angelpunkt einer Handlungsdeutung macht. Hanson hat zweifellos recht mit der Auffassung, daß es keinen gedanklichen bzw. argumentativen Mechanismus gibt, der aus den Absichten eines Forschers eine hilfreiche Erklärungshypothese entstehen ließe. Die Verknüpfung von Motiv und Entdeckung ist in der Tat für sich genommen *kontingent*. Und hieraus wird nachvollziehbar, warum nicht nur Autoren wie Hanson, sondern auch moderne Erkenntnistheoretiker[132] und bekannte Vertreter einer kognitionswissenschaftlichen Rekonstruktion von Forschung dem *glücklichen Zufall* einen großen Raum einräumen.[133]

Die Idee einer tugendbestimmten Einführung des Neuen besagt, auf die einfachste Beschreibung gebracht, daß es so etwas wie Forscherglück im strengen Sinne nicht gibt. Wenn wir vom Glück oder Pech im Blick auf die Handlungen von Forschern sprechen, werfen wir leicht einiges durcheinander. Ein Beispiel, das den Kontrast von Glück und Pech zu illustrieren scheint, ist auf den ersten Blick in folgender Situation gegeben:[134] Zwei Forscher *A* und *B* untersuchen je eine Art von pathogenen Bakterien und vergleichen sie mit den nächsten nicht-pathogenen Verwandten, um auf diese Weise jene genetischen Komponenten zu finden, die sich mit dem Aufkommen von Krankeiten in Beziehung setzen lassen. Nun stellt sich bei der Verfolgung des gleichgerichteten Ansatzes heraus, daß sich die Genome im Falle von *A* unerhofftermaßen genetisch so stark unterscheiden, daß für *A* eine unerwartet umfängliche Arbeit anfällt, wenn er daran geht, die fraglichen Genloci zu identifizieren. *B* hingegen stößt auf geringe Differenzen und kann nach kurzer Zeit den Ruhm ernten, dem Wirkungsmechanismus einer Krankheit auf die Spur gekommen zu sein. Das nimmt sich wie ein Fall von glücklichem Erfolg aus, den eine kompetenzorientierte Betrachtung verfehlen müßte. Aber näher betrachtet, verhält es sich nicht schlichtweg so, daß *B* Erfolg gehabt hätte, wohingegen *A* noch mit halbleeren Händen dastünde. *A* hat etwas anderes getan als B. *A* hat, um an die Unterscheidung zu Beginn dieses Kapitels anzuknüpfen, versucht, pathogene Komponenten zu identifizieren, *indem* er Objekt *O* untersuchte, *B* unternahm ebendies, *indem* er ähnliches mit einem Objekt *Q* unternahm. Die von *A* erfolgreich durchzuführende Handlung ist von derjenigen *Bs* unter der genaueren Beschreibung des Indem-Satzes allein schon quantitativ deutlich unterschieden. Der Eindruck eines vermeintlich größeren Erfolgs *Bs* resultiert aus der Zusammenfassung differenter Aktionen unter ein und derselben Beschreibung. Ein Widerspruch zur sprichwörtlichen Redensart, wonach Glück nur der Tüchtige habe, sind Fälle dieses Musters nicht. Weder bei *A* noch bei *B* kommen geheimnisvolle Faktoren zur Wirkung, welche die jeweiligen Bemühungen bzw. die jeweils zugrundeliegenden Fähigkeiten herabstufen würden. Was es gibt, sind Faktoren, die zu Beginn einer Untersuchung nicht bekannt sind und später in das Wissen der Forschenden eingehen.

Dieses kann man in realistischer Perspektive als Wissen um die zu erforschende Sache selbst, in diesem Fall die Beschaffenheit der Natur interpretieren. Aber deren Zustand ist keine Glücksache. Natur hält trivialerweise insofern ›Überraschungen‹ bereit, als vollständiges Vorabwissen jedwede Forschung entbehrlich machte. Mit dem Tugendschema *TS** verknüpft, bildet beispielsweise der vergleichsweise einfache Aufbau eines bestimmten Genoms einen erfolgreiches Handeln begünstigenden Faktor, der außerhalb des forschenden Individuums liegt. Forschertugend befähigt nicht dazu, beliebige Forscherwünsche ohne Rücksicht auf sonstige Faktoren einzulösen. Kompetenzen heben sachliche Anforderungen nicht auf, sondern helfen, sie zu bewältigen. Irreführende Antithetik in dieser Hinsicht ist recht beliebt: Die tatsächliche oder angebliche, erfreuliche oder bedauerliche Macht des Zufalls ist ein altes Thema der Wissenschaftshistoriographie, das bereits bei Kästner, Bailly, Priestley und anderen frühen Forschungschronisten berührt wird,[135] wobei die Bewertungen allerdings schwanken. Aus Gründen, die sich wohl aus der Verschränkung mit dem Begriff der Überraschung ergeben, verbindet sich die Idee des glücklichen Zufalls in vielen Beschreibungen mit der von Episoden, angefangen vom glücklichen Augenblick über die ›Sternstunde‹[136] bis hin zum *annus mirabilis*, in dem auf geheimnisvolle Weise auf unterschiedlichen Feldern Großes geleistet worden sei.[137] Der Raum des Glücks öffnet sich ebenfalls weit, wenn man die relativistischen Infragestellungen methodologischer Prinzipien für durchschlagend hält.[138] Wäre wissenschaftliche Forschung wesentlich eine Sache zufälliger Wissensfindung und glücklicher Entscheidung über Hypothesen, erledigten sich alle methodologischen Überlegungen genauso wie jedwede Reflexion über die wissensbegünstigenden Eigenschaften von Forschern.

Ein passendes Beispiel für die falsche Entgegensetzung von tugendbestimmter Arbeit und Erfolg findet sich in einem Artikel des Abbé Dicquemare, eines angesehenen Naturhistorikers aus Le Havre, den die *Royal Society* in der Fortsetzung früherer Darstellungen desselben Autors über die Charakterista von Seeanemonen in ihre Akten aufgenommen hat. An einigen der Seeanemonen haben sich ihm dem Bericht zufolge die interessantesten Eigenschaften erschlossen, weil die Exemplare, die ihm vor die Augen kamen, aufgrund natürlicher Einwirkungen, etwa von Krebsbissen, verletzt waren. Der Weg, den die Feststellungen genommen haben, konfrontiert die Mitglieder der *Society*, das mustersetzende Publikum kunstvoll ausgeführter Experimente, mit einer scheinbar provozierenden Anfrage:

> »Are not the accidents which happen to birds, quadrupeds, and even to man, frequently followed by effects, which seem intended to convince us, that we lay too great a stress on the resources of art, and trust less than we ought to to nature?«[139]

Sie belegt aber lediglich, daß der Autor gegeneinander ausspielt, was sich bestens ineinanderfügt. Wer in der Art Dicquemares begünstigt wird, steht vor einer *leichteren* Aufgabe als jemand, dem dies nicht widerfährt. Um eine anatomische Absicht realisieren zu können, benötigt er weniger Fähigkeiten, als ohne diese Begünstigung erforderlich wären. Dicquemare schiebt zwei verschiedene Handlungen ineinander. Wenn hingegen zwei Forscher *A* und *B* die nämliche Handlung vollbringen müßten – hier: die Anatomie desselben, durch einen Unfall getöteten Tieres zu bestimmen – wäre sehr wohl derjenige im Vorteil, der über größere »resources of art« verfügte.

Eine Anmerkung verdient in diesem Zusammenhang die Betrachtung des epistemischen Zufalls in einer naturalistischen, speziell evolutionistisch angelegten Konzeption. In ihrer allgemeinen Version gelten auch die sorgsam angebahnten Feststellungen der Tüchtigen letztlich als glückliche Funde, insofern sich das Überleben der menschlichen Spezies mitsamt ihrer Erkenntnismöglichkeiten als eine zufällige Angelegenheit darstellt.[140] Ich halte dies für eine Schwierigkeit absolutistischer Erkenntnistheorie, deren Beachtung die Unterscheidung zwischen Wissen und Irrtum sowie zwischen erfolgreichen und erfolglosen Handlungen skeptisch rahmt, aber für die Erklärung des Spezifikums Forschung ohne Belang ist. Daneben gibt es innerhalb wissenschaftstheoretischer Ansätze Analogiebildungen zum Evolutionismus, die auf das früher kritisierte Filter-Modell hinauslaufen. Es sind Versuche, *beliebige* Variation als Fortschrittsmoment auszuweisen.[141] Ihnen läßt sich mit derselben Strategie begegnen, die auch gegenüber der Glücksidee angebracht ist, nämlich zu zeigen, daß eben nicht kontingente Faktoren die erfolgreiche Einführung von Neuem bestimmen.

Dabei wird im weiteren einmal mehr der Vorzug der Tugendorientierung gegenüber der Regelkonzeption deutlich werden.[142] Es gibt keine Regel, die uns sagte, auf welche Weise wir unter bestimmten unvorhersehbaren Umständen zu passenden bzw. weiterführenden Auffassungen gelangten. Es sind Kompetenzen, die in diesem Punkt zählen, und auf die zu verweisen den Ansatz einer genetisch erklärenden, legitimierenden und kritisierenden Wissenschaftstheorie stützt. Es wird sich sogar zeigen, daß die Vorstellung vom Forscherglück in einer Hinsicht problemlos in den personalistischen Ansatz selbst hineinragt. Die Handhabung des Unvorhergesehenen läßt sich aus Unterscheidungen entwickeln, die hinsichtlich des moralischen Zufalls getroffen worden sind und drei Typen von vermeintlichen Zufällen betreffen:[143] konstitutives, situatives und resultatives ›Glück‹. Es wird deutlich werden, daß wir in allen Fällen nichts anderes vor uns haben als ein dank personaler Qualitäten erfolgreiches Handelns unter angebbaren Bedingungen.

4.5.2 Konstitutiva des Neuen

›Konstitutiv‹ holt neben anderem ein, was in den evolutionistischen Konzeptionen thematisch wird, und mag heißen, was sich natürlichen Anlagen, Umweltgunst, Erziehung, Ausbildung usw. verdankt. Man könnte konstitutives Glück etwa darin erblicken, daß ausgerechnet ein so befähigter Mensch wie Newton sich mit den Problemen der Mechanik auseinandersetzte. Dabei ist zuerst an Talente zu denken,[144] im weiteren aber an all das, was ihn als Forscher prädestiniert, in Sonderheit seine disziplinären Kenntnisse, soweit derlei außerhalb der Reichweite seiner eigenen aktuellen Handlungsmöglichkeiten liegt. Ich werde zu den Konstitutiva nur einige kurze Bemerkungen machen, weil diese sich bei genauerem Hinsehen als bereits bestens bekannte Faktoren herausstellen werden. Nehmen wir eine Miniatur zum Ausgang, die einer der Begleiter unseres Unterfangens erstellt hat. In einem kunstvollen lukianischen Dialog läßt Bernard de Fontenelle Kaiser Karl V. mit Erasmus von Rotterdam über die Bedeutung des Zufalls im politischen und im gelehrten Leben streiten:

»Charles: Mais quel est ce mérite personnel?
Erasme: Faut-il le demander? Tout ce qui est en nous. L'esprit, par exemple; les sciences.
Charles: Et l'on peut avec raison en tirer de la gloire?

Erasme: Son doute. Ce ne sont pas biens de fortune, comme la noblesse ou les richesses.«[145]

Erasmus hält sich zugute, daß ihm im Unterschied zum Kaiser ein persönliches Verdienst zufalle. Die Retourkutsche des Kaisers auf Erasmus' Geringschätzung glücklich ererbten Reichtums und dynastischer Macht trifft genau den Kern der Auffassung vom konstitutiven Zufall:

»[...] l'esprit ne consiste-t-il pas dans une certaine conformation du cerveau, et le hasard est-il moindre, de naître avec un cerveau bien disposé, que de naître d'un père qui soit roi? [...] demandez à tous les philosophes à quoi il tenait que vous ne fuissiez stupide et hébeté; presque à rien, á une petite position de fibres [...].«[146]

Die Zufälligkeiten des Zellgewebes werden mit den Zufälligkeiten der dynastischen Folge parallelisiert. Kein Grund zum Stolz auf eigenes Verdienst auf Seiten der Gelehrten also. Fontenelles Zuspitzung auf die ›fibres‹ ist rhetorisch. Das konstitutive Moment bündelt sich aus einer unübersehbaren Fülle von Einzeltatbeständen, von denen nur einige wenige erschlossen werden können – von Memorierbarkeit durch seine Träger ganz zu schweigen. Der Wunsch, über die »conformation du cerveau« genaueren Aufschluß zu gewinnen, hat im 19. Jahrhundert dazu geführt, daß viele bedeutende Forscher gedrängt wurden, ihre Gehirne nach dem Tode entsprechend interessierten Kollegen zur anatomischen Erkundung zu hinterlassen.[147]

Eine thematisch anders gerichtete, weniger spektakuläre und dennoch vermutlich effektivere Form der Erschließung konstitutiver Momente hält sich an die gesprächsweise Auskunft über Lebensepisoden, geleitet von der Absicht, den kulturellen Teil der Forscherkonstitution zu beleuchten. Wenn der bedeutende Mongolist Walther Heissig einem Zeitungsreporter erzählt, daß letztlich ein Beinbruch im Jugendalter und als Folge die Sven-Hedin-Lektüre auf dem Krankenlager für den späteren Berufsweg entscheidend gewesen seien,[148] erweckt er kaum Erstaunen, sondern verleitet zu wenig abwegigen Spekulationen wie denen darüber, welche Bedeutung den ehemals beliebten Kosmos-Kästen für die deutsche Naturwissenschaft eignet.

Eine Schwierigkeit resultiert aus Glück dieses Typs nur innerhalb von Regelorientierungen, da die Möglichkeiten einer regelbefolgenden Steuerung bzw. Anbahnung sehr eingeschränkt sind. Ihr Erfolg ist auf jeden Fall nicht im Einzelfall prognostizierbar. Sven Hedin und Kosmos-Kästen kommen auch in der Vita vieler Bäcker und Verwaltungsbeamter vor. In der hier gewählten Ausrichtung an personalen Eigenschaften hingegen sind konstitutive Glücksmomente nicht nur kein Problem, sondern etwas, das auf dem hier genehmen Territorium Platz hat. Ergänzen wir nämlich den Begriff des konstitutiven epistemischen Glücks durch solche Eigenschaften, die wir absichtsvoll erwerben, wie fachspezifische Kompetenzen, sind wir genau bei einem der wichtigsten und bereits eingeführten Begriffe der vorliegenden Untersuchung, dem der *Forschertugend*, angelangt. Anders gesagt: die in einen wissenschaftlichen Erfolg hineinspielenden – vermeintlich glückshaften – Konstitutiva sind nichts anderes als ein Teil der dem jeweiligen Akteur zuzuschreibenden Forscherqualität, darunter sein *Forscherwissen*. Wenn wir im nächsten Schritt daran gehen, die durch die beiden anderen Sorten von epistemischem Glück gestellten Probleme zu entschärfen, können wir dies tun, in dem wir bei der Betrachtung der jeweiligen Episoden nach möglichen konstitutiven Komponenten Ausschau halten.

4.5.3 Situativa des Neuen

Der oben genannte Walther Heissig berichtet in dem erwähnten Gespräch über spektakuläre Handschriftenfunde, die er in den 30er Jahre in der Mongolei machte. So habe er in der Druckerei eines befreundeten Zeitungsverlegers das Originalmanuskript der um 1840 entstandenen *Blauen Chronik* entdeckt, die als eines der größten Werke der klassischen mongolischen Literatur überhaupt anzusehen sei.[149] Zweifellos handelt es sich in irgendeinem Sinne um einen Glücksfall, der mit den besonderen raum-zeitlichen Umständen zusammenhängt, in denen sich der Mongolist befand. Worin *genau* das epistemische Glück in einem solchen Fall bestehen soll, ist nicht ganz einfach zu ersehen. Wenn wir den Bereich der glücklichen Einsicht sehr eng ziehen wollen, mag es darauf hinauslaufen, daß wenigstens die Feststellung des Vorhandenseins des Skriptes auf epistemischem Glück beruht. Daß der Fund auch die Gelegenheiten zu weiteren Einsichten schafft, seien es in philologischer Akribie planvoll zu gewinnende oder ergänzende Glücksgriffe, wäre ein weiteres Thema. Die Anfangssituation ähnelt durchaus jener, die der oben zitierte Abbé Dicquemare vor Augen hatte, als er auf den Zufall setzte: Ein Forschungsakteur begegnet einem Tatbestand deshalb, weil er sich zur richtigen Zeit am richtigen Ort befindet, Heissig bei einem mongolischen Verleger, Dicquemare nach einem Sturm am Strand auf der Suche nach Exemplaren von verletzten Seeanemonen.

In beiden Fällen haben Forscher dem Namen nach ›Glück‹ gehabt. Der Wissenserwerb ist situativ begünstigt worden. Das bedeutet aber nicht, daß die konstitutive Komponente entfiele. Im Gegenteil: Dicquemare und Heissig haben, wie ungezählte Forscher mit vergleichbarem Erfolg, die erfolgsträchtige Situation *gesucht*, in der sich eine für ihre Forschungen glückliche Konstellation ereignen konnte. Ihre Neugier und ihre Kompetenz haben sich bei der Vorbereitung realisiert, indem Umstände und Zeitspannen arrangiert wurden, in denen sich gute Chancen ergaben. Wenn man so will, kann man den gesamten Forschungsbetrieb als eine gewaltige Anstrengung ansehen, Situationen zu schaffen, in denen epistemisches ›Glück‹ sich leichter ereignen kann als unter forschungsexternen Bedingungen. Die Spanne reicht von der optimalen Laborausstattung über die Bibliothek, das Observationsterrarium, die Gunst oder Ungunst der kollegialen Zusammensetzung[150] bis zu jenen »Anregungsmitteln«[151], die Alexander von Humboldt zum Naturstudium empfahl, darunter poetische Schilderungen und Landschaftsmalerei.

Wissenschaftlicher Fortschritt wird vielfach mit realen Lokalitäten assoziiert. Es mag ein wenig albern anmuten, wenn – wie kolportiert – eine italienische Biologin sich an einem der Washingtoner *National Institutes of Health* wie im »Wissenschafts-Schlaraffenland« vorkommt. Aber der hinkende Vergleich erinnert nachdrücklich daran, daß die Situation, in der sich epistemischer Erfolg überraschend einstellt, selbst keinen Zufallscharakter hat.

Damit sind nur die konkreten situativen Momente angesprochen. Der Kreis ließe sich ohne Mühe um *gedankliche* Kontexte erweitern, womit sich die Möglichkeit eines zwanglosen Überganges zu den herkömmlichen Überlegungen über ›Theoriehaltigkeit‹ der Beobachtung, metaphysische Vorausetzungen der Theoriebildung, ›disziplinäre Matrizen‹, ›Forschungsprogramme‹ u. a. m. einstellt, deren Entstehung, Verbreitung und Handhabung ganz eindeutig mit Konstitutiva in Zusammenhang gebracht werden können. Daß jemand eine hochkomplexe Theorie versteht oder über ein hilfreiches Klassifikationssystem verfügt und derlei als hilfreiche Momente in eine erkenntnisträchtige Situation einzuspeisen vermag, kommt nicht irgendwie en passant zustande, sondern ist das Ergebnis von Bemühungen bzw. diese anleitenden Motiven, Talenten, erworbenen Fähigkeiten u. a. m.

Betrachten wir nun unter dem Aspekt des Situativen einen gut dokumentierten komplexeren Fall, den der Entzifferung der ägyptischen Hieroglyphen. Sie schnurrt in der simpelsten Lesart darauf zusammen, daß nach jahrhundertelangen Fehlversuchen unverhofft eine mehrsprachige Übersetzungsvorlage (die Stele von Rosette) aufgetaucht sei, mit deren Hilfe die Rekonstruktion des Schriftssystems hat gelingen können – situatives epistemisches Glück. Sorgfältiger besehen belegt das Beispiel indes gut nachvollziehbar, wie eine ›glücksfähige‹ Situation entsteht und in welchem Umfang konstitutive Momente involviert sind, anders ausgedrückt, inwiefern hier die ›richtigen Leute‹ zu Wissen gelangt sind:

Beginnen kann man den Nachvollzug mit der Anerkennung des kuriosen historischen Faktums eines militärischen Unternehmens, das von einem für die damaligen Verhältnisse gewaltigen Gelehrtenkorps begleitet wurde,[152] in dem sich eine ansehnliche Schar von Altertumswissenschaftlern befand. Den glücklichen Fund des Steins im Sommer 1799 in einem kleinen ägyptischen Dorf taten französische Offiziere, die immerhin Griechisch gelernt hatten und von den Bemühungen um die Entzifferung der Hieroglyphen wußten. In seiner durch die Kriegshandlungen wirren Geschichte geriet der Stein niemals in die Hände völlig inkompetenter Personen. Er gehörte zur archäologischen Beute, welche die Briten nach ihrem Gefechtssieg davontrugen, aber er gelangte umgehend in die Verfügung der britischen Fachleute. Der Franzose Champollion erhielt seine Kopie der Inschrift aufgrund der Konkurrenzsituation mit dem Briten Thomas Young erst mit gehöriger Verzögerung. Wenn man so will, hoben schließlich positive konstitutive Momente, Großzügigkeit und Kollegialität, ein negatives, nämlich Mißgunst, auf.[153] Die Fortsetzung der Entzifferungsgeschichte ist keine Angelegenheit des bloß Situativen mehr, sondern eine Sache resultativen Glücks (auf dessen Eigenart noch einzugehen sein wird) und des entscheidenden konstitutiven *als* situativen Moments: Der ›glückliche‹ Entzifferer Champollion ist unter den Konkurrenten der einzige gründliche Kenner des Koptischen und damit der dem Altägyptischen nächsten Sprache. Das epistemische Glück Champollions ist das des Tüchtigen[154] und die der Entzifferung förderliche Situation verdankt sich ingesamt einer Kette von Handlungen tüchtiger Leute. Kontrastiv sei auf all jene erfolglosen Entzifferungsversuche vor Champollion hingewiesen.[155] Nicht nur als Kuriosum verdient unter dem im nächsten Abschnitt behandelten Aspekt des Resultativen die vermeintliche Erfolgsmeldung eines der konkurrierenden Hieroglyphendeuter Beachtung, welcher sich die Jahrzehnte asketischer Arbeit ersparte und

> »vor systematischen Irrtümern bewahrte, die einzig nur aus langem Nachgehen hervorgehen können [...].«[156]

Das Zitat stammt aus der Schrift eines heute vergessenen Grafen, der sich – arm an erkennbaren philologischen Qualifikationen – binnen einer einzigen Nacht mit dem Erfolg der Lösung des Hieroglyphenproblems gesegnet sah, ohne der heute anerkannten Lösung auch nur einen winzigen Schritt näher gerückt zu sein.

4.5.4 Bedingtes ›Heureka‹

Was der Graf nur erhofft, das gelingt Champollion, Aber auch bei ihm gibt es einen entscheidenden Durchbruch in einem knappen Zeitraum, dessen Ablauf die Biographin genau beschreibt:[157] Champollion habe am frühen Morgen des 14.8.1819 mit der Arbeit begonnen, indem er eine von einem gewissen Hermapion hinterlassene griechische Übersetzung eines hieroglyphischen Textes[158] studierte. Das geschah in der Absicht, die darin enthaltenen Ehrentitel nach den wenigen bereits bekannten Regeln in die Hieroglyphenschrift zurückzuübersetzen. Die Biographin schildert, wie er eine weitere Lithographie einer altägyptischen Inschrift betrachtet und dabei eine ihm bekannte phonetische Gruppe (›mes‹) identifiziert habe, über der sich ein Symbol der Sonnenscheibe (›ra‹) befindet. Dann vollzieht sich der Biographie zufolge ein *kairos*:

> »Rameses, Ramesse, Ramses! liest er und seiner Sinne kaum noch mächtig vor Erregtheit, überwältigt von Freude und zugleich von der Angst, er möchte sich irren, sucht und findet er auf demselben Blatt mehrere Varianten des grossen Namens, in den ihm in den Texten der Spätzeit erkannte Homophone mit demselben Lautwert und derselben Art, sich unterschiedslos auszuwechseln, vor Auge treten.«[159]

Aus diesem Einfall erwächst nach aufwendigen Untersuchungen schließlich 1821 die berühmte *Lettre à Dacier*, in der die Einsicht in die triadische Struktur des altägyptischen Schriftsystems aus Laut-, Silben- und Symbolnotation eingehend dargelegt wird.

Es fällt nicht schwer, andere bekannte Beispiele für plötzliche Einsichten anzuführen. Am populärsten ist zweifellos jene fragwürdige Anekdote, derzufolge Isaac Newton das Gravitationsgesetz bei der Betrachtung eines fallenden Apfels entdeckt haben soll. Es gibt aber hinreichend viele historisch überzeugendere Exempel, etwa Röntgens Entdeckung der nach ihm benannten Strahlen, Kekulés Vision des Benzolringes und die Feststellung des Energieerhaltungssatzes durch Julius Robert Mayer. Es lohnt sich, über solche Fälle nachzudenken, zumal resultatives Glück am ehesten dem entspräche, was mit dem Bild vom blinden Huhn, das durch bloßes Herumpicken ein Korn findet, gemeint ist. Bezogen auf die neuere erkenntnistheoretische Diskussion müßte es sich um sog. Gettier-Beispiele handeln,[160] die u. a. fallibilistische Konzeptionen vor bisher ungelöste Probleme stellen. Ein primitiver nicht-wissenschaftlicher Fall läge vor, wenn jemand nach einem Blick auf eine nicht funktionierende Uhr annimmt, es sei Mittagszeit, und dies zufällig zutrifft. Seine Annahme würde sich, da es ja Mittag ist, bei einer Überprüfung problemlos bewähren, und dennoch würden wir zögern, sie für einen Fall von Wissen zu halten. Wenn wir die hieraus gewonnene Problemsicht bewahren und im Sinne des gewählten Ansatzes auf einer genetischen Rechtfertigung des Wissens beharren, legen wir uns darauf fest, daß die angeführten wissenschaftshistorischen Fälle *keine* Gettier-Beispiele sind. Damit ist nicht behauptet, daß es in Forschungszusammenhängen kein resultatives Glück gibt, sehr wohl aber, daß die prima vista einschlägigen Beispiele keine Belege für zufälligen Erfolg dieser Art darstellen.

Beginnen wir mit der in der Biographie beschriebenen plötzlichen ›Eingebung‹ Champollions. Die erste Rückfrage könnte darauf zielen, ob die erste Feststellung ungeachtet ihrer Richtigkeit bereits ein Fall von Wissen ist. Immerhin besteht der nächste Schritt darin, die Leistungsfähigkeit der Annahme auszuprobieren bzw. – in der Sprache des Fallibilismus – sie zu überprüfen. Wissenscharakter hätte das entziffernde Interpretament demnach erst im Anschluß an eine Folge von Prüfungsprozeduren. Der Reliabilist käme zu demselben

Ergebnis. Die im Brief an Dacier niedergelegten Auffassungen verdanken ihre Rechtfertigung einem beträchtlichen Vorlauf an methodischer Arbeit, darunter Tests am vorliegenden Textmaterial, die allerdings nur unter bestimmten Bedingungen als verläßlicher Prozeß einzustufen wären.[161] Zu diesen Bedingungen gehören u. a. die Kompetenz Champollions, die Integrität des ihm vorliegenden Textmaterials usw. Damit werden im Unterschied zur fallibilistischen Deutung des Falles die Ausgangssituation und ihre weiteren Gestaltungen eingeholt. Wenn Champollion – wie es in der Rekonstruktion der Biographin heißt – »die Binde vom Auge« fällt, dann nicht in dem Sinne, daß er irgendeinen beliebigen Gedankensprung vollführt hätte. In reliabilistischer Betrachtung gehen in die spontane ›Eingebung‹ bereits Rechtfertigungsmomente ein, die aus den Konstitutiva der Situation entstehen. In der Form einer rückwärtsgewandten ausschließenden Prognose ausgedrückt: Der enthusiastische Graf hätte Champollions ›Eingebung‹ nicht gehabt.

Sehr ähnlich liegen die Dinge im Fall Kekulés und seiner Vision der Benzolformel. Nur ist dieser Vorgang historisch besser erschlossen als derjenige Champollions, und es gibt eine bezeichnende *Selbst*auskunft:

> »Man hat gesagt: die Benzoltheorie sei wie ein Meteor am Himmel erschienen, sie sei absolut neu und unvermittelt gekommen. [...] Da saß ich und schrieb an meinem Lehrbuch; aber es ging nicht recht; mein Geist war bei anderen Dingen. Ich drehte den Stuhl nach dem Kamin und versank in Halbschlaf. Wieder gaukelten die Atome vor meinen Augen. Kleinere Gruppen hielten sich diesmal bescheiden im Hintergrund. Mein geistiges Auge, durch wiederholte Gesichte dieser Art geschärft, unterschied jetzt größere Gebilde von mannigfacher Gestaltung. Lange Reihen, vielfach dichter zusammengefügt: Alles in Bewegung, schlangenartig sich windend und drehend. Und siehe, was war das? Eine der Schlangen erfaßte den eigenen Schwanz, und höhnisch wirbelte das Gebilde vor meinen Augen. Wie durch einen Blitzstrahl erwachte ich; auch diesmal verbrachte ich den Rest der Nacht, um die Konsequenzen der Hypothese auszuarbeiten.«[162]

Eine mögliche Erklärung dafür, daß gerade er, Kekulé, den Reigen der Kohlestoffmoleküle ›gesehen‹ und somit auf die Ringstruktur des Benzolmoleküls verfallen sei, sieht er selbst in einem Konstitutivum. Ihm sei ein besonderes Bedürfnis nach Anschaulichkeit eigen. Deshalb und auf die Einwirkung des Vaters hin habe er sich in der Jugend besonders mit dem Zeichnen befaßt. Kekulés Auskünfte konkurrieren mit anderen Angaben, darunter denen seines Schülers Richard Anschütz, die sich auf Tagträume in Londoner Bussen oder die Anregung durch einen Ring in der Gestalt des Ouroboros beziehen.[163] Zwar sind an der Verläßlichkeit Kekulès auch in einem anderen Kontext Zweifel geübt worden,[164] aber alle Wiedergabeversuche des Entdeckungsvorganges laufen in dieselbe Richtung: Ein äußerer, nicht gesuchter situativer Anlaß trägt dazu bei, daß ein *mentales Modell* entsteht. Wie dies vonstatten geht, ist durch die Kognitionswissenschaft in den Grundzügen zumindest soweit aufgehellt worden, daß über die Eingeschränktheit eines solchen kreativen Prozesses kaum mehr Zweifel bestehen. Der Assoziationsvorgang beruht auf der Wahrnehmung von Struktur- und Oberflächenähnlichkeit und setzt im Erfolgsfall nicht zuletzt eine genaue Vertrautheit mit dem zu Modellierenden voraus.[165] Die Beliebigkeit oder Zufälligkeit mag einzig darin liegen, daß ein modellstiftender Gegenstand oder Prozeß eine hinreichende Aufmerksamkeit erfährt. Ein Modell *für* etwas indes wird daraus erst mit der Übertragung auf das, was modelliert werden soll. Die bloße Auszeichnung als Modell für *irgend*etwas stellt noch keinen Wissensfortschritt dar, nicht zu reden von der Strecke, die nach dem bloßen Einfall noch zurückzulegen ist – Kekulés »Rest der Nacht«.

Den letzten Aspekt hat Helmholtz in der Auseinandersetzung[166] über die Leistung Julius Robert Mayers polemisch und dennoch eindrucksvoll entfaltet:[167] Einem »findigen und nachdenklichen Kopfe« wie Mayer gelinge es wohl, spekulativ »aus dürftigem und lückenhaftem Material richtige Verallgemeinerungen zu bilden«, aber »ausdauernder wissenschaftlicher Arbeit« habe sich dieser nicht mehr unterziehen können, so daß seine Gedanken in einer »unvollendete[n] Form« verblieben seien. Selbst die besten Forscher kämen »in Gefahr, fruchtlos zu bleiben, wenn ihnen nicht die Arbeitskraft zur Seite« stehe.

Auch bei der Betrachtung von Röntgens Entdeckung wird schnell klar, daß die sprichwörtliche Idee vom blinden Huhn hier keine wissenschaftshistorische Entsprechung hat. In einem Artikel, der am 28.12.1895 in Druck geht und den er in Sonderdrucken (mit der Wiedergabe einer durchleuchteten Hand) unter Kollegen in Umlauf bringt, beschreibt Röntgen die Begegnung mit dem Strahlungsphänomen ausführlich, und nach einem Vortrag vor der *Physikalisch-medizinischen Gesellschaft* in Würzburg am 26.1.1896 macht in der Sitzung der Ehrenpräsident der Sozietät, Rudolf Albert von Koelliker (1817–1905), den Vorschlag, die »neue Art von Strahlen« (ihre physikalische Interpretation blieb noch zwei Jahrzehnte strittig) nach ihrem Entdecker, Conrad Röntgen, zu benennen, was sich im deutschen Sprachraum auch bald durchsetzt. Neben anderen Ehrungen erhielt Röntgen 1901 den Nobelpreis. Zwei herausragende Zunftvertreter (Sommerfeld, von Laue) würdigten ihn später in Gedächtnisschriften. Warum? Weil hier jemand *zufällig* auf etwas medizinisch Nützliches und physikalisch Fruchtbares gestoßen war? Welche Deutung könnte schlechter zu akribischen Physikern vom Format Sommerfelds oder von Laues passen? Es lohnt sich bereits, die Person des ersten Laudators genauer zu besehen. Er wird für gewöhnlich als Mediziner oder Anatom bezeichnet, womit die Begeisterung über Röntgens Vortrag hinreichend erklärbar erscheint. Aber Koelliker ist kein ärztlicher Kliniker in diagnostischen Nöten. Seinen bleibenden Rang in der Geschichte der Biowissenschaften verdankt er in erster Linie seinen auf Matthias Schleidens Spur angelegten mikroskopischen Forschungen, vor allem seinen akribischen Aufschlüssen hinsichtlich der Bedeutung des Zellkerns.[168] Es ist schwerlich vorstellbar, daß ein gründlich explorativ arbeitender Forscher wie Koelliker ein – und sei es ein für die ärztliche Praxis noch so wichtiges – Phänomen mit dem Namen eines Mannes verbinden wollte, der durch bloßes Herumtappen darauf gestoßen war.[169]

Führen wir uns einmal vor Augens, was ein Mensch getan haben müßte, um ›zufällig‹ auf die Röntgenstahlen zu stoßen. Hält man sich an Röntgens Beschreibung, so hätte jeder beliebige Mensch ›Glück‹, indem er »durch eine *Hittorf'sche* Vakuumröhre, oder einen genügend evakuierten *Lenard'schen, Crook'schen* oder ähnlichen Apparat die Entladungen eines grösseren *Ruhmkorff's* gehen [läßt].«[170] Dann müßte er, aus welchen Gründen auch immer, auf den Einfall kommen, »die Röhre mit einem ziemlich eng anliegenden Mantel aus dünnem, schwarzem Karton« zu bedecken. Hätte er all dies sorgfältig eingerichtet, und die fachgerecht angeschlossenen Apparate funktionierten, so sähe er »in dem vollständig verdunkelten Zimmer einen in die Nähe des Apparates gebrachten, mit Bariumplatincyanür angestrichenen Papierschirm bei jeder Entladung hell aufleuchten, fluoreszieren, gleichgültig, ob die angestrichene oder die andere Seite des Schirmes dem Entladungsapparat zugewendet ist [...].« Wenn Herr Omnis weiter experimentierte, gelangte er schließlich dahin festzustellen, daß die Strahlung nicht nur durch schwarze Kartonhülsen hindurchgeht, sondern fast alle Körper »für dasselbe durchlässig sind, aber in sehr verschiedenem Grade [...].«[171]

Die Absurdität einer solchen Entdeckungsversion liegt auf Hand. Der tatsächliche Hergang ist die Geschichte eines fachmännischen und verläßlichen Arbeitsprozesses. Die Erzeugung von Röntgenstrahlen läßt sich zwar auch auf technisch anderen Wegen bewerkstelligen, aber bis auf den heutigen Tag liegt ihr in jedem Fall beachtliche Spezialistenarbeit zugrunde. Röntgen ist nicht – um es mit einem schrägen Vergleich zu sagen – über die Röntgenstrahlen ›gestolpert‹, sondern dem Phänomen begegnet, weil er wie andere Physiker nach den Vorarbeiten Crookes ein neues Forschungsfeld eröffnet sah und es erkunden wollte. Crooke war 1879 darauf gestoßen, daß fast entleerte Röhren, bei denen eine hohe Gleichspannung an die Elektroden gelegt wird, Strahlung emittieren, woraufhin Röntgen umfängliche Versuche mit Kathodenstrahlen unternahm. Das bevorzugte Ziel solcher Versuche bestand darin, die Eigenschaften der Kathodenstrahlung unter verschiedenen Bedingungen zu erschließen. Die überraschende Entdeckung stellt somit den Endpunkt einer sehr gründlichen Exploration dar. Das Resultat der Untersuchung war überraschend, aber genauso wenig zufällig oder glücklich wie jeder Erschließungsvorgang. Forschungsaktivität kann sich, soweit sie nicht auf Rekapitulation abzielt, sinnvollerweise nur auf etwas richten, das *nicht* vorab bekannt ist und demnach auch nicht ohne Vagheit intendiert werden kann.[172]

Wenn wir in den angeführten Fällen überhaupt von Forscherglück reden wollen, dann kann damit vertretbar nur gemeint sein, daß Champollion und Röntgen außerordentlich fähige Wissenschaftler waren, die unter dem Risiko von Fehlschlägen und Unergiebigkeiten einen epistemischen Erfolg hatten, der – da nicht alle wichtige Bedingungen des entsprechenden Forschungsprozesses bekannt waren – überrascht. Zugespitzt könnte man hinzufügen, daß das einzige ›Glück‹ wissenschaftlicher Forschung darin besteht, von tüchtigen Forschern betrieben zu werden, die für die weitere Arbeit erfolgverheißende neue empirische und theoretische Angebote bereitstellen. *Fortuna per fortunatum.*

4.6 Wohlgegründetes Entscheiden über Theorien

4.6.1 Die Idee der Suche nach wahren Theorien

Die Idee eines kompetenten Umgangs mit Neuem bringt Wissen in ungewohnter *Vorgängigkeit* ins Spiel. Ungewohnt ist diese Situierung sowohl vor dem Hintergrund bekannter philosophischer Fortschrittsmodelle als auch im Blick auf eine Einstellung, die vielen Forschungspraktikern naheliegt. Ein Zitat hilft, letzere zu verdeutlichen:

> »Fragt man einen Wissenschaftler, warum seine Arbeiten z. B. denen Einsteins und Schrödingers und nicht denen Galileis und Newtons ähneln, so antwortet er, daß Galilei und Newton, so genial sie waren, eben nicht recht hatten.«[173]

Thomas S. Kuhn schrieb dies vor gut 30 Jahren, und mancher Physiker unserer Tage wäre sicher geneigt, die Geschichte unter Nennung neuer Namen fortzusetzen. Dennoch berührt Kuhn einen wichtigen Punkt, der sich nicht ohne weiteres in die mit der Tugendkonzeption verbundene Vorstellung von der Bedeutung vorgängigen Wissens einfügt. Für viele tätige Wissenschaftler ist kaum ein allgemein leitender Gedanke plausibler als der, auf der *Suche* nach wahren Auffassungen zu sein. Diese Selbsteinschätzung verdient großen Respekt, und sie nach dem Motto ›plus ça change plus c'est la même chose‹ als immer wiederkehrende Illusion abzutun, wird ihr nicht gerecht. Es ist aber kaum angemessener, sie für das Modell der Wahrheitsannäherung zu vereinnahmen. Festzustellen, Forscher strebten Wissen an, ist nicht dasselbe wie zu sagen, sie seien auf wissens*ähnliche* Zustände aus. Welche sinnvolle Auskunft kann ein Forscher geben, wenn er nach dem epistemischen Status einer fachlichen Überzeugung befragt wird? In dieser Situation gibt es nur zwei affirmative Möglichkeiten. Die eine Antwort könnte lauten: ›Meine Überzeugung ist aus diesen oder jenen Gründen gerechtfertigt‹. Die andere hieße ›Meine Überzeugung ist wahr‹, wobei eine Rückfrage nach der Berechtigung des Wahrheitsanspruches zur ersten Antwort zurückbrächte. Mit dem Kommentar ›Meine Überzeugung ist wahrheitsähnlich‹ würde man genauso auf das Rechtfertigungsproblem zurückverwiesen, lüde sich aber den zusätzlichen Ballast nicht nur einer weitausgreifenden philosophischen Explikation, sondern einer Zielprojektion auf.

Eine erste Einschätzung des ›instinktiven‹ Realismus vieler Forscher ist damit angedeutet. Wissenschaftstheorie sollte zunächst einmal prüfen, ob es nicht doch mehr Raum für erfolgreiche Wissensansprüche gibt, als der gängige Skeptizismus ihn vorsieht. Es liegt in der Tendenz der bisherigen Erörterung und wurde auch bereits mehrfach angedeutet, daß sich vielfach ebendort, wo Forschungsakteure Wissen erhoffen und unter großen Mühen anstreben, genau solches auch einstellt. Es gibt wahre gerechtfertigte Überzeugungen über die Struktur schwefeliger Säure, das Vorhandensein der DNS, die Verwandtschaft der indoeuropäischen Sprachen, die Teilbarkeit von Atomen usw. Es sind keine epistemisch verläßlichen Praktiken bekannt, die uns eventuell zur Annahme des Gegenteils veranlassen könnten. Und in der Epoche der ›Big Science‹ und damit der vertausendfachten experimentellen Reproduktions- bzw. Variationsversuche bedarf es nicht mehr unbedingt vieler Jahrzehnte, um Überzeugungen zu gewährleisten,[174] so daß sich Wissensabsichten vielfach erfüllen.

Eine zweite Anerkennung der Wissensorientierung wäre die als *motivationaler* Faktor. Diese Einschätzung nimmt sich vor der Folie herkömmlicher Erkenntnistheorie nicht sonderlich erhebend aus, steht aber in Verbindung mit einer reliabilistischen Tugendorientierung in einer dienlichen Funktion. Die Vorstellung, Forscher arbeiteten auf *Wissen* hin, ergibt sich aus dem im 2. Kapitel erörterten Forscherbegriff selbst und paßt – unabhängig von ihrer faktischen Einlösbarkeit – sehr gut zu forschungstheoretisch wichtigen Tugendideen wie jenen der Neugier, Ausdauer, Ehrlichkeit und Kritikbereitschaft. Das Motiv, Wissen zu suchen, wird freilich erst durch Tugenden, d. h. durch bereits vorhandenes fachliches Wissen und sonstige begünstigende Faktoren wie die genannten zu einer stabilen und handlungsrelevanten Absicht. Ungeachtet der harmonisierenden Perspektive gibt es in dieser Hinsicht eine echte Spannung, die sich aus der Reichweite reliabilistischer Gewährleistung ergibt: Dasjenige, worauf das Motiv der Wissenssuche abhebt, ist trivialerweise *nicht* durch eine gute ›Geschichte‹ als Wissen gesichert. Wir benötigen demnach eine weitere Konzeption von erfolgreichem Handeln, das nicht – wie etwa die Strategien der Irrtumsvermeidung oder der testimonialen Sicherung – Wissen verbürgt, sondern den Umgang mit nicht- bzw. noch nicht Gewußtem regelt. Gesucht ist ein Integrationsangebot für epistemisch Riskantes, was in wissenschaftshistorischer Hinsicht auf die Forderung hinausläuft, auch überwundenen Theorien einen Ort im Fortschrittsgeschehen zuzuweisen.

4.6.2 Riskante Überzeugungen und Hypothesen

Dem Risiko, das derjenige eingeht, der sich aus gesicherter Anschauung und verläßlich Vertrautem hinausbewegt, wird im Rahmen des wissenschaftstheoretischen Skeptizismus auf zwei Weisen Rechnung getragen, die beide bloßem Überzeugtsein großen Raum geben: Die eine, ***kontextualistische***, bezieht sich auf lokales Fürwahrhalten, das je nach Zeit und Umständen differiere.[175] Sie unterscheidet nicht zwischen den zugegebenermaßen situativen Bedingungen eines Überzeugtseins und der externen epistemischen Einschätzung, ob dieser Glaube berechtigt ist. In diesem kontextualistischen Fideismus geht die Möglichkeit verloren, im Wandel wissenschaftlicher Auffassungen echten Fortschritt zu erblicken. Damit entfällt auch die Erledigung der wissenschaftstheoretischen Aufgabe, Fortschritt erklären zu können. Die andere Form des Fideismus findet sich in Verbindung mit dem Hypothetizismus, wie es auch das sprachübliche Ergänzungsverhältnis zwischen den beiden Begriffen suggeriert. Man sagt, Forscher ***glaubten*** an eine Hypothese bzw. die Existenz der darin vorausgesetzten Entitäten, aber sie wüßten eben nicht, ob sie zutrifft bzw. es diese gibt. Andernfalls scheint der Begriff des Hypothetischen seinen Sinn zu verlieren. Der Verwendungsraum der entsprechenden Gedankenfigur ist allerdings größer als der des Hypothesenbegriffs. Behauptet wird ein Bezug zwischen wissenschaftlichem Reden, Erkunden, Feststellen, Präzisieren, Überprüfen usw. einerseits und einer doxastischen Verpflichtung andererseits. Die Wissenschaftsgeschichte erscheint so gesehen als jener Prozeß, in dessen Verlauf sich die richtigen Überzeugungen von den falschen abheben.

Damit kongruiert eine bestimmte philosophische Sichtweise des wissenschaftlichen Fortschritts, deren bekanntester Vertreter Charles S. Peirce ist. Die berühmte Abduktion vollzieht sich als riskanter Schritt: Angenommen, wir stießen (i) auf einen Tatbestand *A*, und (ii) *A* wäre selbstverständlich, wenn *B* vorläge, dann sollten wir (iii) *B* für wahr halten.[176] Fortschritt bedeutet für Peirce das schrittweise Aufheben der mit solchen riskanten Schlüssen verbundenen Irrtumsmöglichkeiten, ist die schrittweise Auszeichnung eines Fürwahrhaltens:

> »[...] in the progress of science error will indefinitely diminish, just as the error of 3.14159, the value given for π, will indefinitely diminish as the calculation is carried to more and more places of decimals«[177].

Die mit Peirces Ansatz verwandte Fortschrittskonzeption des Kritischen Rationalismus verzichtet explizit auf den Begriff des Meinens,[178] läuft aber nicht nur in der populären Rezeption vielfach auf eine Koppelung von Forschung und vorläufigem Überzeugtsein hinaus.

> »Can one say truly that one has detected an object without also *believing* it to be true that the object exists? [...] Can one say truly that one has measured some feature of an object without also *believing* that the object really exists?«

heißt es bei Alan Musgrave, einem maßgeblichen Popperianer.[179] Die rhetorisch erzwungene Antwort ist klar, zumal sie sich mit dem oben besprochenen Akteursmotiv der Wissenssuche trifft. Soweit es sich um eine psychologische These handeln soll, wäre wären jene einschlägigen empirischen Untersuchungen dagegenzuhalten, wonach sich zumindest unter Studenten noch deutlich zwischen einer Feststellung und dem Glauben an die Richtigkeit dieser Feststellung unterscheiden läßt.[180] Sonst mag die Berechtigung der Überzeugtheitsannahme vom jeweiligen Fall abhängen, wobei die gegen den Fideismus favorisierte

Denkweise bloßen Meinungen wenig Raum gibt. Wer den Säuregehalt einer Lösung mißt, glaubt nicht nur – wie Musgrave annimmt –, daß es Säure gibt, sondern *weiß* es. Und andererseits tut, wer ein neues mikrophysikalisches Teilchen ›entdeckt‹, in Anbetracht der vielinstanzigen experimentellen Architektur sicher gut daran, die Existenz dieses Teilchens bis auf weiteres lediglich in einem explanativen bzw. prognostischen Rahmen zu *postulieren.* Der Schluß auf die Existenz des Teilchens mag sich irgendwann als beste Erklärung rechtfertigen, aber die wird durch Überzeugtsein nicht erleichtert. Nichtsdestoweniger entspricht die Verknüpfung von Meinen und Hypothesenbildung eher als der Kontextualismus unseren Fortschrittsannahmen, insofern man sich leicht einen fortgeschrittenen *Gehalt* kognitiver Zustände, etwa eine leistungsfähige Hypothese, vorstellen kann. Dies wird weithin gedanklich so ineinsgeführt, als habe Überzeugtsein von einer guten Hypothese eine fundamentale Funktion. Woher stammt diese Einstellung? Sie bildet eine Schwundstufe einer ehrwürdigen älteren Verbindung von Hypothese und *Wissen.*

Die ursprüngliche methodologische Bedeutung von ›Hypothese‹ hat noch keine zwingende Verbindung mit mentalen Zuständen, und erst recht nicht zum bloßen Überzeugtsein. Beispielsweise ist eine Hypothese für Kepler, einen der Patrone des realistischen Fortschrittsmodells, in erster Betrachtung noch nichts anderes als die Prämisse eines Beweises (»Hypothesin autem in genere dicimus, quidquid ad quamcunque demonstrationem, pro certo et demonstrato affertur«[181]). Ein mentaler Zustand kommt aber umgehend über einen zusätzlichen Gedanken ins Spiel: Insofern es in der Astronomie darum gehe, die bereits verzeichneten Sternpositionen abzuleiten und die der Zukunft vorauszusagen, sei es klar, daß die Hypothesen der Astronomen *wahr* sein sollten: »[...] hypothesibus hoc est proprium (si ideam fingamus justarum hypothesium) ut sint undiquaque verae« [...]«[182]. Schließlich wolle niemand einen Irrtum begehen. Der passende kognitive Zustand ist in dieser Verwendung also der des *Wissens.*[183] Eine Einschränkung drängt sich Kepler erst im Zuge der historischen Betrachtung von Auffassungen auf, die nicht oder nicht uneingeschänkt als Wissen eingestuft werden können, eben zu einem beträchtlichen Teil »scatent erroribus«[184]. Hier greift Kepler zu einer Stufung: Gute ältere Auffassungen sind Stationen auf dem Weg zur neuen richtigen astronomischen Sicht. Sie sind – und damit scheinen auf den ersten Blick Peirce und Popper vorweggenommen – näherungsweise wahr.[185] Tychos Auffassungen beispielsweise sind gegenüber dem, woran die Vorgänger glaubten, »perfectior«[186]. Gegenüber modernen Vorstellungen ist es allerdings wichtig zu bedenken, daß Kepler Forschungsteilnehmer und historischer Betrachter in *einer* Person ist. Was an Tychos Überzeugungen für korrekt erachtet wird, findet sich bei Kepler *selbst* und seinen für wahr gehaltenen Auffassungen wieder.

Keplers gedankliche Bewegung läßt sich nicht ohne weiteres aktualisieren. Als George-Louis Lesage, der Korpuskulartheoretiker und Pionier des elektrischen Telegraphen, zwei Jahrhunderte nach Kepler die Idee der schrittweisen Perfektion in Richtung auf die wahre Hypothese vorsichtig erneuerte und überlegte, »si elle peut conduire *quelquefois* à la verité«,[187] bezweifelte sogar sein getreuer Weggefährte und Testamentsvollstrecker Pierre Prévost, ob man bei der aktuellen Betrachtung von Theorien entscheiden könne, ob sie wahr seien.[188] Mit dem Niedergang des klassischen euklidianistischen Programms[189] werden Hypothesen zu etwas, hinsichtlich deren Wahrheit Endgültiges *nicht* mehr festgestellt werden kann.

Mit dem Abschied von der Idee der einlösbar wahren Hypothese entfällt die unproblematische Verknüpfung zwischen Hypothesen und kognitiven Zuständen. Und es wird sich in der weiteren Erörterung zeigen, daß bloßes Überzeugtsein von etwas im wissenschaftlichen Fortschritt nicht jene Stelle besetzten kann, die bei Kepler und Lesage dem Wissen zufällt. Als auf ein stilles Motiv der im weiteren geübten Kritik sei noch darauf hingewiesen, daß die Ausrichtung an Überzeugungen sich mit der Tugendorientierung stoßen würde. Reliabilistisch interpretierte Forschertugenden motivieren Handlungen und begünstigen die Entstehung von Wissen. Die Annahme, sie hätten eine eindeutig positive Funktion in Verbindung mit bloßem Überzeugtsein, ist damit unverträglich. Die Neigung, an Hypothesen zu glauben, mag Kräfte freisetzen und wissenschaftliche Arbeit motivieren, aber sie hat große Nachteile auf dem Feld der Kritik und der neutralen Bewertung hypothetischer Überlegungen.

Der Kritik der fideistischen Sichtweise sei noch eine weitere ergänzende Bemerkung vorausgeschickt: Riskante Verhältnisse sind keine Sache nur des Hypothetischen und können sich auf allen Ebenen einstellen. In Galileis Epoche war das Ergebnis eines Blick durch das neuartige und in seiner Wirkungsweise ›undurchschaute‹ Instrument Fernrohr zunächst durchaus berechtigtem Zweifel ausgesetzt.[190] Auch ob ein Begriff fruchtbar ist oder ein Problem Bestand hat, wird sich erst klären, wenn sich kompetente Menschen mit der Materie vertraut gemacht haben. Nichtdestoweniger sind Hypothesen bzw. Theorien von allen Komponenten des wissenschaftlichen Fortschritts zweifellos diejenigen, an die man zuerst denkt, wenn über das Risiko nachgedacht wird, falsch zu liegen. Weithin gilt wissenschaftlicher Fortschritt als Prozeß, bei dem schlechtere theoretische Überzeugungen zugunsten besserer aufgegegeben werden. Ähnlich wie die Primzahlen im Sieb des Eratosthenes sollen aus einer unübersehbaren Vielzahl bloßer Überzeugungen nach einem historischen Ausleseprozeß jene übrigbleiben, an die wir gerechtfertigt glauben können. Hierbei wird unzulässigerweise zweierlei zusammengebracht: die Qualität von Theorien und die Einstellungen dazu, was bereits bei bloß oberflächlicher Betrachtung Fragen aufwirft. Möglicherweise sind gute Theorien wahr bzw. wahrheitsnahe.[191] Aber steht die philosophisch behauptete Wahrheitsnähe einer Theorie in einer starren Verbindung mit mentalen Zuständen? Können wir nicht einer guten Theorie mißtrauen und von einer schlechten überzeugt sein? Es ist aus dem Alltag wie auch aus der psychologischen Forschung bekannt, daß wir an Konzeptionen glauben können, ohne sie auch nur einigermaßen zu verstehen.[192]

Selbst wenn es sich nicht so verhielte und die unterstellte Koppelung existierte, bliebe zu fragen, ob es dem Fortgang der Wissenschaft diente, wenn *alle* Forscher von einer bestimmten wahrheitsnahen Theorie überzeugt wären und nicht wenigstens ein Außenseiter mißtrauisch bliebe oder gar eine entgegengerichtete Überzeugung hegte. Ich werde die wissenschaftstheoretische Auffassung der *verisimilitude* unangetastet lassen, aber zeigen, daß wir gut daran tun, diese nicht unmittelbar mit den Überzeugungen der Forschungsbeteiligten zu verknüpfen. Bei den nachstehenden, zunächst auf einige Schwierigkeiten des geläufigen philosophischen Umgangs mit Hypothesen bzw. Theorien abhebenden Überlegungen wird sich u. a. zeigen, daß gegen die Vorstellung, wonach wissenschaftliches Wissen sozusagen herauszuwaschendes Gold in einem Bach von Überzeugungen sei, einiges spricht und im Gegenteil von vorneherein nur diejenigen Überzeugungen von Belang sind, die als gerechtfertigt in Wissen aufgehen.

4.6.3 Die fideistische Aporie

Wer auf die Integration doxastischer Zustände verzichtet, wie es das ursprüngliche – nicht durch vermeintlich stützende, tatsächlich aber aufweichende Formulierungen wie die oben zitierte Alan Musgraves – Modell Poppers aus den 60er Jahren tut, ist vor allerlei Unbill gefeit. Wenn unter dieser Voraussetzung theoretischer Fortschritt interpretiert wird, gilt es zu zeigen, daß zwischen zwei sukzessiven Theorien T_a und T_b kein völliger Bruch statthat, sondern sich wenigstens ein Kontinuitätselement findet, das eine Fixierung der Fortschrittsbewegung der Theorien selbst ermöglicht. Schwierigkeiten in dieser Hinsicht bestimmen die Anfangsseite der Diskussion über Inkommensurabilität.[193] Sie betrifft das mögliche Fehlen *eines gemeinsamen Schemas* intertheoretischer Interpretation. Damit fällt zusammen die spezifische Frage nach der empirischen Bestimmtheit bzw. Unbestimmtheit eines intertheoretischen Vergleichs, d. h. der Möglichkeit verschiedenartiger, empirisch gleichermaßen adäquater theoretischer Ansätze und damit einer unübersehbaren Vielzahl *verschiedener* integrierender *Schemata.*[194] Treten wir einmal einen Schritt von der Problemstellung zurück und sehen uns an, unter welchen Voraussetzungen sie zustandekommt. Das Problem der Inkommensurabilität ergibt sich bei methodologischen Deutungen des wissenschaftlichen Fortschritts, die sich an einem Zusammenhang dieser Art ausrichten:

(1) ›T_a hat die Eigenschaften $E_1 ... E_n$.‹
(2) ›Eine methodologische Norm N zeigt die Überlegenheit von T_b mit den Eigenschaften $F_1 ... F_n$, und wenigstens ein Element aus $E_1 ... E_n$ ist auch Element von $F_1 ... F_n$.‹

Ergo ist plausibel:[195]

(3) T_b ersetzt T_a.'

Dabei kann es sich – und hier zeigt sich der Preis der sauberen Schematisierung – bei dem zu eruierenden E durchaus um eine Eigenschaft handeln, die kein Forscher auch nur entfernt gekannt haben muß. Unter Umständen haben wir es einzig mit einer anachronistischen Projektion zu tun, entsprechend einem philosophischen Modell, das erst Jahrhunderte später entwickelt worden ist und das der damit befaßte Forschungsakteur gar nicht gekannt haben *kann.* Diese Bindungslosigkeit kappt den historischen Anwendungsbezug und macht die seit den 70er Jahren zunehmende Tendenz nachvollziehbar, wissenschaftlichen Fortschritt nicht als personenenthobene Theorienfolge anzusehen, sondern sie auf irgendeine Weise mit der Geschichte einer »concurrence of belief«[196] zu verknüpfen.

Halten wir uns zur genaueren Betrachtung an eine exemplarische Formulierung der Verknüpfung von Überzeugung und wissenschaftlichem Fortschritt: Eine der einflußreichsten und hinsichtlich der Formulierungsweisen gewiß auch repräsentativen wissenschaftstheoretischen Schriften der letzten Jahrzehnte, van Fraassens *Scientific Image,* gibt zwei sehr aufschlußreiche Charakterisierungen im Zusammenhang mit dem zentralen Diskussionsstoff dieser Zeit, dem Gegensatz von Realismus und Anti-Realismus. Ein Wissenschaftlicher Realist zu sein, bedeutet nach van Fraassen, der die Formulierung im Anschluß an Putnam und Boyd enwickelt, folgendes anzunehmen:

> »Science aims to give us, in its theories, a literally true story of what the world is like; and acceptance of a scientific theory involves the belief that it is true.«[197]

Und van Fraassen fügt mit einiger Berechtigung hinzu: »This is the correct statement of scientific realism«.[198] Es fehlt in der Formulierung die übliche Verbindung mit dem Argument der besten Erklärung, dennoch wird zweifellos eine breitgespannte realistische Einstellung abgedeckt. Die Gegenposition stellt van Fraassen in paralleler Beschreibung dar:

> »Science aims to give us theories which are empirically adequate; and acceptance of a theory involves as belief only that it is empirically adequate«.[199]

So umreißt er den Grundgedanken einer anti-realistischen Konzeption, der in der anschließenden Gestaltung die Form seiner eigenen Auffassung, des Konstruktiven Empirismus, annimmt. Anders als in der älteren instrumentalistischen Konzeption ist van Fraassens Idee des Empiriebezuges die eines Zusammenhanges von Modellen, was aber hier nicht von Belang ist. Unabhängig davon wird der bekannte Gegensatz zwischen realistischen und anti-realistischen Auffassungen auf den Punkt gebracht. Zugleich läßt die Darstellung eine vor dem Hintergrund des bisher entwickelten Wissensbegriffs offenkundige Unklarheit sehr deutlich hervortreten: Wer ist der Träger der in beiden Formulierungen behaupteten propositionalen Einstellung? Wenn der Wissensbegriff, wie oben vorgeschlagen, personal ausfällt, ist es unabdingbar, sich darauf festzulegen, welche Person im Sinne eines Realismus oder Anti-Realismus Überzeugungen hegt und etwas akzeptieren soll. Die Unverzichtbarkeit einer unterscheidenden Betrachtung läßt sich ohne besonderen Aufwand ersehen.

Denken wir uns zwei Betrachter *S(pectator)* und *C(ommilito)*, von denen der erste ein optimal informierter Betrachter der Wissenschaftsgeschichte zum Zeitpunkt t_n wäre, der zweite ein zu irgendeinem früheren Zeitpunkt t_{n-m} arbeitender Forscher. Ein Konvergenzrealist *S* etwa hätte mit t_n die Situation *ad quam* vor Augen, auf die sich Wissenschaft seiner Einschätzung nach zubewegt. *C* befindet sich zu t_{n-m} in einer Situation *a qua*, von der aus er seine Forschungsaktivitäten betreibt. Für *S* ist es möglicherweise angemessen und dringend zu *beurteilen*, ob in der Perspektive der Situation *ad quam* eine Theorie *T* wahr ist bzw. wahrheitsähnlich ausfällt oder nicht. Es ist aber in seinem Kontext nicht wichtig, ob er selbst in seiner Situation *a qua* des Wissenschaftskommentators an *T glaubt* oder sich ihr sonstwie verpflichtet. Epistemische Auszeichnungen, die Wissenschaftstheoretiker vornehmen, werden von ihren Fachkollegen geschätzt oder verworfen, aber selbstverständlich wird von jemand, der ein Urteil über die Wahrheitsfunktionalität wissenschaftlicher Theorien fällt, wie es in den Auseinandersetzungen um realistische und instrumentalistische Auffassungen statthat, ausschließlich verlangt, daß er sich gemäß den Standards der *Kommentierung* ausweist, z. B. darlegt, welche Vorstellungen von Theoriegüte er akzeptiert u. ä. m. Eine sinnvolle Anfrage an *S* wäre ›Halten Sie van Fraassens Konzeption der empirischen Adäquatheit im Blick auf die Theorienfolge T_a und T_b für angemessener als die des Realitätsbezuges?‹ Die Frage hingegen ›Glauben Sie selbst, mein lieber *S*, an die Wahrheit der Theorie T_b?‹ oder ›Akzeptieren *Sie* diese für die weitere Forschung?‹ wäre skurril, es sei denn, es handelte sich bei den zu diskutierenden wissenschaftstheoretischen Auffassungen um wissenschaftliche Theorien, die nach den nämlichen Kriterien einzustufen wären wie diese. Im Gegensatz zu den 20er Jahren dieses Jahrhunderts ist *S* in unseren Tagen für gewöhnlich weit davon entfernt, seine Auffassung als wissenschaftlich einzustufen, selbst dann, wenn er – als Naturalist oder Historist – nur schwache Autonomieambitionen hegt. Demgemäß bedeutet die Einwilligung in eine der oben angeführten Thesen nicht mehr, als daß sie ihm zu philosophischen Erklärungszwecken passend erscheint. Ob er sie zugleich glaubt, dürfte wenig interessieren. Wir beurteilen eine entsprechende philosophische Argumentation unabhängig und werden lediglich trivialerweise unterstellen, daß jemand seine Präsentation im gegebenen Rahmen affirmiert. In der wissenschaftstheoretischen Selbstanwendung interessiert sich bezeichnenderweise niemand für das ›belief‹, wohingegen Forscher gerne als eine Art Glaubenskämpfer gesehen werden.

Sehen wir uns nun *C*s Lage an: Er kann einer Frage des Typs ›Wollen Sie mit der wissenschaftlichen Theorie *T* arbeiten?‹ nicht ausweichen, wenn sie für seine Arbeit einschlägig ist. Er kann sich in der Situation *a qua* im Unterschied zu *S* in der Perspektive *ad quam* nicht damit begnügen, *über* die Theorie zu urteilen, sondern muß sich ähnlich verhalten, wie dieser in seiner Situation *a qua* es gegenüber einer wissenschaftstheoretischen Konzeption täte. Er muß Farbe bekennen und sich entscheiden: Billige ich, *C*, in einem mir wichtigen Rahmen *T* oder nicht? Zu den Grundlagen einer rationalen Entscheidung läßt sich unter dem Aspekt des Vertrautseins einiges sagen. Darin wird, wenn wir Fortschritt anerkennen und die Rationalität einer Theorienbevorzugung unterstellen, Wissen einzufließen haben. Aber stellen wir diesen Gedanken zunächst noch zurück und betrachten das, was Akzeptieren im Sinne van Fraassens einschlösse. Wie stünde es um die *Überzeugungen* des zur Entscheidung aufgerufenen *C*? Sie wären mit der durch eine methodologische Norm *N* beschriebenen Güte von *T* in Verbindung zu bringen. In der Situation einer Alternative zwischen T_a und T_b werde T_b von *C* geglaubt, weil sie aufgrund irgendwelcher Standards T_a überlegen sei.[200] Wenden wir uns nun wieder *S* zu. Auf das Gleis solcher Beschreibungen gesetzt, steht *S* vor der Aufgabe, aus folgenden gedanklichen Addenda einen schlüssigen Zusammenhang zu konstruieren:

(1*?) ›*C* glaubt unter den Umständen $u_1 \ldots u_n$ an eine Theorie T_a.‹
(2*?) ›*C* glaubt an eine methodische Norm *N*, die *C* unter den veränderten Umständen $v_1 \ldots v_n$[201] die Überlegenheit einer Theorie T_b über T_a zeigt.‹

Ergo soll plausibel sein:

(3*?) ›*C* glaubt unter $v_1 \ldots v_n$ an T_b.‹

Daß *S* gar nicht erst auf den Gedanken verfiele, anstelle des schwächeren Ausdrucks ›glauben‹ das Verb ›wissen‹ zu verwenden, liegt daran, daß der Zusammenhang umgehend widersprüchlich würde. Man kann nichts Falsches wissen. Die Reihe (1*?), (2*?), (3*?) läßt zu, daß *C* unter $u_1 \ldots u_n$ geirrt haben könnte. Dies ist die Sicht von *S*. *C* selbst kann weder die Irrtumsmöglichkeit noch die Bedingtheit $u_1 \ldots u_n$ einkalkulieren, sonst würde sein Glaube aufgehoben.

Wenn allerdings *C* sich in der Tat unter $u_1 \ldots u_n$ geirrt hat, stellt sich die Frage, warum der neue Glaube unter $v_1 \ldots v_n$ (man denke an das, was ein heutiger Physiker anerkennt) nicht unter den nochmals veränderten Umständen $w_1 \ldots w_n$ obsolet werden sollte, usw. Dies ist die sog. Pessimistische Metainduktion.[202] Da – wenn man die Pessimistische Metainduktion vollzieht – im Verlauf der Wissenschaftsgeschichte keine als noch so verläßlich geltende Theorie unbeschadet bleiben muß, müßte *S* zugeben, daß es nicht zwingend ist, heutigen Überzeugungen mehr zuzutrauen als früheren. Merkwürdigerweise pflegen die Spectatores unterschiedlichster philosophischer Orientierung zwar *C* gerne Skepsis gegenüber den Wahrheitsansprüchen von Theorien zu empfehlen, zugleich aber stillschweigend zu unterstellen, daß *C* niemals auf sie hört und ihm die pessimistische Haltung auf immer verschlossen bleibt. Ließe *S* nämlich *C* die Skeptische Metainduktion mitvollziehen, hätte *S* sich mit Gebilden herumzuplagen, die sich dergestalt aufreihen:

(1**?) ›*C* glaubt unter $u_1 \ldots u_n$ an eine Theorie T_a und glaubt auch, daß T_a sich unter $v_1 \ldots v_n$ möglicherweise als etwas herausstellt, an das man nicht glauben sollte.‹
(2**?) ›*C* glaubt an eine methodische Norm, die ihm unter $v_1 \ldots v_n$ die Überlegenheit einer Theorie T_b über T_a, unter $w_1 \ldots w_n$ die von T_c über T_b zeigt, usw.‹

Zwar hätte *C* den besten Grund, weder an T_a noch an T_b oder eine ihrer Nachfolgerinnen zu glauben. Entsprechend der fideistischen Redeweise müßte dennoch konsequenterweise einleuchten:

(3**?) ›*C* glaubt unter $v_1 \ldots v_n$ an T_b, unter $w_1 \ldots w_n$ an T_c usw. und glaubt unter $v_1 \ldots v_n$ auch, daß T_b sich unter $w_1 \ldots w_n$ möglicherweise als etwas herausstellt, an das man nicht glauben sollte, usw.‹

An dieser Stelle wird der Ausgangsgedanke, der wissenschaftlichen Fortschritt mit dem wechselnden Glauben an vorzuziehende Theorien ineinslaufen läßt, absurd. *C*s epistemische *Integrität* wird aufgehoben, seine doxastischen Verpflichtungen hinsichtlich T_a, T_b usf. werden als widersprüchlich rekonstruiert. Dieselbe Aporie ergäbe sich übrigens auch, wenn *S* ein Sozialer Konstruktivist wäre. Einerseits belehrt der Konstruktivist die Forschungsteilnehmer nachhaltig darüber, daß ihre Überzeugungen lediglich kontextuell gelten, von Interessenlagen, sozialen Verbindlichkeiten u. ä. m. bestimmt werden, und seine Botschaften erreichen mittlerweile das entlegenste Prairie-College. Andererseits wird gutinformierten Wissenschaftlern zugleich unterstellt, grundsätzlich mit der Naivität des jungen Parzival an jene Auffassungen zu glauben, die ihnen ihre Sozialität vorgeblich diktiert.

Der dargelegte Befund wäre für die Fortschrittsbetrachtung prekär, wenn wir die Glaubensvorstellung überhaupt *benötigten.* Aber setzt theoretischer Fortschritt wirklich voraus, daß *C* zunächst von T_a überzeugt ist, um sich dann eines besseren belehrt, seufzend oder enthusiastisch, T_b zuzuwenden? Genau dies ist die *irreführende* Bedingung, die in van Fraassens Charakterisierung und die von ihr aufgenommenen Konzeptionen eingegangen ist. Die fideistische Beschreibung spiegelt gewiß vielfach vorhandene mentale Zustände, aber dies besagt nicht, daß bloßes Überzeugtsein ein eindeutiges Moment des wissenschaftlichen *Fortschritts* wäre. Forscher mögen von einer Theorie überzeugt sein oder nicht, der Glaube daran mag sie beflügeln oder auch ihre selbstkritischen Neigungen beeinträchtigen. Aber in solchen Wirkungen zeigt sich lediglich die Ambivalenz von Glaubenszuständen.

Wie ist diese kritische Feststellung damit in Einklang zu bringen, daß wir Wissen traditionsgemäß als wahren gerechtfertigten Glauben interpretieren? Hier gilt es zwischen dem Aufbau des Begriffs und realer Sukzession zu unterscheiden. Es ist nicht gemeint, daß man *zunächst* überzeugt sein sollte, um anschließend auf eine irgendwann eintretende Rechtfertigung zu hoffen. *Überzeugtsein ist eine Komponente des Wissens, aber keine obligatorische oder in jedem Fall wünschenswerte Vorstufe.* Der irreführende Gedanke vom Wert des vorauslaufenden Überzeugtseins ist tief verwurzelt. Er steckt beispielsweise in dem bekannten Motiv des in seiner Zeit ›verkannten‹ Genius, der die richtige Überzeugung gehabt habe, aber unter seinerzeitigen argumentativen Bedingungen nicht zum Zuge gekommen sei. Als im echten Sinne verkannt kann nur ein Forscher gelten, der hinreichende oder wenigstens gute

Gründe für seine Überzeugungen hat und keinen Widerhall findet, aber nicht, wer sich an eine Spekulation hängt, die sich irgendwann später aus ihm *a qua* noch unbekannten Gründen später bestätigt. Diese Sicht wird im Anschluß an einige Bemerkungen Helmholtz' noch genauer ausgeführt.

Je größer das mit dem Glauben an eine Theorie verbundene epistemische Risiko ausfällt, umso fragwürdiger ist es sowohl für *S* wie für *C*, dem bloßen Überzeugtsein viel Raum zu geben. Zugegebenermaßen lassen sich unsere Überzeugungen nicht unmittelbar steuern, und wir können sie nicht – in Sonderheit angesichts einer riskanten Hypothese – durch Beschluß aufheben. Aber wir sind in der Lage, uns so zu *situieren*, daß wir nicht leichtgläubig sind.[203] Die antike Skepsis hat bereits vorgemacht, daß es etwas in der Art einer Methodologie des Überzeugt- bzw. – für Skeptiker passender – des Nichtüberzeugtseins geben kann. Und davon unabhängig zielen viele alltäglichen Routinen darauf ab, uns in Lagen zu bringen, wo sich ungerechtfertigtes Überzeugtsein wieder verliert oder gar nicht erst einstellt. Z.B. besteht ein gutes Präventivmittel gegen vorschnelles Überzeugtsein von der eigenen Sache darin, sich die Meinungen anderer Menschen zum Thema anzuhören.

4.6.4 Akzeptieren und Wissen

4.6.4.1 Wohlgegründetes Akzeptieren

Nun ist es zweifellos so, daß eine bestimmte Haltung gegenüber einer Theorie vorliegen muß, wenn sich damit verknüpfte Forschung vollziehen soll. Die gedanklichen oder physischen Operationen, die im Forschungszusammenhang in Verbindung mit einer Theorie vollzogen werden, setzen voraus, daß zwischen *C* und einer Theorie *T* Relationen existieren, die diese Handlungen ermöglichen. Die fideistische Aporie macht deutlich, daß bloßer Glaube diese Funktion nicht erfüllen können. Eine andere und bessere Verbindung ist in einem früheren Kapitel bereits dargestellt worden: *C* muß mit *T vertraut* sein, muß *Wissen über T* besitzen. Aber Vertrautsein mit einer Sache bedeutet keineswegs ohne weiteres, daß wir sie für wertvoll erachten, ihr irgendeine Präferenz im Blick auf weiteres Arbeiten geben, uns ihr absichtsvoll verpflichten. Wer mit einer Theorie arbeitet, muß diese – und zwar in einem anderen Sinne als es van Fraassens Formulierung vorsieht – *akzeptieren* im Sinne von in einem bestimmten Rahmen billigen. Er muß sie für sich unter diesen oder jenen Bedingungen hinnehmen,[204] d. h. etwa – aussagenlogisch betrachtet – eine theoretische Behauptung als Prämisse eines Aussagenzusammenhanges setzen oder – in modellistischer Betrachtungsweise – den entsprechenden Formalismus zu verwenden.

Es gibt sehr viele Gründe, eine Theorie zu wählen. Z.B. können wir sie für die beste derzeit *verfügbare* halten, oder auch mit ihr arbeiten, weil damit der eigenen Einschätzung nach ein bisher unbeschrittener Forschungsweg beschritten wird. Eine Theorie ›annehmen‹ meint, sich unter diesen oder jenen Bedingungen für die Verwendung einer Theorie zu *entscheiden*. Jemand, der sich ohne Kompaß im Wald verläuft, tut gut daran, sich in Ermangelung einer besseren Alternative beispielsweise an eine Pfadfinderregel zu halten, und sei sie auch noch so mäßig verbürgt. Es gibt keinen hinreichenden Anlaß zu unterstellen, er müsse daran glauben, d. h. sie für wahr – oder empirisch adäquat gemäß van Fraassens Instrumentalismus – erachten.

Solche Präferenzen hängen wesentlich von der *Wissenssituation* des Entscheidenden ab, die je nach Fall bereits in die Absichten des Entscheidenden hineinspielt, auf jeden Fall aber ausschlaggebend dafür ist, ob jemand eine nur zweckrationale oder darüber hinausgehend *optimierte* Entscheidung trifft. Die Entscheidung zwischen ungesteuertem Vorgehen und der Befolgung einer mäßig verläßlichen Pfadfinderregel kann rational erfolgen, schafft aber gewiß noch keine sonderlich beeindruckende Bevorzugung. Es sei noch einmal an den Fall des mathematischen Problems erinnert, bei dem die Kompetenz dessen, der das Problem bearbeitet, sowohl in die Auffassung der Problemstellung hineinwirkt als auch die Aussichten auf einen Erfolg beeinflußt. Persönliche Qualitäten, d. h. Tugenden in der ersten Funktion als absichtsbeeinflussende Faktoren, mögen Q_A heißen, solche in der zweiten Funktion als erfolgsbegünstigende Faktoren Q_E (s. oben Kapitel 2.5). Die Beachtung des Tugendaspektes hilft freilich erst weiter, wenn wir uns zuvor aus der fideistischen Aporie befreit haben.

Etwas zu glauben, schließt auf der Seite des Überzeugten ein, keinen situativen Vorbehalt anzubringen. Aus der Nichtbeachtung dieser Bedingung erklärt sich die Fragwürdigkeit von 1*), 1**) und 3*), 3**), wohingegen Akzeptieren im hier leitenden Verständnis lediglich bedeutet, sich solange zu verpflichten, wie die Ausgangssituation gewahrt ist. Etwas anzunehmen ist eine mentale *Handlung*, für die vollkommen natürlich ist, zu unterstellen, daß sie sich je nach Bedingungslage als opportun darstellt oder nicht. Eine dem Rechnung tragende Formulierungskette des Inhalts

(1***) ›*C* akzeptiert unter $u_1 \dots u_n$ eine Theorie T_a und akzeptiert, daß T_a sich unter $v_1 \dots v_n$ möglicherweise als etwas herausstellt, das man nicht mehr akzeptieren sollte.‹

(2***) ›*C* akzeptiert eine methodische Norm N^{205}, die ihm unter $v_1 \dots v_n$ die Überlegenheit einer Theorie T_b über T_a, unter $w_1 \dots w_n$ die von T_c über T_b usw. zeigen kann, usw.'

Ergo ist plausibel:

(3***) ›*C* akzeptiert unter $v_1 \dots v_n$ T_b, und akzeptiert, daß T_b sich unter $w_1 \dots w_n$ möglicherweise als etwas herausstellt, das man nicht akzeptieren sollte, usw.‹

Diese Reihung läuft im Unterschied zu (1**?) – (3**?) nicht auf die Darstellung einer Folge inkonsistenter Haltungen hinaus. Die gegenüber (2*) und (2**) veränderte Formulierung (2***) erhält deren Vorzug, die Einstellung *C*s auf eine unproblematische Weise für methodologische Überlegungen zu öffnen. Es könnte aber im hier gesetzten Rahmen auch offenbleiben, ob *C* an *N* glaubt oder sie nur akzeptiert. Beides führt in eine höherstufige Rechtfertigungsproblematik, die hier nicht erörtert werden muß, wenngleich es auf der eingeschlagenen Linie liegt, von der Richtigkeit einer allgemeinen Methodologie nicht *überzeugt* zu sein. Entsprechendes gilt für das jeweils zweite Konjunkt in (1***) und (3***).

Beziehen wir uns nur auf *C*s Einstellung zu T_a bzw. T_b. Die Verwendung einer akzeptanzbezogenen Beschreibung muß nicht ausschließen, daß *C* außerdem zugleich einen Umschwung von Überzeugungen erlebt. Aber darauf kommt es unter dem Fortschrittsaspekt nicht an. Relevant ist, ob *C* unter $v_1 \dots v_n$ T_b akzeptiert, und zwar sogar dann, wenn *C* womöglich ›eigentlich‹ noch an T_a glaubt. Überzeugtsein und Akzeptieren mögen sich vielfach überlappen, und es mag im realen Fall oft nicht möglich sein festzustellen, ob jemand glaubt oder nur akzeptiert. Vielleicht gibt es sogar so etwas wie eine anthropologische Konstante dahingehend, daß Menschen gerne glauben, was sie hinnehmen, m. a. W.

ein wenig leichtgläubig sind.[206] Dennoch lassen sich durchaus Unterschiede feststellen: Wer von allem überzeugt ist, was er akzeptiert und anwendet, gilt als naiv. Annehmen können wir, wie schon gesagt, eine Theorie aus sehr verschiedenen und als rational rekonstruierbaren Gründen, die nicht unbedingt rein epistemischer Natur sein müssen. Z.B. ist es für Philologen vernünftig, eine bestimmte Version eines alten Textes zu kanonisieren, wenn ältere Fassungen nicht überliefert sind. Und es ist in gewöhnlichen chemischen Kontexten vernünftig, sich an eine veraltete Fassung des chemischen Atomismus zu halten, weil sonst bereits bei der Interpretation primitiver Vorgänge ein unvertretbarer Aufwand entstünde.

Das Vertrautsein mit Theorien und sonstigen Komponenten der Entscheidungssituation im oben erörterten Sinne, d. h. Wissen, hilft dabei, rationale Entscheidungen zu treffen, wobei alles Wissen, das einschlägig ist und über die Erfüllung notwendiger Bedingungen des Entscheidens hinausgeht, die Entscheidung *optimiert*.[207] Eine solche Handlung mag ›wohlgegründet‹ heißen. Beziehen wir uns vor diesem Hintergrund auf die Gründe einer optimierten rationalen Akzeptation in vereinfachender Anlehnung an die frühere Einbettung von Tugendgründen in *TS** (Kapitel 2.5). Eine erfolgreiche Handlung als *wohlgegründete* Aktion zu bestimmen,[208] heißt demnach, außer auf Zweckmäßigkeit auf jene Faktoren zu achten, welche (i) die individuelle Handlungsrationalität beeinflussen (Q_A), etwa indem sie die Umstände $u_1 ... u_n$ reflektieren helfen und dabei eine Absicht hinreichend präzisieren, (ii) die Realisierung der eben daraus erwachsenden Handlungsabsicht ermöglichen (Q_E).

Wenn eine Formulierung wie ›*C* akzeptiert *T*‹ eine rationale Grundlage hat, dann gilt als vorausgesetzt, daß *C T* kennt und *C* voraussetzt, daß *T* unter den ihm vertrauten Umständen $u_1 ... u_n$ ein geeignetes oder sogar das beste Mittel zur Erfüllung eines Zweckes ist. Wie schon bei der grundsätzlichen Bestimmung der Rolle von Forschertugenden betont (Kapitel 2.5), kann indes der Anteil von Zielvorstellungen bei der Rekonstruktion *erfolgreicher* Handlungen vernachlässigt werden, da der Hinweis auf Absichten bei als kontrastiv rekonstruierbaren Warum-Fragen keine relevante Antwort offeriert. Eine zufriedenstellende Antwort auf die Frage, warum *C* in einer schwierigen Problemlage eine leistungsstarke Hypothese auswählte, besteht demzufolge nicht in Angaben des Typs, daß *C* das Problem lösen *wollte*. Der Wunsch nach Problemlösung kann auch den beseelen, der aus Inkompetenz eine schlechte Wahl trifft. Daß man mit der Marginalisierung von Zweckbestimmungen wenig verliert, zeigt sich daran, daß die Debatte zwischen Instrumentalismus und Realismus, soweit sie auf die Einstellung von Forschungsteilnehmern abgestellt ist, ihre divergierenden Zweckbehauptungen mit den *nämlichen* theoretischen Präferenzen in der Forschung zu verbinden pflegt. Es lassen sich gleichartige erfolgreiche Handlungen, in diesem Fall sinnvolle Entscheidungen, auf verschiedene Zwecksetzungen zurückführen, wohingegen Tugendfaktoren eindeutig konstititutiv sind. Es sind Fähigkeiten, die sowohl in eine fruchtbare Fragestellung als auch in die Entscheidung für einen guten Antwortkandidaten eingehen. Daraus läßt sich im Anschluß an *TS** (Kapitel 2.5) ein plausibles Raisonnement des Akzeptierens einer Theorie *TS*** bilden:

(i) *C* strebt unter $u_1 ... u_n$ ein Ziel *Z* an.
(ii) *C* besitzt die Qualitäten Q_A und Q_E.
(iii) *C* glaubt unter Akzeptation von *R*, daß die Akzeptation von *T* unter $u_1 ... u_n$ ein (das beste) Mittel für die Erlangung von *Z* ist.

(iv) Q_A ist funktional für den Glauben, daß die Akzeptation von *T* unter $u_1 \dots u_n$ ein (das beste) Mittel für die Erlangung von *Z* ist.
(v) Q_E ist funktional für die Akzeptation von *H*.

Ergo ist plausibel:

(vi) *C* akzeptiert unter $u_1 \dots u_n$ *T*.

Das Ausmaß der Funktionalität der Forschertugenden Q_A und Q_E ist in *TS*** offen. Im Minimalfall erfüllen Q_A und Q_E jene kognitiven Bedingungen, die in den Vorgang der Absichtsbildung (i) und (iii) sowie den Vollzug der Akzeptation eingehen, also Vertrautsein mit einer Zweckrationalitätsvorstellung *R*, mit $u_1 \dots u_n$, und *T*. Daß die fideistische Aporie mit (iii) in *TS*** nicht wiederauflebt, liegt daran, daß der Glaube an die Zweckmäßigkeit einer Theorie unter bestimmten Bedingungen eine Relation ist, die ohne weiteres *fortbestehen* kann, wenn sich die Verhältnisse ändern. *T* kann unter *R* das beste oder ein gutes Mittel bleiben, auch wenn niemand mehr an die Wahrheit oder allgemeine Adäquatheit von *T* glaubt. Es ist beispielsweise nicht sehr gewagt, davon auszugehen, daß die meisten modernen Physiker unabhängig davon, wo die aktuelle theoretische Frontlinie verläuft, davon *überzeugt* sind, daß die klassische Bewegungslehre im Blick auf den gewöhnlichen gedanklichen Umgang mit der Beschleunigung eines Automobils die beste aller denkbaren Alternativen ist. Vielleicht handelt es sich bei einer derartigen Überzeugung sogar um Wissen. Aber das ist nicht entscheidend. Wichtig ist vielmehr, daß wir hier nicht erneut auf die Pessimistische Metainduktion stoßen. Diese tritt selbst dann nicht auf, wenn $u_1 \dots u_n$ durch ein neues überlegenes Angebot ergänzt würden und somit ein neues Bedingungsfeld $v_1 \dots v_n$, entstünde, das $u_1 \dots u_n$, einschlösse: Darauf bezogene zusätzliche Kenntnis würde Q_A, evtl. auch Q_E, anreichern und eine zweckrationale Entscheidung lediglich *optimieren*, aber die Rationalität der alten nicht aufheben. Auch die in (iii) enthaltene alte Überzeugung selbst wäre unberührt. Die Entscheidung unter $u_1 \dots u_n$ behält ihre Berechtigung. Wir können weiterhin glauben, daß *T* unter $u_1 \dots u_n$ die beste bzw. eine gute Möglichkeit ist. Entsprechendes gilt im Falle des Austauschs des Zweckrationalitätskriteriums *R*. Wenn wir *R* durch ein konkurrierendes *R** ersetzen, kann T_a unter *R* die beste Alternative bleiben.

Mit der Begleitung durch Q_A und Q_E entsteht eine Einbettung der zweckrationalen Akzeptation einer Theorie in eine Dynamik des Wissens (speziell über $u_1 \dots u_n$, *T*, *R*), wobei kumulative Bewegungen, wie etwa die Öffnung für $v_1 \dots v_n$, die *Optimierung* zweckrationaler Entscheidungen bedeuten[209]. In vertiefender Betrachtung können als vermittelt optimierend diverse andere Faktoren angesehen werden, beispielsweise Strebsamkeit oder Fleiß, die eine systematische Erweiterung von $u_1 \dots u_n$ begünstigen, Kreativität, die für die Anbahnung von verheißungsvollen Alternativen zu *T* sorgt, oder Ehrlichkeit, welche die testimonialen Verpflichtungen bei der Kenntnisnahme von Umständen und Alternativen sichert, Ausdauer, die dazu beiträgt, eine noch unvollkommene Hypothese zu einer leistungsstarken Theorie zu entfalten. Damit ist das vielgestaltige Gelenk zwischen Forschertugend und theoretischem Fortschritt im wesentlichen erfaßt.

Die Verhältnissetzung von *TS*** zur Darstellung des Theoriewechsels stellt sich mit leichter Hand her: Mit (iii) aus *TS*** sind wir beim ersten Teil der Konjunktion (1***) angelangt. Betrachten wir nun die um die Anknüpfung an die Pessimistische Metainduktion bereinigte Fassung, an deren Anfang die spezifizierte Konklusion (vi) aus *TS*** steht:

(1****) ›*C* akzeptiert unter $u_1 \dots u_n$ eine Theorie T_a.‹
(2****) ›*C* akzeptiert eine methodische Norm *N*, die ihm unter $v_1 \dots v_n$ die Überlegenheit einer Theorie T_b über T_a, unter $w_1 \dots w_n$ die von T_c über T_b zeigt, usw.‹

Ergo ist plausibel:

(3****) ›*C* akzeptiert unter $v_1 \dots v_n$ T_b, unter $w_1 \dots w_n$ T_c, usw.

Die allen drei Beschreibungen in Verbindung mit *TS*** zugrundeliegende Abhängigkeit vom Stand des Wissens stiftet Kontinuität und nimmt den Veränderungen im Schritt von (1****) zu (3****) einiges an möglicher Radikalität: *C* kann sich nur rational für T_b zuungunsten von T_a entschieden haben, wenn *C* T_a und T_b sowie die Norm *N* und die Umstände $v_1 \dots v_n$ *kennt*. Auf diese Weise geht begründetes Akzeptieren stets mit der Präsenz der auszuscheidenden Alternative einher, wobei der Umfang und die Funktionalität einschlägiger Kenntnisse eine Sache der Forschertugend sind, die rationales Akzeptieren optimiert. Der Optimierungsprozeß erlaubt Vergleiche: Die abgelegte Theorie T_a besser gekannt und gehandhabt zu haben als jemand anderes, verbessert die Grundlagen für die vertretbare Akzeptation von T_b, usw.

In der radikal beschleunigten Forschung unserer Tage kann *C* für Personal stehen, dessen Wissen in schnellem Wechsel ist, womit es umgehend kaum mehr einen Nachhall getroffener Entscheidungen gibt.[210] Was vorher eine wohlgegründete Entscheidung war, erscheint mit dem Verlust des früheren Wissens oft nach wenigen Jahren bereits als Merkwürdigkeit. In älterer Forschungspraxis, ganz zu schweigen von nachzeitiger Rezeption etwa in der gewöhnlichen Praxis schulischer Unterweisung oder überhaupt im forschungsfernen Alltag, haben wir es mit verlangsamten Verschiebungen zu tun. Hier kann Altes noch lange präsent bleiben, wiewohl die Forschung in eine andere Richtung fortgeschritten ist, und es kann sich verzögern, bis Neues als vertraut eingestuft wird. Es hat lange gedauert, bis die vor-newtonsche Physik ihre Eingängigkeit verloren hat, und möglicherweise besitzt sie diese noch heute.[211] Zur Verdeutlichung der Kontinuität des Vertrautseins mit Theorien können wir noch einmal an Helmholtz' Thematisierung des Gravitationsbegriffs in *Ueber die Erhaltung der Kraft* anknüpfen. In Helmholtz' Darstellung ist die Schwerkraft eine vertraute Selbstverständlichkeit; aus Newtons Brief an Bentley vom 25.2.1693[212] wissen wir, daß ihm Gravitation selbst unbegreiflich erschien; dazwischen stehen sich Newtonianer wie Maupertuis und Cartesianer wie Fontenelle gegenüber: Fontenelle mit grimmigen Ansichten darüber, daß »ses plus zélés partisans ne disconviennent pas que l'attraction ne soit inintelligible«[213] – Maupertius mit der trotzigen Bemerkung, die cartesische Stoßkraft sei auch nicht verständlicher gewesen als die angeblich unverständliche Gravitation.[214] Aufs Ganze gesehen, stellt sich der historische Prozeß von Newton zu Hemholtz unter dem Verständnisaspekt des zentralen Begriffs als Entwicklung mit Wissensüberlappungen dar: Neues wird langsam vertraut, Vertrautes, etwa eine verstandene Theorie, begleitet die Forscher ein gutes Stück weiter, auch wenn niemand mehr an sie glaubt. Wer genau hinsieht, hat es eher mit sanften Ausklängen als mit dramatischen Umschwüngen zu tun.

Ob und daß überhaupt die Bedingungen für eine wohlgegründete Annahme des Neuen vorliegen, verdankt sich dem Einsatz, den Menschen in der Hoffnung auf wissenschaftlichen Fortschritt bereit sind zu leisten, d. h. dem Lernen, dem Sich-Vertrautmachen in den verschiedensten Hinsichten. Auch dies hat Helmholtz großartig beschrieben. In einem schriftlichen Anhang zu einem seiner für ein breites Publikum gedachten Vorträge geht er der Frage nach, warum Robert Mayer in der Physik nicht die Aufmerksamkeit zuteil geworden sei, die ihm als Autor des Erhaltungssatzes der Auffassung vieler Betrachter zufolge gebührt hätte. Warum haben sich die Physiker seiner Epoche wenig für Mayers zukunftsweisende Vorgabe interessiert? Die Antwort in der hier gewählten Terminologie würde lauten: weil er es nicht vermocht hat, den Vertrautheitsrahmen anderer hinreichend zu beeinflussen (im Sinne der obigen Handlungsableitung: hinreichende Kenntnis einer neuen Theoriekandidatin *T* zu vermitteln und aus dem Wissen um $u_1 \dots u_n$ ein solches um $v_1 \dots v_n$ zu machen), so daß eine optimierte Akzeptation begünstigt worden wäre. In Helmholtz' lebendiger Beschreibung nimmt sich das Ganze dergestalt aus: Mayer habe sich »fremdartigen Wortgebrauch[s]«[215] befleißigt und behauptet, wozu damals »doch aber kein Recht da [war], ehe ihre [der Arbeitsäquivalente] Beständigkeit erfahrungsmässig nachgewiesen war«[216]. Es gelte eben: »Die besten Gedanken kommen in Gefahr fruchtlos zu bleiben, wenn ihnen nicht die Arbeitskraft zur Seite steht, welche ausharrt, bis der überzeugende Beweis für ihre Richtigkeit geführt ist«.[217] Die Berechtigung einer Forderung, eine bestimmte Konzeption zu akzeptieren, steht und fällt in dem Ausmaß, in dem die Forschungsbeteiligten entscheidungsrelevantes *Wissen* erwerben bzw. einander nahebringen.

So schließt der funktionale Zusammenhang von Wissen und begründetem Akzeptieren die personale Seite des Forschens ein, und zwar ohne darauf angewiesen zu sein, instabilen und in einer Situation *a qua* möglicherweise gänzlich ungerechtfertigten Überzeugungen eine geheimnisvolle Gerichtetheit auf ein Fortschrittsziel, einen Terminus *ad quem* zu unterlegen.

4.6.4.2 ›tenere e credere‹ – 'kopernikanische' Illustrationen

Nach dem bisher Ausgeführten ist es nicht der Glaube, der theoretische Berge versetzt, sondern die wissensbestimmte Tat, genauer gesagt, die Entfaltung, Transmission und wohlgegründete Beurteilung von Konzeptionen auf einem Bedingungsfeld. Erinnert sei noch einmal an das früher angeführte Beispiel des Phlogistikers, der sich nichtsdestoweniger um die Verbreitung von Lavoisiers Auffassungen verdient gemacht hat.

Daß die dem entgegenstehende Idee, Fortschritt gründe in provisorischen Überzeugungen, ungeachtet der Schwierigkeiten, in die sie hineinführt, sehr einflußreich ist, liegt an einer mächtigen historischen Haltung. Diese ist angeregt vor allem durch die großen vermeintlichen Glaubensalternativen der Wissenschaftsgeschichte, am nachhaltigsten wohl durch die Auseinandersetzung um die heliozentrische Astronomie. Die fideistische Deutung auf die knappste Lesart gebracht, wäre ungefähr so wiederzugeben: Erst glaubten die Menschen, daß sich die Sonne um die Erde drehe. Dann gelangte Kopernikus wie vor ihm schon Aristarch zu der Überzeugung, daß die Erde nur ein Planet unter anderen sei, der sich um die Sonne bewege. Und schließlich hätten die Leute, die an Kopernikus' Idee glaubten, seiner Sache zum Siege verholfen. Zu den bekannten Streitpunkten historischer Wissenschaftstheorie zählt, ob es bei diesem Vorgang im Sinne irgendeiner aktuell einflußreichen Methodologie stets passend zugegangen sei, ob die Menschen ihre alten Überzeugungen partiell in die neue hätten hinüberretten können, ob die neue und die alte Himmelsmechanik ineinander übersetzbar sind, usw.

Zu den bei einer derartigen Betrachtungsweise bevorzugt herangezogenen Dokumenten zählt außer Kopernikus' *De revolutionibus* und den kopernikanischen Auslassungen Keplers und Galileis das bekannte Vorwort zu *De revolutionibus* von Andreas Osiander, in dem der Wahrheitsanspruch des Kopernikus bestritten wird. Mittels dieses Textarrangements ergibt sich ein plausibler Dreierschritt vom überzeugten Kopernikus über den distanzierten Theologen Osiander, der sich der neuen Wahrheit verweigert, sie aber wenigstens unter Vorbehalt weiterträgt, hin zum neuzeitlichen Gemeingut des Heliozentrismus, durchgesetzt von kämpferischen Gestalten vom Format Galileis und Keplers. Dabei wird zum vermeintlich wichtigen historischen Punkt, ob man an den Inhalt von *De revolutionibus* geglaubt hat oder nicht. Das betrifft nicht nur die Auseinandersetzung mit der katholischen Seite und den Glaubenswächtern des Heiligen Offiziums. Nach Thomas S. Kuhn haben auch die führenden Mitglieder der protestantischen Bewegung, Luther, Calvin und Melanchthon, eine Art Glaubenskrieg geführt »in citing Scripture against Copernicus and in urging repression of Copernicans.«[218]

Nun verschaffen uns bereits geringfügige Präzisierungen allerlei, was unter Glaubensaspekten stören muß, sei es, weil das Moment des Überzeugtseins zu kurz kommt, sei es, weil bloßer Glaube nicht mit Fortschritt auf einen gemeinsamen Nenner zu bringen ist. Dies beginnt mit dem Urheber des neuzeitlichen Heliozentrismus und der irritierenden Feststellung, daß Kopernikus' platonistisch motivierter Glaube an die Wahrheit seines Systems von einer für einen späteren Betrachter zwingend legitimierenden Einstellung sehr weit entfernt ist.[219] Osiander, der Verfasser des Vorwortes, wäre nach Duhem unter die Instrumentalisten zu rechnen, so daß man ihm ohnehin allenfalls den Glauben an zutreffende empirische Konsequenzen des Kopernikanischen Modells zuschreiben dürfte. Der Rückzug auf das Prinzip der Rettung der Phänomene wirkt bei erstem Besehen denn auch als passender Zwischenschritt in einer Epoche des glaubensmäßigen Umschwungs. Lassen wir einmal dahingestellt, ob Osiander in den unzugänglichen Tiefen seiner Weltauffassung vielleicht an bestimmte planetarische Abläufe geglaubt hat oder nicht, und wie er zum Literalsinn der Bibel stand. Feststeht, daß uns dieser Traktat wie auch die Dokumente seiner intellektuellen Umgebung, des durch Melanchthon geprägten reformatorischen Gelehrtenkreises in Wittenberg, andere Glaubensinhalte nahelegen, nämlich vor allem solche auf der *Prinzipienebene*, m.a.W. derjenigen Ansprüche, die seines Erachtens an eine physikalische Theorie zu stellen waren.[220] Osiander ging offenkundig davon aus, daß eine wahrheitsfunktionale Theorie die *causae* von Naturvorgängen namhaft machen müsse.[221] M.a.W. er war, wenn wir die anachronistische Terminologie unserer Tage benutzen, offenkundig ein hartgesottener, nämlich aristotelisch eingefärbter *Realist*. Das berühmte Vorwort ist demnach kein Dokument ›instrumentalistisch‹ verkappter christlicher Glaubensvorsicht, sondern belegt eine Zurückhaltung aus wohlerwogenen Motiven, die obendrein äußerst vernünftig und keineswegs fortschrittsfeindlich erscheint. Der Fortgang der Astronomie bedurfte nicht tausender glühender Anhänger neuer Ideen, sondern Menschen, die innovative Auffassungen verstanden, empirisch kontrollierten und in der eigenen Arbeit weiterentwickelten. Falls ihnen das Überzeugtsein die mühevolle Arbeit erleichtert haben sollte, hatte es einen guten Sinn. Aber dies ist, wie oben dargelegt, keine rationale, sondern eine motivationale Verknüpfung, die mit wichtigen Tugenden (wie auch den inhaltlich korrespondierenden methodologischen Prinzipien) konfligiert, etwa mit Kritikbereitschaft.

Der methodologisch relevante Punkt ist die *Akzeptation*. Ihre Berechtigung läßt sich offenlegen und nach damaligen oder modernen Standards bewerten. Die damals geläufigsten Normen stellt der Aristotelismus bereit, wie ihn Osiander vertrat. Einige Autoren der Zeit, und erst recht die meisten unserer Gegenwart, würden empirische Evidenz, die vermutete Fruchtbarkeit u. ä. m. berücksichtigen, müßten sich aber, wenn es um Rationalität in der Situation *a qua* geht, auf den damaligen Kenntnisstand beziehen. Die verschiedentlich provokant gegen Rationalitätsannahmen gewendete Feststellung,[222] Ptolemaios' *Almagest* habe noch nach Kopernikus wenigstens gleich gute, wenn nicht bessere Berechnungsmöglichkeiten geboten, und der fortschrittliche Glaube der Wissenschaftler sei genauso willkürlich (oder in bezug auf externe Belohnungen opportunistisch) wie der an irgendeinen Hokuspokus, bleibt unter diesem Aspekt ohne Pointe. Es mag einem Astronomen, dem Urteil eines späteren Betrachters nach, nicht zur Zierde gereichen, angesichts schlechter Evidenz an das System des Kopernikus geglaubt zu haben. Aber es wäre genausowenig ein Vorzug gewesen, vom Inhalt des *Almagest* überzeugt zu sein. Osianders, den Wahrheitsanspruch des Kopernikus einschränkendes Vorwort mag für einen Jahrhunderte später lebenden Kopernikaner hasenfüßig wirken, entspricht aber der situativen Vernunft eines Menschen, für den kein verläßlicher Prozeß ersichtlich war, in dem sich die Akzeptation von Kopernikus' Modell gerechtfertigt hätte.

Begeben wir uns zur nächsten, der berühmtesten Station der Geschichte des Kopernikanismus: Auch der vielkommentierte Glaubenswandel Galileis hat seine Eigenheiten. Es gibt eine knappe Notiz aus dem Jahr 1597, die nach Favaro und den ihm folgenden Biographen belegen soll, daß Galilei spätestens ab diesem Datum ein geheimer Kopernikaner gewesen sei.[223] In der paduaner Lehrschrift *Trattato della Sfera o Cosmografia* aus dem Jahre 1606[224] vertritt er unpassenderweise noch eine völlig einsinnige ptolemäische Position. Sie hebt sich deutlich von jener freien Umgangsweise mit kopernikanischen Argumenten ab, die der Jesuit Clavius, der Träger der gregorianischen Kalenderreform, Jahre vorher in seinem Kommentar zu dem Sphären-Lehrbuch des de Sacrobosco gepflegt hatte.[225] Wie ist vor diesem Hintergrund Galileis *Glaube* an den Kopernikanismus einzuschätzen, von dem später ausdrücklich im Inquisitionsdokument die Rede ist und der bis heute ein dramatisches Faszinosum darstellt? Sehen wir uns die Auskunft der sich in dieser Hinsicht kraft ihres Amtes für zuständig Erklärenden an: Die Formulierung der Kardinäle in bezug auf den Verdacht der Häresie,

> »d'haver tenuto e creduto dottrina falsa e contraria alle Sacro e divine Scritture«[226],

ist auf den ersten Blick von merkwürdiger Redundanz. Da wir aus historischen Aufschlüssen wissen, daß der Text der offiziellen Verlautbarung sehr ausgeklügelten Überlegungen entsprang und wohl kein einziges Wort davon aus schlichtem religiösem Eifer resultierte,[227] ist es nicht überzogen, die Differenzierung des Heiligen Offiziums – ›tenuto e creduto‹ – ernst zu nehmen. Dem ›tenere‹ wird von Galilei selbst in seiner Abschwörungsformel so entsprochen, daß er zusagt, die inkriminierte Lehre fürderhin weder mündlich noch schriftlich zu verteidigen.[228] Im hier benutzten Jargon besagt der Spruch des Offiziums: Galilei darf seine Gründe für die Akzeptation des Kopernikanismus nicht mehr öffentlich darlegen. Was die weitere Geschichte des Kopernikanismus angeht, hätte die Beachtung des kirchenamtlichen Verbots des ›tenere‹ die Möglichkeit einer wohlgegründeten Entscheidung vereitelt. *Dies* stellt, im Rahmen des dargelegten Wissen/Akzeptieren-Modells betrachtet, die eigentliche Attacke gegen den astronomischen Fortschritt dar.

Wenden wir uns dem in der Galilei-Kommentierung ungleich mehr beachteten ›credere‹ zu und nehmen an, die Kardinäle hätten recht mit ihrem Vorwurf: Galilei sei von Kopernikus' Auffassungen überzeugt gewesen. Nach dem, was oben über die direkte Steuerbarkeit des Überzeugtsein gesagt wurde, ist es nicht anzunehmen, jemand gebe eine Überzeugung auf, weil er in eine bedrohliche Situation gerät. Und Galileis Abschwörung, der Vorlage des Offiziums gemäß das Versprechen enthaltend, sie nicht mehr für wahr zu halten,[229] ist für den Betrachter völlig unglaubwürdig. Das in späteren Darstellung zurecht immer wieder herausgestellte Beschämende der Abschwörung einer Überzeugung ergibt sich daraus, daß es sich – da Glaubenszustände im Gegensatz zu Akzeptationen nicht willentlich sind – nur um die unwürdige Notlüge eines bedrängten Menschen gehandelt haben kann. Aus der Sicht der Inquisitoren als der Herren über den ganzen Menschen einschließlich seiner mentalen Zustände hat die Koppelung der Verwerfung einer Auffassung mit dem Verzicht darauf, von ihr überzeugt zu sein, als offizielle Haltung eine gewisse Konsequenz. Aber es gibt keinen unmittelbar zwingenden Zugriff auf Glaubenszustände. Und dies sollten nicht nur Kardinäle bedenken. Auch der wissenschaftstheoretisch thematisierte argumentative bzw. methodologische Druck zugunsten einer Theorie muß keineswegs das passende Überzeugtsein nach sich ziehen. Zwingende Argumente und gut ausgewiesenene Prinzipien können lediglich für *Handlungen*, genauer gesagt, für die Akzeptation oder Verwerfung von Theorien, verbindlich sein.

Es gibt noch eine andere Seite der Angelegenheit, auf der das naiv wirkende offiziale Insistieren auf der Umkehrung einer Überzeugung und auch Galileis Zwangslage in ein anderes Licht gerückt wird: Jede einigermaßen reichhaltige Galilei-Biographie weist darauf hin, daß Galilei in vielen Belangen äußerst lebensklug war und taktisch verfuhr, wobei er häufig vor Unwahrheiten nicht zurückschreckte. Auch sein Engagement für den Kopernikanismus ist, wie schon oben angedeutet, keineswegs immer gleichbleibend intensiv gewesen.[230] Wie konnte er sich einer – in der unwürdigen Widerrufung gipfelnden – bedrükkenden Situation aussetzen, die ihm bei einer zurückhaltenderen Stellungnahme erspart geblieben wäre? Die Antwort ist bekannt und steckt zum Teil bereits in dem oben gegebenen Hinweis auf den aristotelischen Realismus Osianders. Es existierte neben der persönlichen Ebene, auf der die wie auch immer einzuschätzende persönliche Überzeugtheit Galileis lag, eine weitere, auf der Galilei mit dem forschungspolitisch wohlüberlegten *Anspruch des Überzeugtseins* aufgetreten war. Dieses im Wissenanspruch steckende Moment wird mit dem Spruch des Heiligen Offiziums zurückgewiesen. An den Wissenscharakter, die Wahrheit der eigenen Naturinterpretation, zu *glauben*, gehörte zur professionellen Identität der Philosophen, d. h. jenes Standes, in den sich Galilei hochgearbeitet hatte, dem er aber im Zeichen der teleskopischen und experimentellen Erfahrungswissenschaft zugleich die Grundlage entzog. Die herkömmliche Haltung des *epoché* übenden Mathematikers hätte in der Auseinandersetzung mit den Aristotelikern die soziale Parität auf das Spiel gesetzt. Im Hinweis darauf steckt keine psychologische Spekulation. Galilei muß nicht von Kopernikus' Auffassungen überzeugt gewesen sein, *weil* er Philosoph wurde, aber er hätte Mathematiker bleiben müssen, wenn er nicht bereit gewesen wäre, öffentlich den Glauben an die Wahrheit seiner Auffassungen zu signalisieren.[231]

Was zeigt dies? Es zeigt *nicht*, daß wissenschaftlicher Fortschritt als Sozialspiel begriffen werden muß, in dem jeder epistemische Anspruch nur im Rahmen von Gruppennormen zu vertreten wäre,[232] was jeden ernsthaften Wissensanspruch aufhöbe. Sichtbar wird vielmehr, daß die Konzentration auf Überzeugungen, soweit sie nicht in gesichertem *Wissen* aufgehen, die Mechanik des theoretischen Fortschritts verfehlt. Nicht das Überzeugtsein vom Heliozentrismus, sondern Akzeptation ist der Stein, auf dem theoretischer Fortschritt aufbaut. Rationales Annehmen wiederum setzt, wie oben dargelegt, Kenntnis voraus. Die Chance für die sukzessive Akzeptation des Kopernikanismus lag nicht im Fortbestand kopernikanischer Gewißheit, sondern im Erhalt und im Ausbau des für einen Theorienvergleich nötigen astronomischen Wissens. So muß man denn auch Galileis Fortschrittsbeitrag nicht darin erblicken, daß er von einer damals durchaus zu Recht noch strittigen Konzeption überzeugt war, sondern daß er umfänglich zum *Wissen in Verbindung* mit einem neuen theoretischen Ansatz beitrug, indem er ihn auf Phänomene anwandte, mit physikalischen Überlegungen in Beziehung setzte usw.

Bezeichnenderweise haben sich in der vor-galileischen Astronomie des 16. Jahrhunderts gerade jene Zeitgenossen besonders hervorgetan, die – wie Erasmus Reinhold mit den *Prutenicae tabulae* (1551) im Kontext seines von Melanchthon auf den Begriff gebrachten Aristotelismus – *weder* an das heliozentrische *noch* an das geozentrische System glaubten. Äußerst aufschlußreich ist unter dem Gesichtspunkt des vermeintlichen Aufeinanderstoßens von Überzeugungen auch das Schicksal der Drucke von *De revolutionibus*, von denen man unter der Voraussetzung eines ›Glaubenskrieges‹ annehmen sollte, daß das kirchliche Verdikt sich durchschlagend ausgewirkt hätte. Der Astronomiehistoriker Owen Gingerich[233] fand von mehr als 400 erhaltenen Kopien überhaupt nur 33 Exemplare zensiert, wobei einzelne im kirchlichen Dekret inkriminierte Textpassagen überklebt oder durch Durchstreichung unleserlich gemacht worden waren. In einigen Fälle war der Eingriff so geringfügig, daß die fraglichen Stellen eher markiert als verdeckt sind. Speziell in Spanien und Portugal scheint man so gründlich von der glaubensmäßigen Irrelevanz des Textes überzeugt gewesen zu sein, daß man ganz auf Maßnahmen verzichtete. Auch der über Europa hinausreichende Blick, speziell auf die erdweit gestreuten jesuitischen Bibliotheken mit ihrem reichhaltigen astronomischen Schrifttum, belegt ein bemerkenswertes Desinteresse an der fideistischen Einstufung von Kopernikus' Text, von der häufig ergriffenen Möglichkeit jesuitischer Astronomen, kopernikanisch zu argumentieren, ganz zu schweigen. All dies belegt, wenn nicht die Akzeptation des Heliozentrismus, so doch den Fortbestand des für eine wohlgegründete Präferenzbildung hinsichtlich der Planetentheorie relevanten Wissens. Die Glaubensebene ist nicht mit der Ebene zu verwechseln, auf der sich Forscherwissen verbreitet. Auch und erst recht die *unüberzeugte* kompetente Arbeit trägt zu der Feststellung bei, was eine Theorie leistet und was nicht.

Sogar die an wissenschaftlichen Illustrationen sehr arme hebräische Literatur ist an der glaubensindifferenten Weitergabe des heliozentrischen Modells beteiligt. So findet sich eine veranschaulichende Gegenüberstellung des Ptolemäischen und des Kopernikanischen Systems[234] in der venezianischen Ausgabe von Tobias Cohens (1652–1729) enzyklopädischer *Maaseh Tuwija* (1707), dem ›Werk des Tobias‹, dem im jüdischen Kulturbereich einflußreichsten wissenschaftlichen Buch seiner Epoche. Kopernikus steht bei Tobias wie bei anderen hebräischen Schriftstellern der Zeit in denkbar schlechtem Ansehen, gilt gar als ›Erstgeborener des Satans‹. Dennoch wird sein Modell sachgerecht erklärt und und werden die zu seinen Gunsten angeführten Argumente referiert.[235]

Einen späteren und eher ankedotischen Beleg für das bemerkenswerte Eigenleben der Kenntnis der planetentheoretischen Alternativen liefert auch der Blick auf die in der Sammlung der *Royal Geographical Society*, London, aufbewahrten Tintezeichnungen des 14jährigen Alexander von Humboldt, die jene Bildvorlagen wiederaufleben lassen, die lange vorher den astronomischen Disput begleiteten.[236]

Aber wenden wir wieder ebendiesem Disput selbst zu und den im Hauptstrom der weiteren Astronomiegeschichte ausschlaggebenden Beiträgen der jesuitischen Astronomie. Sie bieten einen guten Anlaß, eine Bemerkung zum Problem der Inkommensurabilität von Theorien hinzuzufügen. Wenn die Durchsetzung einer besseren gegenüber einer schlechteren Theorie auf Akzeptation und nicht auf Überzeugung gründet, fällt Forschern wie Clavius nach demselben Muster wie jenem phlogistisch gesonnenen Lavoisier-Übersetzer oder dem widerwillig referierenden Tobias Cohen ein besonderer Rang zu. Sie sind sozusagen die Bewahrer von Wissen im Agon der Gläubigen, zu denen sie im Regelfall sogar selbst zählen. Jedenfalls verliert das Problem der Inkommensurabilität, bezogen auf solche Gestalten, erheblich an Brisanz. Offenkundig ist es Menschen ohne weiteres möglich, sowohl eine begrifflich innovative Betrachtungsweise als auch neuartige Praktiken zu erlernen, ohne das Vertraute zu verlieren. Sie bringen das Neue in den Horizont des Vertrauten, erwerben Wissen über Termini, Probleme, theoretische Strukturen, Anwendungsfälle u. a. m., wobei es nicht plausibel ist, daß Forscher, wie Feyerabend es beschreibt,[237] bei der Aneignung des noch nicht Vertrauten wieder als Novizen beginnen. Das zur Einschränkung der Inkommensurabilitätsthese gesuchte tertium comparationis, das man – berechtigter- oder unberechtigterweise – vorzugsweise in der Referenz oder dem Sinn von Termini und Sätzen zu suchen pflegt,[238] ist im guten Fall bereits da: nämlich ein mit den konkurrierenden Ansätzen vertrauter *Forscher*. Man betrachte zur Illustration das berühmte Titelkupfer des *Almagestum novum* (1651) des jesuitischen Astronomen Giambattista Riccioli oder die etwa weniger geläufige Darstellung (Abb. 6) des Planetensystems im *Iter extstaticum coeleste* (1660) seines Ordensbruders Athanasius Kircher.[239]

Zu sehen sind neben den zeitgenössischen Konkurrenzmodellen des Tychonischen, des Kopernikanschen und des verbesserten Tychonischen Systems auch noch die nicht mehr ernsthaft in Erwägung gezogenen Auffassungen Ptolemaios' und Platons sowie die sog. Ägyptische Hypothese. In fideistischer Orientierung illustrieren solche Abbildungen die Vorstellung, daß Forscher sich mit einer Menge falscher Überzeugungen abplagen müßten, ehe sie zum rechten Glauben gelangten.

Der mit dem Wissen/Akzeptieren-Modell gesetzte Akzent hingegen liegt auf der Präsenz der Angebote. Das dergestalt bewahrte Wissen ist die Basis fortschrittsermöglichender Entscheidungen in einer Auswahlsituation. Auf der Grundlage des Vertrautseins mit konkurrierenden Ansätzen kann, soweit die Freiheit besteht – die durch den Eingriff der Kirchenbehörde im Fall der jesuitischen Astronomie in der damaligen Situation eingeschränkt war – anhand methodologisch gefaßter Überlegungen und Operationen entschieden werden, ob der einen oder der anderen der Vorzug eingeräumt werden soll. Im weiteren Verlauf des Forschungsprozesses wird zunehmend besser sichtbar, ob man gut daran getan hat. Die oben im Plausibilitätsschluß vorausgesetzten Gründe messen sich am jeweiligen Kenntnisstand, an derjenigen Empirie und denjenigen gedanklichen Möglichkeiten, über die man in einem bestimmten historischen Kontext verfügte, mit denen man ehemals vertraut war. Ein ptolemäischer Astronom um 1500 ist in seinen Umständen genausowenig unvernünftig wie es 200 Jahre später vernünftig gewesen wäre, am *Almagest* zu hängen (und tatsächlich haben weder die katholischen noch die lutherischen Fachvertreter dies getan[240]).

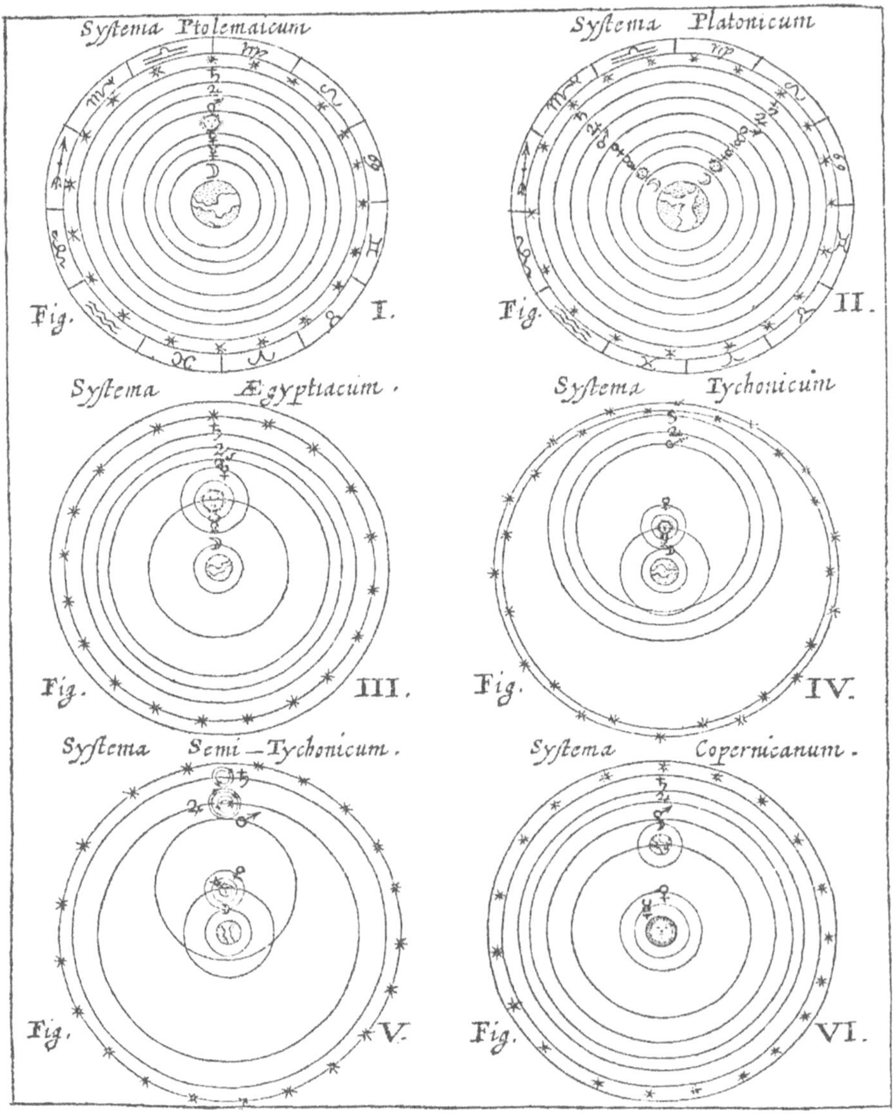
Systema Ptolemaicum
Fig. I.
Systema Platonicum
Fig. II.
Systema Ægyptiacum.
Fig. III.
Systema Tychonicum
Fig. IV.
Systema Semi-Tychonicum.
Fig. V.
Systema Copernicanum.
Fig. VI.

Abbildung 6

Daß sich die Präferenzgrundlage nicht immer so nachhaltig wandelt, daß eine fachlich versierte Person sich zur Akzeptation einer später als überlegen erwiesenen Theorie veranlaßt sieht, kann in der vorgeschlagenen Verhältnissetzung ebenso leicht berücksichtigt werden wie die Möglichkeit, daß jemand sich schnell für das Neue entscheidet. Auf jeden Fall ist eine hinreichende Vertrautheit mit beiden Konkurrenten vorauszusetzen, wenn es sich um vertretbare Entscheidungen handeln soll. Falls sich Vertrautheit nicht herstellen läßt, wie es bei den mathematikfernen Philosophen unter Galileis Gegnern der Fall war, scheiden die Betreffenden aus dem Kreis derer aus, die wohlgegründet über Akzeptation oder Verwerfung entscheiden können. Derlei festzuhalten nimmt sich aber dramatischer aus als es ist. Es hat, wie schon ausgeführt, auch in Galileis Epoche eine Reihe von doppelt kundigen Forschern gegeben. Soweit sie überzeugungsarm waren, hat dies jedenfalls nicht in jeder Hinsicht ihrem astronomischen Arbeitseifer Abbruch getan. Immerhin ist von jenen Mondkratern, deren grobe Umrisse man auf den Abbildungen von Galileis *Sidereus nuncius* nur ahnt, später nicht nur einer nach Kopernikus, sondern sind 35 weitere nach jesuitischen Astronomen wie Clavius, Riccioli, Grimaldi, Kircher u. a. benannt worden, und dies mit Berechtigung: Allein der Tycho-Anhänger Riccioli hat 2700 Objekte der Mondoberfläche identifiziert.

Was die theoretische Seite angeht, so zeigt sich gerade in Fehleinschätzungen der große Vorzug des Akzeptierens im Unterschied zur Glaubenseinlassung. Kirchers pluralistische Darstellung ist kein Einzelfall. Wie selbstverständlich werden auch in den in der – überwiegend nicht-kopernikanischen – jesuitischen Astronomie des 17. Jahrhunderts die explizit abgelehnten Modelle der Planetenbahnen sorgsam bewahrt. So gibt das schon erwähnte bekannte Titelkupfer des von dem streitfreudigen Tychoniker Riccioli 1651 herausgebrachten *Almagestum novum* die Zirkel des Kopernikus in gleicher Größe wie Tychos Alternative wieder, wenngleich von der Waage einer allegorischen Figur für leichter befunden als Tychos Modell.[241] Ptolemaios' System liegt als erledigte Alternative am Boden.

Das historische Bild wird noch bunter, wenn man bedenkt, daß die erste Gesamtausgabe Galileis 1656 im kirchenstaatlichen Bologna erschien. Zum Hintergrund dieses Vorgangs gehört die historische Ironie der Überlegungen Ricciolis in der Einleitung des *Almagestum novum.* In Betrachtung der anti-kopernikanischen Dekrete von 1616 und 1633 stellt er die sich für einen pragmatischen Kompromiß anbietende Verteilung von ›tenere‹ und ›credere‹ verblüffend auf den Kopf: Katholiken hätten selbstverständlich zu *akzeptieren,* was eine Kardinalskongregation sage, aber *glauben* müßten sie dies nicht.[242] Stefano degli Angeli, ein Ordensbruder und kopernikanischer Gegner Ricciolis, setzt das Spiel fort und schlägt ›tenere‹ *statt* ›credere‹ vor: Man möge doch – wenngleich er selbst nicht an Kopernikus' Modell *glaube* – die Planetenbewegungen gefälligst so auffassen (›tenere‹) bzw. interpretieren, wie es Kopernikus getan habe.[243]

4.6.4.3 Das Museum des Wissens und wohlgegründeten Entscheidens

Indem sich im Prozeß des wissenschaftlichen Fortschritts der Vertrautheitsraum verschiebt, fallen Kenntnisse über verdrängte Theorien, ehedem für wichtig gehaltene Daten, Experimente, Probleme usw. für gewöhnlich irgendwann ins Dunkel. Thomas S. Kuhn hat dies auf die treffende Beschreibung gebracht, daß Wissenschaft ihre Vergangenheit auslösche und kein Museum brauche.[244] Kein moderner Astronom muß Ptolemaios studiert haben oder die originalen Auffassungen des Kopernikus kennen. Aber mit der ständigen Aktualisierung verlieren sich die *Gründe* dafür, warum Forschung so geworden ist, wie sie sich zu einem späteren Zeitpunkt präsentiert. Die Erinnerung an die ehedem an wichtigen Weggabelungen getroffenen und nicht selten äußerst schwierigen Entscheidungen ist verschwunden, und der Wanderer scheint auf wundersame Weise in die richtige Richtung gelangt zu sein. Das begünstigt es, die wissens- und vernunftmäßige Bestimmtheit der Forschung mit einer Art *Richtungsinstinkt* zu verwechseln.

Wenn nun aber wissenschaftlicher Fortschritt sich nicht dem genialischem Ahnen der einzuschlagenden Richtung verdankt, sollte ein historischer Kommentator keinen Forscher allein deshalb geringschätzen, weil er einen in der nachträglichen Betrachtung falschen Weg eingeschlagen hat. Dessen Handlungen können schlechte, aber auch sehr gute Gründe gehabt haben, können aus beeindruckender Kompetenz oder dem Gegenteil erwachsen sein. Wissenschaftshistorische Modelle, die Fortschritt als vernünftige und kompetenzbestimmte Entwicklung darstellen wollen, können nicht sinnvoll teleologisch, als Historien der Siegeszüge von Überzeugungen angelegt sein. Wer Vernunft und Kompetenz am Werk sieht, braucht ein historistisch aufzufassendes Museum, das vergangene kognitive und sachliche Bedingungen vermittelt und die Möglichkeit schafft, die Handlungen der Forschungsakteure zu beurteilen. Eine Darstellung wie die oben abgebildete Tafel Kirchers wäre ein ausgezeichnetes Ausstellungsstück. Sie bewahrt falsche Hypothesen auf, macht aber zugleich wahre und gerechtfertigte Überzeugungen zugänglich, die sich einst damit verbanden, zuvorderst das Wissen um die Eigenarten der konkurrierenden Modelle. Der Sinn eines so verstandenen Museums liegt darin, wissenschaftlichen Fortschritt als Zusammenspiel von fachlicher Kompetenz und Vernunft darzustellen. Glücklicherweise ist dieses Museum des Wissens und wohlgegründeten Entscheidens kein fernes Projekt, sondern längst vorhanden. Die Kataloge des Museums haben ihre bekannteste Gestalt in guten Forscherbiographien, die vor dem Wissenshorizont der Zeit und der Person erläutern, warum ein forschender Mensch zuweilen Zukunftsweisendes angestoßen und manchmal Holzwege eingeschlagen hat.

Ein bekanntes Beispiel mag illustrieren, wie uns die teleologische Idee des wissenschaftlichen Richtungsinstinkts betrügt und umgekehrt der Respekt vor vergangener Vernunft und die optimierenden Haltungen und Kompetenzen unsere eigenen Auffassungen befördert. Der untenstehende Holzschnitt (Abb. 7) findet sich in ungezählten allgemeinhistorischen Abrissen, Wissenschaftshistorien sowie Lehrbüchern und dient dort vorwiegend zur Veranschaulichung vorkopernikanischer Beschränktheit.[245]

Den meisten Kommentaren zufolge reckt hier ein mittelalterlicher Himmelsbetrachter den Kopf aus der sublunaren Sphäre und wird der Himmelssphären ansichtig. Der verdiente Astronomiehistoriker Ernst Zinner wählt den Schnitt als Veranschaulichung in einer Darstellung der ptolemäischen Lehre und stuft ihn als Werk des 16. Jahrhunderts ein. Es sollten »Neugier und Forschungsdrang« veranschaulicht werden, aber dem Künstler habe der »Zutritt zu den Leuten [gefehlt], die etwas vom Ringen des Kopernikus um ein neues Weltbild gehört hatten.«[246] Der große Kernphysiker Victor Friedrich Weisskopf beschreibt das Motiv als im mittelalterlichen Kontext »showing the prevailing idea of the system of the world«.[247] Marie Boas Hall identifiziert die dargestellte Figur in einem Aufsatz zur ›Kopernikanischen Revolution‹ als »an astronomer, earthbound and frustrated, tries vainly to grasp the mysteries of the stars and planets«.[248]

Abbildung 7

Aber das Bild ist keineswegs zweifelsfrei ein mittelalterlicher Holzschnitt und erst recht kein eindeutiges Dokument vor-kopernikanischer Astronomie. Die Darstellung findet sich zuerst in *L'Atmosphère, Météorologie populaire*[249] des bedeutenden Astronomen und populärwissenschaftlichen Schriftstellers Camille Flammarion[250] (1842–1925) und hat eine eigene, kaum zu durchdringende Geschichte.[251] Möglicherweise handelt es sich um ein von Flammarion selbst gefertigtes Werk, das außer durch zwei ältere Holzschnitte – aus Gregor Reischs *Margarita philosophica* und Sebastian Münsters *Cosmographia* – durch eine Heiligenlegende inspiriert ist. Allerdings sind die Parallelen nicht sonderlich augenfällig, und es gibt auch Indizien dafür, daß der Holzschnitt in *L'Atmosphère* tatsächlich auf eine spätmittelalterliche Vorlage zurückgeht.[252] Dennoch läßt sich die sachliche Distanz zur Astronomiegeschichte kaum übersehen, am wenigsten die zur europäischen Nachblüte der Ptolemäischen Planetentheorie, die auf die Arbeit einzelner Gelehrter fernab mittelalterlicher Alltagsvorstellungen der Erde und der Himmelsbewegungen zurückgeht. Kopernikus' Auseinandersetzung mit den Auffassungen Ptolemaios' beruht wesentlich auf der Begegnung mit damals gerade *aktuellen* planetentheoretischen Vorlagen, speziell mit der Almagest-Einführung von Regiomontanus. Die erste vollständige Ausgabe des *Almagest* erschien 1515 und war Kopernikus erst verfügbar, *nachdem* er seine Auffasssungen im *Commentariolus* formuliert hatte.[253]

Falls Flammarion einen mittelalterlichen Holzschnitt verwendet haben sollte, handelt es sich um einen historischen Überrest, dessen Kontext und Sinn wir nicht kennen.[254]

Schon Flammarions eigene Bemerkungen dazu sind weitaus zurückhaltender als die meisten späteren Kommentare: Als »un missionaire de moyen âge«[255], ein Sendbote des Mittelalters wird er vorgestellt. Die Bezüge zur Astronomie sind lose: Dem Modell der Scheibe, auf der sich der vermeintliche Himmelsgucker (anstelle des Jakobstabes der Astronomen begleitet ihn befremdlicherweise ein Hirtenstock) auf Knien fortbewegt, vermag schon Aristoteles[256] nichts abzugewinnen. Von Eratosthenes und Ptolemaios über Nicole Oresme bis Johannes de Sacrobosco, nicht zu reden von den Astronomen des 15. und 16. Jahrhunderts wie Regiomantus hat kein bekannter Gelehrter die Erde und ihre kosmische Umgebung so vorgestellt, wie der tatsächlich oder vermeintlich mittelalterliche Holzschnitt es vorsieht.[257] Wie war es möglich, daß selbst so kundige historische Betrachter wie Boas Hall oder Zinner in diesem Fall so unbedarft verfahren sind und bei der Kommentierung hintangestellt haben, was sie selbst zweifellos über die ältere Himmelskunde wußten?

Wir haben im 3. Kapitel die These von der Theoriehaltigkeit der Beobachtung mit allerlei Fragezeichen versehen, aber was wir in den gängigen Erläuterungen des Holzschnitts vor uns haben, scheint sie eher zu belegen, wiewohl man besser von der Vorurteilshaftigkeit der Interpretation sprechen sollte. Welches Vorurteil kann so stark sein, daß es dermaßen vom historischen Weg abführt? Die Bedingung für die Fehlgriffe ist darin zu suchen, daß die bevorzugte Nutzung von Flammarions Illustration sich an eine tiefsitzende wissenschaftshistorische Einstellung hakt: Wissenschaftlicher Fortschritt sei im wesentlichen eine Sache zutreffender Überzeugungen. Menschen, deren Konzeptionen falsch waren, die keine ›Vorläufer‹ sind, haben darin keinen würdigen Ort. Ihnen wird passenderweise allerlei Krauses zugetraut. So veranschaulicht der Holzschnitt nicht die mittelalterliche Astronomie, sondern eine historische Engführung, die von Wissenschaftsgeschichte nurmehr den »chemin que l'esprit humain a suivi lui-même dans son ascension vers la connaissance de la verité«[258] übrigläßt. Vielleicht sind Wahrheit oder Wahrheitsnähe gute Erklärungsgründe für die Leistungen guter Theorien. Aber die einem später und besser positionierten Betrachter möglicherweise aufleuchtende Wahrheit von Theorien hilft nicht bei der angemessenen Interpretation des vorausliegenden Forschungszusammenhanges.

Die Umsetzung der Wahrheitsorientierung in eine forschungshistorische Teleologie opfert die mühsamen Prozesse des Kundigmachens und wohlgegründeten Entscheidens, letztlich die ganze Forscher*arbeit*, einer Mystifikation. Warum sollten wir Fortschritt einer unsichtbaren Bahn zuschreiben, die Forschungsinhalte wie von selbst zur Wahrheit befördert, wenn wir im Forschungszusammenhang tüchtige Menschen am Werk sehen, die sich durch ›épineuses recherches‹ (Fontenelle[259]) ihre Wege schlagen? Sie machen sich dabei angestrengt mit schwierigem Stoff vertraut, lernen es, auch mit Unvertrautem umzugehen bzw. es zu Vertrautem zu machen. Gute Wissenschaftshistorie berichtet längst davon, liefert »des exemples de vertu«[260].

Anmerkungen

Einleitung

1 Was nachstehend im Sachzusammenhang dargelegt wird, hat eine – allerdings für einige Jahre unterbrochene – persönliche Vorgeschichte: In der Mitte der 80er Jahre wies mich der jüngst verstorbene Gerd Buchdahl (Cambridge) auf den Botaniker und Methodologen Matthias Jakob Schleiden (1804–1881) hin, der als Begründer bzw. Mitbegründer der Zelltheorie der Pflanze eine prominente Gestalt der Wissenschaftsgeschichte ist. An nennenswerter philosophischer Literatur gab es zu diesem Zeitpunkt allerdings lediglich einen Aufsatz, den er selbst in einem Sammelband (Giere/Westfall 1973) publiziert hatte, sowie ein paar Seiten im 4. Band von Ernst Cassirers bekanntem Werk über das Erkenntnisproblem. Tatsächlich ließ sich bei der Durchsicht von Schleidens Hauptwerk, den *Grundzügen der Wissenschaftlichen Botanik*, leicht nachvollziehen, daß Schleiden eine methodologiegeschichtlich bemerkenswerte Gestalt ist, die u. a. die Theorieabhängigkeit der Beobachtung und allgemeine sowie bereichspezifische Prinzipien der Forschung thematisiert. Dazu passend hatte ihn Gerd Buchdahl als bedeutenden Vertreter der hypothetisch-deduktiven Methode interpretiert. Aber bei der Neubetrachtung von Schleidens Schriften anläßlich einer von ihm angeregten Edition (1989) wurde mir deutlich, daß dies nicht Schleidens eigener Gewichtung entspricht. Ausgerechnet jene Textpassagen, in denen Schleidens Darlegungen besonders genau ausfallen, erschienen dem aktualisierenden Blick zunächst nur als Ballast: seitenlange Ausführungen über die Vorzüge und Nachteile spezieller Mikroskope, über Präparationstechniken, Färbemittel, botanische Quetsch- und Schneidegeräte, über die Geschicklichkeit, Sorgfalt und Ehrlichkeit des guten Mikroskopikers o.ä.m. Was war damit philosophisch anzufangen? Zwar fehlte es damals wie heute nicht an historisch-philosophischen Auffassungen, die derlei integrieren, aber ihnen liegen Schleidens durchgehend objektivistische Intuitionen fern. Am Ende stand eine langjährige Ratlosigkeit.

Daß aus der lokalen Irritation bei der Schleiden-Lektüre eine bestimmte Vorstellung von Forschung entstanden ist, hat mit vielen Anregungen und fachlichen Hilfestellungen zu tun: allgemeinen Hinweisen und Ermunterungen von Alvin I. Goldman und David Papineau, spezifischen Anregungen aus Klara Vaneks akribischen Aufschlüssen der älteren Philologiegeschichte und Klaus Köhlers Fingerzeigen zu französischen Autoren des 18. Jahrhunderts, Gad Freudenthals Vermittlung der Auffassungen Ben-Davids und Metzgers, Anne Mylotts Anwaltschaft für eine genaue Schleiden-Lektüre, Ute Deichmanns und Benno Müller-Hills Rekonstruktion des Betrugsfalles Abderhalden.

Verfaßt wurde die Arbeit an der Ruhr-Universität Bochum. Dort fand ich bei Gert König und Helmut Pulte vieles, was ich in den vorausgegangenen Jahren andernorts vermißt hatte, vor allem professionelle Aufgeschlossenheit bis hin zu der unentwegten Bereitschaft, wie selbstverständlich auch solche Bemühungen zu unterstützen, die manchen eigenen Auffassungen zuwiderlaufen. Ich hatte nie geglaubt, daß es Selbst-Kritische Rationalisten tatsächlich gibt. Meine Bochumer Kollegen haben mich in diesem Punkt und in vielen anderen eines besseren belehrt.

Zu Dank verpflichtet bin ich selbstverständlich auch jenen drei Nobelpreisträgern, die als Auskunftsinstanzen herhalten mußten: Claude Cohen-Tannoudji, Ferid Murad und Samuel C.C. Ting (s. unten Kapitel 2.4.2.2).

2 Fontenelle, B. de, »Éloge de M. Poli«, in: ders., *Œuvres Complètes*, hg. v. A. Niderst, Bd. 6, Paris 1989, S. 297–303, S. 302; zum historischen Hintergrund der Äußerung s. Kapp, V., »Les qualités scientifiques et le prestige social dans les éloges academiques de Fontenelle«. in: Niderst, A., (Hg.), *Fontenelle – Actes du colloque tenu à Rouen du 6 au 10 octobre 1987*, Paris 1989, S. 441–50, bes. S. 447.

3 Vgl. dazu außer Kapp, »Qualités«, Marsak, L. M., »Bernard de Fontenelle: In Defense of Science«, *Journal of the History of Ideas* 20/1959, S. 111–122. Aufschlüsse zu den Elogen auch bei Paul, C. B., *Science and Immortality – The Éloges of the Paris Academy of Sciences (1699–1791)*, Berkeley 1980; allgemeine Hinweise in Hankins, Th. L., *Science and the Enlightenment*, Cambridge 1985, S. 7 f.

4 Vgl. Fontenelle, B. de, »Préface sur L'Utilité des Mathematiques et de la Physique, et sur les Travaux de l'Académie des Sciences«, in: ders., *Œuvres*, Bd. 6, S. 37–50, S. 44.

5 Vgl. den Namen der ersten einschlägigen europäischen Behörde, des 1992 gegründeten *Danish Committee on Scientific Dishonesty* (*DCSD*). Die Empfehlungen der *Kommission Selbstkontrolle der Wissenschaft* (*Vorschläge zur Sicherung guter wissenschaftlicher Praxis*) der *DFG*, gehen ebenfalls von einem Lasterbegriff aus und beziehen sich auf »Unredlichkeit« u. a. m.

6 Vgl. die gesprächsweisen Äußerungen zum Thema ›successful scientists and their virtues‹ von Cohen-Tannoudji, Ting und Murad (Kapitel 2.4.2.2).

7 S. Cicero, *ad. fam.* 10, 3, 2; s.a. Vergil, *Aen.* 10, 284, Hesiod, *erg.* 289; die Bestimmungen der älteren jüdischen Tradition (etwa im *Midrasch Tehillim*) sind oft unspezifisch, was sich bereits am Aristotelismus des hebräischen Ausdrucks (›midah towah‹ – ›rechtes Maß‹) ersehen läßt. Stellenhinweise etwa bei Alcaulay, R., *A Basic Encyclopedia of Jewish Proverbs, Quotations, and Folk Wisdom, Presented in English with Hebrew Originals*, New York 1973, Sp. 510–11. In der Folge werden sprichwörtliche Darstellungen von handlungsbestimmenden Mechanismen nicht mehr eigens berücksichtigt. Grundsätzliches dazu bei Elster, J., *Alchemies of the Mind – Rationality and the Emotions*, Cambridge 1999.

8 Cicero ordnet in *De fin.* 5, 58 ›scientia‹ im Sinne eines Verwaltungswissens den ›virtutes‹ zu; Anaxagoras gilt ihm als »vir summus in maximarum rerum scientia« (*De orat.* 3, 138). In der Cicero verpflichteten humanistischen Terminologie werden epistemische Vorzüge daneben unter Begriffen wie etwa ›eruditio‹, ›prudentia‹ oder ›promptitudo‹ behandelt.
Ein bedeutendes jüdisches Dokument des Mittelalters zugunsten einer Verknüpfung von Wissen und erfolgreichem Handeln ist die Palast-Allegorie in Maimonides' *Moreh Newuchim* I, 50; vgl. allgemein auch den *Sefer ha-mada* (*Mischneh Torah* I). Bei Maimonides findet sich auch die für die Konzeption der Tugenderklärung (Kapitel 2.2.3 u. 2.5) wesentliche Unterscheidung von ›bloßen‹ und ›guten‹ Handlungen (*Moreh Newuchim* II, 25). Eine besonders entschiedene Verknüpfung mit einem Fortschrittsmodell entwirft im *Sefer Milchamot ha-Schem* Gersonides, für den fortschreitende astronomische Einsicht den Weg zum Heil ausmacht (vgl. Freudenthal, G., »Sauver son âme ou sauver les phénomènes: sotériologie, épistemologie et astronomie chez Gersonide«, in: ders., (Hg.), *Studies on Gersonides – A Fourteenth-Century Philosopher-Scientist*, Leiden 1992, S. 317–52.

9 Vgl. beispielsweise die Erläuterung der Verwendungsweise im *Deutschen Wörterbuch*: »[...] ein gründlicher, scharfsinniger Forscher«, *DW*, Bd. 4, 1878, s.v.

10 [Robortello, F.], *Francisci Robortelli Utinensis De arte sive ratione corrigendi antiquorum libros disputatio*, 1557, beigebunden in: Schoppe, C., *De arte critica [...] commentariolus*, Amsterdam 1662, S. 98–121, S. 106 (Texthinweis von Klara Vanek).

11 Harnack, A. v., »Die Förderung der Wissenschaften«, in: *Die Kaiser-Wilhelm-Gesellschaft*. Sonderbeilage der Münchener Neuesten Nachrichten 10. Juni 1928, zit. nach Vierhaus, R., »Bemerkungen zum sogenannten Harnack-Prinzip. Mythos und Realität«, in: vom Brocke, B., u. Laitko, H., (Hg.), *Die Kaiser-Wilhelm-/Max-Planck-Gesellschaft und ihre Institute – Studien zu ihrer Geschichte: Das Harnack-Prinzip*, Berlin 1996, S. 129–38, S. 129.
Zur Kritik am Harnack-System s. die Äußerung Max Delbrücks »Another defect, and a more specifically German one at the universities, is the monocephalic system: one director-professor, and a lot of underpaid slaves. Since you have been in this country for a year, you know how different the situation is here. I would like to establish an institute in which the director is hardly distinguishable from the others, both in salary and in influence.« Brief Max Delbrücks an Wolfram Zillig vom 18.4.1960, *Max Delbrück Papers, California Institute of Technology, Archive*. Den Hinweis auf Delbrücks Auffassung (die der Erinnerung eines Mitarbeiters zufolge nicht unbedingt seiner eigenen Praxis entsprach) verdanke ich Ute Deichmann.

12 Vierhaus, »Bemerkungen«, S. 137 f.

13 Vgl. exemplarisch die Studie von Jacob über die Orientierung an den Idealen von Fleiß und Klugheit bei den millenaristischen Wissenschaftlern, und zwar sowohl im Blick auf die Naturforschung als auch auf den Umgang mit der Bibel: Jacob, J. R., »Boyle's Circle in the Protectorate – Revelation, Politics, and the Millenium«, *Journal of the History of Ideas* 38/1977, S. 131–140. Materialien zur entsprechenden Formierung zahlreicher anderer Gruppen finden sich in: Garber,

K., u. Wismann, H., (Hg.), *Europäische Sozietätsbewegung und demokratische Tradition – Die europäischen Akademien der Frühen Neuzeit zwischen Frührenaissance und Spätaufklärung*, 2 Bde., Tübingen 1996. Die soziologische Rahmung solcher Aufschlüsse ergibt sich auf der Spur Mertons. S. etwa Heyd, M., »The Emergence of Modern Science as an Autonomous World of Knowledge in the Protestant Tradition of the Seventeenth Century«, in: Eisenstadt, S. N., u. Silber, I. F. (Hg.), *Cultural Traditions and Worlds of Knowledge*, London 1988, S. 165–79. Der herausragende Exponent einer in Mertons Tradition auf das *Spezifische* des sozialen Unternehmens Forschung abhebenden Wissenschaftssoziologie ist Joseph Ben-David. S. bes. dessen *The Scientist's Role in Society – A Comparative Study*, 2. Aufl. Chicago 1984, u. ders., *Scientific Growth – Essays on the Social Organization and Ethos of Science*, hg. v. G. Freudenthal, Berkeley 1991. S. a. den Abriß von Freudenthal, G., »Joseph Ben-David's Sociology of Scientific Knowledge«, *Minerva* 25/1987, S. 135–49. Als Fallstudie im Anschluß an Ben-Davids Ansatz s. Freudenthal, G., »Science in the Medieval Jewish Culture of Southern France«, *History of Science* 33/1995, S. 23–58.

14 »[...] seguir virtute e canoscenza«, *Inferno* 26, 120. Hinsichtlich der Interpretation der Passage besteht Einigkeit dahingehend, daß Odysseus den Erkenntnisdrang personifiziert. Vielfältig gedeutet wird lediglich Dantes Einstellung (immerhin erleidet Odysseus bei seinem Unterfangen einen vielkommentierten Schiffsbruch) dazu. Vgl. Raether, M., »Dantis Ulixes Figura Poetae – Eine typologische Interpretation von Inferno 26 als Poetik der Divina Commedia«, *Poetica* 13/1981, S. 280–308.

15 Die ›wahre Philosophie‹ trage bei »aux progrès des Sciences et de la vertu«. So empfiehlt der sich tugendhaft als »très humble« präsentierende Verleger Fauché Bonnets Naturgeschichte einem hochadligen Patron: Bonnet, Ch., *Œuvres d'histoire naturelle et de Philosophie*, Bd. 1, Neuchatel 1779, S. I f. Solche Einschätzungen haben eine ehrwürdige wissenschaftsgeschichtliche Tradition, die hier in Gestalt von Titelhinweisen angezeigt werden kann: Dem dritten Buch der *Weltharmonik* stellt Kepler ein ausführliches Proklos-Zitat voran, in dem die Ethisierung der Lebensführung durch die Mathematik behauptet wird. Damit korrespondieren im Anhang zu diesem Buch politische Überlegungen im Anschluß an Jean Bodin, in denen verstreut auf die geometrisch formierten *virtutes* verschiedener Gruppen (Könige, Eheleute, Alte u. a. m.) Bezug genommen wird (Kepler, J., *Weltharmonik*, übers. u. eingeleitet v. M. Caspar, München 1939, Neudruck Darmstadt 1967, S. 85, S. 175–95). Zur mittelalterlichen Literatur sei exemplarisch auf Molland, G., »Roger Bacon's *De Laudibus Mathematicae*: A Preliminary Study«, in: Sylla, E., u. McVaugh, M., (Hg.), *Texts and Contexts in Ancient and Medieval Science – Studies on the Occasion of John E. Murdochs Seventieth Birthday*, Leiden 1997, S. 68–83, bes. S. 77 ff., hingewiesen. Frühneuzeitliche Exempel bei Crisciani, C., »Aspetti della transmissione de sapere nell'alchimia latina: Un'immagine di formazione; uno stile di commento«, *Micrologus* 3/1995, S. 158–162 (mit einem Geber, Arnaldus de Villanova u. a. folgenden Tugendkatalog, der u. a. »prudenze, alte capacità intellectuali, sagacia e ingegno, volontà pronta, sensi eccelenti e affinati« umfaßt (S. 160 f.), und dies., »From the Laboratory to the Library: Alchemy According to Gugliemo Fabri«, in: Grafton, A., u. Siraisi, N., (Hg.), *Natural Particulars – Nature and the Disciplines in Renaissance Europe*, Cambridge/Mass. 1999, S. 295–319 (Fabri verknüpft die metallurgische Alchemie explizit mit der Tugendlehre des Aristoteles). Ein bekanntes Sonderthema, das sich mit dem Gedanken der Forscherqualitäten z.T. überschneidet, ist das der Tugend des Arztes. Vgl. hierzu die Beiträge in Shelp, E. E., (Hg.), *Virtue and Medicine – Explorations in the Character of Medicine*, Dordrecht 1985; s.a. Crisciani, C., »Valeurs éthiques et savoir médical entre le XIIe et le XIVe siècle«, *History and Philosophy of the Life Sciences* 5/1983, S. 33–52.

16 Allgemein vgl. Jones, C., »The Contributions of Science to Moral Education«, *Journal of Moral Education* 5/1976, S. 249–256; Martin, M., »Science Education and Moral Education«, *Journal of Moral Education* 15/1986, S. 99–109; Fohay, A. W., »The Social Self and the Human Side of Science«, *Journal of Curriculum and Supervision* 12/1997, S. 246–55; Chafin, S., »Of Science and Virtue: University Research and Technology Transfer«, *Change* 20/1988, S. 45–47. Der Deutsche Bildungsrat, *Strukturplan für das Bildungswesen*, 4. Aufl. Stuttgart 1972, S. 33, gab der Schulreform die »Wissenschaftsorientierung der Bildung« als Prinzip vor. Vgl. auch die Einbettung der Wissenschaftsorientierung bei Steenblock, V., *Theorie der kulturellen Bildung – Zur Philosophie und Didaktik der Geisteswissenschaften*, München 1999.

17 Genauer gesagt, Frankenstein in bestimmter Wahrnehmung. Shelleys Originalversion beschreibt kein Monster, sondern eine bemitleidenswerte Gestalt. Rehmann-Sutter, Ch., »Frankensteinian Knowledge«, *Monist* 79/1996, S. 264–279, charakterisiert die gegenläufigen Wahrnehmungsmuster von Genetikern und Publikum am Beispiel der Kommentierung einer rekombinanten Taufliege.

18 Ausgezeichnet hier der Artikel »Realschule«, in: *Meyers Großes Konversationslexikon*, 6. Aufl. Leipzig 1908, S. 649–651.

19 Vgl. am Beispiel der Schleiden-Deutungen Cassirers und Buchdahls Charpa, U., »Schleidens Kritik an Hegel und Schelling. Abriß einer ›reliabilistischen‹ Methodologie«, in: Hogrebe, W., u. Herrmann, K., (Hg.), *Jakob Friedrich Fries – Philosoph, Naturwissenschaftler und Mathematiker*, Frankfurt 1999, S. 255–281.

20 Die Annahme, daß Wissenschaftstheorie vorrangig eine Erklärungsaufgabe habe, ist inzwischen weit verbreitet (s. das einflußreiche Buch von Giere, R. N., *Explaining Science: A Cognitive Approach*, Chicago 1988, sowie den von demselben edierten Band *Cognitive Models of Science*, Minneapolis 1992, oder auch die 24 Stellungnahmen bekannter Autoren in: Callebaut, W., *Taking the Naturalistic Turn – or How Real Philosophy of Science Is Done*, Chicago 1993). Sie hat aber bislang nicht zu einer Klärung darüber geführt, *wie* eine philosophische Erklärung von Wissenschaft strukturiert sein soll. Giere u. a. führen potentiell erklärende Rekonstruktionsmodelle ein, ohne den Anwendungszusammenhang in bezug auf Forschungshandlungen zu spezifizieren. Diese Lücke soll der in Kapitel 2 vorgeschlagene Typ von Handlungserklärungen füllen. Daß der weithin als Brückenterminus benutzte Begriff der (bloßen) Überzeugung (belief) nicht dafür taugt, Forscher mit Fortschritt ins Verhältnis zu setzen, wird in Kapitel 4.6 ausgeführt.

21 Vgl. Fiorillo, V., »Da Grozio a Pufendorf – Rivoluzione scientifica e fondamenti teoretici del diritto«, *Clio* 23/1987, S. 597–624.

22 S. bes. die Ausführungen von Schneewind, J. B., »The Misfortunes of Virtue«, *Ethics* 101/1990, S. 42–63, und Hochstrasser, T. J., »Early Modern Law Theories and Their Contexts«, *Historical Journal* 38/1995, S. 487–490, zu Grotius und Pufendorf s. a. Vetterli, R., u. Bryner, G., »Hugo Grotius and Natural Law: A Reinterpretation«, *Political Science Reviewer* 22/1993, S. 370–402. Nützliche Hinweise auch im Grotius-Heft der *Wissenschaftlichen Zeitschrift der Wilhelm-Pieck-Universität Rostock. Gesellschaftswissenschaftliche Reihe* 32/1983(10).

23 S. z. B. Davis, D. F., »Phronesis, Clinical Reasoning, and Pellegrino's Philosophy of Medicine«, *Theoretical Medicine* 18/1997, S. 173–95; Frasz, G.B., »Environmental Virtue Ethics: A New Direction for Environmental Ethics«, *Environmental Ethics* 15/1993, S. 259–274; Erickson, R., »Environmental Virtue Ethics« *Environmental Ethics*, 16/1994, S. 334–336; Putman, D. A., »Virtue and the Practice of Modern Medicine«, *Journal of Medicine and Philosophy* 13/1988, S. 433–43.

24 Bezeichnend ist unter diesem Aspekt die Umsetzung der – Tugendbezüge suggerierenden – These hinsichtlich eines »wissenschaftlichen Ethos« in Behauptungen über *Regeln* bei Nida-Rümelin, J., »Wissenschaftsethik«, in: ders., (Hg.), *Angewandte Ethik – Bereichsethiken und ihre theoretische Fundierung*, Stuttgart 1996, S. 779–805. Von den wichtigsten neueren Veröffentlichungen zum Thema votiert Shrader-Frechette, K., *Ethics of Scientific Research*, Boston 1994, nachdrücklich pflichtenethisch (»the way researchers ought to conduct«, S. 2). Resnik, D. B., *The Ethics of Science*, London 1998, Kap. 4 (»Standards of Ethical Conduct in Science«), tritt für einen Pluralismus im Grundsätzlichen ein, insofern die Auswirkungen auf die Regulierung der Forschungspraxis unwesentlich seien (S. 21). Diese Auffassung teile ich nicht. Die institutionelle Stützung der Fähigkeit, unmoralische Forschungshandlungen zu vermeiden, hat einen anderen Verlauf und eine andere Gewichtung als eine Reglementierung, die Sanktionsmöglichkeiten eröffnet.

25 Zu Feyerabends Galilei-Interpretation s. Fischer, K., »Die Wissenschaftstheorie Galileis – oder: Contra Feyerabend«, *Journal for General Philosophy of Science* 23/1992, S. 165–197; Feyerabends Sicht variiert in diesem Punkt diejenige Koyrés (Allgemeininformation und Schriftenverzeichnis in Redondi, P., (Hg.), *Notes de cours et inédits d'Alexandre Koyré*, Paris 1987).

26 Westfall, R. S., »Newton and the Fudge Factor«, *Science* 179/1973, S. 751–58.

27 Vgl. Fisher, R. A., »Has Mendel's Work been Rediscovered?«, *Annals of Science* 1/1936, S. 115–37, u. Waerden, B. L. van der, »Mendel's Experiments«, *Centaurus* 12/1968, S. 275–88; zur anschließenden Diskussion s. Olby, R., *The Origins of Mendelism*, 2. Aufl. Chicago 1990, S. 209 ff.

28 Holton, G., »Subelectrons, Presuppositions, and the Millikan-Ehrenhaft Dispute«, *Historical Studies in the Physical Sciences* 9/1978, S. 166–224.

29 Donahue, W. H., »Kepler's Fabricated Figures: Covering the Mess in the ›New Astronomy‹«, *Journal for the History of Astronomy* 19/1988, S. 217–37; überzeugenden Einspruch meldet an Bialas, V., »Kepler's komplizierter Weg zur Wahrheit: Von neuen Schwierigkeiten, die ›Astronomia nova‹ zu lesen«, *Berichte zur Wissenschafisgeschichte* 13/1990, S. 167–176.

30 Der letzte Punkt ergibt sich empirisch aus der durch das Samariter-Beispiel (s.u. Kap. 2.5) dokumentierten Kontextualität der Realisierung von Tugenden und grundsätzlich aus der Unbestimmtheit der Regelbefolgung. Vgl. Wittgensteins einschlägige Überlegungen, etwa in den §§ 198 u. 202 der *Philosophischen Untersuchungen.* Zur obenstehenden Einschätzung passend wäre die Deutung: Es gibt keine Regel dafür, *auf welche Weise* wir eine Regel umsetzen sollten (in diesem Sinne s. die Lesart von Kripke, S., *Wittgenstein on Rules and Private Language,* Oxford 1982). Man darf allerdings nicht verkennen, daß für Wittgenstein Regelbefolgung den Mitvollzug eines öffentlichen Brauches besagt, wohingegen die personalistische Betrachtung sozusagen die individuell unterschiedliche Güte der Brauchtumspflege akzentuiert.

31 »What will a virtuous person do in a particular situation? The answer is that if only one virtue is relevant to the situation, he will do what that virtue motivates him to do (provided temptations are not too strong). But in a great many cases more than one virtue will be involved, and they will motivate in contrary directions. What then does one do? The answer: whatever the strongest virtue or the combined force of several virtues all motivating in the same direction – motivates one to do.« Brandt, R. B, »The Structure of Virtue«, *Midwest Studies in Philosophy* 13/1988, S. 64–82, S. 79.

32 »An jeder sachlichen Aufgabe hängt ein persönliches Element. Alle Institute und Unternehmungen sind natürlich letzten Endes sachlicher Art [...]. Aber können wir, weil wir alles auf die Förderung der Sache richten müssen, von den Personen absehen? [...] Je weiter eine Kultur fortschreitet, desto mehr hat sie Grund, in ihrer sachlichen Arbeit auf die Menschen Rücksicht zu nehmen.« Harnack, A. v., *Rede zur Weihe des Kaiser-Wilhelm-Instituts für Eisenforschung am 26.11. 1921,* zit. Vierhaus, »Bemerkungen«, S. 133.

33 Collins, H., u. Pinch, T., *The Golem – What Everyone should Know about Science,* 2. Aufl. 1994, S. 54.

34 Mulkay, M., u. Gilbert, G., *Opening Pandora's Box. A Sociological Analysis of Scientists' Discourse,* Cambridge 1984, mit gewendeter Metapher und nämlicher Tendenz Latour, B., *Pandora's Hope – Essays on the Reality of Science Studies,* Cambridge/Mass. 1999.

35 Vgl. Panofsky, D. u. E., »Pandora und die Unwissenheit: Rosso Fiorentino«, in: dies., *Die Büchse der Pandora – Bedeutungswandel eines mythischen Symbols,* engl. 1956, Frankfurt/M. 1992, S. 46–65; s. als modernes Exempel der Entgegensetzung die Auseinandersetzung mit Bourdieu von Lahire, B., »Des infortunes de la vertu scientifique«, *Le Monde* v. 28. August 1998.

36 S. außer den oben (Anm. 13) angegebenen Schriften allgemein *Minerva* 25/1987.

37 Goldman, A. I., *Knowledge in a Social World,* Oxford 1999, Kap. 8 (›Science‹), allgemein bereits in ders., *Epistemology and Cognition,* Cambridge/Mass. 1986, S. 140 f. et passim; Papineau, D., *Philosophical Naturalism,* Oxford 1993, Kap. 5 (›Reliabilism, Induction, and Scepticism‹), und ders., *Science and Truth,* Inaugural Lecture, King's College London, London 1992, die er im Nachhinein selbst als Versuche »to ally Goldman-style reliabilism with methodology« einstuft (private Mitteilung).

38 Verdeutschung von ›reliabilism‹, in Analogie zu ›Behaviorismus‹ u. ä. Ausdrücken.

39 Goldman hebt vorrangig auf irrtumsvermeidende basale Praktiken ab, während Papineau dazu passend hochstufige Theorien marginalisiert. Daß es eine *Verträglichkeit* des basisbezogenen Reliabilismus mit dem Wissenschaftlichen Realismus gibt (vgl. Goldman, *Epistemology,* S. 156 ff.; vgl. auch die das Verhältnis regelnde Unterscheidung zwischen Teilnehmer- und Betrachtersituation in Kapitel 4.6.), löst das Problem nicht. Die Stelle von Goldmans Versuch einer gestuften Rechtfertigung der Wahrheit von Theorien selbst (*a.a.O.*), der m. E. durch die sog. Pessimistische Metainduktion (s. unten Kapitel 4.6.2) abgewehrt wird, nimmt im vorliegenden Ansatz die Kombination der Idee der Stabilität von Wissen *in bezug auf* Theorien mit der des bloßen Akzeptierens (Kapitel 4.6) ein.

40 Nicht-personale situative Umstände, z. B. die Verfügbarkeit eines leistungsstarken Laborgeräts, werden im weiteren nur ansatzweise thematisch. Tugenderklärungen stehen in dieser Hinsicht unter einem Ceteris-paribus-Vorbehalt. Allerdings liegt die Verknüpfung mit einer reliabilistisch orientierten Apparatetheorie auf der Hand (vgl. unten Kap 1, Anm. 45).

41 S. unter diesem Aspekt die vermutlich umfänglichsten Betrugsmanöver der Wissenschaftsgeschichte, die Datenfälschungen des Intelligenztheoretikers Cyril Burt, und die ›Abwehrfermente‹-Forschung des Biochemikers Emil Abderhalden. Zu Burt s. Broad, W., u. Wade, N., *Betrayers of the Truth: Fraud and Deceit in the Halls of Science*, New York 1983. Zu Abderhalden s. Deichmann, U., u. Müller-Hill, B., »The Fraud of Abderhalden's Enzyms«, *Nature* 393, 14.5.1998, S. 109–111; sowie Deichmann, U., *Flüchten – Mitmachen – Vergessen. Chemie und Biochemie in der NS-Zeit*, Weinheim 2001, zur Tugendabhängigkeit der Realisierung von Methoden s. Charpa, U., »Selbsttäuschung und Forschertugend«, in: Mittelstraß, J., (Hg.), *Die Zukunft des Wissens. XVIII. Deutscher Kongreß für Philosophie Konstanz 4.–8. Oktober 1999 – Workshop-Beiträge*, Konstanz 1999, S. 843–50; u. ders. »Scientific Fraud«, in: Craighead, W. E., u. a. (Hg.), *The Corsini Encyclopedia of Psychology and Behavioral Science*, 3. Aufl., New York 2000, s. v.

Kapitel 1

1 Personalistische Momente finden sich am ehesten in Verbindung mit historischen Erschließungen. Eines der wenigen Beispiele von philosophischer Seite ist Gaukroger, S., »Francis Bacon's Reform of Natural Philosophers: Rhetoric and the Formation of a Scientific/Philosophical Persona«, in: Bigelow, J., (Hg.), *Our Cultural Heritage*, Canberra 1998, S. 259–74; angekündigt ist die Publikation einiger Ergebnisse des ›Persona‹-Projektes des *MPI für Wissenschaftsgeschichte* (Daston/Sibum) in *Science in Context*. Der klassische, allerdings gemeinhin von Wissenschaftstheorie entfernte Fundort ist die Forscherbiographie (s.a. unten Kap. 2.3).

2 Sterne, L, *The Life and Opinions of Tristram Shandy, Gentleman*, 1759 ff., hg. v. G. Saintsbury, London 1912, B. 1, Kap. 17.

3 Sterne, *Life*, B. 1, Kap. 21.

4 Sterne, *Life*, B. 9, Kap. 31

5 Die rhetorisch-grammatische Herkunft des Themenbegriffs (›thema‹/›rhema‹) mag dazu beigetragen haben, daß er nur selten wissenschaftstheoretisch genutzt wird. S. etwa, wenngleich genetisch und auf Wissenschaft selbst hin ausgerichtet, Gerald Holton: »It is likely that the origin of themata will be best approached through studies concerned with the nature of perception [...]«. *Thematic Origins of Scientific Thought – Kepler to Einstein*, Cambridge/Mass. 1973, S. 28. In Holton, G., »Scientific Optimism and Societal Concerns«, *Hastings Center Report* 5/1975, S. 39–46, wird u. a. die Bedeutung thematischer Verpflichtung für die motivationale Komponente der Forschung herausgestellt. Hingewiesen sei auch auf den Versuch von Ladislav Tondl, den Themenbegriff zur Erschließung disziplinärer Kontraste und Überschneidungen zu benutzen: »What is the Thematic Structure of Science?«, *Journal for General Philosophy of Science* 29/1998, S. 245–64. In kleinerem Maßstab kehrt dieser Gedanke im weiteren wieder: Die thematische Orientierung an personalen Sachverhalten legt auch methodisch einen bestimmten Arbeitsansatz nahe, schafft, wenn man so will, eine Art kleiner ›Disziplin in der Disziplin‹.

6 Dies läßt sich auch an der monumentalen Dokumentation neuerer ›anti-personalistischer‹ Wissenschaftstheorie (Curd, M., u. Cover, J. A., (Hg.), *Philosophy of Science – The Central Issues*, New York 1998) ersehen. Die Herausgeber gehen äußerst entschieden vor, was die Ausblendung einschlägiger Themen angeht: »The difference between the philosophy of science and other disciplines that study science can be brought out by contrasting different sorts of questions. For example, »When was the planet Neptune discovered?« is primarily a question for historians, not for philosophers. Similarly, »Why did Soviet biologists under Stalin reject Mendelian genetics?« or »Why did James Watson underrate the contributions of Rosalind Franklin to the work that led to the discovery of the double helix structure of DNA?« fall within the domains of sociology, political science, and psychology. Contrast these questions with the following: »When is a theory confirmed by the predictions?« »Should we be realists about all aspects of well-established theories?«

»What is a law of nature?« These question [sic!] are philosophical.« (S. XVII). Zum Nutzen des Lesers unterlaufen viele Beiträge des Sammelwerkes genau diese Festlegung, beziehen sich auf allerlei Konkreta, und die Herausgeber stehen ihnen in den Zwischenkommentaren in dieser Hinsicht nicht nach. Allerdings geht es bei Curd und Cover – der Editorenfunktion entsprechend – ironischerweise vornehmlich um *philosophisches* Personal. Sie teilen uns in immer neuen Wendungen mit, was beispielsweise »Glymour concedes« (»Commentary«, S. 647), daß »Ernest Nagel points out« und er »these elements [sc. core elements of reduction] has in mind« (»Commentary«, S. 1006). Die Liste läßt sich beliebig vermehren. M.a.W. die deklamatorische Auffassung von Wissenschaftstheorie läuft mit einer Praxis einher, die – wenn überhaupt – erst mittels einer monströsen Übersetzungsleistung im explizit geforderten Sinne ›philosophisch‹ zu machen wäre.

7 Wien 1929.

8 Agassi, J., *A Philosopher's Apprentice: In Karl Popper's Workshop*, Amsterdam 1993.

9 S. vor allem Savage, L., *The Foundations of Statistics*, New York 1954.

10 Zur Geschichte s. Hoyningen-Huene, P., »Context of Discovery and Context of Justification«, *Studies in History and Philosophy of Science* 18/1987, S. 501–15; s. bes. den Hinweis auf Einschränkungs- und Disziplinbildungsfunktion der Unterscheidung, ebenda S. 501.

11 *Erfahrung und Prognose* (engl. 1938); ders., *Gesammelte Schriften*, Bd. 4, hg. v. A. Kamlah u. M. Reichenbach, Braunschweig 1983, S. 3.

12 Reichenbach, H., »Die philosophische Bedeutung der Relativitätstheorie«, 1949, in: ders., *Gesammelte Werke*, Bd. 3, hg. v. A. Kamlah u. M. Reichenbach, Braunschweig 1983, S. 318–337, S. 321 (Hervorhebung v. Verf.). Vgl. auch die Stellen in ders. »Zur Induktions-Maschine«, *Erkenntnis* 5/1935, S. 172 f.; ders., *Erfahrung*, S. 6 f.; ders., *Elements of Symbolic Logic*, New York 1947; s. ders., *Der Aufstieg der wissenschaftlichen Philosophie*, engl. 1951, 2. Aufl. Braunschweig 1968, S. 259 f.

13 Wie man die Sachlage einschätzt, hängt indes davon ab, welchen Rang man Reichenbachs eigenen, sehr originellen psychologischen Vorstellungen gibt. Einen Aufwertungs- und Aktualisierungsversuch unternimmt Peijnenburg, J., »Are There Mental Entities? Some Lessons from Hans Reichenbach«, *Sorites* 11/1999, S. 66–81.

14 Vgl. die Unterscheidung von bedingter und unbedingter Relevanz bei Rescher N., *Cognitive Economy – The Economic Dimension of the Theory of Knowledge*, Pittsburgh 1989, S. 69 ff.

15 80e. Das Problem versteckt sich auch hinter Kants Absetzung des eigenen Unternehmens von der Schulphilosophie Christian Wolffs und dem berühmten Diktum, man könne keine Philosophie und höchstens philosophieren lernen (*KrV* A 838 / B 866). Logisch betrachtet, entsteht das Problem dadurch, daß der Gebrauch des Prädikates ›Lernen‹ als gewöhnliches zweistelliges Prädikat uns in die Irre führt. ›Lernen‹ ist ein vager Ausdruck, der sich im prädikatenlogischen Gebrauch auf eine *Serie* von Subjekten bezieht. Die von Kant bevorzugte Tätigkeitsform ›philosophieren‹ bildet den Serienbezug leicht faßlich ab und mit ihr verschwindet auch das vermeintliche Paradoxon des Lernens.

16 Der Abschnitt macht eine freie Anleihe bei der sog. Ökonomie der Unsicherheit. S. etwa Kohn, M. G., u. Shavell, S., »The Theory of Search«, *Journal of Economic Theory* 9/1974, S. 93–123; Lippman, S. A., u. McCall, J. J., »The Economics of Job Search: A Survey«, *Economic Inquiry* 14/1976, S. 155–89 u. 347–67; Adam, K., *Learning while Searching for the Best Alternative*, EUI Working Paper ECO Nr. 99/4, Florenz 1999.

17 2. Aufl. Chicago 1962. Zu den anderen einschlägigen Schriften s. die kommentierende Aufstellung im Appendix I von Polanyi, M., *Society, Economics & Philosophy – Selected Papers*, hg. v. R. T. Allen, New Brunswick 1997, S. 361–72.

18 Die Spannweite der Interpretamente ist recht beachtlich. Auf ihn berufen sich Thomas S. Kuhn (s. besonders das Postscript zur 2. engl. Aufl. von *The Structure of Scientific Revolutions*, Chicago 1970; s. a. den Vorwurf des ›Tugendphilosophen‹ MacIntyre, ref. bei Hoyningen-Hune, P., *Die Wissenschaftsphilosophie Thomas S. Kuhns – Rekonstruktion und Grundlagenprobleme*, Braunschweig 1989, S. 122) und genauso der orthodoxe Popperianer Joseph Agassi (*Science and Society – Studies in the Sociology of Science*, Dordrecht 1981, passim. S. auch die Widmung ebenda.). Vgl. die Beiträge einer polnischen Konferenz: Misiek, J., (Hg.), *The Problem of Rationality in Science and Its Philosophy. On Popper vs. Polanyi*, Dordrecht 1995.

19 Vgl. die Journale *Convivium / The Polanyi Newsletter – Six-Monthly Review of Post-Critical Thought Newsletter* (Oxford, 1988/89) aufgegangen in *Tradition and Discovery. The Polanyi Society Periodical* (Missouri) und *Polanyiana* (Budapest).

20 Die beste Charakterisierung seiner Wissenschaftstheorie stammt von dem außenstehenden Forschungshistoriker Gerald Holton (»Michael Polanyi and the History of Science«, *Tradition and Discovery* 19/1992–93, S. 16–30), wohingegen etwa der aus dem Polanyi-Kreis stammende Beitrag von Jha, S. R., »A New Interpretation of Michael Polanyi's Theory of Tacit Knowing: Integrative Philosophy with ›Intellectual Passions‹«, *Studies in History and Philosophy of Science* 28/ 1997, S. 611–31, nicht über die Ausräumung immanenter Probleme hinausgelangt.

21 Der Ausdruck geht auf Erwin N. Hiebert (u. a. »The Influence of Mach's Thought on Science«, *Philosophia Naturalis* 21/1984, S. 598–615) zurück. Besondere Aufmerksamkeit haben seit Mitte der 60er Jahre Forscher-Philosophen des 19. Jahrhunderts wie Helmholtz, Herschel, Mach, Whewell und Du Bois-Reymond auf sich gezogen. Im Hintergrund des Interesses steht die Frage nach der Geschichtlichkeit methodologischer Standards.

22 Z. B. mag man seine Reserve gegenüber dem Falsifikationismus damit in Verbindung bringen, daß die in seiner Dissertation vertretenen Thesen zur Gastheorie jahrelang als widerlegt angesehen wurden und erst spät Anerkennung erfuhren. Vgl. Polanyi, M., »Commentary on T. S. Kuhn's ›The Function of Dogma in Scientific Research«, in: Crombie, A. C., (Hg.), *Scientific Change*, London 1963, S. 375–80.

23 Vgl. Polanyi, M., »Creative Imagination«, 1966, in: ders., *Society*, S. 249–265, S. 256 f., u. »Genius in Science«, 1972, in: ders., *Society*, S. 267–81, S. 280. Marjorie Grene verweist in einer eigenen Auseinandersetzung (»The Legacy of the ›Meno‹«, in: dies., *The Knower and the Known*, London 1966, S. 17–35) auf einen einschlägigen Vortrag Polanyis an der Duke Universität aus dem Jahr 1964 (»Commitment to Science«), der aber m.W. nicht gedruckt vorliegt.

24 Zum Folgenden s. bes. Polanyi, M., *Knowledge*, S. 69 ff., ders., *The Tacit Dimension*, 2. Aufl. Gloucester 1983, passim.

25 »The Republic of Science: Its Political and Economic Theory«, in: Grene, M., (Hg.), *Michael Polanyi, Knowing and Being*, Chicago 1969, S. 49–72; dazu s. Mirowski, P., »On Playing the Economics Trump Card in the Philosophy of Science: Why It Did not Work for Michael Polanyi«, *Philosophy of Science*, Suppl. 64/1997, S. 127–138.

26 Hinter der Betonung des erforderlichen Wahrnehmungs›umschlages‹ steckt die – angesichts der damaligen Situation der empirischen Psychologie in den 50er Jahren alternativlose – Übernahme gestalttheoretischer Thesen, wie sie u. a. auch für die irreführende Erörterung der ›Enten-Hasen‹-Figur bei Kuhn und die entsprechenden früheren Überlegungen Norwood Russell Hansons verantwortlich ist.

27 Polanyi, *Knowledge*, S. 5 f. et passim; vgl. auch die Erörterung des Kopernikanismus in: Polanyi, M., »Science and Reality«, 1967, abgedr. in: ders., *Society*, S. 225–47.

28 Polanyi, *Dimension*, S. 32 ff.

29 Vgl. bes. Polanyis Ausführungen über »intellectual commitment«, *Knowledge*, S. 299 ff.

30 Dazu u.a Cartwright, N., *How the Laws of Physics Lie*, Oxford 1983; zur Vereinbarkeit mit dem Wissenschaftlichen Realismus s. die Unterscheidung von Realismus und Fundamentalismus in dies., »Fundamentalism vs. the Patchwork of Laws«, 1994, abgedr. in: Papineau, D., (Hg.), The *Philosophy* of *Science*, Oxford 1996, S. 314–26.

31 Dazu vor allem Lipton, P., *Inference to the Best Explanation*, London 1991, der auch die oben angedeutete induktivistische Verpflichtung des Realisten aufnimmt.

32 Allerdings schafft die empirische Auswertung wissenschaftlicher Schriften ein durchaus anderes Bild als die stille Philosophie der Autoren naturwissenschaftlicher Papiere. Auch prima vista apersonale Schriften weisen bei sorgfältigem Aufschluß markante Spuren ihrer Urheber auf. S. Mullins, N., u. a., »The Structural Analysis of a Scientific Paper«, in: Raan, A., F. J. van, (Hg.), *Handbook of Quantitative Studies of Science and Technology*, North-Holland 1988, S. 81–105.

33 Der Objektivitätsbegriff hat eine etwas wirre Geschichte, und die heutige auf etwas ›Äußeres‹ statt auf mentale Verhältnisse gerichtete Verwendungsweise kommt erst vergleichsweise spät auf (Kant, *KrV* B 44 / A 28). Die neuere Literatur zum Thema ist uferlos. Einführend s. Audi, R., »Objective/Subjective«, in: Dancy, J., u. Sosa, E., (Hg.), *A Companion to Epistemology*, Oxford

1992, S. 309–310. Ausführlich zu den im weiteren nur kurz angerissenen Lasten des reinen Objektivismus s. Rescher, N., *Objectivity. The Obligations of Impersonal Reason*, Notre Dame 1997.

34 Rescher, *Economy*, S. 13.

35 Konstruiert ist hier ein sog. Gettier-Beispiel (s. a. unten Kap. 1.4.2.4). Die an dieser und an anderen Stellen im weiteren verwendete Argumentationsfigur zugunsten einer Integration des Personalen geht in ihren Grundzügen zurück auf den wichtigen Aufsatz von Goldman, A., »A Causal Theory of Knowing«, *Journal of Philosophy* 64/1967, S. 57–72. Goldman schlägt vor, die Ausschließung von Gettier-Beispielen am Leitfaden des Gedankens zu bewerkstelligen, daß zwischen einer Überzeugung und dem darin korrekt ergriffenen Tatbestand eine Verbindung besteht, etwa zu denken als erfolgreiche Perzeption, verläßliche Erinnerung, unter Umständen in Verbindung mit gültigen Schlüssen. Zu der Überlegung, daß die Qualitäten der überzeugten Person (also die Verläßlichkeit ihrer Sinneswahrnehmung, ihre Fähigkeit, korrekt zu schließen, u. a. m.) selbst für die Gewähr der ›kausalen Kette‹ unabdingbar sind, ist es von hier aus nurmehr ein Schritt.

36 Vgl. den Überblick von Gaukroger, S. »Objectivity, History of«, erscheint in: Smelser, N. J., u. Baltes, P. B. (Hg.), *International Encyclopedia of Social and Behavioral Sciences*, Amsterdam 2001, s.v.

37 S. Löwy, I., »The Scientific Roots of Constructivist Epistemologies: Hélène Metzger and Ludwik Fleck«, in: Freudenthal, G. (Hg.), *Études sur / Studies on Hélène Metzger*, Leiden 1990, S. 219–235.

38 So David, P. A., »Positive Feedbacks and Research Productivity in Science: Reopening Another Black Box«, in: Granstrand, O. (Hg.), *Economics of Technology*, Amsterdam 1994, S. 65–89.

39 Auf die Gemeinsamkeiten auf dem Feld der Anschauung wird noch gesondert einzugehen sein (Kapitel 3.4). Wichtig ist auch, daß die grundsätzlichen Rahmenideen weniger differieren als vielfach unterstellt wird. Vgl. die von Quines (der auch das Vorwort beisteuerte) Unbestimmtheitsthese gerahmte Untersuchung von Hallen, B., u. Sodipo, J. O., *Knowledge, Belief and Witchcraft: Analytic Experiments in African Philosophy*, Stanford 1997, deren Einzelbefunde (speziell zu »African Epistemology: The Knowledge-Belief Distinction and Yoruba« (ebenda Kap. 3)) keineswegs in Quines Richtung liegen, sondern Universalismus nahelegen. Näher an der Tugendepistemologie liegt die von Odera Oruka 1974 begonnene faszinierende Untersuchung der sog. Philosophie der Weisen in Kenia, die eine wahrheitsorientierte, auf verläßliche Standards der Anbahnung von Urteilen abhebende Position vertreten. S. bes. die im Anhang abgedruckten Texte (Oruka, O. H., *Sage Philosophy: Indigenous Thinkers and Modern Debate on African Philosophy*, Leiden 1990). Eine knappe Vorwegnahme enthält Oruka, O. H., »Grundlegende Fragen der afrikanischen ›Sage-Philosophy‹«, in: Wimmer, F. M. (Hg.), *Vier Fragen zur Philosophie in Afrika, Asien und Lateinamerika*, Wien 1988, S. 35–54. Vgl. auch die Allgemeinschätzung philosophischer Betrachtungsweisen. Diese »can be found in anybody (white, black, yellow, female or male)«. Zit. bei Presbey, G., »Who Counts as a Sage? Problems in the Further Implementation of Sage Philosophy«, *Quest: Philosophical Discussions* 11/1997, 53–65, S. 65. Einige Einwände zum Projekt erhebt Van Hook, J. M., »Kenyan Sage Philosophy: A Review and Critique«, *Philosophical Forum* 26/1995, S. 54–65.

40 Der Relativist muß argumentieren, daß dieses ›Sich-Verlassenkönnen‹ selbst relativ sei, m.a.W. es keine Möglichkeit gebe, die Leistung eines modernen Chronometers mit der einer Sonnenuhr ins Verhältnis zu setzen.

41 Hull D., *Science as a Process: An Evolutionary Account of the Social and Conceptual Development of Science*, Chicago 1988, S. 32; allgemein s. ebenda Kap. 10; u. ders, »Mechanism and Its Metaphysics: An Evolutionary Account of the Social and Conceptual Development of Science«, *Biology and Philosophy* 3/1988, S. 123–55.

42 Kitcher, P., *The Advancement of Science – Science without Legend, Objectivity without Illusions*, Oxford 1993, Kap. 8.

43 Hull, *Science*, S. 357.

44 Sarkar, H., *A Theory of Method*, Berkeley 1983.

45 S. Dhillon, B. S., *Zuverlässigkeitstechnik: Einfluß des Menschen*, engl. 1986, übers. v. R. Jakoby, Weinheim 1988; Dougherty, E. M., u. Fragola, J. R., *Human Reliability Analysis: A Systems Engi-*

neering Approach with Nuclear Power Plant Applications, New York 1988; Gertman, D. I., u. Blackman, H. S., *Human Reliability and Safety Analysis Data Handbook*, New York 1994; Petrosk, H., *The Engineer is Human: The Role of Failure in Successful Design*, New York 1985.
In der Anbindung an die ingenieurswissenschaftliche Zuverlässigkeitstheorie liegt eine Chance, den Tugendansatz auf das Feld der für die Deutung verläßlicher wissenschaftlicher Empirie wichtigen Apparatetheorie auszuweiten. Vgl. auch Kapitel 4.4.2.

46 Mögliche Unterschiede zwischen Tugend- und Verläßlichkeitsorientierung werden in der Folge vernachlässigt. Zum Ineinanderlaufen von Reliabilismus und Tugendepistemologie s. Greco, J., *Putting Skeptics in their Place: Skeptical Arguments and Philosophical Inquiry*, Cambridge 2000; s. auch die Beiträge von Greco, Zagzebki u. a. in Axtell, G. (Hg.), *Knowledge, Belief, and Character – Readings in Virtue Epistemology*, Lanham 2000, knapp schon Greco, J., »Virtue Epistemology«, in: Dancy u. Sosa (Hg.), *Companion*, S. 520–22.

47 Ein konsequenter und systematischer Umsetzungsversuch ist der von Fischer, K., *Kognitive Grundlagen der Soziologie*, Berlin 1987. Demgegenüber wird in der Folge selektiv verfahren. Kognitivistische Anleihen werden nicht systematisch entfaltet, sondern sind nur Teilmomente der Ausführung des reliabilistischen Tugendprojektes.

48 Ramsey, F. P., »Knowledge«, in: ders., *The Foundations of Mathematics and Other Essays*, hg. v. R. B. Braithwaite, Cambridge 1931, S. 258–259.

49 In dieser Hinsicht ist nicht nur an die aristotelisch-thomistische Gedankenfigur intellektueller Tugenden oder die Habituspostulate älterer Methodologien zu denken, sondern auch an die Spuren in prima vista apersonalen bzw. anti-personalistischen Schriften. Z.B. weist Lockes *Essay Concerning Human Understanding* nachdrücklich auf individuelle Mängel und Vorzüge des Gedächtnisses, der Sinnesorgane, der Unterscheidungsfähigkeit u. a. m. hin. Es gibt speziell in den Kapiteln »Of Perception«, »Of Retention«, »Of Discerning« (B. II, Kap. IX–XI) ›Tugendvorbehalte‹ für die gesamte erkenntnistheoretische Argumentation, die in den üblichen Lesarten ignoriert werden. An einer späteren Stelle heißt es: »I imagine that men who abstract their thoughts, and do well examine the ideas of their own minds, cannot much differ in thinking; however they may perplex themselves with words [...]; though amongst unthinking men, who examine not scrupulously and carefully their own ideas, and strip them not from the marks men use for them, but confound them with words, there must be endless dispute, wrangling, and jargon [...].« (B. II, 13) Exemplarisch für die ›moderne‹ Einstellung ist, daß es hier um eine jener Stellen handelt, die John Yolton, einer der maßgeblichen Locke-Kommentatoren, in seiner gekürzten Ausgabe (London 1976) ausläßt. In Descartes' *Meditationen* ist es ironischerweise der *genius malignus*, dem so etwas wie ein Charakter zugeschrieben wird. Dieser wendet »omnem suam industriam« auf, ist »potens« und »callidus« (*AT* VII, 15).

50 Die einschlägige Kritik steht auch im Zentrum der ›Gründungsurkunde‹ der neueren Tugendepistemologie: Sosa, E., »The Raft and the Pyramid: Coherence versus Foundations in the Theory of Knowledge«, *Midwest Studies in Philosophy* 5/1980, S. 3–25 (auch abgedruckt in der ausführlichen Darstellung von Sosa, E., *Knowledge in Perspective*, Cambridge 1991).
Die Schwäche des Kohärentismus liegt nach Sosa einmal darin, daß Urteile über sinnliche Wahrnehmung an die Peripherie des Netzes unserer Überzeugungen verbannt werden bzw. zu schwach mit dem Rest verbunden sind. Denken wir uns die Negativmenge der vertretenen Überzeugungen, so wäre diese nur in winzigem Umfang von Kohärenzproblemen belastet. Kleinen Unstimmigkeiten an den Rändern unserer Überzeugungssysteme stünde eine überwältigende Menge von stabilen Verknüpfungen gegenüber.
Der Mangel des erkenntnistheoretischen Fundamentalismus (d. h. der Auffassung, daß ein Teil unseres Wissens sich nur indirekt, ein anderer direkt ausweist, wobei die Rechtfertigung des ersteren von letzterem abhängt) besteht nach Sosa darin, daß man ein verknüpfendes Prinzip braucht, um zu zeigen, daß beispielsweise ein Sinneseindruck einen gerechtfertigten Glauben des entsprechenden Inhaltes stützt. Wenn diese Verknüpfung sich aus irgendetwas Allgemeinerem herleitet, ist nach dessen Legitimation zu fragen. Handelt es sich hingegen um eine spezifische Verknüpfung, fehlt uns jegliche Vereinheitlichung. Die ist – so der ursprüngliche Vorschlag Sosas – daraus zu gewinnen, daß wir dem jeweils Wahrnehmenden bzw. hinreichend disponierten Menschen überhaupt so etwas wie die Fähigkeit zur Bildung korrekter Urteile über die jeweilige Erfahrung zuschreiben.

Die sich anschließende Diskussion hat eine Reihe von präzisierenden Begriffen vorgeschlagen, um diese Funktion als personale Gewähr, relative Verläßlichkeit, Verantwortlichkeit u. ä. m. zu beschreiben. S. bes. Plantinga, A., *Warrant and Proper Function*, Oxford 1993; Zagzebski, L., *Virtues of the Mind*, Cambridge 1996; Zagzebski, L., »Virtue in Ethics and Epistemology«, *American Catholic Philosophical Quarterly* 71/1997 (Supplement), S.1–17. Die im weiteren erfolgende Einbindung in eine teilweise naturalistische Konzeption ist am stärksten von Goldman, *Epistemology*, und ders., *Liaisons*, angeregt.

51 Leider gibt es einen umfassenden Überblick nur zu den englischsprachigen Werken bis 1993: Howsam, L., *Scientists Since 1660: A Bibliography of Biographies*, New York 1997. Ungeachtet des Titels recht unspezifisch (aber dennoch hilfreich) ist die Bibliographie von Meyenn, K. v., »Literaturverzeichnis – Die Biographie in der Physikgeschichte«, in: *Die großen Physiker*, hg. v. dems., Bd. 1, München 1997, S. 479–86. Detailliertes biographisches Material liefern darüber hinaus besonders die in den letzten Jahren aufgekommenen Untersuchungen von tatsächlichen oder vermeintlichen Betrugsmanövern. Es gibt vermutlich keine explizit biographische Studie, die so präzisen Aufschluß über die Handlungen und Einstellungen von Personen in ihrer Laborpraxis verschafft wie die bei Kevles, D. J., *The Baltimore Case. A Trial of Politics, Science, and Character*, New York 1998, zusammengefaßten gigantischen Akten- und Publikationsberge zum Baltimore-Fall.

52 Vgl. Hankins, Th. L., »In Defence of Biography: The Use of Biography in the History of Science«, *History of Science* 17/1979, S. 1–16. Immer noch anregend auch Harnack, A. v., »Was erwarten wir von einer guten Biographie?«, *Universitas* 7/1952, S. 1195–1202. Viele Materialien enthält Yeo, R., u. Shortland, M., (Hg.), *Telling Lives – Studies of Scientific Biography*, Cambridge 1995. S. a. die Einleitung zu Howsam, *Scientists*, u. Meyenn, K. v. »Die Biographie in der Physikgeschichte«, in: *Physiker*, S. 7–25, der darauf insistiert, es sei »[...] die Integration psychischer Faktoren« derzeit immer noch »ein vernachlässigtes Kapitel«. *A.a.O.*, S. 25.

53 Die Entgegensetzung prägt z. B. den umfänglichen Aufriß von Oldroyd, D., *The Arch of Knowledge – An Introductory Study of the History and Methodology of Science*, New York 1986. Die Rede von der »hypothetisch-deduktiven Methode« findet sich vermutlich erstmalig bei Friedrich Albert Lange und dient dort zur Charakterisierung der Vorgehensweise Descartes': »Er stellt die Theorie *versuchsweise* voran, erklärt aus ihr die Erscheinungen und prüft sodann an der Erfahrung die Theorie« (Lange, F. A., *Geschichte des Materialismus*, 1866, 12. Aufl. 1974, Bd. 1, Frankfurt/M. 1974, S. 252). Nun erhellt diese Charakterisierung nur einen Ausschnitt aus Descartes' methodologischen Auffassungen, der in einer durchaus problematischen Beziehung sowohl zu den allgemeinen ›certistischen‹ Grundsätzen des Cartesianismus als auch zu den Eigenheiten der Forschungspraxis etwa des Optikers Descartes steht. Was für den spezifischen Fall Descartes gilt, gilt für die Wissenschaftsgeschichte wie auch die aktuelle Gestalt von Forschung mit noch größerem Recht.

54 Vgl. die Übersicht in Charpa, U., *Grundprobleme der Wissenschaftsphilosophie*, Paderborn 1996, Kap. 7.3

55 Zum gewundenen Prozeß der ›Hypothesierung‹ (Diemer), in dem – entgegen verbreiteter Einschätzung – Newton nicht mehr als wissenschaftsgeschichtliche Ausgangsfigur der hypothetisch-deduktiven Methode gelten sollte, s. Pulte, H., *Mathematische Naturphilosophie im Übergang. Eine wissenschaftstheoriegeschichtliche Untersuchung zum Verhältnis von Axiomatik und Empirie von Newton bis Neumann*, Habil.schrift Ruhr-Universität Bochum 2000.

56 Cavendish, H., »An Attempt to Explain Some of the Principal Phaenomena of Electricity by Means of an Elastic Fluid«, *Philosophical Transactions of the Royal Society* 61/1771, S. 584–677, S. 584.

57 Herschel, J. F. W., *Preliminary Discourse on the Study of Natural Philosophy*, 2. Aufl. London 1830, Sec. 170 (Hervorhebung im Original).

58 Laudan, L., »Why Was the Logic of Discovery Abandoned?«, in: Nickles, Th., (Hg.), *Scientific Discovery, Logic, and Rationality*, Dordrecht 1981, S. 173–83. Zu anderen Interpretationsmöglichkeiten s. Charpa, U., »Herschels Methodologie der Erfahrungswissenschaft«, *Philosophia Naturalis* 24/1987, S. 121–48, S. 144 ff.

59 Herschel, *Discourse*, Sec. 5.

60 Herschel, *Discourse*, Sec. 68 ff.
61 Ignoriert wird hier Whewells induktivistische Redeweise. Zur Deutung Whewells als Anwalt der hypothetisch-deduktiven Methode s. Buchdahl, G., »Inductivist versus Deductivist Approaches in the Philosophy of Science as Illustrated by some Controversies Between Whewell and Mill«, in: Fisch, M., u. Schaffer, S., (Hg.), *William Whewell – A Composite Portrait*, Oxford 1991, S. 311–44.
62 Whewell, W., »Mr. Mill's Logic«, 1849, hier zitiert nach: *William Whewell's Theory of Scientific Method*, hg. v. R. E. Butts, Pittsburg 1968, S. 265–308, S. 286.
63 Vgl. dazu bes. die von Galison, P., *How Experiments End*, Chicago 1987, Kap. 2.5. u. 6, beschriebene Arbeit mit dem Gyrokompaß; zur Legende personaler Enthobenheit s. Charpa, U., »Albert Einstein«, in: *›Meinetwegen ist die Welt erschaffen‹ – Das intellektuelle Vermächtnis des deutschsprachigen Judentums*, Frankfurt/M. 1997, S. 446–53.
64 Schrödinger, E., »Ist die Naturwissenschaft milieubedingt?« in: ders., *Über Indeterminismus in der Physik – Ist die Naturwissenschaft milieubedingt? Zwei Vorträge zur Kritik der naturwissenschaftlichen Erkenntnis*, Leipzig 1932, S. 25–62, S. 32 f.
65 Helmholtz, H. v., »Robert Mayer's Priorität«, in: ders., *Vorträge und Reden*, Braunschweig 1884, S. 60–74, S. 65.
66 Vgl. Helmholtz, H. v., »Über das Ziel und die Fortschritte der Naturwissenschaft«, 1869, abgedr. in: ders., *Vorträge*, S. 333–63, S. 340; dazu König, G., »Der Wissenschaftsbegriff bei Helmholtz und Mach«, in: Diemer, A., (Hg.), *Beiträge zur Entwicklung der Wissenschaftstheorie im 19. Jahrhundert*, Meisenheim 1968, S. 90–114, S. 93 ff.
67 Helmholtz, »Ziel«, S. 352.
68 Wenn eine Verbindung gestiftet wird, geht sie für gewöhnlich damit einher, den Begriff des Wissens als wahre gerechtfertigte Überzeugung aufzuheben. Eine Überzeugung aber ist – unabhängig davon, ob sie zutrifft oder nicht – im Gegensatz zu anderes suggerierenden Slogans der Sorte ›Wissen als Handeln‹ nicht unmittelbar willensabhängig. Eine den herkömmlichen Wissensbegriff wahrende Zusammenführung beruht auf dem Gedanken, daß Handlungen Situationen schaffen, in denen sich bei einem fachkundigen und redlichen Forschungsteilnehmer die richtigen Überzeugungen einstellen. Desungeachtet spielt im weiteren die gegenläufige Vorstellung von Wissen als Grundlage anerkennenswerter Handlungen eine ungleich größere Rolle (Kapitel 2.5 u. Kapitel 4).
69 Helmholtz, »Ziel«, S. 352.
70 Helmholtz, »Ziel«, S. 359.
71 Helmholtz, »Ziel«, S. 361.
72 Helmholtz, »Ziel«, S. 361.
73 Vgl. Nickles, Th., »Justification as Discoverability II«, *Philosophia Naturalis* 21/1984, S. 563–76.
74 Newell, A., u. Simon, H. A., *Human Problem Solving*, Englewood Cliffs 1972.
75 In der fortgeschrittenen Form wird die Selbstbeschränkung auf den ›context of discovery‹ aufgehoben: »[...] methodological analysis is a matter of reliability relative to background beliefs, and nothing precludes holding discovery methods to the same standard. Indeed, assessment can be viewed as a special case of discovery, where what has to be discovered is whether *h* is correct or incorrect. Both in discovery and in assessment the question is whether the method employed is guaranteed to arrive at a correct result relative to what is assumed in advance. From this point, the presumed sharp distinction between assessment and discovery is spurious.« Kelly, K. T., *The Logic of Reliable Inquiry*, Oxford 1996, S. 218 f. Kellys Ansatz auf der Basis formaler Lerntheorie hat eine gewisse Ähnlichkeit mit dem hier in Angriff genommen Unternehmen, stellt aber eine rein normative Angelegenheit dar und erfüllt das Postulat der deskriptiven Adäquatheit nicht. Die Frage, inwiefern Forscher tatsächlich verläßlich verfahren, was einen Erklärungsgrund für faktischen wissenschaftlichen Fortschritt liefern würde, liegt außerhalb.
76 S. unter diesem Aspekt in partieller Parallelität Rheinberger, H. J. (Hg), *Räume des Wissens: Repräsentation, Codierung, Spur*, Berlin 1997; Rheinberger, H. J. u. a. (Hg.), *Experimentalisierung des Lebens*, Berlin 1993; Rheinberger, H. J., *Experiment – Differenz-Schrift. Zur Geschichte epistemischer Dinge*, Marburg 1992; Bödeker, H. E. u. a. (Hg.): *Wissenschaft als kulturelle Praxis 1750–1900*, Göttingen 1999. Die Distanz zu diesen Ansätzen resultiert nicht aus der Themenstellung

und noch weniger aus deren Beachtung lokaler, epochaler und sonstiger Situierungen wissenschaftlicher Verläufe, sondern aus: (i) den besonderen normativen Aufgaben der Philosophie, (ii) der vermeintlichen Selbstverständlichkeit motivorientierter Handlungserklärungen, (iii) der Kritik an der Verknüpfung forschungshistorischer Kontextualisierung mit einem – obendrein thetischen (iv) – philosophischen Relativismus, (v) der Stellung zur Bewegtheit von Wissenschaft.
(i) ist der Philosophen eigene Last und muß anders ausgerichtete Forschungstheoretiker nicht plagen. Zu (ii) s. Kapitel 2.5. In bezug auf (iii) ist anzumerken, daß das im Kern historistische Projekt der Kontextualisierung wissenschaftsgeschichtlicher Vorgänge seine Schärfe erst aus der – mit der Einsicht in Voraussetzungen abzugleichenden – Leitidee historischer Adäquatheit gewinnt. Auf welcher Grundlage sonst könnte man unter Berufung auf irritierende Tatbestände manche Interpretationen der Wissenschaftsgeschichte als ›whiggish‹ kritisieren? Wenn wissenschaftshistorisch gesehen ›alles geht‹, muß man z. B. auch eine ›Popperianisierung‹ der facettenreichen Durchsetzung des Kopernikanismus als berechtigt hinnehmen. Sogar Hélène Metzger hat eindeutig zugunsten des Adäquatheitsprinzips votiert: »si l'historien ne voulait pas ou ne savait pas lire les œuvres d'autrefois comme les lisaient les premiers lecteurs des ces œuvres, il risquait de mal comprendre les travaux de nos prédécesseurs lointains [...]«. Metzger, H., »L'historien des sciences doit-il se faire le contemporain des savants dont il parle?«, 1993, abgedr. in Metzger, H., *La Méthode philosophique en histoire des sciences. Textes 1914–1939*, hg. v. G. Freudenthal, Paris 1987, S. 9–21, S. 9. Es handelt sich um ein Beliebigkeit einschränkendes Leitprinzip und keine illusorische Behauptung hinsichtlich der Voraussetzungslosigkeit des historischen Betrachters (vgl. Freudenthal, G., »Epistémologie des sciences de la nature et hérmeneutique de l'historien des sciences selon Hélène Metzger«, in: ders. (Hg.), *Études*, S. 161–188. In anderer Redeweise: Ohne ein solches Prinzip entsteht anstelle einer historischen Annäherungsspirale ein vitiöser Zirkel.
Was die philosophische Anbindung der Kontextorientierung angeht, gibt es im Rahmen wissenschaftsbezogener philosophischer Relativismen derzeit keine nennenswerte Auseinandersetzung mit widriger aktueller Erkenntnistheorie (iv), so daß sogar ein derart bekanntes Argument wie Fodors Einwand gegen die Plastizitätsthese (s. dazu unten Kapitel 3.4) unkommentiert bleibt. Mit der relativistischen Epistemologie eng verknüpft ist die Abweisung von Fortschrittsintuitionen (v), wogegen im vorliegenden Ansatz Intuitionen wie die stehen, daß beispielsweise die Planetentheorie des Ptolemaios der in einem modernen Standardlehrbuch mitgeteilten Modellierung erheblich *unterlegen* ist, etwa unter dem Aspekt der erklärenden Kohärenz. Wenn Ptolemaios selbst abweichende Kriterien der Theorienbewertung favorisiert hätte, wäre dies ein anderes Thema und würde den Wert der heutigen Einschätzung nur auf der Grundlage einer pessimistischen metamethodologischen Induktion aufheben. Davon abgesehen lassen sich Ptolemaios' Kriterien durchaus im Koordinatensystem moderner Methodologien nachzeichnen. Um noch auf eine mit relativistischen Argumentationen verbundene Verwechslungsgefahr an dieser Stelle hinzuweisen: Daß es bekanntlich bis in das 17. Jahrhundert hinein sehr gute Gründe gegen den Heliozentrismus gegeben hat, sagt *nicht*, Ptolemaios habe in gleichem Umfang wie seine Gegner recht gehabt, sondern lediglich, daß es in einer bemerkenswert langen Zeitspanne *rational* war, Geozentrist zu sein (vgl. Kapitel 4.6.4.2). Die Verwechslung von Rationalität und Richtungsinstinkt geht allerdings zuerst auf das Konto von Autoren wie Popper, und der Relativismus spiegelt nolens deren Verwischungen.

77 Vgl. die polemische Charakterisierung der orientierenden Disziplin Ethnomethodologie als berufliche Folklore bei Zimmerman, D. H., u. Pollner, M., »Die Alltagswelt als Phänomen«, in: Weingarten, E. u. a. (Hg.), *Ethnomethodologie*, Frankfurt 1976, S. 64–104. Präziser gefaßte Kritik bei Fischer, *Grundlagen*, S. 54 ff., 84 ff.

78 Ihm liegt die Regelung voraus, daß Forschungserklärungen ›unparteiisch‹ und ›symmetrisch‹ sein sollten (grundsätzlich s. Bloor, D., *Knowledge and Social Imagery*, 2. Aufl. Chicago 1991). Es wird darauf abgezielt, erledigte Konzeptionen einerseits und mit gutem Grund durchgesetzte Konzeptionen andererseits gleichermaßen explanativ abzuleiten. Mit dieser Neutralisierung entfällt die Möglichkeit der *Fortschrittserklärung*, was sich exemplarisch an der Musterstudie von Shapin, S., u. Schaffer, S., *Leviathan and the Air-Pump: Hobbes, Boyle, and the Experimental Life*, Princeton 1985, zeigt. Die kontrastiv erklärungsheischende Frage, warum Boyle berechtigterweise ›vacuum

datur‹ vertritt und Hobbes irrigerweise an ›vacuum non datur‹ festhält, läßt sich im ›Starken Programm‹ nicht scharf stellen, insofern beide Auffassungen als bloße Konstruktionen angesehen werden.

79 Vgl. Goldman, A. I., u. Shaked, M., »An Economic Model of Scientific Activity and Truth Acquisition«, 1991, abgedr., in: Goldman, *Liaisons*, Kap. 12.

80 Letzteres belastet den Ansatz von Kitcher, *Advancement*, Kap. 8, unnötig, der sich darauf richtet zu zeigen, daß z. B. Prestigeinteresse im sozialen Verband betrachtet nicht mit Wahrheitsorientierung konfligieren muß. Der individualistische Ansatz kann aber am Leitfaden des Tugendbegriffs so weit getrieben werden, daß sich eine solche ›Sozialisierung‹ erübrigt.

81 Dies ist die Strategie des Ökonomen und Entdeckungslogikers Herbert A. Simon gegen den Vorwurf des sog. naturalistischen Fehlschlusses. Vgl. Simon, H. A., *Models of Discovery and Other Topics in the Methods of Science*, Dordrecht 1977, S. 328 ff.; diesselbe Auffassung läßt sich auch allen historisch oder kognitivistisch orientierten wissenschaftstheoretischen Ansätzen zugrundelegen und liefert den Grund dafür, daß die Gefahr des ›naturalistischen Fehlschlusses‹ wissenschaftstheoretisch wenig bekümmern muß.

82 Putnam, H., »Der Einfluß der Wissenschaft auf moderne Rationalitätsauffassungen«, in: ders., *Vernunft, Wahrheit und Geschichte*, engl. 1981, übers. v. J. Schulte, Frankfurt/M. 1982, S. 232–65, S. 246.

83 Vgl. die ›moderate‹ Forderung bei Tetens, H., »Der gemäßigte Naturalismus der Wissenschaften« in: Keil, G., u. Schnädelbach, H., (Hg.), *Naturalismus – Philosophische Beiträge*, Frankfurt/M. 2000, S. 273–288, S. 288.

84 Rescher, N., »Philosophie am Ende des Jahrhunderts«, *Deutsche Zeitschrift für Philosophie* 43/1995, S. 775–787, bes. S. 783 ff.

85 Quine, W.V.O., »Reply to Smart«, in: *Words and Objections*, hg. v. D. Davidson u. J. Hintikka, Dordrecht 1969, S. 292–94.

86 Reduktionsbehauptungen stehen deutlich im Kontrast zur faktischen Tendenz zunehmender disziplinärer Auffächerung. Einheit besagt dann allenfalls noch Verbundenheit. Vgl. Maull, N. M., »Unifying Science without Reduction«, *Studies in History and Philosophy of Science* 8/1977, S. 143–71.

87 Zu den nach einer Naturalisierung wiederkehrenden Problemstellungen zählen so bekannte wie etwa das Geist-Körper-Problem, die Frage der Angemessenheit der Alltagspsychologie und -ontologie sowie die Verhältnisbestimmung von Geist und Wissen.

88 So in den vielen psychologischen Beiträgen zum sog. Wissenserwerb. »In contrast to philosophers who view knowledge as justified true belief, we use the term in a psychological sense. A person can have knowledge about Ptolemaic cosmology without believing it.« Chinn, C. A., u. Brewer, W. F., »Theories of Knowledge Acquisition«, in: Fraser, B. J., u. Tobin, K. G., (Hg.), *International Handbook of Science Education*, T. I, Dordrecht 1998, S. 97–113, S. 107. Jemand, der Wissen über die Ptolemäische Astronomie hat, besitzt wahre und gerechtfertigte Überzeugungen hinsichtlich der Eigenarten von Ptolemaios' Ansatz. Die Autoren bewegen sich genau in diese Richtung und bauen zugleich eine Pseudo-Alternative zum Wissen auf, also ob Überzeugungen *hinsichtlich* des Ptolemäischen Systems nicht wahr sein könnten, wiewohl niemand mehr daran glaubt.

89 Die Überprüfung der Wahrheitsfunktionen läßt sich aus quantitativen Gründen bereits bei einer relativ kleinen Menge zu verknüpfender Aussagen nicht mehr durchführen. Christopher Cherniak rechnet (*Minimal Rationality*, Cambridge/Mass. 1986, Kap. 4) vor, daß bei einer lichtschnellen Hirntätigkeit mit 138 Propositionen ein Zeitraum wie der seit dem Big Bang (20 Milliarden Jahre) verbraucht wäre.

90 S. vor allem die Angaben zur faktischen Kalkulation von Wahrscheinlichkeiten in einer Entscheidungssituation in dem ›Klassiker‹ von Kahnemann H., Slovic, P., Tversky, A., *Judgment under Uncertainty: Heuristics and Biases*, Cambridge 1982. Allgemein s. Evans, J. St., *Bias in Human Reasoning: Causes and Consequences*, Hillsdale 1989 (zum mit dem Entscheidungsproblem überlappenden Bestätigungsproblem s. darin Kap. 2).

91 Die ersten eingehenden Überlegungen zur gebundenen Rationalität sind von Ökonomen (Herbert A. Simon u. a.) angestellt worden. Unter prognostischen Gesichtspunkten sind abgeschwächte Rationalitätsmodelle überlegen. Unter dem Aspekt der Optimierung von Handlungen hingegen

liefert der Utopismus des reinen Modells eine wertvolle Orientierung. S. Russell, S. J., *Do the Right Thing: Studies in Limited Rationality*, Cambridge/Mass. 1991. Sie geben die Richtung an, in der sich eine Entscheidung optimieren läßt. Z.B. ist Vertrautmachen mit den für oder gegen die Akzeptation einer Theorie sprechenden Tatbestände etwas, das sich vielleicht nie vollständig erfüllen, aber steigern läßt.

92 Vgl. speziell zur Bewahrung klassischer erkenntnistheoretischer Aufgaben Goldman, *Epistemology*, S. 2 ff.

Kapitel 2

1 Goethe, J. W., »Newtons Persönlichkeit«, in: »Materialien zur Geschichte der Farbenlehre«, in: *Goethes Werke*, Bd. 14, hg. v. D. Kuhn, Hamburg 1960, S. 170-77, S. 171.

2 Bemerkung Johann Friedrich Böhmers über den ersten hauptamtlichen Mitarbeiter der *Monumenta Germaniae Historica.* Zit. Fuhrmann, H., »Gelehrtenleben – Über die Monumenta Germaniae Historica und ihre Mitarbeiter«, *Geschichte in Wissenschaft und Unterricht* 45/1994, S. 558-72, S. 560.

3 Historische Aufschlüsse zur Tugendepistemologie enthält bes. Zagzebski, *Virtues.* Zagzebskis Aufriß beruht allerdings auf der stiefmütterlichen bzw. -väterlichen Behandlung nicht-kognitiver Fähigkeiten im Anschluß an Aristoteles' Deutung der *theoria* (*Eth. Nic.*, B. 10, 7, 1187a2-4). Breiter setzt Maimonides in den ›Acht Kapiteln‹ an. S. den Vergleich bei Frank, H., »› ... With all your Heart and With All Your Soul‹: The Moral Psychology of the *Shemonah Peraqim*«, in: Cohen, R. S. u. Levine, H. (Hg.), *Maimonides and the Sciences*, Dordrecht 2000, S. 25-33. Wie am gegeben Ort leicht zu ersehen, ist die Tendenz der weiteren Ausführungen eher ›maimonidisch‹ als aristotelisch.

4 Als Verteidigungsbemühungen s. Horgan, T., u. Woodward, J., »Folk Psychology is Here to Stay«, *Philosophical Review* 94/1985, S. 197-225; Jackson, F., u. Pettit, P., »In Defense of Folk Psychology«, *Philosophical Studies* 59/1990, S. 31-54. Goldman, A. I., »Consciousness, Folk Psychology, and Cognitive Science«, *Consciousness and Cognition* 2/1993, S. 364-382; ders., »The Psychology of Folk Psychology«, *Behavioral and Brain Sciences* 16/1993, S. 15-28.

5 Nach dem kognitionswissenschaftlich gewendeten Muster *Balduin Bählamms* (»Ohrfeige nennt man diese Handlung – der Forscher nennt es Kraftverwandlung.«) verfährt Paul Churchland in einer neueren Darstellung, wo Politik, Religion u. a. m. integriert werden sollen (*The Engine of Reason – The Seat of the Soul*, Cambridge/Mass. 1995, Kap. 10.); auf der nämlichen Linie Churchland, P. M., »Toward a Cognitive Neurobiology of the Moral Virtues«, *Topoi* 17/1998, S. 83-96.

6 S. die Aufrisse und Literaturhinweise von Stemmer, P., »Tugend (I. Antike)«, in: Ritter u. Gründer (Hg.), *Historisches Wörterbuch der Philosophie*, Bd. 10. Sp. 1532-48, Schönberger, R., »Tugend (II. Mittelalter), *a.a.O.*, Sp. 1548-1554; Höffe, O., u. Rapp, Ch., »Tugend. III. Neuzeit«, *a.a.O.*, Sp. 1554-1570.
Eine bunte Sammlung auf der Basis einer Bestimmung von Tugend als Disposition zu Präferenzen und Vermeidungsverhalten enthält Pincoffs, E. L., *Quandaries and Virtue – Against Reductivism in Ethics*, Kansas 1986; zu den Schwierigkeiten von Abgrenzungsversuchen s. a. ders., »Virtues«, in: Becker, L. J., u. Becker, C., (Hg.) *The Encyclopedia of Ethics*, Bd. 2, London 1992, S. 1283-88.

7 S. außer den – übrigens den Informationsaustausch erleichternden – Verfahrensweisen vieler Fachlexika den Titel von Untersuchungen wie *Arete bei Platon und Aristoteles* (Krämer), *Techne* und *Arete* (Kube), *Virtutes Romanorum* (Classen), *Virtus Romana* (Eisenhut), *Fides* (Freyburger), *Clementia Caesari* (Dahlmann).

8 Einige Überlegungen dazu bei von Stemmer, P., »Tugend (I. Antike)«, Sp. 1532 f.

9 *Elementa Rhetorices Libri Duo*, 1542, in: *Corpus Reformatorum*, Bd. 13, hg. K. G. Bretschneider, Halle 1846, Bd. 13, Nachdruck New York 1963, Sp. 417-508, Sp. 425; Vgl. dazu Knape, J., *Philipp Melanchthons ›Rhetorik‹*, Tübingen 1993.

10 Staatl. Museen zu Berlin, Kupferstichkabinett, Ausst. Kat. Nr. 67, Abb. 97.

11 *Musées Royaux des Beaux-Arts*, Brüssel, Inv. Nr. 156. Hier nach Mai, E., u. Vlieghe, H., (Hg.), *Von Bruegel bis Rubens – Das goldene Jahrhundert der flämischen Malerei – Ausstellung des Wallraf-Richarz-Museums*, Köln 1992, Abb. 77.1.

12 Platon, *Menon* 74a.

13 *Eth. Nic.* 1097b6 ff.

14 Sachtleben, R., »Max von Pettenkofer«, in: *Der Natur die Zunge lösen – Leben und Leistung großer Forscher*, hg. v. W. Gerlach, München 1967, S. 250-61, S. 260 f.

15 Vgl. *De partibus animalium* 645a26 ff.

16 Die vermutlich einflußreichste Infragestellung wird mit großem Nachdruck in dem meistgelesenen Forschungsresümee aller Zeiten formuliert. Es findet sich in dem vermutlich hellenistisch beeinflußten Buch *Kohelet*, eine der sog. *Megillot*, die an bestimmten jüdischen Festtagen vorgetragen werden und zum Kanon der christlichen Bibel zählen: »Ich bemühte mich, in Weisheit zu erforschen und zu ergründen, was sich unter dem Himmel vollzieht. Eine undankbare Mühe hat Gott den Menschen zugedacht. [...] und suchte Weisheit und Einsicht, um zu erkennen Frevel, Narrheit, Torheit, Unverstand« (*Kohelet* 1, 13, 7, 25 – Die Ausdrücke ›erforschen‹ und ›ergründen‹ sind Übersetzungen von hebr. ›lidrosch‹ und ›lator‹; Weisheit entspricht ›chochmah‹. Mit ›Einsicht‹ ist ›cheschbon‹ wiedergegeben).
Kohelets Befund nimmt die späteren Haltungen der Kirchenväter vorweg und bahnt eine Aufnahme des Forschers ins Narrenschiff an, die später zum Topos wird.

17 Fontenelle, B. de, »Du bonheur«, in: ders., *Œuvres*, Bd. 3, S. 203-17, S. 217.

18 MacIntyre, A., *After Virtue*, 2. Aufl. Notre Dame 1984.

19 S. besonders das Kapitel XV von *Il Principe* über vermeintliche Laster, die der Herrschaft förderlich, und vermeintliche Tugenden, die ihr abträglich sind. Insofern Staatstheorie tendenziell alle Menschen berührt, ist das Verhältnis zu einer universalen Ethik natürlich weitaus brisanter als im Fall von Forscherhaltungen. Nicht zufällig stiftet Machiavellis Werk auch eine mächtige antimachiavellistische Bewegung mit berühmten Dokumenten, darunter dem bekannten Buch des Preußenkönigs.

20 Kluge, F., *Etymologisches Wörterbuch der deutschen Sprache*, 22. Aufl., bearbeitet v. E., Seebold, Berlin 1989, S. 744.

21 Gellert, C. F., *Dichtungen*, hg. v. A. Schulern, Leipzig 1891, S. 299 u. 291.

22 Den Erklärungsaspekt hebt Brandt, »Structure« hervor. Er spielt ohnehin eine selbstverständliche Rolle bei der Verwendung des Tugendbegriffs in der politischen Theorie. Die Verschränkung von Bewertung, Beschreibung und Erklärung wird in zahlreichen Formulierungen faßbar: Von den Römern heißt es bei Machiavelli, sie hätten das getan, was »tutti e' savi principi« getan hätten, und allgemein gelte, es müsse ein kluger Mann den von großen Männern bereits beschrittenen Wegen folgen (»Uno uomo prudente intrare sempre per vie battute da uomini grandi«), woraus sich der Erfolg neuer Fürstenherrschaften herleiten lasse. Zit. nach Machiavelli, N., *Il Principe – Der Fürst*, ital. dt., hg. v., Ph. Rippel, Stuttgart 1986, Kap. III, S. 20 u. 41.

23 Die Frage der sog. »naturalistic fallacies« im Anschluß an Moores Kritik in den *Principia Ethica* (1903) bzw. Humes Vorläufertum ist hier kein Thema, da nicht beabsichtigt ist, Forschertugenden aus Gattungsmerkmalen abzuleiten. Da es indes wichtig ist, mögliche Belehrungsverhältnisse offenzuhalten, sei eine differenzierende Bemerkung zur gängigen Kritik gemacht: Normative Behauptungen können in Effizienzbehauptungen mit kleinem appellativen Rest transformiert werden, so daß sich normative Ansätze durchaus in gehörigem Ausmaß zu deskriptiven bzw. explanativen Zwecken nutzen lassen. Vgl. oben Kapitel 1.4. Eine solche Eingrenzung eines appellativen Restes läuft parallel mit Hares Unterscheidung zwischen präskriptivem und deskriptivem Gehalt von Begriffen und wird in der *Language of Morals* (1952) in eine Ethik der Imperative umgesetzt.

24 Zu solchen Projekten anhand eines normativen Schlüsselbegriffs s. Engels, E.-M., »Ethik und biologische Utopie«, in: *Ethik der Biowissenschaften – Geschichte und Theorie. Beiträge zur 6. Jahrestagung der DGGTB in Tübingen 1997*, Berlin 1998, S. 319-40.

25 Eine populär gehaltene Darstellung ist die von Ridley, M., *Die Biologie der Tugend – Warum es sich lohnt, gut zu sein*, engl. 1996, übers. v. A. Johansen u. A. Weiland, Berlin 1999. Philosophisch belehrter s. Edel, A., *Ethical Judgment: The Use of Science in Ethics*, Glencoe/Ill., 1985; ders., »Naturalism and the Concept of Moral Change«, *Proceedings and Adresses of the American Philoso-*

phical Association 60/1987, S. 823-40.; kritisch dazu s. Pincoffs, E. L., »Ethics as an Explanatory Undertaking«, in: Horowitz, I. L., (Hg.), *Ethics, Science, and Democracy,* New Brunswick 1987, S. 29-37. Eine ähnliche Richtung nimmt die Kritik an MacIntyres narrativen Handlungserklärungen bei Schneewind, J. B., »Virtue, Narrative and Community«, *Journal of Philosophy* 79/ 1982, S. 653-663.

26 Vgl. Wallace, J. D., *Virtues and Vices,* Ithaca 1978, S. 40 ff.

27 Rawls, J., *Eine Theorie der Gerechtigkeit,* amerik. 1971, übers. v. H. Vetter, 10. Aufl. Frankfurt 1998, S. 476.

28 Vgl. Wallace, *Virtues,* S. 40 ff.

29 Diese Zuordnung schließt ein, daß Thesen des Inhalts, handlungsbezogene Warum-Fragen (s. außer den Vorgaben Anscombes in der neueren Literatur etwa Rungaldier, E., *Was sind Handlungen? Eine Auseinandersetzung mit dem Naturalismus,* München 1996, S. 90 f. et passim) zielten in jedem Fall auf Absichten, schlichtweg falsch sind. Auf die Frage ›Warum gab *A* in der Prüfung nur zutreffende Antworten?‹ liefert der Motivhinweis keine relevante Antwort.

30 Vgl. die Untersuchungen des Gewichts und der Verbreitung der Frage nach befähigenden Faktoren bei MacClure, J., u. Hilton, D., »Because You Can't Always Get What You Want: When Preconditions are better Explanations«, *British Journal of Social Psychology* 36/1997, S. 223-240; Malle, B. F., »How People Explain Behavior: A New Theoretical Framework«, *Personality and Social Psychology Review* 3/1999, S. 23-48; Malle, B. F. u. a., »Conceptual Structure and Social Function of Behavior Explanations – Beyond Person-Situation Attribution«, erscheint in: *Journal of Psychology and Social Psychology;* »Malle, B. F. u. a., »Folk Explanations of Intentional Action«, erscheint in: ders., u. a. (Hg.), *Intentions and Intentionality: Foundations of Social Cognition,* Cambridge/Mass.

31 Machiavelli, *Principe,* Kap. XIX, S. 152.

32 Ich lasse offen, ob die unterstellte Zweckrationalität sich – wie in der gewöhnlichen Rationalen Entscheidungstheorie vorgesehen – als Maximierungsbedingung oder lediglich als Bedingung der besten Mittelwahl unter Zeitdruck (›satisficing‹) bzw. – noch schwächer – von hinreichend Tauglichem darstellt. S. dazu Sylvan, R., »Modern Myths Concerning Rationality: The Imperatives of Consistency and (Constrained) Maximality«, in: Biderman, S., u. Scharfstein, B.-A., (Hg.), *Rationality in Question,* Leiden 1989, S. 29-57.

33 Zu diesem im alltäglichen Räsonieren verbreiteten, aber schwer rekonstruierbaren Komplex und seinen Varianten s. Rescher, N., *Plausible Reasoning,* Assen 1976, u. Collins, A., u. Michalski, R., »The Logic of Plausible Reasoning: A Core Theory«, *Cognitive Science* 13/1989, S. 1-49. Speziell zur Nutzung des Mangels s. Reiter, R., »A Logic for Default Reasoning«, *Artificial Intelligence* 13/ 1980, S. 81-132.

34 Sie sind zum Teil Gegenstand der in unterschiedlichen Fächern betriebenen Persönlichkeitsforschung (s. als ausgezeichneten Überblick die Abhandlung von Matthews, G., u. Deary, I. J., *Personality Traits,* Cambridge 1998, die Integrationsmöglichkeiten von Befunden so unterschiedlicher Fachgebiete wie der Biologie und Klinischen Psychologie herausstellt), weisen aber je nach Eigenart über deren Arbeitsfeld hinaus. Speziell der Tauglichkeitsfaktor Fachwissen ist durchgehendes Thema institutioneller Forschung und Lehre.

35 Das prognostische Potential von Tugendzuschreibungen läßt erkennen, daß sich bei einiger Vorsicht kein Rechtfertigungszirkel (z. B. (i) ›*A* vollzieht die redliche Aktion *A,* weil sie ein redlicher Mensch ist.‹ (ii) ›*A*s Redlichkeit erkennt man an der Durchführung von *H.*‹ Vice versa.) schließt. Auf diesen Vorwurf laufen die Einwände von Audi, R., »Acting from Virtue«, *Mind* 104/1995, S. 449-471, u. Conley, S., »Flourishing and the Failure of the Ethics of Virtue«, *Midwest Studies in Philosophy* 13/1988, S. 83-96, hinaus. Die Vermeidung einer Zirkularität gelingt dann, wenn die Bestimmung eines Handlungserfolges nicht bzw. (wenn man an ein ›bootstrapping‹ denkt) nicht vollständig auf der Anwendung des jeweils verwendeten Tugendprädikates beruht. Wenn die aktuelle Leistung eines Mitarbeiters auf der Grundlage früherer (in einer Tugendprädikation mündenden) Erfahrungen prognostiziert oder erklärt wird, liegt keine Zirkularität vor. Die Erklärungstauglichkeit von Tugendbegriffen hängt damit zusammen, daß Tugenden situations*übergreifende* Qualitäten sind.

36 Da es nur um einen eng umrissenen Aspekt geht, verpflichten wir uns dabei weder einer fragwürdigen Vereinheitlichung noch einer grellen Kontrastierung. S. zur Korrektur in der ersten Hin-

sicht Annas, J., »Ancient Ethics and Modern Morality«, *Philosophical Perspectives* 6/1992, S. 119-36. Sie problematisiert unter Hinweis auf die Eigenheit stoischer Lehren u. a. die übliche Entgegensetzung von Agenten- und Handlungsbezug, egoistischer und sozialer Orientierung sowie die Berücksichtigung bzw. Nichtberücksichtigung von Verantwortungsproblemen. Ein Beispiel für eine oberflächliche Kontrastierung ist Crisp, R., »Virtue Ethics«, in: *Routledge Encyclopedia of Philosophy*, hg. v. Craig, E., London 1998, Bd. 9., S. 622-66; s. a. ders., »Moral Philosophy and the Virtues«, in: Crisp, R. (Hg.), *How should one Live? Essays on the Virtues*, Oxford 1996, S. 1-18. Kritisch zu solchen Tendenzen s. Höffe, O., »Aristoteles' universalistische Tugendethik«, in: Rippe., K. P., u. Schaber, P., (Hg.), *Tugendethik*, Stuttgart 1998, S. 42-67; s.a. ders., »Aristoteles oder Kant – wider eine plane Alternative«, in: ders., (Hg.), *Die Nikomachische Ethik*, Berlin 1995, S. 277-304.

37 Eine ideengeschichtlich aufschlußreiche Kontextualisierung der »Tugendlehre« der *Metaphysik der Sitten* und des Aufsatzes *Über ein vermeintes Recht aus Menschenliebe zu lügen* unter dem genannten Aspekt findet sich bei Annen, M., *Das Problem der Wahrhaftigkeit in der Philosophie der deutschen Aufklärung – Ein Beitrag zur Ethik und zum Naturrecht des 18. Jahrhunderts*, Würzburg 1997. Allgemein s. Lehmann, G., *Kants Tugenden. Neue Beiträge zur Geschichte und Interpretation der Philosophie*, Berlin 1980.

38 Vgl. etwa auch Rawls, *Theorie*: »Tugenden sind Haltungen, d. h. Systeme von Neigungen, die von einem Bedürfnis höherer Ordnung bestimmt sind, in diesem Fall dem Bedürfnis, den entsprechenden moralischen Grundsätzen gemäß zu handeln« (S. 291). Sie seien »Gesinnungen und Gewohnheiten, die uns zu Handeln gemäß bestimmten Grundsätzen des Rechts veranlassen« (S. 476). Die Formulierung des Originals entspricht eher dem traditionellen Sprachgebrauch (»habitual attitudes«): *A Theory of Justice*, Cambridge/Mass. 1971, S. 437.

39 Das Eigengewicht der Tugendlehre ergibt sich bei Kant aus einer komplexen Fassung der am ehesten (ii) entsprechenden Überlegung. Die ›Tugendlehre‹ der *Metaphysik der Sitten* (1797) richtet sich nicht zufällig auch auf eine Anleitung, »sich moralisch gesund zu halten« (*Kant's Gesammelte Schriften*, hg. v. d. Königlich Preußischen Akademie der Wissenschaften, Bd. 6, Berlin 1914, S. 485). Die Erfüllung von Pflichten läuft mit einem inneren Prozeß, dem einer moralischen Kultivierung des Individuums, zusammen. Die jeweils aktuelle Tugendhaftigkeit eines Individuums im Sinn der Kraft zur Pflichterfüllung hat demgemäß einen Vorlauf. In der Schrift über *Die Religion innerhalb der Grenzen der bloßen Vernunft* (1793) heißt es ausdrücklich, der Tugendbegriff sei »unentwickelt« bereits im Menschen vorhanden und habe etwas zur Moralität »Hinleitendes«, insofern der Mensch sich »durch diese Idee schon in gewissem Maße veredelt« fühle. S. dazu Schaller, W. E., »Kant's Architectonic of Duties«, *Philosophy and Phenomenological Research* 48/1987, S. 299-314.

40 Cicero, *De fin.* 4, 11.

41 Descartes, R., *Les passions de l'âme*, hg. v. P. d'Arcy, Paris 1996, § 157, 159 f.

42 Argument von Frankena, W., *Ethics*, 2. Aufl. Englewood Cliffs 1973, S. 63 ff.

43 Der meistdiskutierte Fall ist Kants unbedingtes Lügenverbot im Blick auf eine Nothilfesituation. Kantianisch der Situation entsprechen, hieße wohl, der Pflicht zu helfen gleichen Rang mit dem Wahrhaftigkeitsgebot einzuräumen, wobei aber der Vorteil der Entscheidungsvorgabe verloren geht.

44 Vgl. Williams, B., »Acts and Omissions, Doing and Not Doing«, in: *Virtues and Resons – Philippa Foot and Moral Theory*, hg. v. R. Hursthouse u. a. Oxford 1995, S. 331-40.

45 Diese und weitere passende Äußerungen über das ›Getriebensein‹ vieler Wissenschaftler zusammengestellt bei Wolpert, L., u. Richards, A., *Passionate Minds – The Inner World of Scientists*, Oxford 1997, S. 5 f.

46 Aristoteles, *Nikomachische Ethik*, übers. u. kommentiert von F. Dirlmeier (Werke in deutscher Übersetzung, Bd. 6), Berlin 1983, S. 34.

47 Müller, A. W., *Was taugt die Tugend? – Elemente einer Ethik des guten Lebens*, Stuttgart 1998, S. 138 ff.

48 S. Müller, *Tugend*, S. 38.

49 Vgl. die Argumentation in der Nachbarschaft von Buridans Esel bei Damasio, A. R., *Descartes' Error*, New York 1994, S. 169. Tendenziell verwandt de Sousa, R., *Die Rationalität des Gefühls*, engl. 1987, Frankfurt 1996.

50 *Alchemies*, S. 289 ff.
51 Louden, R. B., »Einige Laster der Tugendethik«, amerik. 1984, in: Rippe, K. P., u. Schaber, P., (Hg.), *Tugendethik*, Stuttgart 1998, S. 185-212, 195 f.
52 Vgl. in einer gewissen Parallelität die Wiederaufnahme der Idee der *fortitudo moralis* im Konzept der motivationalen Kraft zur Ergänzung der intentionalen Seite von Handlungsgründen bei Mele, A. R., »Motivational Strength«, *Nous* 32/1998, S. 23-36. Aber solche Vorstellungen (›eiserner Wille‹ u. ä. m.) konfundieren motivationale Gründe mit kausalen Faktoren, speziell den hier interessierenden Befähigungen. Befähigende Faktoren tragen zur Bildung von Absichten wie auch zu ihrer Realisierung bei, sind aber selbst nicht willensanbhängig (s. a. Kapitel 2.5).
53 Mach, E., *Erkenntnis und Irrtum – Skizzen zur Psychologie der Forschung*, 5. Aufl. Leipzig 1926, S. V.
54 Vgl. Nischik, T.-M., »Forscher – Eine etymologische Studie, unter besonderer Berücksichtigung von Konrad von Megenburgs ›Buch der Natur‹«, in: *Konzeption und Begriff der Forschung in den Wissenschaften des 19. Jahrhunderts*, hg. v. A. Diemer, Meisenheim 1978, S. 1-10.
55 Majer, M., *Atalanta fugiens, hoc est, Emblemata nova de Secretis Naturae Chymica*, Oppenheim 1617, S. 177; Abbildung des in der Werkstatt Merian d. Ä. entstandenden Stichs und Kurzkommentar in Charpa, U., *Philosophische Wissenschaftshistorie – Grundsatzfragen/Verlaufsmodelle*, Braunschweig 1995, S. 155 f.; ausführlich zur Person und zum Werk des Prager Hofarztes und Kepler-Kollegen s. Jong, H. M. E. de, *Michael Maier's ›Atalanta fugiens‹ – Sources of an Alchemical Book of Emblems*, Leiden 1969, u. ders., »Randbemerkungen zu Michael Maiers ›Atalanta fugiens‹«, in: Penkeret, S., (Hg.), *Emblem und Emblematikrezeption – Vergleichende Studien zur Wirkungsgeschichte vom 16. bis 20. Jahrhundert*, Darmstadt 1978, S. 160-74.
56 Diese äußerst wichtige Gruppe ist bislang kaum beachtet worden, woran vermutlich Vorurteile, speziell hinsichtlich kurzfristiger Nutzenorientierungen, Schuld tragen. Aber erstens gibt es durchaus so etwas wie eine pauschale gesellschaftliche Nutzenserwartung in bezug auf alle Forschergruppen, zweitens kann industrieinterne Forschung sich unter Umständen durchaus in ähnlicher Liberalität vollziehen wie akademisch organisierte. Eine differenzierende Untersuchung zum Thema ist die von Hounshell, D. A., u. Smith, J. K., *Science and Corporate Strategy – Du Pont R&D, 1902-1980*, Cambridge 1989.
57 Zu der bekanntesten der damaligen Spannungen s. Boas Hall, M., *›All Scientist's Now‹ – The Royal Society in the Nineteenth Century*, Cambridge 1984. Zur mit der wissenschaftssozialen Entwicklung korrespondierenden Begriffsgeschichte in Deutschland, wo durch die romantische Naturphilosophie eine zusätzliche Komplizierung statthatte, s. König, G., »Naturwissenschaften«, in: Ritter u. Gründer (Hg.), *Historisches Wörterbuch der Philosophie* Bd. 6, Sp. 641-650. 1985 fand eine Tagung der Gesellschaft für Wissenschaftsgeschichte zum Thema statt. S. *Berichte zur Wissenschaftsgeschichte* 9/1986, S. 137-197, 201-46.
58 Vgl. die Übersicht über die von der *Royal Society* getragenen Entdeckungsfahrten bei Boas Hall, *›Scientists‹*, S. 199 ff.; auch die – nicht von der *Royal Society* unterstützte – Fahrt Darwins mit der *Beagle* gehört in diesen Zusammenhang.
59 Aufschlußreich dazu die Beiträge in Diemer (Hg.), *Konzeption u. Begriff der Forschung.*
60 »I communicate because I have to, both orally and in writing, but it's not a side of science that I enjoy«, charakterisiert sich Anne McLaren, die britische Zoologin in einem BBC-Interview mit dem Biologen Lewis Wolpert, abgedr. in: Wolpert u. Richards, *Minds*, S. 219.
Max Born scheint ungleich mehr Spaß an der Mitteilung verspürt zu haben, die sachliche Prioritätensetzung bleibt davon unberührt. 1920 berichtet er in einem Brief an Sommerfeld über die institutionelle Vorbereitung der Stern-Gerlach-Versuche zur Ablenkung von Atomen: »Das einzige, was ich jetzt mache, ist die Bearbeitung einiger populärer Vorträge über Relativitätstheorie, die ich herausgeben will; das macht mir großen Spaß und strengt nicht an. Die Vorträge habe ich im Januar gehalten für Eintrittsgeld und 6000 Mark für mein Institut zusammenbekommen. Mit diesem Geld haben wir das Institut ganz ordentlich in Gang gebracht. Sterns Ablenkungsversuch ist endlich schön gelungen.« Brief v. 5.3.1920, zit. in Meyenn, K. v., »Ist die Quantentheorie milieubedingt?«, in: ders., (Hg.) *Quantenmechanik und Weimarer Republik*, Braunschweig/Wiesbaden 1994, S. 3-58, S. 48.
Einer seiner Nachfahren in der Epoche der Big Science, der Generaldirektor des CERN Carlo Rubbia, setzt die nämliche Unterscheidung voraus und begründet den Ausstieg aus seiner Lei-

tungsfunktion mit dem Wunsch, wieder ein ›richtiger‹ Forscher zu sein. Vgl. Wolpert u. Richards, *Minds*, S. 202.

61 Vgl. die Typisierungen im Blick auf die Modelle der Kumulation, Optimierung und Wahrheitsannäherung in Charpa, *Wissenschaftshistorie*, Kap. II, 1.7; 2.2; 3.1 u. 3.7.

62 S. dazu besonders die Beschäftigung mit dem Gyrokompaß, beschrieben bei Galison, *Experiments*, Kap. 2.5.

63 Maßgeblich ist Crombies, A. C., *Styles of Scientific Thinking in the European Tradition: A History Of Argument And Explanation Especially In The Mathematical And Biomedical Sciences And Arts*, 3 Bde. London 1994. S. a. unten Kapitel 3.5.2.3.

64 Slobodkin, L., Rez. *Old Wine, New Flasks: Reflections on Science and Jewish Tradition*, hg. v. R. Hoffmann u. S. Leibowitz Schmidt, New York 1997, *Endeavour* 22,1/1998, S. 36.

65 *KrV* A 511/B 539.

66 S. das gleichnamige Werk, Leipzig 1909.

67 Zit bei Gould, P. A., »Making Space for Women in the History of Physics«, *Endeavour* 22,1/1998, S. 24-26, S. 24.

68 Vgl. die Hinweise zu Eleonor Sidgwick, Helen Klaassen u. a. bei Gould, »Space«.

69 Vogt, A., »Die Kaiser-Wilhelm-Gesellschaft wagte es: Frauen als Abteilungsleiterinnen«, in: Tobies, R., (Hg.), *›Aller Männerkultur zum Trotz‹ – Frauen in Mathematik und Naturwissenschaften*, Frankfurt/M. 1997, S. 203-19; zahlreiche wertvolle Aufschlüsse zum Thema enthalten auch etwa die Bände von Meinel, C., u. Renneberg, M., (Hg.), *Geschlechterverhältnisse in Medizin, Naturwissenschaft und Technik*, Bassum 1996; Brink, J. R., *Female Scholars – A Tradition of Learned Women Before 1800*, Montreal 1980; Wobbe, Th. (Hg.): *Frauen in Akademie und Wissenschaft. Arbeitsorte und Forschungspraktiken 1700–2000*, Berlin 2001.

70 Vgl. dazu Köller, W., *Philosophie der Grammatik*, Stuttgart 1988, S. 76 ff.

71 Zahlreiche Diskriminierungsbelege, darunter die direkt im Anschluß genannten, sind gesammelt in Stopczyk, A., *Was Philosophen über Frauen denken*, München 1980.

72 Zur Geschichte dieser Bewegung s. Daston, L., »Die Quantifizierung der weiblichen Intelligenz«, in: *›Aller Männerkultur zum Trotz‹*, a.a.O., S. 69-82.

73 Vgl. Zuckerman, H., u. Cole, J. R. (Hg.), *The Outer Circle: Women in the Scientific Community*, New York 1991, weiteres u. a. bei Ogilvie, M. B., *Women and Science: An Annotated Bibliography*, New York 1996

74 Vgl. die Auflistung von Tobies, R., »Einführung: Einflußfaktoren auf die Karriere von Frauen in Mathematik und Naturwissenschaften«, in: *›Aller Männerkultur zum Trotz‹*, S. 17-67.

75 Zur Abhängigkeit weiblichen Forschungsengagements von allgemeinen gesellschaftlichen Tendenzen s. am Beispiel Schabert, I., »Der gesellschaftliche Ort weiblicher Gelehrsamkeit – Akademieprojekte, utopische Visionen und praktizierte Formen gelehrter Frauengemeinschaft in England 1660«, in: Garber, K. u. Wismann, H., (Hg.), *Europäische Sozietätsbewegung und demokratische Tradition – Die europäischen Akademien der Frühen Neuzeit zwischen Frührenaissance und Spätaufklärung*, Bd. 1, Tübingen 1996, S. 755-89.

76 Fox Keller, E., *Reflections on Science and Gender*, New Haven 1985, S. 7; s. auch dies., »Feminism and Science«, in: Boyd, R., u. a. (Hg.), *The Philosophy of Science*, Cambridge/Mass. 1991, S. 279-288.

77 S. die Aussage im Interview mit Marcia Barinaga »Feminists Find Gender Everywhere in Science«, *Science* 260/1993, S. 392-3.

78 Kepler, J. *Astronomia nova* [...], *Gesammelte Werke*, Bd. 3, hg. v. M. Caspar, München 1937, S. 8.

79 Wolpert u. Richards, *Minds*, S. 146.

80 Vgl. Wolpert u. Richards, *Minds*, S. 27 ff., S. 62 ff., S. 95.

81 Kepler, *Astronomia*, S. 8.

82 S. unter diesem Gesichtspunkt beispielsweise das mit Bacons Folter-Metapher überschriebene Sammelwerk des Experimentalphysikers Walther Gerlach: Gerlach, W., (Hg.), *Der Natur die Zunge lösen*, München1967.

83 »I don't think that women are as keen to be professors as men are. I think they're very interested in research, and they are interested in teaching.« Anne McLaren, in: Wolpert u. Richards, *Minds*, S. 216.

84 Aristoteles, *Mech. Probl.* 847a10-20; Krafft, F., *Dynamische und statische Betrachtungsweise in der antiken Mechanik*, Wiesbaden 1970, hebt den Aspekt der Naturwidrigkeit (›Überlistung der Natur‹) hervor, wohingegen Schneider, H., *Das griechische Technikverständnis*, Darmstadt 1989, S. 256 ff. zurückhaltender darauf abhebt, daß ein mechanischer Prozeß in der Natur nicht stattfinde.

85 S. dazu umfassend Sepper, D. L., *Goethe Contra Newton – Polemics and the Project for a New Science of Colour*, Cambridge 1988.

86 »Goethe und kein Ende«, Rektoratsrede v. 15. 10. 1882, abgedr. und annotiert in Du Bois-Reymond, E., *Reden*, Bd. 1, Leipzig 1886, S. 418-447, S. 440.

87 Auf Maxwells Überlegungen und die moderne Entsprechung bezieht sich Hacking, I., »The Disunities of the Sciences«, in: Galison, P., u. Stump, D. J., (Hg.), The *Disunity of Science – Boundaries, Contexts, and Power*, Stanford 1996, S. 37-74, S. 70.

88 Krüger, R. »Der honnête-homme als Akademiker – Nicolas Farets *Projet de l'Académie* (1634) und seine Voraussetzungen«, in: Garber u. Wissmann, (Hg.), *Sozietätsbewegungen*, Bd. 1, S. 348-409.

89 S. dazu den über den Themenrahmen hinausweisenden Beitrag von Böhm, L., »Organisationsformen der Gelehrsamkeit im Mittelalter«, *Sozietätsbewegungen*, Bd. 1, S. 65-111. S. a. dies., »Wissenschaft – Wissenschaften – Universitätsreform, historische und theoretische Aspekte zur Verwissenschaftlichung von Wissen und zur Wissenschaftsorganisation in der frühen Neuzeit«, *Berichte zur Wissenschaftsgeschichte* 1/1978, S. 7-36.

90 Maßgeblich sind hier die im Zeichen der Konjunktur von soziologisch eingebetteten Relativismen die weithin mißachteten Studien von Joseph Ben-David, *Role*, sowie *Scientific Growth*. Vgl. auch Freudenthal, »Sociology«. Sonst z. B. Fuchs, S., *The Professional Quest for the Truth*, Albany 1992; kurzgefaßt im angeführten Sinne auch Resnik, *Ethics*, Kap. 3.

91 Als Erfassungsversuche s. Gatzemeier, M., »Zweck und Zweckmäßigkeit in der Wissenschaft«, *Berichte zur Wissenschaftsgeschichte* 5/1982, S. 17-23; Krafft, F., *Das Selbstverständnis der Physik im Wandel der Zeit*, Weinheim 1982; McMullin, E., »The Goals of Natural Science«, in: *Scientific Knowledge Socialized*, hg. v. I. Hronszky u. a., Dordrecht 1988, S. 27-58; Longino, H., *Science as Social Knowledge*, Princeton 1990, 17 ff. et passim.

92 Helmholtz, H. v., »Über das Verhältniss der Naturwissenschaften zur Gesamtheit der Wissenschaft«, 1862, abgedr. in: ders., *Vorträge und Reden*, Bd. 1, Braunschweig 1884, S. 117-145, S. 142 f.

93 S. etwa Helmholtz, H. v., »Ueber die Erhaltung der Kraft«, 1862/63, abgedr. in: *Vorträge*, Bd. 1, S. 147-189, S. 150 f.

94 Fontenelle, B. de, »Préface sur l'utilité des Mathématiques et de la Physique et sur les travaux de l'Académie des Sciences«, in: ders., *Œuvre*, Bd. 6, S. 37-50, S. 42.

95 Vgl. Elzinga, A., »The Science-Society Contract in Historical Transformation«, *Social Science Information* 36/1997, S. 411-445; Guston, D., u. Keniston, K., *The Fragile Contract: University Science and the Federal Goverment*, Cambridge/Mass. 1994.

96 Die hier getroffenene Unterscheidung zwischen der Situation philosophischer Interpreten und jener der Forschungsbeteiligten selbst wird leicht übersehen und noch eine wichtige Rolle bei der Frage nach einer der Tugendorientierung gemäßen Fortschrittsauffassung spielen (Kapitel 4.6.4).

97 Vgl. bes. Ben-David, *Role*. S. in Verbindung damit auch Ben-Davids postum veröffentlichtete Versuche, die mit der Edinburgh-Schule aufkommende Tendenz zur Reduktion auf Allerweltshandeln selbst historisch-soziologisch zu erkären: Kapitel VII (»The Changing Fortunes of the Ethos of Science«) von Ben-David, *Growth*.

98 Auf dieser Spur s. Solomon, M., »A More Social Epistemology«, in: Schmitt, F., (Hg.), *Socializing Epistemology: The Social Dimensions of Knowledge*, Lanham 1994, S. 217-233; das vermeintliche Paradox, daß die Soziale Epistemologie ausgerechnet unter dem Aspekt des Sozialen kritisiert wird, resultiert letztlich daraus, daß die hier vorgenommenen Deutung von Forschung als soziale Unternehmung methodologisch gesehen individualistisch tendiert.

99 Woodward, J., u. Goodstein, D., »Conduct, Misconduct and the Structure of Science«, *American Scientist* 84/1996, S. 479-90.

100 Vgl. die Position von Deichmann, U., »An Unholy Alliance. The Nazis Showed that ›Politically Responsible‹ Science Risks Losing Its Soul«, *Nature* 405/2000, S. 739.

101 Vgl. dazu die Zeugnisse von Wolfgang Pauli u. a. bei Eisenberg, A., »The Art of Scientific Insult«, *Scientific American* 6/1994, S. 92. Vgl. auch die Charakterisierung des Mathematikers Rolle in einem Streit, der durch eine leichte Formveränderung beizulegen gewesen wäre, bei Fontenelle, B. de, »Éloge de M. Rolle«, in: ders., *Œuvres,* Bd. 6, S. 479-486, S. 484 f.; zum Nutzen einer ›anti-barbarischen‹ Etikette am Beispiel einer Institution s. Gordin, M. D., »The Importation of Being Earnest: Early St. Petersburg Academy of Sciences«, *Isis* 91/200, S. 1-31.
102 Im Sinne von Goldman, *Epistemology, oder* Rescher, *Economy.*
103 Juskevic, A. P., u. Kopelevic, J. K, *Christian Goldbach 1690-1765,* Basel 1994, S. 99 ff.
104 Auf einige der vielfältigen Hindernisse dieser Entwicklung weist Timmons, H. »Science and Education in the First Half of the Nineteenth Century«, *Endeavour* 1996, S. 140-143.
105 Herrmann, D. B., »Über die Schwierigkeiten beim Schreiben einer Hertzsprung-Biographie«, *Wissenschaftliche Zeitschrift d. Humboldt-Universität zu Berlin – Reihe Geistes- und Sozialwissenschaften* 4/1992, S. 23-25.
106 Die drei wichtigsten Arbeiten sind als Bd. 255 von *Ostwalds Klassikern* (Hertzsprung, E., *Zur Strahlung der Sterne – Drei Arbeiten,* hg. v. D. B. Herrmann, Leipzig 1985) erschienen
107 Herrmann, D. B., *Ejnar Hertzsprung – Pionier der Sternforschung,* Berlin 1994.
108 Zit. Hermann, »Schwierigkeiten«, S. 23 f.
109 Vgl. Dennett, D., »The Interpretation of Texts, People and Other Artifacts«, *Philosophy and Phenomenological Research* 50/1990, Suppl., S. 177-94.
110 Einführend dazu Charpa, *Grundprobleme,* S. 126; auf Whewells eigener Linie realistisch ausgelegt bei Buchdahl, »Approaches«; Ruse, M., »Biological Species: Natural Kinds, Individuals or What?«, *British Journal for the Philosophy of Sience* 38/1987, S. 225-42; empiristisch dagegen s. Fraassen, B. van, *The False Hopes of Traditional Epistemology,* ungedr.; zur forschungspraktischen Relevanz s. Magnus, D., »Heuristics and Biases in Evolutionary Biology«, *Biology and Philosophy* 12/1997, S. 21-38; Walsh, W. H., »Colligatory Concepts in History«, in: *The Philosophy of History,* hg. v. P. Gardiner, Oxford 1974, S. 127-44; Charpa, U., »Der Hellenismus, die Pilze und die Härte – eine Notiz über die Sachhaltigkeit historischer Begriffe«, in*: Ideengeschichte und Wissenschaftsphilosophie,* hg. v. R. Dodel u.a, Köln 1997, S. 173-82.
111 »Whewell's Developmental Psychologism: A Victorian Account of Progress«, *Studies in History and Philosophy of Science* 22/1991, S. 117-139.
112 Eine eingehende Studie ist die von Leinkauf, Th., *Mundus combinatus. Studien zur Struktur der barocken Universalwissenschaft am Beispiel Athanasius Kirchers SJ (1602-1680),* Berlin 1993.
113 Cohn, L., s. n. *RE* 5 (1903), S. 445-72.
114 Dargestellt bei Grafton, A., *Cardanos Kosmos – Die Welten und Werke eines Renaissance-Astrologen,* engl. 1999, übers. v. P. Knecht, Berlin 1999, bes. S. 336 ff.
115 Vgl. als wissenschaftshistorisches Florileg daraus Jaton, A.-M., *Johann Caspar Lavater,* Zürich 1988, S. 61 ff.
116 Berlin, Kupferstichkabinett, hier nach Waetzoldt, W., *Dürer und seine Zeit,* Zürich 1953, Abb. 51. Die Inschrift findet sich bereits auf einer Medaille von Quentin Metsys aus dem Jahr 1519. Die Neuverwendung ist eventuell zugleich eine Anspielung darauf, daß Dürer sich bei der Anfertigung des Stichs an eine immerhin sechs Jahre alte Porträtskizze hielt.
117 Zu den auf die Stellung des Autors verweisenden Signalen von Texten s. Mullins u. a., »Analysis«.
118 Die Unzuverlässigkeit der Orientierung an Erwähnungsquantitäten beruht nicht nur darauf, daß die breite Rezeption eines schlechten Autors positiv mit der Inkompetenz seiner Leser korrelieren kann. Zitationen haben sehr verschiedene nicht-inhaltliche Funktionen, darunter die der disziplinären Selbsteinordnung des Zitierenden. Deshalb können Kozitationen zum Ausgangspunkt von Überlegungen zur Struktur von Fachdisziplinen in einer historischen Spanne benutzt werden. Vgl. dazu beispielhaft Fischer, K., *Changing Landscapes of Nuclear Physics. A Scientometric Study,* Berlin 1993; als Überblick ders., »Scientometrische Verfahren als Instrumente der Emigrationsforschung«, in: Fleck, Chr., (Hg.), *Soziologische und historische Analysen der Sozialwissenschaften* (Österreichische Zeitschrift für Soziologie, Sonderband 5), Opladen 2000, S. 213-244; zu den wissenschaftspolitischen Folgen der Orientierung an der Zitationshäufigkeit s. ders., »Leistung, nicht Konsens messen! Evaluation und Finanzierung aus der Sicht eines Wissenschaftshistorikers«, *Forschung und Lehre* 8/1998, S. 399-402.

119 Vgl. Charpa, »Fraud«.
120 Zitiert nach der Ausgabe als *Ostwalds Klassiker der exakten Wissenschaften,* Bd. 121, ND 7. Aufl. Frankfurt/M. 1995, S. 2.
121 Vgl. Foot, Ph., »Virtues and Vices«, in: dies., *Virtues and Vices,* Oxford 1978, S. 1-18; ähnlich Roberts, R. C. »Will Power and the Virtues«, *Philosophical Review* 93/1984, S. 227-84.
122 S. Feynman, R. P., *The Character of Physical Law,* Cambridge/Mass. 1965, S. 173; kritisch zur Historisierung auch Cushing, J. T., »Is Scientific Methodology Interestingly Atemporal?«, *British Journal for the Philosophy of Science* 41/1990, S. 177-94.
123 Daß die kollektivistischen Laborstudien für diesen Zweck nicht taugen, resultiert aus deren inhaltlichen Neutralität bzw. Unparteilichkeit.
124 Die Gespräche fanden in der angegebenen Reihenfolge am 10.6.1999 während des *Science Summit Space* in Räumen der *Deutschen Gesellschaft für Luft- und Raumfahrt* in Köln-Porz statt. Die Wiedergabe der Äußerungen folgt den während des Gesprächs angefertigten Notizen.
125 Ross, M., »Relation of Implicit Theories to the Construction of Personal Histories«, *Psychological Review* 96/1989, S. 341-57.
126 Zit. nach Heydweiler, A., »Johann Wilhelm Hittorf«, *Physikalische Blätter* 16/1915, S. 161-179, S. 165.
127 Hier zitiert nach dem Abdruck in [Hertz, H.,] *Die Prinzipien der Mechanik in neuem Zusammenhange dargestellt – mit drei Arbeiten von Heinrich Hertz, einem Vorwort von Hermann von Helmholtz, einer Vorbemerkung von Philipp Lenard* (Ostwalds Klassiker Nr. 263), hg. v. J. Kuszera, Leipzig 1984, S. 48-62.
128 Helmholtz, »Vorwort«, S. 48 f.
129 S. die Prinzipien des ›Universalismus‹, des ›Kommunismus‹, der ›Uneigennützigkeit‹ und des ›organisierten Skeptizismus‹ bei Merton, R. K., »Wissenschaft und demokratische Sozialstruktur«, engl. 1942, in: Weingart, P., *Wissenschaftssoziologie,* Bd. 1, Frankfurt/M. 1972, S. 45-59, S. 48 ff.; weiterentwickelt in der Rollenkonzeption von Ben-David, *Role,* und *Growth.*
130 Dies gegen die Verwechslung der Ebenen in der Kritik von Spinner, H., *Das ›wissenschaftliche Ethos‹ als Sonderethik des Wissens,* Tübingen 1985, S. 54: »Zwischen ethischem Input und wissenschaftlichem Output besteht kein signifikanter positiver Zusammenhang. Moralische Regelorientierung und individuelle Produktivität bzw. wissenschaftlicher Erkenntnisfortschritt scheinen voneinander unabhängig, ja vielleicht sogar miteinander *negativ* korreliert zu sein«. Aber individuelle Produktivität ist gar nicht Mertons Thema. Vgl. zur Rekonstruktion von Mertons Anspruch Twenhöfel, R., *Wissenschaftliches Handeln – Aspekte und Bestimmungsgründe der Forschung,* Berlin 1991, S. 77 ff.
131 S. bes. einflußreich die Gedankenführung von Anscombe, E., *Intention,* 3. Aufl. Oxford 1957.
132 Knorr-Cetina, K., *Die Fabrikation von Erkenntnis – Zur Anthropologie der Naturwissenschaft,* Frankfurt/M. 1984, S. 32 ff.
133 Gilbert, N., u. Mulkay, M., »Die Rechtfertigung wissenschaftlicher Überzeugungen«, engl. 1982, in: *Soziale Welt,* Sonderband 3, 1985, S. 207-227.
134 Den Extremfall bildet Bratmans Theorie des Handelns, derzufolge handlungsbezogene Warum-Fragen auf die Ermittlung des ›Plans‹ des Handelnden hinauslaufen: Bratman, M. E., *Intention, Plans, and Practical Reason,* Cambridge/Mass. 1987.
135 Obwohl der in der Alltagseinschätzung von Wissenschaft ohnehin selbstverständliche Aspekt des ›Rätsellösens‹ durch Thomas Kuhn nachhaltig in die wissenschaftstheoretische Diskussion gebracht worden ist, hat der Gesichtspunkt der mit einem Problem gesetzten Schwierigkeit kaum Aufmerksamkeit gefunden. Dies gilt auch für den explizit ›problemorientierten‹ Ansatz von Laudan, L., *Progress and Its Problems – Towards a Theory of Scientific Growth,* Berkeley 1977. Der Anforderungscharakter von Problemen spielt hingegen eine wichtige Rolle im ›knowledge-based-approach‹ der KI-Theoretiker. S. etwa Goldstein, I., u. Papert, S., »Artificial Intelligence, Language and the Study of Knowledge«, *Cognitive Science* 1/1977, S. 84-123. Vgl. auch die aus formaler Lerntheorie entwickelten Versuche der Verhältnissetzung von Hintergrundwissen und Problemlösbarkeit bei Kelley, *Logic,* S. 74 ff. et passim. Überdies wären außer den Anforderungen in Verbindung mit einer Lösungssuche auch solche der Aufgabenstellung zu bedenken. Einige Hinweise vor einem anders gefärbten Hintergrund dazu bei Vollmer, G., »Gelöste, ungelöste und

unlösbare Probleme – Zu den Bedingungen wissenschaftlichen Fortschritts«, in: ders., *Wissenschaftstheorie im Einsatz*, Stuttgart 1993, S. 183-210.

136 Das früher tangierte Zirkelproblem von Tugenderklärungen tritt für Helmholtz' deshalb nicht auf, weil er als Realist wissenschaftlichen Erfolg mit dem Erkennen gegebener Tatbestände ineinssetzt und damit über eine unabhängige Komponente der Beschreibung des Erfolgs von Handlungen verfügt. Ein Instrumentalist kann sich parallel eines Begriffs von empirischer Adäquatheit bedienen. Oben bei der Darstellung des Mathematiker-Beispiels wird ein präphilosophischer Begriff des Lösens eines Problems benutzt.

137 Was das präzise Verständnis der Zweckrationalität angeht, gilt für *TS** dasselbe wie für *TS* (s. oben Kapitel 2.2.3).

138 Dies markiert zugleich den Ort der im Blick auf eine Zirkelvermeidung wichtigen unabhängigen Erfolgskomponente.

139 Zur Eigenart des Schlusses s. ebenfalls oben Kapitel 2.2.3.

140 Basale Handlungsabsichten im hier betrachteten Sinne sind für sich genommen nicht erklärend, insofern ihre Beschreibung die Handlungsbeschreibung selbst wesentlich integriert. Wenn wir auf die Frage (i) ›Warum spielt *A* Schach?‹ mit ›Weil *A* beabsichtigt, Schach zu spielen.‹ antworten, geben wir kein sinnvolles Explanans an, sondern etwas, das selbst eine Erklärung verlangt (vorzugsweise durch höherstufige Motivzuschreibungen). Daß ›*A* spielt Schach.‹ selbst bereits intentional aufzufassen ist, wird dadurch erzwungen, daß wir die Aussage als Beschreibung einer Handlung anerkennen und von bloßem Verhalten abgrenzen.

141 Auf der Verwechslung solcher Qualitäten mit *Motiven* beruhen einflußreiche Kritiken der Tugendorientierung. So etwa die von Harman, G. »Moral Philosophy Meets Social Psychology: Virtue Ethics and the Fundamental Attribution Error«, *Proceedings of the Aristotelan Society* 99/1998-99, S. 315-331. Harman bezieht sich auf die experimentelle Feststellung mangelnder moralischer Resistenz unter kontextuellen Zwängen. Die beiden klassischen und mannigfach variierten Experimente zum Thema sind der berühmte Milgram-Versuch (1963) sowie das Arrangement der ›Barmherzigen Samariter‹. Beim Samariter-Experiment erwies sich, daß Theologiestudenten, die gerade mit dem Gleichnis vom barmherzigen Samariter befaßt waren, gegenüber einem erkennbar Hilfsbedüftigen nicht hilfsbereiter waren als andere Menschen. Der Grad der Hilfsbereitschaft korrelierte bei verschieden eingestellten Menschen einzig mit dem Faktor Zeit (Darley, J. M. u. Batson, C. D., »From Jerusalem to Jericho: A Study of Situational and Dispositional Variables in Helping Behavior«, *Journal of Personality and Social Psychology* 27/1973, S. 100-108. Die Versuchsanordnung weist das eine oder andere fragwürdige Detail auf, das Ergebnis erscheint mir dennoch durchaus aussagekräftig, allerdings in einer ganz anderen Richtung, als Harman es auswertet. Es zeigt nach meinem Dafürhalten 1. die vergleichsweise geringe praktische Bedeutung expliziter moralischer *Motive*, 2. die Beeinträchtigung moralischen Verhaltens von Menschen durch *Zeitdruck*. Das empirische Implikat der hier entfalteten Tugendorientierung bestünde in einer Behauptung wie der, daß Menschen, die – wie z. B. Feuerwehrleute – Routine darin haben, in Zeitnot angemessen zu handeln, geneigtere Helfer wären als eilige Moraltheologen.

142 Die vorgeschlagene Unterscheidung kongruiert in zentralen Hinsichten mit Bertram Malles Strukturierung faktischer alltäglicher Erklärungskomponenten mit den Elementen ›Causal History‹, ›Reasons‹, ›Intentions‹, ›Enabling Factors‹ und ›Intentional Behavior‹ s. Malle, »People«; ders., »Explanations«; Malle u. a., »Structure«.

143 Zur historischen Illustration sei auf eine weniger bekannte Episode hingewiesen: In einer aus vielerlei Gründen bedrängenden Situation hat der damalige *mathematicus* an der Grazer Stiftsschule – veranlaßt durch seinen Patron Johann Georg Herwart von Hohenburg (zu Herwarts Hintergrund s. Halleux, R. u. Bernès, A.-C., »La cour savante d'Ernest de Bavarie«, *Archives Internationales d'Histoire des Sciences* 45/1995, S. 3-29) – viel Mühe und Zeit darauf verwenden müssen, astronomische Angaben in einem antiken Text, Lukans *Pharsalia*, zu überprüfen, die dort einem Figulus (s. dazu Kroll, W., Artikel »Nigidius Figulus«, *Paulys Realencyclopädie der Classischen Altertumswissenschaft*, Bd. 17/1, Sp. 200-212) in den Mund gelegt werden. Um das Markante an der kleinen Episode aus dem Jahr 1597 zu würdigen, seien die äußeren Bedingungen in Erinnerung gebracht: Die Gegenreformation hatte bereits begonnen, für die Lutheraner wurde die Lage in den katholischen Gebieten zunehmend schwierig, und auch in der Steiermark

kündigten sich jene Entwicklungen an, die schließlich 1598 zur Vertreibung Keplers führten. Welche Bedeutung in dieser Situation der Haltung eines hochrangigen katholischen Patrons wie Herwart zukam, obendrein eines Mitgliedes jenes Ordens, dem die Gegenreformation oblag, läßt sich leicht ausmalen. Betrachten wir vor diesem Hintergrund Herwarts Forderung an den Klienten und dessen Antwort: Herwarts schon früher angemeldete Wünsche laufen auf ein größeres Projekt hinaus: die Suche nach einer bestimmten Planetenkonstellation unter den Himmelserscheinungen der Jahre 50 bis 38 v. Chr., wobei deutlich wird, daß der Kanzler bestimmte Ergebnisse erwartet: »Inprimis uero expeto, ut praedictum annum ante Christum 39 discutias« (Herwart von Hohenburg an Kepler, 24. 10. 1597, Kepler, J., *Gesammelte Werke*, Bd. 13, hg. v. B. Caspar, München 1945, Nr. 78, S. 149). Aber Keplers Reaktion zeigt, daß Herwarts Hoffnungen nicht das Maß des Astronomen abgeben. Seine Stellungnahme belegt eine eingehende Überprüfung der Vorgabe, und er gelangt zu folgendem Ergebnis: Wenn überhaupt irgendein Jahr in Frage komme, dann 51 v. Chr., andernfalls müsse man davon ausgehen, daß Lukan lediglich »more poetarum« verfahren sei. Überhaupt sei dem Leser der *Pharsalia* bei genauerer Lektüre klar geworden, daß »Lucanum in Astronomicis Tyronem fuisse« (Kepler an Herwart von Hohenburg, 24.12. 1597, *Werke*, Bd. 13, Nr. 83, S. 158) Und einen solchen Neuling müsse man angemessen einordnen: »Quis non videt, ludere Lucanum poetarum more, dum fingit, quo aptiora optare nescit« (*a.a.O.*, S. 159). Zwar hat Kepler durchaus ein einigermaßen zu den Angaben des Dichters passendes Datum ausmachen können, aber sieht nicht, daß damit viel gewonnen wäre. Vielmehr betont er die Grenzziehung von Naturforschung und Poesie: »Atque hoc primum est argumentum, quo non quaerendam in natura censeam Lucani faciem coeli« (*a.a.O.*). Auf das vorausgegangene rhetorische Interrogativum ›Quis?‹ gibt es eine naheliegende Antwort. Es ist der Gönner Hohenberg, der ›non videt‹ und der den Himmel Lukans irrtümlich in der Natur vermutet. Erleichtert wird Keplers Widerstand dadurch, daß Herwart selbst tugendhaft verfährt, indem er seine Patronshaltung zugunsten der Kollegialität und einer gemeinsamen Wahrheitsorientierung unterdrückt ([...] etiam rogo atque rogo, ut interim mihi et veritati concredas«, Herwart von Hohenburg an Kepler, 24. 10. 1597, *Werke*, Bd. 13, Nr. 78, S. 148), und in diesem Rahmen kann Kepler mit völliger Entschiedenheit Gegenläufiges vortragen.

144 Entsprechende Rationalitätsbedingungen sind, unabhängig von ihrer genauen Form, die in *TS* und *TS** offengelassen wurde, Komponenten der unterschiedlichsten Konzeptionen von Handlungserklärungen, angefangen von den kontroversen Handlungslogiken Hempels und Drays bis hin zu Dennetts Strategie der ›intentional stance‹.

145 Der wichtigste Schwachpunkt für Modelle ›ungebundener‹ Rationalität ist jener der faktischen Begrenztheit von Konsistenzprüfungen. Vgl. Cherniak, *Rationality*, Kap. 4 et passim; Stich, S., *The Fragmentation of Reason*, Cambridge/Mass. 1990, Kap. 2. u. 6.

146 Ich lasse die Frage außer acht, ob die Wissenssituation der drei Personen durch diese selbst beurteilt werden kann. Falls dies möglich wäre, verbreiterte sich der Raum ihres rationalen Entscheidens in den hier mit ›Optimieren‹ umschriebenen Bereich hinein. In Verbindung mit fehlender Fachkompetenz entspricht dem aber keine faktische Kalkulationschance. Es ist nicht einmal vorauszusetzen, daß jemand, der ein bestimmtes fachliches Wissen besitzt, wissen muß, daß er es hat. Gegen die Hintikka-Bedingung s. unten Kapitel 3.5.1.

147 Damit erledigt sich der provokante Charakter binnenvernünftiger – darin eingeschlossen logischer – Argumentationen kognitiv desorientierter Menschen. Vgl. Sylvan, »Myths«, S. 53.

148 Auf die Unzulänglichkeit instrumenteller Rationalität bezieht sich auch (unter dem der hier gewählten Konzeption widrigen Regelaspekt) Gosepath, S., »Eine einheitliche Konzeption der Rationalität«, *Protosoziologie* 6/1994, S. 104-119. Daraus resultiert anstelle einer Gegenbewegung ein zusätzlicher Aufbau der Absichtskomponente (»Die Handlungen müssen sich aus einer praktischen Überlegung ergeben, in der alle relevanten Wünsche und zur Verfügung stehenden Informationen berücksichtigt und die Ziele richtig abgewogen sind. [...] Rationalität bedeutet demnach, danach zu streben, in den gegebenen Umständen das für einen bestmögliche zu tun.« *A.a.O.* S. 119). Auf die Frage, wie es *möglich* war, daß ein Akteur *A* etwas Besseres vollbracht hat als *B*, liefert eine solche Motivangabe aber nur die alles andere als zufriedenstellende Antwort, er sei nicht hinreichend *bestrebt* gewesen, das Optimale zu tun. Vgl. auch die Kritik an Meles Begriff der motivationalen Kraft (s. oben Anm. 52).

Kapitel 3

1 So noch jüngst die sonst gelungene Einführung von Klee, R., *Introduction to the Philosophy of Science – Cutting Nature at Its Seams*, Oxford 1997. Dort nimmt das Glossar dankenswerte Rücksicht auf herkömmliche Vorstellungen: »Epistemology is one of the five traditional subfields of philosophy. An epistemological issue is one that in some way has to do with knowledge: what knowledge is, how it is arrived at, its different sources, what forms it takes under what circumstances, how one justifies a claim to know something, how knowledge differs from accidently true opinion, and so on« (S. 243). Der anschließende Index weist aus, was von diesem Stoff im Haupttext übrig bleibt: Der Begriff ›knowledge‹ fehlt ganz und unter ›epistemology‹ heißt es schlicht »see Theories, scientific; epistemological aspects of« (S. 254). Wer dem Hinweis folgt, findet denn auch nichts anderes als Themen von der Art der Duhem-Quine-These, der Berechtigung des Realismus usw.

2 S. insbesondere Poppers Projekt der Aufhebung herkömmlicher Theorie des ›erkennenden Subjekts‹ in einer spekulativen Ontologie (Drei-Welten-Lehre).

3 Larvor, B., »History, Role in the Philosophy of Science«, in: Newton-Smith, W. H., (Hg.), *A Companion to the Philosophy of Science*, Oxford 2000, S. 154–161, S. 160: ähnlich unausgewiesen die Einschätzung von »Wissenschaft als Paradigma des Wissens« bei Agazzi, *Das Gute*, S. 29 ff.

4 Rogers, G. A. J., »Locke«, in: Newton-Smith, *Companion*, S. 229–232.

5 Gooding, D. C., »Experiment«, in: Newton-Smith, *Companion*, S. 117–26, S. 122.

6 Bei de Finetti selbst wird der Grad des Überzeugtseins (›degree of belief‹) mit einer Kohärenzforderung verbunden, so daß die Überlegungen in einer Überzeugtheits*norm* münden. Vgl. den Überblick bei Stegmüller, W., *Probleme und Resultate der Wissenschaftstheorie und Analytischen Philosophie*, Bd. 4, *Personelle und Statistische Wahrscheinlichkeit*, Berlin 1973, S. 65 ff.

7 »These priors [sc. prior probabilities] are my own estimate of what a typical scientist, at the time, would have given as an estimate of the probability. They are not the actual or estimated judgment of any particular scientist. [...] I believe that in the practice of science the estimates of the priors do not differ by enough to prevent the scientific community from agreeing on the best confirmed or supported hypothesis, given a reasonable evidence.« Franklin, A., *Experiment, Right or Wrong*, Cambridge 1990, S. 101.

8 Pais, A., *›Raffiniert ist der Herrgott ...‹ Albert Einstein – Eine wissenschaftliche Biographie*, engl. 1982, übers. v. R. Sexl u. a., Braunschweig/Wiesbaden, 1986, Kap. III, 6b, S. 115–126.

9 Vgl. etwa den Titel von Poppers bekanntem Aufsatz »Truth, Rationality and the Growth of Scientific Knowledge« und der Anthologien *Criticism and the Growth of Scientific Knowledge* (Lakatos/Musgrave) und *Scientific Knowledge* (Kourany). S. auch die soziologistische Gegenseite: Barnes, B. u. a., *Scientific Knowledge – A Sociological Analysis*, Chicago 1996. Daß man bei Übersetzungen in den ersten beiden Fällen den Ausdruck ›wissenschaftliche Erkenntnis‹ meidet und statt vom Wachstum wissenschaftlicher Erkenntnis von Erkenntnisfortschritt spricht, mag daran liegen, daß der Ausdruck ›wissenschaftliche Erkenntnis‹ für manchen Sprecher etwas Pathetisch-Endgültiges konnotiert, das nicht zur Vorstellung von Wissenschaft in flux paßt.

10 Vgl. z. B. die Inanspruchnahme von physikalischer Gesetzeskenntnis bei Einstein, A. u. Infeld, L., *The Evolution of Physics*, Cambridge 1938, S. 224.

11 Das Bild ist außer der *History of the Inductive Sciences* (1837) und der *Philosophy of the Inductive Sciences* (1840) auch den *Principles of the English University Education* (1837) und *Of a Liberal Education in General* (1845) vorangestellt. Dazu s. Williams, P., »Passing on the Torch: Whewell's Philosophy and the Principles of English University Education«, in: Fisch, M., u. Schaffer, S., (Hg.), *William Whewell – A Composite Portrait*, Oxford 1991, S. 117–147. Zum Motiv vgl. »Vicissim traditur« in: Schöne, A., u. Henkel, A., *Emblemata – Handbuch zur Sinnbildkunst des XVI. und XVII. Jahrhunderts*, Stuttgart 1967, S. 1379 f.

12 Nach Hekataios von Abdera hat bereits Hermes (Thot) die *gebildetesten* Griechen nach Ägypten kommen lassen, um dort etwas zu lernen. Mitgeteilt bei Diodor 1, 16. Daß dies in der Konkretheit vermutlich ptolemäische Kulturpropaganda ist, hebt die immergrüne Gedankenfigur nicht auf.

13 Der Kuriosität halber sei erwähnt, daß der Vater eines späteren Direktors des *Jardin Royal* seinen Sohn unmittelbar nach der Geburt mit der wissenschaftlichen Sozialisation beginnen ließ: »Dès eut les yeux ouverts, il vit qu'on estimoit les Savans [...]«. Fontenelle, B. de, »Eloge de Monsieur du Fay«, *Œuvres*, Bd. 7, S. 317–329, S. 318.

14 S. Fontenelle, B. de, »Eloge de Monsieur Viviani«, *Œuvres*, Bd. 6, S. 81–93, S. 81. Den Hintergrund von Galileis für den modernen Betrachter nicht sonderlich originell wirkender Forderung bildet eines der faszinierendsten Momente der sog. Wissenschaftlichen Revolution, die Aufwertung der Mathematik. Das besonders mit den Bemühungen Clavius' im *Collegium Romanum* verbundene Projekt der Neupositionierung der Mathematik sowohl was den Lehrbetrieb anging als auch hinsichtlich ihres Erkenntnisanspruches findet seinen Niederschlag in der maßgeblichen Ausbildungsordnung, Clavius' *Ratio studiorum* (1599), sowie in *De mathematicorum natura dissertatio* (1615) seines Schülers Josephus Blancanus, die der Geometrie *causae formalis* und *causae materialis* zuschreibt. Überblicke hierüber geben Wallace, W. A., *Galileo and His Sources: The Heritage of the Collegio Romano in Galileo's Science*, Princeton 1984, S. 136 ff., und Dear, P., »Jesuit Mathematical Science and the Reconstitution of Experience in the Early Seventeenth Century«, *Studies in History and Philosophy of Science* 18/1987, S. 133–175.

15 Diese gedankliche Figur setzt sich bis in die neueste Literatur hinein fort und findet sich oft auch dort, wo nicht mehr nur Theorie-Evidenz-Relationen zur Debatte stehen. Rothbart, D., *Explaining the Growth of Scientific Knowledge: Metaphors, Models, and Meanings*, New York 1997, beginnt in vermeintlicher Selbstverständlichkeit nicht mit der Frage, was wissenschaftliches Wissen sei, sondern erläutert den Modellbegriff. Die Frage nach menschlichen Überzeugungen ergibt sich dann eher en passant im Kapitel 4, wo es um den Umgang mit technischen Gerätschaften geht (»The Epistemology of a Spectrometer«). Sogar dort, wo die Problemvorgabe es zu verbieten scheint, epistemische Zustände zu reduzieren, gelingt es noch, sie vom Kopf auf die Füße zu stellen. Aus Kuhns revolutionären Veränderung der *Forscher*einstellungen wird eine forscherlose »Paradigm driven Science« (Kap. 5).

16 Wegweisend war der Versuch von Barwise, J., u. Perry, J., *Situations and Attitudes*, Cambridge/ Mass. 1983, bes. Kap. 6–8.

17 In der zweiten Auflage einer verbreiteten Handreichung heißt es in diesem Sinne u. a. »[...] an individual's knowledge properly enters the domain of science only after it is presented to others in such a fashion that they can independently judge its validity. This process occurs in many different ways. Researchers talk to their colleagues and supervisors in laboratories, in hallways, and over the telephone. They trade data and speculations over computer networks. They give presentations at seminars and conferences. They write up their results and send them to scientific journals, which in turn send the papers to be scrutinized by reviewers [etc.]. In the process, individual knowledge is gradually converted into generally accepted knowledge.« Committee on Science, Engineering, and Public Policy u. a., *On Being a Scientist*, 2. Aufl. Washington 1994, Introduction, unpag.
Die Phrase ›knowledge of researchers‹ statt ›scientific knowledge‹ verwendet etwa das ambitionierte ›Weiße Papier‹ des Dänischen Ministeriums für Forschung und Informationstechnologie: Forskningsministeriet, *Research in Perspective*, Kopenhagen 1995, Kap. 4, passim.
Für den deutschen Ausdruck ›Forscherwissen‹ gibt es bisher lediglich sporadische Verwendungen. S. etwa die politischen Stellungnahmen der Garchinger Physiker zur Erstellung der Neutronenquelle FRM-II: Artus, G. u. a., *Wir wollen Zukunft für Wissenschaft in unserem Land!*, Garching 1999, in der – was vom Sprachgebrauch ganz auf der Linie der weiteren Erörterung in diesem Kapitel liegt – auf die »Kontinuität des Wissensflusses von einer Forschergeneration zur nächsten« abgehoben wird und die Sorge zum Ausdruck kommt, daß das »enorme Wissen der [älteren] Neutronenforscher« nicht weitergegeben werden könne, da diese Generation aus Altersgründen bald aus der aktiven Forschung ausscheide und der »Wissensverlust für die deutsche Neutronenforschung« beträchtlich wäre. Es gibt vergleichsweise wenig Verständnis für den hier sichtbaren Typus von Argumentationen, und ihren inzwischen eingetretenen Erfolg dürften die Garchinger Physiker eher diffusen politischen Hoffnungen auf technischen Nutzen verdanken. Vgl. dagegen die entschiedene Personalisierung des Wissenstransfers bei Hutchinson, J., u. Huberman, M., *Knowledge Dissemination and Use in Science and Mathematics Education: A Literature Review*, (National Science Foundation Report, NSF 9375), Washington 1993.

18 Es gilt etwa: »our knowledge of the conditions of the motion of agitation is more complete than our knowledge of electrolysis« oder »full explanation [sc. of the law of molecular specific heats] depends on a more perfect knowledge of the internal structure of a molecule than we as yet possess«. Maxwell, J. C., »On the Dynamical Evidence of the Molecular Constitution of Bodies«, *Journal of the Chemical Society of London* 28/1875, S. 493–508; Faksimile in Nye, M. J., *The Question of the Atom*, Los Angeles 1984. Vgl. auch die häufige Begründungsfloskel des Nobelpreiskomittees »for his [her] contributions to the knowledge [...]«. Bezeichnend ist auch die von jeglicher erkenntnistheoretischer Einschränkung freie reflexive Verwendung im Blick auf wissenschaftliche Täuschungen, Irrtümer usw. Vgl. die Auseinandersetzung von Renate Mayntz mit dem Fall Brach/Herrmann: »Ich will mich hier nicht einlassen auf eine Diskussion über ›Wahrheit‹. Wissenschaftliche Aussagen können kaum Wahrheit in einem absoluten, abbildhaften Sinn beanspruchen; Ziel kann nur sein, hic et nunc nach bestem Wissen und Gewissen zutreffende Aussagen zu machen. ›Nach bestem Wissen und Gewissen‹ – das heißt, daß der Forscher unter Einhaltung der »Grundsätze guter wissenschaftlicher Praxis« gearbeitet hat.« (*Betrug in der Wissenschaft – Randerscheinung oder wachsendes Problem?* – Max-Planck-Institut für Gesellschaftsforschung, Working Paper 99/4, April 1999, unpag.).

19 Vgl. in der neueren Literatur besonders nachdrücklich Dretske, F., »Conclusive Reasons«, *Australasian Journal of Philosophy* 49/1971, S. 1–22.

20 Vgl. Goldman, A. I., *Epistemology and Cognition*, Cambridge/Mass. 1986, S. 89 ff.

21 Der Begriff der Verläßlichkeit findet zunehmend wissenschaftstheoretische Verbreitung, und zwar unberührt davon, ob eine Gemeinschaft mit dem erkenntnistheoretischen Reliabilismus hergestellt wird. Kelly, K. T., *The Logic of Reliable Inquiry*, Oxford 1996, behandelt logische Verläßlichkeit, d. h. in erster Linie Verfahren, die mehr oder minder garantierende Erweiterungsschlüsse aus gegebenen Prämissen erlauben, und verknüpft das klassische Induktionsproblem mit der Formalen Lerntheorie. Etwas näher am Stoff reliabilistischer Epistemologie u. a. liegen verschiedene Beiträge, die unter dem Sektionstitel »Evidence, Data Generation, and Scientific Practice: Toward A Reliabilist Philosophy of Experiment« beim *Sixteenth Biennial Meeting* der *Philosophy of Science Association 1998 Kansas City, October 22–25*, vorgetragen wurden. (Veröffentlichung angekündigt). Auf Verträglichkeit seines Ansatzes mit reliablistischen Argumentationen zielt auch Jardine, N., *The Fortunes of Inquiry*, Oxford 1986, S. 95 ff.

Die engsten Nachbarschaftsverhältnisse zur nachstehenden Argumentation, soweit sie im engen Bereich der Auszeichnung von Wissen bleibt, bilden Goldman, *Knowledge*, Kap. 8, (›Science‹), sowie Papineau, *Naturalism*, Kap. 5, u. ders., *Science and Truth*. Zu den Defiziten beider Konzeptionen unter den Aspekten der Einführung von Neuem und der Theorienwahl s. die Bemerkungen in der Einleitung (oben).

22 Vgl. unter diesem Aspekt die Schlußfolgerung bei Unger, P., *Ignorance: A Case for Scepticism*, Oxford 1975: Gewißheit ist nie verbürgt – Wissen erfordert Gewißheit – Ergo gibt es kein Wissen. Dazu s. Weintraub, R., »Epistemology without Knowledge?«, *Ratio* (New Series) 4/1991, S. 156–66.

23 Nicht zu verwechseln mit Goldman, A. I., »Strong and Weak Justification« (1988), abgedr. in: ders., *Liaisons*, S. 127–41. Goldmans ›schwache Rechtfertigung‹ ist im wesentlichen ein rein subjektiver Ausweis, dem u. a. damit Genüge getan ist, daß eine Person *glaubt*, einen verläßlichen Erkenntnisprozeß begleitet zu haben. Zu den Eigenarten der oben favorisierten (›schwachen‹) ›innerweltlichen‹ Rechtfertigung gehört, daß sie den genius malignus nicht abblockt. Dies scheint mir hinzunehmen, weil es für die vorliegende Argumentation ausreicht, daß Forschung sich ›innerweltlich‹ auszeichnet.

Was eine mögliche Anbindung an klassische philosophische Auffassung angeht, so ist unschwer zu erkennen, daß es Parallelen zu Lockes Umgang mit Ideen gibt. Dies gilt speziell für die vorgeschlagene Behandlung des Intersubjektivitätsproblems (s. unten Abschnitt 3.2.5).

24 Einsteins Realismus ist vielgestaltig und schillert zwischen der Idee der mit zunehmender Einfachheit verbundenen Entwicklung eines wahren »Gedankensystems« (z. B. Einstein, A., »Physik und Realität«, (1936), abgedr. in: ders, *Aus meinen späten Jahren*, Frankfurt/M. 1990, S. 63–106) und der eines perspektivischen Realismus, demzufolge verschiedene theoretische Auffassungen jeweils verschiedene Momente der Realität erfassen (vgl. den Brief an Moritz Schlick v. 21.5.1917,

zit. in Howard, D., »Realism and Conventionalism in Einstein's Philosophy of Science: The Einstein-Schlick Correspondance«, *Philosophia Naturalis* 21/1984, S. 616–29, S. 619). Überblick dazu bei Charpa, U., u. Grunwald, A., *Albert Einstein*, Frankfurt/M. 1993, S. 103–18. Bezeichnend für die sich hier auftuenden Schwierigkeiten ist die im einzelnen durchaus gut nachzuzeichnende Kennzeichnung von Einsteins Philosophie als »Kombination von materialistischem, essentialistischem, deterministischem, kritischem, prorationalistischem und konvergentem Realismus«. Polikarov, A., »Über den Charakter von Einsteins philosophischem Realismus«, *Philosophia Naturalis* 26/1989, S. 135–58, S. 149. In welchem Sinne hat nun Einstein an die Wahrheit einer bzw. seiner Theorie geglaubt?

25 »Scientist's are [...] very sceptical even of their best theories. Newton's is the most powerful theory science has yet produced, but Newton himself never believed that bodies attract each other at a distance. So no degree of commitment to beliefs makes them knowledge«, Lakatos, I., »Science and Pseudoscience«, in: ders., *Scientific Papers*, Bd. 1, hg. v. J. Worrall u. G. Currie, Cambridge 1977, S.1–7, S. 1.

26 Brief an die Eltern v. 31.7.1882, zit. nach Fölsing, A., *Heinrich Hertz – Eine Biographie*, Hamburg 1997, S. 165.

27 S. dazu Capurro, R., *Information – Ein Beitrag zur etymologischen und ideengeschichtlichen Begründung des Informationsbegriffs*, München 1978.

28 Ich benutze hier eine Allerweltsunterscheidung, die mit dem Verständnis von Information als ›Sache‹ zusammenfällt, was am ehesten dem Umgang mit dem Begriff in entwickelten Ansätzen der Theoretischen Physik (als Organisationmaß) entsprechen mag. Eine gewisse architektonische Übereinstimmung besteht zwischen dem Allerweltsverständnis und den Konzeptionen der sog. informationellen Semantik, die ›Information‹ als Grundbegriff verwenden, auf dem der des Wissens beruht. Informationen sind hier cum grano salis geistunabhängige Verknüpfungen zwischen einem Zeichen bzw. Signal und dem, wofür es steht, z. B. zwischen einem Hinweisschild mit dem entsprechenden Symbol und einem auf diese Weise angezeigten Fußgängerüberweg. Wissen entsteht im Zuge der Transformation solcher Informationen in Bedeutung (meaning). S. allgemein Dretske, F., *Knowledge and the Flow of Information*, Cambridge/Mass. 1981. Auf die Unterscheidung beziehen sich auch praktisch orientierte Theorien der Informationswissenschaft, mit der Konsequenz, daß z. B. Bibliotheken angehalten sind, Bücher so effektiv zu ordnen und inhaltsbezogen zu registrieren, daß Wissensbildung erleichtert wird. Vgl. die Stellungnahme gegen die Welt3-Konzeption Poppers, in der die Differenz von menschlichem Wissen und Information verdeckt werde, im Anschluß an Goldman (vgl. die Kapitel 6 u. 7 in Goldman, *Knowledge*) von Budd, J. D., »The Information Professions as Knowledge Professions«, Vortrag Konferenz *Information Specialists for the 21st Century*, 14./15.10., Hannover 1999.
Diese Sichtweise kongruiert mit einer traditionshaltigen personalistischen Betrachtung, wie sie Raabe, P., *Die Bibliothek als humane Anstalt betrachtet – Plädoyer für die Zukunft der Buchkultur*, Stuttgart 1986, anstellt. Bibliothekarisches Wissen, ob als herkömmliches Gedächtniswissen oder als maschinell vermittelte Strukturgebung von Informationsspeichern, ist Wissen von *Bibliothekaren*.
Die vorgenommene Abhebung des Wissens von Information schließt die Anerkennung der Autonomie der Informationstheorie ein, die wesentlich auf der Anwendung der mathematischen Wahrscheinlichkeitstheorie beruht. Ich gehe davon aus, daß der Begriff der Information in vielen derzeitigen Formulierungen gleichermaßen verwischt wird wie der des Wissens.

29 In deutlicher Entsprechung zum ersten Satz der *Metaphysik* des Aristoteles schreibt Fontenelle: »Il [l'esprit] veut savoir; tout ce qui peut-être connu lui est nécessaire [...].« Aber wie gelangt man zu diesem Wissen? Für Fontenelle ist dies »dans les plus sèches et les plus épineuses recherches«. »Préface«, S. 44.

30 S. dazu den Hinweis auf die Bedeutung von »individual scientist's capacity« beim Umgang mit Informationen aus dem Weltweiten Netz bei Hoven, M. J., van den, »Ethics, Social Epistemics, Electronic Communication and Scientific Research«, *European Review* 7/1999, S. 341–48. Angesichts der neuen Problemlast für *Wissenschaftler* liegt die Absurdität von Thesen wie der, man könne Kindern zu bemerkenswertem Wissen verhelfen, indem man ihnen die Bedienung einer Internet-Suchmaschine beibringt, auf der Hand.

31 Vgl. im Unterschied etwa Grupp, H., *Messung und Erklärung technischen Wandels – Grundzüge einer empirischen Innovationökonomik*, Berlin 1997.
32 Zemanek, H., Information und Ingenieurwissenschaft«, in: Folberth, O., u. Hackl, C., (Hg.), *Der Informationsbegriff in Technik und Wissenschaft*, München 1986, S. 17–52.
33 Vgl. Fontenelle, B. de, »Éloge de Monsieur Boerhaave«, in: ders., *Œuvres*, Bd. 7, S. 285–98, S. 290.
34 Dazu Rescher, N., *Die Grenzen der Wissenschaft*, engl. 1984, übers. v. L. B. Puntel, Stuttgart 1985, Kap. X; allgemeiner ders., *Economy*.
35 Vgl. als Zugänge die Sammlungen von Carruthers, P. u. Smith, P., *Theories of Theories of Mind*. Cambridge 1996; Davies, M. u. Stone, T., (Hg.), *Folk Psychology: The Theory of Mind Debate*, Oxford 1995; Stich, S.P., (Hg.), *Deconstructing the Mind*, Oxford 1996. Wichtig ist für die folgende Darstellung, daß nicht notwendig grundsätzliche *Entscheidungen* zu treffen sind, wenn wir zu Entfaltungszwecken einer alltagsmentalistischen Betrachtungsweise Raum geben. Vgl. die Entlastung bei Tetens, H., Geist, *Gehirn, Maschine – Philosophische Versuche über ihren Zusammenhang*, Stuttgart 1994, S. 22 ff.
36 »[...] there is no necessary or deep individuative relation between the individual's being in states of those [sc. mental] kinds and the nature of the individual's physical or social environments«. Burge, T., »Individualism and Psychology«, *Philosophical Review* 95/1986, S. 3–45, S. 4.
37 Das bekannte Argument ist Putnams (*Die Bedeutung von ›Bedeutung‹*, engl. 1975, übers. v. W. Spohn, Frankfurt/M. 1979, S. 31 ff.) Beispiel: Ein Erdling und ein Bewohner einer Zwillingserde, die sich physikalisch in nichts unterscheiden, können dennoch mental differieren. Der Erdling hätte z. B. einen Gedanken über Wasser im Sinne von H_2O, wohingegen der Zwillingserdling einen Stoff *XYZ* damit verbinden könnte, wenn seine Umwelt entsprechend beschaffen wäre und *XYZ* dort die entsprechenden Funktionen wahrnähme. Stephen Stich (Stich, S. P., *From Folk Psychology to Cognitive Science: The Case against Belief*, Cambridge/Mass. 1983, S. 63 f.) und andere Autoren führen Beispiele aus, bei denen die Vergleichssubjekte nicht völlig, sondern lediglich in wichtigen Hinsichten gleich sind.
38 »That is one reason why individualists draw the line where they do. The whole subject is the largest candidate for the supervenience base because it is the largest integrated system available«. Segal, G., »Defence of a Reasonable Individualism«, *Mind* 100/1991, S. 485–94. Segals Beschreibung ist nicht polemisch. Stich schreibt von »conceptually complex hybrids« in denen sich sich eine autonome (interne) Komponente mit kontextuellen Gegebenheiten verbinde. Stich, *Folk Psychology*, S. 168 ff.
39 Vgl. Davies, M., »Externality, Psychological Explanation, and Narrow content«, *Proceedings of the Aristotelian Society* 60/1986, S. 263–83.
40 Das Problem der disziplinären Eingrenzung bleibt hier offen. Ein sog. starkes Programm nach dem soziologischen Vorbild der Edinburgh-Gruppe vertritt Freedman, E. G., »Understanding Scientific Discourse: A Strong Programme for the Cognitive Psychology of Science«, *Theory and Review* 1997 (nur elektronisch: http://www.gemstate.net/susan/Eric/eric.htm; eingesehen am 1.10.1998). Ich halte ein solches Programm für fruchtbarer als den soziologistischen Ansatz, weise aber darauf hin, daß auch ein psychologisch angesetztes sog. starkes Programm wissenschaftstheoretisch gesehen ein schwaches ist. Die klassische wissenschaftstheoretische Erklärungsaufgabe beruht auf Kontrastierungen des Inhalts ›Warum ist eine gute wissenschaftliche Theorie prognostisch erfolgreicher als eine schlechte, nicht zu reden von Allerweltshypothesen?‹ Zu erklären ist wissenschaftlicher *Fortschritt*, so daß die Individualität der Repräsentation nur – wie es im weiteren auch geschieht – als integrales Moment des Fortschreitens aufgefaßt wird. Sehr plausibel ist hingegen die Annahme, daß individualpsychologische Überlegungen zur Erklärung von Dissens beitragen können (s. Freedman, E. G., »Understanding Scientific Controversies from a Computational Perspective: The Case of Latent Learning«, in: Giere, R. N., (Hg.), *Cognitive Models of Science*, Minneapolis 1992, S. 310–337). So empfiehlt es sich durchaus in einer parasitären philosophischen Haltung zu verbleiben, die psychologische Überlegungen bei Bedarf nutzt (s. parallel auch den frühen Prospekt der Sozialwissenschaftler Mitroff, I., u. Kilmann, R. H., »Systematic Knowledge – Toward an Integrated Theory of Science«, *Theory and Society* 4/1977, S. 103–29). Vgl. grundsätzlich zum eingeschränkten Naturalismus oben Kapitel 1.4.

41 Von Davidson übernommene Charakterisierung von Barwise u. Perry, *Situations*, S. 174 ff.

42 Dies belegt eine uferlose Diskussion. Die meisten Ansätze sind externalistisch, d. h. sie behaupten, die ›Inhalte‹ propositionaler Einstellungen resultierten aus Interaktionen zwischen den Symbolen einer mentalen Sprache (alltagspsychologisch: Gedanken) und äußeren Objekten. Darunter sind nur einige wenige, die überhaupt den Anspruch erheben, den alltäglichen Mentalismus zu reinterpretieren, wie es die ideenorientierten Philosophien des 18. Jahrhunderts auf sich nahmen. Es geht, wo nicht ohnehin Ersetzung anvisiert wird, eher um eine Art Harmonie nach dem Motto Quines, der die Begriffe des Mentalen für »practically indispensable« (*Word and Object*, Cambridge/Mass. 1960, S. 219) erklärt. Auf eine Verteidigung des gewöhnlichen Mentalismus zielt der komplexe Ansatz von Jerry Fodor (»a scientific psychology that vindicates commonsense belief/desire explanation«, *Psychosemantics*, S. 16; s. a. den Anhang »Why There Still Has to Be a Language of Thought«), der dualistisch ausfällt, d. h. ›nahen‹ und ›weiten‹ Gehalt anerkennt. In einfacher Form zusammengefaßt, ergibt sich seinem Rekonstruktionsvorschlag zufolge etwa folgende Szene: Eine mentales Symbol, wie beispielsweise *Licht* wird durch einen leuchtenden Gegenstand hervorgerufen. Zwar können auch unpassende Gegenstände *Licht* anregen, aber dies setzt voraus, daß passende Gegenstände vorher *Licht* erzeugt haben. Aus solchen Asymmetrien entstünde schließlich das, worauf sich unser Wissen, Meinen, Glauben, Hoffen usw. bezieht. Zur Diskussion s. Loewer, B., u. Rey, G., (Hg.), *Meaning in Mind: Fodor and his Critics*, Oxford 1990, mit ›anti-mentalesischen‹ Kritiken Dennetts u. a. Ob Fodors Ansatz tatsächlich mit unseren gewöhnlichen Erfahrungen mentaler Tatbestände harmoniert, sei freilich dahingestellt. Goldman, *Epistemology*, S. 165 ff. merkt im Blick auf die Infragestellung mentaler Zustände an, daß die Kritik des Alltagsmentalismus sich wesentlich daraus speise, daß dieser als eine *Theorie* behandelt werde, die aufgrund schwacher Leistung, etwa hinsichtlich ihres prognostischen Vermögens, zu verwerfen sei. Es handle sich aber eher um eine Sammlung von Begriffen, die ontologisch nicht deshalb problematisch sein müßten, weil sie methodologisch gesehen ihre Tücken hätten. Davon abgesehen handelt es bei der kontrastiv vorausgesetzten Erklärungskraft physikalistisch reduzierender Handlungserklärungen bislang um kaum mehr als um eine Verheißung.

43 Auf die Austauschbarkeit hebt die eliminativistische Strategie von Velmans, M., »Intersubjective Science«, *Journal of Consciousness Studies* 6/1999, S. 299–306, ab. Eine reliabilistisch hinreichende Sicherung mentalistischer *Beschreibungen* wird aber meines Erachtens auch erreicht, ohne sich zugunsten einer bestimmten Theorie des Bewußtseins zu entscheiden, die hierfür lediglich ein Interpretament anböte. Dies ergibt sich auch aus einer grundsätzlichen Überlegung: Eine Betrachtung, die nicht versucht, ›Wissen‹, ›Glauben‹ u. ä. ›folk‹-Begriffe aufzunehmen, sondern z. B. vollständig im Rahmen etwa der Neurophysiologie bliebe, wäre auch nicht in einem nachvollziehbaren Sinne als ›erkenntnistheoretisch‹ einzustufen, insofern ihr die begriffliche Brücke zum Traditionsunternehmen fehlte. Dies beträfe zuvorderst Churchlands Ansatz. Allerdings gilt für die weitere Darstellung eingestandenermaßen, daß wer, etwa unter konnektionistischen Prämissen, die Vorstellung vom Wissen als eine Art von ›Stücken des Geistes‹ ablehnt, die nachfolgenden alltagsmentalistischen Beschreibungen nur als bequeme Redeweisen auf einer oberflächlichen Betrachtungsebene ansehen kann.

44 S. die durch Computermodelle inspirierten Strukturierungsvorschläge von De Mey, M., *The Cognitive Paradigm*, 3. Auflage Chicago 1992.

45 Die meisten wissenschaftspsychologischen Untersuchungen vollziehen sich auf der Spur bekannter methodologischer Auffassungen, d. h. beziehen sich – in der Regel selbst experimentell angelegt – auf Schlußverfahren, damit zusammenhängend die Überprüfung von Hypothesen oder – wobei Simulationen eine große Rolle spielen – auf Entdeckungsverläufe (vgl. Beiträge von Campbell, Tweeney u.a in Gholson, B., u. a., (Hg.), *Psychology of Science – Contribution to Metascience*, Cambridge 1989). Dagegen gibt es vergleichsweise wenig Aufschlüsse hinsichtlich des *Verfügens* über Vorstellungen bzw. Wissen. Hingewiesen sei auf Brewer, W. F., u. Chinn, C. A., »Entrenched Beliefs, Inconsistent Information, and Knowledge Change«, in: Birnbaum, L., (Hg.), *Proceedings of 1991 International Conferences on the Learning Sciences*, Charlottesville 1992, S. 67–73, die zeigen, daß die Vorbehalte und Zustimmungen ›normaler‹ Erwachsener, die in Quanten- und Relativitätstheorie eingeführt werden, sich in der Nußschale des psychologischen Versuchs ähnlich darstellen, wie es in den entsprechenden wissenschaftsgeschichtlichen Situationen der Fall

war. Auch *inhaltlich* deutet sich möglicherweise so etwas wie eine Tendenz zur – frei mit Haeckel gesprochen – Rekapitulation an: Ungeschult entwickelte physikalische Vorstellungen von Anfängern ähneln jenen der Impetustheorie Johannes Philoponus oder Buridans. S. McCloskey, M., »Intuitive Physics«, *Scientific American* 1983, Nr. 248, S. 122–130. Vgl. allgemein auch Lipmann, O. u. Bogen, H., *Naive Physik*, Leipzig 1923. Einen guten Überblick über das Feld verschaffen Feist, G. J. u. Gorman, M. E., »Psychology of Science: Review and Integration of a Nascent Discipline«, *Review of General Psychology* 2/1998, S. 1–45, bes. Abschnitt 2 (»Conceptual Change in Child, Student and Scientist«). Eine erste Überblicksdarstellung, die sich auch um Bezüge zur Wissenschaftshistorie bemüht, ist derzeit in Vorbereitung: Feist, G., *Origins of Science: An Introduction the Psychology of Science*, New Haven, erscheint voraussichtlich 2001.

46 Bezeichnend sind die passivischen Überschriften der drei Kapitel einer kollektivistischen Darstellung: Shapin, S., *The Scientific Revolution*, Chicago 1996: »What was Known?« – »How was It Known?« – »What Was the Knowledge For?«.

47 Vgl. dagegen die eindeutige Kennzeichung entsprechender Eindrücke als Emotionen, die sich aus der Unübersehbarkeit von Ableitungsmöglichkeiten bzw. Anwendungsfällen einer Theorie ergeben können, in Hertz' Leopoldina-Rede: »Man kann diese wunderbare Theorie [sc. das System der Maxwellschen Gleichungen] nicht studieren, ohne bisweilen das *Gefühl* zu haben, als wohne den mathematischen Formeln selbständiges Leben und eigener Verstand inne, als seien sie klüger als wir, klüger sogar als ihr Erfinder, als gäben sie uns mehr heraus, als seinerzeit in sie hineingelegt wurde. Es ist dies auch nicht geradezu unmöglich, es kann eintreten, wenn nämlich die Formeln richtig sind über das Maß dessen hinaus, was ihr Erfinder sicher wissen konnte.« Hertz, H., »Über die Beziehungen zwischen Licht und Elektrizität«. Vortrag auf der 62. Versammlung der Gesellschaft Deutscher Naturforscher und Ärzte in Heidelberg am 20. September 1889, abgedr. in: ders., *Gesammelte Werke*, Bd. 1, hg. v. Ph. Lenard, Leipzig 1895, S. 339–54, S. 345 f. (Hervorhebung nicht im Original). Der sachliche Kern von Hertz' Feststellung erzwingt keine apersonale Betrachtungsweise, sondern läßt sich so interpretieren, daß die Kenntnis einer Formel und ihrer anfänglichen Anwendungsmöglichkeiten sich im Zuge des wissenschaftlichen Fortschritts zu einem größeren Wissen der Forschungsbeteiligten auswächst.

48 Die Kritik mag an Vorwürfe erinnern, die gegenüber einer verbreiteten Darstellungspraxis von Ideenhistorikern erhoben worden sind: »The fact that ideas presuppose agents is very readily discounted, as the ideas get up and do battle on their own behalf«. Skinner, Q., »Meaning and Understanding in the History of Ideas«, *History and Theory* 8/1969, S. 3–53, S. 11.

49 Dawkins, R., *The Selfish Gene*, 2. Aufl. Oxford 1989; die Analogisierung bietet sich an, weil die Dawkins' Argumentation zugrundeliegende Unterscheidung von ›vehicle‹ und ›replicator‹ (›Hull-Dawkins distinction‹) auch in eine einschlägige apersonale Wissenschaftstheorie eingegangen ist, in den evolutionistischen Ansatz von Hull, D., *Science as a Process: An Evolutionary Account of the Social and Conceptual Development of Science*, Chicago 1989.

50 Der nachstehend verteidigte Individualismus findet, wie im folgenden ausgeführt, seine Grenze in der Anerkennung der über-individuellen Existenz von *Eigenschaften* bzw. *Arten* und stellt somit eine sehr zurückhaltende Variante dar, die – im Gegensatz zu anderen Formen – mit der Alltagspsychologie verträglich ist und auch gegenüber Zwillingserde-Beispielen unempfindlich ist.

51 Eine etwas anspruchsvollere Fassung dieser Feststellung findet sich bei Lowe, E.J., *Kinds of Being*, Oxford 1989, S. 23 f.

52 Getreu Bridgmans ›Science is private science‹ wäre die Wärme, die ich mit der Hand an einer Hauswand spüre, etwa anderes als die, die den Quecksilberfaden meines Thermometers dehnt.

53 Um den explikativen Aufwand einzuschränken, gehe ich der Möglichkeit einer mereologischen Argumentation nicht nach, weise aber ausdrücklich darauf hin. Sie böte u. a. die Chance einer Differenzierung zwischen den Momenten und den Stücken von mentalen Ganzen. S. Smith, B., *Parts and Moments – Studies in Logic and Formal Ontology*, München 1982; Simons, P., *Parts – A Study in Ontology*, Oxford 1987; dazu jeweils einführend Charpa, U., »Neues zur Lehre von den Ganzen und Teilen«, *Philosophische Rundschau* 31/1984, S. 52–59, u. ders., Rez.: Simons, Parts, *Philosophische Rundschau* 36/1989, S. 333–337.

Ungelöst bleibt in der vorgeschlagenen Gedankenführung die Frage der *Fixierung* von Gleichheit. Es sei auf die Schwierigkeiten von Nelson Goodmans Vorstellung eines direkten Vergleichs

(*The Structure of Appearance*, 3. Aufl. Dordrecht 1977, S. 197) hingewiesen. Sie ist erstens auf mentale Tatbestände nicht anwendbar, zweitens zirkulär, insofern Vergleiche Paarbildung voraussetzen. Vgl. Millikan, R. G., »Perceptual Content and Fregean Myth«, *Mind* 100/1991, S. 441–56., S. 450. Ein Ausweg wäre vielleicht aus der ›Beste-Erklärung‹-Überlegung zu entwickeln, daß Ähnlichkeit bzw. partielle Gleichheit den besten Erklärungsgrund abgeben, wenn der alltagsbekannte Eindruck zutrifft, daß individuelle Zustände konsilient sind, etwa indem wir mit verschiedenen Sinnen dieselbe Richtung ausmachen (Peacocke, C., »Analogue Content«, *Proceedings of the Aristotelian Society*, Suppl. Bd. 60/1986, S. 1–17). Was wir nichtsdestoweniger festhalten können, ist der Tatbestand, daß faktische Simulationsversuche einer bestimmten Kognition sogar dann erfolgreich sein können, wenn die begrifflichen Kategorisierung different ausfällt. Zu den hinter schwankenden Konzeptualisierungen vermuteten stabilen ›modalen Symbolen‹ s. den Ansatz von Barsalou, L. W., »Perceptual Symbol Systems«, *Behavioral and Brain Sciences* 20/1999, S. 577–609. Vgl. auch den Umsetzungsversuch von Chen, X., u. Barker, P, »Continuity Through Revolutions: A Frame-Based Account of Conceptual Change During Scientific Revolutions, erscheint in *Philosophy of Science* 67/2000.

54 Vgl. die Überlegungen zur ›sortal dependency of identity‹ bei Wiggins, D., *Sameness and Substance*, Cambridge/Mass 1980, bes. Kap. 2. Musterhaft verfahren, was saubere Festlegungen angeht, die Vertreter der ›strukturalistischen‹ Wissenschaftsinterpretation (Balzer, Moulines u. a.), aber dies ist eine eher zufällig Koinzidenz. Der ›strukturalistische‹ Ansatz zielt nicht auf eine möglichst zutreffende Darstellung faktischer Forschungskomponenten, sondern auf eine freie Repräsentation, die nicht isomorph abbildet. Kein einziges faktisches Forschungselement muß einem Element der repräsentierenden Darstellung entsprechen.

55 Die Unterstellung synchronischer Identität steht wegen der darin enthaltenen, schon von Aristoteles (*Physik* 218a) bemängelten Idee von Gegenwärtigkeit ohnehin ontologisch auf schwachen Füßen. Es kann im hier interessierenden Kontext damit nichts anderes gemeint sein, als daß die in einer bestimmten *Zeitspanne* stattfindenden individuellen Vorgänge keine Auswirkungen auf die Identität etwa einer Theorie hätten.

56 Vgl. Pulte, H., »Neuere Newtoniana: Zum 350. Geburtsjahr Isaac Newtons (1643–1727)«, *Journal for General Philosophy of Science* 24/1993, S. 169–85. Die Darwin-Forschung belegt einen gedanklichen Evolutionismus im Kleinen mit diversen Mutationen und Anpassungsvorgängen, denen Darwins Auffassungen unterlagen, s. bes. De Beer, G. u. a., »Darwin's Notebooks on Transmutation of Species«, *Bulletin of the British Museum (Natural History) Historical Series*, 2/1960/61, S. 27–200; 3/1967, S. 129–176.

57 Zur Interpretation gibt es verschiedene Wege, z. B. den von Stich beschriebenen: »A pair of belief states counts as similar along this dimension if they have similar patterns of potential causal interaction with (actual or possible) stimuli, with other (actual or possible) mental states, and with (actual or possible) behavior«. [...] »The ideological [sc. doxastic] similarity of a pair of beliefs is a measure of the extent to which the beliefs are embedded in similar networks of belief«, Stich, *Folk*, S. 88 f.
Im Anschluß an Wittgenstein aufgefaßte Ähnlichkeitsrelationen sowohl auf der Betrachter- als auch auf der Gegenstandsebene spielen eine große Rolle bei Thomas S. Kuhn, der ebenfalls den Lernaspekt besonders herausstellt. Vgl. die Rekonstruktion bei Hoyningen-Huene, *Wissenschaftsphilosophie*, S. 78 ff.

58 Locke, *Essay*, 3, III, 11, 25 (dort gemünzt auf den »common use«).

59 Zu den Ergebnissen der genaueren kognitionspsychologischen Erschließung gehört, daß die Ausgangsidee der Symmetrie im *faktischen* Vollzug nicht gilt. S. das sog. Asymmetrie-Prinzip von Tversky, A., »Features of Similarity«, *Psychological Review* 84/1977, S. 327–52, was mit der unterschiedlichen Komplexität sich ähnelnder Objekte für einen Betrachter bzw. dessen Merkmalsgewichtungen zusammenhängt. Z.B. wird ein Pappmodell des Kölner Doms als diesem ähnlicher wahrgenommen als umgekehrt der Dom im Vergleich mit dem Modell.

60 Die logische Einschätzung korrespondiert in kognitivistischer Betrachtung mit einem stabilen Moment der Konzeptualisierung. Dies scheint insofern gesichert, als Menschen auch dann, wenn sie über die gemeinsame Einstufung von Faktoren uneins sind, sehr wohl in der Lage sind, die abweichende Einschätzung zu simulieren und sogar in ihrer jeweiligen Plausibilität nachzuvoll-

ziehen (vgl. Barsalou, »Systems«, 2.4.5. Dies ermöglichen die biologischen Gemeinsamkeiten unserer Perzeptionsmechanismen und – in realistischer Betrachtung – die gemeinsame physische Umgebung (Newton, N., *Foundations of Understanding*, Philadelphia 1996.

61 Fontenelle, B. de »Éloge de M. le Marquis de l'Hôpital«, in: ders., *Œuvre*, Bd. 6, S. 95–107, S. 98. Der Problemsteller ist der damals in Groningen lehrende Johann Bernoulli, der im Text erwähnte »Bernoulli de Basle« ist sein Bruder Jakob (1654–1705). Zu letzterem s. Fontenelle, B. de, »Éloge de M. Bernoulli«, in: ders., *Œuvre*, Bd. 6, S. 109–121. Kanonisch als Problemvorgaben in unserem Jahrhundert sind die in dem Pariser Vortrag von David Hilbert von 1900 gestellten Aufgaben: Hilbert, D., »Mathematische Probleme«, in: ders., *Gesammelte Abhandlungen*, Bd. 3, Berlin 1935, S. 290–329.

62 Heinrich Hertz, Brief an die Eltern vom 31.5.1884, zit. Fölsing, *Hertz*, S. 227.

63 Hier liegt einer der gedanklichen Schlüssel für das Mißtrauen, das viele professionelle Wissenschaftshistoriker der Wissenschaftstheorie entgegenbringen. Vgl. die massive Kritik an Agassis und Berksons Faraday-Interpretationen: »By ignoring and denying this development of Faraday's ideas, both authors are false to history and art. If Faraday began his career with his ideas already formed, there is little drama in his life. What makes it both exciting and inspiring is the evolution of these ideas [...]«. Pearce Williams, L., »Should Philosophers be Allowed to Write History?«, *British Journal for the Philosophy of Science* 26/1975, S. 241–53, S. 252.

64 Kitcher, P., »From Neurophilosophy to Neurocomputation,« in: McCauley, J., (Hg.) *The Churchlands and Their Critics*, Cambridge, Mass. 1996, S. 62.

65 Zur Merkmalsgewichtung (im Sinne von Tversky, »Features«) in Verbindung mit Kompetenz s. die Arbeit von Hitoshi Ohnishi u. a.: »Similarity by Feature Creation: Reexamination of the Asymmetry of Similarity«, in: *Proceedings of Sixteenth Annual Conference of Cognitive Science Society*, Hillsdale 1994, S. 687–92.

66 Vgl. die Gesprächsanalyse bei Clark, H. H., u. Brennan, S. E., »Grounding in Communication«, in: Resnick, D., u. a. (Hg.), *Perspectives on Socially Shared Cognition*, Washington 1991, S. 127–49. Wie naturalistische und apriorische Auffassungen in diesem Punkt auseinanderfallen, zeigt der Befund, wonach eine gewisse Umständlichkeit (Clark, H. H., u. Wilkes-Gibbs, D., »Referring as a Collaborative Process«, *Cognition* 22/1986, S. 1–39) die Chancen *verbessert*, einen Ähnlichkeitsraum zu sichern, wohingegen die Befolgung von Unmißverständlichkeit verheißenden ›lakonischen‹ Verständigungsmaximen (s. aus der neueren Literatur etwa Grice, H. P., *Studies in the Way of Words*, Cambridge/Mass. 1989) diese beeinträchtigt.

67 S. Hacker, K. L., u. a., »The Emergence of Task Representations in Small-Group Simulations of Scientific Reasoning«, *Journal of Social Behavior and Personality* 5/1990, S. 175–86.

68 Ich lasse offen, ob es nicht an der Basis von Wissenschaft etwas gibt, hinsichtlich dessen – wie Locke sagt – die inneren Zustände des einen »commonly the same that others have« (Locke, *Essay*, 3, IV, 15) sind. Eine fundamentalistische Grundlegung nach dem Muster von Lockes Konzeption der einfachen Ideen, die sich auf die distinkte Eigenart von Realien bezöge, würde die unten (Kapitel 3.4.3) beschriebene Robustheit der Anschauung im Sinne eines Schlusses auf die beste Erklärung herleitbar machen, erübrigt sich aber dank der Stärkung reliabilistischer Aspekte. Lokkes Reliabilismen sind nur schwach im Sinne von Minimalbedingungen und werden häufig negativ umrissen, etwa wenn er auf die »imperfection of accurately discriminating ideas from one another«, auf »dullness or faults of the organs of sense« (Locke, *Essay*, 2, XI, 2) abhebt und betont, daß Menschen erkenntnismäßig zurückbleiben, »the duller the faculties are that are employed about them [sc. impressions]« (Locke, *Essay*, 2, IX, 15).

69 Mill, J. S., »On Nature«, 1874, abgedr. in ders., *Nature, The Utility of Religion and Theism*, London 1904, S. 7–33, S. 8.

70 S. die Darstellung der skeptischen Tropen bei Sextus Empiricus, *Pyrrh. Hyp.* I, 164 ff.; einen Überblick zum Problem des infiniten Regresses enthält Brown, H. I., *Rationality*, London 1988, Kap. 2. Die Wiederaufnahme des Themas ist eng verbunden mit den erkenntnistheoretischen Idealen der Klassischen Mathematischen Naturphilosophie bzw. den Schwierigkeiten, ihnen zu genügen, die um die Wende zum 19. Jahrhundert zunehmend wahrgenommen wurde. Vgl. Pulte, *Naturphilosophie*, S. 41 f., 141 ff. In Verbindung mit Fries taucht m.W. auch erstmalig der später von Hans Albert in Umlauf gebrachte Münchhausen-Vergleich auf (Brief von Carl Fried-

rich Gauß an Fries v. 11.5.1841, zit. in: Henke, E. L., *Jacob Friedrich Fries*, Leipzig S. 261). Das Trilemma paßt strenggenommen nur in bezug auf die Petitio Principii ins literarische Bild.

71 Die alltägliche pejorative Verwendung des Dogmenbegriffs hat eine Vorgeschichte, die nicht nur im kritizistischen Gebrauch (vgl. schon Kants Bemerkung über die »unschicklich[e] dogmatische Methode« (*KrV* A 737 / B 765) dokumentiert ist. Sprat, Th., *The History of the Royal Society of London For the Improving of Natural Knowledge*, 1667, hg. v. J. Cope u. W. Jones, St. Louis 1958, nennt als Maxime der Gesellschaft, nicht »dogmatically [to] define or fix axioms« (S. 107). Einschlägig ist bereits die antike Identifikation der sog. Dogmatischen Ärzteschule mit empiriekritischen Auffassungen. Vgl. den Dialog zwischen Empirikern und Dogmatikern in Galens arabisch überlieferter Schrift über medizinische Erfahrung (Übers. u. Kommentar: Walzer, R., *Galen on Medical Experience*, Oxford 1947, u. ders., »Galens Schrift über medizinische Erfahrung«, *Sitzungsberichte der Preußischen Akademie der Wissenschaften – Philologisch-historische Klasse* 1931, S. 449–68). Allgemein zum ›Dogmatismus‹ in der griechischen Naturforschung s. Lloyd, G. E. R., *Methods and Problems in Greek Science*, Cambridge 1991, S. 47 f. et passim; Barnes, J., »Medicine, Experience and Logic«, in: Barnes, J., u. a., (Hg.) *Science and Speculation. Studies in Hellenistic Theory and Practice*, Cambridge 1982, S. 24–68. Zur Differenzierung hinsichtlich des ›Dogmatismus‹ der aristotelischen Vorstellungen in bezug auf das Trilemma s. Höffe, O., »Einführung in die Wissenschaftstheorie der Zweiten Analytik«, in: Aristoteles, *Lehre vom Beweis oder Zweite Analytik (Organon IV)*, übers. v. E. Rolfes, Neudruck d. Ausgabe v. 1922, Hamburg 1990, S. VII–XXXIII, S. XXVI ff.

72 Vgl. in diesem Sinne die Einschränkung des Ideals des Beweises als »letzte[r] Begründer der Wahrheit unserer Erkenntniß« bei Fries, J. F., *Neue oder anthropologische Kritik der Vernunft*, 2. Aufl. 1828, ders., *Sämtliche Schriften*, hg. v. G. König u. L. Geldsetzer, Bd. 4, S. 31–479, S. 92.

73 Vgl. Shea, W. R., »Descartes: Methodological Ideal and Actual Procedure«, *Philosophia Naturalis* 21/1984, S. 577–89; bezeichnenderweise empfiehlt Mersenne – Descartes' certistische Selbsteinschätzung offensichtlich ignorierend – die *Principia philosophiae* mit dem Hinweis, darin werde die Natur (horribile vel mirabile dictu) »ex hypothesibus« erklärt. Mersenne, M., *Universae geometriae, mixtaeque synopsis* (1644), zit. in: Dear, P., *Mersenne and the Learning of the Schools*, New York 1988, S. 205.

74 Es gibt noch einen anderen Weg, der darauf hinausläuft, skeptische Einwürfe in eine Situation der Entscheidung über die *beste Erklärung* zu bringen. Dieses Argument, das für gewöhnlich auf Peirce zurückgeführt wird (*Collected Papers* 5.180 ff.), benutzt schon Fries, J. F., *System der Logik. Ein Handbuch für Lehrer und zum Selbstgebrauch*, 3. Auf. 1837, ders., *Sämtliche Schriften*, Bd. 7, hg. v. G. König u. L. Geldsetzer, Aalen 1971, S. 336 ff., und zwar zur Abwehr des Skeptizismus. Bei Fries taucht an der nämlichen Stelle auch der unten in Verbindung mit Dretskes Relevante-Alternativen-Idee angeführte Gedanke der Unwahrscheinlichkeit der skeptischen Möglichkeit auf. Die Strategie des Schlusses zur besten Erklärung wird bei Fries, bezugnehmend auf die klassische Entgegensetzung des ›einfachen‹ Kopernikanismus und des ›komplexen‹ Geozentrismus, so vollzogen, daß die einfachste Erklärung von Tatbeständen (›Geburt‹, ›Leben‹ u. a. m.) ohne den genius malignus auskomme.

Goldman, *Epistemology*, S. 37, behauptet, daß die Aufnahme solcher Argumentationen uns dazu verpflichte zu zeigen, daß einfachere Behauptungen generell bessere Erklärungen liefern als komplexe, das Prinzip der besten Erklärung epistemisch verbindlich ist, usw. Demnach geriete man in eine andere epistemologische Richtung als der Reliabilismus, nämlich in die einer Rechtfertigung von ›oben‹. Ich halte diese Befürchtung nicht für zwingend, wenn wir die Begriffe der Einfachheit und der besten Erklärung *lokal* und *personal* bestimmen. Die Fragestruktur wäre demnach nicht ›Ist *A* die einfachste Erklärung für *Z*?‹, sondern ›Ist *A* für eine Person *P* in der Situation S eine einfachere Erklärung als *B*?‹. Genau dies scheint, betrachtet man den auffälligen Gebrauch der Pronomen der ersten Person, Fries' Verwendung zu sein. Vgl. zur entsprechenden Bestimmung des Einfachheitsbegriffs Sober, E., »Let's Razor Occam's Razor«, 1990, abgedr. in: ders., *From a Biological Point of View – Essays in Evolutionary Philosophy*, Cambridge 1994, S. 136–57.

Daß ich nicht an diesen Gedanken anknüpfen will, liegt an der hier gebotenen ›lokalen‹ Zweckmäßigkeit. Er würde uns in das Gestrüpp zweier im 20. Jahrhundert extrem verzweigt gewordener Diskussionen versetzen. Und das gilt nicht nur für die philosophische Explikation des Erklärungs- und Einfachheitsbegriffes. So ist der Kopernikus-Fall wissenschaftshistorisch strittig (vgl. die Rekonstruktion bei Teichmann, J., *Wandel des Weltbildes*, Darmstadt 1983, S. 62).

75 Die wichtigsten Beiträge sind zusammengefaßt in Cohen, S., »Relevant Alternatives«, in: Dancy, J., u. Sosa, E., *A Companion to Epistemology*, Oxford 1992, S. 430–432. Den Hinweis auf diesen Ansatz verdanke ich einem Vortrag von Elena Zagura (Bukarest) in Gert Königs wissenschaftstheoretischem Kolloquium an der Ruhr-Universität. Die oben vorgenommene Umsetzung geschieht hinsichtlich des dominierenden temporalen Aspekts frei, liegt aber tendenziell auf der Linie von Goldman, A. I., »Discrimination and Perceptual Knowledge« (1976), abgedr. in: ders., *Liaisons*, S. 85–103.

76 S. in diesem Sinne Dretske, F., »The Pragmatic Dimension of Knowledge«, *Philosophical Studies* 40/1981, S. 363–78.

77 Der Rückgriff auf Wahrscheinlichkeit ist indes keine nur aktuelle Angelegenheit, sondern eine Figur bereits der akademischen Skepsis in der Auseinandersetzung mit dem Pyrrhonismus (wie auch dem Dogmatismus). S. etwa Cicero, *Acad.* 2. Mit dem Ciceronianismus bei Rudolf Agricola u.a beginnt die neuzeitliche Geschichte des Gedankens. Auf der Einsicht in die Schwäche des subjektiven Probabilismus in dieser Hinsicht beruht Mersennes – an der Idee mathematischer Gewißheit ausgerichtete – Strategie gegen den Pyrrhonismus. Vgl. Dear, *Mersenne*, S. 34 ff.

78 Du Bois-Reymond, E., *Untersuchungen über thierische Elektrizität*, Bd. 1, Berlin 1849, S. 203.

79 Fontenelle, B. de, »Éloge de Monsieur du Verney«, in: ders., *Œuvres*, Bd. 7, S. 189–198, S. 193.

80 Fontenelle, »Verney«, S. 193.

81 Diesem Problem hat schon schon Peirce vorzubeugen versucht, indem er in den letzten Jahren seines Lebens zwischen ›moralischer‹ und ›absoluter‹ Sicherheit unterschied (*Collected Papers* 7.214) – hier geht es um faire Würfel, die ›absolut‹ gesehen nichts daran hindern kann, bei jedem Wurf einen Pasch zu bilden. Daran hält sich Isaac Levi, wenn er gegen Peirces Konvergenzrealismus, der auch in Poppers Konzeption der Wahrheitsannäherung wiederkehrt, geltend macht, daß das – in Peirces Beschreibung – ›moralisch‹ Gesicherte (zu denken etwa als eine überlegene Theorie) sich stets nur gegenüber dem ›Schlechteren‹ ausweist, aber nicht in bezug auf eine feste ferne Größe. Sie kann ›absolut‹ betrachtet falsch sein. Levi schlägt vor, sich mit dem Nahziel (er spricht von tugendhafter Kurzsichtigkeit – »virtues of myopeia«) zufrieden zu geben, etwas, das man für wahr erachtet hat, aber sich nun als falsch erweist, durch das zu ersetzen, was man aktuell für wahr hält (Levi, I., *The Fixation of Belief and Its Undoing*, Cambridge 1991).

82 Vgl. die Ausführungen zur ›Superioritätsthese‹ in Goldman, *Knowledge*, S. 250 ff.

83 Was anders betrachtet auf die bei der Entstehung entsprechender Disziplinen leitenden Motive verweist, und zwar nicht nur in ihren alexandrinischen Anfängen. Z.B. heißt es über eine Episode aus den Anfangstagen der Germanistik: »In Berlin setzt Simrock die Sammlung von Volksbüchern fort. Er bedauert die [...] ›Verwahrlosung‹, in der man die Volksbücher bis jetzt angeboten habe. Leider hat auch, so stellt er fest, ›der Inhalt der Volksbücher bei solcher Verwahrlosung deutlich gelitten‹ – durch Druckfehler, Versehen, Gebrauch veralteter Wendungen, Verballhornungen [...]«. Moser, H., *Karl Simrock. Universitätslehrer und Poet, Germanist und Erneuer von ›Volkspoesie‹ und älterer ›Nationalliteratur‹ – Ein Stück Literatur-, Bildungs- und Wissenschaftsgeschichte des 19. Jahrhunderts*, Bonn 1976, S. 127.

84 Vgl. die Hinweise auf berechtigte Fortschrittsintuitionen etwa der Sorte, daß ein moderner Ägyptologe selbstverständlich mehr über hieroglyphische Texte weiß als Athanasius Kircher, in Charpa, U., »Philologischer Fortschritt«, *Zeitschrift für allgemeine Wissenschaftstheorie* 17/1986, S. 229–55.

85 Die Genealogie der These von der Meinungshaltigkeit der wissenschaftlichen Wahrnehmung ist m.W. noch ungeschrieben. Was die Debatte des 20. Jahrhunderts angeht, ist inzwischen vor allem die Bedeutung der polnischen Ärzteschule und der konstruktivistischen Beobachtungslehre von Zygmunt Kramstyk, des Begründers der ersten Zeitschrift für philosophische Probleme der Medizin (*Krytika Lekarska*, 1897 ff.), die wiederum wesentlich Flecks Auffassungen bestimmt zu haben scheint, in Erinnerung gebracht worden. S. besonders den von Ilana Löwy edierten Sammelband *The Polish School of Philosophy of Medicine. From Tytus Chalubinski (1820–1889) to Ludwik Fleck (1896–1961)*, Dordrecht 1990.

86 S. außer Kants Dualismus von Anschauung und Begriff auch die assoziationistischen Vorstellungen Lockes, Humes und anderer.

87 Der Ansatz von John G. Taylor (die erste formale Darstellung stammt aus dem Jahr 1973; s. danach aus jüngster Zeit »Breakthrough to Awareness«, *Biological Cybernetics* 75/1996, S. 59–72, und *Where and How Does Consciousness Emerge?*, Skript, King's College, 1996) teilt das Bewußtsein in einen ›aktiven‹ und einen ›passiven‹ Part ein, wobei das Arbeitsgedächtnis für die Phänomenaufnahme zuständig ist und andere neurale Aktivitäten für die Kontexteinbettung der anfänglichen Registration sorgen.

88 Vgl. *KrV* A51/B75.

89 Vgl. das Bild von Kant als frühem Konstruktivisten bei E. v. Glaserfeld, S. J. Schmidt u. a.

90 Vgl. Schleiden, M. J., *Grundzüge der wissenschaftlichen Botanik – Methodologische Einleitung* (1861), abgedr. in: ders., *Wissenschaftsphilosophische Schriften*, hg. v. U. Charpa, Köln 1989, S. 45–196, S. 126. Vgl. auch die Beschreibung seines philosophischen Patrons, der von Anschauung als etwas spricht, das für sich selbst sein »eigener Zeuge der Wahrheit« sei, und dem wir vertrauen müssen, wenn wir etwas von dem »Sein wirklicher Gegenstände« wissen wollen. S. Fries, *Kritik, Schriften*, Bd. 4, S. XXVIII.
Die bei Schleiden anklingende pragmatische Bestimmung der Anschauungsstabilität läßt die Möglichkeit offen, sie realiter als gestuft zu bestimmen. Vgl. den Begriff des Freiheits*grades* eines kognitiven Systems, der mit zunehmendem Komplexitätsniveau anwächst, bei Fischer, *Grundlagen*, S. 275 ff.

91 Vgl. die nach einer planvollen Ausschaltungsprozedur (s.u.) übrigbleibenden und gegenüber Interpretationen resistenten »precognitions« bei Goldman, *Epistemology*, S. 189.

92 Dies ist auch ein Argument gegen Poppers Fries kritisierende Behauptung, die *Begrifflichkeit* der Basissätze verleihe ihnen hypothetischen Charakter (Popper, *Logik*, S. 60 f.).

93 »[...] seeing is a ›theory-laden‹ undertaking. Observation of *x* is shaped by prior knowledge of *x*.« Hanson, N. R., *Patterns of Discovery*, Cambridge 1958, S. 19.

94 Sokal, A., »Transgressing the Boundaries: Towards a Transformative Hermeneutics of Quantum Gravity«, *Social Text* 46–47/1996, S. 217–252, S. 217.

95 Vgl. das Insistieren auf ›produktivem‹ und ›konstruierendem‹ Experimentieren bei Heidelberger, M., »Die Erweiterung der Wirklichkeit im Experiment«, in: ders., u. Steinle, F., (Hg.), *Experimental Essays – Versuche zum Experiment*, Baden-Baden 1998, S. 71–92. Weitere Möglichkeiten in der Auswahlliste aus Charpa, *Wissenschaftsphilosophie*, Kap. 7.3. Die wichtigste Ausarbeitung der eigenständigen Züge des Experimentierens stammt von Galison, *Experiments*. McKinney, W., *Plausibility and Experiment – Investigations in the Context of the Pursuit*, Bloomington 1992, stellt heraus, in welchem Umfang das Experimentierwesen in der modernen Hochenergiephysik durch die Art der verfügbaren Apparate sowie die jeweiligen *technischen* Kompetenzen der Forscher beeinflußt werden.

96 Mit einer konventionalistischen Behandlung des Basisproblems, wie sie Popper, *Logik*, S. 69 f., vertritt, erscheinen Theorien aus reliabilistischer Sicht als Wahrheitskandidaten chancenlos. Nach Schäfer, L., *Erfahrung und Konvention – zum Theoriebegriff der empirischen Wissenschaften*, Stuttgart 1974, S. 61 f., ist die Inkaufnahme von Konventionalismen an der Basis und andernorts der »Preis [...], den man zahlen muß, wenn man wissenschaftlichen Fortschritt haben will. Die wissenschaftliche Entwicklung ist von der Entscheidung abhängig, welche Forschungsrichtung weiter verfolgt werden soll.« Letzterem läßt sich leicht beipflichten, in der Verbindung mit einem Basiskonventionalismus hat es aber die Konsequenz, daß Entscheidungen (über Theorien) auf Übereinkünften (über Basissätze) beruhen sollen. Damit entsteht ein Gebäude der Arbitrarität. Wenn wir wissenschaftlichen Fortschritt mit Entscheidungen in Verbindungen bringen, wie es auch in 3.6.4 geschieht, benötigen wir neben Konventionen eine nicht-konventionelle Fortschrittskomponente, da sonst keine epistemische Rechtfertigung statthat. Man kann sich dies von der Rechtfertigungsseite herkommend mittels des Sprichwortes ›Wer einmal lügt, dem glaubt man nicht‹ klarmachen: Angenommen, jemand, der sonstige Mißgriffe mit Aufschneidereien kompensiert, hat ausnahmsweise einmal etwas Großartiges vollbracht. Leider hat er keine Zeugen und niemand mag den Glauben an seinen Bericht teilen. Nichtsdestoweniger gibt dieser einen wahren gerechtfertigten Glauben wieder. Die verweigerte Einwilligung nimmt dem nichts. Was die Betrachtung von der Konventionsseite her angeht, so läßt sich das Problem mittels der Erzählung von des Kaisers neuen Kleidern illustrieren. Konventionen können außer auf wahrheitsbezogenen Motiven auch

auf gemeinsamer Unkenntnis, Inkompetenz, Faulheit, von außen verursachter Desinformation u. ä. m. beruhen. Sie sind möglicherweise sogar *zweckrational,* aber sowenig wissensgarantierend, wie Wissen deshalb aufgehoben wird, weil wir – etwa unter Orwellschen Bedingungen – eine widrige Konvention akzeptieren. Übereinkünfte und Entscheidungen liefern Gründe des Forschungshandelns, das uns zu guten Gründen des Überzeugtseins verhelfen kann, etwa indem ein überprüfendes Experiment gemacht wird. Aber nicht die Entscheidung ist ein guter Grund, sondern das *Versuchsergebnis* (falls es durch einen verläßlichen Prozeß zustandegekommen ist).

97 Liebig., J. v., »Ueber Francis Bacon von Verulam und die Methode der Naturforschung«, abgedr. in: ders., *Reden und Abhandlungen,* Leipzig 1874, S. 220– 254, S. 249. Die Motive von Liebigs Bacon-Kritik liegen vermutlich in Aversionen gegen die zeitgenössische philosophische Szene und in einer personalistisch eingefärbten Autonomiethese, wonach die Prinzipien der Forschung von tätigen Forschern entworfen werden und nicht von »Gentlemen, welche in unsern [der Forscher] Büchern, die sie zu ihrer Belehrung und Erbauung lesen, eigentlich nur eine geistige Unterhaltung suchen«. Liebig, J. v., »Ein Philosoph und ein Naturforscher über Francis Bacon von Verulam«, 1863, in: ders., *Reden,* S. 255–79, S. 274. Hier wird Voraussetzungshaftigkeit auf verschiedenen Ebenen thematisiert, von denen die des Experimentes nur eine ist. Liebig sieht induktive wie deduktive Vorgehensweisen sich nebeneinander entfalten wie auch zusammenspielen, wobei es in beiden Fällen sowohl begriffliche als auch pragmatische Voraussetzungen gibt. Vgl. Liebig, J. v., »Induction und Deduction«, 1865, in: ders., *Reden,* S. 296–309. Das Verhältnis von Liebigs Induktionsbegriff zu dem der systematisch auf Maximen und transzendentale Bedingungen abhebenden Friesschen Schule wäre der genaueren Untersuchung wert. Die Angaben zu den pragmatischen Bedingungen lassen sich in die Idee des *Vertrautseins* (Kapitel 3.5) integrieren wie auch unter den Tugendbegriff der Kompetenz fassen: »Zur deductiven sowohl als zur inductiven Forschung gehört selbstverständlich, wenn sie Erfolg haben sollen, ein gewisser Umfang von Kenntnissen: bei dem deduktiven Forscher die gründliche Kenntniss der bereits ermittelten Gesetze, zu der ihm Vorlesungen und Bücher verhelfen, bei dem inductiven Forscher die weit reichende Bekanntschaft mit sinnlichen Erscheinungen, die er in chemischen, physikalischen und physiologischen Laboratorien erwirbt [...]«. Liebig, »Induction«, S. 307.

98 Vgl. Bonsiepen, W., »E. F. Apelts Fries-Rezeption dargestellt anhand seiner Schriften ›Die Theorie der Induktion‹ und ›Metaphysik‹«, in: Hogrebe, W., u. Herrmann, K., (Hg.), *Jakob Friedrich Fries – Philosoph, Naturwissenschaftler und Mathematiker,* Frankfurt/M. 1999, S. 195–220; s. a. ders., *Die Begründung einer Naturphilosophie bei Kant, Schelling, Fries und Hegel. Mathematische versus spekulative Naturphilosophie,* Frankfurt/M. 1997; König, G., u. Geldsetzer, L., »Vorbemerkung der Herausgeber zum 13. Band«, in: Fries, J. F., *Sämtliche Schriften,* hg. v. G. König u. L. Geldsetzer, Bd. 13, Aalen 1979, S. 17*–94*; Buchdahl, »Approaches«; ders., »Leitende Prinzipien und Induktion: Matthias Schleiden und die Methodologie der Botanik«, in: Schleiden, *Schriften,* S. 314–45; Charpa, U., »Methodologie der Verzeitlichung – Schleiden, Whewell und das entwicklungsgeschichtliche Projekt«, *Philosophia Naturalis* 25/1988, S. 75–109; Pulte, H., »›... sondern Empirismus und Speculation sich verbinden sollen‹ – Historiographische Überlegungen zur bisherigen Rezeption des wissenschaftstheoretischen und naturphilosophischen Werkes von J. F. Fries und einige Gründe für dessen Neubewertung«, in: Hogrebe u. Hermann, (Hg.), *Fries,* S. 57–94; ders, *Naturphilosophie,* Kap. IV.

99 Vgl. Fries, J. F., *Die mathematische Naturphilosophie nach philosophischer Methode bearbeitet. Ein Versuch,* 1822, ders., *Schriften,* Bd. 13, S. 571. Bei Whewell sind Setzungen von ›fundamental ideas‹ im Unterschied zu den Auffassungen von Fries keine Maximen, sondern *vage* Angaben, deren Sinn sich erst im Zuge wissenschaftlicher Entwicklungen ergibt.

100 Schleiden beschreibt Standpunkthaftigkeit so: »Wir setzen überall [sc. die leitenden Maximen] Einheit und Gesetzmäßigkeit als vorhanden voraus und entscheiden uns deshalb vorzugsweise für das, was mit dieser Voraussetzung übereinstimmt.« (Schleiden, »Einleitung«, in: ders., *Schriften,* S. 45–196, S. 174). Erst in der weiteren Entfaltung der Forschung verhelfen Maximen zu theoretischen Annahmen, über deren Geltung nach Kriterien entschieden werden kann. In der relativistischen Deutung des wissenschaftlichen Fortschritts wird dieses perspektivische Moment so ausgelegt, als ob damit Vergleichbarkeit und Wahrheitsfunktionalität notwendig verloren gingen (vgl. Dilworth, C., *Scientific Progress – A Study Concerning the Nature of the Relation between*

Successive Scientific Theories, Dordrecht 1981, S. 76–99 (»The Perspectivist Conception of Science«). Gerade der Begriff der Perspektive erlaubt indes eine deutliche Absetzung der unter bestimmten Bedingungen vollzogenen Repräsentation einerseits, von freier Konstruktion andererseits. Begriffsüberblick bei König, G., »Perspektive, Perspektivismus, perspektivisch, 1«, in: Ritter u. Gründer (Hg.), *Historisches Wörterbuch der Philosophie*, Bd. 7, S. 363–75.

101 S. unter diesem Gesichtspunkt die Absichtserklärung eines herausragenden Forschungspraktikers der Zeit: »Ich wollte die Länder, die ich besuchte, einer allgemeinen Kenntnis zuführen; und ich wollte Tatsachen zur Erweiterung einer Wissenschaft sammeln, die noch kaum skizziert ist und ziemlich unbestimmt bald *Physik der Welt*, *Theorie der Erde* bald *Physikalische Geographie* genannt wird.« Humboldt, A. v., *Reise in die Äquinoktial-Gegenden des neuen Kontinents*, frz. 1841, hg. u. übers. v. O. Ette, Bd. 1, Frankfurt/M. 1999, S. 12.

102 Schleiden, »Einleitung«, S. 24.

103 Reichenbach, H., *Axiomatik der relativistischen Raum-Zeit-Lehre* (1924), abgedr. in: ders., *Gesammelte Werke*, Bd. 3, hg. v. A. Kamlah, Braunschweig 1977, S. 11–171, S. 15.

104 Duhem, P., *Ziel und Struktur der physikalischen Theorien, frz. 1904/5*, übers. v. F. Adler, Leipzig 1908. T. 2, 8, §1.

105 Duhem, *Ziel*, T. 2, 8, §1.

106 S. Pera, M., »In Praise of Cumulative Progress«, in: Pitt, J. C., (Hg.), *Change and Progress in Modern Science*, Dordrecht 1985, S. 267–82; anknüpfen ließe sich auch an die Theorienstufung von Liebmann, O., *Die Klimax der Theorien – Eine Untersuchung aus dem Bereich der allgemeinen Wissenschaftslehre*, Straßburg 1884.

107 Zit. in Berkel, K. van, »Academics and Aristocrats 1620–1700«, in: Berkel, K. van u. a., (Hg.), *A History of Science in the Netherlands – Survey, Themes and Reference*, Leiden 1999, S. 37–67, S. 67.

108 Vgl. die Hinweise bei Heidelberger, »Erweiterung« auf die Herstellung von konstanten Elektrizitätsquellen im *Vorfeld* der Elektritätslehre.

109 Hinweis unter dem hier genannten Aspekt bei *Bieganski*, W., *Medizinische Logik – Kritik der ärztlichen Erkenntnis*, poln. 1906, übers. v. A. Fabian, Würzburg 1909, S. 42.

110 Das bekannteste Beispiel ist das C-Rohr-Problem: Von einem durch ein in C-Form gekrümmtes Rohr geschleuderten Ball vermuteten im Versuch immerhin 40% der befragten Studenten, er würde nach dem Austritt weiter eine gekrümmte Bahn verfolgen, statt eine Tangente zu beschreiben (s. McCloskey, M., u. a., »Curvilinear Motion in the Absence of External Forces: Naive Beliefs about the Motion of Objects«, *Science* 210/1980, S. 1139–41).

111 Vgl. die Einschränkung der *Aussagekraft* des C-Rohr-Versuchs bei Kaiser, M. K. u. a., »Intuitive Reasoning about Abstract and Familiar Physics Problems«, *Memory and Cognition* 14/1986, S. 308–12.

112 Es ist schlecht vorstellbar, daß die direkte Beobachtung des Bahnverlaufs nach dem Verlassen des C-Rohrs einen gesunden Observanten nicht zur Korrektur veranlaßt.

113 Ein zentrales Problem bei der Untersuchung der *empirischen* These der Einstellungsabhängigkeit von Wahrnehmungen ist das Zusammenspiel von Gedächtnis-, Aufmerksamkeits- und Überzeugungsanteilen. Z.B. scheint Bewegungswahrnehmung von der Erinnerung an häufige Verläufe affiziert zu sein. McBeath, M. C., u. a. »Perceptual Bias for Forward-Facing Motion«, *Psychological Science* 3/1992, S. 362–67. Allgemein s. Brewer, W. F., u. Lambert, B. L., »The Theory Ladenness of Observation: Evidence from Cognitive Psychology«, *Proceedings of the Fifteenth Annual Conference of the Cognitive Science Society*, Hillsdale 1993, S. 254–259.

114 Das Argument stammt von Fodor, J., »Observation Reconsidered«, *Philosophy of Science* 51/1984, S. 23–43. Dagegen s. Churchland, P., »Perceptual Plasticity and Theoretical Neutrality: A Reply to Jerry Fodor«, *Philosophy of Science* 55/1988, S. 167–87, der die These der Theoriehaltigkeit allerdings ohnehin entschärft und als bloß allgemeine Bedingtheit verteidigt, was eine reliablistische Argumentation nicht herausfordert. Der in diesem Zusammenhang von ihm herausgestellten Anteil der Wahrnehmungsfertigkeiten kann als Tugendmoment angesehen werden.

115 Überblicke zur Geschichte und zum Forschungsstand bei Hershenson, M., (Hg.), *The Moon Illusion*, Hillsdale 1989.

116 Auch der berühmte Gestalt-Switch, etwa angesichts des Entenhasen, ist mit einer Veränderung der Augenposition verbunden. Vgl. Gilman, D., »What's Theory to do ... with Seeing? Or Some

Empirical Considerations for Obervation and Theory«, *British Journal for the Philosophy of Science* 43/1992, S. 287–309.

117 Vgl. dagegen Schleidens Betrachtung der Mond-Illusion, »Einleitung«, S. 126, der auf die »Vermeidung und Erkennung dieser Irrtümer« setzt, ohne zu sehen, daß die Erkennung des Illusionscharakters *nicht* zur Vermeidung der inkriminierten Anschauung führt, sondern lediglich deren Interpretation verbessert.

118 Kaufman, L., u. Kaufman, J., »Explaining the Moon Illusion«, in: *Proceedings of the National Academy of Sciences*, Bd. 97,1/2000, S. 500–5.

119 Fodor nennt sie informationell verkapselte Module, Fodor, J., *The Modularity of Mind*, Cambridge/Mass. 1983, S. 69.

120 Zum Rekurs auf Unstrittiges s. Kitcher, *Advancement*, S. 226 f.

121 Vgl. den Übergang von der Ablehnung des »voraussetzungslosen Beobachtens« zur Behauptung, Gestaltwahrnehmung sei eine »ausgesprochene Denkstilangelegenheit« (Fleck, *Entstehung*, S. 121). Auch der Schwung und die oberflächliche Überzeugungskraft des neueren biologisch motivierten Konstruktivismus beruhen auf diesem Fehlgriff. Vgl. zuletzt noch die Kennzeichnung des Wahrnehmens als »Überprüfen von Hypothesen« durch Wolf Singer, den Leiters des MPI für Hirnforschung (»Das Bild im Kopf – ein Paradigmenwechsel. Neurobiologische Anmerkungen zum Konstruktivismus-Diskurs«, *Universitas* 55/2000, S. 108–120, S. 118 f.

122 S. die angloamerikanische Adaption des Weltanschauungsbegriffs zur Betitelung der Ansichten Feyerabends, Kuhns, Hansons u. a. (etwa Suppe, F., »The Waning of the Weltanschauungen Views«, in: ders., (Hg.), *The Structure of Scientific Theories*, 2. Aufl. Urbana 1977, S. 632–730. S. in dieser Richtung schon die Begriffsverwendung bei Fleck: »Wenn eine Auffassung genug stark ein Denkkollektiv durchtränkt [...], dann erscheint ein Widerspruch undenkbar.« Fleck, *Entstehung*, S. 41.

123 Wilson, E. O., *Consilience – The Unity of Knowledge*, London 1999, S. 205.

124 Eine gedanklich bereinigte Fassung der eher diffusen ursprünglichen Argumentation gibt Lucy, J., *Language Diversity and Thought: A Reformulation of the Linguistic Relativity Hypothesis*, Cambridge 1992.

125 Vgl. Shepard, R. N., »The Perceptual Organization of Colors: An Adaptation to Regularities of the Terrestrial World?«, in: Barkow, J. u. a., *The Adapted Mind: Evolutionary Psychology and the Generation of Culture*, Oxford 1992, S. 495–532.

126 Vgl. Keil, F., *Semantic and Conceptual Development: An Ontological Perspective*, Cambridge/Mass. 1979, S. 131 ff.

127 Mentale Modelle sind das Thema von Shore, B., *Culture in Mind: Cognition, Culture and the Problem of Meaning*, Oxford 1996.

128 Vgl. die ungeachtet der – auf eine Verlängerung bis in die rezente Wissenschaft hinein angelegten – These sorgsam differenzierenden Arbeiten von Atran, S., *Cognitive Foundations of Natural History – Towards an Anthropology of Science*, Cambridge 1990; ders., »Core Domains versus Scientific Theories: Evidence from Systematics and Itza-Maya Folkbiology«, in: Hirschfeld, L. A. u. a., (Hg.), *Mapping the Mind: Domain Specificity in Cognition and Culture*, Cambridge 1994, S. 316–340, stellen zahlreiche kultur- bzw. epochentranszendente Übereinstimmungen heraus. Atran, S., »Causal Constraints on Categories and Categorical Constraints on Biological Reasoning across Cultures«, in: Sperber, D. u. a., (Hg.), *Causal Cognition: A Multidisciplinary Debate*, Oxford 1995, S. 205–233, behauptet einen allgemeinen Aristotelismus: Sämtliche vorwissenschaftlichen Klassifikationen von Lebewesen seien hierarchisch, essentialistisch und bildeten den Grundstock teleologischer Erklärungen.
S. auch die Beiträge von Diamond u. Berlin sowie Atran in: Medin, D. L., u. Atran, S., (Hg.), *Folkbiology*, Cambridge/Mass. 1999.

129 In diesem Sinne sei auf Nancy Cartwrights Auszeichung phänomenologischer Gesetze verwiesen: Cartwright, *Laws*, Kap. 6.

130 Reichenbach, H., »Bemerkung (zu Karl Popper, ›Ein Kriterium des empirischen Charakters theoretischer Systeme‹)«, *Erkenntnis* 3/1932, S. 427–8

131 Zum Verhältnis von Duhems Auffassung zu Quines eher vager Formulierung s. Vuillemin, J., »On Duhem's and Quine's Thesis«, in: Hahn, L. E., u. Schilpp, P. A., *The Philosophy of W. V. Quine*, La Salle 1986, S. 595–622.

132 Mach, *Erkenntnis*, S. 143.
133 Mach, *Erkenntnis*, S. 186.
134 Mach, *Erkenntnis*, S. 224.
135 Mach, *Erkenntnis*, S. 234.
136 S. noch vor Russells berühmter Distinktion von ›knowledge by acquaintance‹ und ›knowledge by description‹ Helmholtz' Hinweis: »Neben dem Wissen, das mit Begriffen arbeitet, und deshalb des Ausdrucks in Worten fähig ist, besteht noch ein anderes Gebiet der Vorstellungsfähigkeit, welches nur sinnliche Eindrücke combinirt, die des unmittelbaren Ausdrucks durch Worte nicht fähig sind. Wir nennen es im Deutschen das *Kennen*. Wir kennen einen Menschen, eine Speise, eine riechende Substanz, das heisst wir haben diese Objecte gesehen, geschmeckt oder gerochen, halten diesen sinnlichen Ausdruck im Gedächtnis fest und werden ihn wieder erkennen, wenn er sich wiederholt, ohne dass wir im Stande wären uns oder anderen eine Beschreibung davon in Worten zu geben. Dessen ungeachtet ist es klar, dass dieses Kennen den allerhöchsten Grad von Bestimmtheit und Sicherheit haben kann, und in dieser Beziehung hinter keinem in Worten ausdrückbaren Wissen zurücksteht.« Helmholtz, H. v., »Die neueren Fortschritte in der Theorie des Sehens« (1868), in: ders., *Vorträge und Reden*, Bd. 1, Braunschweig 1884, S. 233–331, S. 324. Vgl. als Beispielformulierung aus einem anderen Forschungsbereich das auf den humanistischen Philologen bezogene Postulat Angelo Polizianos, »intima familiaritas« mit einem zu kommentierenden Text herzustellen. Vgl. das Zitat in Stillers, R., *Humanistische Deutung – Studien zu Kommentar und Literaturtheorie in der italienischen Renaissance*, Düsseldorf 1988, S. 47.
137 S. die Auseinandersetzung mit Polanyi (Kapitel 1.2.1).
138 S. außer Helmholtz (s.o.) Dretskes Unterscheidung von ›epistemischem‹ und ›nicht-epistemischem‹ Beobachten. S. Dretske, F., *Seeing and Knowing*, London 1969. Vgl. auch die früher vorgebrachten Einwände gegen die Einstellungsabhängigkeit der Wahrnehmung (5.4).
139 *KK*-thesis: ›Wenn *A* weiß, daß p, dann weiß *A*, daß *A* weiß, daß *p*‹. Dem entspricht Regel *K2* ($KP \rightarrow KKP$) der epistemischen Logik. Vgl. u. a. Hintikka, J., *Knowledge and Belief – An Introduction to the Logic of the Two Notions*, Ithaca 1962, bes. S. 104 f., worauf sich allerdings Zirkularitätsvorwürfe richten (vgl. Chisholm, R., »The Logic of Knowing«, *Journal of Philosophy* 60/ 1963, S. 773–95, S. 784 ff.). In Hintikka, J., »›Knowing that one Knows‹ Reviewed«, *Synthese* 21/1970, S. 141–62, wird der Anspruch, den Wissensbegriff schlechthin zu rekonstruieren, eingeschränkt. Daß damit auch wissenschaftliches Wissen ausgrenzt wird, stellt Suppe, F., »Afterword 1977«, in: ders. (Hg.) *Structure*, S. 615–730, S. 717 ff. zurecht heraus. Allerdings läuft der Einwand von Suppe in die falsche Richtung: Forscherwissen ist nicht zu *schwach* im Sinne strenger Anforderungen, eingeschlossen die der ›logischen Allwissenheit‹ (K4), wonach *A p* dann und nur dann weiß, wenn A auch *q* kennt, für den Fall, daß $p \rightarrow q$: $KP \wedge (K(P \rightarrow Q) \rightarrow KQ$ (zu einer mentale Vorgänge simulierenden Ausarbeitung s. Fagin, R., u. Halpern, J. Y, »Belief, Awareness, and Limited Reasoning«, *Artificial Intelligence* 34/1988, S. 39–76.). Vielmehr sind umgekehrt *K2* und *K4* mit einer *strengen* Auffassung unverträglich, wie man sich an Beispielfällen klarmachen kann: Wenn *A* durch ein mangelhaft gebautes Teleskop schaut, gewinnt *A* einen falschen Eindruck, und wenn *A* sich verrechnet, hat *A* ein falsches Ergebnis. Ob *A* im Sinne von *K2 selbst* registriert, daß sie getäuscht wird oder sich getäuscht hat, ist unerheblich. Hinsichtlich *K4* stelle man sich vor, *A* werde Q gefragt, und verneine – wie man an einem Test feststellt – irrtümlich. Bei *K3* ($\neg KA \rightarrow K \neg KA$) wird die Anwendung vollends fragwürdig: Wenn *A* einen seltenen Käfer nicht kennt, muß *A* dies selbst wissen? Die epistemische Logik mit K2, K3 und K4 paßt nur zu einer schwachen, nämlich *internalistischen* Konzeption des Wissens. Übrigens zeiht Suppe, *a.a.O.* (s. auch ders., *The Semantic Conception of Theories and Scientific Realism*, Urbana 1989, Kap. 10) so gut wie die gesamte erkenntnis- und wissenschaftstheoretische Tradition (unter den neueren Autoren besonders Feyerabend und Kuhn) der Vermischung der Ebenen von Wissen und Wissen, daß man weiß. Das ist hier nicht zu erörtern und m.E. durchschlagend nur gegen Descartes' Auseinandersetzung mit dem Skeptizismus vorzubringen.
140 Helmholtz, H. v., »Ueber die Erhaltung der Kraft«, abgedr. in: ders., *Vorträge*, Bd. 1, S. 147–89, S. 152.
141 Dazu Miller, A. I., »Imagery and Metaphor: The Cognitive Science Connection«, in: Radman, Z., *From a Metaphorical Point of View – A Multidisciplinary Apprach to the Cognitive Content of Metaphor*, Berlin 1995, S. 198–224, S. 204 ff.

Daß es sich lohnt, gegenüber entschiedenen Kritikern wie Salmon u. a. an der Vertrautheitsidee festzuhalten, zeigen die ersten Ergebnisse eines Forschungsprojektes von Henk de Regt, bes. ders., *A Contextual Approach to Scientific Understanding*, Skript, Universität Utrecht, 1999, der für die Rückbindung des in die neuere Erklärungstheorie integrierten Verständnisbegriffs an die Idee der Vertrautheit eintritt. S. auch De Regt, H. W., »Ludwig Boltzmann's Bildtheorie and Scientific Understanding«, *Synthese* 120/1999, S. 113–34; ders., »Erwin Schrödinger, Anschaulichkeit, and Quantum Theory«, *Studies in History and Philosophy of Modern Physics* 28/1997, S. 461–481.

142 Vgl. Pauli, W., »Exclusion Principle, Lorentz Group and Reflection of Space-Time and Change«, in: ders., (Hg.) *Niels Bohr and the Development of Physics – Essays Dedicated to Niels Bohr on the Occasion of His Seventieth Birthday*, New York 1955, S. 30–55, S. 30. Zu diesem und weiteren Stellenhinweisen s. die umfassende Dokumentation von Miller, A. I., *Imagery in Scientific Thought – Creating 20th-Century Physics*, Cambridge/Mass. 1984.

143 Heisenberg, W., *Der Teil und das Ganze*, München 1985, S. 90.

144 S. bes. die Auseinandersetzung mit den umstrittenen Auffassungen von David Bohm.

145 Bohm, D., »Science as Perception-Communication«, in: Suppe (Hg.), *Structure*, S. 374–91, S. 388.

146 Vgl. das fiktive Gespräch zwischen einem ›kontextualistischen‹ Duhemianer und einem ›modellistischen‹ Campbellianer bei Hesse, M. B., *Models and Analogies in Science*, Notre Dame 1966, S. 7 ff. Eine frühe Vorwegnahme des auf Vertrautes abhebenden Modellismus findet sich in Adam Smiths *History of Astronomy* (1795). Vgl. die Hinweise von Raphael, D. D., *Adam Smith*, engl. 1985, übers. v. U. Rennert, Frankfurt 1991, S. 123 ff.

147 S. die 1957 später unter dem Titel *Foundations of Science – The Philosophy of Theory and Experiment*, New York 1957, wiederaufgelegten *Physics – The Elements*, Cambridge 1919.

148 S. Hempel, C. G., *Aspects of Scientific Explanation and Other Essays in the Philosophy of Science*, New York 1965, S. 425 f. et passim. S. auch ders., *Philosophie der Naturwissenschaften*, engl. 1966, übers. v. W. Lenzen, München 1974, S. 117 ff.; Toulmin, S., *Voraussicht und Verstehen – Ein Versuch über die Ziele der Wissenschaft*, engl. 1961, übers. v. E. Bubser, Frankfurt 1968, rettet den Begriff des Verständnisses gegenüber Einwürfen der von Hempel vorgebrachten und von ihm selbst akzeptierten Sorte, indem er ihn von dem des Vertrautseins löst (s. bes. S. 74 f.), was aber den Verständnisbegriff entleert, und mit dem des Überzeugtseins von einer Theorie ineinslaufen läßt (s. S. 137).

149 Bridgman, P. W., *The Nature of Physical Theory*, Princeton 1936, S. 63, zählt zu den ›Kosten‹ der Quantentheorie, man könne kein physikalisches Modell von ihr bilden, bei dem sich das Zusammenspiel der Elemente darstellte »already so *familiar to us* that we can accept them as not needing explanation« (Hervorhebung nicht im Original).

150 Vgl. die verblüffende Deutung von Fraassen, B. van, *Quantum Mechanics – An Empiricist View*, Oxford 1991. Zu den nachträglichen Pointen der tiefgreifenden Diskussion – die Väter der Quantentheorie hatten eher nach einer Redefinition von Anschaulichkeit (s. Heisenberg, W., »Über den anschaulichen Inhalt der quantentheoretischen Kinematik und Mechanik«, *Zeitschrift für Physik* 43/1927, S. 172–98; für Bohr, dessen Sprache von anschauungsbezogenen Ausdrücken wimmelt, ist die Situation noch schwieriger) gesucht – gehört, daß die *National Science Foundation* inzwischen ein praktisches Projekt auf den Weg gebracht hat, um Studenten durch interaktive Computer-Visualisierungen mit der Quantenmechanik *vertraut* zu machen (ESI 845278). Ein verwandtes für Chemiker gedachtes Unterfangen wird vom Konrad-Zuse-Zentrum in Berlin betreut. Man muß aber einräumen, daß solche Bemühungen stets nur auf neue Modellbildungen hinauslaufen, wobei gerade Anfängern die negativen Analogien im Sinne Hesses nicht ersichtlich sein können und somit letztlich doch verborgen bleibt, was die Deutung der Quantenmechanik als *physikalische* Theorie besagt. S. die Charakterisierung der Kopenhagener Deutung bei Drieschner, »Natur und Wirklichkeit in der modernen Physik«, in: Schäfer, L., u. Ströker, E., (Hg.), *Naturauffassungen in Philosophie, Wissenschaft, Technik*, Freiburg, Bd. 4, Freiburg 1996, S. 65–121.

151 S. als einführenden Überblick die Sammlung von Schurz. G., (Hg.), *Erklären und Verstehen in der Wissenschaft*, München 1988. S. auch schon Mach, *Erkenntnis*: »Die Annahmen aber, die man vorzugsweise als Hypothesen bezeichnet, beziehen sich auf die Bedingungen einer Tatsache, welche dieselben verständlich machen« (S. 235).

152 Darunter fällt u. a. der auf Vereinheitlichung abhebende Ansatz von Schurz, G., u. Lambert, K., »*Outline of a Theory of Scientific Understanding*«, *Synthese* 101/1994, S. 65–120. Z.B. mag eine scharfsinnig erdachte und mit den Daten harmonierende kosmologische Theorie Einheit stiften, Erstaunliches zu bedenken geben, verläßliche Prognosen liefern u. a. m., aber ein *Verständnis* des Kosmos verschaffte sie uns nur, wenn sie *wahr* wäre.

153 Strube, W., »Analyse des Verstehensbegriffs«, *Zeitschrift für allgemeine Wissenschaftstheorie* 16/1985, S. 315–33.

154 Eine umfassende Darstellung des Weges von den vedischen Anfängen der Interpretationstheorie zur Verstehensphilosophie der Gegenwart liegt nicht vor. Recht gut dokumentiert sind die frühen pergamenischen und alexandrinischen Konzeptionen (Pfeiffer u.a). Seit Hasso Jägers Polemik (1974) ist auch die ›hermeneutica‹ des 17. und 18. Jahrhunderts zunehmend erschlossen worden. Die großen Konzeptionen des 19. Jahrhunderts (insbesondere diejenigen Schleiermachers und Diltheys) liegen ohnehin auf dem Feld der philosophiehistorischen Arbeit.

155 Teile des ersten Kapitels des zweiten Buches des gewaltigen, als eine Art theologischer Summe konzipierten Werkes liegen in einer deutsch-lateinischen Ausgabe vor: Flacius Illyricus, M., *De ratione cognoscendi sacras literas. Über den Erkenntnisgrund der Heiligen Schrift,* übers. u. hg. v. L. Geldsetzer, Düsseldorf 1968.

156 Sie ist passenderweise auch im Zusammenhang von *Moral*reflexion auf den Weg gekommen s. Scholtz, G., »Ethik und Hermeneutik«, in: ders., *Ethik und Hermeneutik – Schleiermachers Grundlegung der Geisteswissenschaften,* Frankfurt/M. 1995, S. 126–146.

157 Vgl. Fontenelle, B. de, »Préface«, S. 47.

158 Fontenelle, B. de, »Éloge de Lemery«, in: ders., *Œuvres,* Bd. 6, S. 311–21, S. 314.

159 Fontenelle, *a.a.O.* Von dem gelobten Pharmazeuten Nicolas Lemery (1645–1715) heißt es denn auch, er »fut le premier qui dissipa les ténèbres naturelles ou affectées de la Chymie, qui la réduisat à des idées plus nettes et plus simples, qui abolit la barbarie inutile de son langage [...]« (*a.a.O.*), und dementsprechend seien seine Schriften denn auch in verschiedene Sprachen übersetzt worden. Ob Fontenelle in jeder Hinsicht recht hat, ist umstritten: Chinn, C. A., *Constructing Scientific Explanations from Text: A Theory with Implications for Conceptual Change,* Champaign 1995, bewegt sich auf der nämlichen Schiene. Dagegen sehen MacNamara, D. S., u. a., »Are Good Texts Always Better? Text Coherence, Background Knowledge, and Levels of Understanding in Learning from Text«, *Cognition and Instruction* 14/1996, S. 1–43, sowie Voss, J. F., u. Silfies, L. N., »Learning from History Texts: The Interaction of Knowledge and Comprehension Skill with Text Structure«, *Cognition and Instruction* 14/1987, S. 45–68, eine komplexere Interaktion am Werk, die auch dem partiell ›dunklen‹ Text Vorzüge einräumt – was in der Situation der philosophischen Lehr- und Lernpraxis ohnehin nicht in Frage steht.

160 Müller-Hill, B. *The Lac Operon – A Short History of a Genetic Paradigm,* Berlin 1996, S. 97.

161 Müller-Hill, Lac *Operon,* S. 97 f.

162 Der Klarheit der Entgegensetzung wegen lasse ich den langen Schatten einer verdeckenden Selbstdeutung außer acht, der sich in der populären Umsetzung des Mottos ›Nullius in verba‹ manifestiert. Die im Namen der Autopsie und des selbstgewissen Denkens verfaßten programmatischen Äußerungen Bacons, Descartes', Boyles und vieler anderer stellen in gewisser Weise eine Kampfansage an das Buch dar, wiewohl die Programmatiker nachweislich selbst immer wieder eifrig um das Verständnis anderer Autoren rangen. Nur handelt es sich bei den Gelesenen oft um Autoren, die heute kaum mehr bekannt sind, so daß ein beträchtlicher Teil des den Bannerträgern des Buchverzichts aus Büchern bestens Vertrauten heute vergessen ist. Zum kanonischen Mißverständnis des aus einem Horaz-Wort (»Nullius addictus iurare in verba magistri – Quo me cumque rapit tempestas deferor hospes« abgeleiteten Mottos der Royal Society im Sinne von ›nicht in Worten‹ (sondern Taten bzw. Daten) s. Sutton. C., »›Nullius in verba‹ and ›nihil in verbis‹: Public Understanding of the Role of Language in Science«, *British Journal for the History of Science* 27/1994, S. 55–64.
Wissenschafts- und philosophiehistorisch gesehen verhält es sich so, daß die Cartesianer auf der Grundlage der Konzeption der *ideae innatae* die Allgemeinheiten von mentalen Inhalten glaubten voraussetzen zu können, wohingegen sich Empiristen wegen des Primats der individuellen Erfahrung mit einer Verständigungsproblematik belastet sahen. Bacons Sprachkritik als Kritik

einer »most troublesome« (Bacon, *Works*, 4, S. 433) Angelegenheit, eines Ortes von Trugbildern, läßt das Problem einer adäquaten Mitteilungspraxis (»art of transmission«) ungelöst: »[...] experience has not yet learned her letters«, Bacon, *Works*, Bd. 4, S. 96). Träfe die an einigen metaphorischen Wendungen Bacons ausgerichtete bekannte Bacon-Interpretation in Blumenberg, H., *Die Lesbarkeit der Welt*, Frankfurt/M. 1986, zu, könnte Forschung sich gemeinschaftlich auf die ›Sprache der Natur‹ beziehen. Genau dies ist aber die Position des von Bacon in dieser (!) Hinsicht abgelehnten Okkultismus. Immerhin hätte die Anerkennung eines ›natürlichen‹ Idioms die Rückkkehr zu den Ideen des *verbum mirificum* und des geheimen Wissens bedeutet. Bacons Einfluß erreicht auch die kontinentalen Forschergruppen (S. Minkowski, H., »Das Neue Atlantis des Francis Bacon und die Leopoldina-Carolina«, *Archiv für Kulturgeschichte* 26/1936, S. 283–95), und die Wissenschaftsszene des 17. Jahrhunderts ist u. a. eine Situation des Sich-Verständlichmachens durch rege Übersetzungstätigkeit. Vor dem Hintergrund der Okkultismus-Kritik und der Konzeption des öffentlichen, nicht auf eine spezifische Sprache beschränkten Wissens sollte in der Folge Lockes Beharren auf der – schon bei Bacon nolens im Anschluß an Aristoteles *Peri hermeneias* vertretenen (vgl. dazu Elsky, M., »Bacon's Hieroglyphs and the Separation of Words and Things«, *Philological Quarterly* 63/1984, S. 449–60) – Arbitrarität des sprachlichen Zeichens (Locke, *Essay* 3, II) gesehen werden.

Im Umkreis der *Royal Society* werden durch Glanvill, Sprat u.a im wesentlichen praktische Regeln gegeben, die bei Locke erkennntnistheoretisch eingebettet sind. Die allgemeine Verständlichkeitsbedingung (»unless a man's word excite the same ideas in the hearer which he makes them stand for in speaking, he does not speak intelligibly«, Locke, *Essay*, 3, XI, 8) wird pragmatisch abgeschwächt, der gewöhnliche Gebrauch bewegt sich in losen Grenzen (*Essay*, 3, XI, 25), erst durch logische Strukturierung (*Essay*, 3, VII) und Definitionen (*Essay* 3, III, 10; 3, IV, 6 ff.) entsteht gesichertes Verständnis. Zur Auffassung von Lockes Ansatz als Verständigungslehre, die nur nachrangig semantische Theorie ist, wie sie in der modernen Sprachphilosophie dominiert s. Taylor, T. J., »Liberalism in Lockean Linguistics«, *Historiographia Linguistica* 17/1990, S. 99–109.

163 Zur hier nicht weiterverfolgten Simulationsidee s. Goldman, A. I., »Interpretation Psychologized« (1989), abgedr. in: ders., *Liaisons*, S. 9–33.

164 Fontenelle, »Viviani«, S. 83 (Hervorhebung nicht im Original).

165 Fontenelle, »Viviani«, S. 88.

166 Vgl. Wußing, H., *Vorlesungen zur Geschichte der Mathematik*, 2. Aufl. Leipzig 1989, S. 146.

167 Fontenelle, »Viviani«, S. 83.

168 Fontenelle, »Viviani«, S. 85.

169 Am Rande hingewiesen sei auf die Rolle des Verstehens in Pólyas Entdeckungslogik, die selbst wiederum eine bemerkenswerte personale Vorgeschichte hat: Pólya stammt wie John von Neumann, Isaac Rabi und eine Reihe bedeutender Mathematiker und Physiker aus einem winzigen geographischen Raum, dem ungarischen Teil der Karpato-Ukraine. (vgl. Ulam, S. M., *Adventures of a Mathematician*, New York 1976, S. 11) und profitierte von einer einschlägigen – heuristisch orientierten – Reform des Mathematikunterrichts: Beke, E., u. Mikola, S., (Hg.), *Abhandlungen über die Reform des mathematischen Unterrichts in Ungarn*, Leipzig 1911. Eine gut zum oben Gesagten passende Skizze zum Begriff mathematischer Intuition geben Davis, P. J., u. Hersh, R., *Erfahrung Mathematik*, engl. 1981, übers. v. J. Zehnder, Basel. 1994 S. 421. Zum Projekt der Entwicklung der Mathematik aus Vertrautem s. etwa Bernays, P., »Die Grundgedanken der Fries'schen Philosophie in ihrem Verhältnis zum heutigen Stand der Wissenschaft«, *Abhandlungen der Fries'schen Schule*, Neue Folge, Bd. 5., H. 2, 1933, S. 97–113, S. 108: »Die Untersuchung der Grundlagen der Mathematik [habe u. a.] gezeigt, daß eine gewisse Art rein-anschaulicher Erkenntnis als Ausgangspunkt für die Mathematik genommen werden muß, ja man schon die Logik als Theorie der Urteile und Schlüsse gar nicht ohne eine gewisse Heranziehung einer solchen anschaulichen Erkenntnis entwickeln kann [...]«. Beispiele für historisch dokumentierte Verständnisprobleme beim Aufbau des Zahlenreiches (Huyghens u. a.) nennt Weyl, H., *Philosophie der Mathematik und der Naturwissenschaft*, München 1966, S. 50.

Umfassend zum Zusammenhang lokaler, sozialer und epistemischer Faktoren s. Meusburger, P., *Bildungsgeographie – Wissen und Ausbildung in der räumlichen Dimension*, Heidelberg 1998.

170 S. etwa Nunes, T. A. D., u. a., *Street Mathematics and School Mathematics*, Cambridge 1993.
171 Vgl. den Überblick im Anschluß an Fettweiß, Wilder, Ambrosio u. a. bei Gerdes, *Ethnomathematik – dargestellt am Beispiel der Sona Geometrie*, Heidelberg 1997, S. 1 ff.
172 Biographisches bei Bonelli, M. L., »L'ultimo discepolo: Vincenzo Viviani«, in Maccagni, C., (Hg.), *Saggi su Galileo Galilei*, Florenz 1972, S. 656–88.
173 Zum damaligen Stand s. Krautter, K., »Der ›Grammaticus‹ Poliziano in der Auseinandersetzung mit zeitgenössischen Humanisten – Zur Entwicklung der Philologie aus den ›studia humanitatis‹«, in: Buck, A., u. Heitmann, K., *Die Antike-Rezeption in den Wissenschaften während der Renaissance*, Weinheim 1983, S. 103–116; Grafton, A., *Defenders of the Text: the Traditions of Scholarship in an Age of Science 1450–1800*, Cambridge/Mass. 1991.
174 Außer der Edition in den *Grammatici Graeci* (1,1 Uhlig) s. [Dionysios Thrax] Linke, K., (Hg.), *Die Fragmente des Grammatikers Dionysios Thrax*, Berlin 1977. Einen guten Überblick vermittelt Kemp, A., »The Emergence of Autonomous Greek Grammar«, in: Schmitter, P. (Hg.) *Geschichte der Sprachtheorie*, 2. Aufl. Tübingen 1996, S. 377–394; vgl. auch die Abscheidung der *téchne mikrá* in Charpa, »Philologischer Fortschritt«.
175 Bieganski, *Logik*, S. 28.
176 s. oben Anm. 100.
177 Bieganski, *Logik*, S. 102.
178 S. Goldman, A.I., »Foundations of Social Epistemics« (1987), abgedr. in: ders., *Liaisons*, S. 179–207, S. 195 f., (›power‹, ›speed‹, ›efficacy‹).
179 S. Kapitel 3.2.5.
180 Ebbinghaus, H., *Über das Gedächtnis – Untersuchungen zur experimentellen Psychologie*, 1885, Nachdruck Amsterdam 1966; Nachdruck des Ms. Passau 1983.
181 »In comprehending easy texts in familiar domains, readers construct coherent, orderly text representation«, Kintsch, W., *Comprehension – A Paradigm for Cognition*, Cambridge 1998, S. 230.
182 S. das eigene und fremde Untersuchungen zusammenfassende Schaubild bei Kintsch, *Comprehension*, S. 231.
183 Dies in der kognitivistischen Betrachtung ohnehin selbstverständlich. Vgl. Fischer, *Grundlagen*, S. 162 ff., der u. a. auf die Bedeutung von Aktivierungshäufigkeit und Verknüpfungsintensität verweist, was gut mit dem Sinn des ›folk‹-Begriffs der Vertrautheit harmoniert.
184 Vgl. Audi, R., »Memorial Justification«, *Philosophical Topics* 23/1995, S. 31–45. Daß die faktische Irreduzibilität des Gedächtnisses selten gesehen wird, liegt möglicherweise in der üblichen Betrachtungs*richtung*, in der die *konstitutive* Rolle des Gedächtnisses betont wird. S. etwa die verstreute Erörterung in Helmholtz, H. v., *Handbuch der Physiologischen Optik*, 2. Aufl. 1896, S. 947 f. et passim, zusammengefaßt in König, »Wissenschaftsbegriff«, S. 93 f.
185 Klein, F., *Vorlesungen über die Entwicklung der Mathematik im 19. Jahrhundert*, Bd. 1, Berlin 1926, S. 291.
186 Krems, J., u. Johnson, T. R., »Integration of Anomalous Data in Multicausal Explanations«, in: Moore, J. D., u. Lehmann, J. F., (Hg.), *Proceedings of the Seventeenth Annual Conference of the Cognitive Science Society*, Hillsdale 1995, S. 277–82, im Unterschied zu Chinn, C. A. u. Brewer, W. F., »The Role of Anomalous Data in Knowledge Acquisition: A Theoretical Framework and Implications for Science Instruction«, *Review of Educational Research* 63/1993, S. 1–49.
187 Lawson, A. E., »The Acquisition of Biological Knowledge During Childhood: Cognitive Conflict or Tabula Rasa?«, *Journal of Research in Science Teaching* 25/1988, S. 185–199.
188 Vgl. zum historischen Verlauf von Hooks im Blick auf die Abgeschlossenheit gewählter Bezeichnung ›cellula‹ bis ins späte 19. Jahrhundert Jahn, I., »Einführung und Erläuterung zur Geschichte der Zellenlehre und der Zellentheorie«, in: dies., (Hg.), *Klassische Schriften zur Zellenlehre von Matthias Jacob Schleiden, Theodor Schwann, Max Schultze*, Leipzig 1987, S. 6–39. Auch die aktuelle Vorstellung von Zellen als vielgestaltigen Funktions*einheiten* hat noch Verbindung zum ursprünglichen Benennungsmotiv.
189 Blackmore, J. T., »Is Planck's Principle True?«, *British Journal for the Philosophy of Science* 29/1978, S. 347–49; Gorham, G., »Planck's Principle and Jean's Conversion«, *Studies in History and Philosophy of Science* 22/1991, S. 471–97; s. dagegen eher abwägend (vorrangig unter Berücksichtigung der Geschichte des Darwinismus) Hull, D., u. a., »Planck's Principle. Do Younger Scien-

tists Accept New Scientific Ideas with Greater Alacrity than Older Scientists?«, *Science* 202/1978, S. 717–23; zu einem anderen Fall s. Messeri, A. M., »Age Differences in the Reception of New Scientific Theories – The Case of Plate Tectonics Theory«, *Social Studies of Science* 18/1988, S. 91–112. Einen Überblick über die mittlerweile angefallene Literatur gibt Hull, D., »Studying the Study of Science Scientifically« *Perspectives on Science* 6/1998, S. 209–231, der u. a. zurecht darauf hinweist, daß – wenn das Prinzip denn korrekt sein sollte – es nur die Fortschritt behindernde Funktion betont, wohingegen die hilfreiche Blockierung von Holzwegen durch erfahrene Wissenschaftler (S. 216) ignoriert werde.

190 Vgl. den Vergleich des berühmtesten Mitglieds der ›Jungen Garde‹ mit dem eine Generation älteren Poincaré bei Miller, A. I., »Scientific Creativity: A Comparative Study of Henri Poincare and Albert Einstein«, *Creativity Research Journal* 5/1992, S. 385–418. Die Differenz beider Positionen führt Huber, R., *Einstein und Poincaré. Die philosophische Beurteilung physikalischer Theorien,* Paderborn 2000, auf unterschiedliche metaphysische Haltungen zurück, wobei Einsteins Metaphysik dem weiteren Verlauf nach *eher* verbreiteten Haltungen entgegenkam als die Poincarés.

191 Vgl. im Anschluß an Kuhn, der den Übergang zur Oxidationslehre als Beispiel einer die vertrauten Begriffe umstülpenden Revolution deutet, McCann, H. G., *Chemistry Transformed: The Paradigmatic Shift from Phlogiston to Oxygen,* Norwood 1978, der auch quantitative Methoden verwendet. Neuere Materialien bei Bensaude-Vincent, B. u. Abbri, F. (Hg.), *Lavoisier in European Context. Negotiating a New Language for Chemistry,* Canton 1995; s. a. die Monographie Bensaude-Vincent, B., *Lavoisier: Mémoires d'une révolution,* Paris 1993, wobei sich durchgehend zeigt, daß von einem plötzlichen Umschlag ins Unvertraute keine Rede sein kann. Lavoisier selbst hat als Phlogistiker begonnen und sich zögerlich auf die Oxidationslehre zubewegt. »[...] it remains unclear whether the sciences are really mysteries in which the convert must immerse himself before he can understand what is said and where he must abjure his previous understanding«, schreibt in Parallele zu den oben entfalteten Vorstellungen Knight, D., *Ideas in Chemistry – A History of the Science,* London 1992, S. 69. Der wissenschaftshistorische Klassiker, in dem weitgehend unter Hinanstellung der innovativen Momente die Verpflichtungen Lavoisiers gegenüber seine Vorgängern dargestellt werden, ist Metzger, H., *La philosophie de la matière chez Lavoisier,* Paris 1935. Vgl. auch allgemein deren »Le Rôle de précurseurs dans l'évolution de la science«, 1937–9, in: Metzger, *Méthode,* S. 75–91.

192 Der bekannteste Fall ist der von Richard Kirwan (Pasquinelli, A., »Le repliche lavoisieriane all'*Essay on phlogiston* di R. Kirwan«, *Rivista di filosofia* 76/1985, S. 425–433). Allgemein s. Kahlbaum, G. W. A. u. Hoffmann, A., *Die Einführung der Lavoisierschen Theorie im besonderen in Deutschland,* Leipzig 1897.

193 Zur Erklärung s. die systematische Rekonstruktion der begrifflichen Beziehungen zwischen Phlogiston- und Oxidationstheorie bei Thagard, P., *Conceptual Revolutions,* Princeton 1992, Kap. 3; vgl. zu den realgeschichtlichen Verbindungsfäden Gough, J. B., »Lavoisier and the Fulfillment of the Stahlian Revolution«, *Osiris* 4/1988, S. 15–33; Siegfried, R., »Lavoisier and the Phlogistic Connection«, *Ambix* 36/1989, S. 31–40.

194 Vgl. den Hinweis im Anschluß an Schorlemmer bei Strube, W., *Der historische Weg der Chemie,* Köln 1989, S. 154.

195 Nye, M. J., *Science in the Provinces, Scientific Communities and Provincial Leadership in France 1860–1930,* Berkeley 1986, dies., »National Styles? French and English Chemistry in the Nineteenth and Early Twentieth Centuries«, *Osiris* (Neue Serie) 8/1993, S. 30–52.

196 Crombie, *Styles,* unterscheidet sechs Stile, wobei die Typisierungen eine grandiose Organisation des historischen Stoffes leisten, ohne daß daraus ein Punkt zugunsten oder zuungunsten relativistischer Auffassungen erwüchse. Vgl. auch die Crombie-Adaption bei Hacking, I., »›Style‹ for Historians and Philosophers«, *Studies in History and Philosophy of Science* 23/1992, S. 1–20, demzufolge grundsätzliche Antithesen, wie die zwischen Realismus und Anti-Realismus, in dem historischen Stilrahmen wiederkehren. Allgemein s.a die Beiträge in *Science in Context* 4/1991.

197 [Buffon, G. L.L.], »Discours prononcé à L'Académie Françoise par M. de Buffon. le jour de sa réception«, 1753, abgedr. in: [Buffon, G. L. L.], *Œuvres philosophiques de Buffon,* hg. v. J. Piveteau, Bd. 41, Paris: 1954, S. 500–504, S. 503. Dazu s. Bouverot, D., »Et si nous relisions Buffon:

Le Style est l'homme même«, in: *Mélanges de Langue et de Littérature française offerts à Pierre Larthomas*, Paris, 1985, S. 61–66.

198 Buffon, »Discours«, S. 503

199 Buffon, »Discours«, S. 500.

200 Buffon, »Discours«, S. 503.

201 »Les ouvrages bien écrits seront les seuls qui passeront à la postérité: la quantité des connaissances, la singularité des faits, la nouveauté même des découvertes, ne sont pas de sûrs garants de l'immortalité: si les ouvrages qui les contiennent ne roulent que sur de petits objets, s'ils sont écrits sans goût, sans noblesse et sans génie, ils périront [...].« Buffon, »Discours«, S. 503. Zu den Kapriolen der Wissenschaftsgeschichte gehört, daß ausgerechnet der Diskurs, in dem dies behauptet wird, sich heute als derjenige Beitrag Buffons herausstellt, »qui passera à la posterité« (Le Maner, M., *Buffon et les sciences naturelles au xviiie siécle*, Saint-Omer 1988 [Ausstellungskatalog], S. 3.), wohingegen die Bände der *Histoire naturelle* fast nurmehr als Lieferanten von Illustrationen dienen.

202 Buffon, »Discours«, S. 503.

203 [...] les connaissances, les faits et les découvertes s'enlèvent aisément, se transportent et gagnent même à être mises en oeuvre par des mains plus habiles«. Buffon, »Discours«, S. 503.

204 Glanvill, J., *Plus Ultra: Or The Progress and Advancement of Knowledge, Since the Days of Aristotle*, London 1668, Nachdruck Gainsville 1958.

205 Shapin, u. Schaffer, *Leviathan.*

206 S. die Arbeit von Forman (1971) und die sonstigen Beiträge in: Meyenn, K. v., (Hg.), *Quantenmechanik und Weimarer Republik*, Braunschweig 1994.

207 S. Gould, S. J., »Agassiz auf den Galápagos«, in: ders., *Wie das Zebra zu seinen Streifen kommt – Essays zur Naturgeschichte*, engl. 1983, übers. v. S. Cappellari, Basel 1986, S. 105–17; s.a. Rudwick, M. J. S., »Darwin and Glen Roy: A ›Great Failure in Scientific Method?«, *Studies in History and Philosophy of Science* 5/1974, S. 97–185. S. a. Bloor, *Knowledge*, S. 25.

208 Die Schwäche kontrafaktischer Argumentationen, in denen ein historischer Fortschrittsverlauf das nämliche Gewicht bekommt wie eine vage Alternatividee, betont Slezak, P., »Sociology of Scientific Knowledge and Scientific Education«, *Science and Education* 3/1994, S. 265–294 u. 329–55.

209 Chicago 1993. Wie suggestiv der relativistische Stilbegriff wirkt, zeigt sich in der Rezension von Hopwood, N., »Genetics in the Mandarin Style«, *Studies in History and Philosophy of Science* 25/1994, S. 237–250. Statt Harwoods These zu überprüfen, wird sie noch mit der Anregung überboten, soziale Relationen im Sinne von Produzenten- und Abnehmerverhältnissen einzubeziehen.

210 Vgl. Deichmann, U., »Gab es einen ›nationalen Stil‹ der genetischen Forschung in Deutschland zwischen den Weltkriegen?« Antrittsvorlesung. Mathematisch-Naturwissenschaftliche Fakultät der Universität Köln, Sommersemester 2000.

Kapitel 4

1 Chalmers, A. F., *Wege der Wissenschaft – Einführung in die Wissenschaftstheorie*, engl. 1976, Berlin 1986, S. 137 f.

2 »Sie [sc. die Objektivisten] befassen sich zum Beispiel mit dem Verhältnis zwischen Newtons und Galileis Theorie und sind insbesondere daran interessiert, in welcher Hinsicht erstere als Fortschritt der letzteren betrachtet werden kann. Sie befassen sich jedoch nicht mit Fragen der Einstellungen von Galilei oder Newton zu ihren Theorien.« Chalmers, *Wege*, S, 139. Zugunsten dieser Haltung führt Chalmers im Anschluß an Popper aus, daß Mehrfachentdeckungen durch verschiedene Wissenschaftler im Rahmen einer apersonalen Betrachtungsweise am ehesten plausibel würden. Ich bestreite demgegenüber entschieden, daß *beliebige* Personen dasselbe entdecken können. Selbst elementare Phänomenfeststellungen setzen gerichtete Aufmerksamkeit, korrekte Erinnerung u.a voraus. Unabhängig voneinander entstandene, aber übereinstimmende theoretische Problemlösungen verweisen erst recht auf gemeinsame Kompetenzen. S. die Einschränkung

der ›Sererendipity‹ in den Folgekapiteln. Speziell zu dem von Chalmers angeführten und sehr fragwürdigen Beispiel des Energieerhaltungssatzes s. den Hinweis auf Helmholtz unten (Kapitel 4.5.4)

3 Einwände erhebt u. a. Horgan, T., »The Case against Events«, *Philosophical Review* 87/1978, S. 28–37; ders., »Action Theory without Actions«, *Mind* 90/1981, S. 406–414. Allgemein zur Diskussion s. Stoecker, R., *Was sind Ereignisse? Eine Studie zur analytischen Ontologie*, Berlin 1992. Der hier gewählte Ereignisbegriff deckt sich mit dem in der Literatur zuweilen übergeordneten Konzept des *occurants*.

4 S. die Zusammenfassung der Davidson-Kritik bei Rungaldier, *Handlungen*, S. 52 ff. et passim. Die Idee von »basic acts« bzw. ›basic actions‹ geht auf Danto, A., »What We Can Do«, *Journal of Philosophy* 60/1963, S. 435–45, und Goldmann, A., *A Theory of Human Action*, Englewood Cliffs 1970, zurück.

5 Vgl. die verwandte Strategie der *intentional stance* von Daniel Dennett, der jedwede Aktion einer Entität, unabhängig davon, ob es Menschen, Tiere oder Artefakte sind, so behandelt, als *wäre* es die eines Subjektes, das Überlegungen anstellte, Wünsche und Überzeugungen hegte usw. Dennett, D., *The Intentional Stance*, Cambridge/Mass. 1987, wo allerdings der ursprünglich methodologische Sinn des Verfahrens (Dennett, D., »Intentional Systems«, *Journal of Philosophy* 68/1971, S. 87–106) von einer behauptenden Präsentation verdeckt wird. Zahlreiche Materialien zum Verzicht auf Substitutionsversuche bei Vaihinger, H., *Die Philosophie des Als Ob – System der theoretischen, praktischen und religiösen Fiktionen der Menschheit auf Grund eines idealistischen Positivismus*, 6. Aufl., Leipzig 1920.

6 Die Diskussion ist philosophiehistorisch gesehen vor allem durch Aristoteles' Schrift *De generatione et corruptione* angeregt worden. Eine zweikategoriale Ontologie mit Ereignissen und Konstanten vertritt beispielsweise auch Ingarden, R., *Der Streit um die Existenz der Welt*, 2 Bde., Tübingen 1964 u. 1965, wohingegen Mach, Whitehead oder Chisholm (s. Chisholm R., *Person and Object – A Metaphysical Study*, London 1976) zugunsten einer einheitlichen Ontologie votieren.

7 Zu verschiedenen Definitionen von Veränderungen s. Lombard, L. B., »Change« in: *Handbook of Metaphysics and Ontology*, hg. v. H. Burckhardt u. B. Smith, München 1991, S. 137–139.

8 Von ›den‹ Forschern läßt sich auch z. B. mit Mertons Katalog (s. oben Kapitel 2.5) sinnvoll reden, von besonderen Forscherleistungen hingegen nicht.

9 Eine Komplementaritätsthese von individualistischer und sozial ausgerichteter Betrachtung vertritt auch Thagard, P., »Mind, Society, and the Growth of Knowledge«, *Philosophy of Science* 61/1994, S. 629–645.

10 In einem solchen Fall wären nicht Modellierungen mit Hilfe von Regelungen auf der Beschreibungsebene anzustreben, sondern ein unvermittelter Rekurs auf Handlungen selbst und im weiteren auf nicht mehr hintergehbare Elementarhandlungen. Damit würde allerdings zugleich der Anspruch auf die Erklärung und Einstufung faktischer Verläufe aufgegeben. Es gibt keinen Rekonstruktionsweg, der Denkakte Maxwells *eindeutig* mit konkreten Abläufen verbände.

11 Nersessian, N. J., »How Do Scientists Think? Capturing the Dynamics of Conceptual Change in Science«, in: *Cognitive Models of Science*, hg. v. R. N. Giere, Minneapolis 1992, S. 3–44.

12 Simonyi, K., *Kulturgeschichte der Physik*, ungar. 1978, Frankfurt/M. 1990, S. 346.

13 Zur sog. by-relation s. zusammenfassend im Anschluß an Goldman Rungaldier, *Handlungen*, S. 48 ff.

14 Die für 1) bis 3) bestimmende Identitätsthese wird auf unterschiedliche Weise von Goldman, *Theory*, und Davidson, D., *Essays on Action and Events*, Oxford 1980, entfaltet. Die bei 4) bis 7) mit der Idee des Basierens verbundene Unterscheidung von kausalen und teleologischen ›basic actions‹ stammt von Hornsby, J., *Actions*, London 1980.

15 Vgl. genauer Charpa, *Grundprobleme*, Kap. 2.

16 S. außer den bekannten Darstellungen Poppers bes. Jardine, *Fortunes*, passim.

17 Wissenschaftshistorisch wirksam war, was das Bedingungsverhältnis von Wissensumfang und Irrtumsrisiko angeht, Condillacs Unterscheidung zwischen zurückhaltenden und ehrgeizigen Vorgehensweisen im Vorwort zum *Essai sur l'origine des connoissances humaines* (1746). Darauf bezieht sich Lamarck, J.-B.-P.-A., *Philosophie zoologique, ou Exposition des considérations relatives à*

l'histoire naturelle des animaux [...], Paris 1809, Teil I, S. 363, wenn er davon spricht, daß »ses [de la raison] progrès sont bien lents«.

18 Mach, *Erkenntnis*, S. 123.

19 Mach, *Erkenntnis*, S. 116.

20 Es gibt auch ein empiristisches Beiseiteschieben des Irrtumsproblems. Der naive Empirist, wie er sich etwa in den methodologischen Auslassungen Lavoisiers (*Traité élémentaire de chymie*, Bd. 1, Paris 1789, Préface) präsentiert, kennt nur eine Fehlerquelle, nämlich die fehlende Abgleichung wissenschaftlicher Behauptungen mit Beobachtung und Experiment, und ignoriert die Irrtumsanfälligkeit der Empirie selbst.

21 Dies ist entscheidend für die Einschätzung von Selbsttäuschungen. Z.B. hing die Fehlwahrnehmung im Betrugsfall Abderhalden entscheidend davon ab, daß eine (wohlbekannte und sonst durchaus herangezogene) überlegene quantitative Möglichkeit der Phänomenbestimmung (mittels eines Photometers) nicht genutzt wurde. S. Deichmann, U., u. Müller-Hill, B., »The Fraud of Abderhalden's Enzyms«, *Nature* 393/1998, S. 109–11; Charpa, »Selbsttäuschung«.

22 Über faktische Einschränkungen der Logizität von Individuen s. Evans, *Bias*. S. auch die vielzitierten Arbeiten von Holland, Kornblith, Tversky u. Kahneman, abgedr. in: Goldman, A. I., (Hg.), *Readings in Philosophy and Cognitive Science*, Cambridge/Mass. 1993. Vgl. oben Kapitel 1.4.

23 *Regulae* 3, 8. AT X, 370. Dies wird ergänzt durch eine reliabilistische Überlegung zur Überwindung von Gedächtnisschwäche (*Regulae* 7,1, AT X, 388; 12, 11, AT X, 417). Die mit dem radikalen Zweifel leicht zu verknüpfende prinzipielle Infragestellung der Erinnerung als Wissensquelle findet sich eher andeutungsweise im Zuge der Auseinandersetzung mit Hobbes in Verbindung mit dem Traum-Argument: Ein Atheist könne zwar auf der Grundlage seiner Erinnerung an ein vergangenes Leben annehmen, er sei wach, aber dieses Kriterium reiche nicht aus, wenn er nicht wisse, daß ihn ein nicht-täuschender Gott geschaffen habe (AT 7, 196). Die bekannteste skeptische Formulierung gegen das Gedächtniswissen findet sich bei Bertrand Russell (*An Outline of Philosophy*, London 1927, S. 6), der den cartesischen *genius malignus* mit dem Gedanken ins Werk setzt, er habe die Welt vor wenigen Minuten erschaffen, mitsamt scheinbar widriger Gedächtnisinhalte und historischer Materialien, die eine imposante Vergangenheit vorgaukelten. Im vorliegenden Zusammenhang wird vom Gedächtnis keine jedwede Skepsis blockierende Korrektheitsgarantie verlangt, sondern lediglich Verläßlichkeit im Rahmen der üblichen irdischen Ansprüche. Die Rahmung durch eine kollektive Einbildung läßt diese Ansprüche intakt. Sie ist folgenlos, wenn wir beispielsweise das Problem haben, eine Telefonnummer vergessen zu haben. Zur Einstufung s. die oben (3.5.2.2) vorgenomme Einbettung in das Vertrautsein.

24 Daß eine naive Abbild-Konzeption in bezug auf das Gedächtnis unvertretbar ist, ergibt sich aus den Möglichkeiten der Illusion und Autosuggestion und wäre kognitivistisch zu verfeinern. Vgl. dazu Fischer, *Grundlagen*, S. 149 ff. In einer zurückhaltenden realistischen Interpretation wäre davon auszugehen, daß Gedächtnisinhalte veranlaßt sind und übereinstimmende bzw. sich stützende Inhalte als mögliche Indikatoren der Tatsächlichkeit eines erinnerten Tatbestandes angesehen werden können. In bezug auf die nachfolgende Kritik der rein hypothetizistischen Auffassung von Irrtümern sei angemerkt, daß Gedächtnisinhalte nicht ohne weiteres als Propositionen aufgefaßt werden können, sondern – wie schon Aristoteles (*De memoria* 450a13) anmerkt – eher den Charakter bildhafter, evtl. obendrein ambiger Arrangements haben. Hieran knüpfen die von Frances Yates u. a. erschlossenen Projekte der *Ars memorativa* an. Zur modernen psychologischen Diskussion darüber s. Christianson, S. A. (Hg.), *Handbook of Emotion and Memory – Current Research and Theory*, Hillsdale 1992, u. Finke, R. A., *Principles of Mental Imagery*, Cambridge 1989. Über den Zusammenhang zwischen der Gedächtniskunst und der herkömmlichen spekulativen Psychologie s. Hutton, P. H., »The Art of Memory Reconceived: From Rhetoric to Psychoanalysis«, *Journal of the History of Ideas* 48/1987, S. 371–392.

25 Soentgen, J., »Theorie als Gedächtniskunst«, *Journal for General Philosophy of Science* 28/1997, S. 183–203.

26 Die Vielfalt der Ansätze ist beträchtlich (Tulving, E., »How Many Memory Systems Are There?«, *American Psychologist* 40/1985, S. 385–98; weiter gespannt s. Baddeley, A. D., *Essentials of Human Memory*, Hove 1999). Eine herkömmliche triadische Unterscheidung ist die zwischen der

fast simultanen Rezeption von Sinnesdaten, der Kurzzeit- und der Langzeitspeicherung. Die meisten Autoren sehen im Kurzzeitgedächtnis eine weitgehend unabhängige, stabile Instanz, deren Einzelvorgänge ca. 20 Sekunden dauern und nicht über Sequenzen von 10 Einheiten hinausreichen (bis heute maßgeblich: Miller, G. A., »The Magical Number Seven Plus or Minus. Some Limits on Our Capacity for Processing Information«, *Psychological Review* 63/1956, S. 81–97). Während diese Feststellungen zumindest für einen der Gedächtnisbereiche auf eine recht gut rekonstruierbare und stabile Erinnerungsleistung verweisen, ist mit der Konzeption des impliziten Gedächtnisses eine große Unübersichtlichkeit entstanden. Sie geht auf den Befund (Warrington, E. K., u. Weiskrantz, L., »New Methods of Testing Long-Term Retention with Special Refernce to Amnesic Patients«, *Nature* 217/1968, S. 972–4) zurück, daß Amnesie-Patienten, die sich auf Testfragen nicht an bestimmte Wörter erinnern können, diese in bestimmten Kontexten zu memorieren vermochten.
Die wissengefährdende Plastizität von Erinnerungen ist außerhalb der Grundlagenforschung ein zentrales Problem der forensischen Psychologie, das sich auch mit dem der Zeugenschaft verbindet (s.u.).

27 Die Änderung verdankt sich vor allem dem allgemeinen Trend zur Konkretisierung, etwa dem von Hacking angeregten Experimentalismus. So integriert etwa die Bayesianische Bestätigungstheorie bei Franklin, A., *Experiment, Right or Wrong,* Cambridge 1990, S. 104 ff. u. a. die »elimination of plausible sources of error«.

28 Machs Evolutionismus veranlaßt ihn u. a. zu unterstellen, daß Richtiges im Anpassungsprozess »gefördert« (Mach, *Erkenntnis,* S. 111) werde.

29 Darauf insistiert unter dem Aspekt der Methodenwahl Rescher, N., *A Useful Inheritance – Evolutionary Aspects of the Theory of Knowledge,* Savage 1990, S. 30 ff.

30 Das Prekäre der Verknüpfung von Irrtum und doxastischer Zurückhaltung berührt aus einer anderen Richtung kommend auch Weintraub, R., »Fallibilism and Rational Belief«, *British Journal for the Philosophy of Science* 44/1993, S. 251–261.

31 Zur Beeinträchtigung kritischer Einstellungen sogar dann, wenn eine Annahme ausdrücklich als ›Arbeitshypothese‹ vorgestellt wird s. Baron, J., *Thinking and Deciding,* Cambridge 1988, S. 259 ff. Ausführlicher unten Kapitel 4.6.3.

32 Shrader-Frechette, K., »Environmental Risk Assessment and Nuclear Waste Disposal«, *Epistemologia,* 17/1994, S. 53–72. Shrader-Frechettes Regelorientierung bringt es mit sich, daß ein sehr wichtiger Punkt gerade solcher Debatten und damit auch ein Grund für Irrtümer nicht in den Blick kommt: Gerade die Diskussion um die Nuklearindustrie wird reliabilistisch betrachtet mit verengten Kompetenzen geführt. Sicherheitsprobleme sind zu einem wesentlichen Teil praktische Zuverlässigkeitsprobleme, deren adäquate Behandlung auf Fragen wie die der Bauausführung, menschlicher Unzulänglichkeiten usw. verweist, wohingegen die vorherrschenden Problemauffassungen – unabhängig von der jeweiligen Fraktion – eher grundsätzlich und ›reißbrettorientiert‹ sind, so daß kleine ›Haken‹ – wie Shrader-Frechette – zurecht feststellt, leicht übersehen werden.

33 Dazu bes. Thagard, *Revolutions.*

34 Zu verstehen etwa als unkritischen Gebrauch einer fragwürdigen Ontologie. Zu einem Beispiel s. Valen, L. M. van, »Species, Sets, and the Derivative Nature of Philosophy«, *Biology and Philosophy* 3/1988, S. 49–66.

35 Erinnert sei an die mittelalterliche Tradition der Fehlschluß-Traktate, die sich noch in Mills vorgeblich empiristischer Irrtumstheorie spiegelt. Hon, G., »A Critical Note on J. S. Mill's Classification of Fallacies«, *British Journal for the Philosophy of Science* 42/1991, S. 263–268. Faktische Abweichungen von logischen Schemata können aus konversationellen Gepflogenheiten (Grice u. a.) oder auch der Inhaltsorientierung (*content effect*) des Formulierens und Verstehens resultieren. Vgl. den Überblick von Evans, *Bias.*

36 Aufstellungen dazu bei Hon, G., »Towards a Typology of Experimental Errors: An Epistemological View«, *Studies in History and Philosophy of Science* 20/1989, S. 469–504, u. Friedman, Paul J, »An Introduction to Research Ethics«, *Science and Engineering Ethics* 2/1996, S. 443–456.

37 Es gibt deutliche Unterschiede zwischen fachlichen Novizen und erfahrenen Experten. Aber auch Experten machen zahlreiche elementare Fehler, wie beispielhaft die Untersuchung von Card, S. K.,

Moran, T. P., u. Newell, A., *The Psychology of Human-Computer-Interaction*, Hillsdale 1983, am Fall konzentrierter Computerarbeit zeigt. Die Irrtumsquoten liegen zwischen 13%, und 65%, die in Folgeoperationen mühsam herausgefiltert werden müssen, ohne daß völlige Korrektheit garantiert wäre.

38 Taschwer, K, »Langsame Auskühlung – Irrtumsfolge«, *Heureka* 4/1999, http://www.falter.at.ac.

39 Thomsen, M., u. Resnik, D., »The Effectiveness of the Erratum in Avoiding Error Propagation in Physics«, *Science and Engineering Ethics* 1/1995, S. 231–240.

40 Vgl. dagegen Pierre Bayles häufig antithetisch angelegte Charakterisierungen. So heißt es über eine verdienten Historiker, er habe »deux talents qui ne se trouvent guères ensemble, beaucoup de patience, et beaucoup d'ardeur« besessen. Bayle, P., »Alegambe, Philippe«, in: ders., *Dictionnaire historique et critique*, Bd. 1, 5. Aufl., Amsterdam 1740, S. 154–156.

41 Die klassische Diskussion der *phronesis* (etwa *Eth. Nic.* VI, 1140a ff.) hat eine Neuauflage in Putnams Überlegungen zum praktischen Wissen. Hierauf wie auf Polanyis Vorstellung des ›stillen Wissens‹ bezieht sich Brown, Harold I., *Rationality*, New York 1988: 70–78; ders., »Reason, Judgment, and Bayes' Law«, *Philosophy of Science* 64, 1994, 351–369; ders., »Judgment, Role in Science«, in: Newton-Smith, (Hg.), *Philosophy of Science*, S. 194–201.
Browns zentrales Argument (Brown, *Rationality*, S. 70 ff.) rechtfertigt ein Vermögen im Sinne von Kants ›bestimmender Ureilskraft‹ durch einen Regreß ad infinitum, wonach jede Regelbefolgung auf einer Anwendungsregel beruhen müsse usw., so daß wir in Entscheidungssituationen nicht umhinkommen, in letzter Instanz auf so etwas wie eine persönliche Urteilsfähigkeit zurückzugreifen. In der vorgeschlagenen Tugendorientierung verweist fachliches Urteilsvermögen – anders als in der klassischen Abgrenzung von *sophia* (*Eth. Nic.* 1143b–1145a) – auf Wissen im Sinne des früher dargelegten Vertrautseins und korreliert mit wissenschaftlichem Lernen. Browns Ansatz hingegen ist zu seinem eigenen Schaden statisch. Fachliches Urteilsvermögen ist keine dunkle Größe, die gegen Rationalisierungen ausgespielt werden sollte, sondern im Gegenteil deren sich wandelndes Komplement. Die hier verfolgte Tugendauffassung verträgt sich deshalb ohne Schwierigkeiten mit Kalkulationen zur rationalen Abwägung riskanter Entscheidungen. Kompetenz *optimiert* rationale Entscheidungen. Das gilt nicht nur, wie wir noch sehen werden, für die Theoriewahl. sondern auch für andere Handlungen. Die Tugend zeigt sich gerade darin, über Unsicherheiten der Entscheidung soweit irgendmöglich aufzuklären, sie begrifflich zu fassen, evtl. prognostisch anzubinden usw. Vgl. unter diesem Aspekt die Behandlung der »problems of uncertainty« durch das Committee on Risk Assessment of Hazardous Air Pollutants – National Research Council, *Science and Judgment in Risk Assessment*, Washington 1994, S. 160 ff.

42 Vgl. beispielsweise die Korrektur der bedeutenden – und obendrein von J. J. Thomson zum Druck vermittelten – Arbeit des jungen Rutherford, E., »A Radioactive Substance Emitted from Thorium Compounds«, 1900, Nachdruck in: *The Collected Works of Lord Rutherford of Nelson*, Bd. 1, hg. v. J. Chadwick, London 1962, S. 220–231. Korrektur ebenda S. 228.

43 Gingerich, O. »The Computer versus Kepler«, 1964, abgedr. in: ders., *The Eye of Heaven – Ptolemy, Copernicus, Kepler*, New York 1993, S. 357–366; s. unter reliabilistischen Aspekten auch die Verbindung zur physikalischen und technischen Optik, speziell die Untersuchungen zum Teleskop und zur *Camera obscura* in Keplers *Ad Vitellionem Paralipomena.* Vgl. Hon, G., »On Kepler's Awareness of the Problem of Experimental Error«, *Annals of Science* 44/1987, S. 545–91, bes. S. 576 ff.

44 Kitajima, M., u. Polson, P. G., »A Comprehension-Based Model of Correct Performance and Errors in Skilled, Display-Based Human-Computer Interaction«, *International Journal of Human-Computer Studies* 43/1995, S. 65–99.

45 Galilei, G., »Considerazioni circa l'opinione Copernicana«, *Le Opere di Galileo Galilei*, hg. v. A. Favaro, Bd. V, S. 349–371, S. 360 f. (anonym, von Favaro zugeordnet).

46 Vgl. die im Kongreßvortrag von Ludwig, B., »Über die Folgen der Lateinarmut in den Geisteswissenschaften«, abgedr. in *Gymnasium* 98/1991, S. 139–158, angeführten krassen Beispiele, die in keinem Fall als interpretatorische Alternativen durchgehen können.

47 Ludwig, »Folgen«, S. 149.

48 *Briefwechsel zwischen Alexander von Humboldt und C. G. Jacobi*, hg. v. H. Pieper, Berlin 1987, Nr. 22. Hinweis v. H. Pulte.

49 S. Mach, *Erkenntnis*, bes. S. 164 ff.

50 Den Hinweis gibt Campbell, D. T., »Evolutionary Epistemology«, in: *The Philosophy of Karl Popper*, hg. v. P. A. Schilpp, LaSalle 1974, Bd. 1, S. 412–63. Vgl. auch Poppers eigene Bemerkungen über den Nutzen gedanklicher Antizipationen, die allerdings Theorien betreffen und das Problem der Kontrollinstanz unberührt lassen. Dazu und zu einer parallelen Vorstellung Gehlens, s. Engels, *Erkenntnis als Anpassung – Eine Studie zur Evolutionären Erkenntnistheorie*, Frankfurt/M. 1989, S. 165 f.

51 Das erinnert, ungeachtet der Beschränkung auf nicht-explanative Feststellungen, an die ›Millschen Methoden‹, und in der Tat enthält Mills Konzeption der Ursachenerschließung (wie schon diejenige Herschels) gleichfalls Rechtfertigungsmomente. Diese betont Buchdahl, »Approaches«.

52 Vgl. terminologisch entgegengesetzt, aber mit der nämlichen Tendenz die paradox formulierte Konzeption des ›relativ zu einem Standard absoluten‹ Wissen bei Dretske, F., »Epistemic Operators«, *Journal of Philosophy* 69/1970, S. 1007–1023, u. Cohen, S., »How to be a Fallibilist«, *Philosophical Perspectives* 2/1988, S. 91–123.

53 Die Präzisierung dieser Überlegung gestaltet sich recht schwierig, da der zugrundeliegende Begriff der relevanten Alternative (zuerst in Dretske, »Operators«) sehr sperrig ist. Ich benutze ihn deshalb nicht im Zuge einer ›absolut‹ sichernden anti-skeptischen Strategie. S. oben Kapitel 3.2.2.

54 Zur Herkunft des Mottos und zur Klärung des kanonischen Mißverständisses, wonach hier behauptet werde, Sprache habe keine wissenschaftliche Relevanz (so noch Popper in *Science* 250/1990, S. 1070) s. Sutton, »›Nullius in verba‹«, S. 56 ff.; zu Popper dort S. 58)

55 Zur Rolle des Patrons als des ›eigentlichen‹ Zeugen s. Galluzi, P., »L'Accademia del Cimento: ›Gusti‹ del principe, filosofia e ideologia dell'esperimento«, *Quaderni storici* 16/1981, S. 788–844.

56 Dieses und die folgenden Zitate nach der Übersetzung von Emil Strauß: Galilei, G., *Dialog über die beiden hauptsächlichsten Weltsysteme, das Ptolemäische und das Kopernikanische*, hg. v. R. Sexl u. K. v. Meyenn, Neudruck Darmstadt 1982, S. 151.

57 Vgl. den Klassiker von Alexandre Koyré über das Turm-Experiment von Pisa, dt. in Koyré, A., *Galilei – Die Anfänge er neuzeitlichen Wissenschaft*, übers. v. R. Dragsta, Berlin 1988, S. 59 ff. Aus der neueren unübersehbaren Literatur zum Erfahrungsbegriff Galileis sei auf Dear, P., *Discipline and Experience: The Mathematical Way in the Scientific Revolution*, Chicago 1995, und McMullin, E., »Galilean Idealization«, *Studies in History and Philosophy of Science* 16/1985, S. 247–272, hingewiesen. Neues Quellenmaterial läßt die wissenschaftshistorische ‚Fiktionalisierung‹ von Galileis Experimentalismus inzwischen als fragwürdig erscheinen.

58 [anonym], »A Catalogue of the Fifty Plants [...]«, *Philosophical Transactions of the Royal Society* 65/1775, S. 17–20, S. 17.

59 Dear, P., »Totius in verba: Rhetoric and Authority in the Early Royal Society«, *Isis* 76/1985, S. 145–161.

60 Locke, J., *An Essay Concerning Human Understanding*, nach d. 5. Aufl. 1706, leicht gekürzt hg. v. J. W. Yolton, London 1993, B. IV, Kap. XVI.

61 Sorgfältig erörtert bei Audi, R., *Epistemology – A Contemporary Introduction to the Theory of Knowledge*, London 1998, S. 129–48.

62 Zumal die historische Erschließung, wie die erst in jüngster Zeit entstandenen Aufrisse (Sosa, E., »Testimony«, in: *A Companion to Epistemology*, hg. v. J. Dancy u. E. Sosa, London 1992, S. 503–6; Coady, C. A. J., *Testimony*, Oxford 1992; ders., »Testimony«, in: Craig, E., (Hg.), *Routledge Encyclopedia of Philosophy*, Bd. 9, London 1998, S. 309–314; Charpa, U., »Zeuge/Zeugnis III [erkenntnistheoretisch]«, erscheint in: Ritter (Hg.), *Historisches Wörterbuch der Philosophie*, Bd. 12, s.v.) belegen, noch in den Anfängen steckt.

63 *KrV* B 11.

64 *KrV* A 469 / B 497.

65 *KrV* A 606 / B 634.

66 *KrV* A 637 / B 665.

67 *KrV* A 703 / B 73.

68 *KrV* A 820 / B 848.

69 *KrV* A 464.

70 Kant, *Denken, Schriften*, Bd. 5, S. 276.

71 S. die Diskussion über die historische Wahrscheinlichkeit bei Leibniz, Chladenius, Ahlwardt u. a. Vgl. auch den Artikel [anonym], »Zeuge – I. Philosophische Abhandlung«, in: Zedler, *Grosses vollständiges Universallexikon* [...], Leipzig 1749, S. 16–29. Zur Lokalisierung der historischen Wahrscheinlichkeit zwischen ›zweifelhaft‹ und ›gewiß‹ s. Cataldi Madonna, L., »Gewißheit, Wahrscheinlichkeit und Wissenschaft bei Leibniz«, *Aufklärung* 5/1990, S. 103–116. Daß Leibniz' eigene historische Quellenarbeit nicht in jedem Fall den akribischen Regeln folgt, die sich aus den Überlegungen zur historischen Wahrscheinlichkeit ableiten, zeigt Eckert, H., *Gottfried Wilhelm Leibniz' Scriptores Rerum Brunsvicensium – Entstehung und historiographische Bedeutung*, Frankfurt/M. 1971.

Leider sehen die aufschlußreichen neueren Studien zu einem Spezialfall historischer Überzeugungen, den interpretatorischen (s. etwa Alexander, W., »Pluraque credimus, paucissima scimus – Zur Diskussion über philosophische und hermeneutische Wahrscheinlichkeit in der ersten Hälfte des 18. Jahrhunderts«, *Archiv für Geschichte der Philosophie* 78/1996, S. 130–165, u. Danneberg, L., »Probabilitas hermeneutica – Zu einem Aspekt der Interpretations-Methodologie in der ersten Hälfte des 18. Jahrhunderts«, *Aufklärung* 8/2, 1994, S. 27–48), von der Verbindung zum Testimonialproblem ab.

72 Dazu bes. die Studie des sich in der eigenen Erkenntnistheorie auf verwandten Wegen bewegenden Lehrer, K., *Thomas Reid*, London 1989.

73 Vgl. den Reduktionsbegriff »Humean Testimony« bei Schmitt, F., »Justification, Sociality, and Autonomy«, *Synthese* 73/1987, S. 43–85; s. mit derselben Tendenz Baumann, P., »Wissen vom Hörensagen? Zur sozialen Natur des Wissens«, in: Mittelstraß, (Hg.), *Zukunft des Wissens*, S. 1–7.

74 Vgl. die Kapitel XIII–XIV von Arnauld, A., u. Nicole, P., *La logique, ou l'art de penser*, 1662, Neudruck Paris 1965. Brückenbegriff ist derjenige personaler Wahrscheinlichkeit, der sich begriffsgeschichtlich mit dem des bloßen Glaubens bzw. Meinens, der *opinio*, schneidet. Einen knappen Abriß mit dem nämlichen Rekurs auf Glaubwürdigkeit, den – wie unten referiert – Hume sowie die Logiker von Port Royal nehmen, enthält Wolff, Chr., *Vernünftige Gedanken von den Kräften des menschlichen Verstandes und ihrem richtigen Gebrauche in Erkenntnis der Wahrheit*, 1713, Neudruck, in: ders., *Gesammelte Werke*, I. Abt., Bd. 1, Hildesheim 1965, S. 201–203.

Einen allgemeinen, bis in die 30er Jahre unseres Jahrhunderts reichenden Aufriß des Auf und Ab des Wunderglaubens unter besonderer Berücksichtigung der konfessionellen Differenzen s. Mullin, R. B., *Miracles and the Modern Religious Belief*, New Haven 1999.

75 Hume, D., *An Enquiry Concerning Human Understanding* (1748), hg. v. L. A. Selby-Bigge, bearbeitet v. P. H. Nidditch, Oxford 1975, S. 111.

76 Hume, *Enquiry*, S. 45.

77 Hume, *Enquiry*, S. 113 (Hervorhebungen im Original).

78 Coady, *Testimony*, Kap. 9, verknüpft diesen Gedanken mit Davidsons ›principle of charity‹.

79 Coady, *Testimony*, Kap. 4.

80 Hume, *Enquiry*, S. 111.

81 Hume, *Enquiry*, S. 111.

82 Dazu Grafton, A., *The Footnote – A Curious History*, 1995, deutsch unter dem – eine unsinnige Assoziation weckenden – Titel *Die tragischen Ursprünge der deutschen Fußnote*, München 1995.

83 Vgl. hierzu O'Connor, P. D. T., *Zuverlässigkeitstechnik – Grundlagen und Anwendungen*, engl. 1981, übers. v. G. Panullo u. F. Bader, Weinheim 1990 (bes. darin Kapitel 7: »Die Zuverlässigkeit von elektronischen Systemen). Wissenschaftshistorisches Material enthalten die Fallstudien (über Fraunhofer, Abbe, Zeiss u. a.) zu optischen und elektrischen Geräten in: Buchwald, Z., (Hg.), *Scientific Credibility and Technical Standards in 19th and Early 20th Century Germany and Britain*, Dordrecht 1996. S. zum unmittelbaren Vorlauf s. Schleiden, »Einleitung«, S. 129 ff. (über die Verläßlichkeit verschiedener Mikroskope); zu einem ›technischen‹ Problem für Historiker s. Heine, G., »Fact or Fancy? The Reliability of Old Pictorial Trade Representations«, *Tools & Trades* 9/1996, S. 20–27.

84 Zur historischen ›Kette‹ im I. Buch, Teil 3, s. die Notizen von Anscombe, G. E. M., »Hume and Julius Caesar«, *Collected Philosophical Papers*, Bd. 1, *From Parmenides to Wittgenstein*, Oxford 1981, S. 86–89.

85 Ausführlich s. Hardwig J. R., »Epistemic Dependence«, *Journal of Philosophy* 82/1985, S. 335–349. Da das vorliegende Kapitel das Problem der Wissenssicherung behandelt, beginnen wir auf der von Hardwig u. a. eingeschlagenen Bahn und halten uns an die Vermittlung von *Überzeugungen*. Zu bloßen Akzeptatio*nen*, deren *Grundlage* im guten Falle allerdings gerechtfertigte Überzeugungen (nämlich hinsichtlich des Zeugen) sind, s. unten.

86 Winthrop, J., »An Account of the Earthquake felt in New England, and the Neighbouring Parts of America, on the 18th of November 1755. In a Letter to Tho. Birch. D. D., Secret. R. S.«, *Philosophical Transactions of the Royal Society* 50/1757, S. 1–18, S. 18.

87 Die Kritik an erkennbar interessegebundenen Expertenauftritten ist übrigens keine neue Erscheinung. Vgl. Golan, T., »The History of Scientific Expert Testimony in the English Courtroom«, *Science in Context* 12/1999, S. 7–32.

88 Solche Abhängigkeiten sind in der herkömmlichen Wissenschaftsphilosophie im Blick auf Apparateleistungen (vgl. etwa Kyburg, H., *Theory and Measurement*, Cambridge 1984) diskutiert worden. S. auch oben Anm. 82.

89 Vgl. Cherniak, *Rationality*, Kap. 4.

90 Vgl. die Variante des ›Schlusses auf die beste Erklärung‹ bei Lipton, P., »The Epistemology of Testimony«, *Studies in History and Philosophy of Science* 29/1998, S. 1–31.

91 Hiervon gibt es hinsichtlich der Konstellation arbeitsteiliger Verhältnisse wie in der wissenschaftlichen Forschung zahlreiche differenzierende Fassungen, mit denen man in entscheidungstheoretisch gesehen komplexe Verhältnisse gelangt. S. etwa die mathematisierte Darstellung von Lahno, B., »Trust, Reputation and Exit in Exchange«, *Journal of Conflict Resolution* 39/1995, S. 495–510; umfassend ders., *Versprechen – Überlegungen zu einer künstlichen Tugend*, München 1995. (Ich lasse beiseite, ob die entsprechende Ansätze das mit dem Überzeugungsbegriff geladene Konzept des Vertrauens verwenden sollten und nicht auch besser bedient wären, von Akzeptationen bestimmter Beschreibungen der Handlungsdisposition einer Person o.ä. zu sprechen.) Für eine knappe Parallelisierung mag es ausreichen, die gängigste Münze der Spieltheorie einzusetzen und sich des bekannten Gefangenen-Dilemmas zu bedienen. Adaptieren wir dieses Kooperationsdilemma und ergänzen unter diesem Gesichtspunkt die oben beschriebene Situation durch die Bedingung, daß nicht nur Person *A* ihren Vertrauensvorschuß in bezug auf B zu kalkulieren hätte, sondern auch *B* vor die Entscheidung gestellt würde, *A* zu vertrauen. Das ist keine abwegige Umformung. Z.B. könnte der Arbeitsgruppenleiter ein Versuchsresultat seines Mitarbeiters verwenden wollen. Oder ein Leser wirkt zugleich als Autor, dessen Arbeit dem Kollegen begegnet.
Zieht man in Betracht, daß *A* in ein Zusammenwirken eigenen Aufwand investiert, dann wäre es für *A* am ungefährlichsten, *B* nicht zu vertrauen, wohingegen *B* ihr vertrauen sollte.
(1. Präferenz)
Die zweitbeste Situation bestünde für *A* darin, daß beide sich vertrauen.
(2. Präferenz)
Die nächstbeste Stellung wäre die, daß keiner von beiden dem andern vertraut.
(3. Präferenz)
Die schlechteste Lage für *A* ist gegeben, wenn *A B* vertraut und *B* sich nicht vertrauenswürdig verhält.
(4. Präferenz)
Für *B* gilt die Umkehrung. Ordnen wir den Präferenzen Zahlenwerte zu, kann man leicht abzählen, daß die beste für *beide* erreichbare Situation im wechselseitigen Vertrauen besteht. Beide Personen realisieren ihre zweite Präferenz, was das in der Summe beste Ergebnis bedeutet. Vertrauen bzw. die wechselseitige Zubiligung von Vertrauenswürdigkeit ist demnach als allgemeine Einstellung *vernünftiger* als Mißtrauen.
Soweit Personen eine gemeinsame Geschichte haben, können sich anfängliches Vertrauen oder Mißtrauen bestätigen oder korrigieren. Da die beiden günstigsten Präferenzen nur ergriffen werden können, wenn der jeweils andere vertraut, ist es – falls weitere Kooperationssituationen zu erwarten sind, rational, die Vertrauenserwartung des anderen zu bestätigen. Es ist überdies zu bedenken, daß enttäuschte Erwartungen im Forschungszusammenhang dramatische Folgen haben können. Der 1997 bekanntgewordene Fälschungsfall am Max-Delbrück-Centrum für Molekulare Medizin (vgl. Finetti, M., u. Himmelrath, A., *Der Sündenfall – Betrug und Fälschung in der*

Wissenschaft, Stuttgart 1999, S. 33 ff.) führte dazu, daß die gerade auf einen Lehrstuhl berufene Hauptakteurin ihre berufliche Existenz verlor. Häufig haben derlei Exempel – und das gilt wohl auch für den Fall Brach/Herrmann – einen im dramentechnischen Sinne ›tragischen‹ Kern, lassen sich auf einen aus der Sicht der fehlgetretenen Akteure nur zu ihren eigenen Ungunsten als Forscher lösbaren Konflikt aufgrund privater Verpflichtung, finanzieller Bedürfnisse u. ä. m. zurückführen. Forscher sind keine Immobilienmakler, bei denen sich eine Erfolgsgeschichte womöglich zur Hälfte als Geschichte verspielter Vertrauensvorschüsse darstellen ließe. Forscher gewinnen wissenschaftliches Ansehen, Einfluß und ähnliche Güter erst im Laufe oft jahrzehntelanger Kooperationsprozesse. Der im Fall der Entdeckung zu entrichtende Preis ist im Vergleich zu vielen anderen Tätigkeitsbereichen extrem hoch, was umgekehrt auch eine Moral für die andere Seite, die der ›whistle-blower‹, Ankläger und Richter erfordert. S. hierzu die ausführliche Kritik am Vorgehen des *Office of Scientific Integrity* in Kevles, *Baltimore Case*, bes. Kap. 9. Auch auf der Seite der Anklage wird wissenschaftlichem Fortschritt nur insofern gedient, als erfolgreiche, kompetenzbestimmte Handlungen statthaben.

92 S. z. B. Zahar, E., »Positivismus und Konventionalismus«, *Zeitschrift für allgemeine Wissenschaftstheorie* 11/1980, S. 292–301.

93 Vgl. Snyder, L. J., »Is Evidence Historical?«, 1994, abgedr. in: Curd u. Cover, (Hg.), *Philosophy of Science*, S. 460–480.

94 Dahin tendiert Harry Collins' These vom ›Experimentatoren-Regreß‹. Vgl. Collins, H., *Changing Order: Replication and Induction in Scientific Practice*, 2. Aufl., London 1992; ders., »A Strong Confirmation of the Experimenter's Regress«, *Studies in Histoy and Philosophy of Modern Physics* 25/1994, S. 493–503.

95 S. etwa die Liste in Franklin, A., *Experiments, Right or Wrong*, Cambridge 1990, S. 104 ff.

96 Vgl. bes. Hacking, I., »The Self-Vindication of the Laboratory Sciences«, in: Pickering, A., (Hg.) *Science as Practice and Culture*, Chicago 1992, S. 29–64.

97 Vgl. Glymour, C., *Theory and Evidence*, Princeton 1980; Achinstein, P., (Hg.), *The Concept of Evidence*, Oxford 1983.

98 Schrödinger, *Naturwissenschaft*, S. 26.

99 Müller, J., *Bestätigung des Bellschen Lehrsatzes, daß die doppelte Wurzel der Rückenmarksnerven verschiedene Funktionen habe, durch neue und entscheidende Experimente*, Berlin 1832, S. 375.

100 Mill, J. St., *System der deduktiven und induktiven Logik*, Bd. 1, übers. v. J. Schiel, 3. Aufl. Braunschweig 1868, S. 510; vgl. Bd. 2, S. 173 (Hervorhebung nicht im Original).

101 Agazzi, E., *Das Gute, das Böse und die Wissenschaft: die ethische Dimension der wissenschaftlich-technologischen Unternehmung*, ital. 1992, Berlin 1995, S. 36.

102 Fraassen, B. van, *The Scientific Image*, Oxford 1980, S. 190 ff.; der Tugendanteil würde bezogen auf diese Deutung in der Fähigkeit bestehen, die angestrebte Approximation zu leisten.

103 Black, J., *Experiments upon Magnesia Alba, Quick-Lime, and some other Alkaline Substances*, 1756, zit. nach Leicester, H. M., u. Klickstein, H. S., (Hg.), *A Source Book in Chemistry 1400–1900*, New York 1952, S. 36 (Hervorhebungen nicht im Original).

104 Darauf besteht – allerdings ohne Begründung – Ian Hacking, wenn er festhält, daß »niemand je ein Experiment wiederholt« (*Einführung in die Philosophie der Naturwisenschaft*, engl. 1983, Stuttgart 1996, S. 382).

105 Vgl. die bemerkenswerten Arbeiten der Oldenburger Gruppe (dazu Rieß, F., »Erkenntnis durch Wiederholung – eine Methode zur Geschichtsschreibung des Experiments«, in: Heidelberger, M. u. Steinle, F., (Hg.), *Experimental Essays – Versuche zum Experiment*, Baden-Baden 1998, S. 157–172).

106 Was die historischen Spuren der Reproduktionsidee angeht, steht die Geschichte der ›selbsttätigen‹ Beobachtung bezeichnenderweise in einem engen Zusammenhang mit der Idee der universalsprachlichen Repräsentation und beruht in der Sache auf dem Gebrauch der analytischen Geometrie, mit der sich die funktionale Relation zweier Werte darstellen läßt. Vgl. die Ausarbeitung zu Johann Heinrich Lambert von Hankins, Th. L. u. Silverman, R. J., *Instruments and the Imagination*, Princeton 1995, S. 112 ff.

107 Abbildung in »Blut und Blutbewegung II: Hämodynamische Apparate«, *Meyers Großes Konversationslexikon*, 6. Aufl. Leipzig 1905 (unpaginiert eingelegt S. 82–83); allgemein zu Ludwigs Apparaten s. Chadarevian, S. de, »Graphical Method and Discipline: Self-Recording Instruments in

Nineteenth-Century Physiology«, *Studies in History and Philosophy of Science* 24/1993, S. 267–91.

108 Vgl. die Einrichtung von einschlägigen Datenrepositorien in der Art der *Protein Data Bank* am *Brookhaven National Laboratory* und der *Cambridge Crystallographic Data Base.* Vgl. die Standardisierungspolitik der *Protein Data Bank*: »N[ational] I[nstitutes of] H[ealth] policy requires that atomic coordinates from X-ray crystallographic and nuclear magnetic resonance experiments that were supported by NIH grants to be deposited into the appropriate structural database at the time of submission of a research article drawing conclusions from these data.« *NIH Policy Relating to Depositition of Atomic Coordinates Into Structural Databases.* NIH-Mitteilung vom 29. 1.1999; nur elektronisch: http://www.rcsb.org/pdb/nih-policy.html. Eingesehen am 20.4.1999.

109 Im Blick auf Versuche ausgeführt bei Franklin, A., u. Howson, C., »Why Do Scientists Prefer to Vary Their Experiments«, *Studies in History and Philosophy of Science* 15/1984, S. 51–62.

110 Persönliche Mitteilung (s. oben Kapitel 2.4.2.2). In diese Richtung gehen auch die Auskünfte, die Mulkay und Gilbert eingeholt haben. S. Mulkay, M., u. Gilbert, G. N., »Replication and Mere Replication«, *Philosophy of the Social Sciences* 16/1986, S. 21–37, nur sehe ich in solchen Aufschlüssen gerade keinen Ausgangspunkt für relativistische Schlußfolgerungen, sondern im Gegenteil den Anlaß für das oben bereits angerissene und am Ende des Kapitel einmal ausgeführte ›consilience‹-Argument.

111 Browning, T., »Reaching for the Low Hanging Fruit: the Pressure for Results in Scientific Research – A Graduate Student's Perspective«, *Science and Engineering Ethics* 1/1995, S. 417–26.

112 Zur historischen Information s. Deichmann u. Müller-Hill, »Fraud«; Deichmann, *Flüchten,* S. 562 ff.; zur nachstehenden Interpretation vgl. Charpa, »Selbsttäuschung«.

113 Vgl. Dear, *Discipline,* u. Mc Mullin, »Idealizations«.

114 Vgl. die Ausführungen über die *Accademia del Cimento* bei Biagioli, M., *Galilei – Der Höfling,* engl. 1993, übers. v. M. Bischoff, Frankfurt/M. 1999, S. 383 ff.

115 Vgl. bes. Shapin, S., *A History of Truth: Civilty and Science in Seventeenth-Century England,* Chicao 1994; Daston, L., »Baconian Facts, Academic Civilty and the Prehistory of Objectivity«, *Annals of Scholarship* 8/1991, S. 337–363.

116 Russell, C. A., *Science and Social Change 1700–1900,* London 1983, S. 151.

117 Cambridge 1984.

118 Dazu die Kritik des New Yorker Soziologen Cole, S., *Making Science: Between Nature and Society,* Cambridge/Mass. 1992, am Sozialen Konstruktivismus.

119 Galison, *Experiments,* S. 259 (Hervorhebung nicht im Original).

120 Galison, *Experiments,* S. 257 f.

121 Zit. Galison, *Experiments,* S. S. 258.

122 Hanson, N. R., »The Idea of a Logic of Discovery«, in: ders., *What I Do not Believe, and Other Essays,* Dordrecht 1977, S. 288–300, S. 299 (Hervorhebung im Original).

123 Lukasiewicz, J., »Creative Elements in Science«, poln. 1912, in: ders., *Selected Works,* North Holland 1970, S. 12–44, S. 12.

124 S. u. a. Rescher, N., *Peirce's Philosophy of Science – Criticial Studies in His Theory of Induction and Scientific Method,* Notre Dame 1978; Sullivan, P. F., »On Falsification Interpretation of Peirce«, *Transactions of the Charles S. Peirce Society* 27/1991, S. 197–219; Tursman, R., *Peirce's Theory of Scientific Discovery – A System of Logic Conceived as Semiotic,* Indianapolis 1987; Staat, W., »On Abduction, Deduction, Induction, and the Categories«, *Transactions of the Charles S. Peirce Society* 29/1993, S. 225–237; Roesler, A., *Illusion und Relativismus. Zu einer Semiotik der Wahrnehmung im Anschluß an Charles S. Peirce,* Paderborn 1999.

125 Dazu bes. Roesler, *Illusion*; Tursman, *Theory*; s.a. das primitive Regelkonzept bei Thagard, P., *Computational Philosophy of Science,* Cambridge/Mass.1988, Kap. 4: (i) G(a) soll erklärt werden – (ii) Regel: (x) (Fx → Gx) – (iii) F(a).

126 Dazu etwa Sullivan, »Falsification«.

127 Hierauf zielen die Rekonstruktionen der medizinischen Diagnose. S. etwa Ramoni, M. u. a., »An Epistemological Framework for Medical Knowledge-Based Systems«, *IEEE Transcations on Systems, Man, and Cybernetics* 22/1992, S. 1361–1375.

128 S. die Durchsicht der einschlägigen Literatur bei Feist, G. J., »A Meta-Analysis of Personality in Scientific Creativity«, *Personality and Social Psychology Review* 2/1998, S. 290–309; mit reichhaltiger Bibliographie s. a. ders., »The Influence of Personality on Artistic and Scientific Creativity«, in: Sternberg, R. J., (Hg.), *Handbook of Creativity*, Cambridge 1999, S. 272–296. S. auch die kritische Auseinandersetzung mit dem mystifizierenden Geniebegriff: Eysenk, H. J., *Genius: The Natural History of Creativity*, Cambridge 1995; Simonton, D. K., *Scientific Genius – A Psychology of Science*, Cambridge 1988.

129 Zuerst in Wallas, G., *The Art of Thought*, New York 1926; s. im Anschluß daran Csikszentmihalyi, M., *Creativity: Flow and the Psychology of Discovery and Invention*, New York 1996. Eine gute Verträglichkeit deutet sich auch an, wenn Csikszentmihalyi auf die Fähigkeit von Individuen abhebt, widerspruchsvoll zu agieren, also beispielsweise sowohl Traditionsrücksichten zu nehmen als rebellisch zu verfahren. Daß Tugenden sich überlagern können bzw. Handeln im konkreten Fall sich nicht aus einem übergeordneten Motiv stringent ableiten läßt, ist eine Selbstverständlichkeit des Tugendbegriffs.

130 Vgl. zur einschränkenden Auffassung von Kreativität auch Feist, »Meta-Analysis«, S. 290: »Creativity thought or behavior must be both novel-original and useful-adaptive. It is easy to see why originality per se is not sufficient – there would be no way to distinguish eccentric or schizophrenic thought from creative thought. To be classified as creative, thought or behavior must also be useful or adaptive.«

131 Hanson, »Idea«, S. 292 (Hervorhebung nicht im Original).

132 Rescher, N., *Luck – The Brilliant Randomness of Everyday Life*, New York 1995. Eine selbstverständliche Rolle spielt der glückliche Zufall in der Erkenntnistheorie Fred Dretskes (S. bes. Dretske, F., *Knowledge and the Flow of Information*, Oxford 1981; s. a. die Kurzfassung des komplexen Buches mit Einwänden und Kommentaren: Dretske, F., »Precis of *Knowledge and the Flow of Information*«, *Behavioral and Brain Sciences* 6/1983, S. 55–90). Gemeint sind hier externe Ereignisse, deren Bedeutung oben nicht abgestritten wird. Der herausfordernde Charakter solcher Hinweise erledigt sich mit der Differenzierung. Die Entstehung von bemerkenswertem Wissen setzt nicht in jedem Fall korrelativ bemerkenswerte Fähigkeiten voraus. Aber jemand mit überlegenenen Fähigkeiten hat *ceteris paribus* bessere Aussichten solches zu erlangen. Als weitere Kritik s. Morillo, C. R., »Epistemic Luck, Naturalistic Epistemology and the Ecology of Knowledge or What the Frog Should have Told Dretske«, *Philosophical Studies* 46/1984, S. 109–130 (vor allem zu dem, was unten ›konstitutives Glück‹ heißt) u. Gjelsvik, O., »Dretske on Knowledge and Content«, *Synthese* 1991, S. 425–441.

133 Langley, P., u. Jones, R., »A Computational Model of Scientific Insight«, in: Sternberg, R. (Hg.), *The Nature of Creativity: Contemporary Psychological Perspectives*. Cambridge 1988, S. 177–201; Thagard, P., »Medical Analogies«, in: ders., *Scientists*, S. 135–147.

134 Das Beispiel wurde durch einen Problemaufriß der Leiterin der Arbeitsgruppe *Molekulare Grundlagen der Listeria-Wirt-Interaktion* (Priv. Doz. Dr. C. Kocks, SFB 1852, Genetisches Institut der Universität Köln) angeregt.

135 Vgl. die Stellenhinweise bei Engelhardt, D. v., *Historisches Bewußtsein in der Naturwissenschaft von der Aufklärung bis zum Positivismus*, Freiburg 1979, S. 72 ff. Vgl. sogar Descartes' widerwillige Einräumung »Von so blinder Neugier sind die Sterblichen besessen, daß sie ihre Erkenntniskraft oft auf unbekannte Wege locken ohne alle begründete Hoffnung, sondern bloß, um einmal den Versuch zu machen [...]. So forschen fast alle Chemiker, die meisten Geometer und nicht wenige Philosophen, und ich leugne nicht, daß sie gelegentlich so glücklich irren, daß sie etwas Wahres finden [...].« AT 10, S. 371; Zit. nach Descartes, R., *Regeln zur Ausrichtung der Erkenntniskraft*, hg. v. L. Gäbe, Hamburg 1973, S. 13. Ein neueres Beispiel für die Aufnahme des Glücksgedankens an historischen Beispielen ist Anellis, I. H., »Distortions and Discontinuities of Mathematical Progress: a Matter of Style, a Matter of Luck, a Matter of Fact«, *Philosophica* 43/1989, S. 163–196.

136 S. die Titelwahl von Bührke, Th., *Newtons Apfel – Sternstunden der Physik von Galilei bis Lise Meitner*, München 1997.

137 Möglicherweise verdankt sich – ungeachtet ihres realen Gehaltes – zumindest die Popularität der Vorstellung von glücklichen Zeitspannen einer gewichtigen, hier nicht zu erörternden literarischen wie theologischen Überlieferung, dem Topos des *kairos*, der wiederum in einem engen

Austauschverhältnis zu den Traditionen der Genievorstellung und der Inspiriertheitsthese steht. Vgl. Kerkhoff, M., »Kairos I«, Ritter (Hg.). *Historisches Wörterbuch der Philosophie*, Bd. 4, Basel 1976, Sp. 667–668.

138 Nickles, Th., »Deflationary Methodology and Rationality of Science«, *Philosophica* 58,2/1996, S. 9–50.

139 Dicquemare, A., »A Second Essay on the Natural History of the Sea Anemonies«, *Philosophical Transactions of the Royal Society* 65/1775, S. 207–238, S. 221.

140 Fraassen, B. van, *The False Hopes of Traditional Epistemology*, unpag. Skript (1997), Kap. 3.3 (»The Parts of Fortune and Courage«). Vgl. auch Morillo, »Luck«.

141 Kritisch zusammenfassend s. Engels, *Erkenntnis*, S. 388 ff.; enger auf die Vorstellung akzidentieller wissenschaftlicher Einsicht angewandt s. Kantorovich, A., »The Mechanisms of Communal Selection and Serendipitous Discovery«, *Biology and Philosophy* 3/1988, S.199–203; Kantorovich, A., u. Ne'eman, Y., »Serendipity as a Source of Evolutionary Progress in Science«, *Studies in History and Philosophy of Science* 20/1989, S. 505–529.

142 Der Begriff des moralischen Glücks spielt eine große Rolle in der Kritik deontologischer Ethik. S. die u. a. gegen Kant gerichtete Argumentation von Bernard Williams: *Moral Luck*, Cambridge 1981, ders., »Moral Luck«, in: *Moral Luck*, hg. v. Daniel Statman, New York 1993, S. 35–55, »Postscript«, ebenda, S. 251–258; u. Nagel, Th., »Glück gehabt! Zufall als moralisches Problem«, amerik. 1976, in: ders., *Über das Leben, die Seele und den Tod*, Königstein 1984, S. 39–54.

143 Die Unterscheidung macht eine zweckbezogene Anleihe bei den Differenzierungen der moralphilosophischen Diskussion. S. außer den älteren Vorgaben Williams' und Nagels die Differenzierungen zwischen ›circumstantionalen‹, ›kausalen‹, ›konstititutiven‹, ›determinierenden‹, ›situationalen‹ und anders benannten Glücksfällen bei Richards, N., »Luck and Desert«, in: Statman, (Hg.), *Luck*, S. 167–180; Walker, M. U., »Moral Luck and the Virtues of Impure Agency«, in: Statman, (Hg.), *Luck*, S. 235–250. Der Schritt in Richtung auf die in der Argumentation des nächsten Abschnitts zentrale Verknüpfung von konstitutivem Glück und Tugend hat einen historischen Bezug zu Aristoteles' Überlegungen zur *tyche* in der *Eudemischen Ethik* (8,2).

144 Dieser Bereich ist am besten für die Mathematik erforscht. Speziell außergewöhnliche Rechenfähigkeiten in frühem Alter sind u. a. von Ampère, Hamilton und Gauß bekannt, wovon letzterer selbst großes Interesse an auffälligen Rechentalenten hatte, wie seine Beziehung zum Rechenkünstler Zacharias Dase belegt. Vgl. Bühler, W. K., *Gauß, – Eine biographische Studie*, Berlin 1987, S. 139 f. Allgemein zum Thema s. Smith, S. B., *The Great Mental Calculators – The Psychology, Methods, and Lives of Calculating Prodigies, Past and Present*, New York 1983. Aufschlußreich sind unter konstititutivem Aspekt auch Berichte von Forschungsbeteiligten, die auf ›Intuitionen‹ abbheben, hinter denen sich eine lebenslange Beschäftigung mit der Sache verbirgt. S. die Darstellung des Farbforschers Zollinger, H., »Logic and Psychology of Scientific Discoveries: A Case Study in Contemporary Chemistry«, *Perspectives on Science*, 5/1997, S. 516–532.

145 Fontenelle, B. de, »Nouveaux Dialogues des Morts anciens et modernes, Dialogue II, Charles V – Erasme«, in: ders., *Œuvres*, Bd. 2, hg. v. A. Niderst, Paris 1991, S. 107–110, S. 108.

146 Fontenelle, »Dialogue«, S. 109 f.

147 Zum posthumen Umgang mit Gauß, Cuvier u.a s. Gould, St. J., *Der falsch vermessene Mensch*, amerik. 1981, Frankfurt/M. 1988, Kap. 3 (»Das große Köpfemessen«).

148 Ganz, D., u. Weydt, P., »Der ›lästige‹ Krach gesungener Epen – Wie wird, war, bleibt man Mongolist? Ein Gespräch mit dem 85jährigen Walther Heissig«, *Frankfurter Rundschau* v. 18.9.1999.

149 Ganz u. Weydt, »Heissig«. Es gibt eine Vielzahl ähnlicher mehr oder minder anekdotischer Erhellungsversuche in bezug auf Forscherwege. S. etwa Krauße, E., »Zum Verhältnis von Wissenschafts- und Persönlichkeitsentwicklung: Ernst Haeckel«, *Wissenschaftliche Zeitschrift der Friedrich-Schiller-Universität Jena, Naturwissenschaftliche Reihe* 37/1988, S. 279–287. Es ist für die vorliegende Argumentation nicht entscheidend, ob es sich um zutreffende Darstellungen oder nachträgliche Stilisierungen handelt, da es – anders als in den relativistischen bzw. kontextualistischen Argumentationen – nicht um grundsätzliche Kontingenz des Wissens geht, sondern darum, plausibel zu machen, inwiefern gerade in einem umfassenden, etwa kosmologischen Sinne kontingente Faktoren den Überraschungscharakter von Wissen einschränken. Gerade eine in der Sache frag-

würdige Selbstbeschreibung verweist auf die *normative Forschervorstellung*, der sich der Auskunftgebende verpflichtet. Vgl oben Kapitel 2.4.2.2.

150 Ein wichtiger weiterer Stoff ist forschungsökonomischer Natur und betrifft die Bedeutung von Zufällen bei der Rekrutierung von Forschern bzw. Bildung von Forschergruppen. Erfolgreiche gemeinschaftliche Arbeit wird gerne so erklärt, daß sich eine ›glückliche‹ Personenkonstellation ergeben habe. Max Perutz verbindet dies anekdotisch mit der Kritik an der Planbarkeit wissenschaftlichen Erfolges, wenn er von einem Besuch einer sowjetischer Wissenschaftlergruppe berichtet, die in den später 50er Jahren nach Cambridge gekommen sei, um das Institut für Molekularbiologie zu besichtigen: »They wanted to know how I had planned our successful Research Unit, imagining that I had recruited an interdisciplinary team as Noah had chosen the animals for his ark: two mathematicians, two physicists, two chemists, two biochemists and two biologists, and told them to solve the atomic structure of living matter. They were disappointed that the Unit had grown haphazardly and that I left people to do what happened to interest them.« Im weiteren beschreibt Perutz u. a. den Eintritt von David Keilin u. a. als »stroke of luck«. S. Perutz, M. F., »The Medical Research Council Laboratory of Molecular Biology«. http://www.nobel.se/essays/perutz/index.html. Eingesehen am 12.6.98.

151 Humboldt, A. v., *Kosmos – Entwurf einer physischen Weltbeschreibung*, Bd. 2, Stuttgart 1847, S. 3 ff.

152 Die wichtigsten Erträge enthalten die zehn Folianten der monumentalen *Description de L'Égypte ou recueil des observations et des recherches* [...], Paris 1809, Nachdruck Köln 1997. Dazu s. Gillespie, Ch. S., »The Scientific Importance of Napoleons's Egyptian Campaign«, *Scientific American* 271/1994, H. 3, S. 64–71.

153 Die offizielle Darstellung des Britischen Museums stellt die Tatsache heraus, *daß* Champollion von englischer Seite eine Kopie erhielt (Andrews, C., *The Rosetta Stone*, London 1981, S. 15), wohingegen andere Kommentatoren (Hartleben, H., *Champollion und sein Werk*, Bd. 1, Berlin 1906, S. 384 u. 398) auf die verzögerte Herausgabe und die schwache Unterstützung des Franzosen abheben.

154 Anekdotisch angemerkt sei, daß die Kompetenzbehauptung sich mit derjenigen der ›Köpfemesser‹ trifft. Der Schädelmetriker Gall soll beim Anblick des ihm unbekannten Champollion »Ah – le génie des langues« ausgerufen haben. Zit. nach dem Auszug aus den »Observations phrénologique« im Anhang 1 von Hartleben, *Champollion*, Bd. 2, S. 585.

155 Einen guten Überblick, auch hinsichtlich der relativen Erfolglosigkeit des – aufgrund seiner Beiträge zur physikalischen Optik in der Physikhistorie hochangesehenen – Thomas Young, der direkten Zugang zur Rosettana hatte, gibt die Darstellung von Pope, M., *Die Rätsel alter Schriften – Hieroglyphen, Keilschrift, Linear B*, engl. 1975, Bergisch Gladbach 1978, Kap. 1 u. 2. Eine Deutung vom Ergebnis her, die Champollions Konstitutiva als die eines »Herkules des Verstandes« (S. 54) würdigt, findet sich bei Coe, M. D., *Das Geheimnis der Maya-Schrift – Ein Code wird entschlüsselt*, engl. 1992, Reinbek 1995, S. 51–62.

156 Zit. in Hartleben, *Champollion*, Bd. 1, S. 367.

157 S. Hartleben, *Champollion*, Bd. 1, S. 420

158 Zu dieser situativen Bedingung mit weiteren Literaturangaben s. Christ, W. v., *Geschichte der griechischen Literatur*, 6. Aufl. bearb. v. W. Schmid u. O. Stählin, 2. Teil, München 1924, S. 1077.

159 Hartleben, *Champollion*, Bd. 1, S. 421.

160 S. a. oben Kap. 1.2.3.

161 Zum Ergänzungscharakter von methodischen und nicht-methodischen Vorgängen (etwa tugendmotivierten Handlungen) s. Goldman, *Epistemology*, S. 92 ff. Grundsätzlich zur Einschränkung resultativen Glücks s. ders., »Strong and Weak Justification«, 1988, abgedr. in: ders., *Liaisons*, S. 127–141, S. 138 f.

162 Rede auf dem sog. Benzolfest 1890 in Berlin, zit. in Göbel, W., *Friedrich August Kekulé*, Leipzig 1984, S. 54 ff.

163 Göbel, *Kekulé*, S. 56; Rocke, A. J., »Hypothesis and Experiment in the Early Development of Kekulés Benzene Theory«, *Annals of Science* 42/1985, S. 355–382; Knight, D., *Ideas in Chemistry – A History of the Science*, London 1992, S. 122.

164 Borman, S., »19th-Century Chemist Kekulé Charged With Scientific Misconduct«, *Chemical and Engineering News*, 23.8. 1993, S. 20.

165 Holyoak, K. J., u. Thagard, P., »Analogical Mapping by Constraint Satisfaction«, *Cognitive Science* 13/1985, S. 295–355; Markman, A. B., »Constraints on Analogical Inference«, *Cognitive Science* 21/1997, S. 373–418. Vgl. Dunbar, K., »How Scientists Really Reason: Scientific Reasoning in Real-World Laboratories«, in: *The Nature of Insight*, hg. v. R. J. Sternberg u. J. E. Davidson, Cambridge/Mass. 1995, S. 365–95.

166 Den Hintergrund bildet die Auseinandersetzung mit Eugen Dühring (*Robert Mayer, der Galilei des neunzehnten Jahrhunderts*, Chemnitz 1880)

167 Vgl. Helmholtz, H. v., »Anhang 1) Robert Mayer's Priorität«, in: ders., *Vorträge und Reden*, Bd. 1, Braunschweig 1884, S. 60–74, S. 69, 74. Dieselbe Argumentationsfigur spielt im Streit um die romantische Naturphilosophie eine Rolle. So schreibt Schleiden: »Schelling hat zwar kein einziges Experiment Faradays gemacht, aber nachdem sie einmal gemacht waren, hatte er gut sagen: ›Ich hab's vorhergesagt, Galvanismus = chemischer Prozeß‹, ein Satz, der als er ausgesprochen wurde, völlig unbegründet war [...].« Schleiden, M. J., *Schellings und Hegels Verhältnis zur Naturwissenschaft*, Leipzig 1844, abgedr. in: ders., *Schriften*, Köln 1989, S. 196–264, S. 217. Dazu s. Charpa, »Schleiden's Kritik«, S. 274 f.

168 Vgl. Jahn, I., u. a., *Geschichte der Biologie*, 2. Aufl., Jena 1985, S. 692 et passim.

169 Vgl. auch allgemein den von Roberts, R. M., *Serendipity: Accidental Discoveries in Science*, New York, 1989, passim, verwendeten Begriff der *pseudoserendipity*. Ein hier nicht aufgenommener Versuch, dem Problem der sog. Zufallsentdeckung am Beispiel von überraschenden Feststellungen des Biochemikers Hans Krebs mit Hilfe einer Rechnersimulation (KEKADA) nachzugehen, ist die Arbeit v. Kulkarni, D., u. Simon, H.A., »The Processes of Scientific Discovery: The Strategy of Experimentation«, *Cognitive Science* 12/1988, S. 139–175. Einen Überblick über das Arbeitsfeld gibt Darden, L., »Recent Work in Computational Scientific Discovery«, in: *Proceedings of the Nineteenth Conference of the Cognitive Science Society*, hg. v. M. Shafto u. P. Langley, New Jersey 1997, S. 161–166.

170 Zu den Geräten s. den Austellungskatalog von Meinel, C., *Ruhmkorff, Röntgen, Regensburg: Historische Instrumente zur Gasentladung*, Universität Regensburg, 1997.

171 Vgl. Röntgen, C., »Über eine neue Art von Strahlen (Vorläufige Mitteilung)«, *Sitzungsberichte der physikal.-medicin. Gesellschaft Würzburg* 1895, S. 132–141, S. 132. Faksimile der ersten Seite u. a. in Hermann, A., *Lexikon Geschichte der Physik A–Z*, Köln 1972, S. 332. (Bei dem erwähnten ›Ruhmkorff‹ handelt es sich um ein nach dem Pariser Hersteller benanntes Gerät zur Erzeugung hoher Spannungen.)

172 Das ist ein bekanntes Thema der Handlungstheorie, das von Wright, Hintikka u.a beschäftigt hat. S. unter dem hier thematisierten Glücksaspekt Moser, P. K., u. Mele, A. R., »Intentional Action«, *Nous* 28/1994, S. 39–68.

173 Kuhn, Th. S., »Bemerkungen zum Verhältnis von Wissenschaft und Kunst«, amerik. 1969, in: ders., *Die Entstehung des Neuen – Studien zur Struktur der Wissenschaftsgeschichte*, hg. v. L. Krüger, übers. v. H. Vetter, Frankfurt/M. 1977, S. 446–460, S. 454.

174 S. unter diesem Aspekt die von Monod bis in die neueste Forschung verfolgten Kontinuitäten bei der Forschung in einem Ausschnitt der Molekularbiologie, dokumentiert bei Müller-Hill, *Lac Operon*, Teile 1 u. 3. Die Vorstellung, es gebe z. B. keinen Lac Repressor, ist angesichts des dichten Netzes ungezählter damit verknüpfter Versuche ohne den geringsten Anlaß. Sie ist eine irrelevante, weil forschungsgeschichtlich leere Alternative.

175 Die Einschätzung hindert die Autoren nicht daran, pauschal von ›Wissen‹ zu reden, wenn es um schwache doxastische Zustände geht. S. außer Barnes, Knorr-Cetina u. a. bes. Livingstone, D. N., »The Spaces of Knowledge: Contributions towards a Historical Geography of Science«, *Environment and Planning D: Society and Space* 5/1995, 5–34; Ophir, A., u. Shapin, S., »The Place of Knowledge: A Methodological Survey«, *Science in Context* 4/1991, S. 3–21. Eine ›geographistisch-historistische‹ Monographie von Livingstone, D. N., *The Spaces of Science: Chapters in the Historical Geography of Scientific Knowledge*, ist angekündigt. Vgl. im Kontrast zum methodisch wirren Umgang mit dem Wissensbegriff die Problemhinweise bei Meusburger, *Bildungsgeographie*, Kap. 2.1.

176 *Collected Papers* 5.171.

177 *Collected Papers* 5.565.

178 Damit wird aber, wie schon früher angemerkt, zugleich der traditionelle Wissensbegriff geopfert, indem u. a. Hypothesen *als* Wissen aufgefaßt werden.

179 Musgrave, A., »Realism versus Constructice Empiricism«, 1985, abgedr. in: Curd u. Cover. (Hg.), *Philosophy*, S. 1088–1113, S. 1096 (Kursive nicht im Original).
S. auch die Versuche, den Begriff der Verisimilitude im Kontext propositionaler Einstellungen neu zu bestimmen. S. Brink, C., u. Heidema, J., »A Verisimilar Ordering of Theories Phrased in a Propositional Language«, *British Journal for the Philosophy of Science* 38/1987, S. 533–49, u. Ryan, M. D., u. Schobbens, P., »Belief Revision and Verisimilitude«, *Notre Dame Journal of Formal Logic* 36/1995, S. 15–29.

180 Brewer u. Chinn, »Beliefs«, benutzten bei ihren Erhebungen Aufgabenpaare der Art ›Wie verhalten sich zwei fallende Objekte, von denen eines schwerer ist?‹ und ›Was würde ein Newtonianer über das Verhalten zweier fallender Objekte sagen, von denen eines schwerer ist?« Vorher haben Bloome, D. u. a., »Procedural Display and Classroom Lessons«, *Curriculum Inquiry* 19/1989, S. 265–291, das aus dem pädagogischen Alltag bekannte Phänomen betont, daß in der Schülerrolle richtige Antworten gegeben werden, während zugleich private Zweifel bestehen.

181 Kepler, J., *Apologia pro Tychone contra Ursum*, zit. nach der Edition von Jardine, N., *The Birth of History and Philosophy of Science – Kepler's A Defence of Tycho against Ursus with Essays on Its Provenance and Significance*, Cambridge 1984, S. 81–133, S. 88.

182 Kepler, *Apologia*, S. 92. Nach Ursus' Auffasssung ist eine Hypothese ein *aitema*, im Sinne einer irrealen Annahme. Der Zwischenschritt, wonach eine Hypothese weder wahr noch falsch ist, sondern mehr oder minder *verisimilis*, wird von dem Tübinger Logiker Schegkius vollzogen (vgl. Risse, W., *Die Logik der Neuzeit, Bd. 1 (1500–1600)*, Stuttgart 1964, S. 256 ff.), woran Kepler die Auszeichnung der *hypothesis justa* und damit die Entscheidung für den Wissenscharakter des gerechtfertigten Hypothetischen anschließt.

183 S. in der weiteren historischen Folge auch den schwankenden Hypothesenbegriff Newtons, der zumindest in der Hinsicht eindeutig ist, als forschungselevante Hypothesen nicht bloß fingiert, sondern auf *Wahrheit* hin ausgerichtet sein sollen. Vgl. Pulte, *Naturphilosophie*, Kap. 4.2

184 Kepler, *Apologia*, S. 132.

185 Kepler knüpft vermutlich in diesem Punkt an Cusanus an. S. Aiton, E. J., »Johannes Kepler and the Astronomy without Hypotheses«, *Japanese Studies in the History of Science* 14/1975, S. 49–71.

186 Kepler, *Apologia*, S. 132.

187 Lesage, G.-L., »Sur la Méthode d'hypothèse«, abgedr. in: Prévost, P., *Essais de Philosophie*, Genf 1803, S. 258–307, § 3. 8. Hervorhebung nicht im Original). allgemein dazu Laudan, L., »George-Louis Lesage: A Case Study in the Interaction of Physics and Philosophy«, *Studia Leibnitiana* Supplement Bd. 13, Wiesbaden 1974, S. 241–252; zusammenfassend Charpa, *Wissenschaftshistorie*, S. 175 f.; zum wissenschaftsgeschichtlichen Umfeld s. Weiss, B., *Zwischen Physikotheologie und Positivismus, Pierre Prévost (1751–1839) und die korpuskularkinetische Physik der Genfer Schule*, Berlin 1988.

188 Dazu und zu weiteren Vorbehalten s. Laudan, Peirce and the Trivializiation of the Self-Correcting Thesis«, in: Giere, R. N., u. Westfall, R. S., (Hg.) *Foundations of Scientific Method: The Nineteenth Century*, Bloomington 1973, S. 275–306.
Übrigens hat sich eine von Lesage eigenen Hypothesen als bemerkenswert langlebig erwiesen. So schließt sich Kelvins Äthertheorie an Vorstellungen Lesages an: William Thomson, »On the Ultramondane Corpuscles of Lesage«, *Philosophical Magazine* 55/1873, Hinweis nach Duhem, *Ziel*, Kap. 4, § 7. Eine kurze Charakterisierung von Lesages »petite École de savants demeurait fidèle aux doctrines cartésiennes et atomistiques« unternimmt Duhem, P., *Le mixte et la combinaison chimique. Essai sur l'évolution d'une idée*, 1902, ND Paris 1985, S. 160 f.

189 Vgl. dazu umfassend Pulte, *Naturphilosophie*; s. auch die »Arbeitshypothese« in: Diemer, A., »Die Begründung des Wissenschaftscharakters der Wissenschaft im 19. Jahrhundert – Die Wissenschaftstheorie zwischen klassischer und moderner Wissenschaftskonzeption«, in: Diemer, A., (Hg.), *Beiträge zur Entwicklung der Wissenschaftstheorie im 19. Jahrhundert*, Meisenheim 1968, S. 3–62, und die Hinweise auf Problematisierung und Konditionalisierung bei Diemer, A., u. König, G., »Was ist Wissenschaft?«, in: Hermann, A., u. Schönbeck. Ch., (Hg.), *Technik und Wissenschaft*, Düsseldorf 1991, S. 3–28.

190 Daß dies kein Hinweis auf die Relativität der Wahrnehmung ist, ergibt sich nicht nur systematisch (3.4), sondern läßt sich auch historisch belegen: Die vielgeschmähten Jesuiten, vor allem Clavius, haben Galileis zutreffende Beobachtungen nachvollzogen und besonders herausgestellt. S. den Bericht über den Auftritt im Collegium Romanum, bei dem Galilei und andere Clavius' Fernrohr zur Observation der Jupitermonde, der Mondoberfläche anderer Himmelserscheinungen benutzte: »Nuncius Siderius Collegii Romani«, abgedr. in: *Le opere di Galileo Galilei*, Bd. 3,1, hg. v. A. Favaro, Florenz 1892, S. 291–298. Vgl. auch die offiziösen Bestätigungen von Galileis Feststellung der Jupitermonde und der Mondphasen (Stellenhinweise hierzu bei Biagioli, *Galilei*, S. 412). Bezeichnend sowohl für die damalige Situation wie auch die Stabilität der Empirie mag sein, daß es bereits 1615 den ersten chinesischen Text über Galileis Feststellungen und 1626 die erste Abhandlung in dieser Sprache über das Teleskop gab. Zahlreiche Materialien auch zu dem unten tangierten Verhältnis zum Kopernikanismus enthält D'Elia, P. M., *Galileo in Cina: relazioni attraverso il Collegio romano tra Galileo e i gesuiti scienziati missionari in Cina*, 1610–1640, Rom 1947. Zur Verflechtung der Galileischen Wissenschaft mit der jesuitischen Physik s. maßgeblich Wallace, W. A., *Galileo and His Sources: The Heritage of the Collegio Romano in Galileo's Science*, Princeton 1984, der vor allem auf Galileis *Fragestellungen* abhebt.

191 Der 1963 von Popper in die Diskussion gebrachte und im weiteren stark umstrittene Begriff der Wahrheitsnähe ist von ihm selbst eher beschreibend als erklärend eingeführt worden. Der Erfolg der Wissenschaft erscheint ihm als ›Wunder‹ (s. Popper, K., *Objective Knowledge*, Oxford 1973, S. 23). Die Nutzung als Erklärungsbegriff geht auf Putnam und Boyd zurück. Eine auf den Punkt zugeschnittene Darstellung gibt Newton-Smith, *The Rationality of Science*, London 1981; einen beträchtlichen Teil der Diskussion über die Erfolgserklärung erfaßt Carrier, M., »What is Wrong with the Miracle Argument?«, *Studies in History and Philosophy of Science* 22/1991, S. 23–36, u. ders., »What is Right with the Miracle Argument?«, *Studies in History and Philosophy of Science* 24/1993, S. 391–408.

192 Vgl. Linn, M. C., u. Songer, N. B., »Teaching Thermodynamics to Middle School Students: What are Appropriate Demands?«, *Journal of Research in Science Teaching* 28/1991, S. 885–918.

193 Die Anfänge dieser Debatte liegen bekanntlich in den frühen 60er Jahren, in den Formulierungen von Kuhn, *Struktur* (dazu Hoyningen-Huene, *Wissenschaftsphilosophie*, S. 203 ff.), sowie Feyerabend, P., »Explanation, Reduction and Empiricism«, 1962, abgedr. in: ders., *Philosophical Papers*, Bd. 1, Cambridge 1981, S. 44–96. Bei Kuhn ist der Begriff der Inkommensurabilität zunächst uneinheitlich und bezieht sich vage sowohl auf unvergleichbare Wahrnehmungen als auch auf Themenstellungen sowie auf semantische und methodologische Apekte der Theoriewahl. Feyerabend benutzt den Begriff rein semantisch und argumentiert, daß es keine Theorienreduktion gebe, weil die Bedeutungen der in der reduzierten und in der reduzierenden Theorie verwendeten Termini jeweils theorierelativ seien. Kuhns Begriff hat sich im Laufe der Zeit stark verengt, sich nach dem *Struktur*-Buch zunächst auf den Aspekt der Unübersetzbarkeit konzentriert (Kuhn, Th. S., »Commensurability, Comparability, Communicability«, in: Asquith, P. D., u. Nickles, Th., (Hg.), *Proceedings of the 1982 Biennial Meeting Philosophy of Science Association*, Bd. 2, East Lansing, S. 669–688) und schließlich auf die Nicht-Transformierbarkeit der in einer Theorie enthaltenen begrifflichen Taxonomie abgehoben (Kuhn Th. S., »The Road Since Structure«, in: Fine, A., u. *a.*, (Hg.), *Proceedings of the 1990 Biennial Meeting Philosophy of Science Association*, Bd. 2, East Lansing 1991, S. 2–13).

Gemäß der im vorliegenden Kapitel eingeschlagenen Linie ist die Frage der Inkommensurabilität von Theorien vornehmlich ein Problem des erklärenden *Betrachters* und nicht mit gleichem Nachdruck ein *Teilnehmer*problem. Für Forschungsteilnehmer geht es um wechselseitiges Verständnis bzw. die Möglichkeiten oder Schwierigkeiten mentaler Brücken. Die Fortschrittlichkeit ihrer Theoriewahl hängt davon ab, inwieweit die über Theorien entscheidenden Forscher selbst Vergleiche vornehmen können, etwa nachdem sie ein neues theoretisches Idiom erlernt haben. Es gibt zwar eine Reihe wissenschaftsgeschichtlich markanter Unverständlichkeitsbehauptungen (erinnert sei an die von Descartes und Bacon u.a gegenüber dem Aristotelismus), aber diese stammen bezeichnenderweise von langjährig traditionell belehrten Autoren und sind Teil einer rhetorischen Strategie. Daneben finden sich viele Beispiele für *erfolgreichen* Forscherumgang mit dem Problem gerade im Kontext als revolutionär angesehener Umschwünge. Es ist überhaupt unplausibel, daß

sich echtes Unverständnis bereits in der geschichtlichen Konkurrenzsituation selbst ergeben soll – schließlich sind die alte Auffassung und ihre Begrifflichkeit noch geläufig. Vielmehr liegt die Annahme nahe, daß sich Unverständnis in Bezug auf überwundene Ansätze erst *langfristig* als Ergebnis der Durchsetzung einer bestimmten Betrachtungsweise einstellt. Vgl. zu Galileis Wissenschaft und den Aristotelikern unter diesem Aspekt s. Biagioli, *Galilei*, Kap. 4.
Ob Theorien für einen nachträglichen Forschungsbetrachter ein gemeinsames Maß haben, das für die Forschungsteilnehmer unerkennbar war, ist für die Rationalitätsfrage irrelevant und betrifft lediglich die Rechtfertigungslage des Realismus. Vgl. die von Henk de Regt vorgeschlagene Unterscheidung zwischen ›metaphysischem Verständnis‹ und ›wissenschaftlichem Verständnis‹ in De Regt, H. W., »Misunderstandings about Understanding: A Historical Case Study of Incommensurability«, Vortrag im Rahmen der Konferenz *Incommensurability (and Related Matters)* Hannover, 13.–16. 6. 1999, u. ders., »Explaining the Splendour of Science«, *Studies in History and Philosophy of Science* 29/1998, S. 155–165, Abschnitt 2.

194 Zieht man nur den winzigen Ausschnitt der Debatte in Betracht, der in näherer Verbindung mit der unten im weiteren aufgenommen Pessimistischen Metainduktion steht, so ist hinzuweisen außer auf die bekannten Konvergenzrealismen Peirces und Poppers (in dem speziell die für die spätere Diskussion der Inkommensurabilitätsthese zentrale semantische Seite von Theorien ausgeblendet wird) etwa auf die Konzeption der Theorieserien (›series of inquiry‹) von Jardine, *Fortunes*, passim, mit Anbindungen an klassische Kontinuitätsideen wie die der Reduktion. S. a. Psillos, S., »A Philosophical Study of the Transition from the Caloric Theory of Heat to Thermodynamics. Resisting the Pessimistic Meta-Induction«, *Studies in History and Philosophy of Science*, 25/1994 159–190, der die Wahrheitsnähe der kalorischen Theorie gegen Einwände von Laudan verteidigt, indem er Teile der ontologischen Verpflichtungen der verdrängten Theorie als erhalten einstuft. Cummisky, D., »Reference Failure and Scientific Realism: A Response to the Meta-Induction«, *British Journal for the Philosophy of Science* 1992/43, S. 21–40, sieht die Kontinuitätselemente in Veränderungen übergreifenden theoriekonstitutiven Metaphern im Sinne von Boyd.

195 Zum hier wie in den folgenden Varianten vorausgesetzten alltagsplausiblen Schließen s. die Anmerkungen in Kapitel 2.2.2.

196 Jardine, *Fortunes*, S. 23. Aus dieser Annahme speist sich auch seine ausgeklügelte Harmonisierung intertheoretischer Verhältnisse.

197 Fraassen, *Image*, S. 8.

198 Fraassen, *Image*, S. 8.

199 Fraassen, *Image*, S. 12.

200 Rom Harré schreibt: »Theories are the crown of science, for in them our understanding of the world is expressed«. *The Philosophies of Science – An Introductory Survey*, Oxford 1972, S. 168. In diesem Sinn entfaltet sich auch ein nennenswerter Teil der Erörterung des wissenschaftlichen Fortschritts: »›Progress‹ is a normative or goal-relative – rather than purely descriptive – term: saying: that the step from one theory *A* to another theory B constitutes progress means that *B* is an improvement of *A* in some respect.« Niiniluoto, I., »Scientific Progress«, in: ders., *Is Science Progressive?* Dordrecht 1984, S. 75–108, S. 75 f. und dieser Einleitung entsprechend gehen seine folgenden Explikationsversuche verschiedener Modelle jeweils kommentarlos von einer allgemeinen Einführung, in der – anknüpfend an die Vorgaben Peirces oder Poppers – zunächst von Irrtümern oder von Wissen die Rede ist, in die Betrachtung der Eigenschaften von *Theorien* über.

201 Zur Vereinfachung der weiteren Diskussion und um einer stillen Voraussetzung speziell der realistischen Fortschrittsauffassung zu genügen, wird im weiteren davon ausgegangen, daß die Reihe $v_1 \ldots v_n$ die Reihe $u_1 \ldots u_n$ einschließt,

202 Putnams Ausdruck bezieht sich ursprünglich nur auf eine semantische Infragestellung des Typs ›Wenn ›Phlogiston‹ keinen Bezug hat, wie können wir dann sicher sein, daß es sich bei ›Elektron‹ anders verhält?‹ Die gegen den Realismus Putnams u. a. gerichtete wissenschaftstheoretische Ausgestaltung geht auf den mehrfach wiederabgedruckten Aufsatz von Laudan, L., »A Confutation of Convergent Realism«, *Philosophy of Science* 48/1981, S. 19–48, zurück. Diskussionsüberblicke bei Fine, A., »Scientific Realism and Antirealism«, in: *Routledge Encyclopedia of Philosophy*, hg. v. E. Craig, s.v., § 2, u. Papineau, D., »Introduction«, in: ders., (Hg.), *The Philosophy of Science*, S. 1–20, S. 11 ff.

In der allgemeinen Tendenz ist die sog. Pessimistische Metainduktion vermutlich kulturübergreifendes Allgemeingut (s. die das neokonfuzianische Zitat bei Wyatt, D. J., *The Recluse of Loyang and the Moral Evolution of Eearly Sung Thought*, Honolulu 1996, S. 182) und des weiteren alte instrumentalistische Gedankenfigur. »Descartes belächelte die Ionier, wir lächeln über Descartes; ohne Zweifel werden unsere Söhne über uns lächeln. Aber können wir nicht gleich bis ans Endziel? Ist das nicht das Mittel, um unseren Spöttern zu entgehen? [...] Nein, das ist nicht möglich; das hieße den wahren Charakter der Wissenschaft völlig verkennen.« Poincaré, H., *Wissenschaft und Hypothese*, frz. 1902, Berlin 1904, S. 4, dessen Werk allerdings auch (›strukturell‹-)realistische Züge aufweist. S. zur Rekonstruktion Huber, *Einstein und Poincaré*.

203 Die klassische Stellungnahme zugunsten direkter Bestimmbarkeit ist die von Clifford, W. K., »The Ethics of Belief«, 1877, abgedruckt in Steeves, H. R., u. Ristine, F. H., (Hg.), *Representative Essays in Modern Thought*, New York 1913, S. 46–72. Auf Cliffords Maxime, nur zu glauben, wofür es Evidenz gebe, bezieht sich an bekannter Stelle James, W., »Der Wille zum Glauben«, engl. 1896, in: ders., *Der Wille zum Glauben und andere popular-philosophische Essays*, übers. v. Th, Lorenz, Stuttgart 1899, S. 1–34, Abschnitt VII. Dagegen zur Unmöglichkeit direkter Aufhebung von Überzeugungen s. Williams, B., »Kann man sich dazu entscheiden, zu glauben?, in: ders., *Probleme des Selbst*, Stuttgart 1978, S. 217–41; einen theologischen Vorlauf zu dieser Einsicht machen einige mittelalterliche Rabbiner (Schimon Ben Zemah Duran, Abraham Ben David aus Posquieres u. a.), die darauf beharren, daß niemand Häretiker sei, der nicht glauben *könne*, was aus der Sicht der Autoritäten zu glauben richtig sei. Vgl. dazu Kellner, M., *Dogma in Medieval Jewish Thought*, Oxford 1986.

204 Zur Unterscheidung von Akzeptieren und Überzeugtsein s. besonders Foley, R., »Rationality, Belief, and Commitment«, *Synthese* 89/1991, S. 365–92; Cohen, L. J., *An Essay on Belief and Acceptance*, Oxford 1992; Bratman, M., »Practical Reasoning and Acceptance in a Context«, *Mind* 101/1992, S. 1–15; Engel, P, »Believing, Holding True, and Accepting«, *Philosophical Explorations* 1/1998, S. 140–51. S. zum Unterschied außer dem Begriffsgebrauch bei van Fraassen auch Tuomela, R. »Belief versus Acceptance«, *Philosophical Explorations* 2/2000, S. 122–37, der Akzeptieren nicht als vermeidbare Handlung interpretiert, sondern als Fürwahrhalten.

205 Ich lasse offen, ob es sich hier um eine Präferenz im Sinne der direkten Anwendung einer Regel handelt oder nicht-regelhafte Momente in der Gestalt individueller Fähigkeiten (darunter Urteilskraft s. oben Anm. 41) die Anwendung einer solchen Regel steuern. Der Tugendansatz bevorzugt selbstverständlich die zweite Möglichkeit.

206 Verschiedene psychologische Experimente beziehen sich auf die Neigung von Menschen, Darstellungen zu ›vervollständigen‹, etwa in bestimmten Punktmustern Abbildungen von Figuren zu erblicken. Hierauf stützen sich zahlreiche kognitivistisch ansetzende Konstruktivismen bzw. Relativismen. Eine originelle Umsetzung unternimmt der Cambridger Mathematiker McIntyre, M. E., »Lucidity and Science III: Hypercredulity, Quantum Mechanics and Scientific Truth«, *Interdisciplinary Science Reviews* 23/1998, S. 29–70, der eine allgemeine These zur menschlichen Neigung, mehr zu glauben, als die jeweilige epistemische Situation erforderlich macht, behauptet. Ein Problem für die hier vertretene Position wird aus wahrnehmungsmäßiger oder auch der darüber hinausreichenden Leichtgläubigkeit nicht, wenn wir a) den Rekurs auf Anschauung (also beispielsweise die korrekte Registration vorhandener Punkte) einkalkulieren, b) nach obigem Muster Glauben und Akzeptieren von einander lösen. Falls die Tendenz zur Leichtgläubigkeit tatsächlich besteht, stellt sie lediglich einen weiteren Anlaß dafür dar, wissenschaftlichen Fortschritt nicht mit dem Glauben an die bessere Theorie zu verknüpfen.

207 Vgl. die in 2.5 getroffene Unterscheidung.

208 Der Vorzug des Ausdrucks ›wohlgegründet‹ gegenüber ›wohlbegründet‹ liegt hier, wie bei Tugendargumentationen allgemein (Kapitel 2.5), darin, daß er der mit dem Reliabilismus verbundenen externalistischen Betrachtungsweise entspricht: Ob *C selbst* in der Lage ist, die für eine vertretbare Entscheidung wichtigen guten Gründe als *Be*gründungen anzuführen, ist kein wesentlicher Punkt. *C* ist eben – passend zu Descartes' geflügeltem Wort über die gerechte Verteilung des *bon sens* – nicht der ideale Beurteiler seiner eigenen Kompetenz.

209 Zur Kompetenzabhängigkeit von Zweckrationalität s. a. die Überlegungen von Kuhn, Th. S., »Objektivität, Werturteil und Theoriewahl«, engl. 1973, in: Kuhn, *Entstehung*, S. 421–445; Sal-

mon, W. C., »Rationality and Objectivity in Science or Tom Kuhn Meets Tom Bayes«, in: Savage, W. C. W., (Hg.), *Scientific Theories*, Minneapolis 1990, S. 175–204, bes. Abschnitt 4.

210 »Molecular biology has no history for the young scientist. What happened ten years ago seems prehistoric and thus of no interest. Recently I asked a student of the »Max Delbrück Laboratory« during his doctor's exam to describe the experiment which made Max famous. The student who had produced an excellent thesis did not know.« Müller-Hill, *Lac Operon*, S. 1.

211 S. McCloskey, »Physics«, Lipmann u. Bogen, *Physik*.

212 Zit. Buchdahl, G., *Metaphysics and the Philosophy of Science*, Oxford 1969, S. 386; gesondert zum Thema s. ders., »Gravity and Intelligibility: Newton to Kant«, in: Butts, R. E., u. Davis, J. W. (Hg.), *The Methodological Heritage of Newton*, Oxford 1970, S. 74–102.

213 Fontenelle, B. de, »Réflexions sur la théorie précedente«, *Œuvres*, Bd. 7, S. 453–63, S. 453.

214 S. Pierre L. M. de Maupertuis, *Discours sur les différentes des Astres* (1732), zit. in Pulte, H., *Das Prinzip der kleinsten Wirkung und die Kraftkonzeptionen der Rationalen Mechanik*, Stuttgart 1989, S. 39.

215 Helmholtz, H. v., »Zu Robert Mayer's Priorität: Anhang zu: Über die Wechselwirkung der Naturkräfte und die darauf bezüglichen neuesten Ermittelungen der Physik«, in: ders., *Vorträge*, Bd. 1, S. 60–74, S. 69.

216 Helmholtz, »Priorität«, S. 70.

217 Helmholtz, »Priorität«, S. 74.

218 Kuhn, Th. S., *The Copernican Revolution*, Cambridge, Mass. 1957, S. 196.

219 Über Einflußnahmen der oberitalienischen Platonisten während des Aufenthaltes von Kopernikus in Bologna ist wenig Konkretes bekannt. Die Betonung platonistischer Züge (s. schon Cassirer, E., *Das Erkenntnisproblem in der Philosophie und Wissenschaft der neueren Zeit*, Bd. 1, 1922, Neudruck Darmstadt 1974, S. 271 ff.) ist zu einem Gemeinplatz der wissenschaftshistorischen ›Revolutionsforschung‹ geworden. Als Bindung an den florentinischen Neuplatonismus wird Kopernikus' Haltung bei Burtt, E. A., *The Metaphysical Foundations of Modern Physics*, 2. Aufl. London 1932, S. 49 ff. spezifiziert. Dem folgt u. a. Kuhn, *Revolution*. Cohen, I. B., *Revolution in Science*, Cambridge/Mass. 1985, S. 125, nimmt Kopernikus' Bindungen an im späteren Gang der Wissenschaftsgeschichte verdrängte Tendenzen zum Anlaß, Kopernikus' Werk nicht als ›revolutionär‹ einzustufen. Zu der in der allgemeinphilosophischen Einordnung leicht untergehenden Verpflichtung der eigentlichen Theoriebildung s. Oeser, E., »Copernicus und die ägyptische Hypothese. Ein Beitrag zur Frage nach der Struktur wissenschaftlicher Revolutionen«, *Philosophia Naturalis* 14/1974, S. 276–308.

220 Maßgeblich hierzu Westman, R. S., »The Melanchthon Circle, Rheticus and the Wittenberg Interpretation of the Copernican Theory«, *Isis* 88/1975, S. 164–93; allgemein s. Frank, G., u. Rhein, S., (Hg.), *Melanchthon und die Naturwissenschaften seiner Zeit*, Sigmaringen 1998.
Die Fortwirkung des aristotelischen Beweisideals läßt sich bis in die Physik des 19. Jahrhunderts verfolgen. S. für den mit Newton anhebenden Zeitraum Pulte, *Naturphilosophie*, im Abriß bei Diemer, »Begründung«, sowie Diemer u. König, »Wissenschaft«. Die Spur findet sich auch und erst recht in den Niederungen des wissenschaftlichen Schrifttums. S. zu Alsted, Keckermann u. a. Reif, P., »The Textbook Tradition in Natural Philosophy 1600–1750«, *Journal of the History of Ideas* 30/1969, S. 17–32. Wiewohl die verschiedensten ›modernen‹ Anleihen, etwa bei Descartes, gemacht werden, gilt »[...] they are all broadly Aristotelian«, und man definiert Naturphilosophie »in typical Peripatetic fashion« (ebenda S. 20), wobei man sich auf die Vermittler des 16. Jahrhunderts (Melanchthon, Zabarella, Suarez u. a.) stützt.

221 »Deinde causas earundem [motuum], seu hypotheses, cum ueras assequi nulla ratione possit, qualescunque excogitare & confingere, quibus suppositis, ijdem motus ex Geometriae principijs, tam in futurum, quam in praeteritum, recte possint calculari. [...] Satis enim patet, apparentium inaequalium motuum causas, hanc arte penitus et simpliciter ignorare.« Das ist eine ganz und gar gewöhnliche Beschreibung des *officium astronomi* in Abhebung von der des *philosophus*. [Osiander, A.], »Ad lectorem de hypothesibus huius operis«, in: Copernicus, N., *De revolutionibus orbium coelestium*, Nürnberg 1543, Nachdruck New York 1965, S. V)

222 So im Anschluß an Gingerich u. a. Feyerabend, P, *Wider den Methodenzwang*, Frankfurt 1976, S. 149 f., Anm. 9 f.

223 Favaro folgend Fölsing, A., *Galileo Galilei – Prozeß ohne Ende*, München 1983, S. 158, dagegen Müller, A., *Galileo Galilei und das kopernikanische Weltsystem*, Freiburg 1909, S. 9 ff.; Biagioli, *Galilei*, S. 116. In dem fraglichen zehnseitigen Schreiben (»Lettera di Galileo a Iacopo Mazzoni, del 30 maggio 1597«, abgedr. in: *Le opere di Galileo Galilei*, hg. v. A. Favaro, Bd. 2, Florenz 1843, S. 193–202) anläßlich von [Mazzoni, J.], *Iacobi Mazonii caesenatis in almo gymnasio pisano Aristotelem ordinarie, Platonem vero extra ordinem, profitentis, in universam Platonis et Aristotelis philosophiam praeludia, sive de comparatione Platonis et Aristotelis*, Venedig 1597 (das im *Museo di Storia della Scienza* in Florenz mit dem entsprechenden Hinweis auf den 30.5.1597 registriert ist (CCF140198: »quest'opera, perché diede argomento alla ben nota lettera di Galileo del 30 maggio 1597«), gibt Galilei an, er halte die Auffassungen der Pythagoreer und Kopernikaner für *wahrscheinlicher* als die Annahmen des Aristoteles und des Ptolemaios (ebenda S. 198). Ein zweifelsfreies Zeugnis des *Überzeugtseins* von heliozentrischem Gedankengut vermag ich darin nicht zu erblicken. Zum Verhältnis des Schreibers zum Adressaten s. Purnell, F., »Jacopo Mazzoni and Galileo«, *Physis* 14/1972, S. 273–294.

224 Dazu s. Müller, *Galilei*, S. 5 ff.

225 In der dritten Fassung von Clavius, C., *In Sphaeram Ionannis de Sacro Bosco commentarius*, Rom 1581, S. 436 f., wird der Geozentrismus in Frage gestellt. Zitat und Stellenangabe in: Gingerich, O., »The Censorship of Copernicus's De Revolutionibus« (1971), abgedr. in: ders, *The Eye of Heaven – Ptolemy, Copernicus, Kepler*, New York 1993, S. 269–85, S. 271; vgl. auch das Lob des Kopernikus in Clavius' *Sphaera* als »hoc saeculo Astronomiae restitutor egregius«, zit. bei Müller, *Galileo*, S. 8.

226 Galilei, *Opere*, Bd. 19, S. 405.

227 Vgl. Russell, J. L., »What was the Crime of Galileo?«, *Annals of Science* 52/1995, S. 403–10, mit der scharfsinnigen Interpretation einer sachlich mehr als seltsamen Formulierung im Urteilstext (»centro della terra«) als Ausdruck einer Divergenz zwischen der Einstellung des Offiziums und der des Papstes.

228 Vgl. Galilei, *Opere*, Bd. 19, Florenz 1907, S. 406 f.

229 Vgl. Galilei, *Opere*, Bd. 19, S. 406 f.

230 S. auch den Hinweis von Biagioli, *Galilei*, S. 136, auf Zurückhaltung gegenüber Keplers Aufforderung, sich stärker für Kopernikus einzusetzen.

231 S. dazu Biagioli, *Galilei*, bes. S. 237 ff.

232 Darauf läuft bei allem Verdienst Biagiolis Interpretation hinaus.

233 Vgl. Gingerich, »Censorship«, bes. S. 281 ff.

234 Vgl. Ruderman, D., *Jewish Thought and Scientific Discovery in Early Modern Europe*, New Haven 1995, unpag. zwischen S. 152–153. Die Abbildung findet sich anscheinend nur in der Ausgabe Venedig 1707.

235 Levine, H., »Paradise not Surrendered. Jewish Reactions to Copernicus and the Growth of Modern science«, in: Cohen, R. S., (Hg.), *Epistemology, Methodology, and the Social Sciences*, Dordrecht 1983, S. 203–225; Ruderman, *Jewish Thought*, S. 239 f.

236 Abb. in [Kunst und Ausstellungshalle der Bundesrepublik] *Alexander von Humboldt – Netzwerke des Wissens*, Bonn 1999, S. 35.

237 In der Auseinandersetzung mit der realistischen Position heißt es, man lerne eine neue Theorie wie »a language or a culture from scratch, as a child learns them without detour through our native tongue«. Feyerabend, P., »Putnam on Incommensurability«, in: ders., *Farewell to Reason*, London 1987, S. 265–72.

238 Material zugunsten einer Reinterpretierbarkeit ›revolutionärer‹ Terminologie findet sich in der neueren Literatur u. a. bei Thagard, *Revolutions*, und Bartels, A., *Bedeutung und Begriffsgeschichte: die Erzeugung wissenschaftlichen Verstehens*, Paderborn 1994. Aus der älteren Diskussion sei vor allem an die grandiosen Harmonisierungsversuche William Whewells erinnert.

239 Abb. nach Krafft, F., »Tycho Brahe«, in: *Die Großen der Weltgeschichte*, Bd. 5, hg. v. K. Fassmann, Zürich 1974, S. 296–345, S. 328.

240 Auf Riccioli, Grienberger, Argoli u. a. bezieht sich Müller, *Galilei*, S. 195 ff.; s.a. D'Elia, *Galilei*, passim (zu Grienberger, Kirwitzer, Schreck u. a.). Gingerich, »Censorship«, S. 284, vermutet, daß die dritte Auflage von *De revolutionibus* überhaupt erst durch die kontraeffektive kirchliche Maßnahme von 1616 auf den Weg gebracht wurde. Zahlreiche einschlägige Einzelhinweise auch

in der monumentalen Sammlung von Malek, R., (Hg.) »*Western Learning« and Christianity in China – The Contribution and Impact of Johann Schall von Bell (1592–1666)*, 2 Bde., Sankt Augustin 1998. Zur Rolle der jesuitischen Arbeit in der vermeintlich fernen ›modernen‹ Wissenschaft nach der Maßgabe Bacons s. Reilly, C., »A Catalogue of Jesuitica in the Philosophical Transactions of the Royal Society of London«, *Archivum Historicum Societatis Iesu* 27/1958, S. 339–362 (ausgewiesen wird beispielsweise Riccioli in den *Philosophical Transactions*, Bd. 1, S. 120–23; 263–28; 394–96; Bd. 2, S. 693–98, und andernorts).
Auf reformierte Kopernikaner wie Gemma Frisius weist hin North, J. D., »The Reluctant Revolutionaries. Astronomy after Copernicus«, *Studia Copernicana* 13/1975), 169–84; der Löwener Professor ist ein Autor von beträchtlicher Breitenwirkung. Eine Porträtunterschrift macht ihn sogar zu einem Sokrates der Astronomie »Astrorum cursus variantia et sidera Gemma privatis hominum condidit in domibus« (Apianus, P., *Cosmographie. Oft Beschrijuinge [...] corrigeert van Gemma Frisia*, 1553, hier nach der Abb. in: [Herzog-August-Bibliothek Wolfenbüttel], *Das Kartenbild der Renaissance*, Ausstellungskatalog Nr. 20, Braunschweig 1977, S. 17). Barker, P., u. Goldstein, B. R., »Realism and Instrumentalism in Sixteenth Century: A Reappraisal«, *Perspectives on Science* 6/1998, S. 232–58, machen auf ein jüngeres Mitglied des Melanchthon-Kreises, Hilderich von Varel (1533–1599), aufmerksam, der seine Anlehnung an »Nicolaus Copernicus nostrae aetatis alter Ptolemaeus« an einen Realismus bindet, für den Kopernikus' Astronomie immerhin »ordo mundi« darstellt (zit. ebenda S. 243).

241 Abbildung in Heidelberger, M. u. Thiessen, S., *Natur und Erfahrung – Von der mittelalterlichen zur neuzeitlichen Naturwissenschaft*, Reinbek 1981, S. 67, u. Krafft, »Brahe«, S. 331.

242 Vgl. Riccioli, G. B., *Almagestum novum* [...], Bologna 1651, S. 52, zit. nach Brandmüller, W., »Galilei und die Kirche – Das Ende einer cause célèbre«, *Jahrbuch der Universität Augsburg* 1990, S. 189–209. Eine gerechte allgemeine Einschätzung Ricciolis findet sich bei Fischer, K., *Galileo Galilei*, München 1983, S. 205 f.

243 Hinweis von Brandmüller, »Galilei«, S. 192. Zur Ausführung der schon in Galileos *Dialogo* gepflegten Argumentation im Potentialis s. [Degli Angeli, S.] *Considerationi sopra la forza di alcune ragioni fisicomattematiche [...] addotte dal m.r.p. Gio. Battista Riccioli [...] nel suo Almagesto nuouo & Astronomia riformata contro il sistema copernicano / espresse in due dialoghi da f. Stefano de gli Angeli*, Venedig 1667. Hieraus entspringt ein historisch bislang unerschlossener Streit, in den auch der Kopernikaner und Galilei-Anhänger Giovanni Borelli verwickelt war und zu dem Stefano degli Angeli drei weitere *Considerationi* (1668, 1669) betrug. *Materialien* im *Museo di Storia Della Scienza*, Florenz.

244 Kuhn, »Bemerkungen«, S. 453.

245 Ein Stück eigener Art offeriert Harré, *Philosophies*. Hier ziert die Abbildung die Umschlagseite und dient offenkundig als wissenschaftshistorische Veranschaulichung von Harrés Realismus »[...] an astronomer breaking through the sphere of mere appearance and, by the power of his imagination, catching a glimpse of mechanisms in the reality beyond.« (Rückseite). Mundus vult decipi.

246 Diese sowie die in der Folge zitierten Äußerungen von Weisskopf und Boas Hall sind mit zahlreichen anderen Stellungnahmen dokumentiert in Weber, B., »Ubi caelum terrae se coniungit«, *Gutenberg-Jahrbuch* 1973, S. 381–407, S. 398 ff., weitere Belege bei Senger (s.u.)

247 S. Anm. 246.

248 S. Anm. 246.

249 Paris 1888, S. 163.

250 S. die Biographie von La Cotardière, Ph. de, u. Fuentes, P., *Camille Flammarion*, Paris 1994. Die Rolle in der öffentlichkeitswirksamen Kältetod-Diskussion beschreibt Kleinert, A., »Camille Flammarion und der Zweite Hauptsatz der Thermodynamik«, *Berichte zur Wissenschaftsgeschichte* 15/1992, S. 243–249.

251 Vgl. Weber, »Caelum«.

252 S. Senger, H., »›Wanderer am Weltenrand‹« – ein Raumforscher um 1530? Überlegungen zu einer peregrinatio inventiva«, in: Aertsen, J., u. Speer, A., Hg.), *Raum und Raumvorstellungen im Mittelalter*, Berlin 1998, S. 793–825.

253 Betont bei Gingerich, O, »The Astronomy and Cosmology of Copernicus«, in: Gingerich, *Eye of Heaven*, S. 161–184, S. 164.

254 Vgl. das Fazit von Senger, »›Wanderer‹«, S. 808 f.
255 Flammarion, *L'Atmosphère*, S. 163
256 *De caelo* 2, 14, 297a ff. führt als Begründung die Segmentierung des Erdschattens auf dem Mond an. Auch die negativ ausgehende Erörterung der Eigendrehung der Erde ist bei Aristoteles wie bei Ptolemaios wohldurchdacht. Starke Argumente gegen die Erdbewegung ergaben sich sowohl aus der Mechanik (Fliehkrafteffekte im Rotationsfall) als auch aus der astronomischen Empirie (Fehlen von Parallaxen der Fixsterne). Vgl. Ptolemaios, *Syntaxis* 1 u. 2.
257 Sogar die Kartographie, die dadurch in zeichnerische Schwierigkeiten geriet (die bei den abendländischen symbolischen Karten noch keine exakten geometrischen Projektionsprobleme sind) orientierte sich weithin an der Globusannahme (vgl. Brincken, A. D. von der, »Die Kugelgestalt der Erde in der Kartographie des Mittelalters«, *Archiv für Kulturgeschichte* 58/1976, S. 77–95).
258 Flammarion, C., *Astronomie populaire – Description générale du ciel*, Paris 1881, S. 403 f.
259 Fontenelle, »Préface«, S. 44.
260 Fontenelle, B. de, »Sur l'Histoire«, *Œuvres*, Bd. 3, S. 169–185, S. 175.

Literaturverzeichnis

Achinstein, P., (Hg.), *The Concept of Evidence*, Oxford 1983.

Adam, K., *Learning while Searching for the Best Alternative*, EUI Working Paper ECO Nr. 99/4, Florenz 1999.

Agassi, J., *A Philosopher's Apprentice: In Karl Popper's Workshop*, Amsterdam 1993.

Agassi, J., *Science and Society – Studies in the Sociology of Science*, Dordrecht 1981.

Agazzi, E., *Das Gute, das Böse und die Wissenschaft: die ethische Dimension der wissenschaftlich-technologischen Unternehmung*, ital. 1992, Berlin 1995.

Aiton, E. J., »Johannes Kepler and the Astronomy without Hypotheses«, *Japanese Studies in the History of Science* 14/1975, S. 49–71.

Alcaulay, R., *A Basic Encyclopedia of Jewish Proverbs, Quotations, and Folk Wisdom, Presented in English with Hebrew Originals*, New York 1973.

Alexander, W., »Pluraque credimus, paucissima scimus – Zur Diskussion über philosophische und hermeneutische Wahrscheinlichkeit in der ersten Hälfte des 18. Jahrhunderts«, *Archiv für Geschichte der Philosophie* 78/1996, S. 130–165.

Andrews, C., *The Rosetta Stone*, London 1981.

Anellis, I. H., »Distortions and Discontinuities of Mathematical Progress: a Matter of Style, a Matter of Luck, a Matter of Fact«, *Philosophica* 43/1989, S. 163–196.

Annas, J., »Ancient Ethics and Modern Morality«, *Philosophical Perspectives* 6/1992, S. 119–36.

Annen, M., *Das Problem der Wahrhaftigkeit in der Philosophie der deutschen Aufklärung – Ein Beitrag zur Ethik und zum Naturrecht des 18. Jahrhunderts*, Würzburg 1997.

[anonym], »A Catalogue of the Fifty Plants [...]«, *Philosophical Transactions of the Royal Society* 65/1775, S. 17–20.

[anonym], *Description de L'Égypte ou recueil des observations et des recherches* [...], Paris 1809, Nachdruck Köln 1997.

Anscombe, G. E. M., »Hume and Julius Caesar«, in: dies., *Collected Philosophical Papers*, Bd. 1, *From Parmenides to Wittgenstein*, Oxford 1981, S. 86–89.

Anscombe, G. E. M., *Intention*, 3. Aufl. Oxford 1957.

Aristoteles, [*De caelo*] *On the heaven*, hg. u. übers. v. W. K. C. Guthrie, London 1939, Nachdruck London 1971.

Aristoteles, [*De generatione et corruptione*] *On Coming-to-be and passing-away*, hg. u. übers. v. E. S. Forster, London 1955.

Aristoteles, [*De memoria et reminiscentia*] *De sensu and De Memoria*, hg. u. übers. v. G. R. T. Ross, Cambridge 1906.

Aristoteles, [*De partibus animalium*] *Parts of Animals*, hg. v. A. I. Peck u. F. A. Mashal; *Movement of Animals – Progression of Animals*, hg. u. übers. v. E. S. Forster, London 1937, Nachdruck London 1968.

Aristoteles, [*Ethica Eudemica*] *The Athenian Constitution – The Eudemian Ethics*, – On virtues and Vices, hg. u. übers. H. Rackham, London 1935.

Aristoteles, [*Ethika Nicomachea*] *The Nicomachean Ethics*, hg. u. übers. v. H. Rackham, London 1926, Nachdruck London 1968.

Aristoteles, [*Physica*] *Physique*, hg. u. übers. v. H. Carteron, 2 Bde Paris 1926 u. 1931, Nachdruck Paris 1966.

Aristoteles, [*Problemata Mechanica*] *Minor Works*, hg. u. übers., v. W. S. Hett, London 1936, Nachdruck London 1963.

Aristoteles, *Nikomachische Ethik*, übers. v. F. Dirlmeier, 2. Aufl. Berlin 1979.

Arnauld, A., u. Nicole, P., *La logique, ou l'art de penser*, 1662, Neudruck Paris 1965.

Artus, G., u. a., *Wir wollen Zukunft für Wissenschaft in unserem Land!*, Garching 1999.

Atran, S., »Causal Constraints on Categories and Categorical Constraints on Biological Reasoning across Cultures«, in: Sperber, D., u. a., (Hg.), *Causal Cognition: A Multidisciplinary Debate*, Oxford 1995, S. 205–233.

Atran, S., »Core Domains versus Scientific Theories: Evidence from Systematics and Itza-Maya Folkbiology«, in: Hirschfeld, L. A., u. a., (Hg.), *Mapping the Mind: Domain Specificity in Cognition and Culture*, Cambridge 1994, S. 316–340.

Atran, S., *Cognitive Foundations of Natural History – Towards an Anthropology of Science*, Cambridge 1990.

Audi, R., »Objective/Subjective«, in: Dancy, J., u. E. Sosa, E., (Hg.), *A Companion to Epistemology*, Oxford 1992, S. 309–310.

Audi, R., »Acting from Virtue«, *Mind* 104/1995, S. 449–471.

Audi, R., »Memorial Justification«, *Philosophical Topics* 23/1995, S. 31–45.

Audi, R., *Epistemology – A Contemporary Introduction to the Theory of Knowledge*, London 1998, S. 129–48.

Axtell, G. (Hg.), *Knowledge, Belief, and Character – Readings in Virtue Epistemology*, Lanham 2000.

Bacon, F., *The Great Instauration*, ders., *Works* Bd. 4, hg. v. Spedding, J., u. a., 1860, Nachdruck Stuttgart 1972.

Baddeley, A. D., *Essentials of Human Memory*, Hove 1999.

Barinaga, M. »Feminists Find Gender Everywhere in Science«, *Science* 260/1993, S. 392–3.

Barker, P., u. Goldstein, B. R., »Realism and Instrumentalism in Sixteenth Century: A Reappraisal«, *Perspectives on Science* 6/1998, S. 232–258.

Barnes, B., u. a., *Scientific Knowledge – A Sociological Analysis*, Chicago 1996.

Barnes, J., »Medicine, Experience and Logic«, in: ders., u. a., (Hg.), *Science and Speculation. Studies in Hellenistic Theory and Practice*, Cambridge 1982, S. 24–68.

Baron, J., *Thinking and Deciding*, Cambridge 1988.

Bartels, A., *Bedeutung und Begriffsgeschichte: die Erzeugung wissenschaftlichen Verstehens*, Paderborn 1994.

Barwise, J., u. Perry, J., *Situations and Attitudes*, Cambridge/Mass. 1983.

Barsalou, L. W., »Perceptual Symbol Systems«, *Behavioral and Brain Sciences* 20/1999, S. 577–609.

Baumann, P., »Wissen vom Hörensagen? Zur sozialen Natur des Wissens«, in: Mittelstraß, (Hg.), *Zukunft des Wissens*, S. 1–7.

Bayle, P, »Alegambe, Philippe«, in: ders., *Dictionnaire historique et critique*, Bd. 1, 5. Aufl. Amsterdam 1740, S. 154–156.

Beke, E., u. Mikola, S., (Hg.), *Abhandlungen über die Reform des mathematischen Unterrichts in Ungarn*, Leipzig 1911.

Ben-David, J., *Scientific Growth – On the Social Organization and Ethos of Science*, hg. v. G. Freudenthal, Berkeley 1990.

Ben-David, J., *The Scientist's Role in Society – A Comparative Study*, 2. Aufl. Chicago 1984.

Bensaude-Vincent, B., *Lavoisier: Mémoires d'une révolution*, Paris 1993.

Bensaude-Vincent, B., u. Abbri, F., (Hg.), *Lavoisier in European Context. Negotiating a New Language for Chemistry*, Canton 1995.

Berkel, K. van, »Academics and Aristocrats 1620–1700«, in: Berkel, K. van u. a., (Hg.), *A History of Science in the Netherlands – Survey, Themes and Reference*, Leiden 1999, S. 37–67.

Bernays, P., »Die Grundgedanken der Fries'schen Philosophie in ihrem Verhältnis zum heutigen Stand der Wissenschaft«, *Abhandlungen der Fries'schen Schule*, Neue Folge, Bd. 5., H. 2, 1933, S. 97–113.

Biagioli, M., *Galilei – Der Höfling*, engl. 1993, übers. v. M. Bischoff, Frankfurt/M. 1999.

Bialas, V., »Kepler's komplizierter Weg zur Wahrheit: Von neuen Schwierigkeiten, die ›Astronomia nova‹ zu lesen«, *Berichte zur Wissenschaftsgeschichte* 13/1990, S. 167–176.

Biblia Hebraica, hg. v. R. Kittel, u. a., 16. Aufl. Stuttgart 1971.

Bieganski, W., *Medizinische Logik – Kritik der ärztlichen Erkenntnis*, poln. 1906, übers. v. A. Fabian, Würzburg 1909.

Blackmore, J. T., »Is Planck's Principle True?«, *British Journal for the Philosophy of Science* 29/1978, S. 347–349.

Bloome, D., u. a., »Procedural Display and Classroom Lessons«, *Curriculum Inquiry* 19/1989, S. 265–291.

Bloor, D., *Knowledge and Social Imagery*, 2. Aufl. Chicago 1991.

Blumenberg, H., *Die Lesbarkeit der Welt*, Frankfurt/M. 1986.
Boas Hall, M., *All Scientist's Now – The Royal Society in the Nineteenth Century*, Cambridge 1984.
Bödeker, H. E. u. a. (Hg.): *Wissenschaft als kulturelle Praxis 1750–1900*, Göttingen 1999.
Bohm, D., »Science as Perception-Communication«, in: Suppe, (Hg.), *Structure*, S. 374–91.
Böhm, L., »Organisationsformen der Gelehrsamkeit im Mittelalter«, in: Garber u. Wismann, (Hg.), *Sozietätsbewegungen*, Bd. 1, S. 65–111.
Böhm, L., »Wissenschaft – Wissenschaften – Universitätsreform, historische und theoretische Aspekte zur Verwissenschaftlichung von Wissen und zur Wissenschaftsorganisation in der frühen Neuzeit«, *Berichte zur Wissenschaftsgeschichte* 1/1978, S. 7–36.
Bonelli, M. L., »L'ultimo discepolo: Vincenzo Viviani«, in: Maccagni, C., (Hg.), *Saggi su Galileo Galilei*, Florenz 1972, S. 656–88.
Bonnet, Ch., *Œuvres d'histoire naturelle et de Philosophie*, Bd. 1, Neuchatel 1779.
Bonsiepen, W., »E. F. Apelts Fries-Rezeption dargestellt anhand seiner Schriften ›Die Theorie der Induktion‹ und ›Metaphysik‹«, in: Hogrebe u. Herrmann, (Hg.), *Fries*, S. 195–220.
Bonsiepen, W., *Die Begründung einer Naturphilosophie bei Kant, Schelling, Fries und Hegel. Mathematische versus spekulative Naturphilosophie*, Frankfurt/M. 1997.
Borman, S., »19th-Century Chemist Kekulé Charged With Scientific Misconduct«, *Chemical and Engineering News*, 23.8.1993, S. 20.
Bouverot, D., »Et si nous relisions Buffon: *Le Style est l'homme même*«, in: *Mélanges de Langue et de Littérature française offerts à Pierre Larthomas*, Paris 1985, S. 61–66.
Brandmüller, W., »Galilei und die Kirche – Das Ende einer cause célèbre«, *Jahrbuch der Universität Augsburg* 1990, S. 189–209.
Bratman, M., *Intention, Plans, and Practical Reason*, Cambridge/Mass. 1987.
Bratman, M., »Practical Reasoning and Acceptance in a Context«, *Mind* 101/1992, S. 1–15.
Brewer, W. F., u. Chinn, C. A., »Entrenched Beliefs, Inconsistent Information, and Knowledge Change«, in: Birnbaum, L., (Hg.), *Proceedings of 1991 International Conferences on the Learning Sciences*, Charlottesville 1992, S. 67–73.
Brewer, W. F., u. Lambert, B. L., »The Theory Ladenness of Observation: Evidence from Cognitive Psychology«, in: *Proceedings of the Fifteenth Annual Conference of the Cognitive Science Society*, Hillsdale 1993, S. 254–259.
Bridgman, P. W., *The Nature of Physical Theory*, Princeton 1936.
Brincken, A. D. von der, »Die Kugelgestalt der Erde in der Kartographie des Mittelalters«, *Archiv für Kulturgeschichte* 58/1976, S. 77–95.
Brink, C., u. Heidema, J., »A Verisimilar Ordering of Theories Phrased in a Propositional Language«, *British Journal for the Philosophy of Science* 38/1987, S. 533–49.
Brink, J. R., *Female Scholars – A Tradition of Learned Women Before 1800*, Montreal 1980.
Broad, W., u. Wade, N., *Betrayers of the Truth: Fraud and Deceit in the Halls of Science*. New York 1983.
Brown, H. I., »Judgment, Role in Science«, in: Newton-Smith, (Hg.), *Companion*, S. 194–201.
Brown, H. I., »Reason, Judgment, and Bayes' Law«, *Philosophy of Science* 64/1994, S. 351–369.
Brown, H. I., *Rationality*, London 1988.
Browning, T., »Reaching for the Low Hanging Fruit: the Pressure for Results in Scientific Research – A Graduate Student's Perspective«, *Science and Engineering Ethics* 1/1995, S. 417–426.
Buchdahl, G., »Gravity and Intelligibility: Newton to Kant«, in: Butts, R. E., u. Davis, J. W., (Hg.), *The Methodological Heritage of Newton*, Oxford 1970, S. 74–102.
Buchdahl, G., »Inductivist versus Deductivist Approaches in the Philosophy of Science as Illustrated by some Controversies Between Whewell and Mill«, in: Fisch, M., u. Schaffer, S., (Hg.), *William Whewell – A Composite Portrait*, Oxford 1991, S. 311–344.
Buchdahl, G., »Leitende Prinzipien und Induktion: Matthias Schleiden und die Methodologie der Botanik«, in: Schleiden, *Schriften*, S. 314–45.
Buchdahl, G., *Metaphysics and the Philosophy of Science*, Oxford 1969.
Buchwald, Z., (Hg.), *Scientific Credibility an Technical Standards in 19th and Early 20th Century Germany and Britain*, Dordrecht 1996.

Budd, J. D., »The Information Professions as Knowledge Professions«, Vortrag Konferenz *Information Specialists for the 21st Century*, 14./15.10. Hannover 1999.
[Buffon, G. L. L.], »Discours prononcé à L'Académie Françoise par M. de Buffon, le jour de sa réception«, 1753, abgedr. in: [Buffon, G. L. L.], *Œuvres philosophiques de Buffon*, hg. v. J. Piveteau, Bd. 41, Paris: 1954, S. 500–504.
Bühler, W. K., *Gauß, – Eine biographische Studie*, Berlin 1987.
Bührke, Th., *Newtons Apfel – Sternstunden der Physik von Galilei bis Lise Meitner*, München 1997.
Burge, T., »Individualism and Psychology«, *Philosophical Review* 95/1986, S. 3–45.
Burtt, E. A., *The Metaphysical Foundations of Modern Physics*, 2. Aufl. London 1932.

Callebaut, W., *Taking the Naturalistic Turn – or How Real Philosophy of Science Is Done*, Chicago 1993.
Campbell, D. T., »Evolutionary Epistemology«, in: Schilpp, P. A., (Hg.), *The Philosophy of Karl Popper*, LaSalle 1974, Bd. 1, S. 412–463.
Campbell, N. R., *Foundations of Science – The Philosophy of Theory and Experiment*, New York 1957.
Card, S. K., u. a., *The Psychology of Human-Computer-Interaction*, Hillsdale 1983.
Carrier, M., »What is Right with the Miracle Argument?«, *Studies in History and Philosophy of Science* 24/1993, S. 391–408.
Carrier, M., »What is Wrong with the Miracle Argument?«, *Studies in History and Philosophy of Science* 22/1991, S. 23–36.
Carruthers, P., u. Smith, P., (Hg.), *Theories of Theories of Mind*, Cambridge 1996.
Cartwright, N., »Fundamentalism vs. the Patchwork of Laws«, 1994, abgedr. in: Papineau, D., (Hg.), The *Philosophy* of *Science*, Oxford 1996, S. 314–26.
Cartwright, N., *How the Laws of Physics Lie*, Oxford 1983.
Cassirer, E., *Das Erkenntnisproblem in der Philosophie und Wissenschaft der neueren Zeit*, Bd. 1, 1922, Neudruck Darmstadt 1974.
Cataldi Madonna, L., »Gewißheit, Wahrscheinlichkeit und Wissenschaft bei Leibniz«, *Aufklärung* 5/ 1990, S. 103–116.
Cavendish, H., »An Attempt to Explain Some of the Principal Phaenomena of Electricity by Means of an Elastic Fluid«, *Philosophical Transactions of the Royal Society* 61/1771, S. 584–677.
Chadarevian, S. de, »Graphical Method and Discipline: Self-Recording Instruments in Nineteenth-Century Physiology«, *Studies in History and Philosophy of Science* 24/1993, S. 267–91.
Chafin, S., »Of Science and Virtue: University Research and Technology Transfer«, *Change* 20/1988, S. 45–47.
Chalmers, A. F., *Wege der Wissenschaft – Einführung in die Wissenschaftstheorie*, engl. 1976, Berlin1986.
Charpa, U., *Aristoteles*, Frankfurt/M. 1991.
Charpa, U., »Der Hellenismus, die Pilze und die Härte – eine Notiz über die Sachhaltigkeit historischer Begriffe«, in: Dodel, R., u. a., (Hg.), *Ideengeschichte und Wissenschaftsphilosophie*, Fs. f. L. Geldsetzer, Köln 1997, S. 173–182.
Charpa, U., »John F. W. Herschels Methodologie der Erfahrungswissenschaft«, *Philosophia Naturalis* 24/1987, S. 121–48.
Charpa, U., »Methodologie der Verzeitlichung – Schleiden, Whewell und das entwicklungsgeschichtliche Projekt«, *Philosophia Naturalis* 25/1988, S. 75–109.
Charpa, U., »Neues zur Lehre von den Ganzen und Teilen«, *Philosophische Rundschau* 31/1984, S. 52–59.
Charpa, U., »On Drawing Distinctions between History and Philosophy of Science«, *Erkenntnis* 23/ 1985, S. 251–3.
Charpa, U., »Philologischer Fortschritt«, *Zeitschrift für allgemeine Wissenschaftstheorie* 17/1986, S. 229–55.
Charpa, U., »Schleidens Kritik an Hegel und Schelling. Abriß einer ›reliabilistischen‹ Methodologie«, in: Hogrebe u. Herrmann, (Hg.), *Fries*, S. 255–281.
Charpa, U., »Albert Einstein«, in: *›Meinetwegen ist die Welt erschaffen‹ – Das intellektuelle Vermächtnis des deutschsprachigen Judentums*, hg. v. M. Erler u. a., Frankfurt/M. 1997, S. 446–53.
Charpa, U., »Scientific Fraud«, in: Craighead, W. E. u. a. (Hg.), *The Encyclopedia of Psychology and Behavioral Science*, 3. Aufl. New York 2000, Bd. 3, s.v.

Charpa, U., »The ›Marvelous Science of Piloting‹ and the Explanation of Scientific Actions«, Skript 2001.
Charpa, U., »Selbsttäuschung und Forschertugend«, in: Mittelstraß, (Hg.), *Zukunft des Wissens,* S. 843–50.
Charpa, U., »Widerlegung«, erscheint in: Ritter (Hg.), *Historisches Wörterbuch der Philosophie,* Bd. 12, s.v.
Charpa, U., »Wissen IV [nach Kant bis zur Gegenwart]«, erscheint in: Ritter (Hg.), *Historisches Wörterbuch der Philosophie,* Basel, Bd. 12, s.v.
Charpa, U., »Wissen«, in: *Metzler Lexikon Kultur der Gegenwart,* hg. v. R. Schnell, Stuttgart 2000, s.v.
Charpa, U., »Wissenschaftlicher Fortschritt«, *Philosophische Rundschau* 35/1988, S. 117–31.
Charpa, U., »Zeuge/Zeugnis III [erkenntnistheoretisch]«, erscheint in: Ritter (Hg.), *Historisches Wörterbuch der Philosophie,* Bd. 12, s.v.
Charpa, U., »Methodology of Microscopic Botany and Apologia of Judaism – Parallelisms in the Work of Matthias Schleiden«, erscheint in: *Aleph – Historical Studies in Science and Judaism,* Bd. 2, hg. v. G. Freudenthal, Jerusalem 2002.
Charpa, U., *Grundprobleme der Wissenschaftsphilosophie,* Paderborn [u. a.] 1996.
Charpa, U., *Philosophische Wissenschaftshistorie – Grundsatzfragen / Verlaufsmodelle,* Braunschweig/Wiesbaden 1995.
Charpa, U., u. Grunwald, A., *Albert Einstein,* Frankfurt/M. 1993.
Chen, X., u. Barker, P., »Continuity Through Revolutions: A Frame-Based Account of Conceptual Change During Scientific Revolutions, erscheint in *Philosophy of Science.*
Cherniak, Ch., *Minimal Rationality,* Cambridge/Mass. 1986.
Chinn, C. A. u. Brewer, W. F., »The Role of Anomalous Data in Knowledge Acquisition: A Theoretical Framework and Implications for Science Instruction«, *Review of Educational Research* 63/1993, S. 1–49.
Chinn, C. A., *Constructing Scientific Explanations from Text: A Theory with Implications for Conceptual Change,* Champaign 1995.
Chinn, C. A., u. Brewer, W. F., »Theories of Knowledge Acquisition«, in: Fraser, B. J., u. Tobin, K. G., (Hg.), *International Handbook of Science Education,* T. I, Dordrecht 1998, S. 97–113.
Chisholm, R., »The Logic of Knowing«, *Journal of Philosophy* 60/1963, S. 773–95.
Chisholm, R., *Person and Object – A Metaphysical Study,* London 1976.
Christ, W. v., *Geschichte der griechischen Literatur,* 6. Aufl. bearb. v. W. Schmid u. O. Stählin, 2. Teil, München 1924.
Christianson, S. A., (Hg.), *Handbook of Emotion and Memory – Current Research and Theory,* Hillsdale 1992.
Churchland, P. M., »Toward a Cognitive Neurobiology of the Moral Virtues«, *Topoi* 17/1998, S. 83–96.
Churchland, P. M., *The Engine of Reason – The Seat of the Soul,* Cambridge/Mass. 1995.
Churchland, P., »Perceptual Plasticity and Theoretical Neutrality: A Reply to Jerry Fodor«, *Philosophy of Science* 55/1988, S. 167–87.
[Cicero], M.Tullius Cicero, *Academici libri quattuor,* hg. v. O. Plassberg, Leipzig 1922, Neudruck Stuttgart 1966.
[Cicero], M.Tullius Cicero, *De finibus bonorum et malorum,* hg. v. Th. Schiche, Leipzig 1915, Neudruck Stuttgart 1961.
[Cicero], M.Tullius Cicero, *Epistulae,* Bd. 1, *Epistulae Ad Familiares,* hg. v. W. S. Watt, 2. Aufl., Oxford 1982.
[Cicero], M.Tullius Cicero, *De oratore, hg. v. A.* Pacitti, 3 Bde. lat. u. ital, Bologna 1974–1977.
Clark, H. H., u. Brennan, S. E., »Grounding in Communication«, in: Resnick, D., u. a. (Hg.), *Perspectives on Socially Shared Cognition,* Washington 1991, S. 127–149.
Clark, H. H., u. Wilkes-Gibbs, D., »Referring as a Collaborative Process«, *Cognition* 22/1986, S. 1–39.
Clifford, W. K., »The Ethics of Belief«, 1877, abgedr. in: Steeves, H. R., u. Ristine, F. H., (Hg.), *Representative Essays in Modern Thought,* New York 1913, S. 46–72.
Coady, C. A. J., »Testimony«, in: Craig, E., (Hg.), *Routledge Encyclopedia of Philosophy,* Bd. 9, London 1998, S. 309–14.

Coady, C. A. J., *Testimony*, Oxford 1992.
Coe, M. D., *Das Geheimnis der Maya-Schrift – Ein Code wird entschlüsselt*, engl. 1992, Reinbek 1995.
Cohen, I. B., *Revolution in Science*, Cambridge/Mass. 1985.
Cohen, L. J., *An Essay on Belief and Acceptance*, Oxford 1992.
Cohen, S., »How to be a Fallibilist«, *Philosophical Perspectives* 2/1988, S. 91–123.
Cohen, S., »Relevant Alternatives«, in: Dancy u. Sosa, (Hg.), *Companion*, S. 430–432.
Cohn, L., »Didymos«, in: *Paulys Realencyclopädie der Classischen Altertumswissenschaft*, Bd. IV, 1, Sp. 445–472.
Cole, S., *Making Science: Between Nature and Society*, Cambridge/Mass. 1992.
Collins, A., u. Michalski, R., »The Logic of Plausible Reasoning: A Core Theory«, *Cognitive Science* 13/1989, S. 1–49.
Collins, H., u. Pinch, T., *The Golem – What Everyone should know about Science*, 2. Aufl. 1994
Collins, H., »A Strong Confirmation of the Experimenter's Regress«, *Studies in Histoy and Philosophy of Modern Physics* 25/1994, S. 493–503.
Collins, H., *Changing Order: Replication and Induction in Scientific Practice*, 2. Aufl. London 1992.
Committee on Risk Assessment of Hazardous Air Pollutants – National Research Council, *Science and Judgment in Risk Assessment*, Washington 1994.
Committee on Science, Engineering, and Public Policy u. a., *On Being a Scientist*, 2. Aufl. Washington 1994.
Conley, S., »Flourishing and the Failure of the Ethics of Virtue«, *Midwest Studies in Philosophy* 13/1988, S. 83–96.
Copernicus, N., *De revolutionibus orbium coelestium*, Nürnberg 1543, Nachdruck New York 1965.
Crisciani, C., »Aspetti della transmissione de sapere nell'alchimia latina: Un'immagine di formazione; uno stile di commento«, *Micrologus* 3/1995, S. 158–162.
Crisciani, C., »Valeurs éthiques et savoir médical entre le XIIe e le XIVe siècle«, *History and Philosophy of the Life Sciences* 5/1983, S. 33–52.
Crisciani, C., »From the Laboratory to the Library: Alchemy According to Gugliemo Fabri«, in: Grafton, A., u. Siraisi, N., (Hg.), *Natural Particulars – Nature and the Disciplines in Renaissance Europe*, Cambridge/Mass. 1999, S. 295–319.
Crisp, R., »Moral Philosophy and the Virtues«, in: Crisp, R., (Hg.), *How Should One Live? Essays on the Virtues*, Oxford 1996, S. 1–18.
Crisp, R., »Virtue Ethics«, in: Craig, E., (Hg.), *Routledge Encyclopedia of Philosophy*, London 1998, Bd. 9, S. 622–66.
Crombie, A. C., *Styles of Scientific Thinking in the European Tradition: A History Of Argument And Explanation Especially In The Mathematical And Biomedical Sciences And Arts*, 3 Bde. London 1994.
Csikszentmihalyi, M., *Creativity: Flow and the Psychology of Discovery and Invention*, New York 1996.
Cummisky, D., »Reference Failure and Scientific Realism: A Response to the Meta-Induction«, *British Journal for the Philosophy of Science* 43/1992, S. 21–40.
Curd, M., u. Cover, J. A., (Hg.), *Philosophy of Science – The Central Issues*, New York 1998.
Cushing, J. T., »Is Scientific Methodology Interestingly Atemporal?«, *British Journal for the Philosophy of Science* 41/1990, S. 177–94.

D'Elia, P. M., *Galileo in Cina: relazioni attraverso il Collegio romano tra Galileo e i gesuiti scienziati missionari in Cina*, 1610–1640, Rom 1947.
Damasio, A. R., *Descartes' Error*, New York 1994.
Dancy, J., u. Sosa, E., (Hg.), *A Companion to Epistemology*, London 1992.
Danneberg, L., »Probabilitas hermeneutica – Zu einem Aspekt der Interpretations-Methodologie in der ersten Hälfte des 18. Jahrhunderts«, *Aufklärung* 8,2/1994, S. 27–48.
Dansk Forskningsministeriet, *Research in Perspective*, Kopenhagen 1995.
Danto, A., »What We Can Do«, *Journal of Philosophy* 60/1963, S. 435–45.
Darden, L., »Recent Work in Computational Scientific Discovery«, in: Shafto, M., u. Langley, P., (Hg.), *Proceedings of the Nineteenth Conference of the Cognitive Science Society*, New Jersey 1997, S. 161–166.

Darley, J. M., u. Batson, C. D., »From Jerusalem to Jericho: A Study of Situational and Dispositional Variables in Helping Behavior«, *Journal of Personality and Social Psychology* 27/1973, S. 100–108.
Daston, L., »Baconian Facts, Academic Civilty and the Prehistory of Objectivity«, *Annals of Scholarship* 8/1991, S. 337–363.
Daston, L., »Die Quantifizierung der weiblichen Intelligenz«, in: Tobies, (Hg.), *›Aller Männerkultur zum Trotz‹*, S. 69–82.
David, P. A., »Positive Feedbacks and Research Productivity in Science. Reopening Another Black Box«, in: Granstrand, O. (Hg.), *Economics of Technology*, Amsterdam 1994, S. 65–89.
Davidson, D., *Essays on Action and Events*, Oxford 1980.
Davies, M., »Externality, Psychological Explanation, and Narrow content«, *Proceedings of the Aristotelian Society* 60/1986, S. 263–83.
Davies, M., u. Stone, T., (Hg.), *Folk Psychology: The Theory of Mind Debate*, Oxford 1995.
Davis, D. F., »Phronesis, Clinical Reasoning, and Pellegrino's Philosophy of Medicine«, *Theoretical Medicine* 18/1997, S. 173–95.
Davis, P. J., u. Hersh, R., *Erfahrung Mathematik*, engl. 1981, übers. v. J. Zehnder, Basel 1994.
Dawkins, R., *The Selfish Gene*, 2. Aufl. Oxford 1989.
De Beer, G., u. a., »Darwin's Notebooks on Transmutation of Species«, *Bulletin of the British Museum (Natural History) Historical Series*, 2/1960/61, S. 27–200; 3/1967, S. 129–176.
De Mey, M., *The Cognitive Paradigm*, 3. Aufl. Chicago 1992.
De Regt, H. W., »Erwin Schrödinger, Anschaulichkeit, and Quantum Theory«, *Studies in History and Philosophy of Modern Physics* 28/1997, S. 461–481.
De Regt, H. W., »Explaining the Splendour of Science«, *Studies in History and Philosophy of Science* 29/1998, S. 155–165.
De Regt, H. W., »Ludwig Boltzmann's Bildtheorie and Scientific Understanding«, *Synthese* 120/1999, S. 113–134.
De Regt, H. W., »Misunderstandings about Understanding: A Historical Case Study of Incommensurability«, Vortrag im Rahmen der Konferenz *Incommensurability (and Related Matters)* Hannover, 13.–16. 6. 1999.
De Regt, H. W., *A Contextual Approach to Scientific Understanding*, Skript, Universität Utrecht 1999.
Dear, P., »Jesuit Mathematical Science and the Reconstitution of Experience in the Early Seventeenth Century«, *Studies in History and Philosophy of Science* 18/1987, S. 133–175.
Dear, P., »Totius in verba: Rhetoric and Authority in the Early Royal Society«, *Isis* 76/1985, S. 145–161.
Dear, P., *Discipline and Experience: The Mathematical Way in the Scientific Revolution*, Chicago 1995.
Dear, P., *Mersenne and the Learning of the Schools*, New York 1988.
[Degli Angeli, S.], *Considerationi sopra la forza di alcune ragioni fisicomattematiche [...] addotte dal m.r.p. Gio. Battista Riccioli [...] nel suo Almagesto nuouo & Astronomia riformata contro il sistema copernicano / espresse in due dialoghi da f. Stefano de gli Angeli*, Venedig 1667.
Deichmann, U., »An Unholy Alliance. The Nazis Showed that ›Politically Responsible‹ Science Risks Losing Its Soul«, *Nature* 405/2000, S. 739.
Deichmann, U., »Gab es einen ›nationalen Stil‹ der genetischen Forschung in Deutschland zwischen den Weltkriegen?« Antrittsvorlesung, Math.-Nat.Fak. der Universität Köln. Sommersemester 2000.
Deichmann, U., *Flüchten – Mitmachen – Vergessen. Chemie u Biochemie in der NS-Zeit*, Weinheim 2001
Deichmann, U., u. Müller-Hill, B., »The Fraud of Abderhalden's Enzyms«, *Nature* 393/1998, S. 109–111.
Delbrück, M., Brief an Wolfram Zillig vom 18.4.1960, *Max Delbrück Papers, California Institute of Technology, Archive.*
Dennett, D., »The Interpretation of Texts, People and Other Artifacts«, *Philosophy and Phenomenological Research* 50/1990, Suppl., S. 177–94.
Dennett, D., *The Intentional Stance*, Cambridge/Mass. 1987.
Descartes, R., *Les passions de l'âme*, hg. v. P. d'Arcy, Paris 1996.
Descartes, R., *Regulae ad directionem ingenii – Regeln zur Ausrichtung der Erkenntniskraft*, hg. v. L. Gäbe, Hamburg 1973.

Deutscher Bildungsrat, *Strukturplan für das Bildungswesen*, 4. Aufl. Stuttgart 1972.
Dhillon, B. S., *Zuverlässigkeitstechnik: Einfluß des Menschen*, engl. 1986, übers. v. R. Jakoby, Weinheim 1988.
Dicquemare, A., »A Second Essay on the Natural History of the Sea Anemonies«, *Philosophical Transactions of the Royal Society* 65/1775, S. 207–238.
Diemer, A., (Hg.), *Konzeption und Begriff der Forschung in den Wissenschaften des 19. Jahrhunderts*, Meisenheim 1978.
Diemer, A., »Die Begründung des Wissenschaftscharakters der Wissenschaft im 19. Jahrhundert – Die Wissenschaftstheorie zwischen klassischer und moderner Wissenschaftskonzeption«, in: Diemer, A., (Hg.), *Beiträge zur Entwicklung der Wissenschaftstheorie im 19. Jahrhundert*, Meisenheim 1968, S. 3–62.
Diemer, A., u. König, G., »Was ist Wissenschaft?«, in: Hermann, A., u. Schönbeck, Ch., (Hg.), *Technik und Wissenschaft*, Düsseldorf 1991, S. 3–28.
Dilworth, C., *Scientific Progress – A Study Concerning the Nature of the Relation between Successive Scientific Theories*, Dordrecht 1981.
[Dionysios Thrax] Linke, K., (Hg.), *Die Fragmente des Grammatikers Dionysios Thrax*, Berlin 1977.
Donahue, W. H., »Kepler's Fabricated Figures: Covering the Mess in the ›New Astronomy‹«, *Journal for the History of Astronomy* 19/1988, S. 217–37.
Dougherty, E. M., u. Fragola, J. R., *Human Reliability Analysis: A Systems Engineering Approach with Nuclear Power Plant Applications*, New York 1988.
Dretske, F., »Conclusive Reasons«, *Australasian Journal of Philosophy* 49/1971, S. 1–22.
Dretske, F., »Epistemic Operators«, *Journal of Philosophy* 69/1970, S. 1007–1023.
Dretske, F., »Precis of ›Knowledge and the Flow of Information‹«, *Behavioral and Brain Sciences* 6/1983, S. 55–90.
Dretske, F., »The Pragmatic Dimension of Knowledge«, *Philosophical Studies* 40/1981, S. 363–378.
Dretske, F., *Knowledge and the Flow of Information*, Cambridge/Mass. 1981.
Dretske, F., *Seeing and Knowing*, London 1969.
Drieschner, M., »Natur und Wirklichkeit in der modernen Physik«, in: Schäfer, L., u. Ströker, E., (Hg.), *Naturauffassungen in Philosophie, Wissenschaft, Technik*, Freiburg, Bd. 4, Freiburg 1996, S. 65–121.
Du Bois-Reymond, E., »Goethe und kein Ende«, Rektoratsrede v. 15. 10. 1882, abgedr. und annotiert in: ders., *Reden*, Bd. 1, Leipzig 1886, S. 418–447.
Du Bois-Reymond, E., *Untersuchungen über thierische Elektrizität*, Bd. 1, Berlin 1849.
Duhem, P., *Le mixte et la combinaison chimique. Essai sur l'évolution d'une idée*, 1902, Nachdruck Paris 1985.
Duhem, P., *Ziel und Struktur der physikalischen Theorien*, frz. 1904/5, übers. v. F. Adler, Leipzig 1908.
Dühring, E., *Robert Mayer, der Galilei des neunzehnten Jahrhunderts*, Chemnitz 1880.
Dunbar, K., »How Scientists Really Reason: Scientific Reasoning in Real-World Laboratories«, in: Sternberg, R. J., u. Davidson, J. E., (Hg.), *The Nature of Insight*, Cambridge/Mass. 1995, S. 365–395.

Ebbinghaus, H., *Über das Gedächtnis – Untersuchungen zur experimentellen Psychologie*, 1885, Nachdruck Amsterdam 1966; Nachdruck d. Ms., Passau 1983.
Eckert, H., *Gottfried Wilhelm Leibniz' Scriptores Rerum Brunsvicensium – Entstehung und historiographische Bedeutung*, Frankfurt/M. 1971.
Edel, A., »Naturalism and the Concept of Moral Change«, *Proceedings and Adresses of the American Philosophical Association* 60/1987, S. 823–40.
Edel, A., *Ethical Judgment: The Use of Science in Ethics*, Glencoe/Ill. 1985.
Einstein, A., »Physik und Realität«, 1936, abgedr. in: ders., *Aus meinen späten Jahren*, Frankfurt/M. 1990, S. 63–106.
Einstein, A., u. Infeld, L., *The Evolution of Physics*, Cambridge 1938.
Eisenberg, A., »The Art of Scientific Insult«, *Scientific American* 6/1994, S. 92.
Elsky, M., »Bacon's Hieroglyphs and the Separation of Words and Things«, *Philological Quarterly* 63/1984, S. 449–60

Elster, J., *Alchemies of the Mind – Rationality and the Emotions*, Cambridge 1999.
Elzinga, A., »The Science-Society Contract in Historical Transformation«, *Social Science Information* 36/1997, S. 411–445.
Engel, P., »Believing, Holding True, and Accepting«, *Philosophical Explorations* 1/1998, S. 140–51.
Engelhardt, D. v., *Historisches Bewußtsein in der Naturwissenschaft von der Aufklärung bis zum Positivismus*, Freiburg 1979.
Engels, E.-M., »Ethik und biologische Utopie«, in: *Ethik der Biowissenschaften – Geschichte und Theorie. Beiträge zur 6. Jahrestagung der DGGTB in Tübingen 1997*, Berlin 1998, S. 319–40.
Engels, E.-M., *Erkenntnis als Anpassung? Eine Studie zur evolutionären Erkenntnistheorie*, Frankfurt 1989.
Erickson, R., »Environmental Virtue Ethics« *Environmental Ethics*, 16/1994, S. 334–336.
Evans, J. St., *Bias in Human Reasoning*, Hillsdale 1989.
Eysenk, H. J., *Genius: The Natural History of Creativity*, Cambridge 1995.

Feist, G. J., »A Meta-Analysis of Personality in Scientific Creativity«, *Personality and Social Psychology Review* 2/1998, S. 290–309.
Feist, G. J., »The Influence of Personality on Artistic and Scientific Creativity«, in: Sternberg, R. J., (Hg.), *Handbook of Creativity*, Cambridge 1999, S. 272–296.
Feist, G. J., u. Gorman, M. E., »Psychology of Science: Review and Integration of a Nascent Discipline«, *Review of General Psychology* 2/1998, S. 1–45.
Feist, G., *Origins of Science: An Introduction to the Psychology of Science*, erscheint New Haven.
Feyerabend, P., »Explanation, Reduction and Empiricism«, 1962, abgedr. in: ders., *Philosophical Papers*, Bd. 1, Cambridge 1981, S. 44–96.
Feyerabend, P., »Putnam on Incommensurability«, in: ders., *Farewell to Reason*, London 1987, S. 265–72.
Feyerabend, P., *Wider den Methodenzwang*, Frankfurt 1976.
Feynman, R. P., *The Character of Physical Law*, Cambridge/Mass. 1965.
Fine, A., »Scientific Realism and Antirealism«, in: Craig, E., (Hg.), *Routledge Encyclopedia of Philosophy*, S. 581–584.
Finetti, M., u. Himmelrath, A., *Der Sündenfall – Betrug und Fälschung in der Wissenschaft*, Stuttgart 1999.
Finke, R. A., *Principles of Mental Imagery*, Cambridge 1989.
Fiorillo, V., »Da Grozio a Pufendorf – Rivoluzione scientifica e fondamenti teoretici del diritto«, *Clio* 23/1987, S. 597–624.
Fischer, K., *Galileo Galilei*, München 1983.
Fischer, K., »Die Wissenschaftstheorie Galileis – oder: Contra Feyerabend«, *Journal for General Philosophy of Science* 23/1992, S. 165–197.
Fischer, K., »Leistung, nicht Konsens messen! Evaluation und Finanzierung aus der Sicht eines Wissenschaftshistorikers«, *Forschung und Lehre* 8/1998, S. 399–402.
Fischer, K., »Scientometrische Verfahren als Instrumente der Emigrationsforschung«, in: Fleck, Chr., (Hg.), *Soziologische und historische Analysen der Sozialwissenschaften* (Österreichische Zeitschrift für Soziologie Sonderband 5), Opladen 2000, S. 213–244.
Fischer, K., *Changing Landscapes of Nuclear Physics. A Scientometric Study*, Berlin 1993.
Fischer, K., *Kognitive Grundlagen der Soziologie*, Berlin 1987.
Fisher, R. A., »Has Mendel's Work been Rediscovered?«, *Annals of Science* 1/1936, S. 115–37.
Flacius Illyricus, M., *De ratione cognoscendi sacras literas. Über den Erkenntnisgrund der Heiligen Schrift*, übers. u. hg. v. L. Geldsetzer, Düsseldorf 1968.
Flammarion, C., *Astronomie populaire – Description générale du ciel*, Paris 1881.
Flammarion, C., *L'Atmosphère, Météorologie populaire*, Paris 1888.
Fleck, L., *Entstehung und Entwicklung einer wissenschaftlichen Tatsache – Einführung in die Lehre vom Denkkollektiv*, Basel 1935, 2. Aufl., hg. v. L. Schäfer u. Th. Schnelle, Frankfurt 1980.
Fodor, J., »Observation Reconsidered«, *Philosophy of Science* 51/1984, S. 23–43.
Fodor, J., *Psychosemantics*, Cambridge/ Mass. 1987.
Fodor, J., *The Modularity of Mind*, Cambridge/Mass. 1983.

Fohay, A. W., »The Social Self and the Human Side of Science«, *Journal of Curriculum and Supervision* 12/1997, S. 246–55.
Foley, R., »Rationality, Belief, and Commitment«, *Synthese* 89/1991, S. 365–92.
Fölsing, A., *Galileo Galilei – Prozeß ohne Ende*, München 1983.
Fölsing, A., *Heinrich Hertz – Eine Biographie*, Hamburg 1997.
Fontenelle, B. de, »Du bonheur«, in: ders., *Œuvres*, Bd. 3, S. 203–17.
Fontenelle, B. de, »Éloge de Lemery«, in: ders., *Œuvres*, Bd. 6, S. 311–21.
Fontenelle, B. de, »Éloge de M. le Marquis de l'Hôpital«, in: ders., *Œuvre*, Bd. 6, S. 95–107.
Fontenelle, B. de, »Éloge de Monsieur Bernoulli«, in: ders., *Œuvre*, Bd. 6, S. 109–21.
Fontenelle, B. de, »Éloge de Monsieur Boerhaave«, in: ders., *Œuvres*, Bd. 7, S. 285–298.
Fontenelle, B. de, »Éloge de Monsieur du Fay«, in: ders., *Œuvres*, Bd. 7, S. 317–329.
Fontenelle, B. de, »Éloge de Monsieur du Verney«, in: ders., *Œuvres*, Bd. 7, S. 189–198.
Fontenelle, B. de, »Éloge de Monsieur Poli«, in: ders., *Œuvres*, Bd. 6, S. 297–303.
Fontenelle, B. de, »Éloge de Monsieur Rolle«, in: ders., *Œuvres*, Bd. 6, S. 479–486.
Fontenelle, B. de, »Éloge de Monsieur Viviani«, *Œuvres*, Bd. 6, S. 81–93.
Fontenelle, B. de, »Nouveaux Dialogues des Morts anciens et modernes, Dialogue II, Charles V – Erasme«, in: ders., *Œuvres*, Bd. 2, S. 107–110.
Fontenelle, B. de, »Réflexions sur la théorie précedente«, *Œuvres*, Bd. 7, S. 453–63.
Fontenelle, B. de, »Sur l'Histoire«, in: ders., *Œuvres*, Bd. 3, S. 169–185.
Fontenelle, B. de, »Sur L'Utilité des Mathematiques et de la Physique, et sur les Travaux de l'Académie des Sciences«, in: ders., *Œuvres*, Bd. 6, S. 37–50.
Fontenelle, B. de, *Œuvres complètes*, hg. v. Alain Niderst, Paris 1990 ff.
Foot, Ph., »Virtues and Vices«, in: dies., *Virtues and Vices*, Oxford 1978, S. 1–18.
Fox Keller, E., »Feminism and Science«, in: Boyd, R., u. a. (Hg.), *The Philosophy of Science*, Cambridge/Mass. 1991, S. 279–288.
Fox Keller, E., *Reflections on Science and Gender*, New Haven 1985.
Fraassen, B. van, *Quantum Mechanics – An Empiricist View*, Oxford 1991.
Fraassen, B. van, *The False Hopes of Traditional Epistemology*, ungedr. Skript.
Fraassen, B. van, *The Scientific Image*, Oxford 1980.
Frank, H., »› ... With all your Heart and With All Your Soul‹: The Moral Psychology of the *Shemonah Peraqim*«, in: Cohen, R. S. u. Levine, H. (Hg.), *Maimonides and the Sciences*, Dordrecht 2000, S. 25–33.
Frank, G., u. Rhein, S., (Hg.), *Melanchthon und die Naturwissenschaften seiner Zeit*, Sigmaringen 1998.
Frankena, W., *Ethics*, 2. Aufl. Englewood Cliffs 1973.
Franklin, A., *Experiment, Right or Wrong*, Cambridge 1990.
Franklin, A., u. Howson, C., »Why Do Scientists Prefer to Vary Their Experiments«, *Studies in History and Philosophy of Science* 15/1984, S. 51–62.
Frasz, G. B., »Environmental Virtue Ethics: A New Direction for Environmental Ethics«, *Environmental Ethics* 15/1993, S. 259–274.
Freedman, E. G., »Understanding Scientific Controversies from a Computational Perspective: The Case of Latent Learning«, in: Giere, R. N., (Hg.), *Cognitive Models of Science*, Minneapolis 1992, S. 310–337.
Freedman, E. G., »Understanding Scientific Discourse: A Strong Programme for the cognitive psychology of Science«, *Theory and Review* 1997, elektronisch: http://www.gemstate.net/susan/Eric/eric.htm; eingesehen am 1.10.1998.
Freudenthal, G., »Joseph Ben-David's Sociology of Scientific Knowledge«, *Minerva* 25/1987, S. 135–49.
Freudenthal, G., »Sauver son âme ou sauver les phénomènes: sotériologie, épistemologie et astronomie chez Gersonide«, in: ders., (Hg.), *Studies on Gersonides – A Fourteenth-Century Philosopher-Scientist*, Leiden 1992, S. 317–52.
Freudenthal, G., »Science in the Medieval Jewish Culture of Southern France«, *History of Science* 33/1995, S. 23–58.
Freudenthal, G. (Hg.), *Études sur / Studies on Hélène Metzger*, Leiden 1990.
Freudenthal, G., »Epistémologie des sciences de la nature et hérmeneutique de l'historien des sciences selon Hélène Metzger«, in: ders. (Hg.), *Études*, S. 161–188.

Friedman, P. J., »An Introduction to Research Ethics«, *Science and Engineering Ethics* 2/1996, S. 443–456.
Fries, J. F., *Die mathematische Naturphilosophie nach philosophischer Methode bearbeitet. Ein Versuch*, 1822, ders., *Schriften*, Bd. 13.
Fries, J. F., *Neue oder anthropologische Kritik der Vernunft*, 2. Aufl. 1828, in: ders., *Schriften*, Bd. 4, S. 31–479.
Fries, J. F., *Sämtliche Schriften*, hg. v. G. König u. L. Geldsetzer, Aalen 1967 ff.
Fries, J. F., *System der Logik. Ein Handbuch für Lehrer und zum Selbstgebrauch*, 3. Aufl. 1837, ders., *Schriften*, Bd. 7.
Fuchs, S., *The Professional Quest for the Truth*, Albany 1992.
Fuhrmann, H., »Gelehrtenleben – Über die Monumenta Germaniae Historica und ihre Mitarbeiter«, *Geschichte in Wissenschaft und Unterricht* 45/1994, S. 558–572.

Galilei, G., *Dialog über die beiden hauptsächlichsten Weltsysteme, das Ptolemäische und das Kopernikanische*, übers. v. E. Strauß, hg. v. R. Sexl u. K. v. Meyenn, Neudruck Darmstadt 1982.
[Galilei, G.], »Considerazioni circa l'opinione Copernicana«, in: ders., *Opere*, Bd. 5, S. 349–371.
[Galilei, G.], »Lettera di Galileo a Iacopo Mazzoni, del 30 maggio 1597«, in: ders., *Opere*, Bd. 2, S. 193–202.
[Galilei, G.], *Le opere di Galileo Galilei*, hg. v. A. Favaro, Florenz 1890 ff.
Galison, P., *How Experiments End*, Chicago 1987.
Galluzi, P., »L'Accademia del Cimento: ›Gusti‹ del principe, filosofia e ideologia dell'esperimento«, *Quaderni storici* 16/1981, S. 788–844.
Ganz, D., u. Weydt, P., »Der ›lästige‹ Krach gesungener Epen – Wie wird, war, bleibt man Mongolist? Ein Gespräch mit dem 85jährigen Walther Heissig«, *Frankfurter Rundschau* v. 18.9.1999.
Garber, K., u. Wismann, H., (Hg.), *Europäische Sozietätsbewegung und demokratische Tradition – Die europäischen Akademien der Frühen Neuzeit zwischen Frührenaissance und Spätaufklärung*, 2 Bde., Tübingen 1996.
Gatzemeier, M., »Zweck und Zweckmäßigkeit in der Wissenschaft«, *Berichte zur Wissenschaftsgeschichte* 5/1982, S. 17–23.
Gaukroger, S., »Francis Bacon's Reform of Natural Philosophers: Rhetoric and the Formation of a Scientific/Philosophical Persona«, in: Bigelow, J., (Hg.), *Our Cultural Heritage*, Canberra 1998, S. 259–74.
Gaukroger, S., »Objectivity, History of«, erscheint in: Smelser, N. J., u. Baltes, P. B. (Hg.), *International Encyclopedia of Social and Behavioral Sciences*, Amsterdam 2001, s.v.
Gellert, C. F., *Dichtungen*, hg. v. A. Schulern, Leipzig 1891.
Gerdes, P., *Ethnomathematik – dargestellt am Beispiel der Sona Geometrie*, Heidelberg 1997.
Gerlach, W., (Hg.), *Der Natur die Zunge lösen*, München 1967.
[Gersonides] Lewi Ben Gerschom, *Sefer Milchamot ha Schem. Die Kämpfe Gottes – Religionsphilosophische und kosmische Fragen*, Leipzig 1866.
Gertman, D. I., u. Blackman, H. S., *Human Reliability and Safety Analysis Data Handbook*, New York 1994.
Gholson, B., u. a., (Hg.), *Psychology of Science – Contribution to Metascience*, Cambridge 1989.
Giere, R. N., (Hg.), *Cognitive Models of Science*, Minneapolis 1992.
Giere, R. N., *Explaining Science: A Cognitive Approach*, Chicago 1988.
Gilbert, N., u. Mulkay, M., »Die Rechtfertigung wissenschaftlicher Überzeugungen«, engl. 1982, *Soziale Welt*, Sonderband 3, 1985, S. 207–227.
Gillespie, Ch. S., »The Scientific Importance of Napoleons´s Egyptian Campaign«, *Scientific American* 271/1994, H. 3, S. 64–71.
Gilman, D., »What's Theory to do ... with Seeing? Or Some Empirical Considerations for Obervation and Theory«, *British Journal for the Philosophy of Science* 43/1992, S. 287–309.
Gingerich, O., »The Censorship of Copernicus's De Revolutionibus«, 1971, abgedr. in: ders., *Eye of Heaven*, S. 269–85
Gingerich, O., *The Eye of Heaven – Ptolemy, Copernicus, Kepler*, New York 1993.
Gingerich, O., »The Astronomy and Cosmology of Copernicus«, in: ders., *Eye of Heaven*, 1974, S. 161–184.

Gingerich, O., »The Computer versus Kepler«, 1964, abgedr. in: ders., *Eye of Heaven*, S. 357–366.
Gjelsvik, O., »Dretske on Knowledge and Content«, *Synthese* 1991, S. 425–441.
Glanvill, J., *Plus Ultra: Or The Progress and Advancement of Knowledge, Since the Days of Aristotle*, London 1668, Nachdruck Gainsville 1958.
Glymour, C., *Theory and Evidence*, Princeton 1980.
Göbel, W., *Friedrich August Kekulé*, Leipzig 1984.
Goethe, J. W., »Newtons Persönlichkeit«, in: »Materialien zur Geschichte der Farbenlehre«, in: *Goethes Werke*, Bd. 14, hg. v. D. Kuhn, Hamburg 1960, S. 170–77.
Golan, T., »The History of Scientific Expert Testimony in the English Courtroom«, *Science in Context* 12/1999, S. 7–32.
Goldman, A. I., (Hg.), *Readings in Philosophy and Cognitive Science*, Cambridge/Mass. 1993.
Goldman, A. I., »A Causal Theory of Knowing«, *Journal of Philosophy* 64/1967, S. 57–72.
Goldman, A. I., »Consciousness, Folk Psychology, and Cognitive Science«, *Consciousness and Cognition* 2/1993, S. 364–382.
Goldman, A. I., »Discrimination and Perceptual Knowledge«, 1976, abgedr. in: ders., *Liaisons*, S. 85–103.
Goldman, A. I., »Foundations of Social Epistemics«, 1987, abgedr. in: ders., *Liaisons*, S. 179–207.
Goldman, A. I., »Interpretation Psychologized«, 1989, abgedr. in: ders., *Liaisons*, S. 9–33.
Goldman, A. I., »Strong and Weak Justification«, 1988, abgedr. in: ders., *Liaisons*, S. 127–41.
Goldman, A. I., »The Psychology of Folk Psychology«, *Behavioral and Brain Sciences* 16/1993, S. 15–28.
Goldman, A. I., *Epistemology and Cognition*, Cambridge/Mass. 1986.
Goldman, A. I., *Knowledge in a Social World*, Oxford 1999.
Goldman, A. I., *Liaisons – Philosophy Meets the Cognitive and the Social Sciences*, Cambridge/Mass. 1992.
Goldmann, A., *A Theory of Human Action*, Englewood Cliffs 1970.
Goldstein, I., u. Papert, S., »Artificial Intelligence, Language and the Study of Knowledge«, *Cognitive Science* 1/1977, S. 84–123.
Gooding, D. C., »Experiment«, in: Newton-Smith, (Hg.), *Companion*, S. 117–26.
Goodman, N., *The Structure of Appearance*, 3. Aufl. Dordrecht 1977.
Gordin, M. D., »The Importation of Being Earnest: The Early St. Petersburg Academy of Sciences«, *Isis* 91/200, S. 1–31.
Gorham, G., »Planck's Principle and Jean's Conversion«, *Studies in History and Philosophy of Science* 22/1991, S. 471–497.
Gosepath, S., »Eine einheitliche Konzeption der Rationalität«, *Protosoziologie* 6/1994, S. 104–119.
Gough, J. B., »Lavoisier and the Fulfillment of the Stahlian Revolution«, *Osiris* 4/1988, S. 15–33.
Gould, P. A., »Making Space for Women in the History of Physics«, *Endeavour* 22,1/1998, S. 24–26.
Gould, S. J., »Agassiz auf den Galápagos«, in: ders., *Wie das Zebra zu seinen Streifen kommt – Essays zur Naturgeschichte*, engl. 1983, übers. v. S. Cappellari, Basel 1986, S. 105–17.
Gould, St. J., *Der falsch vermessene Mensch*, engl. 1981, Frankfurt/M. 1988.
Grafton, A., *Cardanos Kosmos – Die Welten und Werke eines Renaissance-Astrologen*, engl. 1999, übers. v. P. Knecht, Berlin 1999.
Grafton, A., *Defenders of the Text: the Traditions of Scholarship in an Age of Science 1450–1800*, Cambridge/Mass. 1991.
Grafton, A., *The Footnote – A Curious History*, Cambridge/Mass. 1995.
Greco, J., *Putting Skeptics in their Place: Skeptical Arguments and Philosophical Inquiry*, Cambridge 2000.
Greco, J., »Virtue Epistemology«, in: Dancy u. Sosa, (Hg.), *Companion*, S. 520–22.
Grene, M., »The Legacy of the ›Meno‹«, in: dies., *The Knower and the Known*, London 1966, S. 17–35.
Grice, H. P., *Studies in the Way of Words*, Cambridge/Mass. 1989.
Grupp, H., *Messung und Erklärung technischen Wandels – Grundzüge einer empirischen Innovationsökonomik*, Berlin 1997.
Guston, D., u. Keniston, K., *The Fragile Contract: University Science and the Federal Goverment*, Cambridge/Mass. 1994.

Hacker, K. L., u. a., »The Emergence of Task Representations in Small-Group Simulations of Scientific Reasoning«, *Journal of Social Behavior and Personality* 5/1990, S. 175–86.
Hacking, I., »›Style‹ for Historians and Philosophers«, *Studies in History and Philosophy of Science* 23/1992, S. 1–20.
Hacking, I., »The Disunities of the Sciences«, in: Galison, P., u. Stump, D. J., (Hg.), The *Disunity of Science – Boundaries, Contexts, and Power,* Stanford 1996, S. 37–74.
Hacking, I., »The Self-Vindication of the Laboratory Sciences«, in: Pickering, A., (Hg.), *Science as Practice and Culture,* Chicago 1992, S. 29–64.
Hacking, I., *Einführung in die Philosophie der Naturwisenschaft,* engl. 1983, Stuttgart 1996.
Hallen, B., u. Sodipo, J. O., *Knowledge, Belief and Witchcraft: Analytic Experiments in African Philosophy,* Stanford 1997.
Halleux, R., u. Bernès, A.-C., »La cour savante d'Ernest de Bavarie«, *Archives Internationales d'Histoire des Sciences* 45/1995, S. 3–29.
Hankins, Th. L., »In Defence of Biography: The Use of Biography in the History of Science«, *History of Science* 17/1979, S. 1–16.
Hankins, Th. L., *Science and the Enlightenment,* Cambridge 1985.
Hankins, Th. L., u. Silverman, R. J., *Instruments and the Imagination,* Princeton 1995.
Hanson, N. R., »The Idea of a Logic of Discovery«, in: ders., *What I Do not Believe, and Other Essays,* hg. v. S. Toulmin u. H. Woolf, Dordrecht 1977, S. 288–300.
Hanson, N. R., *Patterns of Discovery,* Cambridge 1958.
Hardwig, J. R., »Epistemic Dependence«, *Journal of Philosophy* 82/1985, S. 335–349.
Harman, G., »Moral Philosophy Meets Social Psychology: Virtue Ethics and the Fundamental Attribution Error«, *Proceedings of the Aristotelan Society* 99/1998–99, S. 315–331.
Harnack, A. v., »Was erwarten wir von einer guten Biographie?«, *Universitas* 7/1952, S. 1195–1202.
Harré, R., *The Philosophies of Science – An Introductory Survey,* Oxford 1972.
Hartleben, H., *Champollion und sein Werk,* 2 Bde. Berlin 1906.
Harwood, J., *Styles of Scientific Thought – The German Genetics Community* 1900–1933, Chicago 1993.
Heidelberger, M., »Die Erweiterung der Wirklichkeit im Experiment«, in: ders., u. Steinle, F., (Hg.), *Experimental Essays – Versuche zum Experiment,* Baden-Baden 1998, S. 71–92.
Heidelberger, M., u. Thiessen, S., *Natur und Erfahrung – Von der mittelalterlichen zur neuzeitlichen Naturwissenschaft,* Reinbek 1981.
Heine, G., »Fact or Fancy? The Reliability of Old Pictorial Trade Representations«, *Tools & Trades* 9/1996, S. 20–27.
Heisenberg, W., »Über den anschaulichen Inhalt der quantentheoretischen Kinematik und Mechanik«, *Zeitschrift für Physik* 43/1927, S. 172–98.
Heisenberg, W., *Der Teil und das Ganze,* München 1985.
Helmholtz, H. v., »Die neueren Fortschritte in der Theorie des Sehens«, 1868, abgedr. in: ders., *Vorträge,* Bd. 1, S. 233–331.
Helmholtz, H. v., »Robert Mayer's Priorität«, abgedr. in: ders., *Vorträge,* Bd. 1, S. 60–74.
Helmholtz, H. v., »Über das Verhältniss der Naturwissenschaften zur Gesamtheit der Wissenschaft«, 1862, abgedr. in: ders., *Vorträge,* Bd. 1, S. 117–145.
Helmholtz, H. v., »Über das Ziel und die Fortschritte der Naturwissenschaft«, 1869, abgedr. in: ders., *Vorträge,* Bd. 1, S. 333–63.
Helmholtz, H. v., »Ueber die Erhaltung der Kraft«, abgedr. in: ders., *Vorträge,* Bd. 1, S. 147–89.
Helmholtz, H. v., »Vorwort«, in: [Hertz, H.,] *Die Prinzipien der Mechanik in neuem Zusammenhange dargestellt – mit drei Arbeiten von Heinrich Hertz, einem Vorwort von Hermann von Helmholtz, einer Vorbemerkung von Philipp Lenard,* hg. v. J. Kuszera, Leipzig 1984, S. 47–62.
Helmholtz, H. v., *Handbuch der Physiologischen Optik,* 2. Aufl. 1896.
Helmholtz, H. v., *Vorträge und Reden,* Bd. 1, Braunschweig 1884.
Hempel, C. G., *Aspects of Scientific Explanation and Other Essays in the Philosophy of Science,* New York 1965.
Hempel, C. G., *Philosophie der Naturwissenschaften,* engl. 1966, übers. v. W. Lenzen, München 1974.
Henke, E. L., *Jacob Friedrich Fries,* Leipzig 1867.

Hermann, A., *Lexikon Geschichte der Physik A–Z*, Köln 1972.
Herrmann, D. B., »Über die Schwierigkeiten beim Schreiben einer Hertzsprung-Biographie«, *Wissenschaftliche Zeitschrift d. Humboldt-Universität zu Berlin – Reihe Geistes- und Sozialwissenschaften* 4/1992, S. 23–25.
Herrmann, D. B., *Ejnar Hertzsprung – Pionier der Sternforschung*, Berlin 1994.
Herschel, J. F. W., *Preliminary Discourse on the Study of Natural Philosophy*, 2. Aufl. London 1830.
Hershenson, M., (Hg.), *The Moon Illusion*, Hillsdale 1989.
Hertz, H., »Über die Beziehungen zwischen Licht und Elektrizität«. Vortrag auf der 62. Versammlung der Gesellschaft Deutscher Naturforscher und Ärzte in Heidelberg am 20. September 1889, abgedr. in: ders., *Gesammelte Werke*, Bd. 1, hg. v. Ph. Lenard, Leipzig 1895, S. 339–54.
[Hertz, H.], *Die Prinzipien der Mechanik in neuem Zusammenhange dargestellt – mit drei Arbeiten von Heinrich Hertz, einem Vorwort von Hermann von Helmholtz, einer Vorbemerkung von Philipp Lenard*, hg. v. J. Kuszera, Leipzig 1984.
Hertzsprung, E., *Zur Strahlung der Sterne – Drei Arbeiten*, hg. v. D. B. Herrmann, Leipzig 1985.
[Herzog-August-Bibliothek Wolfenbüttel], *Das Kartenbild der Renaissance*, Ausstellungskatalog Nr. 20, Braunschweig 1977.
Hesse, M. B., *Models and Analogies in Science*, Notre Dame 1966.
Heyd, M., »The Emergence of Modern Science as an Autonomous World of Knowledge in the Protestant Tradition of the Seventeenth Century«, in: Eisenstadt, S. N., u. Silber, I. F., (Hg.), *Cultural Traditions and Worlds of Knowledge*, London 1988, S. 165–79.
Heydweiler, A., »Johann Wilhelm Hittorf«, *Physikalische Blätter* 16/1915, S. 161–179.
Hiebert, E. N., »The Influence of Mach's Thought on Science«, *Philosophia Naturalis* 21/1984, S. 598–615.
Hilbert, D., »Mathematische Probleme«, in: ders., *Gesammelte Abhandlungen*, Bd. 3, Berlin 1935, S. 290–329.
Hintikka, J., »›Knowing that one Knows‹ Reviewed«, *Synthese* 21/1970, S. 141–62.
Hintikka, J., *Knowledge and Belief – An Introduction to the Logic of the Two Notions*, Ithaca 1962.
Hochstrasser, T. J., »Early Modern Law Theories and Their Contexts«, *Historical Journal* 38/1995, S. 487–490.
Höffe, O., »Aristoteles oder Kant – wider eine plane Alternative«, in: ders., (Hg.), *Die Nikomachische Ethik*, Berlin 1995, S. 277–304.
Höffe, O., »Aristoteles' universalistische Tugendethik«, in: Rippe., K. P., u. Schaber, P., (Hg.), *Tugendethik*, Stuttgart 1998, S. 42–67.
Höffe, O., »Einführung in die Wissenschaftstheorie der Zweiten Analytik«, in: Aristoteles, *Lehre vom Beweis oder Zweite Analytik (Organon IV)*, übers. v. E. Rolfes, ND d. Ausgabe v. 1922, Hamburg 1990, S. VII–XXXIII.
Höffe, O., u. Rapp, Ch., »Tugend. III. Neuzeit«, in: Ritter u. Gründer, (Hg.), *Historisches Wörterbuch der Philosophie*, Bd. 10, Sp. 1554–1570.
Hogrebe, W., u. Herrmann, K., (Hg.), *Jakob Friedrich Fries – Philosoph, Naturwissenschaftler und Mathematiker*, Frankfurt/M. 1999.
Holton, G., »Michael Polanyi and the History of Science«, *Tradition and Discovery* 19/1992–93, S. 16–30.
Holton, G., »Scientific Optimism and Societal Concerns«, *Hastings Center Report* 5/1975, S. 39–46.
Holton, G., »Subelectrons, Presuppositions, and the Millikan-Ehrenhaft Dispute«, *Historical Studies in the Physical Sciences* 9/1978, S. 166–224.
Holton, G., *Thematic Origins of Scientific Thought – Kepler to Einstein*, Cambridge/Mass. 1973.
Holyoak, K. J., u. Thagard, P., »Analogical Mapping by Constraint Satisfaction«, *Cognitive Science* 13/1985, S. 295–355.
Hon, G., »A Critical Note on J. S. Mill's Classification of Fallacies«, *British Journal for the Philosophy of Science* 42/1991, S. 263–268.
Hon, G., »On Kepler's Awareness of the Problem of Experimental Error«, *Annals of Science* 44/1987, S. 545–91.
Hon, G., »Towards a Typology of Experimental Errors: An Epistemological View«, *Studies in History and Philosophy of Science* 20/1989, S. 469–504.

Hopwood, N., »Genetics in the Mandarin Style«, *Studies in History and Philosophy of Science* 25/1994, S. 237–250.
Horgan, T., »Action Theory without Actions«, *Mind* 90/1981, S. 406–414.
Horgan, T., »The Case against Events«, *Philosophical Review* 87/1978, S. 28–37.
Horgan, T., u. Woodward, J., »Folk Psychology is Here to Stay«, *Philosophical Review* 94/1985, S. 197–225.
Hornsby, J., *Actions*, London 1980.
Hounshell, D. A., u. Smith, J. K., *Science and Corporate Strategy – Du Pont R&D, 1902–1980*, Cambridge 1989.
Hoven, M. J. van den, »Ethics, Social Epistemics, Electronic Communication and Scientific Research«, *European Review* 7/1999, S. 341–48.
Howard, D., »Realism and Conventionalism in Einstein's Philosophy of Science: The Einstein-Schlick Correspondance«, *Philosophia Naturalis* 21/1984, S. 616–29.
Howsam, L., *Scientists Since 1660: A Bibliography of Biographies*, New York 1997.
Hoyningen-Huene, P., »Context of Discovery and Context of Justification«, *Studies in History and Philosophy of Science* 18/1987, S. 501–15.
Hoyningen-Huene, P., *Die Wissenschaftsphilosophie Thomas S. Kuhns – Rekonstruktion und Grundlagenprobleme*, Braunschweig 1989.
Huber, R., *Einstein und Poincaré. Die philosophische Beurteilung physikalischer Theorien*, Paderborn 2000.
Hull, D., »Mechanism and Its Metaphysics: An Evolutionary Account of the Social and Conceptual Development of Science«, *Biology and Philosophy* 3/1988, S. 123–55.
Hull, D., »Studying the Study of Science Scientifically«, *Perspectives on Science* 6/1998, S. 209–231.
Hull, D., *Science as a Process: An Evolutionary Account of the Social and Conceptual Development of Science*, Chicago 1989.
Hull, D., u. a., »Planck's Principle. Do Younger Scientists Accept New Scientific Ideas with Greater Alacrity than Older Scientists?«, *Science* 202/1978, S. 717–723.
Humboldt, A. v., *Kosmos – Entwurf einer physischen Weltbeschreibung*, Bd. 2, Stuttgart 1847.
Humboldt, A. v., *Reise in die Äquinoktial-Gegenden des neuen Kontinents*, frz. 1841, hg. u. übers. v. O. Ette, Bd. 1, Frankfurt/M. 1999.
[Humboldt/Jacobi], *Briefwechsel zwischen Alexander von Humboldt und C. G. Jacob Jacobi*, hg. v. H. Pieper, Berlin 1987.
Hume, D., *An Enquiry Concerning Human Understanding*, 1748, hg. v. L. A. Selby-Bigge, bearbeit. v. P. H. Nidditch, Oxford 1975.
Hutchinson, J., u. Huberman, M., *Knowledge Dissemination and Use in Science and Mathematics Education: A Literature Review* (National Science Foundation Report, NSF 9375), Washington 1993.
Hutton, P. H., »The Art of Memory Reconceived: From Rhetoric to Psychoanalysis«, *Journal of the History of Ideas* 48/1987, S. 371–392.

Ingarden, R., *Der Streit um die Existenz der Welt*, 2 Bde., Tübingen 1964 u. 1965.

Jackson, F., u. Pettit, P., »In Defense of Folk Psychology«, *Philosophical Studies* 59/1990, S. 31–54.
Jacob, J. R., »Boyle's Circle in the Protectorate – Revelation, Politics, and the Millenium«, *Journal of the History of Ideas* 38/1977, S. 131–140.
Jahn, I., »Einführung und Erläuterung zur Geschichte der Zellenlehre und der Zellentheorie«, in: dies., (Hg.), *Klassische Schriften zur Zellenlehre*, Leipzig 1987, S. 6–44.
Jahn, I., u. a., *Geschichte der Biologie*, 2. Aufl. Jena 1985.
James, W., »Der Wille zum Glauben«, engl. 1896, in: ders., *Der Wille zum Glauben und andere popular-philosophische Essays*, übers. v. Th, Lorenz, Stuttgart 1899, S. 1–34.
Jardine, N., *The Fortunes of Inquiry*, Oxford 1986.
Jaton, A.-M., *Johann Caspar Lavater*, Zürich 1988.
Jha, S. R., »A New Interpretation of Michael Polanyi's Theory of Tacit Knowing: Integrative Philosophy with ›Intellectual Passions‹«, *Studies in History and Philosophy of Science* 28/1997, S. 611–631.

Jones, C., »The Contributions of Science to Moral Education«, *Journal of Moral Education* 5/1976, S. 249–256.
Jong, H. M. E. de, »Randbemerkungen zu Michael Maiers ›Atalanta fugiens‹, in: Penkeret, S., (Hg.), *Emblem und Emblematikrezeption – Vergleichende Studien zur Wirkungsgeschichte vom 16. bis 20. Jahrhundert*, Darmstadt 1978, S. 160–74.
Jong, H. M. E. de, *Michael Maier's ›Atalanta fugiens‹ – Sources of an Alchemical Book of Emblems*, Leiden 1969.
Juskevic, A. P., u. Kopelevic, J. K., *Christian Goldbach 1690–1765*, Basel 1994.

Kahlbaum, G. W. A., u. Hoffmann, A., *Die Einführung der Lavoisierschen Theorie im besonderen in Deutschland*, Leipzig 1897.
Kahnemann H., u. a., *Judgment under Uncertainty: Heuristics and Biases*, Cambridge 1982.
Kaiser, M. K., u. a. »Intuitive Reasoning about Abstract and Familiar Physics Problems«, *Memory and Cognition* 14/1986, S. 308–312.
Kant, I., *Die Metaphysik der Sitten*, in: ders., *Schriften*, Bd. 6, S. 203–493.
Kant, I., *Die Religion innerhalb der Grenzen der bloßen Vernunft*, in: ders., *Schriften*, Bd. 6, S. 1–549.
Kant, I., *Kritik der reinen Vernunft*, in: ders., *Schriften*, Bd. 3, S. 1–594, Bd. 4, S. 1–655.
Kant, I., *Über ein vermeintes Recht aus Menschenliebe zu lügen*, in: ders., *Schriften*, Bd. 8, S. 423–430.
Kant, I., *Was heißt: sich im Denken orientieren?*, in: ders., *Schriften*, Bd. 8, S. 131–148.
[Kant, I.], *Kant's Gesammelte Schriften*, hg. v. d. Königlich Preußischen Akademie der Wissenschaften, Berlin 1902 ff.
Kantorovich, A., »The Mechanisms of Communal Selection and Serendiptous Discovery«, *Biology and Philosophy* 3/1988, S.199–203.
Kantorovich, A., u. Ne'eman, Y., »Serendipity as a Source of Evolutionary Progress in Science«, *Studies in History and Philosophy of Science* 20/1989, S. 505–29.
Kapp, V., »Les qualités scientifiques et le prestige social dans les éloges academiques de Fontenelle«, in: Niderst, A., (Hg.), *Fontenelle – Actes du colloque tenu à Rouen du 6 au 10 octobre 1987*, Paris 1989, S. 441–50.
Kaufman, L., u. Kaufman, J., »Explaining the Moon Illusion«, *Proceedings of the National Academy of Sciences* 97,1/2000, S. 500–5.
Keil, F., *Semantic and Conceptual Development: An Ontological Perspective*, Cambridge/Mass. 1979.
Kelly, K. T., *The Logic of Reliable Inquiry*, Oxford 1996.
Kellner, M., *Dogma in Medieval Jewish Thought*, Oxford 1986.
Kemp, A., »The Emergence of Autonomous Greek Grammar«, in: Schmitter, P., (Hg.), *Geschichte der Sprachtheorie*, 2. Aufl. Tübingen 1996, S. 377–394.
Kepler, J. *Astronomia nova* [...], *Gesammelte Werke*, Bd. 3, hg. v. M. Caspar, München 1937.
Kepler, J., *Gesammelte Werke*, Bd. 13, hg. v. M. Caspar, München 1945.
Kepler, J., *Weltharmonik*, übers. u. eingeleitet v. M. Caspar, München 1939, ND Darmstadt 1967.
[Kepler, J.], Jardine, N., *The Birth of History and Philosophy of Science – Kepler's A Defence of Tycho against Ursus with Essays on Its Provenance and Significance*, Cambridge 1984.
Kerkhoff, M., »Kairos I«, in: Ritter u. Gründer, (Hg.), *Historisches Wörterbuch der Philosophie*, Bd. 4, Sp. 667–668.
Kevles, D. J., *The Baltimore Case. A Trial of Politics, Science, and Character*, New York 1998.
Kintsch, W., *Comprehension – A Paradigm for Cognition*, Cambridge 1998.
Kitajima, M., u. Polson, P. G., »A Comprehension-based Model of Correct Performance and Errors in Skilled, Display-based Human-Computer Interaction«, *International Journal of Human-Computer Studies* 43/1995, S. 65–99.
Kitcher, P, *The Advancement of Science – Science without Legend, Objectivity without Illusions*, Oxford 1993.
Klee, R., *Introduction to the Philosophy of Science – Cutting Nature at Its Seams*, Oxford 1997.
Klein, F., *Vorlesungen über die Entwicklung der Mathematik im 19. Jahrhundert*, Bd. 1, Berlin 1926.
Kleinert, A., »Camille Flammarion und der Zweite Hauptsatz der Thermodynamik«, *Berichte zur Wissenschaftsgeschichte* 15/1992, S. 243–249.

Kluge, F., *Etymologisches Wörterbuch der deutschen Sprache*, 22. Aufl., bearbeitet v. E. Seebold, Berlin 1989.
Knape, J., *Philipp Melanchthons ›Rhetorik‹*, Tübingen 1993.
Knight, D., *Ideas in Chemistry – A History of the Science*, London 1992.
Knorr-Cetina, K., *Die Fabrikation von Erkenntnis – Zur Anthropologie der Naturwissenschaft*, Frankfurt/M. 1984.
Kohn, M. G., u. Shavell, S., »The Theory of Search«, *Journal of Economic Theory* 9/1974, S. 93–123.
Köller, W., *Philosophie der Grammatik*, Stuttgart 1988.
König, G., »Der Wissenschaftsbegriff bei Helmholtz und Mach«, in: Diemer, A., (Hg.), *Beiträge zur Entwicklung der Wissenschaftstheorie im 19. Jahrhundert*, Meisenheim 1968, S. 90–114.
König, G., »Naturwissenschaften«, in: Ritter u. Gründer, (Hg.), *Historisches Wörtebuch der Philosophie*, Bd. 6, Sp. 641–650.
König, G., »Perspektive, Perspektivismus, perspektivisch, 1«, in: Ritter u. Gründer, (Hg.), *Historisches Wörterbuch der Philosophie*, Bd. 7, S. 363–75.
König, G., u. Geldsetzer, L., »Vorbemerkung der Herausgeber zum 13. Band«, in: Fries, J. F., *Sämtliche Schriften*, hg. v. G. König u. L. Geldsetzer, Bd. 13, Aalen 1979, S. 17*–94*.
Koppelberg, D., »Was macht eine Erkenntnistheorie naturalistisch?«, *Journal for General Philosophy of Science* 27/1996, S. 71–90.
Koyré, A., *Galilei – Die Anfänge der neuzeitlichen Wissenschaft*, übers. v. R. Dragsta, Berlin 1988.
Krafft, F., »Tycho Brahe«, in: Fassmann, K., (Hg.), *Die Großen der Weltgeschichte*, Bd. 5, Zürich 1974, S. 296–345.
Krafft, F., *Das Selbstverständnis der Physik im Wandel der Zeit*, Weinheim 1982.
Krafft, F., *Dynamische und statische Betrachtungsweise in der antiken Mechanik*, Wiesbaden 1970.
Krauße, E., »Zum Verhältnis von Wissenschafts- und Persönlichkeitsentwicklung: Ernst Haeckel«, *Wissenschaftliche Zeitschrift der Friedrich-Schiller-Universität Jena, Naturwissenschaftliche Reihe* 37/1988, S. 279–287.
Krautter, K., »Der ›Grammaticus‹ Poliziano in der Auseinandersetzung mit zeitgenössischen Humanisten – Zur Entwicklung der Philologie aus den ›studia humanitatis‹«, in: Buck, A., u. Heitmann, K., *Die Antike-Rezeption in den Wissenschaften während der Renaissance*, Weinheim 1983, S. 103–116.
Krems, J., u. Johnson, T. R., »Integration of Anomalous Data in Multicausal Explanations«, in: Moore, J. D., u. Lehmann, J. F., (Hg.), *Proceedings of the Seventeenth Annual Conference of the Cognitive Science Society*, Hillsdale 1995, S. 277–82.
Kripke, S., *Wittgenstein on Rules and Private Language*, Oxford 1982.
Kroll, W., »Nigidius Figulus«, *Paulys Realencyclopädie der Classischen Altertumswissenschaft*, Bd. 17/1, Sp. 200–212.
Krüger, R. »Der honnête-homme als Akademiker – Nicolas Farets *Projet de l'Académie* (1634) und seine Voraussetzungen«, in: Garber u. Wismann, (Hg.), *Sozietätsbewegungen*, Bd. 1, S. 348–409.
Kuhn, Th. S., »Bemerkungen zum Verhältnis von Wissenschaft und Kunst«, engl. 1969, in: ders., *Entstehung*, S. 446–460.
Kuhn, Th. S., »Commensurability, Comparability, Communicability«, in: Asquith, P. D., u. Nickles, Th., (Hg.), *Proceedings of the 1982 Biennial Meeting Philosophy of Science Association*, Bd. 2, East Lansing 1983, S. 669–688.
Kuhn, Th. S., »Objektivität, Werturteil und Theoriewahl«, engl. 1973, in: ders., *Entstehung*, S. 421–445.
Kuhn, Th. S., »The Road Since Structure«, in: Fine, A., u. *a.*, (Hg.), *Proceedings of the 1990 Biennial Meeting Philosophy of Science Association*, Bd. 2, East Lansing 1991, S. 2–13.
Kuhn, Th. S., *Die Entstehung des Neuen – Studien zur Struktur der Wissenschaftsgeschichte*, hg. v. L. Krüger, übers. v. H. Vetter, Frankfurt/M. 1977.
Kuhn, Th. S., *The Copernican Revolution*, Cambridge/Mass. 1957.
Kuhn, Th. S., *The Structure of Scientific Revolutions*, 2. Aufl. Chicago 1970.
Kulkarni, D., u. Simon, H. A., »The Processes of Scientific Discovery: The Strategy of Experimentation«, *Cognitive Science* 12/1988, S. 139–175.
[Kunst- und Ausstellungshalle der Bundesrepublik Deutschland], *Alexander von Humboldt – Netzwerke des Wissens*, Bonn 1999.
Kyburg, H., *Theory and Measurement*, Cambridge 1984.

La Cotardière, Ph. de, u. Fuentes, P., *Camille Flammarion*, Paris 1994.
Lahire, B., »Des infortunes de la vertu scientifique«, *Le Monde* v. 28. August 1998.
Lahno, B., »Trust, Reputation and Exit in Exchange«, *Journal of Conflict Resolution* 39/1995, S. 495–510.
Lahno, B., *Versprechen – Überlegungen zu einer künstlichen Tugend*, München 1995.
Lakatos, I., »Science and Pseudoscience«, in: ders., *Scientific Papers*, Bd. 1, hg. v. J. Worrall u. G. Currie, Cambridge 1977, S.1–7.
Lamarck, J.-B.-P.-A., *Philosophie zoologique, ou Exposition des considérations relatives à l'histoire naturelle des animaux* [...], T. I, Paris 1809.
Lange, F. A., *Geschichte des Materialismus*, 1866, 12. Aufl. 1974, Bd. 1, Frankfurt/M. 1974.
Langley, P., u. Jones, R., »A Computational Model of Scientific Insight«, in: Sternberg, R., (Hg.), *The Nature of Creativity: Contemporary Psychological Perspectives*, Cambridge 1988, S. 177–201.
Larvor, B., »History, Role in the Philosophy of Science«, in: Newton-Smith, (Hg.), *Companion*, S. 154–161.
Latour, B., *Pandora's Hope – Essays on the Reality of Science Studies*, Cambridge/Mass. 1999.
Laudan, L., »A Confutation of Convergent Realism«, *Philosophy of Science* 48/1981, S. 19–48.
Laudan, L., »George-Louis Lesage: A Case Study in the Interaction of Physics and Philosophy«, *Studia Leibnitiana* Supplement 13/1974, S. 241–252.
Laudan, L., »Peirce and the Trivializiation of the Self-Correcting Thesis«, in: Giere, R. N., u. Westfall, R. S., (Hg.), *Foundations of Scientific Method: The Nineteenth Century*, Bloomington 1973, S. 275–306.
Laudan, L., »Why Was the Logic of Discovery Abandoned?«, in: Nickles, Th., (Hg.), *Scientific Discovery, Logic, and Rationality*, Dordrecht 1981, S. 173–83.
Laudan, L., *Progress and Its Problems – Towards a Theory of Scientific Growth*, Berkeley 1977.
Lavoisier, G. L., *Traité élémentaire de chymie*, Bd. 1, Paris 1789.
Lawson, A. E., »The Acquisition of Biological Knowledge During Childhood: Cognitive Conflict or Tabula Rasa?«, *Journal of Research in Science Teaching* 25/1988, S. 185–199.
Le Maner, M., *Buffon et les sciences naturelles au xviiie siècle*, [Ausstellungskatalog] Saint-Omer 1988.
Lehmann, G., *Kants Tugenden. Neue Beiträge zur Geschichte und Interpretation der Philosophie*, Berlin 1980.
Lehrer, K., *Thomas Reid*, London 1989.
Leicester, H. M., u. Klickstein, H. S., (Hg.), *A Source Book in Chemistry 1400–1900*, New York 1952.
Leinkauf, Th., *Mundus combinatus. Studien zur Struktur der barocken Universalwissenschaft am Beispiel Athanasius Kirchers SJ (1602–1680)*, Berlin 1993.
Lesage, G.-L., »Sur la Méthode d'hypothèse«, abgedr. in: Prévost, P., (Hg.), *Essais de Philosophie*, Genf 1803, S. 258–307.
Levi, I., *The Fixation of Belief and Its Undoing*, Cambridge 1991.
Levine, H., »Paradise not Surrendered. Jewish Reactions to Copernicus and the Growth of Modern Science, in: Cohen, R. S., (Hg.), *Epistemology, Methodology, and the Social Sciences*, Dordrecht 1983, S. 203–225
Liebig, J. v., »Ein Philosoph und ein Naturforscher über Francis Bacon von Verulam«, 1863, abgedr. in: ders., *Reden*, S. 255–79.
Liebig, J. v., »Induction und Deduction«, 1865, abgedr. in: ders., *Reden*, S. 296–309.
Liebig, J. v., »Ueber Francis Bacon von Verulam und die Methode der Naturforschung«, abgedr. in: ders., *Reden*, S. 220– 254.
Liebig, J. v., *Reden und Abhandlungen*, Leipzig 1874.
Liebmann, O., *Die Klimax der Theorien – Eine Untersuchung aus dem Bereich der allgemeinen Wissenschaftslehre*, Straßburg 1884.
Linn, M. C., u. Songer, N. B., »Teaching Thermodynamics to Middle School Students: What are Appropriate Demands?«, *Journal of Research in Science Teaching* 28/1991, S. 885–918.
Lipmann, O., u. Bogen, H., *Naive Physik*, Leipzig 1923.
Lippman, S. A., u. McCall, J. J., »The Economics of Job Search: A Survey«, *Economic Inquiry* 14/1976, S. 155–89 u. S. 347–67.
Lipton, P., »The Epistemology of Testimony«, *Studies in History and Philosophy of Science* 29/1998, S. 1–31.

Lipton, P., *Inference to the Best Explanation*, London 1991.
Livingstone, D. N., »The Spaces of Knowledge: Contributions towards a Historical Geography of Science«, *Environment and Planning D: Society and Space* 5/1995, S. 5–34.
Lloyd, G. E. R., *Methods and Problems in Greek Science*, Cambridge 1991.
Locke, J., *An Essay Concerning Human Understanding*, hg. v. P. Nidditch, Oxford 1975.
Loewer, B., u. Rey, G., (Hg.), *Meaning in Mind: Fodor and his Critics*, Oxford 1990.
Lombard, L. B., »Change« in: Burckhardt, H., u. Smith, B., (Hg.), *Handbook of Metaphysics and Ontology*, München 1991, S. 137–139.
Longino, H., *Science as Social Knowledge*, Princeton 1990.
Louden, R. B., »Einige Laster der Tugendethik«, engl. 1984, abgedr. in: Rippe, K. P., u. Schaber, P., (Hg.), *Tugendethik*, Stuttgart 1998, S. 185–212.
Lowe, E.J., *Kinds of Being*, Oxford 1989.
Löwy, I., (Hg.), *The Polish School of Philosophy of Medicine. From Tytus Chalubinski (1820–1889) to Ludwik Fleck (1896–1961)*, Dordrecht 1990.
Löwy, I., »The Scientific Roots of Constructivist Epistemologies: Hélène Metzger and Ludwik Fleck«, in: Freudenthal (Hg.), *Études sur Hélène Metzger*, S. 219–235.
Lucy, J., *Language Diversity and Thought: A Reformulation of the Linguistic Relativity Hypothesis*, Cambridge 1992.
Ludwig, B., »Über die Folgen der Lateinarmut in den Geisteswissenschaften«, *Gymnasium* 98/1991, S. 139–58.
Lukasiewicz, J., »Creative Elements in Science«, poln. 1912, in: ders., *Selected Works*, North Holland 1970, S. 12–44.

MacClure, J., u. Hilton, D., »Because You Can't Always Get What You Want: When Preconditions are better Explanations«, *British Journal of Social Psychology* 36/1997, S. 223–240.
Mach, E., *Erkenntnis und Irrtum – Skizzen zur Psychologie der Forschung*, 5. Aufl. Leipzig 1926, Neudruck Darmstadt 1968.
Machiavelli, N., *Il Principe – Der Fürst*, ital. dt., hg. v. Ph. Rippel, Stuttgart 1986.
MacIntyre, A., *After Virtue*, 2. Aufl. Notre Dame 1984.
MacNamara D. S., u. a., »Are Good Texts Always Better? Text Coherence, Background Knowledge, and Levels of Understanding in Learning from Text«, *Cognition and Instruction* 14/1996, S. 1–43.
Magnus, D., »Heuristics and Biases in Evolutionary Biology«, *Biology and Philosophy* 12/1997, S. 21–38.
Mai, E., u. Vlieghe, H., (Hg.), *Von Bruegel bis Rubens – Das goldene Jahrhundert der flämischen Malerei – Ausstellung des Wallraf-Richartz-Museums*, Köln 1992.
Maimonides, *The Book of Knowledge* [*Mischneh Torah*, B. I], hg. u. übers. v. M. Hyamson, New York 1974.
Maimonides, *Führer der Unschlüssigen* [*Moreh Newuchim*], 2 Bde., hg. u. übers. v. A. Weiss, 2. Aufl. Hamburg 1972.
[Maimonides], *The Eight Chapters of Maimonides on Ethics (Shemonah Peraqim)*, übers. v. J. Gorfinkle, New York 1966.
Majer, M., *Atalanta fugiens, hoc est, Emblemata nova de Secretis Naturae Chymica*, Oppenheim 1617.
Malek, R., (Hg.), *»Western Learning« and Christianity in China – The Contribution and Impact of Johann Schall von Bell (1592–1666)*, 2 Bde. Sankt Augustin 1998.
Malle, B. F., »How People Explain Behavior: A New Theoretical Framework«, *Personality and Social Psychology Review* 3/1999, S. 23–48.
Malle, B. F., u. a., »Conceptual Structure and Social Function of Behavior Explanations – Beyond Person-Situation Attribution«, erscheint in: *Journal of Psychology and Social Psychology*.
Malle, B. F., u. a., »Folk Explanations of Intentional Action«, erscheint in: ders., u. a., (Hg.), *Intentions and Intentionality: Foundations of Social Cognition*, Cambridge/Mass.
Markman, A. B., »Constraints on Analogical Inference«, *Cognitive Science* 21/1997, S. 373–418.
Marsak, L. M., »Bernard de Fontenelle: In Defense of Science«, *Journal of the History of Ideas* 20/1959, S. 111–122.
Martin, M., »Science Education and Moral Education«, *Journal of Moral Education* 15/1986, S. 99–109.

Matthews, G., u. Deary, I. J., *Personality Traits*, Cambridge 1998.
Maull, N. M., »Unifying Science without Reduction«, *Studies in History and Philosophy of Science* 8/1977, S. 143–71.
Maxwell, J. C., »On the Dynamical Evidence of the Molecular Constitution of Bodies«, *Journal of the Chemical Society of London* 28/1875, S. 493–508.
Mayntz, R., *Betrug in der Wissenschaft – Randerscheinung oder wachsendes Problem?* – Max-Planck-Institut für Gesellschaftsforschung, Working Paper 99/4, Köln, April 1999.
[Mazzoni, J.], *Iacobi Mazonii caesenatis in almo gymnasio pisano Aristotelem ordinarie, Platonem vero extra ordinem, profitentis, in universam Platonis et Aristotelis philosophiam praeludia, sive de comparatione Platonis et Aristotelis*, Venedig 1597.
McBeath, M. C., u. a., »Perceptual Bias for Forward-Facing Motion«, *Psychological Science* 3/1992, S. 362–67.
McCann, H. G., *Chemistry Transformed: The Paradigmatic Shift from Phlogiston to Oxygen*, Norwood 1978.
McCloskey, M., »Intuitive Physics«, *Scientific American* 248/1983, S. 122–130.
McCloskey, M., u. a., »Curvilinear Motion in the Absence of External Forces: Naive Beliefs about the Motion of Objects«, *Science* 210/1980, S. 1139–1141.
McIntyre, M. E., »Lucidity and Science III: Hypercredulity, Quantum Mechanics and Scientific Truth«, *Interdisciplinary Science Reviews* 23/1998, S. 29–70.
McKinney, W., *Plausibility and Experiment – Investigations in the Context of the Pursuit*, Bloomington 1992.
McMullin, E., »Galilean Idealization«, *Studies in History and Philosophy of Science* 16/1985, S. 247–272.
McMullin, E., »The Goals of Natural Science«, in: Hronszky, I., u. a., (Hg.), *Scientific Knowledge Socialized*, Dordrecht 1988, S. 27–58.
Medin, D. L., u. Atran, S., (Hg.), *Folkbiology*, Cambridge/Mass. 1999.
Meinel, C., *Ruhmkorff, Röntgen, Regensburg: Historische Instrumente zur Gasentladung*, Universität Regensburg, 1997.
Meinel, C., u. Renneberg, M., (Hg.), *Geschlechterverhältnisse in Medizin, Naturwissenschaft und Technik*, Bassum 1996.
Melanchthon, Ph., *Elementa Rhetorices Libri Duo*, 1542, abgedr. in: *Corpus Reformatorum*, Bd. 13, hg. v. K. G. Bretschneider, Halle 1846, Nachdruck New York 1963, Sp. 417–508.
Mele, A. R., »Motivational Strength«, *Nous* 32/1998, S. 23–36.
Mendel, G., *Versuche über Pflanzenhybriden – Zwei Abhandlungen 1866 und 1870*, hg. v. E. v. Tschermak-Seysenegg, 7. Aufl. Frankfurt/M. 1995.
Merton, R. K., »Wissenschaft und demokratische Sozialstruktur«, engl. 1942, in: Weingart, P., (Hg.), *Wissenschaftssoziologie*, Bd. 1, Frankfurt/M. 1972, S. 45–59.
Messeri, A. M., »Age Differences in the Reception of New Scientific Theories – The Case of Plate Tectonics Theory«, *Social Studies of Science* 18/1988, S. 91–112.
Metcalfe, J. F., »Whewell's Developmental Psychologism: A Victorian Account of Progress«, *Studies in History and Philosophy of Science* 22/1991, S. 117–139.
Metzger, H., *La philosophie de la matière chez Lavoisier*, Paris 1935.
Metzger, H., »L'historien des sciences doit-il se faire le contemporain des savants dont il parle?, 1993, abgedr. in Metzger, *Méthode philosophique*, S. 9–21.
Metzger, H., »Le rôle de précurseurs dans l'évolution de la science«, 1937–9, in: Metzger, *Méthode philosophique*, S. 75–91.
Metzger, H., *La Méthode philosophique en histoire des sciences. Textes 1914–1939*, hg. v. G. Freudenthal, Paris 1987.
Meusburger, P., *Bildungsgeographie – Wissen und Ausbildung in der räumlichen Dimension*, Heidelberg 1998
Meyenn, K. v., (Hg.), *Quantenmechanik und Weimarer Republik*, Braunschweig 1994.
Meyenn, K. v., »Ist die Quantentheorie milieubedingt?«, in: ders., (Hg.), *Quantenmechanik und Weimarer Republik*, Braunschweig/Wiesbaden 1994, S. 3–58.
Meyenn, K. v., »Literaturverzeichnis – Die Biographie in der Physikgeschichte«, in: ders., (Hg.), *Die großen Physiker*, Bd. 1, München 1997, S. 479–86.

[Meyers], »Blut und Blutbewegung II: Hämodynamische Apparate«, *Meyers Großes Konversationslexikon*, 6. Aufl. Leipzig 1905, S. II–IV, eingelegt zwischen S. 82–83.

[Meyers], »Realschule«, in: *Meyers Großes Konversationslexikon*, 6. Aufl. Leipzig 1908, S. 649–651.

Mill, J. St., »On Nature«, 1874, abgedr. in: ders., *Nature, The Utility of Religion and Theism*, London 1904, S. 7–33.

Mill, J. St., *System der deduktiven und induktiven Logik*, Bd. 1, übers. v. J. Schiel, 3. Aufl. Braunschweig 1868.

Miller, A. I., »Imagery and Metaphor: The Cognitive Science Connection«, in: Radman, Z., (Hg.), *From a Metaphorical Point of View – A Multidisciplinary Apprach to the Cognitive Content of Metaphor*, Berlin 1995, S. 198–224.

Miller, A. I., »Scientific Creativity: A Comparative Study of Henri Poincare and Albert Einstein«, *Creativity Research Journal* 5/1992, S. 385–418.

Miller, A. I., *Imagery in Scientific Thought – Creating 20th-Century Physics*, Cambridge/Mass. 1984.

Miller, G. A., »The Magical Number Seven Plus or Minus. Some Limits on Our Capacity for Processing Information«, *Psychological Review* 63/1956, S. 81–97.

Millikan, R. G., »Perceptual Content and Fregean Myth«, *Mind* 100/1991, S. 441–456.

Minkowski, H., »Das Neue Atlantis des Francis Bacon und die Leopoldina-Carolina«, *Archiv für Kulturgeschichte* 26/1936, S. 283–95.

Mirowski, P., »On Playing the Economics Trump Card in the Philosophy of Science: Why It Did not Work for Michael Polanyi«, *Philosophy of Science*, Suppl. 64/1997, S. 127–138.

Misiek, J., (Hg.), *The Problem of Rationality in Science and Its Philosophy. On Popper vs. Polanyi*, Dordrecht 1995.

Mitroff, I., u. Kilmann, R. H., »Systematic Knowledge – Toward an Integrated Theory of Science«, *Theory and Society* 4/1977, S. 103–29.

Mittelstraß, J., (Hg.), *Zukunft des Wissens* – XVIII. Deutscher Kongreß für Philosophie Konstanz, 4.–8. Oktober 1999, Konstanz 1999.

Molland, G., »Roger Bacon's *De Laudibus Mathematicae*. A Preliminary Study«, in: Sylla, E., u. McVaugh, M., (Hg.), *Texts and Contexts in Ancient and Medieval Science – Studies on the Occasion of John E. Murdochs Seventieth Birthday*, Leiden 1997, S. 68–83.

Morillo, C. R., »Epistemic Luck, Naturalistic Epistemology and the Ecology of Knowledge or What the Frog Should have Told Dretske«, *Philosophical Studies* 46/1984, S. 109–130.

Moser, H., *Karl Simrock. Universitätslehrer und Poet, Germanist und Erneuer von ›Volkspoesie‹ und älterer ›Nationalliteratur‹ – Ein Stück Literatur-, Bildungs- und Wissenschaftsgeschichte des 19. Jahrhunderts*, Bonn 1976.

Moser, P. K., u. Mele, A. R., »Intentional Action«, *Nous* 28/1994, S. 39–68.

Mulkay, M., u. Gilbert, G. N., »Replication and Mere Replication«, *Philosophy of the Social Sciences* 16/1986, S. 21–37.

Mulkay, M., u. Gilbert, G., *Opening Pandora's Box. A Sociological Analysis of Scientists' Discourse*, Cambridge 1984.

Müller, A. W., *Was taugt die Tugend? – Elemente einer Ethik des guten Lebens*, Stuttgart 1998.

Müller, A., *Galileo Galilei und das kopernikanische Weltsystem*, Freiburg 1909.

Müller, J., *Bestätigung des Bellschen Lehrsatzes, daß die doppelte Wurzel der Rückenmarksnerven verschiedene Funktionen habe, durch neue und entscheidende Experimente*, Berlin 1832.

Müller-Hill, B., *The* Lac *Operon. A Short History of a Genetic Paradigm*, Berlin 1996.

Mullin, R. B., *Miracles and the Modern Religious Belief*, New Haven 1999.

Mullins, N., u. a., »The Structural Analysis of a Scientific Paper«, in: Raan, A., F. J. van, (Hg.), *Handbook of Quantitative Studies of Science and Technology*, North-Holland 1988, S. 81–105.

Musgrave, A., »Realism versus Constructice Empiricism«, 1985, abgedr. in: Curd u. Cover, (Hg.), *Philosophy of Science*, S. 1088–1113.

Mylott, A., »Cells, Life Force, and Reductionism in the Botany of Matthias Jacob Schleiden«, in: *Ideengeschichte und Wissenschaftsphilosophie*, Fs. f. L. Geldsetzer, hg. v. R. Dodel u. a., Köln 1997, S. 183–96.

Nagel, Th., »Glück gehabt! Zufall als moralisches Problem«, engl. 1976, in: ders., *Über das Leben, die Seele und den Tod*, Königstein 1984, S. 39–54.

[National Instititutes of Health], *NIH Policy Relating to Deposititon of Atomic Coordinates Into Structural Databases.* NIH-Mitteilung vom 29.1.1999, http://www.rcsb.org/pdb/nih-policy.html. eingesehen am 20.4.1999.

Nersessian, N. J., »How Do Scientists Think? Capturing the Dynamics of Conceptual Change in Science«, in: Giere, R. N., (Hg.), *Cognitive Models of Science*, Minneapolis 1992, S. 3–44.

[Neurath, O., u. a.], *Wissenschaftliche Weltanschauung – Der Wiener Kreis*, Wien 1929.

Newell, A., u. Simon, H. A., *Human Problem Solving*, Englewood Cliffs 1972.

Newton, N., *Foundations of Understanding*, Philadelphia 1996.

Newton-Smith, W. H., (Hg.), *A Companion to the Philosophy of Science*, Oxford 2000.

Nickles, Th., »Deflationary Methodology and Rationality of Science«, *Philosophica* 58,2/1996, S. 9–50.

Nickles, Th., »Justification as Discoverability II«, *Philosophia Naturalis* 21/1984, S. 563–76.

Nida-Rümelin, J., »Wissenschaftsethik«, in: ders., (Hg.), *Angewandte Ethik – Bereichsethiken und ihre theoretische Fundierung*, Stuttgart 1996, S. 779–805.

Niiniluoto, I., »Scientific Progress«, in: ders., *Is Science Progressive?* Dordrecht 1984, S. 75–108.

Nischik, T.-M., »Forscher – Eine etymologische Studie, unter besonderer Berücksichtigung von Konrad von Megenburgs ›Buch der Natur‹«, in: Diemer, A., (Hg.), *Konzeption und Begriff der Forschung in den Wissenschaften des 19. Jahrhunderts*, Meisenheim 1978, S. 1–10.

North, J. D., »The Reluctant Revolutionaries. Astronomy after Copernicus«, *Studia Copernicana* 13/1975, S. 169–84.

Nunes, T. A. D., u. a., *Street Mathematics and School Mathematics*, Cambridge 1993.

Nye, M. J., »National Styles? French and English Chemistry in the Nineteenth and Early Twentieth Centuries«, *Osiris* (Neue Serie) 8/1993, S. 30–52.

Nye, M. J., *Science in the Provinces, Scientific Communities and Provincial Leadership in France 1860–1930*, Berkeley 1986.

Nye, M. J., *The Question of the Atom*, Los Angeles 1984.

O'Connor, P. D. T., *Zuverlässigkeitstechnik – Grundlagen und Anwendungen*, engl. 1981, übers. v. G. Panullo u. F. Bader, Weinheim 1990.

Oeser, E., »Copernicus und die ägyptische Hypothese. Ein Beitrag zur Frage nach der Struktur wissenschaftlicher Revolutionen«, *Philosophia Naturalis* 14/1974, S. 276–308.

Ogilvie, M. B., Women and Science: An Annotated Bibliography, New York 1996.

Ohnishi, H., u. a. »Similarity by Feature Creation: Reexamination of the Asymmetry of Similarity«, in: *Proceedings of Sixteenth Annual Conference of Cognitive Science Society*, Hillsdale 1994, S. 687–92.

Olby, R., *The Origins of Mendelism*, 2. Aufl. Chicago 1990.

Oldroyd, D., *The Arch of Knowledge – An Introductory Study of the History and Methodology of Science*, New York 1986.

Ophir, A., u. Shapin, S., »The Place of Knowledge: A Methodological Survey«, *Science in Context* 4/1991, S. 3–21.

Oruka, O. H., »Grundlegende Fragen der afrikanischen ›Sage-Philosophy‹, in: Wimmer, F. M., (Hg.), *Vier Fragen zur Philosophie in Afrika, Asien und Lateinamerika*, Wien 1988, S. 35–54.

Oruka, O. H., *Sage Philosophy: Indigenious Thinkers and Modern Debate on African Philosophy*, Leiden 1990.

Ostwald, W., *Große Männer*, Leipzig 1909.

Pais, A., *›Raffiniert ist der Herrgott ...‹ Albert Einstein – Eine wissenschaftliche Biographie*, engl. 1982, übers. v. R. Sexl, u. a., Braunschweig/Wiesbaden 1986.

Panofsky, D. u. E., »Pandora und die Unwissenheit: Rosso Fiorentino«, in: dies., *Die Büchse der Pandora – Bedeutungswandel eines mythischen Symbols*, engl. 1956, Frankfurt/M. 1992, S. 46–65.

Papineau, D., »Introduction«, in: ders., (Hg.), *The Philosophy of Science*, S. 1–20. Oxford 1996.

Papineau, D., *Philosophical Naturalism*, Oxford 1993.

Papineau, D., *Science and Truth*, Inaugural Lecture, King's College London, London 1992.
Pasquinelli, A., »Le repliche lavoisieriane all'*Essay on phlogiston* di R. Kirwan«, *Rivista di filosofia* 76/ 1985, S. 425–433.
Paul, C. B., *Science and Immortality – The Éloges of the Paris Academy of Sciences (1699–1791)*, Berkeley 1980.
Pauli, W., »Exclusion Principle, Lorentz Group and Reflection of Space-Time and Change«, in: ders., (Hg.), *Niels Bohr and the Development of Physics – Essays Dedicated to Niels Bohr on the Occasion of His Seventieth Birthday*, New York 1955, S. 30–55.
Peacocke, C., »Analogue Content«, *Proceedings of the Aristotelian Society*, Suppl. Bd. 60/1986, S. 1–17.
Pearce Williams, L., »Should Philosophers be Allowed to Write History?«, *British Journal for the Philosophy of Science* 26/1975, S. 241–53.
Peijnenburg, J., »Are There Mental Entities? Some Lessons from Hans Reichenbach«, *Sorites* 11/1999, S. 66–81.
Peirce, Ch. S., »Three Types of Reasoning«, in: ders., *Collected Papers*, Bd. 5, Abs. 151–179, S. 94–111.
Peirce, Ch. S., »Truth«, in: ders., *Collected Papers*, Bd. 5, Abs. 549–573, S. 388–398.
Peirce, Ch. S., *Collected Papers*, Bde. 1–6 hg. v. C. Hartshorne u. P. Weiss, Bde. 7–8 hg. von A. W. Burks, Cambridge 1931 ff.
Pera, M., »In Praise of Cumulative Progress«, in: Pitt, J. C., (Hg.), *Change and Progress in Modern Science*, Dordrecht 1985, S. 267–82.
Perutz, M. F., »The Medical Research Council Laboratory of Molecular Biology«, http://www.nobel.se/essays/perutz/index.html. eingesehen am 12.6.98.
Petrosk, H., *The Engineer is Human: The Role of Failure in Successful Design*, New York 1985.
Pincoffs, E. L., »Ethics as an Explanatory Undertaking«, in: Horowitz, I. L., (Hg.), *Ethics, Science, and Democracy*, New Brunswick 1987, S. 29–37.
Pincoffs, E. L., »Virtues«, in: Becker, L. J., u. Becker, C., (Hg.), *The Encyclopedia of Ethics*, Bd. 2, London 1992, S. 1283–88.
Pincoffs, E. L., *Quandaries and Virtue – Against Reductivism in Ethics*, Kansas 1986.
Plantinga, A., *Warrant and Proper Function*, Oxford 1993.
Platon, *Menon*, in: ders., *Werke*, gr. u. dt., Bd. 2, hg. v. G. Eigler, Darmstadt 1973, S. 505–599.
Poincaré, H., *Wissenschaft und Hypothese*, frz. 1902, Berlin 1904.
Polanyi, M., »Commentary on T. S. Kuhn's ›The Function of Dogma in Scientific Research‹«, in: Crombie, A. C., (Hg.), *Scientific Change*, London 1963, S. 375–380.
Polanyi, M., *Personal Knowledge – Towards a Post Critical Philosophy*, 2. Aufl. Chicago 1962.
Polanyi, M., *Society, Economics & Philosophy – Selected Papers*, hg. v. R. T. Allen, New Brunswick 1997, 361–72.
Polanyi, M., The Republic of Science: Its Political and Economic Theory«, in: Grene, M., (Hg.), *Michael Polanyi, Knowing and Being*, Chicago 1969, S. 49–72.
Polanyi, M., *The Tacit Dimension*, 2. Aufl. Gloucester 1983.
Polikarov, A., »Über den Charakter von Einsteins philosophischem Realismus«, *Philosophia Naturalis* 26/1989, S. 135–58
Pope, M., *Die Rätsel alter Schriften – Hieroglyphen, Keilschrift, Linear B*, engl. 1975, Bergisch Gladbach 1978.
Popper, K., *Logik der Forschung*, 7. Aufl. Tübingen 1982.
Popper, K., *Objective Knowledge*, Oxford 1973.
Presbey, G., »Who Counts as a Sage? Problems in the Further Implementation of Sage Philosophy«, *Quest: Philosophical Discussions* 11/1997, S. 53–65.
Psillos, S., »A Philosophical Study of the Transition from the Caloric Theory of Heat to Thermodynamics. Resisting the Pessimistic Meta-Induction«, *Studies in History and Philosophy of Science*, 25/ 1994, S. 159–190.
Ptolemaios, C., *Mathematike syntaxis*, in: ders., *Opera omnia*, hg. v. J. L. Heiberg, Bd. 1, Leipzig 1898.
Pulte, H., »›... sondern Empirismus und Speculation sich verbinden sollen‹ – Historiographische Überlegungen zur bisherigen Rezeption des wissenschaftstheoretischen und naturphilosophischen Werkes von J. F. Fries und einige Gründe für dessen Neubewertung«, in: Hogrebe u. Hermann, (Hg.), *Fries*, S. 57–94.

Pulte, H., »Neuere Newtoniana: Zum 350. Geburtsjahr Isaac Newtons (1643–1727)«, *Journal for General Philosophy of Science* 24/1993, S. 169–85.
Pulte, H., *Das Prinzip der kleinsten Wirkung und die Kraftkonzeptionen der Rationalen Mechanik*, Stuttgart 1989.
Pulte, H., *Mathematische Naturphilosophie im Übergang. Eine wissenschaftstheoriegeschichtliche Untersuchung zum Verhältnis von Axiomatik und Empirie von Newton bis Neumann*, Habil.schrift Ruhr-Universität Bochum 2000.
Purnell, F., »Jacopo Mazzoni and Galileo«, *Physis* 14/1972, S. 273–294.
Putman, D. A., »Virtue and the Practice of Modern Medicine«, *Journal of Medicine and Philosophy* 13/1988, S. 433–43.
Putnam, H., »Der Einfluß der Wissenschaft auf moderne Rationalitätsauffassungen«, in: ders., *Vernunft, Wahrheit und Geschichte*, engl. 1981, übers. v. J. Schulte, Frankfurt/M. 1982, S. 232–65.
Putnam, H., *Die Bedeutung von ›Bedeutung‹*, engl. 1975, übers. v. W. Spohn, Frankfurt/M. 1979.

Quine, W. V. O., »Reply to Smart«, in: Davidson, D., Hintikka, J., (Hg.), *Words and Objections*, Dordrecht 1969, S. 292–94.
Quine, W. V. O., *Word and Object*, Cambridge/Mass. 1960.

Raabe, P., *Die Bibliothek als humane Anstalt betrachtet – Plädoyer für die Zukunft der Buchkultur*, Stuttgart 1986.
Raether, M., »Dantis Ulixes Figura Poetae – Eine typologische Interpretation von Inferno 26 als Poetik der Divina Commedia«, *Poetica* 13/1981, S. 280–308.
Ramoni, M., u. a., »An Epistemological Framework for Medical Knowledge-Based Systems«, *IEEE Transcations on Systems, Man, and Cybernetics* 22/1992, S. 1361–1375.
Ramsey, F. P., »Knowledge«, in: ders., *The Foundations of Mathematics and Other Essays*, Cambridge 1931, hg. v. R. B. Braithwaite, S. 258–259.
Raphael, D. D., *Adam Smith*, engl. 1985, übers. v. U. Rennert, Frankfurt 1991.
Rawls, J., *A Theory of Justice*, Cambridge/Mass. 1971.
Rawls, J., *Eine Theorie der Gerechtigkeit*, engl. 1971, übers. v. H. Vetter, 10. Aufl. Frankfurt 1998.
Redondi, P., (Hg.), *Notes de cours et inédits d'Alexandre Koyré*, Paris 1987.
Rehmann-Sutter, Ch., »Frankensteinian Knowledge«, *Monist* 79/1996, S. 264–279.
Reichenbach, H., »Bemerkung (zu Karl Popper, ›Ein Kriterium des empirischen Charakters theoretischer Systeme‹)«, *Erkenntnis* 3/1932, S. 427–428.
Reichenbach, H., »Die philosophische Bedeutung der Relativitätstheorie«, 1949, abgedr. in: ders., *Gesammelte Werke*, Bd. 4, hg. v. A. Kamlah u. M. Reichenbach, Braunschweig 1983, S. 318–337.
Reichenbach, H., »Zur Induktions-Maschine«, *Erkenntnis* 5/1935, S. 172–173.
Reichenbach, H., *Axiomatik der relativistischen Raum-Zeit-Lehre*, 1924, abgedr. in: ders., *Gesammelte Werke*, Bd. 3, hg. v. A. Kamlah, Braunschweig 1977, S. 11–171.
Reichenbach, H., *Der Aufstieg der wissenschaftlichen Philosophie*, engl. 1951, 2. Aufl. Braunschweig 1968.
Reichenbach, H., *Elements of Symbolic Logic*, New York 1947.
Reichenbach, H., *Erfahrung und Prognose*, engl. 1938, ders., *Gesammelte Schriften*, Bd. 4, hg. v. A. Kamlah u. M. Reichenbach, Braunschweig 1983.
Reif, P., »The Textbook Tradition in Natural Philosophy 1600–1750«, *Journal of the History of Ideas* 30/1969, S. 17–32.
Reilly, C., »A Catalogue of Jesuitica in the Philosophical Transactions of the Royal Society of London«, *Archivum Historicum Societatis Iesu* 27/1958, S. 339–362.
Reiter, R., A Logic for Default Reasoning«, *Artificial Intelligence* 13/1980, S. 81–132.
Rescher N., *Cognitive Economy – The Economic Dimension of the Theory of Knowledge*, Pittsburgh 1989.
Rescher, N., »Philosophie am Ende des Jahrhunderts«, *Deutsche Zeitschrift für Philosophie* 43/1995, S. 775–787.
Rescher, N., *A Useful Inhertitance – Evolutionary Aspects of the Theory of Knowledge*, Savage 1990.
Rescher, N., *Die Grenzen der Wissenschaft*, engl. 1984, übers. v. L. B. Puntel, Stuttgart 1985.

Rescher, N., *Luck – The Brilliant Randomness of Everyday Life*, New York 1995.
Rescher, N., *Objectivity. The Obligations of Impersonal Reason*, Notre Dame 1997.
Rescher, N., *Peirce's Philosophy of Science – Criticial Studies in His Theory of Induction and Scientific Method*, Notre Dame 1978.
Rescher, N., *Plausible Reasoning*, Assen 1976.
Resnik, D. B., *The Ethics of Science*, London 1998.
Rheinberger, H. J., (Hg), *Räume des Wissens: Repräsentation, Codierung, Spur*, Berlin 1997.
Rheinberger, H. J. u. a., (Hg.), *Experimentalisierung des Lebens*, Berlin 1993. Rheinberger, H. J., *Experiment – Differenz- Schrift. Zur Geschichte epistemischer Dinge*, Marburg 1992.
Richards, N., »Luck and Desert«, in: Statman, D., (Hg.), *Moral Luck*, New York 1993, S. 167–180.
Ridley, M., *Die Biologie der Tugend – Warum es sich lohnt, gut zu sein*, engl. 1996, übers. v. A. Johansen u. A. Weiland, Berlin 1999.
Rieß, F., »Erkenntnis durch Wiederholung – eine Methode zur Geschichtsschreibung des Experiments«, in: Heidelberger, M. u. Steinle, F., (Hg.) *Experimental Essays – Versuche zum Experiment*, Baden-Baden 1998, S. 157–172.
Risse, W., *Die Logik der Neuzeit*, Bd. 1 (1500–1600), Stuttgart 1964.
Ritter, J., u. a., (Hg.), *Historisches Wörterbuch der Philosophie*, 12 Bde., Basel 1971 ff.
Roberts, R. C., »Will Power and the Virtues«, *Philosophical Review* 93/1984, S. 227–284.
Roberts, R. M., *Serendipity: Accidental Discoveries in Science*, New York, 1989.
[Robortello, F.], *Francisci Robortelli Utinensis De arte sive ratione corrigendi antiquorum libros disputatio*, 1557, beigebunden in: Schoppe, C., *De arte critica [...] commentariolus*, Amsterdam 1662, S. 98–121.
Rocke, A. J., »Hypothesis and Experiment in the Early Development of Kekulés Benzene Theory«, *Annals of Science* 42/1985, S. 355–382.
Röntgen, C., »Über eine neue Art von Strahlen (Vorläufige Mitteilung)«, *Sitzungsberichte der physikal.-medicin. Gesellschaft Würzburg* 1895, S. 132–141.
Roesler, A., *Illusion und Relativismus.* Zu einer Semiotik der Wahrnehmung im Anschluß an Charles S. Peirce, Paderborn 1999.
Rogers, G. A. J., »Locke«, in: Newton-Smith, (Hg.), *Companion*, S. 229–232.
Ross, M., »Relation of Implicit Theories to the Construction of Personal Histories«, *Psychological Review* 96/1989, S. 341–357.
Rothbart, D., *Explaining the Growth of Scientific Knowledge: Metaphors, Models, and Meanings*, New York 1997.
Ruderman,. D., *Jewish Thought and Scientific Discovery in Early Modern Europe*, New Haven 1995.
Rudwick, M. J. S., »Darwin and Glen Roy: A ›Great Failure in Scientific Method?«, *Studies in History and Philosophy of Science* 5/1974, S. 97–185.
Rungaldier, E., *Was sind Handlungen? Eine Auseinandersetzung mit dem Naturalismus*, München 1996.
Ruse, M., »Biological Species: Natural Kinds, Individuals or What?«, *British Journal for the Philosophy of Sience* 38/1987, S. 225–242.
Russell, B., *An Outline of Philosophy*, London 1927.
Russell, C. A., *Science and Social Change 1700–1900*, London 1983.
Russell, J. L., »What was the Crime of Galileo?«, *Annals of Science* 52/1995, S. 403–10.
Russell, S. J., *Do the Right Thing: Studies in Limited Rationality*, Cambridge/Mass. 1991.
Rutherford, E., »A Radioactive Substance Emitted from Thorium Compounds«, 1900, Nachdruck in: *The Collected Works of Lord Rutherford of Nelson*, Bd. 1, hg. v. J. Chadwick, London 1962, S. 220–231.
Ryan, M. D., u. Schobbens, P., »Belief Revision and Verisimilitude«, *Notre Dame Journal of Formal Logic* 36/1995, S. 15–29.

Sachtleben, R., »Max von Pettenkofer«, in: Gerlach, W., (Hg.), *Der Natur die Zunge lösen – Leben und Leistung großer Forscher*, München 1967, S. 250–61.
Salmon, W. C., »Rationality and Objectivity in Science or Tom Kuhn Meets Tom Bayes«, in: Savage, W. C. W., (Hg.), *Scientific Theories*, Minneapolis 1990, S. 175–204.

Sarkar, H., *A Theory of Method*, Berkeley 1983.
Savage, L., *The Foundations of Statistics*, New York 1954.
Schabert, I., »Der gesellschaftliche Ort weiblicher Gelehrsamkeit – Akademieprojekte, utopische Visionen und praktizierte Formen gelehrter Frauengemeinschaft in England 1660«, in: Garber u. Wismann, (Hg.), Bd. 1, S. 755–89.
Schäfer, L., *Erfahrung und Konvention – zum Theoriebegriff der empirischen Wissenschaften*, Stuttgart 1974.
Schaller, W. E., »Kant's Architectonic of Duties«, *Philosophy and Phenomenological Research* 48/1987, S. 299–314.
Schleiden, M. J., *Grundzüge der wissenschaftlichen Botanik – Methodologische Einleitung*, 1861, abgedr. in: ders., *Schriften*, S. 45–196.
Schleiden, M. J., *Schellings und Hegels Verhältnis zur Naturwissenschaft*, 1844, abgedr. in: ders., *Schriften*, S. 197–264.
Schleiden, M. J., *Wissenschaftsphilosophische Schriften*, hg. v. U. Charpa, Köln 1989.
Schmitt, F., »Justification, Sociality, and Autonomy«, *Synthese* 73/1987, S. 43–85.
Schneewind, J. B., »The Misfortunes of Virtue«, *Ethics* 101/1990, S. 42–63.
Schneewind, J. B., »Virtue, Narrative and Community«, *Journal of Philosophy* 79/1982, S. 653–663.
Schneider, H., *Das griechische Technikverständnis*, Darmstadt 1989.
Scholtz, G., »Ethik und Hermeneutik«, in: ders., *Ethik und Hermeneutik – Schleiermachers Grundlegung der Geisteswissenschaften*, Frankfurt/M. 1995, S. 126–146.
Schönberger, R., »Tugend (II. Mittelalter), in: Ritter u. Gründer, (Hg.), *Historisches Wörterbuch der Philosophie*, Bd. 10, Sp. 1548–1554.
Schöne, A., u. Henkel, A., *Emblemata – Handbuch zur Sinnbildkunst des XVI. und XVII. Jahrhunderts*, Stuttgart 1967.
Schrödinger, E., »Ist die Naturwissenschaft milieubedingt?« in: ders., *Über Indeterminismus in der Physik – Ist die Naturwissenschaft milieubedingt? Zwei Vorträge zur Kritik der naturwissenschaftlichen Erkenntnis*, Leipzig 1932, S. 25–62.
Schurz, G., (Hg.), *Erklären und Verstehen in der Wissenschaft*, München 1988.
Schurz, G., u. Lambert, K., »Outline of a Theory of Scientific Understanding«, *Synthese* 101/1994, S. 65–120.
Segal, G., »Defence of a Reasonable Individualism«, *Mind* 100/1991, S. 485–94.
Senger, H., »›Wanderer am Weltenrand‹ – ein Raumforscher um 1530? Überlegungen zu einer peregrinatio inventiva«, in: Aertsen, J., u. Speer, A., Hg.), *Raum und Raumvorstellungen im Mittelalter*, Berlin 1998, S. 793–825
Sepper, D. L., *Goethe Contra Newton – Polemics and the Project for a New Science of Colour*, Cambridge 1988.
Sextus Empiricus, *Grundriß der pyrrhonischen Skepsis*, eingeleitet u. übers. v. M. Hossenfelder, Frankfurt/M. 1968.
Shapin, S., *A History of Truth: Civilty and Science in Seventeenth-Century England*, Chicago 1994.
Shapin, S., *The Scientific Revolution*, Chicago 1996.
Shapin, S., u. Schaffer, S., *Leviathan and the Air-Pump: Hobbes, Boyle, and the Experimental Life*, Princeton 1985.
Shea, W. R., »Descartes: Methodological Ideal and Actual Procedure«, *Philosophia Naturalis* 21/1984, S. 577–89.
Shelp, E. E., Hg., *Virtue and Medicine – Explorations in the Character of Medicine*, Dordrecht 1985.
Shepard, R. N., »The Perceptual Organization of Colors: An Adaptation to Regularities of the Terrestrial World?«, in: Barkow, J., u. a., (Hg.), *The Adapted Mind: Evolutionary Psychology and the Generation of Culture*, Oxford 1992, S. 495–532.
Shore, B., *Culture in Mind: Cognition, Culture and the Problem of Meaning*, Oxford 1996.
Shrader-Frechette, K., »Environmental Risk Assessment and Nuclear Waste Disposal«, *Epistemologia* 17/1994, S. 53–72.
Shrader-Frechette, K., *Ethics of Scientific Research*, Boston 1994.
Siegfried, R., »Lavoisier and the Phlogistic Connection«, *Ambix* 36/1989, S. 31–40.
Simon, H. A., *Models of Discovery and Other Topics in the Methods of Science*, Dordrecht 1977.

Simons, P., *Parts – A Study in Ontology*, Oxford 1987.
Simonton, D. K., *Scientific Genius – A Psychology of Science*, Cambridge 1988.
Simonyi, K., *Kulturgeschichte der Physik*, ungar. 1978, Frankfurt/M. 1990.
Singer, W., »Das Bild im Kopf – ein Paradigmenwechsel. Neurobiologische Anmerkungen zum Konstruktivismus-Diskurs«, *Universitas* 55/2000, S. 108–120.
Skinner, Q., »Meaning and Understanding in the History of Ideas«, *History and Theory* 8/1969, S. 3–53.
Slezak, P., »Sociology of Scientific Knowledge and Scientific Education«, *Science and Education* 3/1994, S. 265–294 u. S. 329–55.
Slobodkin, L., »Rez. *Old Wine, New Flasks: Reflections on Science and Jewish Tradition*, hg. v. R. Hoffmann u. S. Leibowitz Schmidt, New York 1997«, *Endeavour* 22,1/1998, S. 36.
Smith, A., *Essays on Philosophical Subjects*, ders., *The Glasgow Edition of the Works and Correspondence*, Bd. 3, hg. v. W. P. D. Wightman u. J. C. Bryce, Oxford 1980.
Smith, B., *Parts and Moments – Studies in Logic and Formal Ontology*, München 1982.
Smith, S. B., *The Great Mental Calculators – The Psychology, Methods, and Lives of Calculating Prodigies, Past and Present*, New York 1983.
Snyder, L. J., »Is Evidence Historical?«, 1994, abgedr. in: Curd u. Cover, (Hg.), *Philosophy of Science*, S. 460–480.
Sober, E., »Let's Razor Occam's Razor«, 1990, abgedr. in: ders., *From a Biological Point of View – Essays in Evolutionary Philosophy*, Cambridge 1994, S. 136–57.
Soentgen, J., »Theorie als Gedächtniskunst«, *Journal for General Philosophy of Science* 28/1997, S. 183–203.
Sokal, A., »Transgressing the Boundaries: Towards a Transformative Hermeneutics of Quantum Gravity«, *Social Text* 46–47/1996, S. 217–252.
Solomon, M., »A More Social Epistemology«, in: Schmitt, F., (Hg.), *Socializing Epistemology: The Social Dimensions of Knowledge*, Lanham 1994, S. 217–233.
Sosa, E., »Testimony«, in: Dancy u. Sosa, (Hg.), *Companion*, S. 503–6.
Sosa, E., *Knowledge in Perspective*, Cambridge 1991.
Sousa, R., *Die Rationalität des Gefühls*, engl. 1987, Frankfurt 1996.
Spinner, H., *Das ›wissenschaftliche Ethos‹ als Sonderethik des Wissens*, Tübingen 1985.
Sprat, Th., *The History of the Royal Society of London For the Improving of Natural Knowledge*, 1667, hg. v. J. Cope u. W. Jones, St. Louis 1958.
Staat, W., »On Abduction, Deduction, Induction, and the Categories«, *Transactions of the Charles S. Peirce Society* 29/1993, S. 225–237.
Staatliche Museen zu Berlin, *Pieter Bruegel d. Ä.*, Kupferstichkabinett, Ausst. Kat. Nr. 67. Berlin 1975.
Steenblock, V., *Theorie der kulturellen Bildung – Zur Philosophie und Didaktik der Geisteswissenschaften*, München 1999
Stegmüller, W., *Probleme und Resultate der Wissenschaftstheorie und Analytischen Philosophie*, Bd. 4, *Personelle und Statistische Wahrscheinlichkeit*, Berlin 1973.
Stemmer, P., »Tugend (I. Antike)«, in: Ritter u. Gründer, (Hg.), *Historisches Wörterbuch der Philosophie*, Bd. 10, Sp. 1532–48.
Stich, S. P., (Hg.), *Deconstructing the Mind*, Oxford 1996.
Stich, S. P., *From Folk Psychology to Cognitive Science: The Case against Belief*, Cambridge/Mass. 1983.
Stich, S. P., *The Fragmentation of Reason*, Cambridge/Mass. 1990.
Stillers, R., *Humanistische Deutung – Studien zu Kommentar und Literaturtheorie in der italienischen Renaissance*, Düsseldorf 1988.
Stoecker, R., *Was sind Ereignisse? Eine Studie zur analytischen Ontologie*, Berlin 1992.
Stopczyk, A., *Was Philosophen über Frauen denken*, München 1980.
Strube, W., »Analyse des Verstehensbegriffs«, *Zeitschrift für allgemeine Wissenschaftstheorie* 16/1985, S. 315–33.
Strube, W., *Der historische Weg der Chemie*, Köln 1989.
Sullivan, P. F., »On Falsification Interpretation of Peirce«, *Transactions of the Charles S. Peirce Society* 27/1991, S. 197–219.
Suppe, F., (Hg.), *The Structure of Scientific Theories*, 2. Aufl. Urbana 1977.

Suppe, F., »Afterword 1977«, in: ders., (Hg.), *Structure*, S. 615–730.
Suppe, F., »The Waning of the Weltanschauungen Views«, in: ders., (Hg.), *Structure*, S. 632–730.
Suppe, F., *The Semantic Conception of Theories and Scientific Realism*, Urbana 1989.
Sutton, C., »›Nullius in verba‹ and ›nihil in verbis‹: Public Understanding of the Role of Language in Science«, *British Journal for the History of Science* 27/1994, S. 55–64.
Sylvan, R., »Modern Myths Concerning Rationality: The Imperatives of Consistency and (Constrained) Maximality«, in: Biderman, S., u. Scharfstein, B.-A., (Hg.), *Rationality in Question*, Leiden 1989, S. 29–57.

Taschwer, K, »Langsame Auskühlung – Irrtumsfolge«, *Heureka* 4/1999, http://www.falter.at.ac. eingesehen am 30.12.1999.
Taylor, J. G., »Breakthrough to Awareness«, *Biological Cybernetics* 75/1996, S. 59–72.
Taylor, J. G., *Where and How Does Consciousness Emerge?*, Skript, King's College, 1996.
Taylor, T. J., »Liberalism in Lockean Linguistics«, *Historiographia Linguistica* 17/1990, S. 99–109.
Teichmann, J., *Wandel des Weltbildes*, Darmstadt 1983.
Tetens, H., »Der gemäßigte Naturalismus der Wissenschaften« in: Keil, G., u. Schnädelbach, H., (Hg.), *Naturalismus – Philosophische Beiträge*, Frankfurt/M. 2000, S. 273–288.
Tetens, H., *Geist, Gehirn, Maschine – Philosophische Versuche über ihren Zusammenhang*, Stuttgart 1994.
Thagard, P., »Mind, Society, and the Growth of Knowledge« *Philosophy of Science* 61/1994, S. 629–645.
Thagard, P., *Computational Philosophy of Science*, Cambridge/Mass.1988.
Thagard, P., *Conceptual Revolutions*, Princeton 1992.
Thagard, P., *How Scientists Explain Disease*, Princeton 1999.
Thomsen, M., u. Resnik, D., »The Effectiveness of the Erratum in Avoiding Error Propagation in Physics«, *Science and Engineering Ethics* 1/1995, S. 231–240.
Timmons, H., »Science and Education in the First Half of the Nineteenth Century«, *Endeavour* 1996, S. 140–143.
Tobies, R., (Hg.), *›Aller Männerkultur zum Trotz‹ – Frauen in Mathematik und Naturwissenschaften*, Frankfurt/M. 1997.
Tobies, R., »Einführung: Einflußfaktoren auf die Karriere von Frauen in Mathematik und Naturwissenschaften«, in: dies., (Hg.), *›Aller Männerkultur zum Trotz‹*, S. 17–67.
Tondl, L., »What is the Thematic Structure of Science?«, *Journal for General Philosophy of Science* 29/1998, S. 245–64.
Toulmin, S., *Voraussicht und Verstehen – Ein Versuch über die Ziele der Wissenschaft*, engl. 1961, übers. v. E. Bubser, Frankfurt 1968.
Tulving, E., »How Many Memory Systems Are There?«, *American Psychologist* 40/1985, S. 385–98.
Tuomela, R. »Belief versus Acceptance«, *Philosophical Explorations* 2/2000, S. 122–37.
Tursman, R., *Peirce's Theory of Scientific Discovery – A System of Logic Conceived as Semiotic*, Indianapolis 1987.
Tversky, A., »Features of Similarity«, *Psychological Review* 84/1977, S. 327–52.
Twenhöfel, R., *Wissenschaftliches Handeln – Aspekte und Bestimmungsgründe der Forschung*, Berlin 1991.

Ulam, S. M., *Adventures of a Mathematician*, New York 1976.
Unger, P., *Ignorance: A Case for Scepticism*, Oxford 1975.

Vaihinger, H., *Die Philosophie des Als Ob – System der theoretischen, praktischen und religiösen Fiktionen der Menschheit auf Grund eines idealistischen Positivismus*, 6. Aufl., Leipzig 1920.
Valen, L. M. van, »Species, Sets, and the Derivative Nature of Philosophy«, *Biology and Philosophy* 3/1988, S. 49–66.
Vanek, K., *Aspekte der Hermeneutik im 16. Jahrhundert*, Skript, 1999.
Van Hook, J. M., »Kenyan Sage Philosophy: A Review and Critique«, *Philosophical Forum* 26/1995, S. 54–65.
Velmans, M., »Intersubjective Science«, *Journal of Consciousness Studies* 6/1999, S. 299–306.
Vetterli, R., u. Bryner, G., »Hugo Grotius and Natural Law: A Reinterpretation«, *Political Science Reviewer* 22/1993, S. 370–402.

Vierhaus, R. »Bemerkungen zum sogenannten Harnack-Prinzip. Mythos und Realität«, in: Brocke, B., u. Laitko, H., (Hg.), *Die Kaiser-Wilhelm-/Max-Planck-Gesellschaft und ihre Institute – Studien zu ihrer Geschichte: Das Harnack-Prinzip*, Berlin 1996, S. 129–138.

Vogt, A., »Die Kaiser-Wilhelm-Gesellschaft wagte es: Frauen als Abteilungsleiterinnen«, in: Tobies, (Hg.), *›Aller Männerkultur zum Trotz‹*, S. 203–219.

Vollmer, G., »Gelöste, ungelöste und unlösbare Probleme – Zu den Bedingungen wissenschaftlichen Fortschritts«, in: ders., *Wissenschaftstheorie im Einsatz*, Stuttgart 1993, S. 183–210.

Voss, J. F., u. Silfies, L. N., »Learning from History Texts: The Interaction of Knowledge and Comprehension Skill with Text Structure«, *Cognition and Instruction* 14/1987, S. 45–68.

Vuillemin, J., »On Duhem's and Quine's Thesis«, in: Hahn, L. E., u. Schilpp, P. A., (Hg.), *The Philosophy of W. V. Quine*, La Salle 1986, S. 595–622.

Waerden, B. L. van der, »Mendel's Experiments«, *Centaurus* 12/1968, S. 275–288.

Walker, M. U., »Moral Luck and the Virtues of Impure Agency«, in: Statman, D., (Hg.), *Moral Luck*, New York 1993, S. 235–250.

Wallace, J. D., *Virtues and Vices*, Ithaca 1978.

Wallace, W. A., *Galileo and His Sources: The Heritage of the Collegio Romano in Galileo's Science*, Princeton 1984.

Wallas, G., *The Art of Thought*, New York 1926.

Walsh, W. H., »Colligatory Concepts in History«, in: Gardiner, P., (Hg.), *The Philosophy of History*, Oxford 1974, S. 127–144.

Walzer, R., »Galens Schrift über medizinische Erfahrung«, *Sitzungsberichte der Preußischen Akademie der Wissenschaften – Philologisch-historische Klasse* 1931, S. 449–68.

Walzer, R., *Galen on Medical Experience*, Oxford 1947.

Warrington, E. K., u. Weiskrantz, L., »New Methods of Testing Long-Term Retention with Special Reference to Amnesic Patients«, *Nature* 217/1968, S. 972–974.

Weber, B., »Ubi caelum terrae se coniungit«, *Gutenberg-Jahrbuch* 1973, S. 381–407.

Weintraub, R., »Epistemology without Knowledge?«, *Ratio* (New Series) 4/1991, S. 156–166.

Weintraub, R., »Fallibilism and Rational Belief«, *British Journal for the Philosophy of Science* 44/1993, S. 251–261.

Weiss, B., *Zwischen Physikotheologie und Positivismus, Pierre Prévost (1751–1839) und die korpuskular-kinetische Physik der Genfer Schule*, Berlin 1988.

Westfall, R. S., »Newton and the Fudge Factor«, *Science* 179/1973, S. 751–58.

Westman, R. S., »The Melanchthon Circle, Rheticus and the Wittenberg Interpretation of the Copernican Theory«, *Isis* 88/1975, S. 164–93.

Weyl, H., *Philosophie der Mathematik und der Naturwissenschaft*, München 1966.

Whewell, W., »Mr. Mill's Logic«, 1849, abgedr. in: Butts, R. E., (Hg.), *William Whewell's Theory of Scientific Method*, Pittsburg 1968, S. 265–308.

Whewell, W., *History of the Inductive Sciences*, 1837, 3 Bde, Nachdruck hg. v. G. Buchdahl u. L. Laudan, London 1967.

Whewell, W., *Of a Liberal Education in General*, London 1845.

Whewell, W., *Principles of the English University Education*, London 1837

Whewell, W., *The Philosophy of the Inductive Sciences*, 1840, 2 Bde., Nachdruck hg. v. G. Buchdahl u. L. Laudan, London 1967.

Wiggins, D., *Sameness and Substance*, Cambridge/Mass 1980.

Williams, B., »Acts and Omissions, Doing and Not Doing«, in: Hursthouse, R., u. a., (Hg.), *Virtues and Resons – Philippa Foot and Moral Theory*, Oxford 1995, S. 331–40.

Williams, B., »Kann man sich dazu entscheiden, zu glauben?, in: ders., *Probleme des Selbst*, engl. 1973, übers. v. J. Schulte, Stuttgart 1978, S. 217–41

Williams, B., »Postscript«, in: Statman, D., (Hg.), *Moral Luck*, New York 1993, S. 251–258.

Williams, B., *Moral Luck*, Cambridge 1981.

Williams, P., »Passing on the Torch: Whewell's Philosophy and the Principles of English University Education«, in: Fisch, M., u. Schaffer, S., (Hg.), *William Whewell – A Composite Portrait*, Oxford 1991, S. 117–147.

Wilson, E. O., *Consilience – The Unity of Knowledge*, London 1999.
Winthrop, J., »An Account of the Earthquake felt in New England, and the Neighbouring Parts of America, on the 18th of November 1755. In a Letter to Tho. Birch. D. D., Secret. R. S.«, *Philosophical Transactions of the Royal Society* 50/1757, S. 1–18.
Wobbe, Th. (Hg.): *Frauen in Akademie und Wissenschaft. Arbeitsorte und Forschungspraktiken 1700–2000*, Berlin 2001.
Wolff, Chr., *Vernünftige Gedanken von den Kräften des menschlichen Verstandes und ihrem richtigen Gebrauche in Erkenntnis der Wahrheit*, 1713, Neudruck in: ders., *Gesammelte Werke*, hg. v. H. W. Arndt, I. Abt., Bd. 1, Hildesheim 1965, S. 201–203.
Wolpert, L., u. Richards, A., *Passionate Minds – The Inner World of Scientists*, Oxford 1997.
Woodward, J., u. Goodstein, D., »Conduct, Misconduct and the Structure of Science«, *American Scientist* 84/1996, S. 479–90.
Wußing, H., *Vorlesungen zur Geschichte der Mathematik*, 2. Aufl. Leipzig 1989.
Wyatt, D. J., *The Recluse of Loyang and the Moral Evolution of Eearly Sung Thought*, Honolulu 1996.

Yeo, R., u. Shortland, M., (Hg.), *Telling Lives – Studies of Scientific Biography*, Cambridge 1995.

Zagzebski, L., »Virtue in Ethics and Epistemology«, *American Catholic Philosophical Quarterly* 71/1997 (Supplement), S.1–17.
Zagzebski, L., *Virtues of the Mind – An Inquiry into the Nature and the Ethical Foundations of Knowledge*, Cambridge 1996.
Zahar, E., »Positivismus und Konventionalismus«, *Zeitschrift für allgemeine Wissenschaftstheorie* 11/1980, S. 292–301.
[Zedler], »Zeuge – I. Philosophische Abhandlung«, in: *Grosses vollständiges Universallexikon* [...], Leipzig 1749, Bd. 62, Sp. 16–29.
Zemanek, H., »Information und Ingenieurwissenschaft«, in: Folberth, O., u. Hackl, C., (Hg.), *Der Informationsbegriff in Technik und Wissenschaft*, München 1986, S. 17–52.
Zollinger, H., »Logic and Psychology of Scientific Discoveries: A Case Study in Contemporary Chemistry«, *Perspectives on Science* 5/1997, S. 516–532.
Zuckerman, H., u. Cole, J. R. (Hg.), *The Outer Circle: Women in the Scientific Community*, New York 1991.

Register

Abbe, E. 114, 251
Abderhalden, E. 161, 204, 247
Abduktion 30, 164, 176, 254
Abhängigkeit, epistemische 37, 140, **147–155**, 175, 248, 250–252; **Zeugnishaltigkeit, These d.**
Abraham Ben David 262
Absichten s. Motive
Abwehrfermente 204
Académie des Sciences 1, 46, 199, 200
Accademia del Cimento 148, 254
Achinstein, P. 253
Adam, K. 205
Adäquatheit, Prinzip d. 31
Ad-hoc-Hypothese 6
Affekte 55, 216, 230
Agassi, J. 205, 232
Agazzi, E. 132, 133, 158, 159, 224, 253
Agricola, R. 234
Agrippa von Nettesheim 2, 15
Ägyptische Hypothese, sog. 193, 263
Ähnlichkeit kognitiver Zustände 100–104, 125, 129, 231
Aiton, E. J. 259
Akademien 63, 201, 219
Akzeptation 9, 15, 115, 144, 154, 155, **183–195**, 213, 252, **262**
Albert, H. 232
Alcauly, R. 200
Alembert, d', J. le R. 59
Alexander, W. 251
Alltagsbiologie 238
Alltagsphysik 41, 230, 237, 259
Alltagspsychologie 39, 40, 95, 98, 212, 213, 228
Ampère, A. M. 256
Andrews, C. 257
Anellis. I. H. 255
Angeli, St. degli 195, 265
Annas, J. 216
Annen, M. 216
Anschaulichkeit 122, 240
Anschauung 110–117, 129, 164, 207, 224, 225, 231–235, 237, 260, 262
Anscombe, G. E. M. 221, 251
Anything-Goes-Relativismus 20, 68, 109, 190, 193
Apelt, E. F. 113
Apianus, P. 265
Apollonius v. Perge 126
Apparate 20, 2, 82, 83, 84, 114–117, 143, 144, 154, 157, 159, 160, 162, 173, 207, 208, 225, 249, 251, 252, 253, 258
Apriorismus 35, 37
Archimedes, 2, 28, 82
Aristaios 126
Aristarch 188
Aristoteles, 24, 35, 43, 47, 54, 55, 61, 79, 115, 198, 216, 219, 227, 231, 242, 246, 247, 256, 264, 266
Arnauld, A. 251
Atomismus, chemischer 185
Atran, S. 238
Audi, R. 206, 215, 243, 250
Aufmerksamkeit 113, 128, 237
Ausbildung 2, 3, 63, 64, 67, 109, 113, 127, 129, 138, 201, 225
Axtell, G. 208

Babbage, Ch. 162
Bacon, F. 61, 162, 218, 236, 241, 242, 260, 265
Baconianismus 27, 61, 84, 148, 162, 218, 236, 241, 242, 265
Baddeley, A. D. 247
Balzer, W. 231
Barinaga, M. 218
Barker, P. 231, 265
Barnes, B. 224, 258
Barnes, J. 233
Barsalou, L. W. 231, 232
Bartels, A. 264
Barwise, J. 225, 229
Baumann, P. 251
Bayesianismus 90, 92, 93, 245
Bayle, P. 249
Begriffswechsel 130, 131, 244; s. a. Inkommensurabilität
Begründungszusammenhang 12, 13, 25, 26, 27, 29, 30, 31, 209
Beharrlichkeit 1, 5, 76, 77, 79, 131, 173, 175, 186
Ben-David, J. 7, 199, 201, 219, 221
Bensode-Vincent, B. 244
Benzolring 171, 172, 257, 258
Beobachtung 61, **111–117**, 142, 151, 154, 157, 159, 162, 236, 237–239, 247, 260; s. a. Theoriehaltigkeit, These d.
Bereichstugend 41–48, 214
Berkel, K. van 237
Berlin, I. 58
Bernard, C. 114
Bernays, P. 242
Bernoulli, Jakob. 102, 232
Bernoulli, Johann, 232
Berridge, M. 61
Bescheidenheit 52, 56, 79
Bestätigung 33, 90, 93, 95, 130, 156–163, 17, 212, 245, 260; s. a. Bayesianismus
Betrug 4, 5, 9, 67, 73, 74, 76, 77, 141, 145, 161, 202, 204, 209, 226

Beweglichkeit, kognitive 130–134
Beweis 142, 146, 263
Bewertung, kollegiale 78–80
Bewertung, philosophische 35
Biagioli, M. 254, 260, 261, 264
Bialas, V. 203
Biderman, S. 215
Bieganski, W. 128, 237, 243
Big Science 1, 59
Bildung 2, 3, 201, 224
Bildungsgeographie 242, 244, 258
Biographie 25, **68–70**, 172, 191, **209**, 221
Black, J. 159, 253
Blackmore, J. T. 243
Blancanus, J. 225
Blaue Chronik 169
Bloome, D. 259
Bloor, D. 211
Blumenberg, H. 242
Boas Hall, M. 162, 196, 198, 217, 265
Bödeker, H. E. 210
Bodin, J. 201
Boerhave, H. 96
Bogen, H. 230
Bohm, D. 122, 124, 240
Böhm, L. 219,
Bohr, N. 60, 95, 122, 240
Bonelli, M. L. 243
Bonnet, Ch. 70, 201
Bonsiepen, W. 236
Borelli, G. 126, 265
Borman, S. 257
Born, M. 217
Bouverot, D. 244
Boyd, R. 179, 218, 260, 261
Boyle, R. 42, 132, 133, 149, 211, 241
Brach/Herrmann-Fall 253
Braithwaite, R. 208
Brandmüller, W. 265,
Brandt, R. B. 203, 214
Bratman, M. E. 221, 262
Brewer, W. F. 212, 229, 237, 243, 259
Bridgman, P. W. 230, 240
Brincken, A. D. von d. 266
Brink, C. 259
Brink, J. R. 218
Broad, W. 204
Brocke, B. 200
Brown, H. I. 232, 249
Browning, T. 254,
Brueghel, P. 42, 43
Buchdahl, G. 199, 202, 210, 220, 236, 250, 263
Buchwald, Z. 251
Budd, J. D. 227
Buffon, G. L. L. 132, 244, 245
Bühler, W. K. 256
Bührke, Th. 255
Burckhardt, H. 246
Burge, T. 228
Buridan, J. 230
Burt, C. 204
Burtt, E. 263

C14-Methode 114
Callebaut, W. 202
Calvin, J. 189
Cambridge Crystallographic Data Base 254
Campbell, N. R. 123, 229
Card, S. K. 248
Cardano, G. 70
Carnap, R. 3, 157
Carrier, M. 260
Carruthers, P. 228
Cartwright, N. 206, 238
Case Western Reserve University 76
Cassirer, E. 202, 263
Cataldi Madonna, L. 251
causa finalis 34
Cavendish Laboratory 58
Cavendish, H. 26, 28, 209
CERN 163, 217
Chadarevian, S. de 253
Chadwick, J. 249
Chafin, S. 201
Chalmers, A. F. 135, 138, 245, 246
Champollion, F. 56, 170, 171, 172, 25
Charpa, U. 202, 204, 209, 210, 217, 218, 220, 221, 227, 234, 236, 247, 250
Chen, X. 231
Cherniak, Ch. 212, 223, 252
Chinn, C. A. 212, 229, 241, 243, 259
Chisholm, R. 239, 246
Chladenius, J. M. 251
Christ, W. v. 257
Christianson, S. A. 247
Chu, S. 75
Churchland, P. M. 213, 229, 237
Cicero 52, 200, 216, 234
Clark, H. H. 232
Clavius, C. 190, 193, 195, 225, 260, 264
Clifford, W. K. 262
Cline, D. 163
Coady, C. A. J. 250, 251
Coe, M. D. 257
Cohen, H. F. 67
Cohen, I. B. 263
Cohen, L. J. 262
Cohen, S. 234, 250
Cohen, T. 192, 193
Cohen-Tannoudji, C. 75–77, 199, 200
Cohn, L. 220
Cole, J. R. 218
Collège de France 75
Collins, A. 215

Collins, H. 7, 203, 253
Condillac, E. de, 246
Conley, S. 215
consilience v. Tugendzuschreibungen 69, 70, 74
consilience, wissenschaftliche 81, 152, 160, 162, 254
constraints v. Hypothesen 28
Crisciani, C. 201
Crisp, R. 216
C-Rohr-Versuch 237
Crombie, A. C. 206, 218, 244
Csikszentmihalyi, M. 255
Cummisky, D. 261,
Curd, M. 204, 205, 253, 259
Curie, M. 58
Cushing, J. T. 220
Cuvier, G. 256

D'Elia, P. M. 260, 264
Damasio, A. R. 216
Dancy, J. , 206, 208, 234, 250
Danneberg, L. 251
Dante 201
Danto, A. 246
Darden, L. 258
Darley, J. M. 222
Darwin, Ch. 56, 60, 61, 67, 73, 75, 132, 133, 217, 231,
Daston, L. 218, 254
David, P. A. 207
Davidson, D. 106, 212, 229, 246, 251, 258
Davies, M. 228
Davis, D. F. 202
Davis, P. J. 242
Dawkins, R. 106, 230
De Mey, M. 229
De Regt, H. W. 240, 260
Dear, P. 225, 233, 234, 250, 254
DeBeer, G. 231
Deichmann, U. 199, 200, 204, 219, 245, 247, 254
Delbrück, M. 200
Denkstil s. Stil
Dennett, D. 220, 223, 246
Descartes, R. 53, 89, 106, 107, 142, 146, 208, 209, 216, 233, 239, 241, 255, 260, 262, 263
Deutsche Physik, sog. 134
Diagnose 128, 237, 255
Dicquemare, A. 166, 169, 256
Didymos 69
Diemer, A. 209, 210, 217, 259, 263
Dillon, B. S. 207
Dilthey, W. 241
Dilworth, C. 236
Diodor, 224
Dionysios Thrax, 127, 128
Dirlmeier, F. 54, 216,
DNS 175
Donahue, W. H. 203
Dougherty, E. M. 207
Dray, W. 223
Dretske, F. 107, 226, 227, 233, 234, 239, 250, 255
Drieschner, M. 240
Drosophila melanogaster 113, 202
Du Bois-Reymond, E. 62, 206, 219, 234
Du Verney, G. J. 108
Duhem, P. 113, 118, 131, 189, 237, 238, 259
Duhem-Quine-These 118, 224, 238
Dühring, E. 258
Dunbar, K. 258
Dürer, A. 71, 220

Ebbinghaus, H. 129, 243
Eckert, H. 251
Edel, A. 214
Edison, Th. A. 54
Effektivierung 6, 218 s. a. Instrumentalismus
Effizienz, kognitive 67, **128, 129,** 149, 243
Ehrlichkeit 27, 38, 52, 74, 75,76, 77, 148, 186
Einbildungskraft 164
Einfachheit 120, 233, 234
Einstein, A. 3, 12, 28, 57, 68, 71, 90, 95, 125, 131, 137, 224, 226, 244
Eisenberg, A. 220
Elektromagnetismus, Theorie d. 135–139
Elitebildung 63
Elsky, M. 242
Elster, J. 55, 200
Elzinga, A. 219
Empirismus, Konstruktiver 179, 180, 183
Endeckungslogik, mathematische 242
Engel, P. 262
Engels, E.-M. 214, 250, 256
Entdeckungslogik, wissenschaftstheoretische 163–165, 256, 258
Entdeckungszusammenhang 12, 13, 25, 26, 27, 30, 31, 141, 205, 209, 210
Enthusiasmus 76, 82, 216
Entscheidung über Theorien 9, 117, 140, 155, **174–195**
Entscheidungstheorie 12, 13, 155, 181, 249, 252
Erasmus von Rotterdam 71, 72
Ereignisse 136, 137, 159, 246
Erickson, R. 202
Erkenntnistheorie 8, 9, 18, 89, 92, 99, 104, 106, 107, 116, 147, 149, 167, 175, 208, 213, 247; s. a. **Externalismus**, Fundamentalismus, Internalismus, Kohärentismus, **Reliabilismus**, Skeptizismus, Transzendentalphilosophie, **Tugendepistemologie**
Erklärung, Schluß auf d. beste 9, 17, 69, 164, 177, 206, 233, 252; s. a. Wissenschaftlicher Realismus, **Tugenderklärung**

Erklärung, wissenschaftliche 26, 38, 105, 106, 123, 164, 177, 226, 233, 234
Erklärungsaufgabe d. Wissenschaftstheorie 4, 46, 202; s. a. **Prinzip d. Erklärungskraft**
Erklärungskraft, Prinzip d. 4, **31, 32**, 139
Ethnomethodologie 211
Ethos s. ***Scientific Ethos***
Ette, O. 237
Eudämonismus 42–46, s. a. Lebensglück
Euklid 126, 127
Euklidianismus 177
Evans, J. St. 212, 247, 248
Experiment 3, 61, 95, 103, 112, 143, 148, **156–163**, 235, 247, 248, 250, 253; s. a. Reproduzierbarkeit, Prinzip d.
Experimentalsystem 22, 210, 211
Experimentatoren-Regreß, sog. 253
Expertenmeinungen 154, 252
Exploration 112, 157, 159, 162, 164
Externalismus, erkenntnistheoretischer 20, 121, 153, 176, 262; s. a. **Reliabilismus**
Eysenk, H. J. 255

Fabri, G. 201
Fallibilismus 92, 109, 113, 118, 142–145, 156, 171, 206, 248
Faraday, M. 138, 232
Farbenlehre 39
Farbwahrnehmung 117, 157
Fassmann, K. 264,
Favaro, A. 190, 249, 260, 264
Fehlschlüsse 142, 207, 247, 248
Feist, G. J. 230, 255
Fermat, P. de 126
Feyerabend, P. 4, 23, 68, 109, 193, 202, 238, 239, 260, 263
Feynman, R. P. 75, 221
Fideismus, wissenschaftstheoretischer 176–183, 188, 189, 192, 193, 198
Filter-Modell 22–24, 81, 167, 212
Fine, A. 261
Finetti, M. 252
Finetti, B. de, 90, 224, 252
Finke, R. A. 247
Fiorillo, V. 202
Fischer, K. 202, 208, 220, 235, 243, 247, 265
Fisher, R. A. 202
Flacius Illyricus, M. 124, 241
Flammarion, C. 16, 197, 198, 266
Fleck, L. 20, 110, 132
Fleiß 1, 5, 39, 41, 70, 74, 200, 208
Fodor, J. 211, 229, 237, 238
Foley, R. 262
Fölsing, A. 227, 264,
Fontenelle, B. de, 1, 2, 8, 45, 46, 64, 66, 90, 96, 102, 125, 167, 168, 187, 198, 199, 200, 214, 219, 220, 225, 227, 228, 232
Foot, Ph. 221
Forman-These 245
Forschen 135–198, 245–266; F. als Handeln 135–140; s. a. Begriff d. 39, 40, 41, 42, 46, **56–68**, 200; **Wohlgegründetheit d. Forscherhandelns**
Forscher(s), Forscher als Rollenbegriff 62–68
Forscherglück(s), Idee d. 27, 28, 163–174, 246, 255–258
Forscherin 58–62
Forschertugend 39–87, passim
Forschertugend als Erklärungsgrund **80–87**, passim
Forschertum als Rolle 66, 67, 68, 80, 219
Forschungsethik 4, 5, 24, 202
Forschungszusammenhang 3, 9, **29–32**, 71, passim
Fortschritt, theoretischer 9, 30, 34, 99, 117, **174–195**, 260: s.a. **Entscheidung über Theorien**
Fortschritt, wissenschaftlicher 1, 3, 6, 17, 19, 22, 32, 67, 68, 80, 84, 105, 140, 174, 176, 201, 211, 218, 221, 222, 234, 262; s. a. **Fortschritt, theoretischer**, Kumulation, Effektivierung, Wahrheitsannäherung
Fox Keller, E. 60, 61, 218
Fraassen, B. van, 179, 180, 181, 220, 240, 253, 256, 261, 262
Frank, G. 263
Frank, H. 213
Frankena, W. 216
Franklin, A. 224, 248, 253, 254
Frasz, G. B. 202
Fraunhofer Institute 56
Fraunhofer, J. v. 251
Freedman, E. G. 228
Frege, G. 91, 142
Freudenthal, G. 199, 200, 201, 207, 211, 219
Friedman, P. J. 248
friends of discovery 30
Fries, J. F. 106, 113, 232, 233, 235, 236
Frisius, G. 265
Fuchs, S. 219
Fuhrmann, H. 213
Funktionentheorie 130
Furchgott, R. F. 76
Fußnoten 152

Galen, 233
Galilei, G. 4, 12, 20, 64, 75, 90, 145, 148, 161, 178, 189, 190, 191, 192, 195, 225, 249, 260, 261, 264, 265
Galison, P. 163, 210, 218, 219, 235, 254
Gall, F. J. 257
Galluzi, P. 250
Galton, 59
Ganz, D. 256
Garber, K. 200, 218, 219
Gastheorie 120
Gatzemeier, M. 219

Gaukroger, S. 204, 207
Gauß, C. F. 233, 256
Gedächtnis 128, 129, 142, 208, 235, 237, 243, 247, 248
Gedächtniskunst 247
Gefangenen-Dilemma 23, 24, 252
Gellert, C. F. 47, 214
Genauigkeit 70
gender 59, 110, 218
Genievorstellung 27, 78, 79, 163, 174, 182, 255
Geräte s. Apparate
Gerdes, P. 243
Gerlach, W. 214, 218
Gersonides, 200
Gertman, G. I. 208
Geschwindigkeit kognitiver Prozesse 9, 67, **128, 129**
Gestalt-switch 206, 237
Gettier-Beispiele 19, 20, 21, 25, 93, 171, 207
Gholson, B. 229
Giere, R. N. 199, 202, 228, 259
Gilbert, G. N. 82, 203, 221, 254
Gillespie, Ch. S. 257
Gilman, D. 237
Gingerich, O. 145, 192, 249, 263, 264, 265
Gjelsvik, O. 255
Glanvill, J. 132, 242, 245
Glaserfeld, E. v. 235
Glück, epistemisches 19, 20, 27, 255, 256; s. a. Forscherglück(s), Idee d.; Heureka-Vorstellung
Glykogen 114
Glymour, C. 253
Göbel, W. 257
Goethe, J. W. v. 39, 54, 62, 70, 79, 107, 213, 219
Golan, T. 252
Goldbach C. 68
Goldman, A. I. 8, 9, 128, 129, 199, 203, 207, 209, 212, 213, 220, 226, 227, 229, 233, 234, 235, 242, 243, 246, 247, 257
Goldstein, B. R. 265
Goldstein, I. 221
Gooding, D. C. 224
Goodman, N. 230
Gordin, M. D. 220
Gorham, G. 243
Gorman, M. E. 230
Gosepath, S. 223
Gough, J. B. 244
Gould, P. A. 218
Gould, S. J. 245, 256
Grafton, A. 201, 220, 243, 251
grammatiké téchne 127, 128, 243
Grande Encyclopédie 2
Gravitation 120, 121, 171, 187
Greco, J. 208,
Grene, M. 206
Grice, H. P. 232, 248
Grotius, H. 5, 202
Grunwald, A. 227
Grupp, H. 228
Guston, D. 219
Gyrokompaß 210

Hacker, K. L. 232
Hacking, I. 157, 160, 219, 244, 248, 253
Haeckel, E. 230
Hahn, L. E. 238
Hallen, B. 207
Halleux, R. 222
Halpern, J. Y. 239
Hamilton, W. R. 256
Handlung, passim – als Problem v. Fortschrittskonzeptionen 6, 7, 135–140, **wohlgegründete 8, 86**, passim; fortschrittsbegünstigende u. wissensbegünstigende H.n. 139–140; s. a. Forschen als H.
Handlungsbeschreibung 83, 137–139, 165, 246
Handlungserklärung passim; s. a. Praktischer Schluß, Motivfixierung, **Tugenderklärung**
Hankins, Th. L. 199, 209, 253
Hanson, N. R. 30, 110, 112, 163, 164, 165, 206, 235, 238, 254, 255
Hardwig, J. R. 252
Harman, G. 222
Harnack, A. v. 200, 203, 209
Harnack-Prinzip 2, 200, 203
Harré, R. 261, 265
Hartleben, H. 257
Harwood, J. 133, 245
Hedin, S. 168
Heidelberger, M. 235, 237, 253, 265
Heine, G. 251
Heisenberg, W. 122, 133, 240
Heissig, W. 168, 169, 256
Hekataios von Abdera, 224
Helmholtz, H. v. 1, 12, 27, 29, 30, 31, 32, 39, 56, 62, 64, 65, 68, 78, 79, 83, 121, 122, 124, 173, 181, 187, 188, 206, 210, 219, 221, 222, 239, 243, 246, 258, 263
Hempel, C. G. 123, 124, 157, 223, 240
Henke, E. L. 233
Herbarien 17
Hermann, A. 62, 258, 259
Hermapion , 171
Hermes 224
Herrmann, D. B. 68, 220,
Herrmann, K. 202, 236
Herschel, C. 59, 206, 250
Herschel, J. F. W. 1, 27, 162, 209, 210
Hersh, R. 242
Hershenson, M. 237
Hertz, H. 78, 83, 95, 96, 97, 98, 100, 102, 103, 106, 221, 230
Hertzsprung, E. 68, 69, 220

Herwart v. Hohenburg, J. G. 222, 223
Hesiod, 200
Hesse, M. B. 240
Heureka-Vorstellung 2, 26, 27, 171–174; s. a. Forscherglück
Heyd, M. 201
Heydweiler, A. 221
Hiebert, E. N. 15, 206
Hieroglyphen, Entzifferung d. 170, 171, 257
Hilbert, D. 232
Hilderich von Varel, 265
Himmelrath, A. 252
Hintikka, J. 120, 212, 223, 239, 258
Historismus, eingeschränkter 32, 33, passim
Hittorf, J. W. 78, 79
Hjelsmlev, L. 59
Hobbes, Th. 5, 133, 212, 247
Hochstrasser, T. J. 202
Höffe, O. 213, 216, 233
Hoffmann, R. 58
Höflichkeit 67, 220
Holton, G. 203, 204, 206
Holyoak, K. J. 258
homo creator 57
homo depictor 57
Hon, G. 248, 249
Hopwood, N. 245
Horaz 241
Horgan, T. 213, 246
Hornsby, J. 246
Hounshell, D. A. 217
Hoven, M. J. van den 227
Howard, D. 227
Howsam, L. 209
Howson, C. 254
Hoyningen-Hune, P. 205, 231, 260
Hronszky, I. 219
Huber, R. 244, 262
Huberman, M. 225
Hull, D. 22, 23, 81, 207, 230, 243, 244
Humboldt, A. v. 146, 153, 169, 193, 237, 249, 257
Hume, D. 150, 151, 152, 154, 155, 214, 234, 251
Hursthouse, R. 216
Hutchinson, J. 225
Hutton, P. H. 247
Huyghens, Ch. 242
Hypothese 142–145, 176–178, 185, 196, 199, 209, 210, 233, 240, 247, 257, 259, passim; Begriff. d. H. 177
Hypothesenwahrscheinlichkeit 156, 157, 160, 224
Hypothetizismus 25–29, 141–143, 176–178, 199, 209, 247

Ignarro, L. J. 76
Individualismus, methodologischer 23, 24, 59, 68, 69, 70, 79, 97, 126, 137, 212, 219, 228, 230, 246
Induktion 27, 107, 151, 226, 236
Infeld, L. 224,
Information 96–97, 156, 227, 228
Ingarden, R. 246
Inkommensurabilität, These d. 179, 193, 260, 261
Instrumentalismus 3, 18, 57, 86, 94, 106, 179, 183, 185, 189, 222; s. a. Effektivierung
Integrationsvermögen(s), Prinzip d. 31, 33
Internalismus, erkenntnistheoretischer 20, 121, 226, 239, 262
Irrtum(s), Begriff d. 140–144, 247–249
Irrtumsvermeidung 105–108, 115, **140–156,** 158, 175, 177, 203, 226, 238, 248, 249
***Iupiter-postremus*-Prinzip** 31, 32
Jacob, J. R. 200
Jacobi, C. G. 146, 249
Jäger, H. 241
Jahn, I. 243, 258
Jardine, N. 226, 246, 259, 261
Jaton, A.-M. 220
Jesuitische Astronomie 192–195, 225, 264–265
Jha, S. R. 206
Jones, C. 201
Jong, H. M. E. de, 217
J-Partikel 76
Judentum 57, 58, 192, 200, 213, 214, 218, 262, 264
Jupitermonde 260
Juskevic, A. P. 220

Kahlbaum, G. W. A. 244
Kahneman, H. 212, 247
Kaiser, M. K. 237
Kaiser-Wilhelm-Institute 2
Kalte Fusion, sog. 144, 145
Kant, I. 26, 43, 52, 89, 111, 113, 150, 205, 206, 216, 233, 234, 235, 250, 251,256
Kantorovich, A. 256
Kapp, V. 199
Kathodenstrahlung 174
Kaufman, J. u. L. 238
Keckerman, B. 263
Keil, G. 212, 238
Keilin, D. 257
Kekulé, A. 2, 171, 172, 257
Kellner, M. 262
Kelly, K. T. 210, 221, 226
Kemp, A. 243
Kepler, J. 4, 8, 16, 84, 90, 115, 145, 177, 178, 189, 201, 217, 218, 223, 249, 259, 264
Kerkhoff, M. 256
Kevles, D. J. 209
Kilmann, R. H. 228
Kintsch, W. 243
Kircher, A. 69, 70, 193, 195, 196, 234
Kirwan, R. 244
Kitajima, M. 249

Kitcher, P. 22, 23, 81, 207, 212, 232, 238
Klassifikation 117, 169, 238, 248
Klee, R. 224
Klein, F. 243
Kleinert, A. 265,
Klickstein, H 253
Klugheit 5, 200, 201
Knape, J. 213
Knight, D. 244, 257
Knorr-Cetina, K. 221, 258
knowing how / that 89
knowledge by description / by acquaintance 239
Koch, R. 45
Kocks, C. 255
Koelliker, R. A. v. 173
Kognitionswissenschaften 24, 35, 165, 230–235
Kohärentismus 208, 209
Köhler, K. H. 199
Kohn, M. G. 205
Kollektivismus methodologischer 15, 21, 22, 23, 24
Köller, W. 218
Kommunismus, Prinzip d. 80, 221
König, G. 199, 210, 217, 233, 234, 236, 237, 263
Konkurrenzverhalten 23, 77, 82
Konsequentialismus, ethischer 4, 52
Konstruktivismus, Soziologischer 7, 20, 21,31, 63, 80, 81, 99, 100, 105, 110, 182, 210, 211, 218, 219, 254, 258; s. a. Laborstudien, Soziale Institutionen, Kontextualismus
Kontextualismus 132, 133, 176, 177, 210, 211
Konventionalismus 156, 157, 235, 236, 238
Kopelevic, J. K. 220
Kopernikanisches System 188–198, 206, 233, 260, 263–266
Kopernikus, N. 120, 121, 122, 123, 145, 188–197, 263–265
Koyré, A. 250
Krafft, F. 219, 264, 265
Kraft kognitiver Prozesse 128, 129
Kraft, Begriff d. 121, 122
Kramstyk, Z. 234
Kraußе, E. 256
Krautter, K. 243
Kreativität 171–174, 244, 255
Krems, J. 243
Kripke, S. 91, 203
Kritik, philosophische 35, 36
Kritikbereitschaft 175, 178, 189
Kroll, W. 222
Krüger, R. 219, 258
Kuhn, Th. S. 23, 31, 110, 130, 149, 174, 189, 195, 205, 206, 221, 225, 231, 238, 239, 244, 258, 260, 262, 265
Kulkarni, D. 258
Kumulation 3, 6, 95, 218, 237
Kyburg, H. 252
La Cotardière, Ph. de 265
Laborstudien 7, 8, 31, 32, 36, 71, 73, 221; s. a. Konstruktivismus
Lac Operon 241, 258
Lahire, B. 203
Lahno, B. 252
Lakatos, I. 95, 100, 227
Lamarck, J.-B. de, 246
Lambert, B. L. 237
Lambert, J. H. 253
Lambert, K. 241
Lange, F. A. 209
Larvor, B. 224
Latour, B. 100, 203
Laudan, L. 27, 209, 221, 259, 261
Laue, M. v. 71, 173
Lavater, J. C. 70
Lavoisier, G. L. 131, 188, 244, 247
Lawson, A. E. 243
Le Maner, M. 245
Lebensglück 5, 45, 46, 79
Leeuwenhoek, A. van, 114
Lehmann, G. 216,
Lehmann, J. F. 243
Lehrbuch 11, 149
Lehrer, K. 251,
Leibniz, G. W. 3, 64, 150, 251
Leicester, H. M. 253
Leichtgläubigkeit 185, 262
Leinkauf, Th. 220
Lemery, N. 241
Lenard, Ph. 134, 230
Lernen, wissenschaftstheoretisches 14, 35
Lerntheorie, Formale 210, 221, 226, 256
Lesage, G.-L. 177, 188, 259
Levi, I. 234
Levine, H. 213, 264
Lichtenberg, G. Ch. 70
Liebig, J. v. 2, 113, 236
Liebmann, O. 237
Lighthill, J. 61
Linke, K. 243
Linn, M. C. 260
Linné, C. v. 57
Lipmann, O. 230
Lippman, S. A. 205
Lipton, P. 206, 252
Littrow, J. J. v. 16
Livingston, D. N. 258
Lloyd, G. E. R. 233
Locke, J. 89, 90, 108, 149, 150, 208, 226, 231, 232, 234, 242
Logik, Epistemische 239
Logischer Positivismus 30
Lombard, L. B. 246
Longino, H. 22, 219
Louden, R. B. 217

Lowe, E. J. 230
Löwy, I. 207, 234
Lucy, J. 238
Ludwig, B. 249
Ludwig, C. 160, 253
Lukan 222, 223
Lukasiewicz, J. 254
Luther, M. 107, 189

MacClure, J. 215
Mach, E. 56, 111, 119, 120, 141, 146, 206, 217, 239 240, 246, 247, 248, 250
Machiavelli, N. 47, 49, 50, 214, 215
MacIntyre, A. 46, 214, 215, 262
MacLaren, A. 54
MacNamarra, D. S. 241
Magnus, D. 220
Maimonides, 107, 200, 213
Majer, M. 217
Malek, R. 265
Malle, B. F. 215, 222
Mannheim, K. 133
Markman, A. B. 258
Marsak, L. 199
Marsbahn, Kalkulation d. 8, 61, 145, 249
Martin, M. 201
Massachusetts Institute of Technology 76
Matthews, G. 215
Maull, N. M. 212
Maupertuis, P. L. M. de, 187, 263
Max-Planck-Institute 2
Maxwell, J. C. 63, 95, 137, 138, 139, 140, 219, 226, 246
Mayer, J. R. 171, 173, 188
Mayntz, R. 226
Mazzoni, J. 264
McBeath, M. C. 237
McCann, H. G. 244
McClintock, B. 60, 62
McCloskey, M. 230, 237, 263
McMullin, E. 219, 250, 254
Mechanik 167
Medin, D. L. 238,
Mehrfachentdeckung 245
Meinel, C. 218, 258
Meinen, s. Überzeugtsein, bloßes
Meitner, L. 56, 58, 59
Melanchthon, Ph. , 42, 189, 192, 263, 265
Mele, A. R. 217, 223, 258
Mendel, G. 4, 68, 74, 75
Mentalismus 29, 35, 69,93, 97, **97–104**, 182, 228, 229
Merian d. Ä. 217
Mersenne, M. 233, 234,
Merton, R. K. 68, 80, 81, 84, 201, 221, 246
Messeri, A. M. 244
Metcalfe, J. F. 69
Methodologie 92, 108, 119, 141, 146, 156, 160, 161, 179, 181, 183, 184, 187, 188, 206, 208, 211, 221, 260
Metzger, H. 20, 199, 211, 244
Meusburger, P. 242, 258
Meyenn, K. v. 209, 217, 245, 250
Michalski, R. 215
Milgram-Experiment 222
Mill, J. St. 27, 53, 104, 105, 158, 232, 248, 250, 253
Miller, A. I. 239, 240, 244
Miller, G. A. 248
Millikan, R. G. 4, 231
Minkowski, H. 242
Mirowski, P. 206
Misiek, J. 205
Mitroff, I. 228
Mittelstraß, J. 204, 251
Modell 57, 61, 122–124, 172, 225, 231, 239, 240, 258
Modellismus/Kontextualismus-Debatte 123, 240
Molekularbiologie 263
Molland, G. 201
Mond-Illusion 115, 116, 237, 238
Monod, J. 258
Montaigne, M. de 2
Monty Python, 81
Moran, T. P. 249
Morgan, Th. H. 133
Morillo, C. R. 255
Moser, H. 234, 258
Moser, P. K. 258
Motive 6, 7, 22, 49, 50, 51, 65, 82–87, 165,175, 185, 211, 215, 222, 223, 246
Motivfixierung 65, 81, 82, 135, 138, 155, 165, 211, 215, 222, 223
Moulines, U. 231
Mozart, W. A. 68
Mulkay, M. 82, 203, 221, 254
Müller A. W. 216
Müller, J. 158, 253, 264
Müller-Hill, B. 199, 204, 241, 247, 254, 258, 263
Müller-Lyer-Illusion 115
Mullin, R. B. 251
Mullins, N. 206, 220
Münchhausen-Trilemma 100, 105, 232, 237
Münster, S. 197
Murad, F. 76, 160, 199, 200
Museion 63
Musgrave, A. 176, 177, 179, 259
Mut 45, 74
Mylott, A. 199

Nagel, Th. 256,
National Institutes of Health 169, 254
Naturalienkabinette 17
Naturalismus 212, 228, 232; s. a. Szientismus

Naturalistischer Fehlschluß,, sog. 212, 214
Naturforschender Verein Brünn 74
Ne'eman, Y. 256
Nersessian, N. J. 246
Neuen, Einführung d. 163–174
Neugier 64, 65, 66, 144, 175, 255
Neumann, J. v. 242
Neutrale Ströme 163
Neutronenforschung 228
Neutronenquelle FRM-II, 225
Newell, A. 30, 210, 249
Newton, I. 2, 4, 5, 6, 39, 54, 56, 73, 167, 171, 187, 259
Newton, N. 232
Newton-Smith, W. H. 224, 249, 260
Nickles, Th. 30, 209, 210, 256, 260
Nicole, P. 251
Nida-Rümelin, J. 202
Nietzsche, F. 2
Niiniluoto, I. 261,
Nikolaus von Kues 259
Nischik, T.-M. 217
Nitroglyzerin 76
normative(n) Kraft, Prinzip d. 31–34, 257
North, J. D. 265
Nozick, R. 107
Nullius in verba 148, 241, 250
Nunesw, T. A. D. 243
Nutzen 64, 65, 66, 175
Nye, M. J. 131, 226, 244

O'Connor, P. D. T. 251
Objektivismus, wissenschaftstheoretischer 15, 16, 18, 19, 20, 82, 92, 132, 135, 137, 149, 156, 157, 206, 207, 245
Objektivität d. Wissenschaftshistorie 211
Objektivität, erkenntnistheorischer Begriff d. 18
Odysseus 2, 201
Oeser, E. 263
Office of Scientific Integrity 253
Officium Sanctum 189, 190
Ohnishi, H. 232
Olby, R. 202
Oldroyd, D. 209
Ontologie 34, 35, 136, 230, 246, 248
Ophir, A. 258,
Oresme, N. 198
Organisierten Skeptizismus, Prinzip d. 80, 221
Oruka, O. 207
Osiander, A. 145, 189, 190, 191, 263
Ostwald, W. 58
Oxidationstheorie 46, 144, 188, 244

Pais, A. 90, 95, 131, 224
Panofsky, D. u. E. 203
Panullo, G. 251
Papert, S. 221
Papineau, D. 8, 9, 199, 203, 206, 261
Pappus 127
Pasquinelli, A. 244
Paul, C. B. 59, 199
Pauli, W. 122, 220, 240
Peacocke, C. 231
Pearce Williams, L. 232
Peer-Wesen 66, 97
Peirce, Ch. S. 164, 176, 233, 234, 258, 261
Pejjnenburg, J. 205
Pera, M. 237
Perry, J. 225, 229
Perspektive 113, 13, 236, 237
Perutz, M. 257
Pessimistische Metainduktion 123, **181**, 182, 186, **261–262**, 203
Petrosk, H. 208
Pettenkofer, M. v. 45, 46
Pflichtenethik 4, 15, 52–55, 54, 216
Phillips, W. D. 75
Philologie 1, 18, 55, 109, 119, 124
Philoponus, J. 230
Philosophie 33–38
Philosophie d. Weisen 207
Phlogistik 131, 144, 188, 244, 261
phronesis 53, 124, 202, s. a. Urteilskraft
Physikalisch-medizinische Gesellschaft Würzburg 173
Physiognomik 70
Pickering, A. 253
Pinch, T. 7, 203
Pincoffs, E. L. 213, 215
Plagiat 73; s. a. Betrug
Planbarkeit 15, 16, 257
Planck, M. 3, 71, 95, 131
Planck-These 130, 243, 244
Planetenmodelle 120, 123, 144, 145, 188–198
Plantinga, A. 209
Plastizität d. Wahrnehmung, These d. 105, 114–117, 237
Platon, 15, 43, 47, 79, 193, 214
Plinius 61
Poincaré, H. 12, 95, 244, 262,
Polanyi, M. 15, 16, 17, 23, 31, 32, 205, 206, 239, 249,
Polikarov, A. 227
Poliziano, A. 239
Polnische Ärzteschule128, 234
Polson, P. G. 249
Polya, G. 242
Pope, M. 257
Popper, K. 3, 30, 71, 95, 100, 110, 179, 211, 224, 227, 235, 246, 250, 261
Porter, C. 68
Postulate an eine Forschungstheorie 31, 32, 140; s. a. **Adäquatheit, Integrationsvermögen, Iupiter-postremus, normative Kraft, Erklärungskraft**

Praktischer Schluß 50, 51, 81, 86
Präsentationsformen 36, 73; s. a. Publikationen
Presbey, G. 207
Prévost, P. 177, 259
Priestley, J. 166
principle of credulity 150; s. a. **Abhängigkeit, epistemische**
Problemlösen 221, 222, 232, 249
Prognose 26, 57, 105, 106, 155, 177, 241
Protein Data Bank 254
Protestantismus 190, 191, 192, 200, 265
Psillos, S. 261
Ptolemaios, C. 190, 193, 195, 197, 198, 211, 212, 264, 266
Ptolemäisches System 188–198, 233, 263–266
Publikationen 71–73, 80
Pufendorf, S. v. 5, 202
Pulte, H. 199, 209, 231, 232, 236, 250, 259, 263
Purnell, F. 264
Putnam, H. 17, 35, 92, 100, 106, 179, 202, 212, 228, 249,260, 261, 234, 241, 242, 263, 266

Quantentheorie 60, 123, 229, 240, 243
Quine, W. V. O. 37, 118, 207, 212, 229, 238

Raabe, P. 227
Raan, A. F. J. van 206
Rabi, I. 242
Raether, M. 201
Ramoni, M. 254
Ramsey, F. P. 24, 208
Raphael, D. D. 240
Rationalität 11, 12, 22, 23, 30, 33, 37, 38, 65, 85, 86, 154, 181, 185, 186, 189, 190, 196, 211–215, 223, 232, 249, 261, 262; absolute R. u. Zweckr. 84–85
Rationalitätsfixierung 85
Rawls, J. 215, 216
Realismus, allg. passim; forschungspraktischer 17, 175; Einsteins R. 226, 227; Polanyis R. 16, 17, s. a. Wissenschaftlicher Realismus, Wahrheitsannäherung
Rechtfertigung v. Überzeugungen 19, 93, 94, 90, **104–118**, 155, 175, 182, 183, , 226, 233, 275, passim; s. a. **Gettier-Beispiele, Reliabilismus**
Rechtfertigungszusammenhang s. Begründungszusammenhang
Redondi, P. 202
Regelkataloge 67, 73
Regeln d. Forscherhandelns 4, 5, 6, 23, 24, 33, 156, 161, 181, 162, 181, 262; s. a. Tugenden u. Regeln
Regiomontanus 197, 198
Rehmann-Sutter, Ch. 202
Reichenbach, H. 12, 13, 110, 113, 118, 205, 237, 238
Reid, Th. 150
Reif, P. 263
Reilly, C. 265
Reinhold, E. 192
Reisch, G. 197
Reiter, R. 215
Relativismus 7, 20, 21–22, 81, 89, 109, 112–117, 132, 207, 210, 211 s. a. Anything-goes-Relativismus, Konstruktivismus, Kontextualismus, Laborstudien, Scheuklappen-These
Relativitätstheorie 7, 28, 229
Relevante Alternativen 106–110, 119, 121, 233, 234, 250
Relevanzannahmen 13, 14
Reliabilismus 8, 9, 20, 24, 25, 34, 36, 37, 93, 121, **104–134**, 144–146, 153, 155, 162, 171, 172, 203, 207–209, 226, 232, 248, 262, passim; s. a. **Relevante Alternativen, Tugendepistemologie**
Renneberg, M. 218
Reproduzierbarkeit, Prinzip. d. 103, 130, 156–163, 253
Rescher, N. 35, 205, 207, 212, 215, 228, 248, 254, 255
Resnik, D. B. 202, 232, 249
Rey, G. 229
Rhein, S. 263
Rheinberger, H. J. 210
Riccioli, G. 193, 195, 264, 265
Richards, A. 216, 217, 218
Richards, N. 256
Richter, B. 76
Rieß, F. 253
Risse, W. 259
Roberts, R. C. 221
Roberts, R. M. 258
Robortello, F. 1, 200
Rocke, A. J. 257
Rogers, G. A. J. 224
Rolfes, E. 233
Röntgen, C. 3, 62, 96, 171, 173, 174, 258
Röntgenstrahlen 173, 174
Rosette-Stein 170, 257
Rösler, A. 254
Ross, M. 221
Rothbarth, D. 225
Rousseau, J. J. 59
Routine 144, 183
Royal Geographical Society 193
Royal Society of London 2, 26, 132, 148, 149, 150, 153, 162, 166, 217, 265 217, 241, 242, 265
Rubbia, C. 217
Ruderman, D. 264
Rudwick, M. J. S. 245
Ruhr-Universität Bochum 17, 199
Rungaldier, E. 215, 246
Ruse, M. 220

Russel, J. L. 264
Russel, S. J. 213, 239, 247, 254
Rutherford, E. 58, 249
Ryan, M. D. 259
Ryckaert, D. 42, 43

Sachtleben, R. 214
Sacrobosco, de, 190, 198
Salmon, W. C. 240, 263
Samariter-Beispiel 207, 222
Sapir/Whorf-These 117, 238
Sarkar, H. 23, 207
Sauerstoff(s), Entdeckung d. 29
Säulen des Herakles 2
Savage, L. 205
Schaber, P. 216
Schabert, I. 218
Schäfer, L. 235, 240
Schaffer, S. 210, 211, 224, 245
Schaller, W. E. 216
Scharfsinn 1, 78, 79, 164
Scheuklappen-These 130–134
Schimon Ben Zemah Duran 262
Schleiden, M. J. 1, 2, 68, 111, 113, 146, 173, 199, 202, 235, 236, 237, 251, 258
Schleiermacher, F. 124, 241
Schlick, M. 226
Schmid, W. 257
Schmitt, F. 219, 251
Schneewind, J. B. 202, 215
Schneider, H. 219
Schobbens, P. 259
Scholtz, G. 241
Schoppe, C. 200
Schrödinger, E. 28, 157, 158, 210, 253
Schurz, G. 240, 241
Science Citation Index 73
Scientific Ethos 7, 51, **66, 80, 81, 201, 202, 221**
scientist's philosophy of science 15, 236
Segal, G. 228
Selbstdeutungen v. Forschern 36, 37, 73–77, 236, 237
Selbstlernende Programme 30
Selbsttäuschung 125, 161, 254, 247
Seneca 152
Senger, H. 265, 266
Sepper, D. L. 219
serendipity s. Forscherglück(s), These d.
Settimi, C. 127
Sexl, R. 224, 250
Sextus Empiricus, 232
Shaked, M. 212
Shapin, S. 211, 230, 245, 254, 258
Shavell, S. 205
Shea, W. R. 233
Shelley, M. 202
Shelp, E. E. 201,
Shepard, R. N. 238
Shore, B. 238
Shortland, M. 209
Shrader-Frechette, K. 202, 248
Sidgwick, E. 218,
Siegfried, R. 244
Silber, I. F. 201
Silfies, L. N. 241,
Silverman, R. 253
Simon, H. A. 30, 210, 212, 258
Simons, P. 230
Simonton, D. K. 255
Simonyi, K. 246
Simrock, K. 234
Singer, W. 238
Skeptizismus, erkenntnistheoretischer 94, 95, 106, 108, 226, 147, 232–234, 239
Skeptizismus, wissenschaftstheoretischer 30, 104–110, 146, 147, 176, 182, 233
Skinner, Q. 230
Slezak, P. 245
Slobodkin, L. 218
Slovic, P. 212
Smith, A. 240
Smith, P. 228
Smith, S. B. 230, 246, 256
Snellius, W. 127
Snyder, L. J. 253
Sober, E. 233
Soentgen, J. 247
Sokal, A. 235
Sokrates, 45, 265
Solomon, M. 219
Sommerfeld, A. 173, 217
Songer, N. B. 260
Sophokles, 45
Sorbonne 75
Sorgfalt 39, 145, 155
Sosa, E. 206, 208, 234, 250
Sousa, R. de, 216
Soziale Institutionen 21, 100
Sperber, D. 238
Spinner, H. 221,
Sprat, Th. 132, 233, 242
Springgene 60
Staat, W. 254,
Stahl, G. E. 131
Starkes Programm, sog. 32, 211, 228
Steenblock, V. 201
Stegmüller, W. 224
Steinle, F. 235, 253
Stemmer, P. 213
Sterne, L. 11, 204
Stern-Gerlach-Versuche 217
Stich, S. P. 228, 231
Stil 22, 52, 57, 130–134, 235, 238, 244, 245
Stillers, R. 239

Stoecker, R. 246
Stopczyk, A. 218
Stoßkraft 187
Strawson, P. 142,
Strube, W. 241, 244
Strukturalismus in d. Theoriendeutung 231
Suarez, F. 263
Subjektivismus 15, 16, 18, 19, 20, 21, 22, 36
Sullivan, P. F. 254,
Superiorität d. Forscherwissens, These d. **109**, 234
Suppe, F. 238, 239, 240
Sutton, C. 241, 250
Sylvan, R. 215, 223
Systematisierung, philosophische 35, 36
Szientismus, eingeschränkter 32–38, passim

tacit knowledge 15, 16
Tacitus, 152
Taschwer, K. 249
Tauglichkeit s. **Bereichstugend**
Taylor, J. G. 235
Taylor, T. J. 242
Teichmann, J. 234
Teilchenphysik 60
Teleologie in d. Fortschrittsdeutung 3, 9, 95, 188, 196, 198; s. a. Wahrheitsannäherung
Testimonialität s. **Abhängigkeit, epistemische**
Tetens, H. 212, 228
Textverständnis 96, 146, 241, 243
Thagard, P. 244, 246, 248, 254, 258, 264
Themata 11–14, 71, 133, 204
Theoriehaltigkeit d. Beobachtung, These d. 20, 112–117, 234, 236–238
Theoriewechsel s. **Fortschritt, theoretischer**
Thiessen, S. 265
Thomas v. Aquin 24
Thomsen, M. 249
Thomson, J. J. 249
Thomson, W. 259
Timmons, H. 220
Ting, S. C. C. 76, 77, 199, 200
Tobies, R. 218
Tondl, L. 204
Toulmin, S. 240
Transzendentalphilosophie 110, 116, 127
trial and error 143
Tugend, passim, **39–58** s. a. Forschertugend, **Bereichstugend**, Eudämonismus
Tugenden u. Regeln 52–55, 168, 203
Tugendepistemologie 24, 25, 39, 41, 207, 208, 209, 213 s. a. **Reliabilismus**
Tugenderklärung 47–51, 69, 83–87, **214, 215**, passim; T. als beste Erklärung 69, 79; T. im Schema ***TS* 50**, 222, 223; T. im **Schema *TS** 83, 84**, 139, 164, 166, 185, 222, 223; im Schema ***TS*** 185–187**
Tugendethik 4–8, 41–48
Tugendprognose 50, 155, 215
Tulving, E. 247
Tuomela, R. 262
Turm-Experiment 250
Tursman, R. 254
Tversky, A. 212, 231, 247
Twenhöfel, R. 221
Tycho Brahe 61, 176
Tychonisches System 193–195

Überzeugtsein, bloßes 90–92, 94, 95, 98, 99, 105, 109, 110, 112, 120, 123, 129, 143, 176–183, 188–193, 202, 207, 212, 251, 264; s. a. Fideismus, wissenschaftstheoretischer
Überzeugungsgrad 90, 224
Ulam, S. M.
Uneigennützigkeit, Prinzip d 80, 221
Unger, P. 226
Ungleichgewicht v. Wissen u. Irrtum 146, 147
Universalismus, Prinzip d. 80, 221
University of Michigan 76
Unsichtbare(n) Hand, Prinzip d. 16, 22–24, 81, s. a. **Iupiter-postremus-Prinzip**
Ursus, R. 259
Urteilsvermögen 70, 145, 249, 262
utilité cachée 65

Vaihinger, H. 246
Valen, L. M. van 248
Van Hook, J. M. 207
Vanek, K. 199, 200
Velmans, M. 229
Verfügbarkeit, kognitive 128–130
verisimilitude s. Wahrheitsnähe
Verläßlichkeit, epistemische 106–134, 141–163, passim; s. a. **Reliabilismus**
Verständnis 122–128, 169, 178, 240 –242, 263; s. a. Textverständnis
Vertrauen 66, 68, 140, 149, 152, **252, 253**; s. a. **Abhängigkeit, epistemische**
Vertrauenswürdigkeit 152, 251, 252
Vertrautheit 79, 85, 95, 104, 110, 112, **117–134**, 138, 172, 181, 183, 187, 188, 193, 198, 213, 239, 240, 242, 243, 247, 249, 252
Vertrautsein mit *H* / Überzeugtsein von *H* 119, 120, 122, 123, **183–198,** 203, 212
Vesalius, A. 70
Vetterli, R. 202
Vierhaus, R. 200
Vieta, F. 127
Viviani, V. 90, 126, 127, 129
Vlieghe, H. 214
Vogt, A. 218
Volksastronomie 16
Vollmer, G. 221
Vorstellungskraft 76

Vorurteilsfreiheit 27
Voss, J. F. 241
Vuillemin, J. 238

Wade, N. 204
Waerden, B. van der 202
Wahrheit 38, 93, 104, 105, 106, 109, 122, 129, 157, 177, 178, 198, 207, 212, 226, 227, 233
Wahrheitsannäherung 3, 6, 8, 94, 95, 175–180, 218, 224, 234 259–261, s. a. **Fortschritt, theoretischer**; Realismus, Teleologie in d. Fortschrittsdeutung
Wahrheitsnähe 175, 178, 198, 259–261
Wahrnehmung s. Anschauung
Wahrscheinlichkeit 93, 107, 156, 160, 212, 234, 251, 264; s. a. Hypothesenwahrscheinlichkeit
Walker, M. U. 256
Wallace, J. D. 215
Wallace, W. A. 225, 260
Wallas, G. 255
Walsh, W. H. 220
Walzer, R. 233
Warrington, E. K. 248
Weber, B. 265,
Weigel, Ch. E. 131
Weingarten, E. 211
Weintraub, R. 226, 248
Weisheit 24, 46
Weiskrantz, L. 248
Weiss, B. 259
Weisskopf, V. E. 196, 265
Weltanschauungen-view 116, 117, 238
Westfall, R. S. 69, 199, 202, 259
Westman, R. S. 263
Weyl, H. 242
Whewell, W. 27, 69, 90, 102, 113, 206, 210, 220, 236, 264
Whitehead, A. N. 246
Widerlegung 94, 143, 156–163, 176
Wiener Kreis 12
Wiggins, D. 231
Wilkes-Gibbs, D. 232
Williams, B. 216, 256, 262
Williams, P. 224
Wilson, E. O. 238
Wimmer, F. M. 207
Winthrop, J. 153, 252
Wismann, H. 201, 218, 219
Wissen 89–134, **224–245**, passim; s. a. **Anschauung, Rechtfertigungsproblem, Superiorät d. Forscherwissens; Ungleichgewicht, Vertrautsein**
Wissen/Azeptieren-Modell 183–198; s. a. **Akzeptation**
Wissensbegriff d. Epistemischen Logik 239
Wissenschaft, Begriff d. 1, 57, 259
Wissenschaftler(s), Begriff d. 56
Wissenschaftliche Weltauffassung 12
Wissenschaftlicher Realismus 9, 17, 86, 179, 180, 198, 206
Wissenschaftliches Wissen, sog. 89–91, 224, 225; s. a.
Wissenschaftsethik 24, 202, s. a. Forschungsethik
Wissenschaftshistorie 20–22, 24, 63 166, 175, 180, 181, 211, passim
Wissenschaftskritik 2, 3, 15, 32, 66, 110, 202
Wissenschaftspsychologie 164, 229, 230, 237, 259, 60
Wissenschaftssoziologie 20–22, 63, 201, 245, passim
Wissenschaftstheorie 11–14, passim
Wittgenstein, L. 203, 231
Wobbe, Th. 212
Wohlgegründetheit d. Forscherhandelns 8, **83–87**, 140, 155, **185–188,** 262; passim; s. a. **Entscheidung, wohlgegründete**
Wolff, Ch. 205, 251
Wolpert, L. 61, 216, 217, 218
Woodward, J. 213, 219
Woolgar, S. 100
Wright, G. H. von 258
Wunderargument 260
Wußing, H. 242
Wyatt, D. J. 262

Yates, F. 247
Yeo, R. 209
Yolton, J. W. 208, 250
Young, Th. 162, 170, 257

Zagura, E. 234
Zagzebki, L. 208, 209, 213
Zahar, E. 253
Zeiss, C. 251
Zellforschung 46, 130, 173, 199
Zemanek, H. 228
Zeugnis s. **Abhängigkeit, epistemische**
Zeugnishaltigkeit, These d. 149–153
Zielstrebigkeit 1, 76
Zillig, W. 200
Zinner, E. 196, 198
Zitationshäufigkeit 73, 220
Zollinger, H. 256
Zuckerman, H. 218
Zufall, epistemischer s. Forscherglück(s), Idee d.
Zwecke 6, 12, 34, 63, 64, 219 private 65, 67, 81, öffentliche 65 67, praktische 65, kognitive 65 s. a. Nutzen, Neugier, Rationalität
Zwillingserde-Beispiel 228, 230

GPSR Compliance

The European Union's (EU) General Product Safety Regulation (GPSR) is a set of rules that requires consumer products to be safe and our obligations to ensure this.

If you have any concerns about our products, you can contact us on ProductSafety@springernature.com

In case Publisher is established outside the EU, the EU authorized representative is:

Springer Nature Customer Service Center GmbH
Europaplatz 3
69115 Heidelberg, Germany

Batch number: 10578244

Printed by Printforce, the Netherlands